Introduction to Naval Architecture and Ocean Engineering

선박해양공학개론

대한조선학회 편

도서출판 GS인터비전

서문

2009년 가을 쯤, GS인터비전의 송기수 사장님께 이 책의 집필을 권유받고 지금까지 정말 많은 시간을 이 책에 쏟았다. 우리 학과의 교수님들과 연구소, 조선소에 근무하는 가까운 동료들에게 집필을 부탁하여 이 책을 쓰는 것으로 생각하였다. 전문대학과 대학교의 1학년 학생들이 읽을 수 있는 개론을 쓰는 것이 목표였다. 또한 한 학기 15주의 강의를 고려하고, 선박공학과 해양공학의 균형을 맞춘 책을 생각하여 집필진을 다음과 같이 구성하였다. 1장은 서론으로 이승준, 2장부터 7장까지는 선박공학으로 유재문 교수(2장 개괄), 안병권 교수(3장 유체), 노인식 교수(4장 구조), 삼성중공업의 공도성 박사(5장 설계), 대우조선해양의 신춘섭 전무(6장 의장), 서완철 사장(7장 생산), 그리고 8장부터 12장까지는 해양공학으로 이현엽 교수(8장 개괄), 이승준(9장 유체), 이재환 교수(10장 구조), 대우조선해양의 이정한 전무(11장 설계)와 이대형 부장(11장 생산), MOERI의 홍석원 박사(12장 해양에너지)로 정하였다. 이와 같은 구성은 끝까지 거의 그대로 유지하였다.

2010년 초 여름, 대한조선학회로부터 이 책을 학회 명의로 출판할 수 있겠는가라는 질문을 받고 집필진과 논의 끝에 흔쾌히 응낙하기로 결정하였으며, 2011년 1학기부터는 각 대학에서 사용하는 것을 목표로 삼았다. 그 때부터는 시간과의 싸움이었다. 가장 어려운 부분은 용어의 번역이었다. 기존의 용어들이 주로 한자 용어인데 우리 학생들은 거의 모르는 한자들을 많이 쓰고 있어서 책의 이해도를 반감시키고 있기 때문이었다. 예를 들어 mooring line을 예전 책들을 보면 계류삭이라고 부르고 있지만 삭의 뜻을 아는 학생이 거의 없는 형편인데 반하여, 계류라인이라고 부를 때 그 뜻을 모르는 학생은 거의 없는 것이 현실이다. 이와 비슷한 예는 수도 없어서 결국 용어를 한자 보다는 영어에 가까운 식으로 쓸 수밖에 없다는 결론을 내렸다. 다행히 한글은 영어를 소리 나는 대로 적기에 큰 불편이 없으므로 이 책에서는 그와 같은 예를 많이 볼 수 있을 것이다.

처음의 계획은 예제와 문제를 가능한 한 많이 사용하는 것이었는데 이 부분도 제대로 지키기 힘들었다. 본문 중에서 인용한 문헌은 참고문헌으로, 그리고 학생들이 보다 많은 사항을 알고 싶을 때를 대비하여 추천문헌을 각 장의 끝에 첨부하였다. 이 책에 실린 자료, 특히 그림과 표에는 우리나라 조선소에서 건조한 배 또는 해양구조물에 대한 자료를 최대한 사용하려고 하였다.

부족한 부분이 너무나 많지만 그런 대로 집필진의 헌신적인 도움으로 이제 이 책을 세상에 내보낼 수 있게 되었다. 편집자로서 이 책이 가지고 있을 많은 오자, 잘못된 부분에 대해 책임을 통감하며, 동료 제현의 거침없는 질정을 바란다. 4장의 진동과 소음 부분을 집필해준 KIMM의 김병현 박사, 김재승 박사에게 심심한 감사를 드린다. 조선소에서 바쁜 시간을 보내면서도 후학들을 위하여 도움을 아끼지 않은 서완철 사장, 공도성 박사, 신춘섭 전무, 이정한 전무, 이대형 부장에게 진심으로 고개 숙여 존경의 뜻을 표한다. 석유개발용어집을 보내준 자원연구소의 허대기 박사에게도 고마움을 전하며, 우리 학과의 모든 교수님들께도 그 동안 보여주신 전적인 지원에 대해 감사드리고, 학회의 도서편찬위원장인 신현경 교수님께도 심심한 사의를 표한다. 처음부터 이 책을 시작하도록 권유하였던 GS인터비전의 송기수 사장님과 직원 여러분께도 감사의 말씀을 드린다.

유성에서 2011년 2월 편집위원장 이승준

차례

1

서론

1.1 들어가기

선박해양공학개론을 배우는 학생이 가장 알고 싶어 하는 것은 무엇일까? 사람에 따라 다르겠지만 아마도 배와 바다에 대한 많은 의문이 그 주된 질문 내용이 아닐까 생각된다. 이 절에서는 따라서 배의 역사와 인류가 어떤 과정을 거쳐 바다를 보다 적극적으로 이용할 수 있게 되었는가에 대해 간단히 살펴보고자 한다.

1.1.1 노와 돛

인류의 역사 시대는 대개 오륙천년으로 생각되고 있는데, 아마도 역사 시대 훨씬 이전부터 인류는 배와 바다와 밀접한 관련을 가지고 살아 왔을 것이다. 인류의 가장 오래된 문명은 대부분 큰 강을

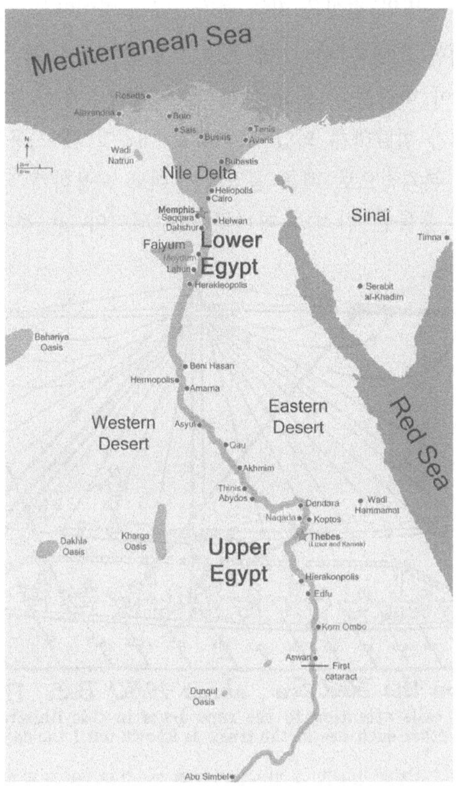

그림 1-1 나일강

중심으로 만들어졌다. 그렇게 될 수밖에 없었던 이유가 여러 가지 있겠지만 강을 따라 이루어지는 사람과 물자의 교류 및 이동의 편이성을 간과할 수 없다. 물에 떠내려가는 나무를 보고 어떤 물체가 물에 뜨고 또는 가라앉는지에 대해 질문하였을 것이며, 이와 같은 질문으로부터 얻어진 지식을 이용하여 나무를 깎거나 또는 나무를 여러 개 묶어 '물에 떠서 움직일 수 있는 물체', 즉 배를 만드는 일을 생각하는 데까지 그렇게 오래 걸리지는 않았을 것이다. 일단 가장 간단한 종류의 배를 만들 수 있게 되면 강을 따라 하류로 내려가는 것은 공짜 여행이나 다름이 없다.

상류에서 하류로 물자를 이동시키는데 배를 이용하는 것보다 더 나은 방법이 없었을 것이며, 이집트의 나일강은 바로 이러한 목적으로 가장 잘 활용된 강이었다. 사방이 사막으로 둘러싸인 이 지역에서 남에서 북으로 흐르는 매우 긴 이 강을 따라서만 비옥한 경작지가 있었으므로(그림 1-1) 어차피 사람들은 이 강의 유역에 살아야 하였는데, 파라오를 위한 여러 가지 토목 사업, 즉 피라미드나 도시 건설 등에 필요한 자재를 이동시키기 위해 강의 상류에서 하류로 강을 따라 이동시키는 방법을 사용하지 않았다면 이집트 문명의 건설은 거의 불가능했을 것이다.

나일강은 더욱 유리한 조건을 하나 더 가지고 있었는데, 바로 지중해로부터 남쪽으로 부는 바람, 즉 북풍의 존재였다. 이 바람을 이용하여 하류로 내려간 배를 상류로 다시 가져가기 위해 일찍부터 돛(sail)을 이용한 항해가 발달하게 되었다. 하류로 내려갈 때 사용되던 노(oar)는 배의 방향을 조종하기 위해서 뿐만아니라 본격적으로 배를 움직이는 데도 사용하게 되었다. 노와 돛을 이용한 배의 완성은 고대 세계의 가장 훌륭한 업적의 하나로 간주되어야 할 것이다. 타(rudder)는 처음에는 방향

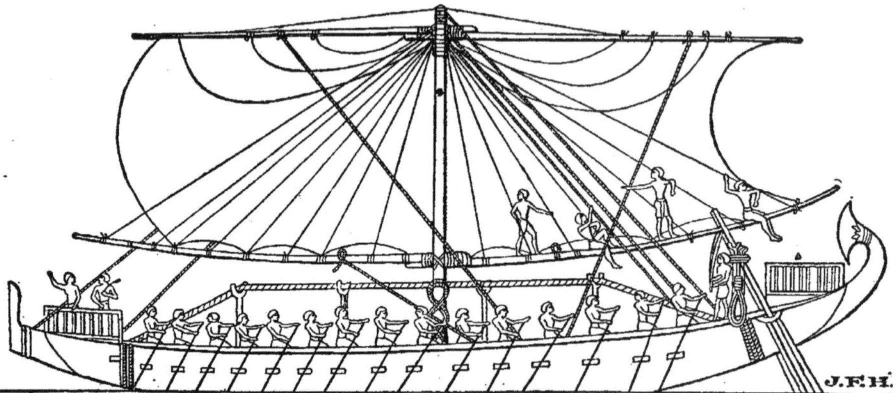

Egyptian ship on the Red Sea, about 1250 B.C. [From Torr's "Ancient Ships."]
Mr. Langton Cole calls attention to the rope *truss* in this illustration, stiffening the beam of the ship. No other such use of the truss is known until the days of Modern engineering.

그림 1-2 종강도를 고려한 고대 이집트의 배

을 바꾸기 위해 사용되던 특별히 긴 노였지만 시간이 지남에 따라 선미에 위치하게 되었으며, 양쪽에 대칭으로 설치되었다[1]. 물자 및 사람을 이동시키는 수단, 즉 교통수단으로서의 배의 유용성이 확실해지면서 점점 더 큰 배를 원하게 되었는데, 이에 따라 좋은 목재의 공급이 중요해졌으며, 보다 커진 배는 강뿐만아니라 바다를 향한 항해에 나설 수 있게 되었다. 배의 길이가 길어지면 배의 중앙단면에 걸리는 힘[1]이 매우 커지므로 나무로 만들어진 배는 어느 한계치보다 더 길게 만들 수 없다는 점을 이 때 이미 인식하게 되었고 이에 대한 대책을 강구하기 시작하였다(그림 1-2).

인류가 본격적으로 항해하기 시작한 최초의 바다는 지중해(地中海, mediterranean sea)였다. 문자 그대로 '땅 가운데 바다'인 이 바다는 사방이 막혀있는 매우 큰 호수와 같은 바다이다. 동서 방향의 길이는 거의 4000 km인데 반하여 이 바다의 유일한 출입구인 서쪽 끝부분, 지브랄타(Gibraltar) 해협의 폭은 14 km 밖에 되지 않는다(그림 1-3). 가장 먼저 이 바다 전체를 삶의 터전으로 삼았던 민족은 페니키아(Phoenicia)인이었다. 지중해의 동쪽 해안, 지금의 레바논 지역에 본거지를 두고 있었던 이들은 그 지역에 풍부한 좋은 나무와 조선술 및 항해술을 바탕으로 노와 돛을 같이 사용하는 갤리(galley)의 원형을 건조하였으며, 이 배를 상선 또는 군선으로 사용하여 천년이 넘는 기간 동안 지중해의 뱃길과 상권을 장악하였다.

그림 1-3 지중해

1) 오늘날의 용어로는 종강도(longitudinal strength)와 관련된 문제인데 4장에서 보다 자세히 논의하게 될 것이다.

인류의 역사는 많은 민족, 국가의 흥망을 보여 주는데, 지중해를 최초로 내해(內海, inner sea)로 삼았던 나라는 로마였다. 페니키아인들이 세운 카르타고와 120년에 걸친 전쟁[2])을 벌이며 지중해의 패권을 장악하게 된 로마는 지중해의 해운을 보다 촉진하게 되었다. 예를 들어 수도인 로마에서 아프리카 북안의 카르타고를 가는데 뱃길을 놓아두고 육로를 택할 사람은 거의 없었을 것이며, '모든 길은 로마로 통한다(All roads lead to Rome)'는 속담도 사실은 바닷길을 길에 포함시켜야 이치에 맞는 말이었다. 유럽 문명의 본질적인 해양성은 이와 같은 지형적 특성에 기인하고 있으며, 차후의 역사 전개에도 커다란 영향을 미쳤다.

1.1.2 범선 시대

지중해를 벗어나 보다 본격적으로 대양을 항해하기 위해서는 여러 지방의 사람들에게 알려져 있던 몇 가지 기술의 합성을 통한 새로운 배의 등장이 요구되었다. 대양 항해에 익숙한 약탈자 바이킹의 배(long ship), 또 최대한의 화물을 적재할 수 있도록 건조되었던 북유럽 한자동맹(Hanseatic League)의 배(round ship)[3]), 그리고 지중해에서 오랫동안 사용되었던 갤리의 장점을 모두 갖춘 새로운 종류의 배가 여기에 등장하였다. 네모돛(square sail)과 세모돛(Lateen sail)[4])을 사용하여 노를 배제한 채 순전히 바람의 힘만으로 항해하는 소위 전장범선(full-rigged ship)인 캐랙(carrack)의 등장은 나침반(compass)과 더불어 포르투갈과 스페인이 15-16세기, 경쟁적으로 전 세계의 바다로 나아가는데 있어 가장 중요한 전기를 제공하였다(그림 1-4).

지금은 일반적인 배에 대한 명사로 사용되는 ship은 이때만 하여도 세 개의 돛을 가진 범선을 뜻하는 용어였다. 역사에서 말하는 대항해 시대 또는 대탐험 시대(age of great exploration)의 주인공들인 콜럼버스(Columbus)[5]), 바스코 다 가마(Vasco da Gama) 등이 기함(flag ship)[6])으로 사용하였던 배들이 모두 캐랙이었는데, 이들은 대개 100 톤 정도의 범선이었으며, 이와 같은 배를 타고 전 세계

2) 기원전 264-146년에 걸친 전쟁, 즉 포에니 전쟁이었으며 카르타고를 대표하는 장군이 바로 한니발(Hannibal)이었다.

3) 최초로 선미 중앙에 힌지로 작동하는 타를 장착하였다. 우현을 뜻하는 starboard는 원래 steering board를 뜻하며, 선미 중앙에 위치한 타가 도입되기 전, 선미 양쪽에 대칭으로 두던 특별히 긴 노를 오른쪽 한편에만 설치하고 그 반대편을 부두에 접안하던(portside) 전통에 기인한다.

4) 원래 지중해에서 많이 사용되던 Latin sail을 뜻한다.

5) 외국인의 성명은 잘 알려진 사람의 경우에는 성만 한글로 쓰고 처음에는 괄호 안에 영어로 병기하되, 성이 같은 사람이 둘 이상 관련되어 있을 경우에는 명의 첫 글자와 성을 병기한다. 또 잘 알려져 있지 않을 경우에는 영어로 쓰되 명의 첫 글자와 성을 표기한다. 지명과 배의 이름 등의 고유명사도 이에 준하는 방법으로 표기하기로 한다.

6) 두 척 이상의 배로 선단을 이루는 경우, 선단의 지휘자가 승선한 배를 뜻한다.

의 바다를 누빈 선원들의 고생은 지금으로서는 상상하기 힘들 정도였다. 그러한 고생을 감수하고서도 선원들이 항해에 나선 이유는 언제나 그렇듯이 보다 나은 삶에 대한 개인의 소망이었다. 한편, 국가적인 관점에서는 식민지를 만들고 무역을 독점하며, 이렇게 하여 축적한 재화를 이용하여 다시 선단을 증강시키는 해상 세력의 강화가 유럽 여러 나라의 매우 중요한 관심사가 되었다.

유럽 열강이 세계를 식민지화하며 다투던 이 시기에 발생한 주요한 해전에서의 주역은 갈레온(galleon)이었는데, 이 배는 캐랙을 보다 대형화한 군함이었다. 영국 본토를 침공하려고 하던 스페인의 무적함대를 저지한 1588년의 그레이브라인(Gravelines) 해전[7]으로부터, 1805년 나폴레옹의 영국 침공을 저지하려던 넬슨의 트라팔가(Trafalgar) 해전에 이르기까지 거의 모든 해전의 주역은 갈레온이었으며, 보다 많은 대포를 탑재하기 위해 갑판을 보다 많이 설치한 것을 제외하면 본질적으로 동일한 선형이었다. 넬슨의 기함이었던 빅토리(Victory)호는 4개의 갑판에 100문 이상의 대포를 설치한 2,200톤 정도의 군함이었으며, 그 당시 전열함(ship of the line) 중 1등급에 속하는 배였다(그림1-5).

그림 1-4 캐랙인 콜럼버스의 기함, 산타 마리아(Santa Maria)호

그림 1-5 갈레온인 넬슨의 기함, 빅토리(Victory)호

7) 우리나라에서는 칼레(Calais) 해전으로 많이 부르지만, 칼레에서는 소규모 탐색전이 있었을 뿐이다.

유럽 열강이 전 세계에 가지고 있던 식민지와 유럽의 본국을 연결하는 항로에 투입되던 상선도 군함보다는 작은 300-500 톤 정도의 갈레온들이 주류를 이루고 있었으며, 19세기 초까지 전 세계의 바다는 아직도 목조 범선, 갈레온이 주인으로 군림하고 있었다.

1.1.3 기선 시대

19세기 중엽에 다다르면 상선이나 군함 모두 보다 큰 배가 요구되고 있었으며, 목조 범선은 이미 여러 가지 관점에서 한계에 도달하고 있었다. 18세기 말 출현한 와트(Watt)의 증기기관(steam engine)으로 대표되는 산업혁명(industrial revolution)은 대량생산의 시대를 실현하고 있었고, 대포(cannon)의 성능 향상, 특히 포탄이 대상에 명중하여 물체에 박힌 후 폭발하는 형태로 진화하면서 목조 군함은 매우 치명적인 약점을 지니게 되었다. 더구나 1869년 개통된 수에즈 운하(Suez canal)는 안전상의 이유로 기선(steamship)[8]만 통과시키기로 결정하면서 배의 역사는 커다란 전환점을 맞게 되었다. 19세기의 전 기간을 통해 배를 만드는 재료와 추진 방법의 변화가 동시에 일어났는데, 이와 같은 변화의 뒤에는 위에서 언급한 바와 같이 사회적, 경제적, 군사적 등의 많은 복합적 이유들이 있었다. 대서양을 횡단하는 사람과 물자의 엄청난 증가, 수에즈 운하로 인한 지중해-인도양 사이의 항해 기간 단축, 대포의 성능 향상 등은 이러한 변화를 요구하는 주요인자들이었는데, 경제적인 강 제련법의 발명, 증기기관의 선박에의 적용, 외륜(paddle wheel) 또는 프로펠러와 같은 추진기의 개발 등에 의해 배는 본질적인 변화를 겪게 되었다.

1858년 베세머(Bessemer)에 의해 강(steel, 鋼)을 경제적으로 대량생산할 수 있는 방법이 알려지자, 철(iron, 鐵)은 강도(strength)를 요하는 물체를 만드는 재료로서의 자리를 잃게 되었으며, 교량, 건축물 등에 일찍부터 사용되던 강은 가장 주요한 선박용 재료로 자리 잡게 되었다. 문자 그대로 '쇠가 물에 떠다니는' 시대가 되었는데, 물에 뜨느냐 가라앉느냐는 일찍이 아르키메데스(Archimedes)의 부력의 원리(principle of buoyancy)에 의해 밝혀진 바와 같이 물체의 수면 아래 체적이 커지면 부력이 증가하는 것을 생각함으로써 쉽게 이해할 수 있다. 쇠로 만들어진 야구공이라면 물에 가라앉겠지만 그 쇠를 얇게 펴서 종이와 같이 만들어 부피가 큰 축구공을 만든다면 당연히 물에 뜰 것이다.

한편, 증기기관을 배의 추진에 활용하는 문제는 일찍부터 많은 사람들에 의해 시도되었으나 최초로 상업적인 성공을 거둔 것은 1807년 풀톤(Fulton)의 기선 Clermont호인데, 이 배는 바로 와트의 증기기관과 현측에 설치된 외륜을 사용하여 추진되었고 뉴욕의 허드슨강을 따라 운행되던 객선이었다. 초

8) 주 추진기관, 즉 주기관(main engine)이 증기기관인 선박을 뜻한다.

기의 기선은 대부분 외륜을 사용하여 추진하였는데, 배의 흘수(draft) 변화에 따른 추진력의 변화가 심하고 또한 바다에서는 파도 때문에 효율이 매우 작았으므로 이를 대신하는 적절한 추진기가 요구되고 있었다. 여기에 사용된 것이 아르키메데스의 나사펌프(screw pump)의 원리인데, 그 당시 이집트에서 나일강의 물을 퍼 올리는데 아직도 사용되고 있었던 나사펌프는 나사의 원리를 이용하여 사람의 힘으로 나사를 돌려 나사의 축을 따라 강의 물을 퍼 올리는 장치였다[2]. 이와 같이 나사는 회전운동을 직선운동으로 바꾸는 가장 기본적인 장치인데, 나사펌프로 물을 떠올리듯이 증기기관의 축에 연결된 나사프로펠러(screw propeller)[9]의 회전운동이 그주위를 지나는 물을 직선 방향으로 운동하게 함으로써 추진력을 얻는 장치였다(그림 1-6). 기원전 3세기, 아르키메데스가 알아내었던 원리들이 19세기에 진행된 배의 혁신적인 변화에 대해 기본적인 개념, 법칙을 제공하였다는 점은 2,200년의 시간 동안 인류가 쌓아온 지식의 본질에 대해 다시 한 번 생각하도록 한다.

통계에 따르면 1840년 한 해에 건조되었던 상선의 90%가 목선이었던 것에 비해 1910년에는 90%가 강선으로 건조되었다[3]. 이와 같이 배를 만드는 재료의 변화는 위에서 지적한 바와 같이 배를

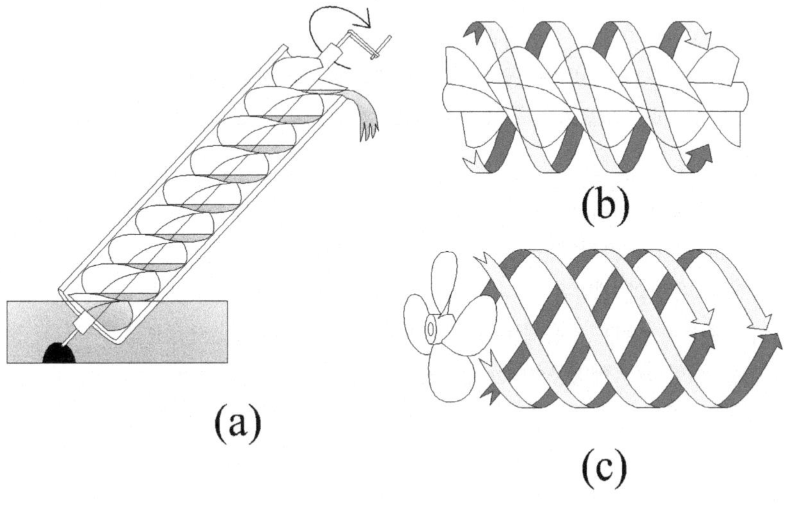

그림 1-6 아르키메데스의 나사펌프(a)와 프로펠러(b,c)

9) 엄밀하게는 나사프로펠러 또는 나선프로펠러라고 불러야 하지만 통상 프로펠러라고 부른다.

추진하는 방식의 변화와 동시에 이루어졌는데, 증기기관과 프로펠러를 사용하여 배를 추진하는 방식, 즉 기관-프로펠러 방식이 정착되면서 근대적인 의미의 조선공학 또는 선박공학(naval architecture)이 탄생하였다.

돛을 이용하여 배를 추진하던 시대에는 배의 속력이 얼마나 될 것인가 하는 것이 바람의 속력에 따라 결정되므로 가능한 한 넓은 면적의 돛을 달 수 있도록 다수의 돛대(mast)를 설치하면 되었지만, 기관-프로펠러 방식을 사용하여 배를 추진하는 경우에는 배를 만들기 전에 배가 일정 속력에서 받게 될 저항(resistance)을 미리 예측하고 그에 적합한 기관과 프로펠러를 설치할 것이 요구되었기 때문이다. 또한 범선의 시대에는 배가 바람에 대해 일정한 각도를 유지하고 항해해야 하기 때문에 배의 운동(ship motion)이 제한적이었지만 기관-프로펠러 추진 방식을 사용하는 경우에는 배의 항해 일정에 따라 원하는 방향으로 일정한 속도를 유지하며 진행할 수 있었으므로, 예를 들면 옆파도(beam sea)를 받으며 진행하는 경우가 발생하는 등, 배의 운동이 보다 심각한 복원성(stability)의 문제를 초래하게 되었다. 이에 대해서는 보다 자세한 논의를 2절로 미루고 이하에서는 19세기 이후의 해양공학의 탄생에 대해 간단히 살펴본다.

증기기관의 발전은 육상에서 기차와 철도를 탄생시켰지만 또한 자동차와 비행기의 발전을 자극하였으며, 이에 따라 가솔린기관(1870년대), 디젤기관(1890년대) 등이 속속 발명되어 20세기 초반에는 자동차산업이 크게 발전하였다. 자동차산업과 석유산업(petroleum industry)의 발전은 상호 불가분의 관계에 있으며, 20세기는 석유의 세기라고 불러도 좋을 정도로 인류의 문명은 석유에 의존하는 바가 지대하였다.

1890년대에 이미 미국의 오대호와 캘리포니아의 해안가에서 물 밑에 있는 석유의 개발을 위한 시추(drilling)가 시작되었는데, 시간이 지남에 따라 육상의 유전이 점차 고갈되고 유가가 크게 상승하면서 해저 유전의 개발은 보다 본격적으로 그리고 보다 더 깊은 바다에서 수행되기에 이르렀다. 이와 같은 추세에 따라 처음에는 근해공학(offshore engineering)으로 시작된 분야가 이제는 심해(deep sea)를 포함하는 해양공학(ocean engineering)으로 발전하였으며, 해양공학은 석유뿐만아니라 해저에 매장되어 있는 각종 천연자원의 개발과, 근자에는 특히 재생에너지(renewable energy) 중 해양에너지(ocean energy), 예를 들어 해상 풍력발전단지(wind farm), 조류발전 및 파력발전까지 아우르는 분야를 총칭하게 되었다. 해저 자원의 개발은 국제법적으로도 상당히 민감한 부분이 많은 사안이며, 최근에는 극지의 빙하가 녹으면서 개발 가능한 지역이 크게 확대되어 세계 각국이 극지공학(arctic engineering) 등에도 지대한 관심을 표명하고 있다. 따라서 해양공학에서는 주로 석유의 시추, 생산, 운반 등과 관련된 구조물의 설계와 건조에 대해 고려하며, 이에 대해서는 3절에서 개괄적으로 논하기로 한다.

1.2 선박공학의 발전

앞에서 논의한 바와 같이 목조 범선은 19세기에 강재 기선으로 대체되었으며, 이 과정 중에 근대적인 의미의 선박공학 또는 조선공학이 탄생하였다. 우리나라에서는 선박공학과 조선공학의 두 용어가 거의 같은 뜻으로 쓰이고 있는데 이에 대해 잠깐 생각해 보기로 한다.

1.2.1 선박공학과 조선공학

공학이라고 하는 단어가 engineering의 번역어이듯이 선박공학 또는 조선공학은 naval architecture의 번역어이다. 우리가 현재 사용하고 있는 과학 및 공학 용어의 대부분이 일본에서 만들어져 사용되기 시작하였는데, 1877년 일본의 동경대학 창설 시에 공과대학 안에 architecture는 조가(造家), naval architecture는 조선(造船)으로 번역하여 학과를 설치한 데서 조선공학이라는 단어가 비롯되었다. Naval architecture는 선박설계 및 건조를 총칭하지만 설계를 포함한 학문 또는 직능 상의 분야를 칭하는 단어이다. 한편, shipbuilding은 그야말로 '배를 짓는' 즉 건조 쪽에 중점을 둔 단어로 문자 그대로 번역한다면 shipbuilding을 조선이라고 번역할 수 있으며, shipbuilding industry는 조선산업으로 번역한다. 따라서 일본에서도 20세기 초, 조선공학 보다는 선박공학이라는 명칭이 더욱 많이 쓰이게 되었는데, 항상 그러하듯이 문물의 수입국에서는 변화를 좋아하지 않으므로 처음 수입된 대로 사용되는 것이 통례이며, 우리나라에서는 지금도 선박공학과 조선공학을 모두 사용하고 있다.

1.2.2 물려받은 선박공학

근대적인 의미의 선박공학이라고 하더라도 2,000년의 역사를 통해 축적된 많은 유산을 이전의 시대로부터 물려받았다. 부력과 정적복원성(static stability)의 기본적 사항에 대해서는 이미 아르키메데스(287BC-212BC)가 꽤 자세하게 논의한 바 있으며, 17세기 과학혁명 이래 수많은 과학자들이 역학의 기본 법칙을 사용하여 배의 정역학적(static) 및 동역학적(dynamic) 특성을 합리적으로 설명하고자 시도하였다.

배의 속도가 그리 크지 않을 때는 배와 관련된 역학적인 문제를 대부분 정역학적 문제, 즉 배의 속도를 무시하고 배가 정지 상태에 있다고 가정하여 풀어도 유용한 정보를 얻을 수 있다. 이와 같은 문제의 첫 번째로 이미 만들어진 배에 얼마나 많은 짐을 실을 수 있는지에 대해 생각해 보자. 이 문제

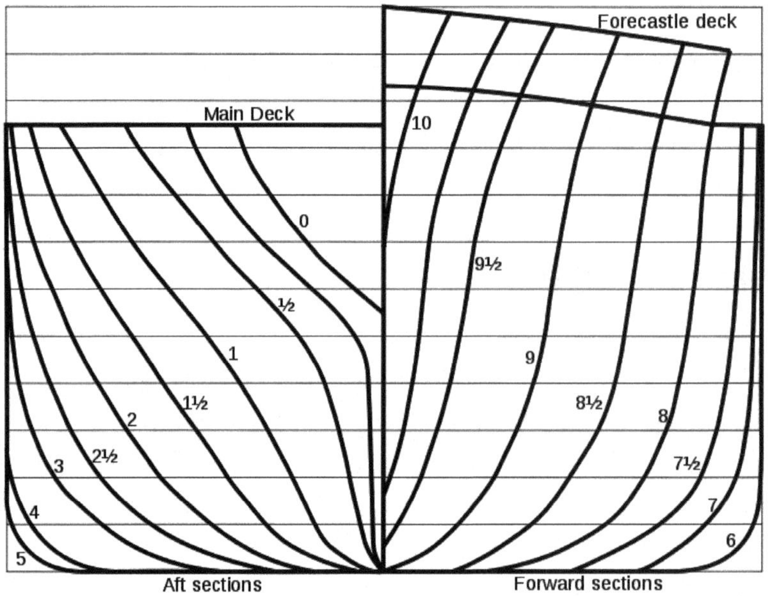

그림 1-7 배의 선도(lines) 중 정면도(body plan)

의 답을 얻기 위해서는 배의 배수량(displacement)[10]을 정확하게 알아야 하였으며, 따라서 배의 가장 바깥쪽 곡면의 모양을 알아야 했다. 3차원 곡면인 배의 곡면을 종이 위에 나타내기 위해서 고안된 도면이 선도(lines)이다(그림 1-7). 기하학적으로 정확한 도면을 사용하여 배를 건조하기 시작한 것은 16세기 무렵으로 생각되는데, 영국의 조선기사장(master shipwright)이었던 A. Deane이 1670년 저술한 The Doctrine of Naval Architecture에 최초로 선도가 실렸으며, 이 책에는 선도를 이용하여 주어진 흘수에 해당하는 배수량을 구하는 방법이 자세히 기술되어 있다[3].

두 번째 문제로 배의 복원성에 대해 생각해 보자. 배가 옆바람 또는 옆파도를 받는 경우에는 전복의 위험이 상존하는데 배의 복원성은 부력과 무게에 의해 만들어지는 모멘트가 배를 원래 위치로 돌리고자 하는 방향인지 아닌지에 따라 결정되며 이에 대한 최초의 논의는 아르키메데스에 의해 시도되었다. 배를 원래의 위치로 돌리고자 하는 모멘트를 복원모멘트(restoring moment)라고 하며 이 양의 크기를 결정하기 위해서는 메타센터(metacenter)의 위치를 알아야 한다. 메타센터의 개념은 Bouger가

10) 배에 의해 밀려진, 즉 배제된(displaced) 물의 무게를 뜻하는데, 이를 포함하여 배의 기하학적 형상 및 크기를 나타내는 양들의 보다 정확한 정의에 대해서는 2장에서 다루기로 한다.

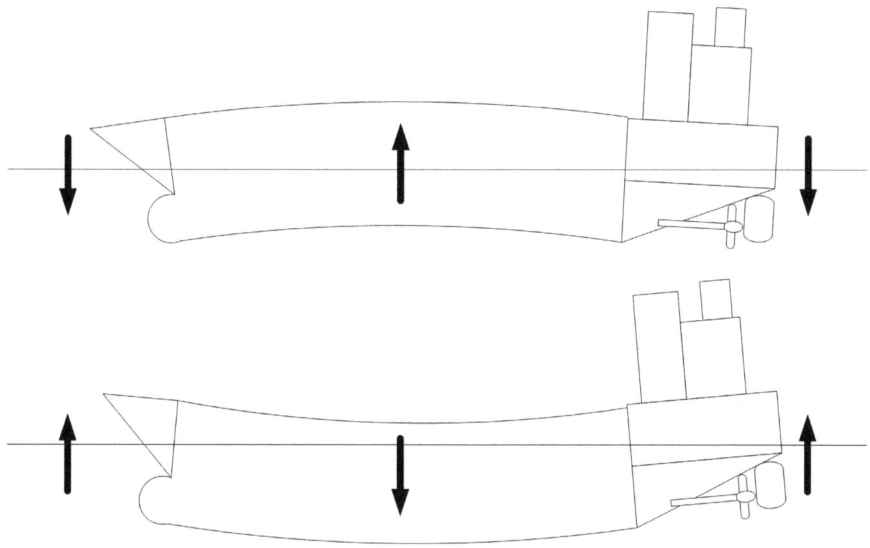

그림 1-8 배의 호깅(hogging)과 새깅(sagging)

1746년 쓴 Traite du navire(Treaty of the ship)이라는 책에서 처음 도입되었으며, 그는 또한 배의 구조적 강도와 관련하여 매우 중요한 호깅(hogging)과 새깅(sagging)의 개념에 대해서도 최초로 언급하였다[3].

세 번째 문제로 앞 절에서 언급한 배의 길이방향의 강도, 즉 종강도 문제에 대해 간단히 살펴보자. 먼저 배를 스스로의 무게와 부력에 의한 힘이 길이방향으로 '분포하여 작용'하는 긴 상자(box)로 바꾸어 생각하면 배의 전체 무게와 배가 받는 전체 부력은 같아야 하지만 각 단면에 작용하는 힘은 중력 방향 또는 그 반대방향이 될 것이다. 따라서 배는 이와 같은 분포하중(distributed loading)을 받으며 선수와 선미가 위 아래로 마음대로 움직일 수 있는 상자로 바꾸어 생각할 수 있다. 이와 같은 상자 또는 보(beam)에 대해서는 재료역학(Strength of materials) 강의에서 보다 자세히 배울 것이다.

한편 부력은 수면이 수평한 경우도 생각할 수 있지만 배의 구조는 가장 악조건에 대비하여 설계되어야 하므로, 배의 길이와 같은 길이를 가지는 파도의 파정(crest)이 배의 중앙단면에 오는 경우와 반대로 파저(trough)가 오는 경우를 생각할 수 있다. 파정이 배의 중앙단면에 오는 경우에는 중앙단면에 작용하는 부력이 가장 클 것이며 따라서 배는 가운데가 불룩하게 올라가 돼지의 등처럼 변형되는 소위 호깅 상태가 되며, 파저가 오는 경우에는 반대로 가운데가 아래로 처지는 새깅 상태가 된다. 파도 중에서 운동하는 배가 받는 하중은 분명히 호깅이나 새깅 상태에서 배가 받는 하중과는 다르겠지만 호깅과 새깅은 아직도 선박의 구조설계에 있어 가장 기본적인 개념으로 다루어지고 있다(그림 1-8).

앞에서 기술한 세 문제는 배와 관련된 문제를 정역학적인 문제로 보고 해결하고자 하는 시도의 일환으로 만들어진 문제이며, 이 문제에 대한 답으로부터 우리가 얻고자 하는 물리량들을 비교적 쉽게 구할 수 있었다. 지금도 이들 세 문제는 교과과정에 속해 있는 선박계산법, 선박복원성, 선박구조공학 등에서 각각 중요하게 다루어지고 있는 문제들이다. 그런데 기관-프로펠러의 문제와 관련하여서는 더 이상 그와 같은 방법을 사용할 수 없었다. 배에 프로펠러와 타가 달려있지 않은 상태, 즉 배의 알몸(bare hull)이 파도가 없는 물에서 일정한 속력으로 진행할 때 받는 점성(viscosity)에 기인하는 저항을 구하려고 하여도 그 당시의 유체역학적 지식으로는 큰 도움이 되는 결과를 얻을 수 없었기 때문이다. 사실은 근대적인 의미의 유체역학(fluid mechanics)이 19세기에는 아직 태어나지도 않은 상태였다[4].

1.2.3 근대적인 선박공학

뉴톤(Newton)은 1687년 그의 유명한 저서 프링키피아(Principia)에서 물체의 운동법칙, 만유인력법칙, 그리고 유체 중에서 일정한 속도로 움직이는 물체가 받는 저항에 관한 법칙을 차례로 다루고 있으므로 유체역학은 동역학(dynamics)과 같은 시기에 시작된 것으로 볼 수 있다. 차후 유체역학은 18, 19세기를 통해 베르누이(Bernoulli), 오일러(Euler) 등에 의해 눈부신 발전을 거듭하였지만, 근대 유체역학의 시발점이라고 할 수 있는 1904년 프란틀(Pandtl)의 경계층(boundary layer)에 대한 논문이 발표되기 전까지는 물체가 유체 중에서 일정한 속도로 움직일 때 점성에 기인하여 받는 마찰저항(frictional resistance)을 구하는 방법을 제공하지 못하고 있었다. 따라서 프루드(W. Froude)가 1854년[11], Great Eastern호(배수량 32,000 톤, 기관 8,000 마력)의 당시로서는 지나칠 정도로 획기적인 배의 설계와 관련하여 최초로 배의 저항추정 문제를 생각하기 시작하였을 때, 그는 중력의 존재가 알려지지 않은 상황에서 유체 중에 있는 물체가 받는 부력의 크기를 구해야만 했던 기원전 3세기의 아르키메데스와 매우 유사한 상황에 처해 있었다.

프루드가 배의 저항을 예인수조(towing tank)에서의 모형시험(model test) 결과를 이용하여 어떻게 얻어내었는가에 대한 논의는 3.1절로 미루고[5], 여기서는 19세기 전반기, 조선계의 독보적인 인물인 브루넬(Brunel)이 설계, 건조하였던 세 척의 배를 통해 그 당시의 철선과 선박공학의 초기 발전을 좀

11) 이 해는 일본이 미국의 페리(Perry) 제독에게 개국을 강요당하여 매우 불평등한 것으로 알려진 미일 수호통상조약을 맺은 해이다.

더 살펴보기로 한다.

영국의 철도 부설에 있어서 혁혁한 성공을 거두고 있던 브루넬은 이어서 그 수송망을 대서양 건너편까지 연결하고자 하는 계획을 세우고 바다를 항해할 수 있는 기선의 건조에 착수하여 1838년 Great Western호를 진수하였다. 이 배는 최초로 대서양 노선에 투입된 정기선(liner)이 되었으며, 증기기관에 외륜을 연결하여 추진하였고 아직 돛도 보조적으로 사용하였는데, 나무로 건조되었으나 철로 강도를 보강한 구조를 택하였고 배수량 1,320 톤, 길이 72 m로 당시로서는 가장 긴 배였다. 이 배는 상업적으로도 매우 성공적이어서 그는 보다 큰 배의 설계를 의뢰받게 되었으며 이에 따라 Great Britain호를 1843년 진수시키게 되었다. 이 배는 구조용 재료로 철을 택하였으며 아르키메데스의 나사펌프 원리를 이용한 프로펠러로 추진되었는데 대서양을 횡단한 최초의 철로 만들어진 프로펠러-기선이 되었고, 배수량 3,618 톤, 길이 98 m로 역시 상업적으로 대단한 성공을 거두었다.

이들의 성공에 힘입어 그는 인도, 호주 항로를 겨냥한 보다 더 큰 배, Great Eastern호를 계획하게 되었다. 수에즈 운하는 1869년 개통되었으므로 아직 이 운하가 개통되기 전인데 대서양 횡단에 비하면 대단히 긴 항로를 고려한 것이었다. 당시의 증기기관은 석탄을 사용하여 동력을 얻고 있었기 때문에 항로가 길수록 보다 많은 양의 연료를 실어야 하는 것을 뜻했으며, 이는 자연적으로 보다 큰 배의 건조를 요구하였다. 1858년에 진수된 이 배는 결국 상업적으로 엄청난 실패작이었으며, 객선이 아닌 해저전선부설선(cable-layer)으로 사용되다가 1889년 폐선되었다. 이 배는 철재 선박으로 이중선각(double hull)을 최초로 채택하였으며, 돛, 외륜, 프로펠러를 모두 장비하고 있었고, 배수량 32,160 톤, 길이 211 m였는데 바로 이 배의 설계와 관련하여 프루드는 저항추정과 횡동요(roll) 특성에 대한 연구를 의뢰받았다. 이 배는 기술적으로 최소한 40년 정도 시대를 앞선 배였는데 19세기 말이 되어서야 이 정도 크기의 군함들이 건조되기 시작하였다. 19세기 후반의 이 기간 동안 근대적인 의미의 선박공학이 태동, 크게 발전되었으며, 오늘날 선박 또는 조선 계열의 학생들이 배우는 많은 과목들의 뼈대가 이 때 만들어졌다.

프루드에 의해 시작된 모형선과 예인수조를 이용한 실선의 저항추정법은 그의 사후 1888년 장남 R. E. Froude에 의해 완성되었고, 오늘날도 전 세계의 예인수조에서 기본적으로는 동일한 방법을 사용하여 저항을 추정하고 있으며 선박저항추진 강의의 가장 기본적인 내용이기도 하다. 또한 그는 선체운동 중 횡동요에 대해서 매우 기본적인 결과를 얻었는데, 질량-스프링으로 이루어져 있는 계(mass- spring system)의 물체의 운동을 기술하는 방정식과 형태상으로 동일한 횡동요에 대한 운동방정식(equation of motion)을 유도하였다(그림 1-9).

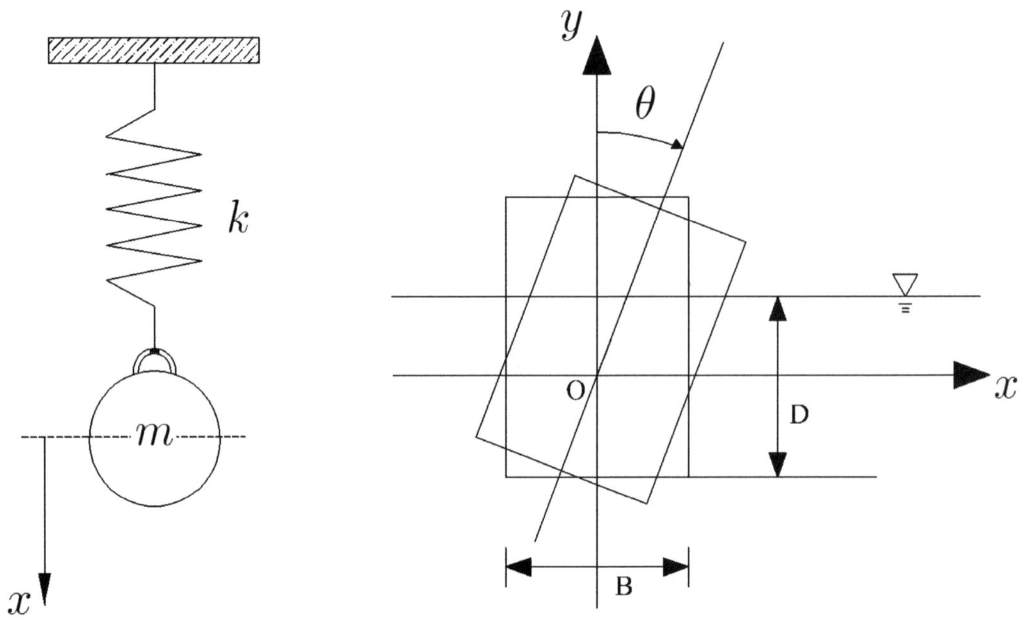

그림 1-9 질량-스프링 계와 배의 횡동요

그는 스프링에 의해 물체에 가해지는 복원력(restoring force)과 현상적으로 동일한 복원모멘트가 중력과 부력에 의해 생성되며 이 복원모멘트는 경사각이 작을 경우 메타센터의 높이(metacentric height)와 경사각의 곱으로 주어짐을 밝혔다. 이 결과는 선체운동 강의에서 다루는 가장 기본적인 내용 중의 하나이며, 이들에 대해서는 3.3절에서 보다 자세히 언급하기로 한다.

20세기에 있었던 선박공학 상의 주요한 변화는 구조용 재료로 고장력강(high tensile steel)이 보다 광범위하게 사용되었고, 상선의 주기관(main engine)으로는 보다 높은 효율을 가지는 디젤기관이, 함정의 주기관으로는 증기터빈(steam turbine) 또는 디젤기관-가스터빈(gas turbine) 계가 각각 증기기관을 대체한 것이지만, 보다 획기적인 변화는 건조공법의 변화이다. 2차 대전 이전에는 배의 건조를 위한 강판의 결합에 리벳팅(riveting)이 사용되었지만, 대전 중 미국에서 용접(welding)에 의한 건조공법이 개발되면서 대전 후에는 거의 전적으로 용접을 사용하여 블록조립(block assembly)을 위주로 하는 건조방식이 사용되게 되었다. 생산성 측면에서 효율적인 조선소가 되기 위해서는 조선소 건설 시에 이미 블록의 흐름이 원활하게 될 수 있도록 고려되어야 하며, 현대적인 조선소의 배치 및 생산 체계에 대해서는 7장에서 논의할 것이다.

상선의 경우, 배가 크면 클수록 단위중량당 화물의 운송비가 감소하기 때문에 항상 보다 큰 배에 대한 요구가 있으며, 함정의 경우, 빠를수록 기동성 및 전투력이 개선되므로 보다 빠른 배에 대한 요구가 있다. VLCC(Very Large Crude Carrier)[12]는 재화중량(DWT, deadweight)[13] 25만 톤 이상으로 한 번에 200만 배럴(barrel)[14] 이상의 원유를 운반하는데 이는 우리나라의 하루 소비량과 거의 비슷하다. 또한 핵기관(nuclear engine)으로 추진되는 미해군의 항공모함 Enterprise호는 배수량 95,000 톤, 항속 33 kts이며, 항공기를 90대까지 적재할 수 있어 웬만한 국가의 공군력을 상회하는 전투력을 보유하고 있다. 이와 같은 대형화, 고속화는 지금까지와 같은 이유로 앞으로도 계속될 것으로 생각할 수 있다.

한편 배의 주기관이 디젤기관, 증기터빈 또는 가스터빈으로 대체되고, 또 배의 속도 증가에 따라 프로펠러의 날개(blade) 하나가 발생해야 하는 추력(thrust)이 증가하면서 선체진동(ship vibration)이 주요한 문제로 등장하였다. 주기관-축계-추진기로 이루어지는 추진장치(propulsion system)에 기인하여 발생하는 진동을 일으키는 힘, 즉 기진력(exciting force)과 이에 따른 선체의 진동과 소음에 대한 해석은 고속선과 객선의 경우 특히 중요한 문제가 되었고 따라서 선체진동과 소음은 교과과정의 일부로 다루어지고 있으며, 4장에서 다시 언급하게 될 것이다.

1970년 조선입국을 목표로 우리나라의 근대적인 조선공업이 시작된 이래 우리나라의 조선소는 모든 면에서 비약적인 발전을 거듭하여, 현재는 지구 상에서 가장 큰 조선소, 가장 기술이 발전한 조선소, 가장 효율이 높은 조선소 등이 모두 우리나라에 있으며, 함정 건조의 기술 수준도 획기적으로 발전하여 많은 나라에 함정을 수출할 단계에 이르렀다. 이와 같은 발전의 중심에는 선박설계기술의 자립이 자리하고 있다. 조선소는 선박해양공학과 졸업생뿐만 아니라 대단히 다양한 분야의 사람들이 함께 어울려 배를 만드는 곳인데, 이 중에서 특히 설계 분야는 선박 또는 조선해양공학과 관련된 모든 졸업생들이 반드시 책임지고 일을 해 주어야 하는 곳이다. 5장에서는 선박의 원가 및 경제성 평가부터 시작하여 산적화물선, 원유탱커, 액화천연가스운반선, 컨테이너선, 여객선 등의 다양한 종류의 배의 기본설계에 대해 고찰한다. 선박기본설계는 대부분 대학에서 4학년 때 제공하는 과목이므로 개론에서 다룰 수 있는 부분이 많지 않지만 가장 기초적인 사항에 대해 기술하였다.

선박의 의장품(outfitting)은 배가 가져야 하는 모든 기능을 수행하는데 필요한 물품으로 크게 선체의장, 선실의장, 기관의장, 전기의장 등으로 나누어 생각할 수 있다. 6장에서는 이들에 대해 차례로 가능한 한 간단히 알아보기로 하는데, 배의 종류가 워낙 다양하고 또 의장품도 자동화 등에 기인하여 매우 빠르게 변화하고 있으므로 대단히 종류가 많아 6장의 분량이 가장 많다. 선박의장설계 또한 4학

12) 초대형 원유운반선이라고 번역되지만 통상 VLCC 또는 ULCC(Ultra Large Crude Carrier, 32만 톤 이상)가 더욱 많이 쓰이고 있다.
13) 배수량에 대해서와 마찬가지로 2.2절을 참조하기 바란다.
14) 배럴은 체적을 나타내는 단위로, 기름 1 배럴은 42 갤론(gallons, 미국)이며, 1 갤런은 231 in^3이므로 158.9873 리터이다.

년 때 제공되는 과목이므로 개론에서 다룰 수 있는 부분이 크지 않지만, 학생으로서 기본적으로 반드시 알아 두어야 하는 의장품들, 예를 들어 선체의장에서는 닻을 포함하는 계선/계류장치, 하역장치, 방화설비, 조타장치, 배관계통; 선실의장에서는 거주구의 배치, 냉동장치, 공기조화장치, 위생설비; 기관의장에서는 기관실 배치, 장비 및 시스템, 배관 및 축계, 시운전; 전기의장에서는 항해시스템, 통신시스템, 경보/감시시스템, 전기시스템, 조명설비 등에 대해 소개하기로 한다.

선박의 설계기술이 아무리 발전되고, 또 의장품을 아무리 잘 만들어도 조선소에서 선박 생산이 효율적으로 이루어지지 못하면 배를 만들어서 수출하기 힘들다. 설계기술과 의장품을 만드는 공업의 수준이 우리보다 나은 나라들이 조선산업을 포기한 이유는 생산성을 높이지 못했기 때문이며, 우리나라보다 임금이 싼 나라들이 조선산업에서 우리나라를 쫓아오기 힘든 것도 결국 우리나라 조선소의 생산성이 높기 때문이다. 1980년대까지는 조선산업이 노동집약산업이었으나, 21세기의 조선산업은 고도의 기술집약산업이다. 다시 말하면 우리나라가 조선산업의 세계적인 선두주자인 것은 노동 임금이 낮아서가 아니라, 우리나라 조선소의 생산성이 높기 때문이며, 이는 지속적인 기술개발에 의해 이루어진 성과이다. 실제로 조선소의 평균 임금이 우리나라가 일본보다 높다는 것이 일본 신문에 보도되고 있으며, 우리나라에서 일인당 평균소득이 가장 높은 곳이 울산과 거제도라는 점이 이를 반증하고 있다. 7장에서는 우리나라 조선소의 선박 생산기술에 대해 알아보는데, 생산방식의 변천, 고효율 생산방식의 설계, 최적 생산방식의 기획과 운용, 그리고 선박 생산기술의 가치에 대해 차례로 살펴본다. 조선공작법 또는 선박 생산공학 또한 대부분 학교에서 4학년 때 제공하고 있으므로 여기서는 기초적인 부분에 대해서만 다루기로 한다.

1.3 해양공학의 발전

해양공학(ocean engineering)은 앞에서 언급한 바와 같이 19세기 말부터 석유가 광범위하게 사용되기 시작하면서 해안가 근해(offshore)의 유전을 시추, 채굴하는 것으로부터 비롯되었다. 초기에는 해안에 근접한 곳에서 이와 같은 작업이 이루어졌으므로 기술적으로 육상에서 하던 일과 큰 차이가 없었으며 항구와 방파제 등의 건설 경험을 가진 토목공학자들에 의해 주로 다루어졌다.

20세기 중반에 이르면 유가 인상에 따라 점점 깊은 바다 밑에 저장되어 있는 석유의 경제성이 높아지게 되어 1980년대부터 이미 일종의 계류체계를 이용하는 유연식(compliant type)과 물 위에 떠 있는, 즉 부유식(floating type) 해양구조물(ocean structure)을 건조, 사용하기 시작하였다. 1980년대 이후 몇 차례의 오일쇼크로 유가가 크게 오르자 깊은 바다, 즉 심해(deep sea)에 위치한 유전의 개발이 더욱 본격적으로 진행되었다. 석유뿐만아니라 심해의 해저로부터 천연가스, 메탄 하이드레이트, 망간단괴 등의 다양한 천연자원을 얻기 위해서는 배와 유사한 심해용 해양구조물들을 주로 조선소(shipyards)에서 건조하여 사용해야 할 필요가 제기되었으며, 해양공학은 선박공학의 연장선에서 다루어지는 것이 보다 합리적인 상황이 되었다. 우리나라에서는 대부분 대학에서 선박공학과 해양공학을 동시에 다루고 있어 학과의 명칭 또한 선박해양 또는 조선해양과 조선시스템공학과를 사용하고 있다.

해양구조물은 대상 작업의 형태와 수심에 따라 매우 다양하게 개발되어 있으며, 가장 기본적으로는 수심에 따라 분류한다. 고정식(fixed type), 유연식과 부유식으로 나눌 수 있는데, 고정식은 주로 수심 300 m 이하의 해역에서 사용하고 있으며 이보다 깊은 바다에서는 주로 유연식 또는 부유식을 사용한다. 이들에 대해서는 8장에서 보다 자세히 논의한다.

해양구조물이 투입되거나 설치되는 해역의 여러 가지 물리적 특성은 해양구조물의 설계를 위해 필수적인 사전 지식이다. 특히 해류(current), 바람(wind) 및 파도(wave)는 구조물에 작용하는 하중(loading)의 대부분을 차지하며, 이와 같은 하중을 적절히 추정하여 해양구조물의 기하학적 형상, 부재 치수 등을 결정한다. 이 중에서도 특히 파도는 해수의 밀도가 공기 밀도의 약 850배에 달하므로 가장 큰 외력 성분이 되며, 파도의 크기, 즉 파장과 파고 그리고 주기 등에 대한 예측은 파도에 기인하는 외력의 특성을 결정한다. 파도 예측(wave forecast)은 2차 대전 중 연합군의 노르망디(Normandy)[15] 상륙작전과 관련하여 획기적인 진전이 이루어졌으며, 대전 이후에도 지속적으로 발전하였다. 오늘날 설계 제작되는 선박, 해양구조물의 대부분은 대상 항로, 대상 해역의 파도에 대한 통계 자료를 이용하여 설계 변수들을 얻고 있으며, 이와 같은 분야는 해양파역학(ocean wave mechanics), 해양유체공학, 해양구조공학 강의의 주요한 부분이고, 해양구조물에 작용하는 유체력에 대해서는 9장에서, 또 구조물의 강도 해석 및 구조설계와 관련하여서는 10장에서 보다 자세히 다룬다.

2008년의 금융위기 이후 세계적으로 경기가 침체되어 물동량이 크게 감소하였으며, 이에 기인하여 선박의 공급과잉 현상이 나타나 신조선 물량이 세계적으로 급감하였고, 우리나라의 대형 조선소는 이에 대처하기 위해 해양구조물 수주에 배전의 노력을 경주해 왔다. 그 결과 우리나라는 특정 해양구조물들에 대해서는 전 세계 시장의 90% 이상을 차지하고 있으며, 해양구조물 관련 부분이 조선소 매출액의 반에 육박하게 되었다(2010년 기준). 대부분의 해양구조물이 해양의 석유개발과 관련하여 건조되고 있으므로 해양구조물의 상부(topside)에 설치되는 석유 관련 설비 및 기본설계는 선주인 오일메이저(oil major) 또는 구미 여러 나라가 수행하고, 상세설계, 생산설계 단계부터 우리나라 조선소가

15) 프랑스 북부의 해안 지역으로 사상 최대의 상륙작전이 수행된 곳이다.

수행하고 있다. 이와 같은 현상은 우리나라가 석유개발의 경험이 일천하여 어쩔 수 없는 부분인데, 점차적으로 경험이 쌓이면서 보다 많은 부분이 우리나라 조선소에 의해 수행될 것이다. 11장에서는 해양구조물과 그 설비에 대해 시추와 관련하여서는 부유식 드릴링리그, 석유 생산과 관련하여서는 FPSO에 대하여 알아보고, 일반적인 해양구조물의 계약, 설계, 건조에 대하여 기술하였다. 해양구조물 설계 과목은 4학년 때 제공되는 과목이므로 여기서는 해양공학을 전공하는 학생으로서 반드시 알아야 하는 기초적인 사항을 중심으로 다루었다.

21세기에 들어와 가장 시급한 과제의 하나로 꼽히고 있는 것이 재생에너지의 활용이다. 바다에 다양한 형태로 존재하는 대체에너지를 활용하는 방법이야말로 후손들에게 물려줄 하나밖에 없는 지구를 위한 친환경적인 에너지 사용인데, 대표적으로 바람, 파도, 조석, 해류/조류가 가지고 있는 위치에너지와 운동에너지를 전기에너지로 변환하는 발전장치의 설계, 건조가 해양공학의 새로운 분야로 급부상하고 있다. 네델란드, 덴마크를 필두로 유럽에서는 이미 상당한 정도의 해상 풍력발전단지가 조성되어 있고, 다른 나라들도 유사한 단지를 조성할 계획으로 있어, 앞으로 우리나라를 포함한 세계 각국에서 비슷한 사업이 계속될 것으로 보인다. 또한 해수의 온도차를 이용한 냉난방 등 다양한 재생에너지의 활용에 대해서는 12장에서 자세히 다룬다. 해양에너지공학도 4학년 때 제공되는 과목이다.

1.4 교과과정과 이 책의 구성

신입생들에게 가장 많이 듣는 질문이 교과과정에 대한 것이다. 공과대학에 들어오는 많은 학생들이 고등학교 때 물리 또는 수학2를 듣지 않았으므로 교과과정을 어떻게 하면 잘 따라갈 수 있겠느냐는 질문이다. 우선 물리와 수학2(주로 미적분)를 듣지 않았다는 말을 들으면 우리 교육이 참 큰일 났구나 하는 생각이 절로 들기는 하지만, 어차피 고등학교 교육과 대학 교육은 본질적으로 다른 면이 있으므로 그 점에 대해 설명하곤 한다.

고등학교에서 다루는 물리는 미적분과 벡터의 개념을 사용할 수 없는 수준에서 다루고 있으므로, 대학 물리와는 본질적인 차이가 있다. 따라서 1학년 때, 물리 강의는 새로운 마음으로 전력을 다해 들어야 한다. 특히 미적분과 벡터의 개념이 물리 문제를 다루는데 어떻게 사용되고 있는지에 대해 관심을 두면서 강의를 들어나가면 많은 도움을 받을 수 있다. 또한 대학 1학년 때 어느 대학이던지 제공하고 있는 미적분 강의도 고등학교 수학2와는 본질적인 차이가 있는데, 수학의 기본적인 정의와 개념들에 대해 처음부터 다시 생각할 것을 요구하고 있는 점이다. 수학은 정의와 개념의 학문으로 과학 및 공학의 매우 유용한 도구이다. 이런 점에 주목하여 대학교 1학년을 잘 보낸다면 고등학교 시절 듣지 않았던 과목들의 내용에 대해 충분히 이해할 수 있을 것으로 생각한다.

어느 대학이던지 대개 2학년부터 전공을 배우게 되는데, 학년별로 크게 내용 상 차이가 있다고 볼 수 있다. 2학년 때는 주로 기초 역학을 배우게 되는데, 동역학, 재료역학, 유체역학, 열역학 그리고 공학수학(engineering mathematics) 등을 듣는다. 여기서 공학수학은 다른 역학 과목을 배우는데 필요한 수학적 기초를 제공하기 위한 과목이며, 1학년 때 배우던 미적분학 등의 연장선에서 벡터미적분학, 미분방정식, 선형대수, 편미분방정식 등을 다루게 되는데, 공과대학에서 다루는 여러 역학 과목에서 공통적으로 나오는 수학적 내용을 한 과목에서 통일된 방식으로 가르친다는 점에서 매우 중요하다. 고등학교 때는 예를 들어 수학과 영어 과목이 거의 관련성이 없는 과목이지만, 공과대학의 역학과 공학수학은 많은 경우 동일한 내용을 다루고 있기 때문에 과목 사이의 관련성도 고등학교 때와는 본질적으로 다르다고 할 수 있다.

3학년 때는 2학년 때 배운 역학을 선박 또는 해양구조물에 어떻게 적용하는지에 대해 배우는 단계로 동역학은 진동공학과 선체진동, 재료역학은 구조역학, 선체구조 및 해양구조공학, 유체역학은 선박유체역학, 해양파역학, 해양유체공학, 저항추진과 내항조종, 열역학은 박용기관과 용접공학 등으로 연결된다. 물론 여기서 선수과목(prerequisite)이라는 개념을 적용할 수 있는데, 동역학을 듣지 않은 학생은 진동공학이나 선체진동을 이해하기 매우 힘들므로 동역학은 이들 과목의 선수과목이라고 할 수 있다. 따라서 3학년은 기초 역학 과목에서 배운 내용들이 대상 물체에 대해 어떻게 적용되는지 여러 가지 관점에서 공부하는 해라고 할 수 있다.

4학년 때는 대학의 마지막 해이므로 대부분 과목의 명칭이 설계를 포함하는 것이 상례이다. 기본설계, 구조설계, 추진장치설계, 의장설계, 해양구조물설계 등을 대표적으로 꼽을 수 있는데 조선소 설계 담당 부서의 내부 조직에 상응하는 여러 가지 설계 사항들을 배우게 된다. 각 설계 강의의 학기말 과제는 본인이 선택하거나 또는 지정된 문제에 대한 설계를 하는 것으로 되어 있는 것이 통례이며 졸업 후 조선소 입사 시에 각 사에서 사용하고 있는 전산 조직이나 소프트웨어 등에 대한 교육을 받으면 거의 직접 현업에 참여할 수 있도록 하는 것이 이들 과목의 강의 목표이다.

물론 위에서 언급한 교과목 이외에도 선박해양공학개론, 선박계산법, 선박공학실험, 선박 생산공학, 수치해석, 전산제도, CAD/CAM, 등의 과목을 대부분 제공하고 있으며, 또한 본인의 선택에 따라 기계공학, 전기공학, 전자공학 등의 입문 과정도 수강할 수 있는 기회가 열려 있다.

교과과정은 종횡으로 엮어져 있는 그물과 비슷하다. 각 기초 역학 과목이 선수과목이 되어 매 학년 그와 관련된 과목을 배우게 되며, 한편으로는 각 학년에서 배우는 과목들의 내용이 기초 역학, 역학의 응용, 설계 등으로 상당한 공통성을 가진다는 점에서 학년별, 내용별로 서로 관련되어 있다는 점을 지적하고 싶다.

이 책에서는 이와 같은 교과과정에 맞추어 2장~7장은 선박공학, 8장~12장은 해양공학에 대해 다루고 있다.

2장에서는 선박공학에서 사용하는 기초 용어, 선박계산법의 기초,

3장에서는 저항추진, 내항조종에 대한 서론,

4장에서는 선박의 구조적 특성, 각종 강도 및 재료, 선체진동 및 소음에 대한 소개,

5장에서는 각종 선박의 설계에 대한 기본,

6장에서는 선박 의장, 즉 선체, 선실, 기계, 전기전자의장과 관련된 개괄,

7장에서는 선박 생산에 대한 기본적 사항을 다루었다.

한편, 해양공학 관련 부분인 8장~12장은

8장에서는 해양공학에서 사용하는 기초 용어, 해양구조물의 종류에 대해 다루며,

9장에서는 해양구조물에 작용하는 유체력에 대한 서론,

10장에서는 해양구조물의 구조적 특성, 강도해석 및 구조설계에 대한 소개,

11장에서는 각종 해양구조물의 설비, 설계, 생산에 대한 전반적인 기초 사항,

12장에서는 해양에너지공학에 대한 개괄을 기술하였다.

연습문제

1. 고대 인류의 4대 문명에 대해 조사하고, 각 문명에서는 어떤 종류의 배가 발달하였는지에 대해 논하시오.

2. 범선 중 가장 친근하게 느껴지는 선종을 하나 골라 문헌조사를 수행하고, 그 배가 인류 또는 해당 국가의 역사, 산업, 경제에 미친 영향에 대해 논하시오.

3. 19세기에 건조된 선박(함정 포함) 중 가장 인상 깊은 배를 하나 골라 문헌조사를 수행하고, 그 배가 인류 또는 해당 국가의 역사, 산업, 경제에 미친 영향에 대해 논하시오.

4. 수에즈, 파나마 운하의 건조과정과 규모, 현황, 그리고 이들이 해당 국가와 세계의 경제에 미치는 영향 등에 대해 논하시오.

5. 자신이 속해 있는 학과에서 배우게 될 교과목들에 대해 조사하고 교과목들을 학년별, 분야별로 묶어서 본문에서 설명한 내용과 어떤 차이가 있는지 기술하시오.

참고문헌

[1] 김재근, 1980, 배의 역사, 서울대학교 공과대학 조선공학과 동창회.

[2] Rouse, H. & Ince, S., 1963, History of hydraulics, Dover Publications.

[3] Derry, T. K. & Williams, T. I., 1993, A short hitory of technology; from the earliest times to A.D. 1900, Dover Publications.

[4] 이승준, 2009, 역사로 배우는 유체역학, 개정판, GS인터비전.

[5] Yoshioka Isao, 1985, The life of William Froude, 横浜國立大學工學部 船舶海洋工學教室.

2

선박공학 기초 및 용어

2.1 선박의 정의

2.2 용어의 정의

2.3 주요 도면

2.4 수정역학적 곡선(hydrostatic curves)과 복원성

2.5 선박관련법과 관련 기구

2.6 선박의 종류

2.1 선박의 정의

2.1.1 선박의 일반적 정의

선박(또는 배)은 '사람 또는 물건을 싣고 물 위에 떠서 움직이는' 구조물로, 적재성과 부양성 그리고 이동성의 특성을 가진다. 이와 같은 특성을 만족시키기 위해 배는 구조적으로 튼튼해야 하며, 적절한 동력원을 사용하여 원하는 속력을 낼 수 있어야 한다. 특히 바다를 운항하는(seagoing) 배는 파랑 중에서 전복의 위험을 극복할 수 있는 복원성을 가져야 한다.

배라는 의미의 한자 중 많이 쓰이는 것으로 선(船), 박(舶), 함(艦), 주(舟), 정(艇)이 있는데 일반적으로 박(舶), 함(艦, 군용)은 큰 배, 주(舟), 정(艇)은 작은 배를 뜻하고, 선(船)은 모든 배에 대해 사용한다. 영어로는 ship, boat, craft, vessel 등이 사용되는데 ship은 큰 배, boat는 작은 배를 뜻하고, craft는 특수한 기능이 가해진 배를 뜻하며, vessel은 모든 배에 대해 공통적으로 사용한다.

2.1.2 법규 상의 선박

법규 상의 선박은 다음과 같다.

1. 선박법 상의 선박

선박법에서의 선박은 '부양력을 가진 구조물로서, 사람 또는 화물을 적재하고 바다 위를 스스로의 힘으로 나아갈 수 있는 능력을 가진 물체'를 뜻한다. 따라서 선박을 수리하는 부선거(floating dock), 제조 중인 선박, 인양이 불가능한 침몰선, 바지(barge), 추진기가 없는 준설선(dredger), 기중기선(deck crane ship), 등대선(light house ship) 등은 선박법 상으로는 선박에 속하지 않는다. 다만 예인을 당하고 있는 바지는 선박으로 간주한다.

2. 해상법(海商法, maritime law) 상의 선박

해상법 상의 선박은 '상행위 및 영리를 목적으로 운행하는 물체'를 뜻하며, 단정이나 노, 삿대로 이동하는 노도선 및 국유 및 공유의 공용선은 포함되지 않는다.

3. 국제해상충돌방지협약(International REGulations for preventing COLlisions at Sea, COLREGS) 상의 정의

'물 위에서 운송의 수단으로 제공되는 가동체'를 총칭하며, 그 형상, 대소, 종류에 상관없이 선박으로 간주한다. 따라서 부선, 준설선, 등대선, 부선거 등도 이 규정에 따르면 선박에 속하지만, 자력 또는 타력에 의하여 다른 지점으로 이동할 때에만 적용된다.

2.2 용어의 정의

2.2.1 주요요목(main particulars)

주요요목은 그림 2-1에 보인 바와 같이 선박의 길이, 폭, 깊이, 흘수 등을 나타내는 주요치수와 화물적재 능력, 속력, 기관마력 등 선박의 성능을 나타내는 주요 자료를 의미한다. 그림 2-2는 도면에 표기하는 주요요목의 예를 보여준다. 설계 시 계획된 만재상태에서의 수선(waterline)을 계획만재수선(Designed Load WaterLine, DLWL)[1] 이라고 하며, 여기서 수선은 배가 수평평면인 수표면

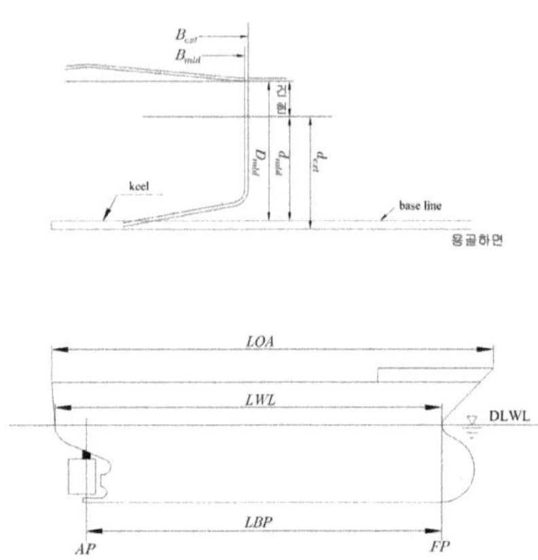

그림 2-1 선박의 주요치수의 정의

PRINCIPAL PRATICULARS

LENGTH	O.	A.	229.00 m
LENGTH	B.	P.	220.00 m
BREADTH		(MLD.)	40.00 m
DEPTH		(MLD.)	21.00 m
DRAFT DESIGN		(MLD.)	13.00 m
DRAFT SCANTLING		(MLD.)	14.00 m
DEADWEIGHT		(at S. L. W. L)	abt. 80.000 ton
MAIN	ENGINE		
SPEED	SERVICE		abt. 15.0 Kts
CAMBER			1.00 m

그림 2-2 선박의 주요제원 표기방법

1) 계획만재흘수선이라고도 한다.

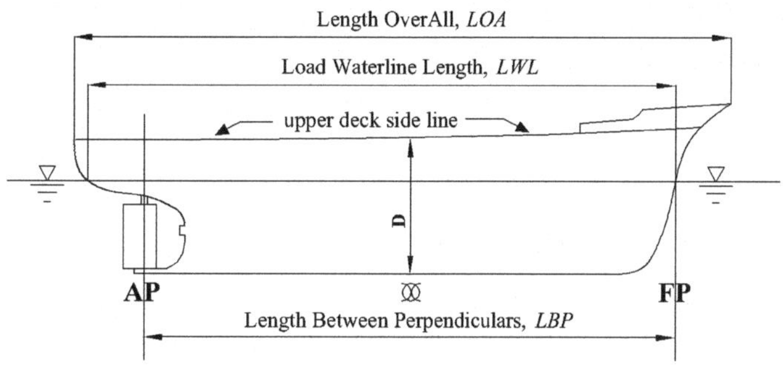

그림 2-3 각종 길이의 정의

과 만나는 교선을 뜻하는데 정면도 및 측면도에서는 수평선으로 표시된다. 계획만재수선이 선수재(stem)와 만나는 교점을 지나는 수직선을 선수수선(Forward 또는 Fore Perpendicular, FP), 계획만재수선이 타주(rudder post)의 뒷면과 만나는 교점을 지나는 수직선, 또는 타두재(rudder stock)의 중심선(타주가 없을 경우)을 지나는 수직선을 선미수선(After Perpendicular, AP)이라고 한다[2](그림 2-3).

1. 각종 길이(length)의 정의

1) 전장(Length OverAll, *LOA*)

선수재의 맨 앞끝으로부터 선미 돌출부의 맨 뒤끝까지의 수평거리를 전장이라고 한다.

2) 수선간길이(Length Between Perpendiculars, *LBP*)

선수수선(FP)과 선미수선(AP) 사이의 수평거리를 수선간길이라고 한다. 배의 중앙횡단면(midship section)은 FP와 AP를 잇는 길이방향(종방향, longitudinal) 수평선의 이등분점을 포함하는 폭방향(횡방향, transverse) 수직평면과 배의 교선이다.

3) 수선길이(Load Waterline Length, *LWL*)

계획만재수선의 앞끝으로부터 뒤끝까지의 수평거리를 수선길이라고 한다.

2) 선수수선, 선미수선과 수선(waterline) 사이의 혼동을 피하기 위해 선수수선은 FP, 선미수선은 AP로 부르는 것이 일반적이다.

2. 각종 폭(breadth)의 정의

1) 전폭(extreme breadth, B_{ext})

전폭은 선체의 폭이 제일 큰 곳에서 측정하며(일반적으로 중앙횡단면), 한 쪽 외판의 외면으로부터 반대 쪽 외면까지의 수평거리를 말한다. 운하 통과 및 입거(docking) 시에 사용되는 값이다.

2) 형폭(molded breadth, B_{mld})

선체의 중앙횡단면에서, 늑골(frame)의 외면으로부터 다른 쪽 늑골 외면까지 잰 수평거리의 최대값을 형폭이라고 한다. 즉 형폭은 전폭에서 외판 두께의 두 배를 뺀 값이다. 강선의 폭과 깊이의 경우, 외판 안쪽의 표면을 기준으로 한다. 형폭은 강선구조규정, 선박만재수선규정에서 사용되고 있다.

3. 형깊이(molded depth, D_{mld})

중앙횡단면에서 용골(keel)의 윗면으로부터 상갑판(upper deck)[3] 보(beam)의 현측 윗면까지의 수직거리를 형깊이라고 한다. 즉 형깊이는 선저나 상갑판의 판 두께를 포함하지 않는다. 용골의 윗면을 지나는 수평면은 정면도에서 기선(base line)으로 정의되며, 따라서 형깊이는 기선으로부터 상갑판 하면까지의 수직거리이다.

4. 흘수(draft, d)

선체가 물 속에 잠겨 있는 부분의 깊이를 흘수라고 한다.

1) 계획만재흘수(designed full load draft)

기선으로부터 계획만재수선까지의 수직거리를 뜻하며 줄여서 만재흘수라고 부르기도 하는데, FP와 AP에서 측정한 흘수를 각각 선수흘수, 선미흘수라고 한다. 선수흘수와 선미흘수의 차이는 트림(trim)이라고 부르며, 선수흘수가 크면 선수트림, 선미흘수가 크면 선미트림 상태에 있다고 한다. 배의 기하학에 대해 논의하는 경우에는 트림이 없는 경우를 상정하며, 아래의 논의에서도 트림은 없는 것으로 가정한다.

3) 늑골, 용골, 상갑판 등 배의 구조와 관련된 용어는 앞으로 친숙해질 용어들이며, 더 정확하게 알게 될 것이다. 여기서는 늑골은 외판의 안쪽에 붙어있는 갈비뼈 같은 골재, 용골은 선저 중앙부에 위치한 배의 등뼈(척추) 같은 골재, 상갑판은 가장 위에 있는 전통갑판(선수부터 선미까지 통한 갑판) 정도로 이해해 두자.

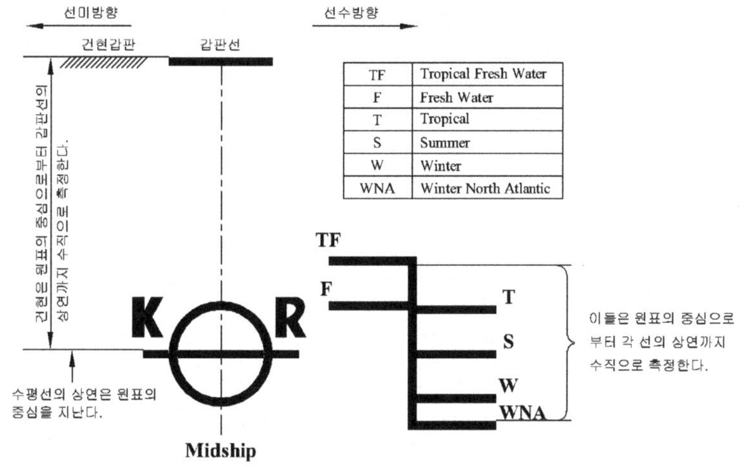

그림 2-4 만재흘수선표시

2) 만재흘수선표시(load line mark)용 흘수

용골의 아랫면을 포함하는 수평면과 선수수선 및 선미수선과의 교점으로부터 각각 위쪽으로 만재수선까지 측정한 수직거리를 뜻한다. 이 흘수는 선박의 조종과 만재 시의 화물 적재량 산출에 필요한 것이므로, 선박법 상 그 표시를 규정하고 있다. 한편 만재흘수선표시는 배의 좌우현 양쪽의 중앙횡단면 외판 상에 여러 가지 상태에서의 계획만재흘수를 표시한 것을 뜻한다.

2.2.2 선형계수(ship form coefficients)

수면 아래 선체의 형상에 관한 특성을 나타내는데 사용하는 무차원 선형계수에는 다음과 같은 것들이 있다.

1. 방형계수(block coefficient, C_b)

방형계수는 물 속에 잠긴 선체의 비척도를 나타내는 계수로 방형비척계수라고도 하며, 형배수체적(molded displacement volume) ∇ 와 각 변의 길이가 L(LWL 또는 LBP), B(형폭), d(만재흘수)인 직육면체의 체적과의 비로 정의된다(그림 2-5).

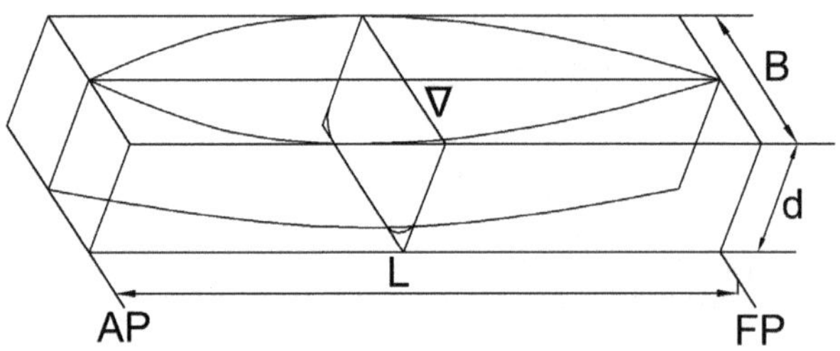

그림 2-5 방형계수의 정의

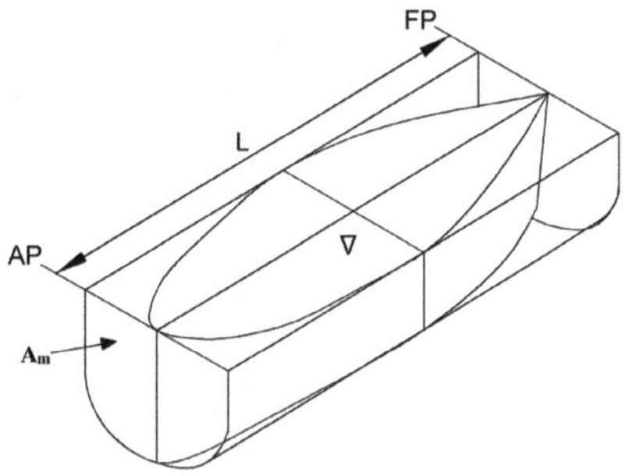

그림 2-6 주형계수 정의

$$C_b = \frac{\nabla}{L \times B \times d} \tag{2.1}$$

여기서 형배수체적은 형표면(molded surface)으로 둘러싸인 3차원 형상의 체적을 뜻하며, 형표면은 외판의 안쪽 면과 만재수선에 의해서 생성되는 3차원 형상의 경계면으로 정의할 수 있다. 방형계수는 선형에 따라서 대략 다음과 같은 범위의 값을 가진다.

고속선 : 0.50 ~ 0.60, 중속 부정기화물선 : 0.65 ~ 0.75, 대형 전용선 : 0.78 ~ 0.85

2. 중앙단면계수(midship section coefficient, C_m)

형폭과 만재흘수로 만들어진 직사각형 속에, 중앙횡단면의 면적 A_m이 어느 정도 차 있는가를 나타내는 계수로 다음과 같다.

$$C_m = \frac{A_m}{B \times d} \tag{2.2}$$

중앙단면계수는 선형에 따라서 대략 다음과 같은 범위의 값을 가진다.

고속선 : 0.85 ~ 0.97, 중속선 : 0.98 ~ 0.99, 저속선 : 0.995

3. 주형계수(prismatic coefficient, C_p)

중앙횡단면적 A_m과 수선간길이의 곱으로 체적이 주어지는 길이방향 주상체(prism) 속에 선체가 어느 정도 차 있는가를 나타내는 계수로 다음과 같다(그림 2-6).

$$C_p = \frac{\nabla}{A_m \times L} = \frac{\nabla}{C_m \times B \times d \times L} = \frac{C_b}{C_m} \tag{2.3}$$

그림 2-7은 길이방향 각 단면에서의 단면적을 중앙단면적으로 나눈 값을 도시한 C_p 곡선(단면적곡선)이다.

4. 수선면적계수(water plane area coefficient, C_w)

면적이 수선간길이와 형폭의 곱으로 주어지는 직사각형 속에 만재흘수에서의 수선면(water plane)의 면적 A_w이 어느 정도 차 있는가를 나타내는 계수로 다음과 같으며, 여기서 수선면은 수선(waterline)을 경계로 하는 수평면 상의 도형을 뜻한다.

$$C_w = \frac{A_w}{L \times B} \tag{2.4}$$

수선면적계수는 선종에 따라 대략 다음과 같은 범위의 값을 가진다.

고속선 : 0.68 ~ 0.78, 중속선 : 0.80 ~ 0.85, 저속선 : 0.86 ~ 0.92

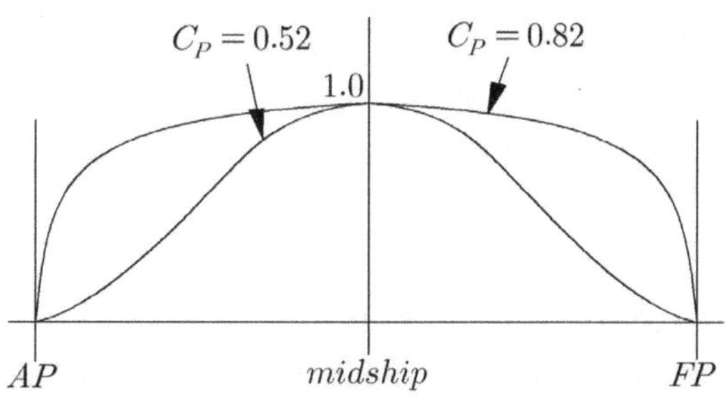

그림 2-7 C_p 곡선

5. 연직주형계수(vertical prismatic coefficient, C_{vp})

체적이 만재흘수에서의 수선면적 A_w과 흘수의 곱으로 주어지는 연직방향 주상체(vertical prism) 속에 선체가 어느 정도 차 있는가를 나타내는 계수로 다음과 같다.

$$C_{vp} = \frac{\nabla}{A_w \times d} = \frac{\nabla}{C_w \times L \times B \times d} = \frac{C_b}{C_w} \tag{2.5}$$

2.2.3 배의 크기

선박의 설계 시에는 주로 기하학적인 선체의 치수, 체적 또는 중량 등의 값이 필요하지만, 화물선의 경우에는 배가 적재할 수 있는 화물의 중량 및 체적(또는 용적) 등이 용선, 매매, 운하 통과료의 부과 등에 사용된다. 아래에서는 중량과 용적 등에 대해 차례로 생각하기로 한다.

1. 중량

1) 배수량(displacement, Δ)

배수량은 배가 밀어낸 물의 중량이며, 아르키메데스(Archimedes)의 원리에 따르면 배수량은 배의 중량과 같다. 배수량은 통상 톤(ton)으로 표시하며, '배가 밀어낸 물의 체적'(배수체적)과 물의 비중(specific gravity)의 곱으로 얻어진다.

1 톤은 북미에서는 2000 $lbf\,(\simeq 907\ kgf)$, 영국에서는 2240 $lbf\,(\simeq 1016\ kgf)$를 뜻하므로 잘 구분하여 사용해야 하며, SI 단위계에서는 1000 kg의 질량을 나타내는데 톤을 사용하므로 혼동하지 말아야 한다. 한편 군함에 대해서는 배수체적 35 ft^3을 배수량 1 톤으로 취하는 것이 관례이다.

2) 형배수량(molded displacement)

형배수량은 선박의 형표면을 기준으로 하여 얻어지는 형배수체적에 물의 비중을 곱하여 얻어지는 양이다.

3) 만재배수량(full load displacement)

만재배수량은 계획만재흘수에서의 배수량이며, 아래에서 정의하는 경하중량과 재화중량의 합과 같다.

4) 경하중량(light weight)

조선소에서 건조가 완료된 상태의 배의 자체 중량을 뜻한다. 경하중량 상태에서 선원과 선원의 소지품, 연료, 물, 식량 등을 탑재하고 운항할 수 있는 상태를 밸러스트상태(ballast condition)라고 한다.

5) 재화중량(deadweight, DWT)

만재흘수까지 적재할 수 있는 선원, 승객, 화물, 연료, 물, 식량 등의 중량을 의미한다. 만재배수량에서 경하중량을 뺀 값이며, 매매, 용선 등의 기준이 되고, 원유탱커의 경우에는 대부분 재화중량을 사용한다.

2. 용적

1) 총톤수(Gross Tonnage, GT)

배의 용적(capacity)을 환산하여 얻어지는 양으로 선각으로 둘러싸인 선체 총용적으로부터 상갑판 위의 추진, 항해, 안전, 위생에 관계되는 공간 등, 지정된 면제공간을 뺀 전체용적 V_C를 2.83[4] 으로 나눈 값이며 뒤에 GT를 붙이고[5], 일반화물선의 경우에는 대부분 총톤수를 사용한다. 국제해사기구(IMO, International Maritime Organization)는 국제선박톤수측정협정(TONNAGE, The International Convention on TONNAGE Measurement of Ships, 1969)을 채택하여 1982년 후에는 다음 식으로 GT 값을 얻도록 하고 있다[6].

$$GT = \left(0.2 + 0.02\log_{10} V_C\right) V_C \tag{2.6}$$

이 식을 사용하면 전체용적을 2.83으로 나누어 얻는 값, 즉 0.353을 곱하여 얻는 값보다 항상 작은 값을 얻는다. 이는 현재 지구 상에 있는 배 중 용적이 가장 큰 배의 V_C가 10^7을 넘지 않으므로 식 (6) 우변의 괄호 안의 양이 항상 0.353보다 작기 때문이다.

2) 순톤수(Net Tonnage, NT)

총톤수를 얻을 때 사용한 전체용적에서 선박운항에 이용되는 부분의 용적(선원실, 해도실, 기관실,

4) 다시 말하면 $100\ ft^3 = 2.83\ m^3$을 1 ton으로 환산한다.

5) 이 책에서는 별도로 단위에 대한 언급이 없을 경우에는 SI 단위계를 사용한다.

6) IMO, TONNAGE 등에 대해서는 2.5.3절을 참조하기 바란다.

밸러스트탱크 등)을 공제한 순용적을 2.83으로 나눈 값이며, 보통 GT의 약 0.65배 정도의 값을 가진다. IMO는 위에서 언급한 규정에서 NT의 계산도 식 (2.6)과 유사한 식을 사용하여 하도록 규정하고 있다.

3) 보정 총톤수(Compensated Gross Tonnage, CGT)

CGT는 세계 각국의 선박건조량을 보다 합리적으로 비교할 수 있도록 고안되었다. 선종이 다른 경우 배를 짓는데 필요한 공수(manhour)가 모두 다르므로 단순히 건조한 배의 톤수만으로 각국의 건조량을 비교하면 공정한 비교가 될 수 없기 때문이다. CGT의 값은 2007년 OECD가 채택한 식에 따라 각종 선박의 GT에 보정계수를 곱하여 얻고 있으며, 10K[7] GT 일반화물선을 기준으로 삼으므로 이 경우에는 GT와 CGT의 값이 같으며, 예를 들어 150K GT 이중선체(double hull)인 VLCC의 보정계수는 0.3이므로 45K CGT가 된다.

3. 기타

1) 적재할 수 있는 컨테이너의 수

컨테이너선 경우에는 20 ft 컨테이너를 나타내는 TEU(Twenty-foot Equivalent Unit)로 수송능력을 나타내며, 근자에는 10K TEU 이상의 컨테이너선도 건조되고 있다.

2) 적재할 수 있는 자동차의 수

자동차운반선(car carrier)의 경우, 적재할 수 있는 승용차 또는 화물차의 수로 수송능력을 표시한다.

2.2.4 속력(speed)

배의 속력을 나타내는 통상적인 단위는 kts(노트, knots)이며, 1 kt는 1 시간에 1 해리(nautical mile, 1852 $m = 6080\ ft$)를 이동하는 것을 뜻하므로, SI 단위계로는 0.5144 m/s이다. 또한 배의 속력을 척도하는 무차원 상수로 다음과 같이 정의되는 프루드수(Froude Number, Fn)가 사용되고 있으며,

7) 배의 톤수를 나타낼 때는 1000 대신에 K를 쓰는 것이 관례이다.

$$Fn = \frac{V}{\sqrt{gL}} \tag{2.7}$$

Fn는 모형시험(model test) 시 모형선의 속력을 결정하는 중요한 역할을 한다. 여기서 V는 배의 속력, g는 중력가속도, L은 배의 길이이다.

1. 항해속력(service speed)

배가 취항하여 실제로 항해할 때의 속력이다. 설계 시 기준은 만재상태, 주기관출력은 상용출력, 해상여유(sea margin)는 15%를 택한다.

2. 시운전최대속력(maximum trial speed)

배를 선주에게 인도하기 전 해상시운전(sea trial)을 하는데, 여기서 얻어진 최고 속력이다. 시운전 상태는 계약 시 협의 결정하지만 밸러스트상태로 시운전하는 경우가 대부분이며, 단 원유탱커(crude oil tanker)는 해수로 화물창을 채워 만재상태로 시운전하는 경우도 있다.

2.2.5 기관동력(main engine power)

움직이는 선박은 물과 공기의 저항을 받으며, 이 저항은 주기관-추진기에 의해 생성되는 추진력과 상쇄된다. 주기관의 동력(power), 또는 출력(output)의 크기는 다음과 같이 구분하여 표시한다.

1. 연속최대출력(Maximum Continuous Rating, MCR)

기관으로부터 안전하게 지속적으로 얻을 수 최대 출력이다.

2. 상용출력(service power)

항해속력을 얻기 위한 출력으로 주기관의 효율이 최대가 되도록 설계되는 출력이다. 디젤기관에서는 MCR의 85%, 터빈에서는 90% 정도의 값을 가진다.

3. 동력의 단위

동력의 크기를 나타내는 단위로 hp(HorsePower; 마력의 영어)와 PS(PferdeStärke; 마력의 독어)

가 있으며 다음과 같은 관계를 가진다.

$$1\ hp = 0.746\ kW = 1.014\ PS,\ 1\,PS = 0.735\ kW = 0.986\ hp \tag{2.8}$$

2.3 기본도면

선박의 특성을 나타내는 기본도면으로 선도(lines), 일반배치도(General Arrangement, G/A), 중앙단면도(Midship section Arrangement, M/A), 외판전개도(Shell Expansion, S/E) 및 기관실배치도(Engine room Arrangement, E/A) 등이 있다. 그림 2-8에서는 그 중에서도 가장 기본이 되는 선도와 일반배치도에 대해 알아보기로 한다.

2.3.1 선도

선도는 정면도(body plan), 측면도(profile 또는 sheer plan), 반폭도(half-breadth plan)의 세 부분으로 이루어진다(그림 2-8).

1. 면도

선수수선(FP)과 선미수선(AP) 사이를 20등분(또는 10등분)하여 얻어지는 폭방향 수직평면을 스테이션(station)이라고 하는데, 대개 AP는 0번, FP는 20번 스테이션이 된다. 정면도는 각 스테이션에서의 배의 횡단면을 보여주며, 배는 통상 좌우대칭이므로 오른쪽에 전반부, 왼쪽에 후반부를 그리는 것이 일반적이다(그림 2-9). 선수, 선미부에서는 형상의 변화가 심하므로 10등분하는 경우에는 반스테이션(half station), 즉 1/2, 1(1/2), 그리고 8(1/2), 9(1/2) 스테이션에서의 횡단면을 추가하는 경우가 대부분이다.

정면도에는 수직방향과 수평방향의 기준선들이 같이 그려지는데, 이들은 길이방향의 수직평면, 수평평면으로 정면도에서는 수직선과 수평선으로 나타난다. 가운데 있는 수직선은 중심선(centerline)이며, 가장 아래의 수평선은 형기선인데 보통 기선(base line)이라고 부른다. 중심선과 평행한 수직선, 즉 길이방향 수직평면과 형표면의 교선은 측면도에서 종단면(longitudinal crosssection)의 형상을 나타내는 버톡선(buttock line)이 된다. 물론 버톡선은 정면도에서 중심선과 평행한 수직선으로 나

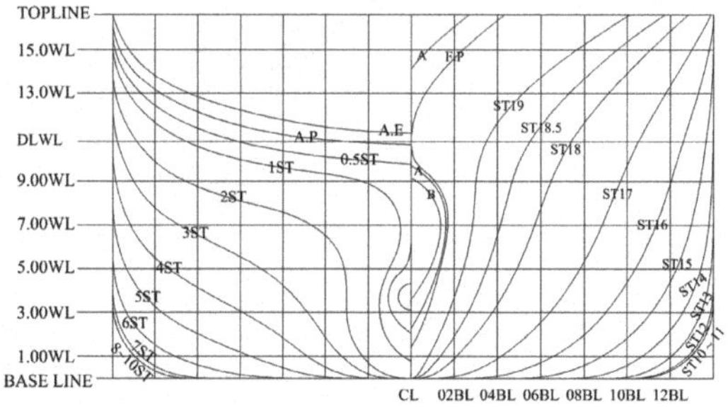

BODY PLAN

PRINCIPAL PARTICULARS

LENGTH	O. A.	184.60 m
LENGTH	B. P.	176.00 m
BREADTH	(MLD.)	28.00 m
DEPTH	(MLD.)	16.60 m
DRAFT DESIGN	(MLD.)	10.80 m
DRAFT SCANTLING	(MLD.)	11.40 m
DEADWEIGHT	(at S. L. W. L)	abt. 31,500 Ton
MAIN	ENGINE	
SPEED	SERVICE	abt. 17.0 Kts
CAMBER		0.56 m
CLRASSIFICATION		KR(KOREAN REGISTER)

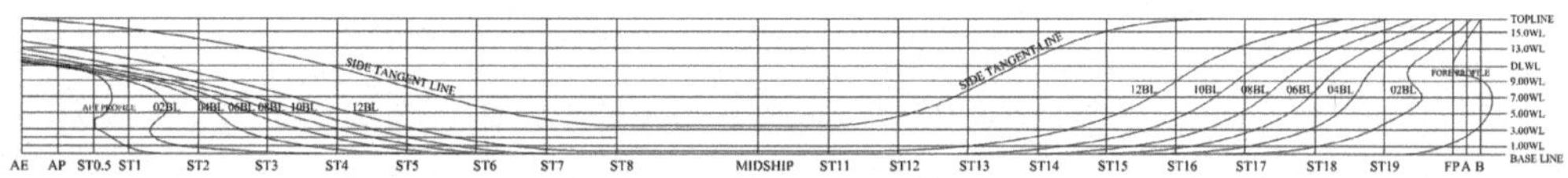

SHEER PLAN

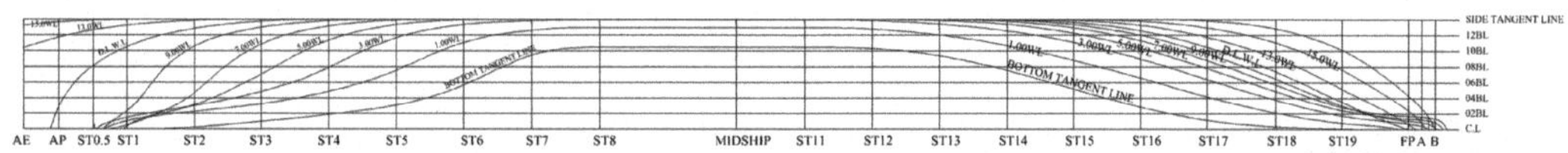

HALF-BREADTH PLAN

그림 2-8 선도

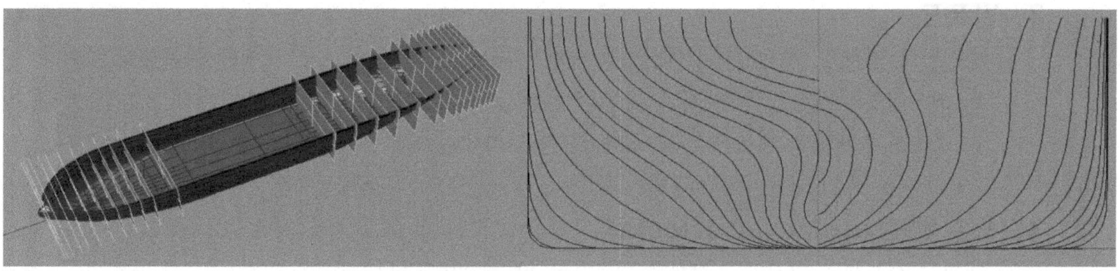

그림 2-9 정면도의 이해

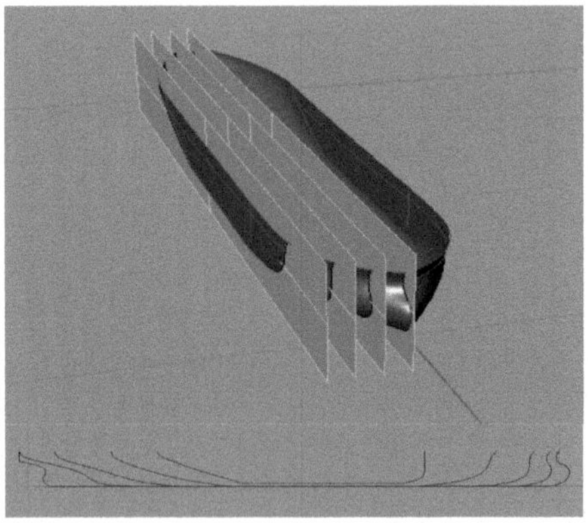

그림 2-10 측면도의 이해

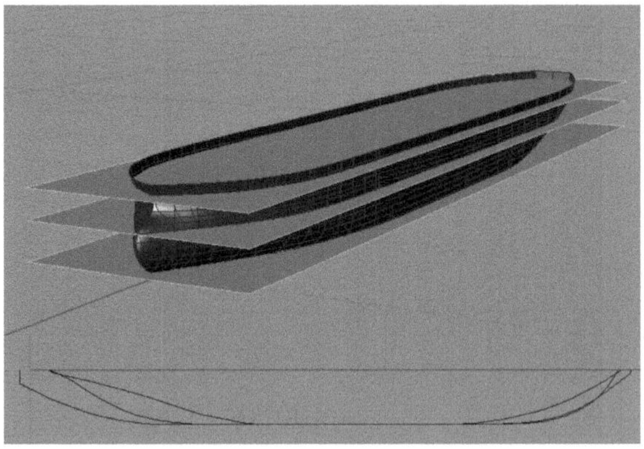

그림 2-11 반폭도의 이해

타난다. 또 기선에 평행한 수평선, 즉 길이방향 수평평면과 형표면의 교선은 2.2.1절에서 이미 언급한 바 있는, 상응하는 흘수 상태에서의 수선(WaterLine, WL)이 되며 반폭도에 주어진다. 당연히 WL도 정면도에서는 기선과 평행한 수평선으로 나타난다. 따라서 정면도는 기선에 평행한 WL과 중심선에 평행한 버톡선으로 이루어진 모눈 위에 각 스테이션에서의 횡단면이 주어진 도면이다.

2. 측면도

위에서 설명한 바와 같이 배의 종단면의 형상인 버톡선을 도시하며, 중앙종단면(longitudinal center plane)으로부터 폭방향으로 일정한 간격으로 그린다(그림 2-10). 측면도에서는 기선에 평행한 수선과 각 스테이션을 나타내는 직선이 기준선이 되어 모눈을 이룬다.

3. 반폭도

수선면의 형상을 나타내는 수선을 도시하며, 기선으로부터 상방으로 일정한 간격으로 그린다. 선체는 좌우대칭이므로 정면도에서와 같이 중심선을 기준으로 반쪽만 나타낸다(그림 2-11). 반폭도에서는 중심선에 평행한 버톡선과 각 스테이션을 나타내는 직선이 기준선이 되어 모눈을 이룬다.

4. 오프셋표(tables of offsets)

여기서 오프셋은 기선과 중심선을 기준으로 한 형표면(molded surface)의 좌표를 뜻한다. 오프셋표는 정면도에 나타나는 횡단면이 각 수선에서 중심선으로부터 얼마나 떨어져 있는지를 나타내는 거리와, 각 버톡선에서 기선으로부터 얼마나 떨어져 있는지를 나타내는 거리를 포함한다(그림 2-12).

no. of ord	Water line																	
	base line	0.5	1	2	3	4	5	6	7	8	9	10	10.8	12	13	14	15	16	upper deck
A														9.587	11.192	12.674	13.500	13.927	14.000
AP													2.918	9.595	11.722	12.643	13.000	13.981	14.000
01			0.383	1.215	1.472	1.404	1.034	0.602	0.511	0.862	2.329	8.069	10.529	12.395	13.254	13.762	13.986	14.000	"
02	0.235	1.749	2.268	2.826	3.005	3.016	3.119	3.541	4.666	7.619	10.580	12.118	12.842	13.551	13.880	13.999	14.000	"	"
03	0.979	2.603	3.241	4.091	4.841	5.748	7.023	8.888	10.863	12.226	12.996	13.495	13.771	13.980	14.000	"	"	"	"
04	1.860	4.001	4.851	6.233	7.897	9.770	11.357	12.475	13.154	13.585	13.853	13.982	14.000	"	"	"	"	"	"
05	3.074	6.089	7.525	9.948	11.660	12.702	13.331	13.709	13.916	13.998	14.000	"	"	"	"	"	"	"	"
06	5.671	9.646	11.065	12.574	13.345	13.754	13.953	14.000	"	"	"	"	"	"	"	"	"	"	"
07	9.477	11.900	12.639	13.457	13.856	13.996	14.000	"	"	"	"	"	"	"	"	"	"	"	"
08	10.500	12.303	12.950	13.662	13.964	14.000	"	"	"	"	"	"	"	"	"	"	"	"	"
09	10.500	12.303	12.950	13.662	13.964	14.000	"	"	"	"	"	"	"	"	"	"	"	"	"
10	10.500	12.303	12.950	13.662	13.964	14.000	"	"	"	"	"	"	"	"	"	"	"	"	"
11	10.500	12.303	12.950	13.662	13.964	14.000	"	"	"	"	"	"	"	"	"	"	"	"	"
12	10.334	12.139	12.795	13.527	13.872	13.989	14.000	"	"	"	"	"	"	"	"	"	"	"	"
13	9.399	11.316	12.040	12.914	13.419	13.719	13.884	13.965	13.996	14.000	"	"	"	"	"	"	"	"	"
14	7.550	9.819	10.702	11.836	12.569	13.073	13.411	13.636	13.783	13.877	13.936	13.973	13.990	14.000	"	"	"	"	"
15	5.188	7.787	8.839	10.202	11.113	11.775	12.278	12.662	12.960	13.194	13.383	13.541	13.654	13.806	13.906	13.973	14.000	"	"
16	5.188	7.787	8.839	10.202	11.113	11.775	12.278	12.662	12.960	13.194	13.383	13.541	13.654	13.806	13.906	13.973	14.000	"	"
17	1.164	3.321	4.187	5.439	6.402	7.168	7.801	8.346	8.823	9.256	9.680	10.126	10.513	11.174	11.776	12.380	12.973	13.556	3.8500
18	0.326	1.557	2.103	3.000	3.766	4.382	4.888	5.322	5.709	6.076	6.461	6.924	7.389	8.260	9.121	10.066	11.070	12.142	12.838
19	0.046	0.524	0.808	1.306	1.731	2.105	2.419	2.667	2.843	2.938	3.007	3.189	3.491	4.255	5.170	6.305	7.643	9.156	10.125
FP				0.318	0.740	1.059	1.326	1.559	1.689	1.604	1.087	0.135	0.000	0.175	0.648	1.397	2.393	3.560	4.324

그림 2-12 오프셋표

따라서 형표면 상의 한 점이 정면도, 측면도, 반폭도에서 일관되게 나타나고 있는지 확인할 필요가 발생한다. 예를 들어 정면도의 2번 스테이션 상의 한 점, 특히 오프셋표에 주어지지 않은 점이 측면도와 반폭도에서 일관되게 표현되고 있는지 확인, 수정할 필요가 있으며 이와 같은 작업은 선도를 구성하는 곡선들을 부드럽게 하는 작업과 유사하므로 순정(fairing)이라고 부른다.

5. 선도와 관련된 용어의 설명

1) 선저구배(deadrise 또는 rise of floor)와 만곡부(bilge part)

중앙횡단면의 바닥이 기선과 일치하지 않고, 중심선에서 현측으로 갈수록 위로 올라가는 경우, 현측에서의 수직 상승량 또는 각도를 뜻한다. 선저부와 선측이 만나는 부분은 만곡부(bilge part)라고 부른다.

2) 텀블홈(tumblehome)

중앙횡단면의 현측 부분이 만재수선 또는 반폭이 최대인 수선으로부터 위로 올라갈수록 감소하는 경우, 그 반폭의 감소량을 뜻한다.

3) 플레어(flare)

텀블홈과 반대로 위로 올라갈수록 반폭이 증가하는 경우, 그 증가량을 뜻한다.

4) 캠버(camber)

중앙횡단면의 상갑판 부분은 일반적으로 기선과 평행한 수평선이 아닌, 위로 약간 볼록한 곡선으로 되어 있다. 상갑판의 좌우 끝점을 연결하여 얻는 직선을 기준으로 중심선에서 상갑판이 얼마나 올라가 있는지 나타내는 양을 캠버라고 한다.

5) 중앙평행부(parallel middle body), 도입부(entrance), 결속부(run) 및 어깨부(shoulder)

길이방향으로 선체중앙부의 횡단면이 일정하여 평행한 부분을 말한다. 중앙평행부보다 앞쪽은 도입부, 뒤쪽은 결속부라고 부르며 중앙평행부와 이들의 경계부분을 어깨부라고 부르고, 도입부의 앞끝은 선수단부(forebody end part), 결속부의 뒤끝은 선미단부(afterbody end part)라고 부른다.

6) 쉬어(sheer)

중앙종단면의 상갑판 부분은 기선과 평행한 수평선이 아닌, 선체중앙(midship)에서 선수 선미 쪽으

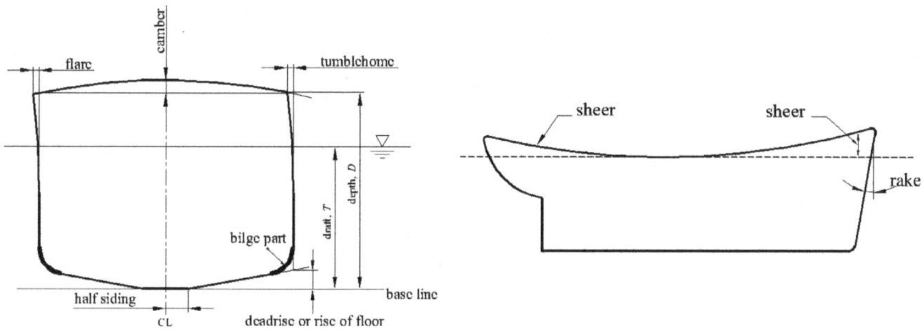

그림 2-13 선도관련 용어설명

로 갈수록 기선으로부터의 높이가 증가하는 곡선으로 되어 있다. 이와 같은 상갑판의 측면 형상, 또는 그 상승량을 쉬어라고 한다.

7) 레이크(rake)

중앙종단면에서 가장 앞쪽 부분인 선수재는 대개 직선형인데, 이 직선은 일반적으로 수직선이 아니다. 이 직선이 수직선에 대해 경사하고 있는 상태 또는 경사한 정도를 레이크라고 한다.

2.3.2 일반배치도(General Arrangement. G/A)

일반배치도는 측면도(profile), 평면도(plan view), 중앙횡단면(midship section)을 포함하여 전체적인 배치 상황을 보여주며, 선수를 우측, 선미를 좌측으로 그리는 것이 관례이다. 일반배치도에는 개략 일반배치도(sketch G/A)와 상세 일반배치도(full G/A)가 있다.

개략 일반배치도는 초기 단계에서 용적, 트림, 종강도 등의 기본 성능 검토 시 이용되며 선주와의 상담용으로 첨부되기도 하고, 보통 A4 또는 A3 크기로 작성한다. 선수부, 화물창, 기관실, 선미부로 구분하고 구획(compartment)의 수, 구획의 길이, 화물창 크기 및 밸러스트(water ballast)탱크, 연료유(fuel oil, F/O)탱크, 청수(fresh water, F/W)탱크 등의 배치를 쉽게 파악할 수 있도록 나타낸 도면이다. 여기서 구획은 수밀격벽(watertight bulkhead)으로 막혀 물이 들고 날 수 없는 하나의 독립된 공간을 뜻하며, 격벽은 배의 종방향 또는 횡방향으로 설치하는 수직 평판으로 배의 강도를 유지하는 데 매우 중요한 역할을 한다. 개략 일반배치도는 구획과 탱크 배치를 보여주기 위한 것이므로 주로 기준선(parent ship)을 참조하여 구획 배치를 수행하며, 배의 크기가 거의 같을 경우에는 기준선에서 최소한의 부분 수정으로 원하는 배치를 얻는다.

상세 일반배치도는 계약 시 첨부되며, 선실(accommodation), 하역장치, 계선장치, 교통장치 등의 상세 배치를 포함하고, 도면의 축척은 배의 크기에 따라 1/100 ~ 1/400로 한다. 이 도면의 작성 및 검토 시에는 각종 법규(laws, rules & regulations)에 저촉되는 사항이 없도록 신중을 기하고 주어진 공간 내에서 효율적인 배치가 되도록 노력해야 한다. 구획 배치의 가장 큰 목적은 화물창 및 탱크 용적을 주어진 여건 내에서 최대화하는 것이다. 그러나 각 구획은 상호간의 제약 조건과 관련 법규에 따른 구속 조건을 만족해야 하므로, 이들을 적절히 검토/조정하여 최적 결과를 얻어야 한다.

2.4 수정역학적 곡선(hydrostatic curves)[8]과 복원성

2.4.1 근사적분과 도심(centroid)

선도의 정면도로부터 각 스테이션에서의 횡단면적을 구한 후, 이를 길이방향으로 적분하면 배수용적과 배수량, 부심(center of buoyancy) 등을 얻을 수 있다. 또 반폭도로부터 만재상태 및 각 흘수에서의 수선면의 면적과 도심을 얻을 수 있다. 이들을 토대로 배의 다양한 수정역학적 특성 및 트림, 복원성능 등을 구할 수 있다.

위에서 언급한 바와 같이 선박과 관련된 계산은 횡단면이나 수선면과 같이 수학적 곡선으로 나타내기 힘든 도형의 면적을 구하는 작업을 포함하는 경우가 많은데, 이런 작업은 보통 근사적분법을 사용하여 이루어진다. 가장 많이 쓰이는 근사적분법으로는 사다리꼴 공식, 심프슨의 공식(Simpson's rule) 등이 있으며, 필요한 값들을 얻기 위한 계산에는 대부분 전산기 및 전용소프트웨어를 활용하고 있다. 아래에서는 사다리꼴 공식과 심프슨의 공식의 기본에 대해 간단히 설명하기로 한다.

1. 사다리꼴 공식(trapezoidal rule)

임의의 곡선 아래 면적을 구하는데 가장 쉽게 생각할 수 있는 근사방법은 면적을 구하고자 하는 주어진 구간(interval)을 잘게 자르고 각 소구간(subinterval) 내에서 곡선을 직선으로 근사하는 방법이다. 고등학교 때 적분의 정의와 관련해서 배운 바로 그런 방법인데, 단 이 방법을 실제적으로 계산에 이용할 때에는 소구간의 길이를 무한히 작게 할 수 없으므로 어느 정도의 오차를 감수해

8) 유체정역학적 곡선으로도 부른다. 그러나 유체는 모든 액체와 기체를 포함하는 용어이므로 여기서는 원래의 용어 hydrostatic에 충실하기 위해 '수정역학적' 이라고 번역하기로 한다.

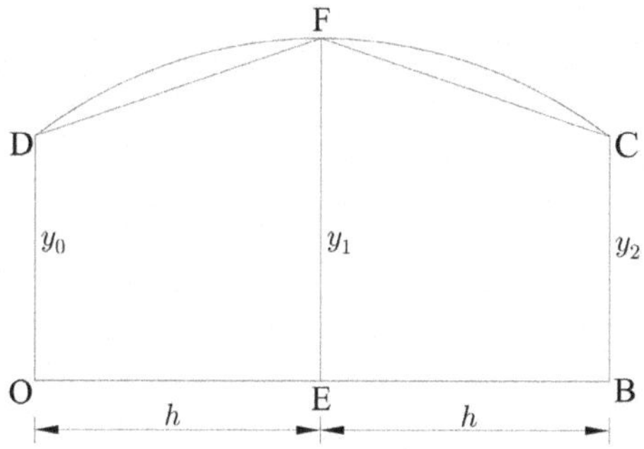

그림 2-14 사다리꼴 공식

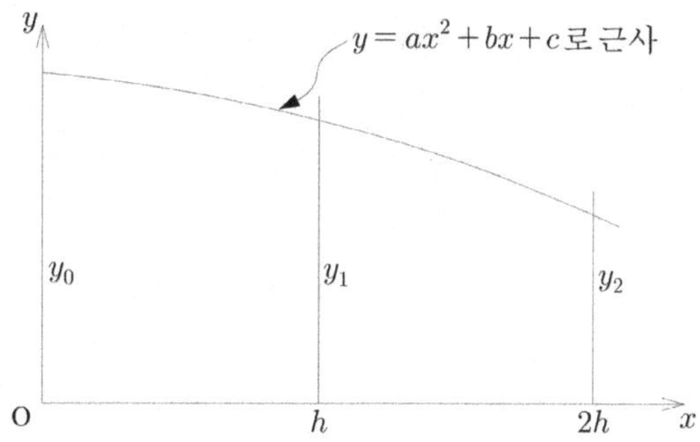

그림 2-15 심프슨의 공식

야 한다. 그림 2-14에 보인 바와 같이 곡선 DF를 직선으로 근사하면 소구간의 길이가 h일 때 직선 아래의 면적은 $h(y_0+y_1)/2$이다. 같은 방법으로 곡선 DC 아래의 면적 A를 구하는데, 구간 OB를 길이가 같은 두 개의 작은 소구간으로 자르면 다음 결과를 얻는다.

$$A = \frac{h}{2}(y_0 + 2y_1 + y_2) \tag{2.9}$$

이 방법은 적용이 간편하지만 오차가 비교적 크며, 정확한 결과를 얻기 위해서는 소구간의 길이 h를 매우 작게 해야 한다는 단점이 있다.

2. 심프슨의 공식(Simpson's rule)

심프슨의 공식은 사다리꼴 공식에 비해 소구간의 길이가 같을 때 오차가 작은 결과를 준다는 장점이 있다. 임의의 곡선을 위에서와 같이 직선으로 근사하는 것은 1차식으로 보는 것과 같은 것임에 착안하면, 보다 작은 오차를 얻기 위해 2차식, 다시 말하면 포물선으로 근사하면 어떨까 하는 생각을 할 수 있는데, 심프슨의 공식은 바로 그와 같은 가정에 근거하여 얻을 수 있다(그림 2-15). 단 2차식, 예를 들어 ax^2+bx+c를 결정하기 위해서는 a, b, c 세 개의 상수를 알아야 하므로, 주어진 곡선이 정의된 구간을 두 개의 길이가 같은 소구간으로 나누고, 세 점의 좌표, $(0, y_0)$, (h, y_1), $(2h, y_2)$를 이용하여 a, b, c를 나타내면 다음 결과를 얻는다(연습문제 2.1).

$$a = (y_0 - 2y_1 + y_2)/2h^2,\ b = (-3y_0 + 4y_1 - y_2)/2h,\ c = y_0 \tag{2.10}$$

한편 2차식을 적분하여 곡선 아래의 면적을 얻으면 다음과 같으므로,

$$A = \int_0^{2h} (ax^2 + bx + c)dx = \left(\frac{ax^3}{3} + \frac{bx^2}{2} + cx \right)_{x=0}^{x=2h} = \frac{8ah^3}{3} + 2bh^2 + 2ch \quad (2.11)$$

식 (2.10)을 이 결과에 대입하여 다음을 얻는다.

$$A = \frac{4h}{3}(y_0 - 2y_1 + y_2) + h(-y_0 + 4y_1 - y_2) = \frac{h}{3}(y_0 + 4y_1 + y_2) \quad (2.12)$$

이 식의 우변이 심프슨의 공식으로 알려져 있으며, 근사적분 시 가장 많이 사용되고 있다. 면적을 구하고자 하는 구간을 2의 배수로 등분하여 위의 결과를 반복적으로 적용함으로써 비교적 정확한 결과를 얻을 수 있다.

3. 도심(centroid)

먼저 평면도형의 임의의 축에 대한 모멘트를 고려하기 위해 직각좌표계 xy를 잡고, 도형의 y축에 대한 모멘트 M_x를 정의하면 다음과 같다(그림 2-16).

$$M_x = \int_A x dA \quad (2.13)$$

여기서 dA는 면적요소(area element)이며 적분은 도형에 대한 면적적분이다. 만약 도형과 y축 사이의 거리가 대단히 멀다면 위의 적분은 도형 내부 임의의 점에 대한 x의 값, 예를 들어 x_0와 면적 A의 곱으로 보아도 그렇게 틀리지 않을 것이다. 그러나 도형과 y축 사이의 거리가 짧다면 이와 같은 방법은 x_0의 값에 따라 매우 다른 결과를 줄 것이다. 만약 어떤 x_0에 대해 위에서 생각했던 방법을 그대로 쓸 수 있다면 편리할 것이며, 그와 같은 경우 x_0는 다음과 같이 정의할 수 있다.

$$x_0 = \frac{M_x}{A} = \frac{1}{A} \int_A x dA \quad (2.14)$$

식 (2.14)는 평면도형의 도심의 x좌표를 주는 식이며, 도심의 y좌표 y_0는 같은 방법으로 x축에 대한 모멘트를 고려하여 다음과 같이 얻을 수 있다.

$$y_0 = \frac{M_y}{A} = \frac{1}{A} \int_A y dA \quad (2.15)$$

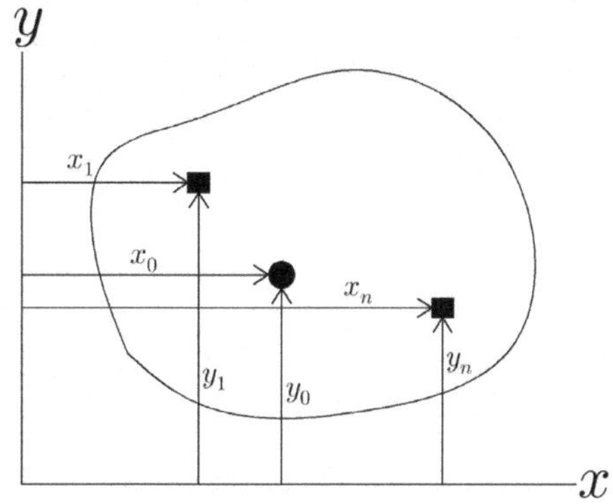

그림 2-16 도심

위에서 보인 도심의 정의로부터 도심을 지나는 축에 대한 모멘트는 영이 됨을 보일 수 있다. 예를 들어 xy좌표계의 원점을 도심으로 옮기고 새로운 좌표계를 $\xi\eta$좌표계라고 하자. 이제 도형의 η축에 대한 모멘트 M_ξ를 구하기 위해서는 식 (2.14)에서 x를 ξ로 바꾸면 되는데, $\xi = x - x_0$임을 이용하면 다음과 같이 원하는 결과를 얻는다.

$$M_\xi = \int_A (x - x_0) dA = M_x - x_0 A = 0 \qquad (2.16)$$

물론 같은 방법으로 ξ축에 대한 모멘트 M_η도 영이 됨을 보일 수 있다. 다시 말하면, 주어진 기하학적 형상의 도심은 '그 점에 대한 모멘트가 영이 되는 점'이라고 할 수 있다.

위에서 얻은 결과는 공간도형 즉 예를 들면 3차원 형상의 물체에 대해서도 그대로 확장 적용할 수 있으며, 도심의 근본적인 성질, '도심에 대한 모멘트는 영이다'라는 점은 그대로 성립한다.

2.4.2 수정역학적 곡선(hydrostatic curves)

어떤 배든지 지금 흘수에서 배수량이 얼마나 되는지, 또 짐을 얼마나 더 실을 수 있는지에 대해 배를 운용하는 사람이 알 필요가 있으며, 이에 따라 조선소는 짓는 배의 수정역학적 특성, 다시 말하면 배가 움직이지 않고 정지 상태에 있다고 가정할 때, 배의 특성을 선주에게 제공할 의무가 있다. 여기서 특성이라고 함은 흘수가 달라질 때 변화하는 여러 가지 양들을 뜻하는데, 배수량, 부심의 위치, 부면심의 위치, 메타센터의 위치, 단위침하당(per unit immersion) 배수량 변화, 단위트림당(per unit trim) 모멘트, 침수표면적, 선형계수 등이 포함된다. 물론 이와 같은 배의 특성은 배를 설계, 건조하는 과정에서도 꼭 필요한 양이다. 아래에서는 이들 양에 대해 차례로 보다 자세히 알아보기로 한다.

1. 배수량

배수량은 중량이므로 배수용적을 구한 후, 배가 떠있는 물의 비중을 곱하여 얻어지는데, 물의 비중은 해수, 담수에 따라 달라지고 또 계절(온도), 지구 상의 위도에 따라서도 달라지므로 주의를 요하며, 대개 하계 해수를 기준으로 작성한다. 주어진 흘수에서의 배수량을 구하기 위해서는 2.4.1절에서 설명한 근사적분을 사용하며 보통 전용소프트웨어를 이용한다.

2. 부심

부력은 힘, 즉 벡터량이므로 크기, 방향, 작용점을 가진다. 아르키메데스의 원리에 따라 부력의 크기는 배수량과 같고 그 방향은 연직상방이며, 부력의 작용점은 물에 잠긴 부분의 도심이 되는데(연습문제 2.2), 이 점을 부심이라고 하며 점 B로 표기한다. 따라서 부심, 즉 해당 도형의 도심을 구하기 위해서는 2.4.1절에서 설명한 바와 같이 해당 체적과 체적의 모멘트를 알아야 되며, 이 양들은 모두 앞에서 설명한 근사적분으로 얻을 수 있는 양들이다.

배가 수평상태(even keel)로 떠있을 때는 부심은 당연히 중앙종단면 내에 있으며 따라서 부심의 위치는 길이방향, 수직방향의 좌표로 주어진다. 부심의 길이방향 위치는 종부심(Longitudinal Center of Buoyancy, LCB)이라고 부르며, 기준면으로는 중앙횡단면을 택하고 배의 길이에 대한 백분율(%)로 나타내는 것이 일반적이다. 수직방향 위치는 통상 기선으로부터의 수직거리로 주어지며 KB로 표시한다. 여기서 점 K는 중심선과 기선의 교점으로 정의되고, K는 기선이 용골(Keel) 상면으로 정의되는 것을 나타낸다.

3. 부면심(center of floatation)

해당 흘수에서의 수선면(water plane)의 도심을 부면심이라고 하며, 2.4.1절에서 설명한 근사적분을 이용하여 구할 수 있다. 부면심 또한 수선면의 좌우대칭성 때문에 중심선 상에 있고 따라서 부면심의 위치는 길이방향 위치를 뜻하며 통상 LCF(Longitudinal Center of Floatation)로 표시한다.

4. 메타센터(metacenter)

다음 절에서 다룰 정적복원성과 관련하여 매우 중요한 개념인데, 배가 횡방향으로 기울면 부심의 위치는 중앙종단면을 벗어나게 되며, 이 때 새로운 부심을 지나는 수직선은, 흘수가 변하지 않고 경사각도가 작은 한, 배의 중앙종단면 또는 중심선과 항상 동일한 점에서 만나게 된다(연습문제 2.3). 이 점을 횡메타센터(transverse metacenter)라고 하며, 물론 배가 종방향으로 기우는 경우에 대해서는 같은 방법으로 종메타센터(longitudinal metacenter)를 정의할 수 있다.

횡메타센터는 통상 M으로 표시하며 따라서 KM은 점 K와 횡메타센터 사이의 거리를 뜻한다(그림 2-17). 종메타센터는 M_L로 표시한다. 배의 경우 횡방향으로 기우는, 즉 횡경사(heel)가 크게 일어날 때는 전복의 위험이 크지만 종방향으로 기우는, 즉 종경사(trim)가 크게 일어날 때는 상대적으로 큰 위험이 없으므로 보통 경사라고 하면 횡경사, 메타센터라고 하면 횡메타센터를 뜻한다. 이하에서는 혼동의 소지가 없는 한 횡메타센터는 메타센터로 쓰기로 한다.

KB는 위에서 부심과 관련하여 이미 설명한 바와 같이 구할 수 있으며, 배의 중심선 상에서 $KM = KB + BM$이므로 BM을 구하면 KM을 얻을 수 있다. BM은 메타센터반경(radius of metacenter)이라고 부르며 이에 대해서는 정적복원성과 관련하여 다음 절에서 설명하기로 한다.

5. 단위침하당 배수량(Tons Per Centimeter immersion, TPC)

흘수의 크기가 단위길이(cm 또는 in) 증가할 때 배수량의 증가는 그 흘수에서의 수선면적에 단위길이와 물의 비중을 곱하여 얻을 수 있으므로, TPC는 수선면적과 비례하는 양이다.

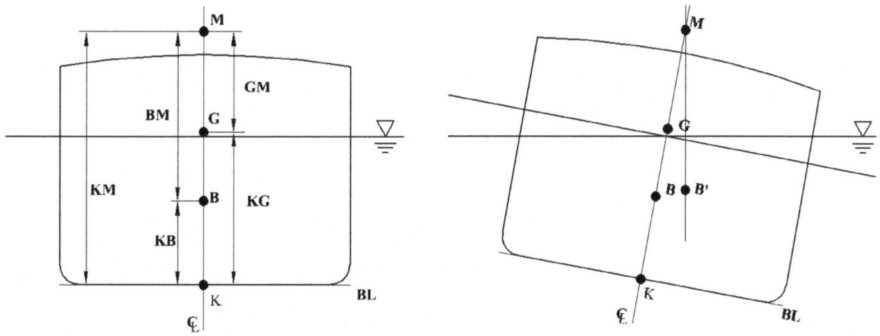

그림 2-17 메타센터의 개념

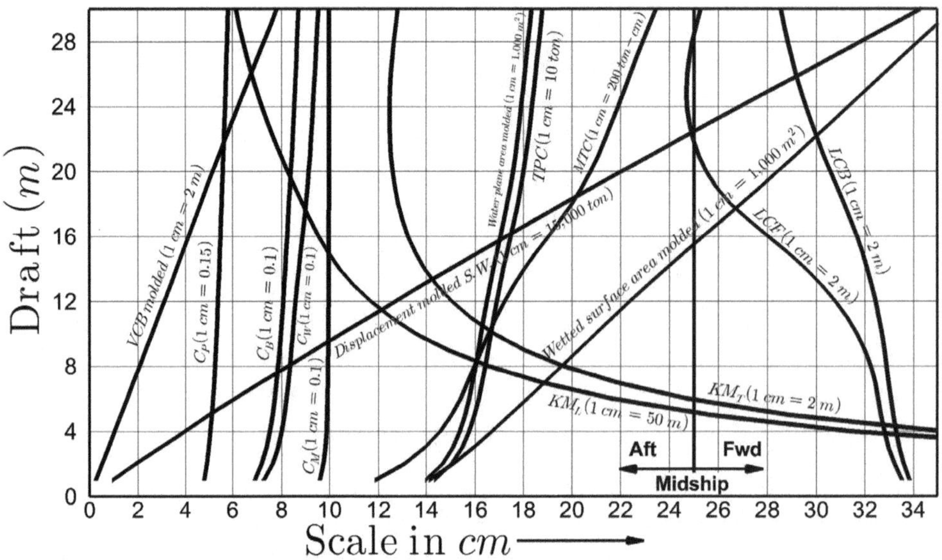

그림 2-18 수정역학적 곡선

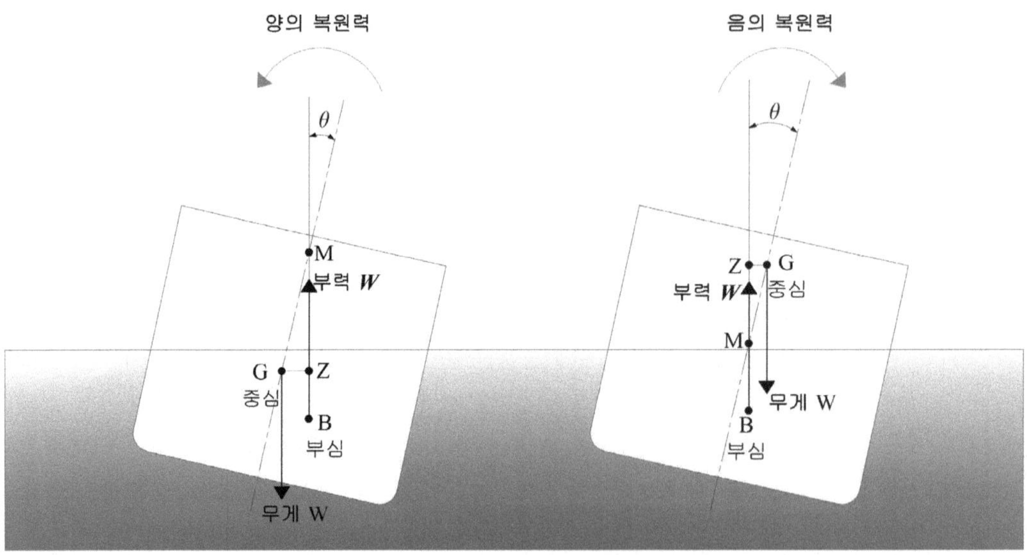

그림 2-19 정적복원성의 개념과 GM

6. 단위트림당 모멘트(Moment to change 1 Centimeter Trim, MCT)

배가 종방향으로 경사하면 선수흘수와 선미흘수의 차이가 생기며 이를 트림이라고 하는데, 단위길이의 트림을 발생시키는데 필요한 모멘트(횡방향 축에 대한)는 종메타센터반경과 배수량의 곱을 배의 길이로 나눈 양에 비례함을 보일 수 있다(연습문제 2.4).

7. 침수표면적(wetted surface area)

각 스테이션에서 점 K로부터 선체 표면을 따라 잰 길이, 즉 거스길이(girth length)를 배의 길이방향으로 적분하여 얻을 수 있다. 침수표면적은 형배수량에서 제외되었던 외판에 기인하는 배수량을 고려할 경우 필요하며, 또한 저항의 무차원화에도 사용되는 양이다.

8. 선형계수(ship form coefficients)

2.2.2절에서 설명한 선형계수들은 대부분 만재흘수에 대하여 정의되었지만 임의의 흘수에 대해서도 같은 방법으로 이들 선형계수를 정의하여 흘수의 함수로 계산할 수 있으며, 이들을 수정역학 곡선에 포함시키기도 한다(그림 2-18).

2.4.3 정적복원성(static stability)[9)]

1. 정적복원성

정수(still water) 중에서 수평상태(even keel)에 있는 배를 약간 횡경사시킨 경우, 배를 원래의 직립위치로 복원시키려고 하는 모멘트, 즉 복원모멘트(restoring moment 또는 righting moment)가 발생하면, 배의 수평상태는 횡경사에 대해 안정하며(stable), 그 배는 횡동요에 대해 정적복원성을 가진다고 말한다. 이와 같은 복원성을 정적(static)이라고 하는 것은 운동하는 배와 유체의 속도, 가속도 등을 고려하여 배의 복원성을 논하는 것이 아니고, 변화된 상태(state)에서 배가 받는 수정압(hydrostatic pressure)에 기인하는 힘, 즉 정적인 힘만 고려하여 복원성을 논하기 때문이다.

선박의 횡경사에 대한 정적복원성을 평가하는 지표는 배의 중심(center of gravity)과 메타센터 사이의 거리, 즉 메타센터높이(metacentric height) GM이다(그림 2-19). 물론 배의 종경사에 대

9) stability를 동역학에서는 일반적으로 안정성으로 번역하나, 배의 횡경사 또는 횡동요와 관련하여서는 복원성으로 번역한다.

해서는 종메타센터높이 GM_L 이 그 지표가 된다. 그림에 보인 바와 같이 배가 오른쪽으로 θ만큼 횡경사한 경우, 물에 잠긴 부분의 형상 변화에 따라 부심은 오른쪽으로 이동할 것이다. 이 때 배의 중량과 부력은 짝힘(크기는 같고 방향은 반대인 두 힘)을 이루며 모멘트를 발생시키는데, 이 모멘트의 방향은 중심 G가 메타센터 M보다 아래에 있느냐 또는 위에 있느냐에 따라 달라진다. G가 아래에 있는 경우, GM의 부호를 양으로 취하는데, 짝힘에 의해 생성되는 모멘트는 배를 원래의 상태로 되돌리려고 하는 복원모멘트가 되며, G가 위에 있는 경우는 그 반대가 된다. 복원모멘트의 크기는 배수량 Δ와 두 힘 사이의 거리 $GZ = GM\sin\theta$의 곱으로 주어지며, 이 때 GZ는 복원암(righting arm)이라고 부른다. 앞에서 보인 바와 같이 GM의 부호가 양일 때 정적복원성을 가지며, IMO는 선박의 안전을 위해 GM의 최소치에 대한 규정을 두고 있다. 한편, GM의 크기가 너무 커지면 횡동요의 주기가 짧아져 구조, 안락성 등의 다른 문제들을 야기할 수 있으므로 적절한 크기를 가지도록 해야 한다.

2. 경사시험(inclining test)

위에서 설명한 바와 같이 GM은 배의 정적복원성의 지표이며 배의 안전을 위해서 매우 중요한 값이므로 IMO는 길이 24 m 이상의 배에 대해서는 건조 후, 경사시험을 수행하여 GM의 크기와 중심 G의 위치, 즉 KG를 확인하도록 정하고 있다. IMO는 경사시험의 절차 또한 통일된 방법으로 시행하도록 정하고 있으며, 아래에서는 경사시험과 관련된 원리에 대해 간단히 알아본다.

1) 시험방법과 원리

경사시험에서는 직립 상태의 배에서 무게 w를 알고 있는 물체를 배의 폭방향으로 일정한 거리 d만큼 이동시켜 그에 따라 발생하는 배의 횡경사 각도 θ를 계측한다. 배는 횡경사 시의 부심이 중심과 동일한 연직선 상에 올 때까지 경사할 것이므로, 새로운 중심의 위치 G'은 $GG' = GM\tan\theta$가 만족되도록 결정된다. 한편 물체의 이동에 의해 배에 가해진 모멘트는 wd이므로, 결국 다음 식이 만족됨을 알 수 있으며,

$$GG' = GM\tan\theta = \frac{wd}{\Delta} \tag{2.17}$$

따라서 GM에 대해 다음 결과를 얻는다.

$$GM = \frac{wd}{\Delta\tan\theta} \tag{2.18}$$

한편 $KM = KB + BM = KG + GM$이므로 KG를 다음 식으로부터 얻는다.

$$KG = KB + BM - GM \tag{2.19}$$

해당 흘수에 대한 KB는 알고 있는 양으로 볼 수 있으므로, 결국 앞 절에서 메타센터와 관련하여 언급한 메타센터반경 BM을 알면 KG를 구할 수 있다.

2) 메타센터반경

메타센터반경을 구하기 위해서 배가 각도 θ만큼 횡경사한 경우에 대해 생각한다. 현측이 수직선에 가깝다고 하고 임의의 횡단면에 대해 생각하면, 횡경사에 따라 물에 잠긴 부분의 형상은 직립상태에 비해서 삼각형 WOW'의 면적 a가 삼각형 $U'OU$로 이동한 것으로 볼 수 있다(그림 2-20). 따라서 이 횡단면에서의 형상 변화에 따라 부심은 두 삼각형의 도심을 연결하는 직선과 평행한 방향으로 도심 사이의 거리 δ만큼 이동할 것이며, 배 전체에 대해서는 이와 같은 각 단면에서의 영향을 길이방향으로 적분하면 되므로 결국 부심은 다음 식으로 주어지는 거리 β만큼 이동할 것이다.

$$V\beta = \int_0^L a\delta dx \tag{2.20}$$

여기서 V는 배수체적이고, x축은 선수미 방향으로 잡으며, L은 수선간길이이다. b를 각 횡단면에서의 반폭이라고 하면, 경사각 θ가 작은 경우, $WW' = UU' \simeq b\theta$로 볼 수 있으므로 주어진 횡단

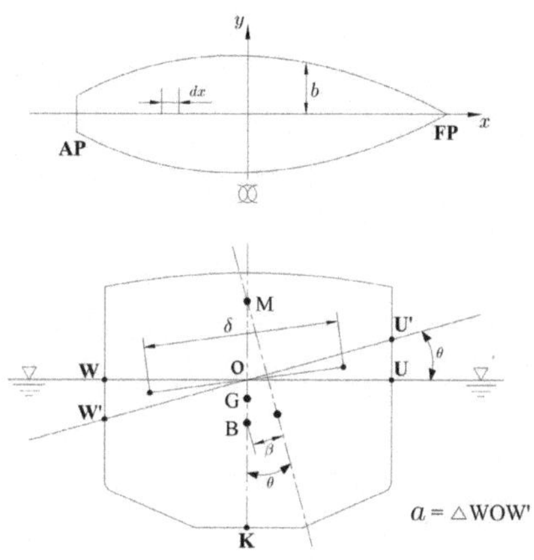

그림 2-20 메타센터의 개념

면에서의 삼각형의 면적 $a \simeq b^2\theta/2$ 이고, 또 부심이 이동한 거리에 대해서는 $BM\sin\theta = \beta \simeq BM\theta$ 의 관계를 얻고, 두 삼각형의 도심 사이의 거리 $\delta \simeq 4b/3$로 근사할 수 있으므로 이들을 식 (2.20)에 대입하여 다음 결과를 얻는다.

$$V\theta BM \simeq \frac{2\theta}{3}\int_0^L b^3 dx = \theta I \tag{2.21}$$

여기서 I는 다음과 같이 정의되며

$$I = \frac{2}{3}\int_0^L b^3 dx \tag{2.22}$$

따라서 BM에 대해 다음 결과를 얻는다.

$$BM = \frac{I}{V} \tag{2.23}$$

식 (2.22)로 정의된 I는 A_w를 수선면이라고 하면 다음과 같이 바꾸어 쓸 수 있다.

$$I = 2\int_0^L \int_0^b y^2 dy dx = \int_{A_w} y^2 dA \tag{2.24}$$

여기서 y는 폭방향의 좌표이며, 이 식의 우변은 중앙종단면에 대한 수선면의 2차 모멘트의 정의이므로, 식 (2.23)에 따르면, 현측이 수직에 가깝고 경사각이 작을 경우, 메타센터반경은 수선면의 중앙종단면에 대한 2차 모멘트 I를 배수체적 V로 나누어 얻을 수 있다.

3. 정적복원성 곡선[10](static stability curve)

앞에서 설명한 바와 같이 선박의 횡경사 시 정적복원모멘트의 크기는 배수량 Δ와 복원암

10) 정적복원력 곡선이라고도 하나, 용어의 일관성을 지키고, 또 복원암은 복원력이 아닌 복원모멘트를 결정하는 양이므로 정적복원성 곡선으로 부르기로 한다.

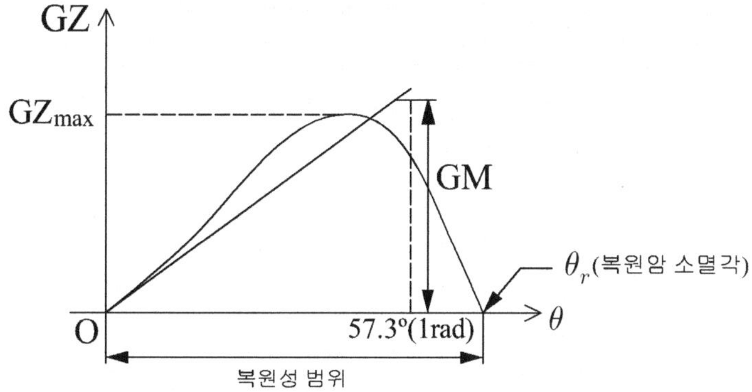

그림 2-21 정적복원성 곡선

$GZ = GM\sin\theta$의 곱으로 주어지며, 횡경사각의 변화에 따른 복원암의 변화를 나타낸 곡선을 정적 복원성 곡선이라고 한다(그림 2-21). 정적복원성 곡선의 경사각 0° 에서의 기울기는 GM이며, 복원암 GZ는 경사각이 증가함에 따라 서서히 증가하여 최대치에 달하고, 경사각이 더욱 증가하면 비교적 급격히 감소하여 영이 된다. 복원암이 영이 되는 경사각을 복원암 소멸각이라고 하는데, IMO는 정적복원성 곡선 아래의 면적의 크기, 복원암 소멸각에 대한 하한 등을 정하여 선박의 안전을 도모하고 있다.

4. 복원성 교차곡선(cross curves of stability)

복원성 교차곡선은 일정한 경사각도에서의 복원암을 배수량의 함수로 나타낸 곡선으로, 6-7 가지의 경사각도에 대한 곡선들을 포함한다(그림 2-22, 2-23). 복원성 교차곡선을 얻기 위한 계산을 수행할 때, 배의 무게중심의 위치, 즉 KG는 일정한 값으로 가정되며, 이 값은 반드시 표시해 주어야 한다.

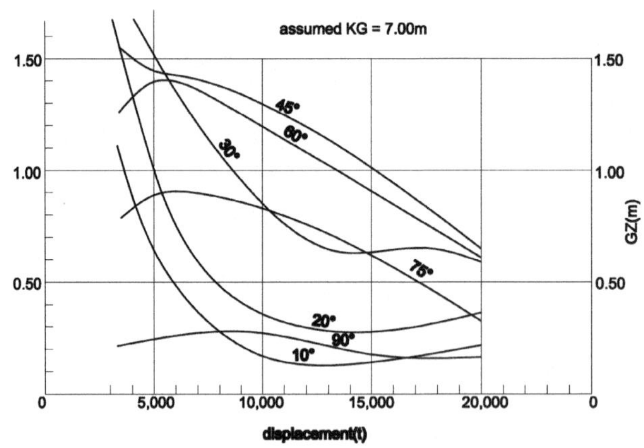

그림 2-22 복원성 교차곡선

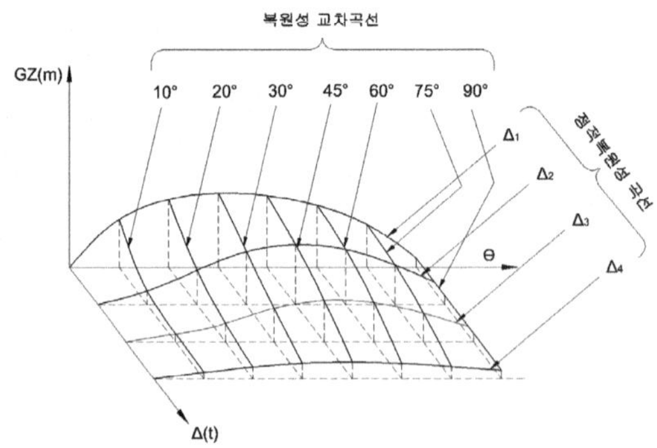

그림 2-23 복원성 교차곡선과 정적복원성 곡선

2.5 선박관련법과 관련기구

2.5.1 선박관련법

선박은 육상의 수송체와는 달리 물 위에서 외부의 직접적인 도움 없이 항해해야 하므로, 여러 가지 어려운 상황이 발생할 수 있는 가능성이 상존한다. 따라서 여객, 승무원, 화물과 선박 자체의 안전을 위해 적절한 여유를 가지는 법적인 기준을 정하여 선박의 설계, 생산에 반영하고 있다. 표 2-1에 이와 같은 법규에 대해 간단히 정리하였다.

표 2-1 선박관련법의 종류와 내용

<table>
<tr><th></th><th>법규명</th><th>중요한 내용</th></tr>
<tr><td rowspan="2">선박법</td><td>선박법</td><td>우리나라 선박의 특권 및 의무에 대한 법</td></tr>
<tr><td>선박적량측도법</td><td>용적 측정의 방법을 정한 법</td></tr>
<tr><td rowspan="13">안전법</td><td>선박안전법</td><td>선체, 기관, 설비의 일반적 안전에 대한 법</td></tr>
<tr><td>동 시행령규칙</td><td>선박안전법의 구체적 시행규칙</td></tr>
<tr><td>선박복원성규칙</td><td>선박이 갖추어야 할 복원성의 기준에 대한 규칙</td></tr>
<tr><td>선박만재흘수선규정</td><td>만재흘수선의 표시를 필요로 하는 선박의 구조 및 설비와 그 결정에 대한 규정</td></tr>
<tr><td>선박구획규정</td><td>구획의 설치와 관련된 선박의 구조 및 설비에 대한 규정</td></tr>
<tr><td>선박방화구조규정</td><td>선박의 방화구조 및 설비에 관한 기준을 정한 규정</td></tr>
<tr><td>어선특수규정</td><td>어선의 설비, 구조를 규정</td></tr>
<tr><td>선박설비규정</td><td>선박이 갖추어야 할 구명, 소방, 거주, 위생, 항해, 특수화물, 전기 등의 제반설비, 부속에 대한 규정</td></tr>
<tr><td>강선구조규정</td><td>강선의 선체구조에 대한 규정</td></tr>
<tr><td>목선구조규정</td><td>목선의 선체구조에 대한 규정</td></tr>
<tr><td>소형선박 등 안전규칙</td><td>소형선의 내항성 및 안전을 위한 제반 설비 규칙</td></tr>
<tr><td>선박기관 규칙</td><td>선박의 기관에 대한 규칙</td></tr>
<tr><td rowspan="3">선원•직원법</td><td>선원법</td><td>선박의 승무원 조업기준을 정한 법</td></tr>
<tr><td>선박직원법</td><td>선박에 승선할 수 있는 자격에 대한 법</td></tr>
<tr><td>해난심판법</td><td>해난의 원인을 밝히기 위한 심판에 대한 법</td></tr>
<tr><td rowspan="5">항해</td><td>해상충돌예방법</td><td></td></tr>
<tr><td>항로표지법</td><td></td></tr>
<tr><td>수난구조법</td><td></td></tr>
<tr><td>수로안내법</td><td></td></tr>
<tr><td>해상오염방지법</td><td>해상오염방지를 위한 기름 배출 기준과 관련 조치에 대한 법</td></tr>
<tr><td rowspan="4">항만</td><td>항만법</td><td>항내에서 선박 교통안전과 정돈에 대한 법</td></tr>
<tr><td>관세법</td><td>관세의 부과 및 징수 또는 화물의 수출입 수속, 출입항 수속에 필요한 사항에 대한 법</td></tr>
<tr><td>톤세법</td><td>국제무역에 종사하는 선박의 입항 시 부과, 징수하는 톤세에 대한 법</td></tr>
<tr><td>검역법</td><td>전염병, 병원체의 국내 침입을 방지하기 위한 조치에 대한 법</td></tr>
</table>

2.5.2 선급(classification society)

고대 로마 그리스 시대부터 선박 관련 보험이 있었으나 근대적인 의미의 보험 및 선박의 등급을 정하기 위한 제도는 17세기 이후 해운업 및 보험업자들을 중심으로 영국에서 발달하였다. 영국선급인 LR(Lloyd's Register)은 1760년 런던에서 설립되었으며, 현재까지도 고유의 업무, 즉 자국선과 타국선의 검사 및 감독 업무를 수행하고 있다.

한국선급(KR, Korean Register of Shipping)은 1960년 설립되었으며, 선박안전시행규칙에 따라 인가된 재단법인이다. 한국선급은 선박의 등급을 정하고 관리하는 전문기술 용역단체라고 말할 수 있으나 정부(국토해양부)의 업무를 일부 위임받아 대행하고 건조 과정의 감리역할과 연구개발 등을 수행하고 있다. KR은 11개 회원으로 이루어진 국제선급연합(International Association of Classification Society, IACS; 1968년 설립)의 회원이며 기타 회원은 ABS(미국), BV(프랑스), CCS(중국), DnV(노르웨이), GL(독일), IRS(인도), LR(영국), NK(일본), RINA(이탈리아), RS(러시아)이고 각 선급의 URL 및 명칭은 다음과 같다.

KR (http://www.krs.co.kr),

ABS (http://www.eagle.org), American Bureau of Shipping,

BV (http://www.bureauveritas.com), Bureau Veritas,

CCS (http://www.ccs.org.cn), China Classification Society,

DnV (http://www.dnv.es), Det Norske Veritas,

GL (http://www.germanlloyd.de), Germanischer Lloyd,

IRS(http://www.irclass.org), Indian Register of Shipping,

LR (http://www.lr.org), Lloyd's Register of Shipping,

NK (http://www.classnk.or.jp), Nippon Kaiji Kyokai,

RINA (http://www.rina.it), Registro Italiano Navale,

RS (http://www.rs-head.spb.ru), Russian Maitime Register of Shipping.

선급의 주요 업무를 요약하면 다음과 같다.

- 새로 입급하려는 선박의 건조 과정을 감리한다.
- 기존 입급선의 상황을 조사하여 선급증서를 발행한다.

- 검사가 끝난 선박에 대하여 선명록을 발행한다.
- 선박의 구조, 설비에 관한 규칙을 발행하다.
- 만재흘수선에 관한 정부 검사를 대행한다.
- 국내외의 각 지역에 선박검사원을 두고, 입급 선박에 대한 각종 검사 업무를 수행한다.

2.5.3 국제해사기구(International Maritime Organization, IMO)

1. 성립과 기능

국제연합(UN)의 경제사회이사회(Economic and Social Council) 내 전문 자치기구(WTO, WHO, UNESCO 등) 중의 하나로서 해운, 조선 등 국제해사 문제를 취급하며 각국의 정부만이 회원이 될 수 있는 정부 간 기구이다. 1948년 국제연합 해사회의에서 정부간해사자문기구(Inter-governmental Maritime Consultative Organization, IMCO) 설립을 위한 협약이 채택(1958년 발효)되었으며, 1959년 런던에서 첫 번째 회합을 가졌다. 1982년 국제적 업무의 추세에 부응하여, 기존의 자문적인 기능에서 강행적인 기능으로 전환하며 국제해사기구(IMO)로 개칭하였다.

IMO는 '깨끗한 해상에서 안전하고 효율적인 해운(safe, secure and efficient shipping on clean ocean)'이라는 기치아래 해운에 영향을 미치는 정부규칙 및 실무분야에 있어서의 제반 기술사항에 대한 정부 간 협력을 도모하고, 해사안전 및 해양오염방지를 위한 국제기준을 채택, 시행하며, 협약에서 언급된 범주의 법률 사항을 다룬다. 해운에 의한 국제무역을 촉진하고, 해운 서비스의 이용도를 향상시킬 수 있도록 해운업의 차별 조치와 불필요한 제한을 철폐토록 권장하고, 국제해사 업무의 모든 문제를 심의하며 관련 사항에 대한 정보를 상호 교환하도록 하고 있다.

2. 주요 IMO 협약

IMO는 2010년까지 대략 60여 개의 법적 구속력을 가진 협약(convention)을 체결, 시행하고 있다. 이들 중 주요한 것을 정리하면 아래와 같다.

국제해상안전협약(International convention for the Safety of Life At Sea, SOLAS, 1960, 1974),

국제만재흘수선협약(International convention on Load Lines, ICLL, 1966, 1988),

국제해상충돌방지협약(Convention on the International REGulations for Preventing COLlisions at Sea, COLREGS, 1972),

국제선박해양오염방지협약(International convention for the Prevention of Pollution from Ships, 1973; 의정서(protocol) 1978에 의해 개정, MARPOL[11] 73/78)

규정 및 법규에 대해 보다 자세한 사항은 5.1.7절을 참고하기 바란다.

2.6 선박의 종류

선박은 선체 지지방식, 추진기(propulsor), 주기관, 용도의 종류 등에 따라 여러 가지 방법으로 분류할 수 있다.

2.6.1 선체 지지방식에 따른 분류

모든 배는 정지 상태에서 부력에 의해 부양되지만, 고속선, 특수선 등의 경우에는 운항속도에서 부력 이외의 힘에 의해 부양된다. 이와 같은 부양력의 종류에 따라 수동역학적, 공기정역학적 방식 등으로 나눌 수 있다.

1. 배수량형(displacement type)

배가 밀어낸 물의 무게와 같은 크기의 부력에 의해, 즉 수정역학적인 방식으로 지지되는 형태를 뜻하며, 대부분의 배가 여기에 속한다. 단동선(monohull)인 배가 대부분이지만 넓은 갑판면적, 횡방향 안정성 등이 필요한 경우에는 쌍동선(catamaran), 삼동선(trimaran) 등의 형태를 가지기도 한다.

2. 수동역학적 방식

비행기의 날개와 같은 원리로 작동하는 수중익에 의해 지지되는 수중익선(hydrofoil craft)과 수상스키와 같이 물 위에서 활주할 수 있도록 설계된 활주선(planing craft) 등으로 크게 나눌 수 있다. 수중익선과 활주선 모두 수동압(hydrodynamic pressure)에 의해 지지되기 때문에 선체의 상당 부분이 물 밖으로 들려진 상태에서 운항하게 되며, 따라서 배의 침수표면적, 즉 마찰저항을 크게 감소시킬 수 있다(그림 2-25). 수중익선은 해상의 파도가 클 때에 대비하여 자세제어를 위한 시스템

11) MARine POLlution의 약자이다.

을 가지기도 하며, 활주선은 활주에 의해 얻어지는 양력이 배수량의 얼마나 큰 부분을 차지하는가에 따라 선형 특성이 달라진다.

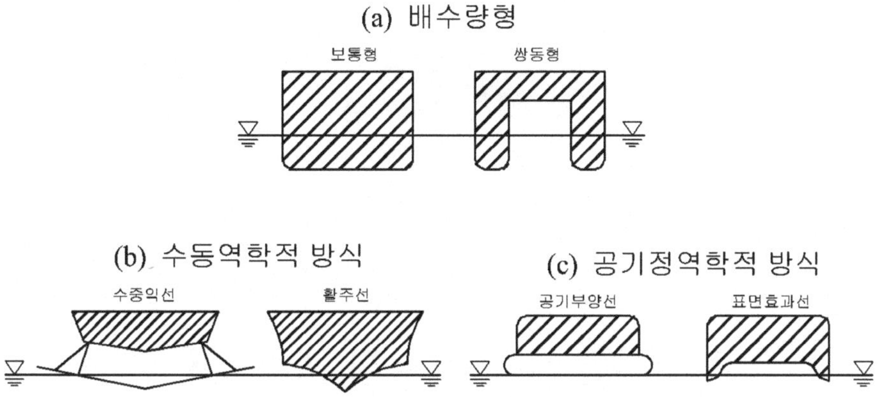

그림 2-24 선체의 지지방식에 따른 선박의 분류

그림 2-25 수중익선

그림 2-26 공기부양선(상륙정)

그림 2-27 표면효과선

3. 공기정역학적 방식

선저부에 스커트 또는 측벽을 설치하고 압축공기를 배의 아래쪽으로 주입하여 배를 부양시키는 공기부양선(Air Cushion Vehicle, ACV; 그림 2-26)과, 쌍동선으로 측벽을 삼고 배의 전후부에만 스커트를 설치하는 표면효과선(Surface Effect Ship, SES; 그림 2-27) 등이 있다. 압축공기에 의해 부양력을 얻으므로 이 경우에도 침수표면적은 대단히 작으며, 해상의 높은 파도에 대비하여 자세제어 시스템을 가지는 경우가 많다. 추진력은 공기부양선은 주로 공기 중에서 작동하는 공력프로펠러를, 표면효과선은 물제트를 사용하여 얻으며, 공기부양선은 땅위에서도 운항이 가능하다는 장점이 있다.

2.6.2 추진기에 따른 분류

현재 대부분의 선박은 나사프로펠러(screw propeller)[12]를 사용하여 추력을 얻고 있다. 단 고속선의 경우에는 프로펠러 주위에 발생하는 공동(cavitation) 문제 때문에, 또 수심이 얕은 해역, 즉 천수(shallow water)에서 운항하는 배들도 프로펠러가 손상을 입는 경우가 많으므로 다른 형태의 추진방식을 채용해야 할 필요가 있다. 추진에 관한 사항은 3.2절을 참조하기 바란다.

1. 나사프로펠러

피치(pitch)[13]의 가변성 관점에서 고정피치 프로펠러(Fixed Pitch Propeller, FPP)와 가변피치 프로펠러(Controllable Pitch Propeller, CPP)로 나뉜다. 또, 한 축 위에 서로 반대방향으로 회전하는 2개의 프로펠러를 장착한 상반회전 프로펠러(Contra-Rotating Propeller, CRP)도 높은 효율 때문에 종종 채택되고 있다. 단면의 형상이 수중익으로 된 노즐 안에서 나사프로펠러를 회전시키는 코르트노즐(Kort nozzle) 방식은 큰 추력을 발생시킬 수 있으므로 예인선 등에 채택된다.

2. 날개차프로펠러(Voith-Schneider propeller)

이 프로펠러는 추력의 방향을 원하는 방향으로 얻을 수 있기 때문에 별도의 타를 설치할 필요가 없어 특수선에 사용되고 있다. 단 나사프로펠러에 비해 기구가 복잡하여 고가이며, 단위출력당 추력이 낮고, 또 날개가 공중에 노출되는 일이 많아서 예인선 등에서는 예인줄(towing rope)이 그 날개에 걸려 손상을 입기 쉽다는 결점이 있다.

3. 물제트(water jet)

물제트의 분사에 의한 제트추진방식과 펌프로 해수를 토출하면서 그 반력으로 추진하는 해수토출방식의 두 종류가 있다. 제트추진방식은 프로펠러의 공동 문제를 극복하기 위하여 고속정용으로 개발되었는데, 그 밖에 수심이 얕은 곳이나 수초류가 많은 곳에서도 프로펠러 손상의 우려가 없다는 장점 때문에 소형정에 많이 채용되고 있다. 해수토출방식은 발생되는 소음이 어류에 미치는 영향이 적기 때문에 소형어선에 채용되고 있다.

12) 나선형프로펠러라고도 한다.

13) 프로펠러의 날개가 한 바퀴 회전할 때 전진하는 거리.

2.6.3 주기관에 따른 분류

현재 일반 상선에 쓰이고 있는 주기관은 대부분 디젤기관(diesel engine)이며, 가스터빈(gas turbine)은 고속정, 해군 함정 등에서 많이 사용되고 있다. 증기터빈(steam turbine)은 증기발생장치로서 재래의 보일러를 쓰거나 또는 핵반응로(nuclear reactor)를 사용할 수 있는데, 전자는 상선의 경우 대마력이 요구되거나 증기를 필요로 하는 경우 간혹 채택되며, 후자는 연료 보급이 어려운 쇄빙선, 항공모함, 잠수함 등에서만 실용화되어 있다.

1. 디젤기관

배에 사용되는 디젤기관은 회전수가 60~300 rpm인 저속기관과 300~1,000 rpm인 중속기관이 있으며, 최고 효율은 50%를 넘을 정도로 고효율의 기관이다. 저속기관은 현재 상선에 가장 널리 사용되며, 1기의 최고출력 기록은 114K hp이다. 프로펠러에 직접 연결되는 것이 보통이며, 대형일수록 배의 중앙횡단면에 가깝게 설치하여 강도(strength) 측면에서 이점을 살리고 있다. 중속기관은 최고출력이 27K hp정도이며, 출력 당 부피가 작아 RORO선, 카페리, 객선 등 용적이 중요시되는 배에 주로 설치된다. 중속기관은 보통 감속기어(reduction gear)를 통하여 프로펠러에 연결되므로 프로펠러 회전수를 결정하는데 제약조건이 없다는 이점이 있다.

2. 증기터빈

재래식 보일러를 사용하는 증기터빈은 현재 초대형원유탱커, 초고속컨테이너선, 대형여객선 등 대마력을 요구하는 배들의 주기관으로 쓰이고 있으며 유지보수가 비교적 간단하다는 장점은 있으나 기관효율은 디젤기관에 비해 작다는 결점이 있다. 통상 증기터빈은 1,000 rpm 이상에서, 프로펠러는 100 rpm 이하에서 각각 최대효율을 가지므로 감속기어를 사용하여 주기관-프로펠러의 효율을 최대화한다. 핵반응로를 사용하는 증기터빈은 연료의 재공급이 거의 불필요하며 대형화에 유리하므로 앞으로 쇄빙선, 극지 항해선 등을 필두로 상선에 보다 광범위하게 사용될 가능성이 있다.

3. 가스터빈

가스터빈은 중량당 출력이 디젤기관이나 증기터빈에 비해 매우 높으며, 짧은 가속 시간 등의 장점을 가지고 있어 해군 함정에 널리 사용되고 있다. 특히 디젤기관-가스터빈의 조합으로 더욱 많이 사용되고 있는데, 평상시에는 디젤기관으로 운항하다가 일단 유사시에 가스터빈을 같이 작동하여 고속을 빠른 시간 내에 얻을 수 있는 시스템으로 환영받고 있다. 가스터빈의 가장 큰 문제는 지속적으로 상승하는 기름값으로 상선에서는 채택 가능성이 그리 크지 않지만, 기관실 공간을 줄이는 데는 가스터빈이 가장 유리하므로 기관실 공간에 대한 제약이 매우 큰 선박은 예외로 볼 수 있을 것이다.

2.6.4 용도에 따른 분류

배를 용도에 따라 분류할 때, 그 방법은 여러 가지가 있겠으나 여기서는 다음과 같이 분류하기로 한다.

1.상선(merchant ships)

1) 화물선(cargo ships)

일반화물선(general cargo ships), 산적화물선(bulk carrier), 겸용선[combined carrier, 광석/원유운반선(ore/oil carrier, O/O), 광석/벌크/원유운반선(ore/bulk/oil carrier, OBO) 등], 냉동화물선(reefer ship), 자동차운반선(roll-on/roll-off ship, RORO선), 컨테이너선(container ship), 원유탱커(oil tanker, crude oil tanker 또는 유조선), 정제유탱커(product tanker), 화공품탱커(chemical tanker), 액화천연가스운반선(liquified natural gas carrier, LNG선)], FPSO 등

2) 여객선(passenger ship)

크루즈선(cruise ships), 페리(ferries), 정기여객선(ocean liners) 등

2. 군함(naval ship)

1) 전투함(warship)

항공모함(aircraft carrier), 순양함(cruiser), 구축함(destroyer), 호위함(frigate), 초계함(corvette), 상륙함(amphibious assault ship), 잠수함(submarine) 등

2) 지원함(auxiliary ship)

소해함(mine sweeper), 병원선(hospital ship), 탄약운반함(ammunition ship), 수리함(repair ship), 해난구조함(salvage and rescue ship), 청수공급함(water tanker) 등

3. 어선(fishing vessel)

트롤선(trawler), 저인망어선(bull trawler), 안강망어선(stow net boat), 유자망어선(drifter), 포경선(whaling ship), 각종 모선(mother ship), 각종 공선(factory ship), 관공청선(어업지도선, 어업조사선, 어업연습선, 어업시험선 등) 등

4. 작업선(work vessel)

예인선(tugboat), 기중기선(crane ship), 준설선(dredger), 보급선(supply vessel), 해저전선부설선(cable layer), 쇄빙선(icebreaker), 드릴쉽(drillship) 등

5. 특수선(special purpose vessel)

요트(yachts), 초고속선(high-speed ship), WIG선(Wing-In-Ground-effect ship) 등

이와 같이 분류된 선박 중에서 아래에서는 상선의 분류에 대해 간략하게 살펴보기로 하며, 군함에 대해서는 대한민국 해군본부의 홈페이지 http://www.navy.mil.kr을 인용하는 것으로 대신한다.

2.6.5 상선의 분류

상선은 크게 나누어 화물선과 여객선으로 분류하며, 화물선은 화물의 종류에 따라 건화물(dry cargo)과 액체화물(liquid cargo)을 운송하는 선박으로 분류한다. 건화물을 나르는 산적화물선과 컨테이너선, 그리고 원유를 나르는 원유탱커는 지구 상에 있는 배들 중 톤수로 볼 때 가장 큰 비율을 차지하는 선종이다. 다시 말하면 국제무역의 주요 화물이 곡물, 광석 등의 산적화물과 각종 공업생산품으로 채워지는 컨테이너, 그리고 원유라고 할 수 있다. 상선에 대한 사항은 설계와 관련하여 보다 자세한 사항을 다루고 있는 5장을 참조하기 바란다.

1.화물선

화물선은 화물 운반을 목적으로 화물창을 극대화하고, 짐을 싣고 내리는 하역설비를 갖추고 있다. 건화물 운반선으로는 일반화물선, 산적화물선(각종 전용선 및 겸용선), 자동차운반선, 컨테이너선 등이 있으며, 액체화물 운반선은 원유, 화공품, 정제유, LNG를 운반하는 탱커와 FPSO 등을 들 수 있다.

1) 일반화물선(general cargo ship)

일정 항로를 정기적으로 운항하는 정기선(liner)과 임의의 항로를 필요에 따라 운항하는 부정기선(tramper)이 있다. 일반화물선(또는 다목적화물선)은 각종의 건화물을 적재해야 하므로 여러 개의 갑판을 설치하며, 하역 시간이 제한되어 있기 때문에 통상 10K~15K GT로 비교적 작은 크기의 화물선이다.

2) 산적화물선(bulk carrier)

산적화물선은 곡물(grain), 석탄(coal), 목재(timber), 광석(ore) 등을 수송하는 선박을 총칭하며, 한 종류의 화물을 운반하는 전용선과 여러 종류를 운반할 수 있는 겸용선으로 구분할 수 있다(5.2절 참조). 전체 선박의 약 40%를 차지하고 있으며, 우리나라는 가장 많은 산적화물선을 건조한 나라이다. 그림 2-28은 산적화물선의 시운전 모습을 보여주며, 그림 2-29는 화물의 종류에 따른 화물창의 구조를 보여주고 있다. 광석운반선(ore carrier)의 경우에는 화물의 비중(specific weight)이 비교적 크므로 이중저(double bottom)로 구조를 보강하고 화물창 내 구조부재를 증가시키며, 적절한 크기의 GM 값을 가지도록 광석을 높은 위치에 적재하도록 화물창을 배치한다. 부패 가능성이 있는 식료품 등의 화물을 운송하는 경우에는 냉동 설비를 갖춘 배(reefer)를 사용한다.

산적화물선은 재화중량에 따라 대체적으로 아래와 같이 분류하지만 그 범위는 항상 변화하고 있고 또 이외의 다른 항구, 목적에 맞는 선박들에 대해 새로운 이름이 주어지고 있으므로, 아래에 제시한 분류, 재화중량의 범위는 대략적인 기준일 뿐이다.

그림 2-28 산적화물선(169K DWT)의 시운전

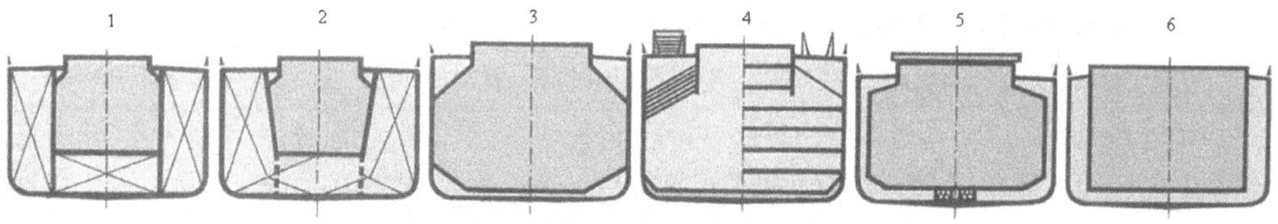

그림 2-29 화물의 종류에 따른 산적화물선의 화물창 구조[1, 2: 광석; 3, 4: 곡물, 석탄; 5: 이중선각 산적화물선, 6: 곡물, 석탄 겸용선(open bulk carrier)]

그림 2-30 45K DWT급 핸디사이즈의 시운전

- 핸디사이즈(handysize)는 20K~50K DWT,
- 파나맥스(Panamax)는 55K~75K DWT,
- 케이프사이즈(Capesize)는 120K~160K DWT의 선박을 뜻한다.

핸디사이즈는 전체 산적화물선의 70% 정도를 차지하고 있으며, 주로 일반화물선이다. 파나맥스는 파나마운하를 통과할 수 있는 선박을 뜻하며, 전장(LOA) 274.2 m, 폭 32.3 m, 흘수 12.04 m의 제한을 만족시켜야 한다. 케이프사이즈는 수에즈운하나 파나마운하를 통과할 수 없어 남아프리카의 희망봉(the Cape of Good Hope)이나 남미의 혼곶(the Cape of Horn)을 돌아야 하는 선박을 뜻하며 대부분(93%) 철광석운반선 또는 석탄운반선이다. 보다 자세한 사항은 5.2.1절을 참고하기 바란다.

3) 탱커(tanker)

원유, 정제유(oil products), 화공품, 액화가스 등 액체화물을 화물창에 적재하여 운송하는 선박이다.

(1) 원유탱커(oil tanker 또는 crude oil tanker, COT) 또는 유조선

원유탱커(5.3절 참조)는 손상 시의 해상오염 방지를 위해서 MARPOL에 의해 이중선각(double hull)으로 건조하도록 규정되어 있다. 그림 2-31은 300K DWT 급 VLCC 2척이 나란히 도크에서 건조되고 있는 모습을 보여주고 있다. 원유탱커는 대략적으로 아래와 같이 분류하며, 보다 자세한 사항은 5.3.1절을 참고하기 바란다.

- 파나맥스(Panamax)는 55K~75K DWT,
- 아프라맥스(Aframax)는 95K~115K DWT,
- 수에즈맥스(Suezmax)는 135K~180K DWT,
- VLCC(Very Large Crude oil Carrier)는 240K~350K DWT,
- ULCC(Ultra Large Crude oil Carrier)는 350K DWT 이상의 선박을 뜻한다.

파나맥스는 산적화물선의 동급과 동일한 제한을 받고, 수에즈맥스는 수에즈운하를 통과할 수 있는 선박을 뜻하며, 중앙횡단면적 945 m^2, 흘수 18.9 m[14]의 제한을 만족해야 한다. AFRA(Average

그림 2-31 300K DWT급 VLCC(이중선각)

14) 2010년에 22 m 로 증가시킬 계획으로 공사 중이다.

Freight Rate Assessment)는 1954년 Shell Oil사가 원유탱커의 크기를 구분하기 위해 만들었던 체계인데 아프라맥스는 이와 같은 체계에 근거하여 분류된 선종이라는 뜻이지만, 현재는 단순히 DWT에 근거한 원유탱커의 분류로 사용되고 있다. 한편, 통상 240K DWT 이상의 원유탱커를 슈퍼탱커(supertanker)라고 부르며 수에즈운하의 깊이를 늘리고 있는 것도 슈퍼탱커의 통행을 가능하게 하기 위한 것이다.

(2) 정제유탱커(product tanker)

휘발유, 석유, 경유 등의 정제유를 운송하는 선박으로 최대 150K DWT 정도이다. 여러 종류의 정제유를 동시에 운송할 수 있도록 화물창을 배치하고 배관(piping) 계통을 설치한다.

(3) 화공품탱커(chemical tanker)

부식성, 인화성, 유독성 등을 지닌 액체화공품을 운송하는 전용선이다. 특히 MARPOL은 바다의 생명체 및 인간의 건강에 유해한 물질을 유독성액체(noxious liquid substances)로 규정하고, A, B, C, D의 네 등급으로 분류하여 규제하고 있다. A가 가장 독성이 강하고 D가 가장 약한 등급인데, A, B, C는 화공품탱커, C, D는 정제유탱커를 이용해야 한다.

(4) 액화천연가스운반선 (Liquefied Natural Gas Carrier, LNG선)

LNG선은 선내의 탱크에서 천연가스를 영하 163℃로 냉각, 액화하여 부피를 600분의 1로 줄여 운송하는 선박이다. 고도의 기술을 요하므로 척당 가격도 평균 2억$ 정도이며, Moss형이라 불리는 구형(spherical type) LNG선과 박막형(membrane type) LNG선으로 대별된다(그림 2-32). 보다 자세한 사항은 5.4.1절을 참고하기 바란다.

4) 컨테이너선(container ship)

1950년대 이래로 육상, 공중 운송을 포함하여 보다 표준화되고 일관된 방법으로 건화물을 다루고자 하는 노력이 이루어져 왔으며, 그 결과 강(steel)으로 제작된 컨테이너에 넣어서 화물을 운송하는 방법이 탄생하였다. 오늘날 컨테이너선(5.5절 참조)은 건화물 중 비산적화물의 90%를 운송하고 있으며, 원유탱커, 산적화물선과 더불어 3대 선종의 하나이다(그림 2-33).

컨테이너의 횡단면은 한 변이 8 ft인 정사각형이며, 길이는 크게 5 가지로 표준화되어 있으나, 통상 20 ft(Twenty-foot Equivalent Unit, TEU)를 기준으로 사용한다. 현재 가장 큰 컨테이너선은 14,500 TEU를 적재할 수 있으며, 보다 큰 배들도 나타날 가능성이 크다. 컨테이너선은 하역시간이 짧으므로 운항시간 역시 짧아야 하며, 따라서 비교적 빠른 속도인 24~25 kts로 운항하고, 방형계수 또한 0.6~0.65 정도로 작은 값을 가진다.

그림 2-32 LNG선, Moss형(125K m^3, 좌), 박막형(130K m^3, 우)

그림 2-33 컨테이너선 (4,400 TEU)의 시운전 모습

5) 자동차운반선(Roll-On/Roll-Off ship, RORO선)

자동차운반선 또는 RORO선은 자동차를 직접 운전하여 배에 싣고 내리므로 그에 필요한 램프(ramp)와 승강기를 설치하며, 여러 층의 갑판을 배치한다.

그림 2-34
FPSO선

6) FPSO(Floating Production Storage and Offloading vessel)

FPSO는 해저유전으로부터 원유를 생산, 저장, 하역하는 선박을 뜻하며(그림 2-34), FPSO로부터 해상에서 원유를 전달받아 육지의 터미널로 운반하는 선박을 셔틀탱커(shuttle tanker)라고 한다. 최근에는 LNG를 다루는 LNG FPSO도 건조되었다.

2. 여객선

1) 크루즈선

항공기의 발달로 현재 정기여객선은 거의 자취를 감추었으며, 여행의 즐거움 자체를 목적으로 하는 승객들을 위한 크루즈선(5.6.1절 참조)이 차츰 각광을 받고 있다. 2010년 기준으로 연간 1,800만 명의 관광객이 크루즈선을 이용할 것으로 예측되고 있으며, 그 숫자는 앞으로 계속 증가할 것으로 보인다. 우리나라 조선업계는 이 분야에서도 시장점유율을 높이기 위해 큰 노력을 기울이고 있다.

2) 카페리(car ferry)

카페리는 승객과 차를 같이 운반하는 선박이며, 섬으로 운항하는 많은 여객선들이 근자에는 이와 같은 형태를 취하고 있다. 자동차를 싣고 부리는 방법은 RORO선과 같으며 승객을 위한 객실을 가지고 있는 RoPax(RoRo PASSenger ship)도 카페리의 일종으로 볼 수 있다.

연습문제

1. 식 (2.10)을 유도하시오.

2. 부력의 작용점이 부심이 되는 것을 보이시오.

3. 흘수가 변하지 않고, 경사각도가 작을 때 횡메타센터가 일정한 점인 것을 보이시오.

4. 단위트림당 모멘트는 종메타센터반경과 배수량에 비례하고 배의 길이에 반비례함을 보이시오.

5. 길이 120 m, 폭 20 m, 깊이 12 m인 상자형 배의 만재흘수가 8 m 라고 할 때 다음 값을 구하시오.

   (1) 정수 중의 배수량 (2) 중앙횡단면적 (3) 수선면적

6. 어떤 선박의 길이, 폭, 만재흘수의 비가 6 : 1 : 0.444 이었다. 청수 중 만재상태에서의 배수량이 12,753 ton이고, C_b가 0.788, C_m이 0.99일 때 다음 값을 소수 셋째 자리까지 구하시오.

   (1) 길이 (2) 폭 (3) 만재흘수 (4) C_p

7. 선박의 초기 메타센터높이를 구하는 방법을 기술하시오.

8. 선급의 역할과 주요 업무내용을 기술하시오.

9. 상선의 종류를 나열하고, 각각의 특성을 기술하시오.

10. 수선간길이 120 m, 폭 20 m인 선박의 수선면의 반폭이 다음 표와 같다.

종선	AP	9 1/2	9	8	7	6	5	4	3	2	1	1/2	FP
반폭	0.	3.0	5.8	8.4	9.6	10.0	10.0	9.5	9.0	7.5	5.5	2.5	0.0

수선면적, 부면심, 수선면적계수를 구하시오.

11. 경사시험의 목적과 방법에 대해 기술하시오.

12. 선박의 복원성에 손실을 주는 요소를 나열하고, 그 이유를 간략히 기술하시오.

13. 선박의 길이, 폭, 깊이, 건현에 대한 정의를 간략히 설명하시오.

14. 수정역학적 곡선의 사용 방법을 기술하시오.

추천문헌

[1] 대한조선학회, 1997, 컴퓨터를 이용한 선박제도.

[2] 대한조선학회, 1993, 조선해양공학개론, 동명사.

[3] 임상전 역, 1971, 기본조선학, 대한교과서주식회사.

3

선박의 수동역학적 성능

배는 수중 또는 수상에서 움직이는 물체이므로, 이와 같은 물체가 물로부터 어떤 힘을 받는가를 잘 이해하는 것은 좋은 배를 만들고 또 배를 효율적으로 운용하는데 매우 중요하다. 물 또는 일반적으로 유체 중에서 운동하는 물체가 받는 힘에 대한 근본적인 고찰은 9장으로 미루기로 하고, 이 장에서는 먼저 배의 저항추진성능, 즉 배가 일정한 속도로 운동할 때 물로부터 받는 저항(resistance)과 이를 상쇄하여 배를 앞으로 움직이게 하는 추력(thrust)에 대해 고찰한다. 파도에 대한 기본적인 논의도 9장으로 미루고, 운동성능, 즉 파도 중에서 운항하는 배가 파도에 기인하여 어떠한 종류의 동요(oscillation)를 하는지, 그리고 조종성능, 즉 배를 운항하는 사람이 원하는 대로 배의 진로를 조종(maneuver)할 수 있기 위해서는 배가 어떤 특성을 가져야 하는지에 대해 차례로 살펴보기로 한다.

3.1 선박의 저항

일정한 속도로 운동하는 배의 진행방향과 반대방향으로 배에 작용하는 힘을 저항이라고 하며, 뉴톤 법칙에 따르면 이 힘은 배를 그 속도로 추진하는 데 필요한 힘, 즉 추력과 같아야 한다. 효율적인 배를 설계하기 위해서는 배에 작용하는 저항을 정확하게 추정하는 것이 중요하다. 선박의 저항추정 방법은 윌리암 프루드(William Froude, 1810-1879, UK)가 19세기 말 예인수조(towing tank)에서 수행하는 모형시험의 결과를 이용하는 방법을 고안해 낸 이래 현재까지 많은 사람들에 의해 연구, 발전되어 왔다.

물 위를 운항하는 배의 경우 그 주위의 물과 공기로부터 저항을 받으며, 전체저항(total resistance) R_T는 크게 수면 아래 선체에 작용하는 물에 의한 저항과 수면 위 선체에 작용하는 공기에 의한 저항(air resistance) R_A로 이루어진다.

일반적인 수상선의 경우에는 물에 의한 저항이 전체저항의 대부분을 차지하는데, 이 저항은 크게 두 가지 성분으로 구성된다. 수상선이 물로부터 받는 저항을 고려하기 위해 먼저 잠수함의 저항을 생각해 보자. 물 속 깊이 잠수해 있는 잠수함의 경우에는 배가 전진함에 따라 수면 상에 어떠한 파도도 만들어지지 않으며, 비행기가 공기의 점성 때문에 저항을 받는 것과 마찬가지로, 물의 점성에 기인하는 저항을 받는다. 반면 잠수함이 수면과 가까운 곳에서 움직이면 잠수함의 전진에 따라 수면에 파도가 만들어지게 되며 완전히 부상하게 되면 수상선과 같은 경우가 되므로 수상선의 경우에는 따라서 점성에 기인하는 저항뿐만아니라 파도의 생성에 기인하는 저항을 받음을 알 수 있다. 수표면 상에 파도를 만들어 내기 위해서는 당연히 무엇인가가 물에 에너지를 공급해야 하는데, 배가 전진하면서 만들어지는 파도는 배가 물에 공급한 에너지에 의해 만들어지며, 이 에너지는 배가 진행하면서 물에 가한 힘이 하는 일에 의해 공급된다. 이 힘이야말로 바로 조파(wavemaking)에 기인하여 배가 받는 저항과 같은 크기를 가진다.

위에서 설명한 바와 같이 수상선이 물로부터 받는 저항은 물의 점성에 기인하는 성분과 조파에 기인하는 성분으로 나눌 수 있는데, 실선의 전체저항을 모형시험을 통해 추정하려고 하는 경우에는 이들 성분을 개별적으로 합리적인 방법으로 추정하는 것이 매우 힘들므로 대부분 근사적인 방법, 개념을 사용하게 된다.

이와 관련하여 아래에서는 먼저 프루드의 가정에 대해 살펴보고 저항의 각종 성분에 대해 보다 자세히 알아보기로 한다.

3.1.1 모형시험과 프루드의 가정

1. 모형시험

19세기 중엽 이래로 바람을 동력원으로 하는 목선이 기관을 이용한 철선으로 바뀌기 시작하였는데, 이 때 배의 설계 시 가장 중요한 문제 중 하나는 실선의 저항을 정확하게 추정하여 얻고자 하는 선속을 낼 수 있는 추진장치를 제공하는 것이었다. 이러한 문제를 해결하기 위해 실제보다 작은 모

그림 3-1 William Froude(1810~1912)와 그의 아들 Robert Edmund Froude(1846~1924)

그림 3-2 최초의 근대식 예인수조(1871, Torquay, UK)

형선을 시험하여 모형선에 작용하는 저항을 계측하고 이를 실선의 저항을 추정하는데 사용하고자 하는 시도가 이루어졌다.

윌리암 프루드(William Froude, 1810~1912, UK)[1]는 정수 중에서 모형선을 일정 속도로 끌어 이때 작용하는 저항을 계측하는 예인수조 시험법의 기초를 확립하였다. 그는 1871년 영국 해군의 지원을 받아 최초의 근대식 예인수조를 건설하였고, 그의 아들인 R. E. Froude(1846~1924, UK)에 의해 정립된 모형시험을 이용한 실선의 저항추정법은 현재 대부분의 예인수조에서 사용되고 있는 저항추정법의 근간을 이루고 있다. 모형시험의 결과로부터 실선에 작용하는 저항을 추정하는 방법에 대해 살펴보기에 앞서, 이를 이해하는데 필요한 모형시험과 관련된 중요한 사항들에 대해 먼저 알아보기로 한다.

모형시험(model test)은 모형선 주의의 유동장이 실선 주위의 유동장과 물리적으로 동일한 특성을 가지도록 수행되어야 한다. 두 유동장이 동일한 물리적 특성을 가질 때, 두 유동장은 서로 상사하다(similar)고 하는데, 이를 위해서는 세 가지 조건이 만족되어야 한다. 첫 번째로 모형선과 실선은 기하학적으로(geometrically) 상사해야 한다. 두 번째는 두 유동장의 대응되는 점들에서 유체입자의 속도가 같은 방향이고, 또 그 크기의 비가 모든 점에서 같아야 한다. 이와 같은 조건이 만족되면 두 유동장은 운동학적으로(kinematically) 상사하다고 한다. 세 번째로 모형선과 실선 표면 위의 대응되는 점들에 작용하는 단위면적당 힘, 즉 응력벡터[2](stress vector 또는 traction)의 방향이 같고,

1) 이하에서 프루드라고 하면 윌리암 프루드를 가리키는 것으로 한다.

2) 이에 대해서는 유체역학이나 고체역학에서 보다 자세히 배우게 될 것이다.

또 그 크기의 비는 모든 점에서 같아야 한다. 이와 같은 조건이 만족되면 두 유동장은 동역학적으로(dynamically) 상사하다고 한다. 실선과 기하학적으로 상사한 모형선을 얼마만한 크기의 속도로 끌어야 실선의 유동장과 운동학적 및 동역학적으로 상사한 유동장을 얻을 수 있고, 또한 모형선을 일정한 속도로 끌어서 계측한 모형선의 저항이 실선의 저항과 어떤 관계에 있는지에 대한 문제는 간단히 대답할 수 있는 문제가 아니다. 아래에서는 이들 문제에 대해 좀 더 자세히 생각하기로 한다.

1) 기하학적 상사(geometric similitude)

실선과 기하학적으로 상사한 모형선의 크기(축척비, $\lambda = L_M / L_S$)는 예인수조의 크기를 고려하여 결정되지만, 일반적으로 축척비가 크면 모형시험을 통해 계측되는 물리량이 커지기 때문에 시험의 정확도를 높일 수 있다. 여기서 하첨자 M과 S는 각각 모형선과 실선에 대한 값임을 나타낸다.

2) 운동학적 상사(kinematic similitude)

모형선과 실선의 유동이 운동학적 상사를 이룬다면, 상응되는 모든 점에서 속도 벡터의 방향이 같고, 그 크기의 비는 동일해야 하므로 두 점 A, B에서의 속도의 크기 V_A, V_B에 대해 다음 식이 성립해야 한다.

$$\left(\frac{V_A}{V_B}\right)_M = \left(\frac{V_A}{V_B}\right)_S \tag{3.1}$$

또한 운동학적 상사가 만족된다면 프로펠러를 회전시켜 모형선을 추진하는 자항시험(self propulsion test)의 경우, 배의 속도 V와 프로펠러의 회전속도의 비는 모형선과 실선에 있어 동일한 값을 가져야 하므로, n을 프로펠러의 회전수, D를 프로펠러의 직경이라고 하면 다음 식이 성립해야 한다.

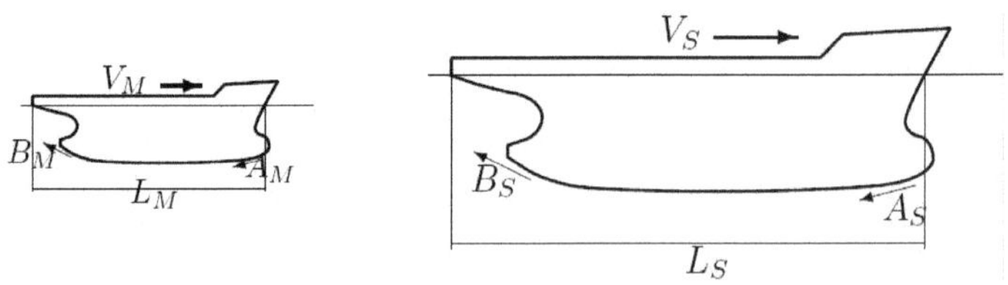

그림 3-3 모형선과 실선의 기하학적 상사

$$\left(\frac{V}{\pi n D}\right)_M = \left(\frac{V}{\pi n D}\right)_S \tag{3.2}$$

전진비(advance ratio) J를 다음과 같이 정의하면,

$$J \equiv \frac{V}{nD} \tag{3.3}$$

식 (3.3)을 식 (3.2)에 대입하여 다음 결과를 얻는다.

$$\left(\frac{V}{nD}\right)_M = \left(\frac{V}{nD}\right)_S \ \rightarrow \ J_M = J_S \tag{3.4}$$

이 식에 따르면 자항시험에 대해 운동학적 상사가 이루어지도록 하기 위해서는, 모형선과 실선에 대한 전진비를 같게 해야 함을 알 수 있다.

3) 동역학적 상사(dynamic similitude)

동역학적 상사가 만족되면 상응하는 모든 점에서 응력벡터의 방향이 같아야 하므로, 응력벡터의 접선방향 성분을 F_t, 법선방향 성분을 F_n이라고 하면 다음 식이 성립해야 한다.

$$\left(\frac{F_t}{F_n}\right)_M = \left(\frac{F_t}{F_n}\right)_S \tag{3.5}$$

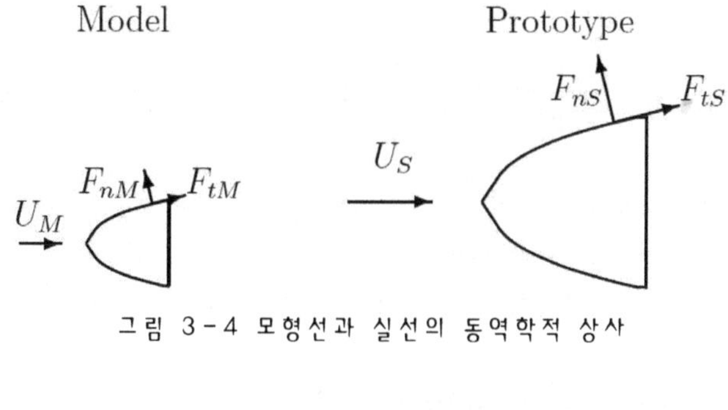

그림 3-4 모형선과 실선의 동역학적 상사

2. 프루드의 가정

차원(dimension)은 각종 물리량의 성질이 다름을 나타내는 척도이며, 단위(unit)는 물리량의 크기를 나타내기 위해, 즉 물리량을 수(number)로 나타내기 위해 필요한 체계이다. 국제단위계(SI)에 따르면 모든 물리량은 길이(m), 질량(kg), 시간(s), 온도(K), 전류(A), 빛의 양(cd), 물질의 양(mol) 등 일곱 개의 기본차원을 사용하여 나타낼 수 있다. 모형시험을 수행하고 그 결과를 실선으로 확장하는 경우 관련된 물리량들은 무차원화된 계수(dimensionless coefficient)로 표현하는 것이 일반적인데 이는 실선과 모형선의 관련 물리량 자체는 그 크기가 다르지만 물리량의 무차원화된 값은 같은 크기를 가지는 경우가 많기 때문이다. 아래에서는 먼저 선박의 모형시험과 관련하여 매우 중요한 두 가지 무차원수와 자주 사용되는 무차원 계수에 대해서 알아보기로 한다.

1) 프루드수(Froude number, Fn)

배(수상선)와 같이 수표면에서 이동하면서 파도를 발생시키는 물체를 시험하는 경우, 파도를 생성하는데 가장 주요한 역할을 하는 관성력과 중력의 비를 같게 해주면 위에서 설명한 동역학적 상사가 만족된다. 유체역학에서 배우게 될 바와 같이, 관성력과 중력의 비를 나타내는 수는 프루드수라고 부르며, 다음과 같이 정의된다.

$$Fn = \frac{V}{\sqrt{gL}} \tag{3.6}$$

여기서 g는 중력가속도, L은 배의 길이이다. 따라서 모형선과 실선의 프루드수가 동일하면, 배에 의해 만들어지는 파도의 물리적 특성이 모형시험에서도 동일하게 구현될 수 있다. 모형시험 시 모형선의 속도는 실선과 모형선의 프루드수가 같은 크기를 가지도록 결정되고 다음 식으로 주어지며,

$$\left(\frac{V}{\sqrt{gL}}\right)_M = \left(\frac{V}{\sqrt{gL}}\right)_S \rightarrow V_M = V_S\sqrt{\frac{L_M}{L_S}} = V_S\sqrt{\lambda} \tag{3.7}$$

이렇게 결정되는 모형선의 속도를 대응속도(corresponding speed)라고 부른다. 예를 들어 $\lambda = 1/16$, $V_S = 10\ m/s$라고 하면, 모형선의 속도는 실선 속도의 $1/4$, 즉 $V_M = 2.5\ m/s$가 되며, 실험에서 이 정도의 속도를 가진 물체를 다루는 데는 큰 무리가 없다.

2) 레이놀즈수(Reynolds number, Rn)

배의 저항은 상당 부분이 점성에 기인하는 마찰저항이며, 이와 같이 점성이 주요한 역할을 하는 현

상을 다룰 때는 관성력과 점성력의 비를 같게 해야 동역학적 상사가 만족된다. 유체역학에서 배우게 될 바와 같이 관성력과 점성력의 비를 나타내는 수는 레이놀즈수[3]라고 부르며 다음과 같이 정의된다.

$$Rn = \frac{VL}{\nu} \tag{3.8}$$

여기서 ν는 유체의 운동학적 점성계수(kinematic viscosity)이며, 동점성계수(dynamic viscosity) μ와 밀도 ρ의 비 μ/ρ로 정의된다. 만약 모형시험을 바다에서 모형선과 실선의 레이놀즈수를 동일하게 하여 수행한다면, 운동학적 점성계수는 모형선과 실선에 대해 동일하다고 볼 수 있으므로, 모형선의 속도는 다음 식으로 주어진다.

$$\left(\frac{VL}{\nu}\right)_M = \left(\frac{VL}{\nu}\right)_S \rightarrow V_M = V_S\frac{L_S}{L_M} = \frac{V_S}{\lambda} \tag{3.9}$$

다시 말하면 모형선의 속도를 실선보다 훨씬 빠르게 해 주어야 레이놀즈수를 같게 할 수 있다. 예를 들어 $\lambda = 1/16$, $V_S = 10\ m/s$라고 하면, 모형선의 속도는 실선 속도의 16배, 즉 $V_M = 160\ m/s$가 되는데, 시험에서 이와 같이 고속으로 운동하는 물체를 다룬다는 것은 매우 위험하고도 또 힘든 일이다.

3) 저항계수

모형시험에서 계측된 모형선의 저항을 사용하여 실선의 저항을 얻고자 하는 경우, 저항 및 그 성분들을 무차원화하여 저항계수(resistance coefficient)로 표현하는 것이 일반적이다. 전체저항계수 C_T는 배의 전체저항 R_T를 무차원화하여 다음과 같이 정의할 수 있다.

$$C_T \equiv \frac{R_T}{(\rho V^2/2)S} \tag{3.10}$$

여기서 S는 배의 침수표면적(wetted surface area)이고, $\rho V^2/2$은 유체역학에서 배우게 될 정체압(stagnation pressure)이라고 불리는 양이며, 힘이나 압력을 무차원화하는데 자주 사용된다.

실선의 저항을 추정하기 위한 모형시험은 대부분 담수(fresh water, 또는 청수)에서 이루어지므로 운동학적 점성계수의 값은 실선과 모형선에 대해 약간의 차이가 있다. 15℃에서 운동학적 점성계수

3) 9.2절에서 레이놀즈수에 대해 보다 자세히 기술하였다.

는 담수가 $1.1394 \times 10^{-6}\ m^2/s$, 해수는 $1.1873 \times 10^{-6}\ m^2/s$이다. 해수에 대한 값이 약 4% 밖에 크지 않으므로 위의 식 (3.7)과 (3.9)에서 보는 바와 같이 모형선과 실선의 프루드수와 레이놀즈수를 동시에 같게 해주는 것은 불가능하다. 저항추진 과목에서 배우게 될 바와 같이 프루드수와 레이놀즈수를 모형선과 실선에 대해 모두 같게 해주면 배의 전체저항계수 역시 같은 값을 가지지만, 위에서 본 것처럼 두 무차원수를 모두 같게 해주는 것은 불가능하며 실제 모형시험의 경우에는 프루드수를 같게 하여 모형선을 대응속도에서 실험하고 있다. 따라서 모형시험에서 얻어진 전체저항계수로부터 어떻게 실선의 전체저항계수를 얻을 것인가 하는 것이 중요한 문제가 되며 프루드는 바로 이 문제와 관련하여 지대한 공헌을 하였다.

프루드는 전체저항계수 C_T를 두 성분으로 나누어 마찰저항계수 C_F와 잉여저항계수 C_R의 합으로 보았으며, 나아가 C_F는 레이놀즈수만의 함수이고, C_R은 프루드수만의 함수로 보아 다음과 같이 가정하였다.

$$C_T(Rn, Fn) \simeq C_F(Rn) + C_R(Fn) \tag{3.11}$$

이와 같은 프루드의 가정은 만약 모형선과 실선의 프루드수가 같도록 모형시험이 수행된다면 모형선과 실선의 잉여저항계수 C_R은 같아야 함을 뜻한다. 따라서 모형선과 실선의 마찰저항계수 $C_F(Rn)$를 적절한 방법에 의해 알아낼 수 있다면 모형시험의 결과로부터 실선의 전체저항계수를 얻을 수 있을 것이다. 프루드는 모형선과 실선에 대한 $C_F(Rn)$를 구하는데 배와 길이, 침수표면적이 같은 평판, 즉 등가평판(equivalent flat plate)의 마찰저항계수를 사용할 것을 제안하였으며 다양한 형상의 평판에 대한 실험을 수행하여 실선과 모형선의 마찰저항계수를 구하는데 어려움이 없도록 하였다.

표 3-1에 대표적인 6 가지 선종의 저항계수를 비교하여 나타내었다[1]. 프루드수가 증가함에 따라 마찰저항계수는 비교적 큰 변화가 없으나 잉여저항계수는 크게 증가하는 것을 볼 수 있으며, C_R/C_T가 원유탱커의 경우 33%, 구축함의 경우 45%로 C_R의 크기도 증가하지만 전체저항에서 차지하는 비율도 증가함을 알 수 있다.

프루드의 선구적인 연구 이래로 실선의 C_T 및 각종 저항계수를 보다 합리적인 방법으로 추정하기 위한 연구들이 다양한 방법, 개념들을 사용하여 이루어져 왔으며 아래에서는 이에 대해 살펴보기로 한다.

표 3-1 대표적인 선종별 저항계수

선 종	전체저항계수 $C_T \times 10^3$	마찰저항계수 $C_F \times 10^3$	조파저항계수 $C_W \times 10^3$	잉여저항계수 $C_R \times 10^3$	프루드수 $V/\sqrt{gL}$
원유탱커 (300K[4] VLCC)	2.08	1.40	0.288	0.68	0.14
산적화물선 (75K Panamax)	2.28	1.46	0.543	0.82	0.17
정제유탱커 (35K PT)	2.78	1.51	0.877	1.27	0.19
컨테이너선 (9,000 TEU)	1.99	1.33	0.474	0.66	0.23
자동차운반선 (3,000 unit PCC)	2.60	1.49	0.931	1.11	0.24
구축함	2.60	1.42	0.825	1.18	0.28

3.1.2 실선의 저항 추정

모형시험의 결과를 이용하여 실선의 저항을 추정하는 식 (3.11)에 근거한 방법이 프루드에 의해 제안된 이래 세계 각국의 시험수조에서는 각자 나름대로의 방법을 개발하여 사용하게 되었다. 이와 같은 상황은 시험기관이 다른 경우 시험 결과를 비교하기 힘들게 하였고, 또한 저항시험 관련 용어와 그 정의의 통일에 대한 필요성이 제기되어 결국 수조 관련 국제기구인 ITTC(International Towing Tank Conference)는 1957년과 1978년 현재 가장 많이 사용되고 있는 두 가지 저항 추정 방법을 제안하였다.

1957년에 제안된 방법은 프루드가 제안한 다음 식에 근거한 방법으로

$$C_T = C_F + C_R \tag{3.12}$$

보통 2차원 외삽법(extrapolation)이라고 불린다. 여기서 C_F는 다음 식을 사용하여 구하며[5](그림 3-5),

4) K는 10^3 을 뜻하는 약자이며 배의 크기를 나타내는 방법에 대해서는 2.2.3절, 상선의 분류에 대해서는 2.6.5절을 각각 참고하기 바란다.

5) 이 식의 성립 과정에 대해서는 유체역학에서 배우기로 한다.

$$C_F = \frac{0.075}{(\log Rn - 2)^2} \tag{3.13}$$

C_{TS}는 다음 식으로 구한다.

$$C_{TS} = C_{FS} + C_{RS} + C_{AS} \tag{3.14}$$

여기서 C_{AS}는 모형선-실선 상관수정계수(model-ship correlation allowance)로 실선의 표면거칠기를 고려한 항이다.

1978년에 제안된 방법은 배의 형상이 평판과는 다른 점을 고려하여 형상계수(form factor)를 도입, 사용하는 방법인데 이 방법에서는 전체저항을 점성에 기인하는 점성저항과 조파에 기인하는 조파저항의 합으로 간주한다. 따라서 다음과 같은 식에 근거하여 C_T를 구하는데,

$$C_T = C_V + C_W = (1+k)C_F + C_W \tag{3.15}$$

통상 3차원 외삽법이라고 불린다. 여기서 점성저항계수 C_V, 조파저항계수 C_W는 식 (3.10)과 같은 방법으로 무차원화된 저항계수이며, C_F는 식 (3.13)을 사용하여 구하므로 식 (3.12)와 식 (3.15)로부터 다음 결과를 얻는다.

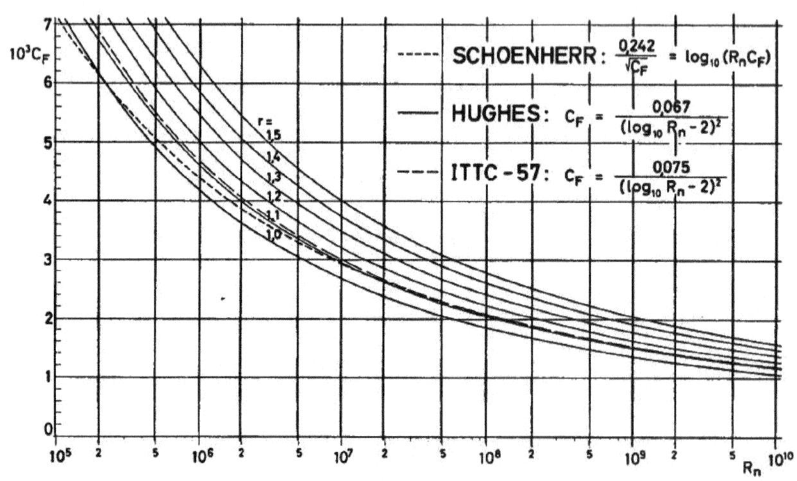

그림 3-5 1957 ITTC 모형선-실선 상관곡선

$$C_R = kC_F + C_W \tag{3.16}$$

이 식에 따르면 3차원 외삽법에서는 잉여저항을 조파저항과 형상계수에 기인하는 저항, 즉 형상저항(form resistance)의 합으로 간주하며, 실제로 잉여저항의 구성 성분 중 프루드수에 따라 결정되는 양은 조파저항뿐이므로 이 방법은 2차원 방법보다는 합리적이다.

3차원 외삽법에서는 모형선과 실선의 C_W가 같다고 가정하므로 물론 2차원 외삽법 보다 합리적이기는 하지만 정확한 형상계수 k의 값을 구하는 것이 쉽지 않으므로 아직도 2차원 외삽법을 사용하고 있는 기관이 적지 않다.

1978년에 제안된 방법에 따르면 만곡부 용골(bilge keel)이 없는 단일프로펠러(single propeller) 선박에 대해서는 다음 식으로 C_{TS}를 구한다.

$$C_{TS} = (1+k)C_{FS} + C_{WS} + C_{AS} + C_{AAS} \tag{3.17}$$

여기서 C_{AAS}는 공기저항계수이다. 표 3-2에 ITTC 1957 방법과 ITTC 1978 방법을 비교하여 실선의 전체저항을 추정하는 방법을 보였다.

3.1.3 저항시험

선박의 저항추진 성능을 예측하기 위해서는 대개 네 종류의 모형시험을 수행한다. 정수 중에서 일정한 속도로 전진하는 모형선에 작용하는 저항을 계측하는 저항시험(resistance test), 추진기의 단독성능을 계측하는 프로펠러 단독시험(Propeller Open Water test, POW test), 모형선에 추진기를 장착하여 저항과 추력을 계측하는 자항시험, 그리고 프로펠러 공동시험(propeller cavitation test)이다. 1872년 프루드가 최초로 예인수조를 건설한 이래 현재 전 세계적으로 약 100여 개의 예인수조가 운용되고 있으며(그림 3-6), 표 3-3에 국내를 위시하여 주요 국가들의 예인수조 시설 특성을 보였다.

위에서 언급한 네 종류의 모형시험 중 저항시험에 대해서만 이 절에서 다루고 나머지 시험에 대해서는 추진과 관련하여 3.2.3절에서 다루기로 한다. 저항시험에서는 모형선을 정수 중에서 일정한 속도로 전진시키기 위해 예인전차(towing carriage)를 이용하여 모형선을 견인하다가 시험 속도에 도달하면 예인력을 제거하고 이때 작용하는 저항을 동력계(dynamometer)를 이용하여 계측한다. 모형시험의 정확도에 영향을 미치는 요인은 모형 제작의 정밀도, 수조의 환경, 그리고 계측 시스템의 정확도이다.

저항계측 시스템은 모형선의 저항을 계측하는 저항동력계, 모형선을 예인하기 위한 클램프(clamp), 모형선의 각종 동요(oscillations)를 제어하는 트림가이드(trim guider)로 구성된다(그림 3-7, 3-8).

표 3-2 ITTC 1957 방법과 ITTC 1978 방법

Resistance Test
$V_M \quad R_{TM}$

2D Method	3D Method
$C_{RM}=C_{RS}$	$C_{WM}=C_{WS}$

$$C_{TM}=\frac{R_{TM}}{\rho_M V_M^2 S_M/2}$$

$$C_{FM}=\frac{0.075}{(\log Rn_M-2)^2}$$

2D Method	3D Method
$C_{RM}=C_{TM}-C_{FM}$	$C_{WM}=C_{TM}-(1+k)C_{FM}$

$$C_{FS}=\frac{0.075}{(\log Rn_S-2)^2}$$

2D Method	3D Method
$C_{TS}=C_{RS}+C_{FS}+C_{AS}$	$C_{TS}=C_{WS}+(1+k)C_{FS}+C_{AS}+C_{AAS}$

$$R_{TS}=\frac{C_{TS}}{\rho_S V_S^2 S_S/2}$$

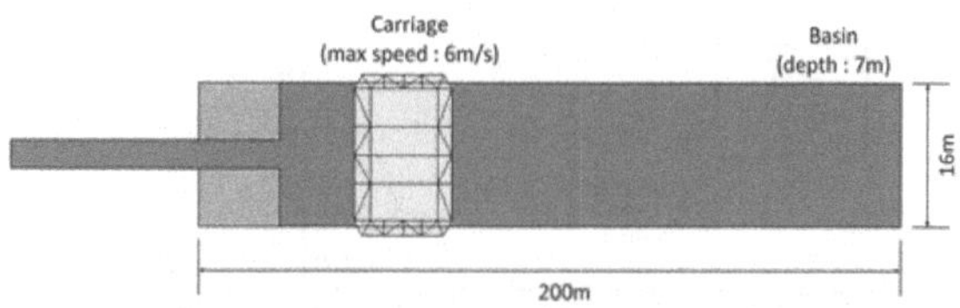

그림 3-6 예인수조 시설(MOERI)[6]

표 3-3 세계 각국의 주요 예인수조

국가	기관	수조크기 (길이x폭x수심) (m)	최고 예인속도 (m/s)
대한민국	MOERI	203x16x7	6
	현대중공업	188x14x6	7
	삼성중공업	400x14x7	5.18
미국	NSWCCD	575x15.5x6.7 (심해용)	10.3
중국	CSSRC	474x14x7	15
이탈리아	INSEAN	470x13.5x6.5	15
일본	NMRI	400x18x8	15
스페인	CEHIPAR	320x12.5x6.5	10
독일	HSVA	300x18x6	8
스웨덴	SSPA	260x10x5	10
네덜란드	MARIN	250x10.5x5.5	9

6) MOERI는 Maritime and Ocean Engineering Research Institute의 약자로 대덕연구단지 내의 해양시스템안전연구소의 영문 명칭이며, 1976년 한국선박해양연구소(Kore Research Institute of Ships and Ocean, KRISO)로 출발하여 2005년 명칭을 변경하였다.

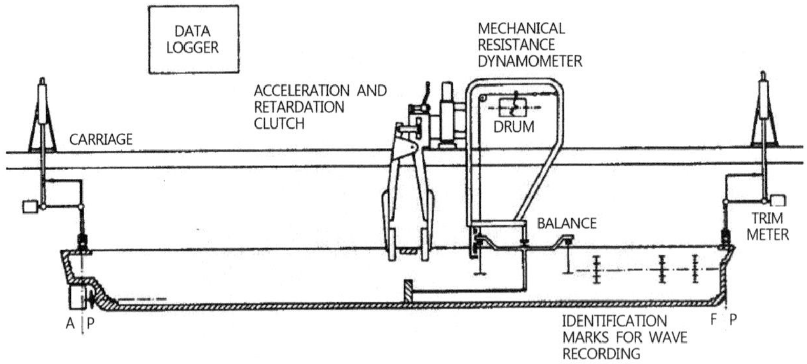

그림 3-7 저항시험을 위한 계측 및 제어 시스템

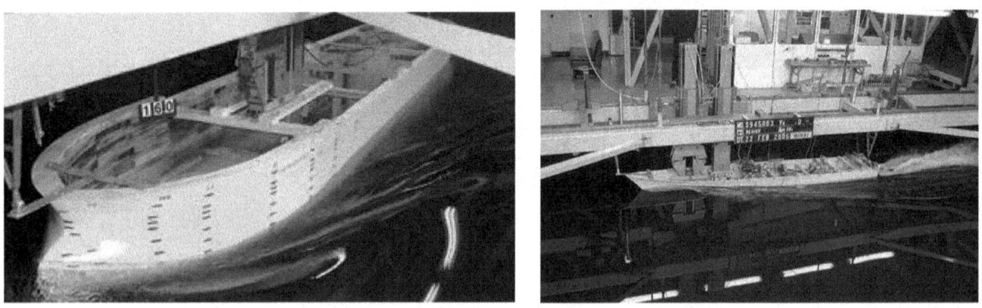

그림 3-8 모형선의 저항시험 전경(MOERI)

저항시험에서 계측하는 주된 물리량은 물론 모형선의 전체저항이지만 좋은 선형의 개발, 개발 중인 선형들의 특성 비교, 저항을 감소시키거나 추력을 향상시키는 장치들의 설계를 위해서는 선체 주위의 파형, 선미부에서의 유속분포 등을 포함하여 국부적인 유동 특성을 가시화 또는 계측할 필요가 있다.

유동가시화(flow visualization) 기법으로는 페인트나 염료를 사용하여 선체 표면에 매우 가까운 곳에서의 유동을 정성적으로 얻어내거나 또는 매우 작은 압핀에 실을 붙들어 맨 터프트(tuft) 등을 사용하는 방법 등이 있다. 보다 정량적인 자료를 얻기 위해서는 물에 매우 작은 입자를 뿌리고 이 입자들을 컴퓨터를 사용하여 광학적인 방법으로 추적하는 PIV(Particle Image Velocimetry) 기법 등이 사용되는데, 이와 같은 방법은 예인수조에서는 사용하기 힘들며 모형선이 정지해 있고 물이 지속적으로 모형선 주위를 흘러가도록 되어 있는 회류수조(circulating water channel) 등에서 적극적으로 활용되고 있다.

선미부 특히 프로펠러가 놓이게 되는 프로펠러평면에서의 유속분포, 즉 반류분포(wake distribution)는 프로펠러 설계를 위해 반드시 필요한 자료이며, 원주방향으로 균일한 분포를 가지지 않으면 선미부에 발생하는 소음과 진동의 요인이 되므로 설계 초기부터 주의를 요하는 사항이다. 반류분포를 계측하는 데는 특별히 고안된 반류계측체계를 사용하는데 이는 피토관(Pitot tube)과 위치제어를 위한 장치로 이루어지며, 피토관의 작동 원리에 대해서는 유체역학에서 배우기로 한다.

3.1.4 선형과 저항성능의 관계

선박의 저항은 배의 기하학적 형태, 즉 선형에 따라 크게 달라진다. 따라서 선형을 설계하기에 앞서 선형이 저항성능에 미치는 영향을 분석하고 평가할 수 있어야만 효율적인 선박을 설계할 수 있다. 원유탱커(crude tanker)나 산적화물선(bulk carrier)과 같이 가능한 한 많은 화물을 싣고 느린 속도로 운항하는 선박과, 여객선이나 컨테이너선 같이 상대적으로 빠른 속도로 운항하는 선박의 형상은 저항성능의 관점에서 큰 차이를 가진다.

선박의 형상을 선수부와 선미부로 구분하여 살펴보면, 일반적으로 선수부는 조파저항, 선미부는 점성저항에 각각 큰 영향을 미친다. 잘 설계된 상선의 조파저항은 전체저항의 35%를 넘지 않는 것이 상례이므로 우선 선미부의 형상을 최적화하는 것이 선형 설계의 기본적인 절차이다. 또한 선미부의 형상은 프로펠러에 유입되는 유동에 영향을 미치기 때문에 추진효율에 직접접인 영향을 주며, 선체의 소음과 진동에도 영향을 끼쳐 선박의 성능, 나아가 품질과 직결되므로 최근 그 중요도가 더욱 높아지고 있다. 아래에서는 선수형상과 선미형상에 대해 개괄적으로 살펴보기로 한다.

1. 선수형상

선수부의 형상을 설계함에 있어서는 단면적곡선(또는 C_p 곡선, 2.2.2절 참조), 횡단면형상, 구상선수(bulbous bow) 및 수선면의 도입각(entrance angle) 등이 주요 인자이다.

단면적곡선의 면적 분포를 보면 선수부와 선미부의 체적 분포 비율을 쉽게 알 수 있으며, 종부심(LCB), 즉 단면적곡선의 길이방향 도심의 위치는 방형계수 C_b 및 Fn의 값에 따라 적절히 결정되어야 한다. C_b가 작고 Fn가 큰 배는 조파저항의 중요성이 상대적으로 커서 선수부의 체적이 비교적 작은 경향이 있으므로 LCB는 중앙횡단면으로부터 선미쪽에 위치하며, C_b가 크고 Fn가 작은 배는 조파저항의 중요성이 작으므로 선수부의 체적이 커지는 경향이 있어 LCB는 중앙횡단면으로부터 선수쪽에 위치한다.

선수부의 횡단면형상은 그림 3-9에 보인 것과 같이 저속비대선($C_b > 0.8$)의 경우에는 U형을 가지며 고속세장선($C_b < 0.7$)은 V형을 그리고 중속선($0.8 > C_b > 0.7$)은 그 중간 형태인 UV형을 가진다. 저속선의 경우에는 선수만곡부의 곡률반경을 가능한 한 크게 해 주는 것이 저항성능 측면에서는 유리하다.

선수부 형상의 또 다른 특징인 구상선수는 선수부(forebody)에 기인하여 생성되는 파도와 위상차를 가지도록 설계되어 조파저항을 감소시킬 뿐만아니라 선수부에서 자주 관찰되는 쇄파(breaking wave)를 감소시키므로 저속, 고속을 막론하고 채택하고 있으며, 특히 흘수가 매우 작은 밸러스트상태에서도 그 효과가 작지 않은 것으로 알려져 있다. 구상선수는 높은 벌브, 중간 벌브, 낮은 벌브와 거위목 벌브가 있으며 저속선, 고속선, 크루저 등의 여러 가지 선박에 용도에 따라 적절히 사용되고 있다(그림 3-10, 3-11).

수선면의 형상, 특히 수선면의 도입각은 조파저항의 크기를 결정하는 주요한 인자이다. 수선면의 도입각은 수선면의 선수쪽 끝점에서 수선의 접선이 중앙종단면과 만드는 각으로 정의되며(그림 3-12), 일반적으로 도입각이 작으면 작을수록 조파저항은 감소한다.

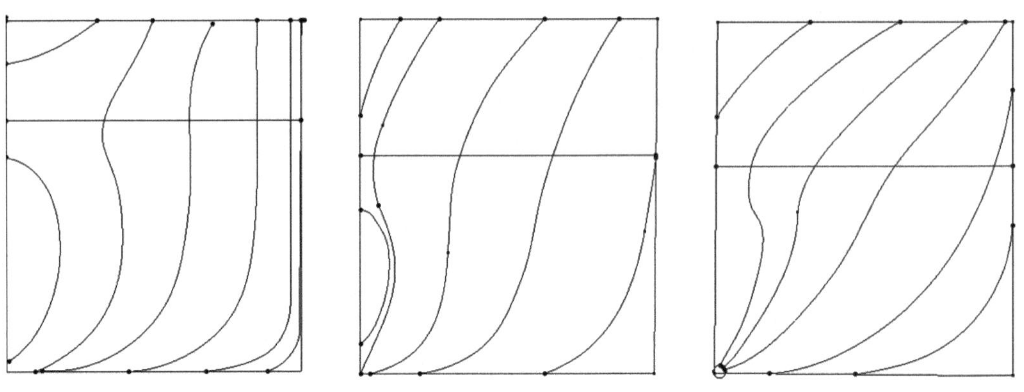

(저속선) (중속선) (고속선)

그림 3-9 선속에 따른 선수부 횡단면형상 비교

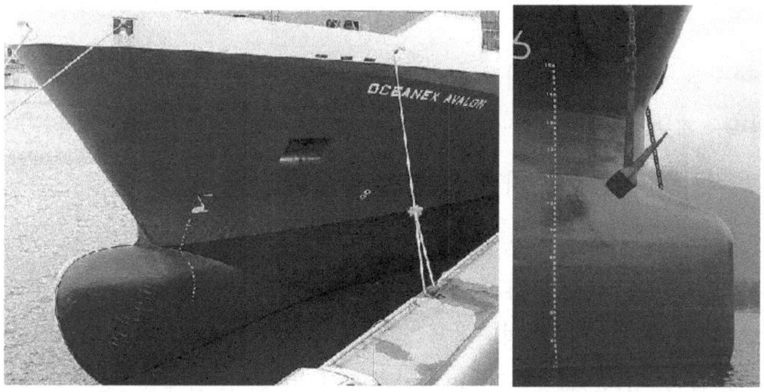

그림 3-10 높은 벌브(좌)와 중간 벌브(우)

그림 3-11 낮은 벌브(좌)와 거위목 벌브(우)

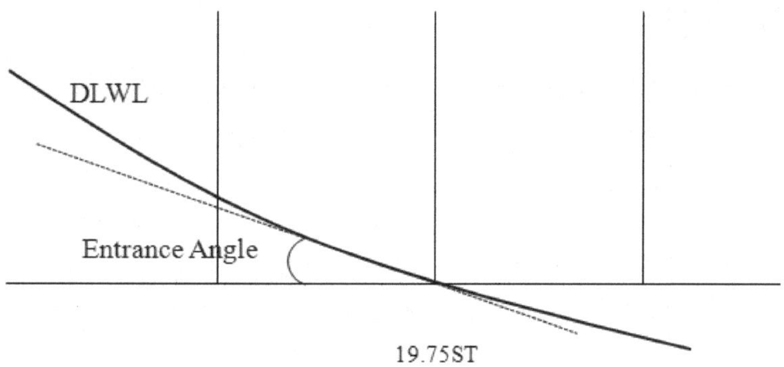

그림 3-12 수선면의 도입각

2. 선미형상

선미부의 형상을 설계함에 있어서는 단면적곡선, 횡단면형상, 측면형상(stern profile) 등이 주요 인자이며, 선미부에는 프로펠러와 타가 위치하므로 이에 대한 고려 역시 필수적이다.

선미부 단면적곡선의 형상은 가급적 완만하게 변화해야 하며 특히 프로펠러가 놓이게 될 평면, 즉 프로펠러평면 부근에서는 주의를 요한다.

선미부의 횡단면형상 역시 U형과 V형으로 구분할 수 있는데, V형은 과거 저속비대선의 선미부에 많이 채택되었던 형상으로 점성저항을 줄이는 장점은 있으나, 프로펠러에 유입되는 유동이 불균일하게 되는 단점이 있다. U형은 선미만곡부에서 유동이 선체를 떨어져 나가는 경향이 심하여 형상저항을 증가시키기는 하지만 프로펠러에 유입되는 유동이 V형에 비하여 훨씬 균일하다는 장점이 있다. 최근에는 U형과 V형의 장점만을 결합한 UV형을 채택하는 경우가 일반적이다(그림 3-13). 선미부의 측면형상은 두 가지 상반되는 요구를 만족시키도록 결정된다. 하나는 수면 아래의 배의 길이를 길게 하면 할수록 저항의 관점에서는 유리한 선형이 될 수 있다는 점이며, 다른 하나는 프로펠러와 선체 사이의 거리를 가능한 한 멀리 해주어야 한다는 점이다. 전자의 요구를 만족시키면서 타와 선체 사이에 프로펠러를 위치시키기 위해서는 프로펠러와 선체 사이의 거리를 확보하기가 쉽지 않은 경우가 대부분이므로 적절한 절충이 요망된다. 프로펠러 위쪽의 측면형상은 수선면의 형상을 고려하여 형상저항의 증가가 최소화되도록 결정한다.

3.2 선박의 추진

1850년대 초기 영국 해군에서 배의 추진을 위해 프로펠러를 본격적으로 채택하기 시작하면서 일반상선에도 활발히 적용되기에 이른 나사프로펠러(screw propeller)는 그 당시의 경쟁자였던 외륜에 비해 운항 중 발생하는 흘수 감소가 추력 변화에 미치는 영향이 적고, 선박의 폭을 크게 해야 할 필요도 없었으며, 무게도 작고 회전수가 높아 효율도 좋았다(그림 3-14). 이후 지속적으로 효율과 성능을 개선해 온 프로펠러는 오늘날 대부분의 선박에서 추진기(propulsor)로 사용되고 있으며, 자동차나 비행기 등의 다른 교통기관의 추진장치와 비교하여 배의 추진장치가 매우 높은 효율을 가질 수 있도록 하고 있다.

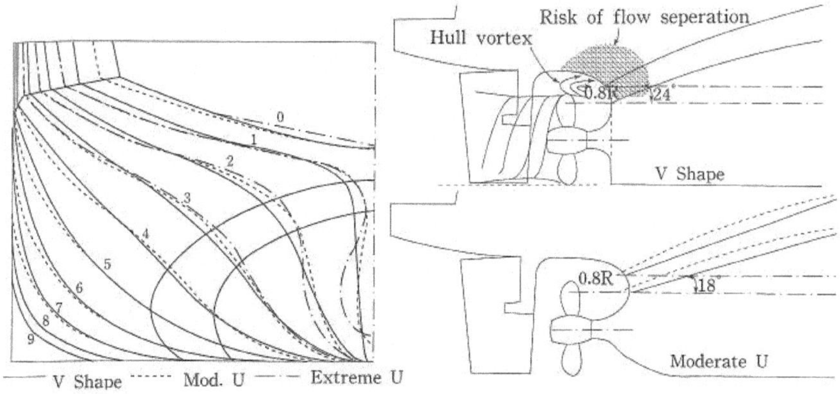

그림 3-13 U형과 V형 선미형상

그림 3-14 초창기 프로펠러(좌: 1912년 타이타닉호, 우: 1972년 현대중공업)

3.2.1 프로펠러 추진

프로펠러의 추진 원리에 대해 알아보기 위해 먼저 그 기하학적 형상을 기술하는데 필요한 명칭의 정의에 대해 살펴본다(그림 3-15, 3-16). 프로펠러는 통상 복수의 날개(blade)를 가지며, 각각의 날개는 회전축의 중심선, 즉 축심과 동심축을 가진 축방향 원통과 만나는 곡면이 비행기의 날개단면(airfoil 또는 hydrofoil)과 같은 형상을 가지도록 설계, 제작된다.

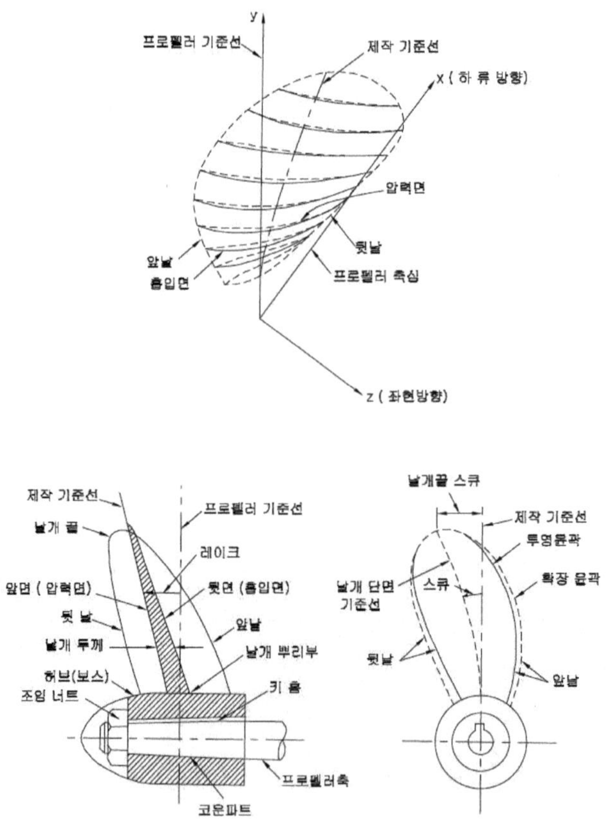

그림 3-15 프로펠러의 형상과 명칭

1. 프로펠러의 기하학적 특성

1) 프로펠러 기준선(propeller reference line), 프로펠러평면(propeller plane), 제작 기준선(generator line)

프로펠러 기준선은 축심과 직각을 이루는 직선으로 통상 수직상방으로 취하며, 이 선을 축심에 대해 회전시켜 프로펠러평면을 얻는다. 제작 기준선은 프로펠러 제작의 기준이 되는 선으로 프로펠러 기준선과 축심으로 이루어지는 수직평면 상에 위치한다.

2) 허브(hub 또는 boss), 날개끝(blade tip)

프로펠러 날개의 반경방향 양단은 축심부분을 허브, 바깥부분을 날개끝(blade tip)이라고 부른다.

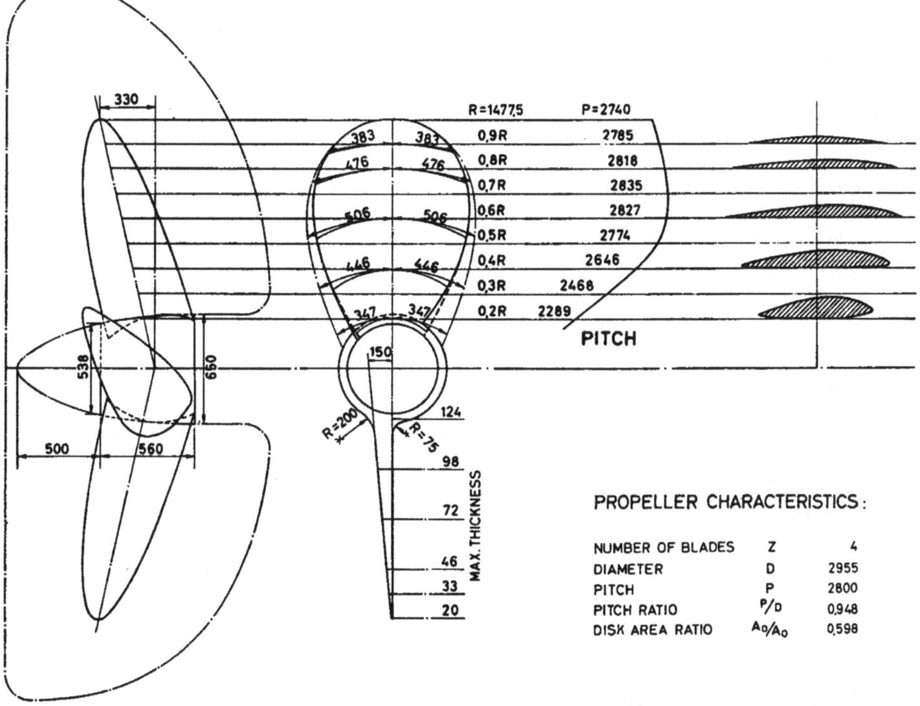

그림 3-16 프로펠러의 날개 및 날개단면의 형상

3) 직경(diameter) D, 프로펠러원판(propeller disc)

프로펠러가 1회전 했을 때 날개끝이 그리는 원의 지름으로, 그 반을 반경(radius) R로 취하며, 프로펠러평면 상에서 축심에 중심을 가지며 직경이 D인 원으로 만들어지는 원판을 프로펠러원판(propeller disk)이라고 한다.

4) 앞날(leading edge), 뒷날(trailing edge), 앞면(face), 뒷면(back)

프로펠러의 날개단면에서 먼저 물을 가르는 끝을 앞날, 그 반대쪽 끝을 뒷날이라고 한다. 앞날과 뒷날을 연결하는 두 곡선 중, 아래 부분은 앞면, 위 부분은 뒷면이라고 한다. 따라서 프로펠러 날개의 선수쪽 면이 뒷면, 선미쪽 면이 앞면이 되어 혼동의 소지가 있으나, 이는 날개단면과 관련된 명칭으로 관련분야에서 널리 쓰이고 있으므로 그대로 사용되고 있다.

5) 코드(chord), 날개단면 기준점(blade section reference point)

날개단면의 앞날과 뒷날을 연결한 직선, 또는 그 길이를 코드 c라고 하며, 코드의 중앙점(mid-chord point)을 날개단면 기준점으로 정하며, 반경방향으로 날개단면 기준점을 연결한 선을 날개단면 기준선이라고 한다.

6) 레이크(rake)

각 반경위치에서 프로펠러 기준선으로부터 제작 기준선까지의 축방향 직선거리를 말한다. 보통 후류방향을 양(+)으로 잡으며, 제작 기준선이 직선인 경우에는 프로펠러 기준선과 제작 기준선 사이의 각을 레이크각이라고 한다.

7) 스큐(skew)

날개단면 기준선이 프로펠러 기준선과 이루는 각을 뜻한다.

8) 피치(pitch) P

프로펠러가 1회전 했을 때 각 반경위치에서의 날개단면이 축방향으로 전진하는 거리를 말한다. 각 반경에서의 피치 값이 일정한 경우를 일정피치(constant pitch), 반경에 따라 변하는 경우를 변동피치(variable pitch)라고 부른다. 피치비($= P/D$)는 피치를 직경으로 나눈 값으로 정의한다.

9) 날개윤곽선(blade outline)

날개윤곽선은 각 날개단면의 앞날과 뒷날을 연결하여 얻어진다. 투영윤곽선(projected outline)은 날개를 축방향으로 프로펠러평면에 투영했을 때 얻어지는 윤곽선을 뜻하며, 확장윤곽선(expanded outline)은 각 날개단면을 평면 위에 펼쳤을 때 얻어지는 도형의 경계선을 뜻한다. 확장면적비(expanded area ratio)는 확장윤곽의 면적 A_E 와 직경 D인 원판, 즉 프로펠러원판(propeller disc)의 면적 $A_0\,(= \pi D^2/4)$의 비로 정의되며, 프로펠러의 역학적 특성을 나타내는 중요한 인자다.

2. 프로펠러 추진의 유체역학적 원리

프로펠러의 축심으로부터 반경방향으로 일정한 거리에 있는 단면은 위에서 언급한 바와 같이 항공익(airfoil) 또는 수중익(hydrofoil)과 같이 양력을 발생하는 날개단면의 형상을 가지도록 제작되며, 각각의 날개단면이 발생하는 양력과 항력을 알면 프로펠러가 발생하는 추력과 프로펠러를 회전시키는데 필요한 토크(torque)를 얻을 수 있다. 보다 자세한 사항은 유체역학 및 저항추진 과목으로 미루기로 하고 여기서는 날개단면, 즉 2차원 형상을 가진 날개단면이 양력을 발생시키는 메카니즘에 대해 간단히 살펴보기로 한다.

그림 3-17(a)에 보인 바와 같이 날개단면이 속도 U의 균일유동 중에 놓여 있다고 가정하자. 유체에 의해 날개단면에 작용하는 힘은 균일유동 방향의 성분과 그에 수직한 방향의 성분으로 분해할 수 있는데, 전자는 항력(drag), 후자는 양력(lift) L이라고 부른다. 항력과 양력은 간단한 실험에 의해 얻을 수 있으며 라이트(Wright) 형제가 1903년 최초의 비행기를 날리기 위해 무수히 반복했던 것과 같은 실험이다. 한편 유체의 점성을 무시하면 이와 같은 힘은 날개단면에 작용하는 압력에 의해 생성되므로, 날개단면에 작용하는 압력 p를 구할 수 있으면 양력 발생의 메카니즘에 대해 보다 잘 이해할 수 있다. p는 통상 날개단면으로부터 충분히 멀리 떨어진 상류에서의 압력 p_∞와의 차이, 즉 상대압력(relative pressure) $p_r = p - p_\infty$을 정체압으로 나누어 주어, 다음과 같이 정의되는 무차원량인 압력계수 C_p로 나타내며,

$$C_p = \frac{p - p_\infty}{\rho U^2/2} = \frac{p_r}{\rho U^2/2} \tag{3.18}$$

그림 3-17(b)에 실험에서 얻어지는 전형적인 압력분포를 보였다. 그림에서 수직축은 $-C_p$, 수평축은 코드이며, 위의 곡선은 날개단면의 윗부분, 즉 뒷면(back), 아래의 곡선은 날개단면의 아랫부분,

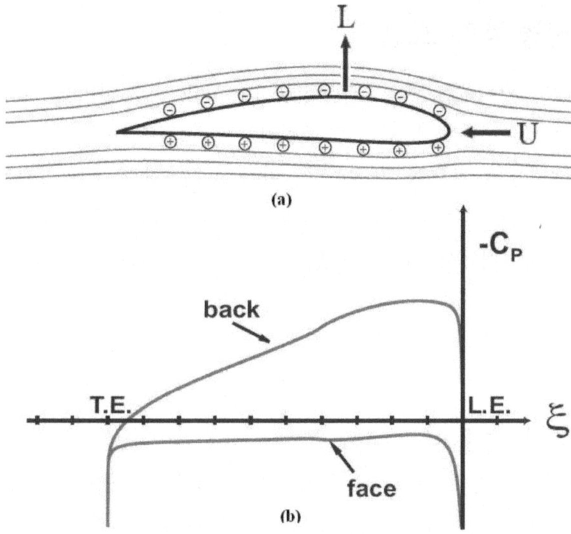

그림 3-17 날개단면에 작용하는 힘과 전형적인 압력분포

즉 앞면(face)에 작용하는 상대압력 p_r을 무차원화한 값을 보여준다. 뒷면에 작용하는 p_r은 음의 부호를, 앞면에 작용하는 p_r은 양의 부호를 가짐을 알 수 있으며, 또한 앞면에 작용하는 p_r보다 뒷면에 작용하는 음의 p_r의 크기가 훨씬 큰 것을 알 수 있다. 날개단면의 두께는 대부분 코드에 비해 대단히 작으므로 앞면과 뒷면에 작용하는 압력은 근사적으로 양력의 방향과 같다고 볼 수 있으며, 따라서 그림에서 위의 곡선과 아래의 곡선으로 이루어지는 도형의 면적은 그대로 날개단면에 작용하는 양력에 비례하는 양이라고 볼 수 있다.

그림 3-17(a)에서 균일유동의 방향은 프로펠러에서는 축심에 중심을 가진 원의 원주방향, 그리고 양력의 방향은 배의 전진방향과 근사적으로 일치한다고 볼 수 있다. 보다 정확하게 말하면, 프로펠러는 회전하면서 전진하므로 각 반경위치 r에서 날개단면에 들어오는 유동의 방향은 프로펠러 회전에 기인하는 원주방향의 속도 $r\omega$, 프로펠러의 전진속도, 단위시간당 날개단면의 전진거리 Pn에 의해 결정된다. 여기서 $\omega = 2\pi n$, n은 초당회전수(rps), P는 피치이며, 보다 자세한 사항은 저항추진 과목에서 다루기로 한다. 따라서 근사적으로 보면 각 날개단면에 작용하는 양력을 반경방향으로 적분하여 프로펠러에 작용하는 추력 T를 구할 수 있으며, 또한 각 날개단면에 작용하는 항력의 축심에 대한 모멘트를 적분하여 프로펠러를 회전시키기 위해 필요한 토크 Q를 구할 수 있다.

3.2.2 선박의 추진동력과 효율

현재 대부분의 배는 기관-프로펠러 계(engine-propeller system)에 의해 추진되고 있다. 기관에 의해 생성된 동력(power)이 축계에 의해 프로펠러로 전달되며, 프로펠러는 회전하는데 필요한 동력을 공급받으면서 배에 필요한 추력을 생성한다. 이와 같은 기관-축계-프로펠러를 추진장치(propulsion system)라고 부르는데, 배의 추진효율(propulsive efficiency)을 구하기 위해서는 이러한 추진장치뿐만 아니라 프로펠러가 배 뒤에서 추력을 생성하고 있으므로 선각-프로펠러 상호작용(hull-propeller interaction)에 의한 부분까지 고려되어야 한다. 아래에서는 배의 추진효율을 정의하기 위해 필요한 개념, 물리량들에 대해 생각한다[2].

1. 여러 가지 동력과 효율

프로펠러를 회전시키는 동력은 기관에서 생성되어 축계를 통해 프로펠러에 전달되므로 동력을 어디서 계측하느냐에 따라 여러 가지 방법으로 동력을 정의할 수 있다(그림 3-18).

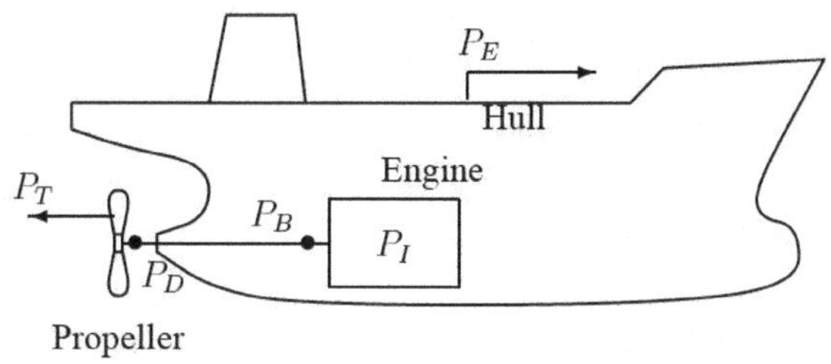

그림 3-18 선박의 여러 가지 동력

1) 지시동력(indicated power) P_I

예를 들어 기관이 디젤기관과 같은 내연기관인 경우, 지시동력은 내연기관의 실린더 내에서 생성되는 동력으로 다음과 같이 정의할 수 있다.

$$P_I = p_M \times A \times s \times n \times N_c \tag{3.19}$$

여기서 p_M는 평균 유효압력, A는 피스톤의 유효면적, s는 피스톤의 행정(stroke), n은 단위시간당 연소 횟수, N_c는 실린더의 수이다.

2) 제동동력(brake power) P_B

기관의 크랭크축(crank shaft), 즉 기관축(engine shaft)은 축계와 연결되는데 이 축을 제동하는데 필요한 동력을 제동동력이라고 정의한다.

3) 축동력(shaft power) P_S

증기터빈과 같은 경우에는 축계가 프로펠러축(propeller shaft)에 연결된 부분에 전달된 동력을 축동력 P_S로 다음과 같이 정의할 수 있다.

$$P_S = 2\pi n Q_s \tag{3.20}$$

여기서 Q_s는 축계의 토크이며, n은 초당회전수(rps, revolutions per second)이다.

4) 전달동력(delivered power) P_D

프로펠러는 프로펠러축을 통해 축계와 연결되어 있는데 전달동력은 실제 프로펠러축에 전달된 동력으로 다음과 같이 정의할 수 있다.

$$P_D = 2\pi n Q \tag{3.21}$$

여기서 Q는 프로펠러축의 토크이다.

5) 추진동력(thrust power) P_T

추진동력은 프로펠러가 단위시간당 실제로 한 일(work)로 다음과 같이 정의할 수 있다.

$$P_T = TV_A \tag{3.22}$$

여기서 T는 프로펠러가 제공한 추력이며, V_A는 프로펠러의 전진속도이다. 프로펠러 주위의 유체는 작지만 어느 정도의 속도로 배와 같이 움직이고 있으므로 프로펠러의 유체에 대한 상대적인 전진속도는 일반적으로 배의 전진속도 보다 작다는 점에 유의한다.

6) 유효동력(effective power) P_E

유효동력은 일정한 속도로 전진하는 배가 단위시간당 한 일로 다음과 같이 정의할 수 있다.

$$P_E = RV \tag{3.23}$$

여기서 R은 전체저항이며 V는 배의 속도이다.

7) 준추진효율(quasi-propulsive efficiency) η_D와 선각효율(hull efficiency) η_H

배에 따라 기관의 종류가 다르므로, 실제로 프로펠러-선박의 추진효율은 프로펠러축에 전달된 동력, 즉 전달동력 P_D와 유효동력 P_E의 비로 정의되는 준추진효율 η_D를 기준으로 삼는다.

$$\eta_D = \frac{P_E}{P_D} = \frac{RV}{2\pi n Q} \tag{3.24}$$

또한 추진동력 P_T와 유효동력 P_E의 비는 선각효율 η_H로 정의한다.

$$\eta_H = \frac{P_E}{P_T} = \frac{RV}{TV_A} = \frac{R}{T}\frac{V}{V_A} \tag{3.25}$$

일반적으로는 배가 받는 저항 R과 프로펠러가 제공하는 추력 T는 당연히 같아야 하지만, 여기서 저항 R은 배에 프로펠러가 장착되지 않았을 때의 저항, 즉 알몸저항(bare hull resistance)이며, 추력 T는 프로펠러가 배 뒤에 장착되어 발생하는 추력이므로, 서로 같지 않은 점에 유의한다.

2. 선체-프로펠러 상호작용과 효율

위에서 살펴본 바와 같이 배의 준추진효율을 알기 위해서는 선각효율을 알아야 하는데 이하에서는 이에 대해 먼저 살펴보고 마지막으로 준추진효율에 대해 생각한다.

1) 반류비(wake fraction) w

배가 일정한 속도 V로 전진할 때, 선미 부분의 물은 배와 같은 방향으로 어느 정도의 속도를 가지고 배와 같이 이동하는데 이와 같은 유동을 반류(wake)라고 한다. 따라서 실제 프로펠러에 유입되는 유속(V_A)과 차이가 발생하며, 이와 같은 반류의 프로펠러원판에서의 평균속도를 반류속도(wake speed) V_w라고 부르며 반류비 w는 다음과 같이 정의한다.

$$w = \frac{V_w}{V} = \frac{V - V_A}{V} = 1 - \frac{V_A}{V} \tag{3.26}$$

배에 프로펠러가 장착되지 않은 상태에서의 반류를 공칭반류(nominal wake), 프로펠러가 장착되어 작동되는 상태에서의 반류를 유효반류(effective wake)라고 한다.

2) 추력감소비(thrust deduction fraction) t

프로펠러가 배의 뒷부분에 장착되어 작동되면 프로펠러 앞쪽의 물을 빨아들여 뒤쪽으로 보다 높은 속도로 내보내며, 이와 같은 과정을 통해 추력을 발생하게 되므로, 프로펠러가 장착되어 있지 않은 경우와 비교하면 선미 부분의 유속이 증가하고 그에 따라 압력이 감소하여 결국 저항이 증가하는 현상이 생긴다. 이와 같은 저항증분을 ΔR이라고 하면 프로펠러가 장착되어 있을 때 프로펠러가 발생하는 추력과 그 때 배가 받는 저항, 즉 $R + \Delta R$이 같아야 하며, 추력감소비 t는 다음과 같이 정의한다.

$$t = \frac{\Delta R}{T} = \frac{T - R}{T} = 1 - \frac{R}{T} \tag{3.27}$$

3) 선각효율

식 (3.25)로 정의된 선각효율 η_H는 식 (3.26), (3.27)의 결과를 이용하여 다음과 같이 바꾸어 쓸 수 있다.

$$\eta_H = \frac{P_E}{P_T} = \frac{R}{T}\frac{V}{V_A} = \frac{1-t}{1-w} \tag{3.28}$$

이 식에 따르면 추력감소비가 작으면 작을수록, 반류비가 크면 클수록 선각효율은 증가함을 알 수 있다.

4) 선미효율(efficiency behind the hull) η_B

식 (3.24)로 정의된 준추진효율을 식 (3.25)의 선각효율을 사용하여 다시 쓰면 다음을 얻는데,

$$\eta_D = \frac{P_E}{P_D} = \frac{P_E}{P_T}\frac{P_T}{P_D} = \eta_H \frac{P_T}{P_D} \tag{3.29}$$

여기서 우변의 마지막 비, 추진동력 P_T와 전달동력 P_D의 비는 선미효율 η_B로 다음과 같이 정의한다.

$$\eta_B = \frac{P_T}{P_D} = \frac{TV_A}{2\pi n Q} \tag{3.30}$$

선미효율은 프로펠러가 선체 뒤에서 작동할 때의 효율이라고 볼 수 있다. 선미효율을 사용하여 식 (3.29)를 다시 쓰고 식 (3.28)의 결과를 사용하면 다음을 얻는다.

$$\eta_D = \frac{P_E}{P_D} = \eta_H \eta_B = \frac{1-t}{1-w}\eta_B \tag{3.31}$$

이 식에 따르면 준추진효율은 추력감소비, 반류비, 선미효율의 함수이므로, 배의 추진효율을 높이기 위해서는 프로펠러, 선형 등 각각의 구성요소 뿐만아니라 그들이 적절한 조화를 이룰 수 있도록 해야만 함을 알 수 있다. 실선의 유효동력 P_E는 저항시험으로부터 얻을 수 있는데, 식 (3.31)에 따르면 실선의 전달동력 P_D를 구하기 위해서는 선각효율과 선미효율을 알아야 하며, 선각효율을 알기 위해서는 반류비와 추력감소비를 알아야 한다. 이들은 다음 절에서 설명하는 프로펠러 단독시험, 자항시험 등을 통해 결정된다.

3.2.3 프로펠러 모형시험

프로펠러가 사용되는 모형시험은 크게 세 종류로 구분된다. 프로펠러만을 단독으로 시험하는 단독시험과 배 뒤에 장착하여 배를 추진시키는 자항시험, 그리고 프로펠러에 발생하는 공동을 관찰, 계측하기 위한 공동시험이 있다. 이하에서는 이들에 대해 차례로 살펴보기로 한다.

1. 프로펠러 단독시험(Propeller Open Water test, POW test)

설계된 프로펠러 자체의 성능을 평가하기 위해 예인수조에서 모형프로펠러를 일정한 속도로 회전시키며 예인하는데, 이 때 프로펠러가 발생하는 추력 T와 전달된 토크 Q를 계측한다(그림 3-19). 이와 같은 시험을 프로펠러 단독시험(POW test)이라고 하는데, 모형선의 저항시험과 마찬가지로 기하학적, 운동학적, 동역학적 상사를 만족하도록 시험을 수행해야 한다. 운동학적 상사가 만족되기 위해서는 식 (3.4)에 보인 바와 같이 모형프로펠러와 실선프로펠러의 전진비를 일치시켜야 한다.

그림 3-19 프로펠러 단독시험(MOERI)

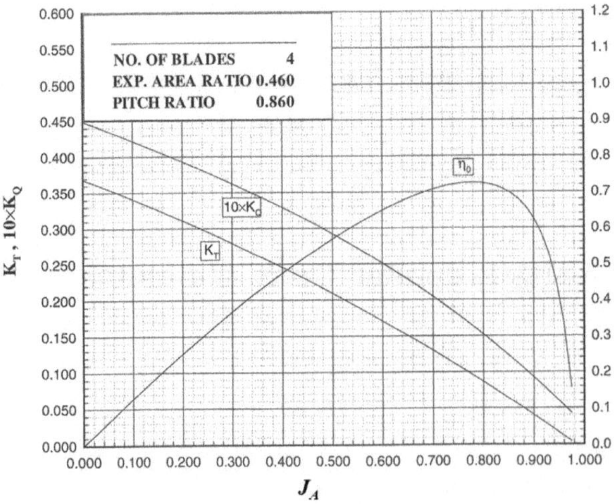

그림 3-20 일반 상선 프로펠러의 단독성능 곡선

또한 동역학적 상사를 만족시키기 위해서는 모형프로펠러와 실선프로펠러의 프루드수와 레이놀즈수를 동시에 같도록 해주어야 하지만, 이는 저항시험에서 논의한 바와 같이 현실적으로 불가능하다.

레이놀즈수를 동일하게 해 주기 위해서는 모형프로펠러의 속도가 실선프로펠러의 속도보다 훨씬 빨라야 하는데 이 또한 현실적으로 어려운 일이므로, 단독시험 역시 프루드수를 같게 하여 수행된다. 따라서 모형프로펠러와 실선프로펠러의 전진비가 같기 위해서는 다음 식이 만족되어야 한다.

$$\frac{V_M}{n_M D_M} = \frac{V_S}{n_S D_S} \;\rightarrow\; n_M = n_S \frac{V_M}{V_S}\frac{D_S}{D_M} = \frac{n_S}{\sqrt{\lambda}} \tag{3.32}$$

이 식에 따르면 모형프로펠러는 실선프로펠러보다 좀 빠르게 회전시켜야 한다. 예를 들어 $\lambda = 1/16$, $n_S = 10\ rps$라고 하면, 모형프로펠러의 회전수는 실선프로펠러의 4배, 즉 $n_M = 40\ rps$가 되므로 조금 빠르기는 하지만 시험을 수행하는 데는 큰 무리가 없다.

단독시험에서 계측된 추력 T와 토크 Q는 다음과 같이 무차원계수인 추력계수 K_T, 토크계수 K_Q로 나타낸다.

$$K_T = \frac{T}{\rho n^2 D^4}, \quad K_Q = \frac{Q}{\rho n^2 D^5} \tag{3.33}$$

프로펠러의 단독효율 η_0는 다음과 같이 정의될 수 있으며,

$$\eta_0 = \frac{TV_A}{2\pi nQ} \tag{3.34}$$

여기서 V_A는 프로펠러의 전진속도인데, 이 식에 식 (3.33)을 대입하여 다음 결과를 얻는다.

$$\eta_0 = \frac{K_T V_A}{2\pi n K_Q D} = \frac{J_A}{2\pi}\frac{K_T}{K_Q}, \ J_A = \frac{V_A}{nD} \tag{3.35}$$

여기서 J_A는 프로펠러의 전진비이며, 단독시험의 결과는 그림 3-20과 같이 J_A를 수평축으로 하여 K_T, K_Q, η_0를 나타낸다. 추력계수와 토크계수는 전진비의 증가에 따라 모두 감소하지만 단독효율은 일정한 전진비에서 국부 최대치를 가지는 점에 유의한다.

2. 자항시험(self-propulsion test)

모형선에 모형프로펠러를 장착하고 그 프로펠러에 의해 추진되는 모형선의 추력과 저항을 계측하여 선각효율 η_H와 선미효율 η_B를 결정할 수 있도록 하는 시험을 자항시험(self-propulsion test)이라고 한다. 자항시험도 저항시험과 마찬가지로 모형선과 실선의 프루드수가 일치하도록 시험을 수행하므로, $Rn_M = \lambda^{3/2} Rn_S$이 되어 모형선의 레이놀즈수는 실선의 레이놀즈수보다 매우 작은 값을 가진다. 이와 같은 경우, 모형선의 점성저항계수는 실선의 점성저항계수보다 상대적으로 큰 값이 되어, 모형선은 상대적으로 보다 큰 저항을 받게 되므로 이에 대한 보정을 해 주어야 한다. 자항시험 시에는 모형선에 이와 같은 차이에 해당하는 힘을 추가로 가해 주어야만 원하는 속도로 전진할 수 있으며, 이 힘 F_D는 표면마찰보정(skin friction correction)이라고 부르고 다음 식으로 구할 수 있다.

$$F_D = \frac{1}{2}\rho_M V_M^2 S_M (C_{FM} - C_{FS}) \tag{3.36}$$

자항시험에서는 모형선의 속도 V, 예인력 F_D와 함께 프로펠러의 추력 T, 토크 Q 및 회전수 n을 계측한다. 보통의 경우 자항시험에서는 약 0.5 m/s의 간격으로 약 10개의 속도에서 시험을 수행한다. 자항시험 결과를 얻으면 저항시험과 프로펠러 단독시험 결과를 함께 이용하여 반류비,

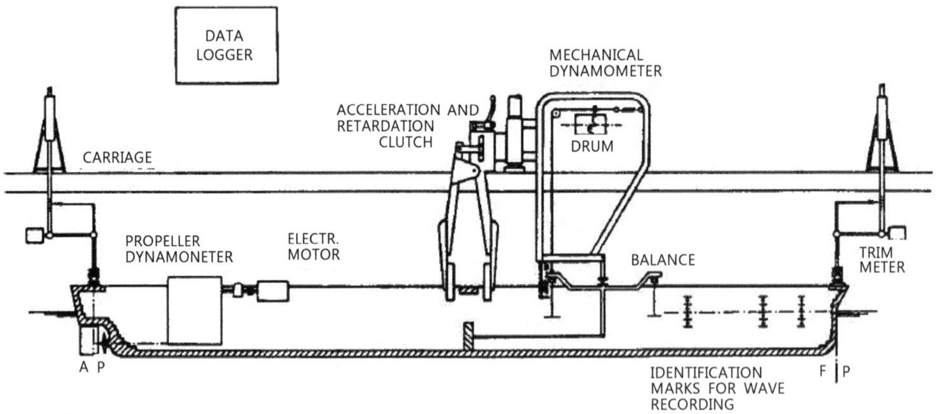

그림 3-21 자항시험을 위한 계측 및 제어 시스템

추력감소비 및 선미효율 등을 계산할 수 있으므로, 실선의 프로펠러 회전수, 추력, 토크, 전달동력, 유효동력 등 실선의 추진성능을 추정할 수 있다. 저항시험, 프로펠러 단독시험 및 자항시험 결과를 이용하여 실선의 추진성능을 결정하는 방법 또한 ITTC에 의해 1978년 제안된 바 있으며, 대부분의 수조에서 이 방법을 따르고 있다.

3. 프로펠러 공동시험

물은 액체 상태에서 압력을 일정하게 유지하며 온도를 높여주면 기화하며, 이를 비등(boiling)이라고 한다. 한편, 온도를 일정하게 유지하며 압력을 낮추어도 역시 기화하는데, 이런 현상은 공동(cavitation)이라고 한다(그림 3-22 참조).

물 속에서 회전하는 프로펠러의 경우, 날개끝 부분에서는 속도의 값이 꽤 커지므로 압력이 낮아지며, 물에 작용하는 압력이 증기압(vapor pressure)과 비슷해지면 기화하기 시작하여 공동(cavity)이 발생한다(그림 3-23 참조). 그림 3-17에 보인 바와 같이 프로펠러의 뒷면에서는 압력이 상대적으로 낮으므로, 공동이 발생할 확률이 매우 높으며, 또한 공동 발생에 따라 뒷면에서의 압력(음압)의 크기가 작아지므로 추력이 감소되어 프로펠러의 효율이 떨어진다. 뿐만 아니라 프로펠러가 회전함에 따라 수직 위치가 변화하므로 이는 수심의 변화, 즉 압력의 변화를 뜻한다. 프로펠러의 날개가 수면 근처에 도달하면 공동이 발생하기 시작하며, 그림 3-24, 3-25에 보인 바와 같이 수면에 가장 가까운 직립 상태를 0°라고 표시하면, -10° ~ $+30^{\circ}$에서 공동의 크기가 가장 크고, 수심이 증가

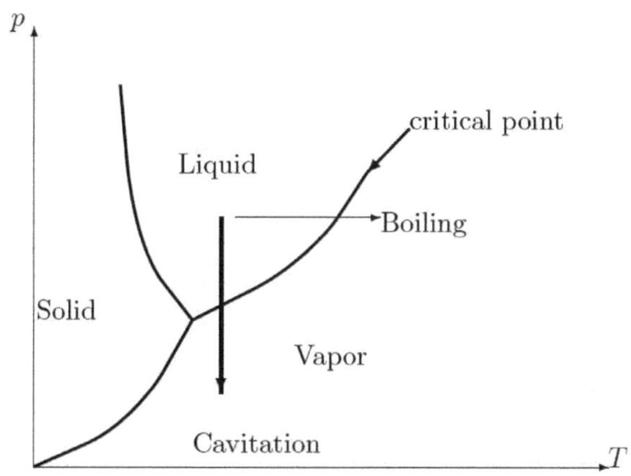

그림 3-22 물의 온도-압력 상태곡선

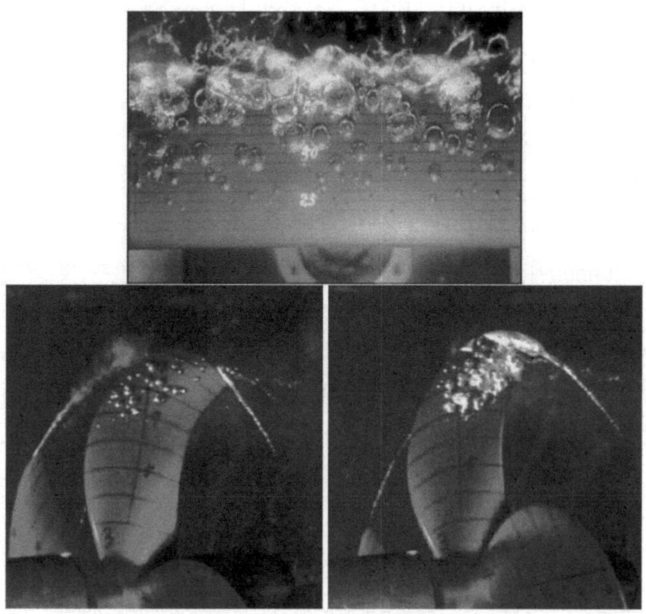

그림 3-23 2차원 날개와 모형프로펠러에서 발생되는 공동(MOERI)

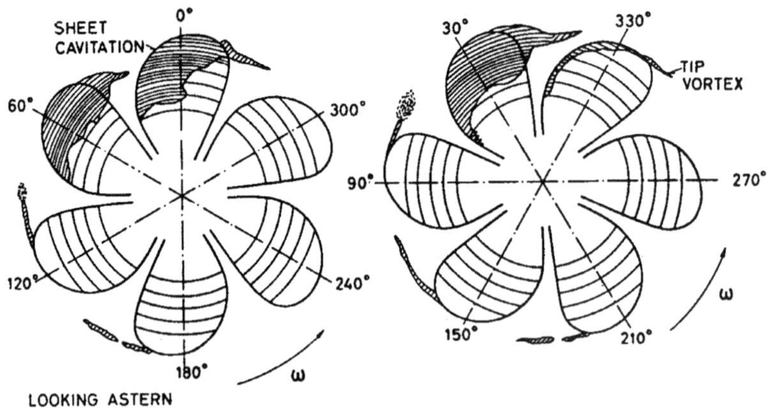

그림 3-24 프로펠러에 의해 발생되는 공동의 생성과 소멸

하면 공동이 조금씩 소멸된다. 따라서 프로펠러가 회전함에 따라 그 날개 표면에는 공동이 생성, 소멸되는 과정이 반복된다.

날개 표면에서 생성되었다가 소멸되는 공동은 날개 표면의 침식(erosion)을 야기하고, 심한 경우에는 날개의 변형과 파괴를 초래하며, 공동의 체적변화는 주위 압력을 변화시켜 소음(noise) 및 선체 진동을 유발한다.

프로펠러의 기하학적 형상이 결정되면, 따라서 압력을 조절할 수 있도록 설계된 공동수조(cavitation tunnel)에서 모형시험을 수행하여, 공동의 발생 여부 및 그 형태를 관찰하고 프로펠러의 성능을 평가한다. 프로펠러가 선미에 장착되면 프로펠러 단독시험에서와는 매우 다른 유동이 프로펠러평면에 유입되며, 이와 같은 유동은 선미형상에 따라 결정된다. 따라서 공동시험에서 프로펠러가 실제 상황에 보다 가까운 유동장 내에서 작동하도록 하기 위해서는 선미에서의 반류를 공동시험 시에 재현해 주어야 할 필요가 있으며, 최근에는 모형선에 모형프로펠러를 장착하여 직접 수조에 설치할 수 있는 대형공동수조(large cavitation tunnel)를 건조하여 공동시험을 수행하고 있다(그림 3-26 참조).

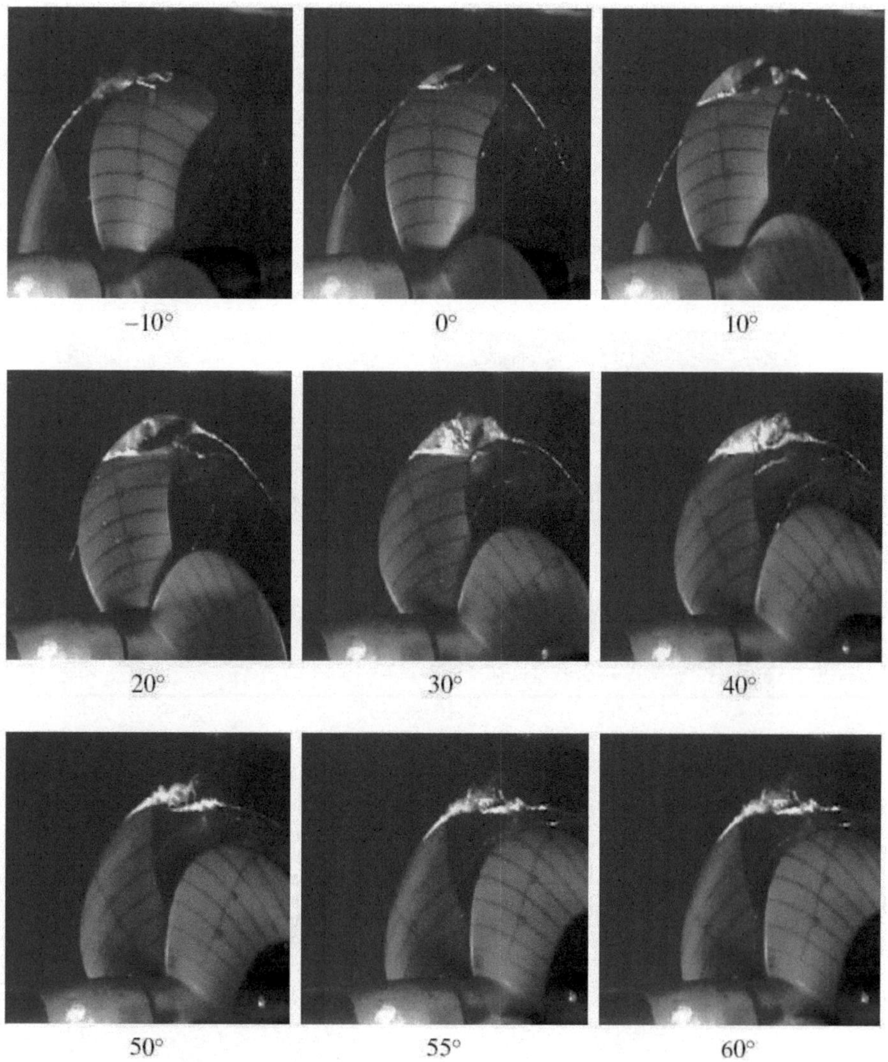

그림 3-25 모형 프로펠러에서 발생되는 공동(MOERI)

그림 3-26 대형공동수조(MOERI)

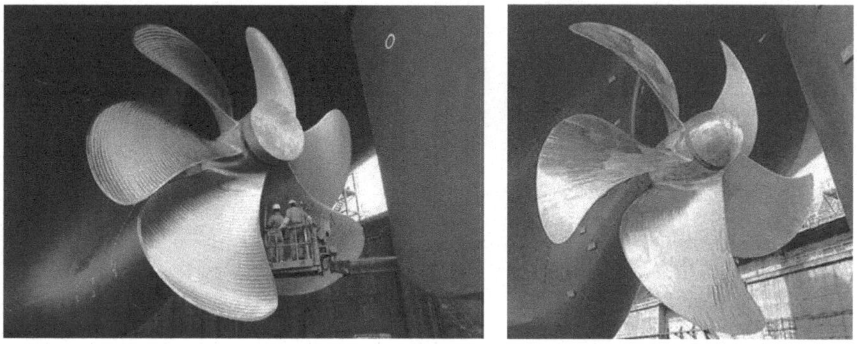

그림 3-27 일반적인 프로펠러

3.2.4 여러 가지 추진기

20세기 초부터 본격적으로 사용되기 시작한 프로펠러는 현재까지도 대부분 선박의 추진기로 사용되고 있는데, 일반적인 프로펠러와, 부가적인 장치들과 결합시켜 사용하는 복합프로펠러로 구분할 수 있다.

1. 일반적인 프로펠러

1) 고정피치 프로펠러(Fixed Pitch Propeller, FPP)

선박의 모든 운항조건에서 일정하게 고정된 피치를 사용하는 가장 전형적인 프로펠러이다(그림 3-27). 제작비가 저렴한 반면 정상적인 운항조건을 벗어날 경우 효율이 낮아지는 단점이 있다.

2) 가변피치 프로펠러(Controllable Pitch Propeller, CPP)

선박의 후진 및 정지 시에는 큰 추력을 발생해야 할 필요가 있는데 회전수는 기관의 토크 한계 때문에 일정한 값보다 커질 수 없으므로 원하는 결과를 얻기가 매우 힘들다. 가변피치 프로펠러는 이와 같은 경우 피치를 변화하여 허용된 회전수에서도 원하는 추력을 쉽게 얻을 수 있도록 고안된 프로펠러이다(그림 3-28). 허브에 설치된 유압시스템을 이용하여 프로펠러 날개의 피치를 변경할 수 있으며, 고정피치 프로펠러에 비해 가격이 비싸지만, 선박의 후진 및 정지성능과 조종성능이 우수하여 여객선이나 군함 등에 많이 사용된다.

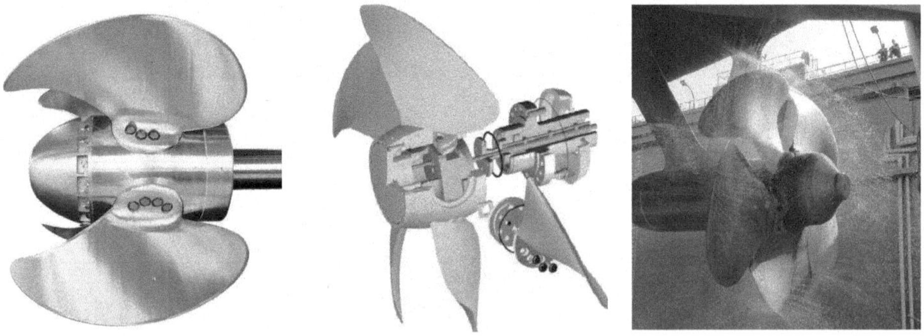

그림 3-28 가변피치 프로펠러(CPP)

그림 3-29 고스큐 프로펠러

그림 3-30 날개끝경사 프로펠러(좌)와 Kappel 프로펠러(우)

3) 고스큐 프로펠러(highly skewed propeller)

불균일한 반류 중에서 회전하는 프로펠러의 날개에 작용하는 변동압력을 감소시키기 위해 보통의 프로펠러에 비해 큰 스큐(skew) 분포를 갖도록 한 프로펠러이다(그림 3-29). 통상적인 프로펠러보다 소음 및 진동 측면에서 성능이 우수하며 비교적 속도가 빠른 선박인 컨테이너선이나 고속선, 저소음 프로펠러가 요구되는 군함 및 잠수함에 사용된다. 상대적으로 제작이 어렵고, 날개끝 부분의 구조강도가 취약할 수 있기 때문에 보다 상세한 강도해석을 수행해야 한다.

4) 날개끝경사 프로펠러(tip raked propeller)

프로펠러 날개끝의 레이크(rake) 값을 후류방향으로 크게 변화시켜 날개끝에서 발생되는 와류의 감김(vortex roll-up)을 최소화하는 프로펠러이다. 날개끝에 작용하는 하중이 감소되어 고차의 변동압력이 약해지는 효과가 있으나, 제작이 쉽지 않고, 구조강도 측면에서도 취약한 단점이 있다(그림 3-30좌). 이와 개념적으로 유사한 Kappel 프로펠러는, 허브로부터 $0.5R$까지는 레이크가 후류방향을 향하고 $0.5R$부터 날개끝까지는 전류방향을 향하도록 레이크를 분포시킨 프로펠러이다(그림 3-30우). 여기서 R은 프로펠러의 반경이다. 날개끝 와류를 줄이고 추력을 증가시켜 성능을 향상시키는 효과가 있지만, 날개끝에서 공동 및 변동압력이 증가하는 단점도 있다.

2. 복합프로펠러

1) 상반회전 프로펠러(Contra-Rotating Propeller, CRP)

프로펠러는 추력을 발생시킴과 동시에 유체를 회전시키는데, 이와 같은 회전에 기인하는 운동에너지를 회수하여 효율을 향상시킬 수 있다. 두 개의 프로펠러를 서로 다른 방향으로 회전시키면 뒤쪽의 프로펠러는 앞쪽의 프로펠러에 의해 발생한 회전에너지를 이용하여 추력을 얻을 수 있으며, 앞쪽 프로펠러 보다 뒤쪽 프로펠러의 직경이 작은 것이 보통이다(그림 3-31). 일반적인 프로펠러에 비하여 12~15% 정도 높은 효율을 얻을 수 있다.

그림 3-31 상반회전 프로펠러(CRP)

그림 3-32 전류 고정날개 프로펠러

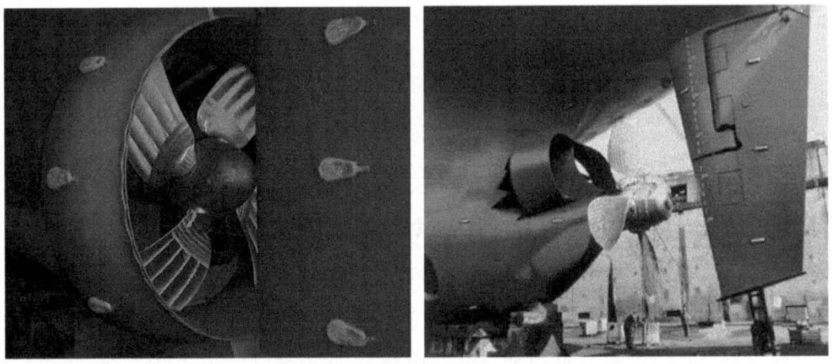

그림 3-33 일반 덕트 프로펠러(좌)와 Mitsui 복합 덕트 프로펠러(우)

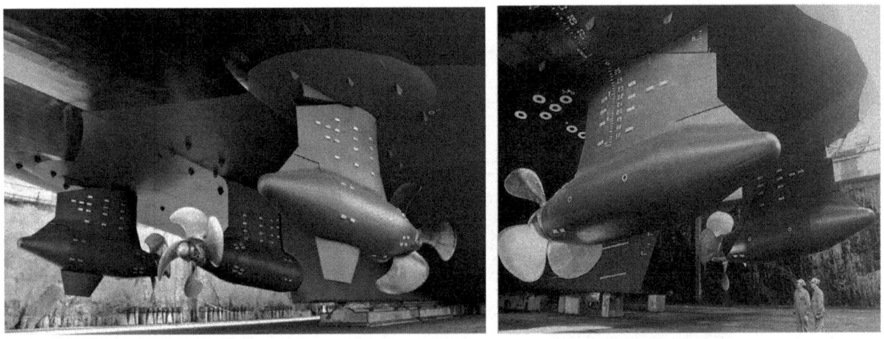

그림 3-34 포드형 프로펠러

2) 전류 또는 후류고정날개 프로펠러(pre-swirl or post-swirl stator propeller)

일반적인 프로펠러 앞쪽 또는 뒤쪽에 고정된 날개를 부착하는 것으로, 상반회전 프로펠러보다 제작은 용이하지만 비슷한 효과를 얻을 수 있다. 보통 6 개의 날개를 사용하는 전류고정날개는 프로펠러에 유입되는 유속을 증가시키며(그림 3-32), 후류고정날개는 프로펠러에 의한 회전유동의 에너지로부터 추가적인 추력을 얻는다.

3) 덕트 프로펠러(ducted propeller)

프로펠러 주위에 노즐 형상의 덕트를 설치한 것으로, 추진효율을 향상시킬 목적으로 사용하는 가속형과 공동 및 소음을 감소시키기 위해 사용하는 감속형이 있다(그림 3-33좌). 한편, 프로펠러 앞쪽의 선미에 덕트를 부착하여 배의 진행방향으로 작용하는 힘을 얻을 있도록 하는 Mitsui 복합 덕트 프로펠러(Mitsui integrated duct propeller)도 사용되고 있다(그림 3-33우).

3. 전기추진 포드형 프로펠러(podded type propeller)

주기관을 사용하여 프로펠러를 직접 회전시키는 대신, 주기관은 발전기를 구동시키고, 발전기에 연결된 전동기를 이용하여 프로펠러를 회전시키는 전기추진 선박에 적용되며, 포드에 설치된 전동기에 프로펠러가 직접 연결된다(그림 3-34). 기존의 축계가 없어지므로 선미형상의 설계가 용이하다는 장점이 있고, 공동 발생 및 진동, 소음도 현저히 작다. 또한 항구에서 조종성능이 탁월하고 저속에서의 전진 및 후진성능이 좋아 초기 설치비용이 비싸지만 조종성능과 정숙성이 요구되는 여객선과 쇄빙선/해양조사선/셔틀탱커/해저전선부설선 등의 특수목적용 선박에 적용되고 있다.

4. 물분사 추진(water jet propulsion)

배의 내부에 설치된 펌프가 선저로부터 물을 흡입하고, 선미 출구로 분사하여 추력을 얻는 장치이다(그림 3-35). 분사 출구에서의 압력을 줄이기 위해 수면 위로 물을 배출하며, 분사되는 물의 양과 분사 노즐의 방향을 변경하여 선박을 조종할 수 있다. 프로펠러를 추진기로 사용하는 경우 약 35 kts를 한계속도로 보는데, 대개 30 kts 이상에서는 공동, 진동 및 소음이 심해 비상사태를 제외하고는 거의 운용하지 못하기 때문에, 현재 중소형 고속선과 낮은 수심에서 운항하는 선박에 물분사 추진장치가 많이 사용되고 있다.

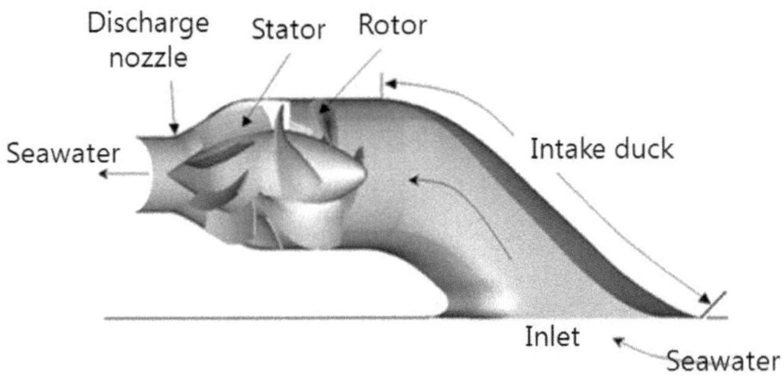

그림 3-35 물분사 추진

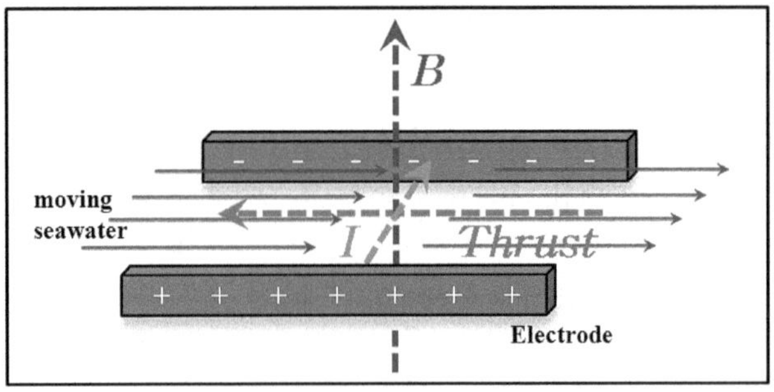

그림 3-36 초전도 전자추진의 원리와 최초 초전도 추진선, YAMTO-1호(일본)

5. 초전도 전자추진(superconducting electromagnetic propulsion)

배의 내부에 설치된 강력한 전자석이 해수 중에 자기장을 형성시키고, 전류를 자기장과 직교하도록 만들면 그때 발생하는 Lorentz 반작용으로 추진하는 방법이다(그림 3-36). 기존의 프로펠러나 임펠러를 전혀 사용하지 않는 획기적인 방식으로 진동이나 소음이 거의 없으며, 외부 돌출물이 없으므로 구조와 보수가 용이하다는 장점이 있다. 하지만 강한 추진력을 얻기 위해서는 강한 자기장이 필요한데, 이 자기장으로 인한 해양환경의 파괴 등의 문제를 안고 있다. Iwata 등은 최초로 초전도 자석을 이용한 전자유체력(MHD, Magneto-HydroDynamics) 추진실험을 수행하였으며(1976), 일본 선박해양진흥재단의 지원으로 YAMATO-1호를 건조, 시운전에 성공하였다(1992).

3.3 선박의 운동

선박해양공학과의 교과과정을 보면 선박의 운동이나 조종을 다루는 과목은 대개 선박유체역학 또는 해양파역학을 배운 후에 이수하도록 되어 있으며, 선박의 운동을 다루기 위해서는 먼저 이들 선수 과목의 내용을 알아야 한다. 이 책에서는 9장에서 이들 선수 과목의 기본적인 내용에 대해 다루고 있지만, 이 과목의 특성 상 선박유체역학 또는 해양파역학에 대한 내용을 충분히 다룰 수 없으므로, 이 절에서 사용되는 많은 역학적 결과는 나중에 각 관련 과목에서 배우게 될 것이다. 어떠한 내용을 기본 역학 과목에서 배우게 되는지에 대해 알 수 있게 되는 것만으로도 이 절의 가치가 충분하다고 보이며 이하에서는 일일이 교과목을 인용하지 않고 기본적인 결과들을 사용하기로 한다. 단 증명하지 않는 내용의 인용은 최소화하도록 하였다.

아래에서는 먼저 해양파의 생성과 그 전파에 대해 알아보고, 파도가 없는 정수 중에서의 배의 운동과 파도 중에서의 배의 운동을 차례로 고려하기로 한다.

3.3.1 해양파와 배의 운동

바닷가 해안에서 또는 배를 타고 가며 우리가 만나는 바다의 파도는 대부분 태풍과 같은 엄청난 에너지를 가진 바람에 의해 생성된다. 이런 바람에 의해 바다의 표면에 생성된 파도는 해양파(ocean waves)라고 부르는데, 어떤 형태의 해양파가 만들어지는가는 바람이 부는 영역의 면적, 바람이 지속되는 시간, 바람의 속도, 즉 풍속 등에 의해 결정된다.

바람이 부는 영역은 물론 시간에 따라 움직이지만 파도의 길이에 비하면 태풍이 부는 면적의 길이는 대단히 크다. 따라서 바람이 부는 길이, 즉 거리(fetch)가 어떤 값보다 크면 이 때 생성되는 파도에 큰 변화가 생기지 않으므로 그 거리는 무한한 것이라 볼 수 있다(그림 3-37). 이 경우에는 바람이 지속되는 시간(duration)에 따라 생성된 파도의 길이와 크기가 결정되는데, 풍속(wind speed)이 빠르면 빠를수록 더 길고 큰 파도가 만들어진다. 주어진 풍속에 대해 거리와 시간이 어떤 값보다 커지면 파도는 부서지기 시작하여 바람이 바다에 전달하는 에너지가 더 이상 파도의 형태로 흡수되지 못하고 결국 더 이상 파도의 형태가 변화하지 않는 상태에 도달하게 되는데, 이와 같은 상태의 파도 또는 바다를 완전히 발달된 바다(fully developed sea)라고 부른다. 바람의 에너지가 어떻게 바다에 전달되어 파도가 만들어지는가에 대한 연구는 19세기 초반부터 이루어져 왔으며, 대개 두 가지 메카니즘에 의해 해양파가 생성되는 것으로 설명할 수 있다[3]. 바람은 고기압에서 저기압 지역으로의 공기의 이동이며, 이 때 공기의 운동은 9.2절에서 설명하고 있는 난류(turbulence)에 기인하여 많은 불균일성을

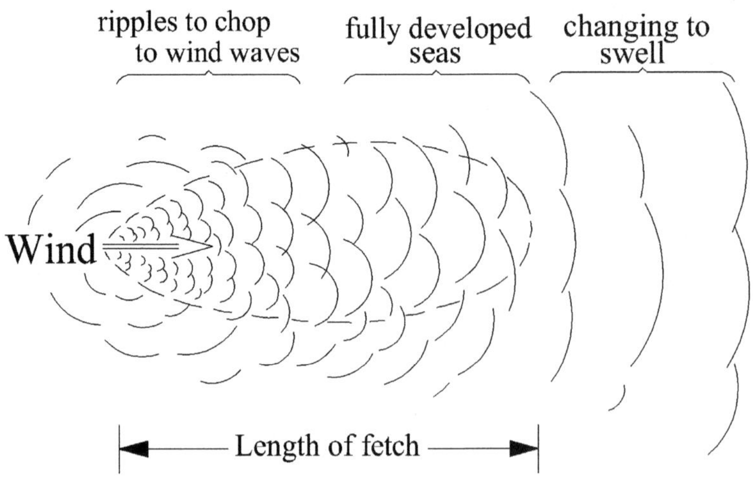

그림 3-37 바람이 부는 거리(fetch)와 완전히 발달된 바다

포함한다. 이동하는 공기의 불균일성은 풍속으로 움직이는, 수면에 수직하게 작용하는 압력 분포로 간주할 수 있으며, 불균일성의 길이와 비슷한 길이의 파도를 수면에 생성하게 된다. 이 메카니즘에 의해 만들어진 파도의 길이는 비교적 짧은 편에 속하여 바람이 불기 시작하여 얼마 되지 않았을 때의 수면의 상태를 설명해 주며, 파도의 진폭은 시간에 비례하여 증가하는 특성을 가진다. 이러한 과정을 통해 매끈한 수면 위에 일단 파도가 만들어 지면, 풍속의 수직방향 분포, 다시 말하면 전단류(shear flow)에 기인하여 수표면과 위상차가 $\pi/2$인 힘이 수면에 작용하게 되며 이 힘에 의해 훨씬 더 빠른 비율로 바람의 에너지가 바다로 전파된다. 이 메카니즘에 의해 생성되는 파도의 길이는 비교적 긴 편에 속하며, 파도의 진폭은 지수함수적(exponentially)으로 증가하는 특성을 가진다. 풍속이 큰 경우 파장이 긴 파도는 그 최종 단계에서 대부분 이 메카니즘으로 바람의 에너지를 흡수한다.

해양파를 그 성분파(component waves)로 나누어 우리가 잘 알고 있는 함수, 즉 사인이나 코사인 함수로 나타내는 방법에 대해서는 9.3절에서 다루고 있는데, 하나의 성분파는 파장(wavelength)과 파고(waveheight)를 사용하여 나타낸다(그림 3-38). 파장은 규칙파가 공간 상에서 반복되는 최소의 길이이며, 파고는 파저에서 파정까지의 수직거리를 뜻한다.

깊은 바다, 즉 심해(deep sea)에서의 파도를 관측한 결과에 따르면, 주어진 파장 λ에 대해 그 파고 H가 어느 값 이상 커질 수 없음을 알 수 있는데, $H/\lambda = 1/7$을 대개 그 한계로 볼 수 있다. 위에서 설명한 두 가지 메카니즘에 따라 바람의 에너지를 흡수하는 파도는 그 성분파의 크기가 이런

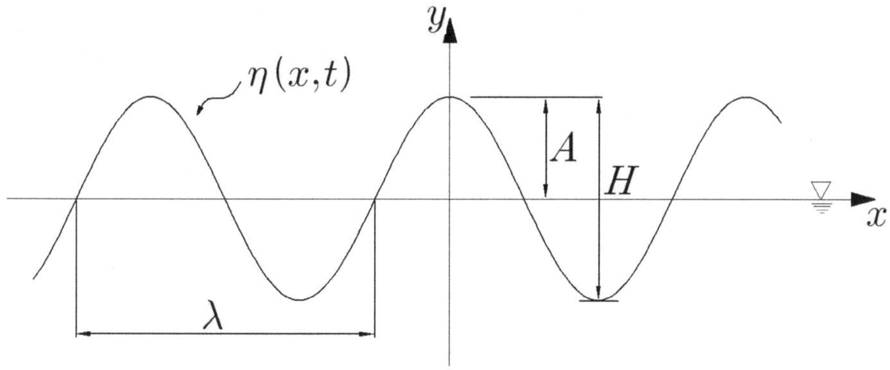

그림 3-38 규칙파의 파장과 파고

한계값에 도달하면 파도의 형상을 유지하지 못하고 부서지기 시작한다. 파도가 부서지는 현상, 즉 쇄파(wave breaking)는 에너지의 소실을 뜻하며 바람의 에너지가 바다로 전달되지만 생성된 파도의 형태는 쇄파에 기인하여 더 이상 변화하지 않는 평형 상태, 즉 완전히 발달된 바다에 도달한다. 앞에서 설명한 바와 같이 바람에 의해 생성된 파도는 바람이 부는 해역을 벗어나 주로 바람의 방향으로 전파하게 된다. 해양파의 전파와 관련하여 이론적인 기술에 대해서는 9.3절에서 다루고 있으므로, 여기서는 물리적인 기술에 주력하기로 한다. 해양파는 매우 많은 진동수를 가지는 성분파의 합으로 볼 수 있는데, 각 성분파는 파장이 길면 길수록 빨리 전파하는 특성을 가진다. 이 특성은 분산(dispersion) 또는 분산성이라고 불리는데, 파도가 생성된 영역을 떠나 전파하는 파도는 분산에 의해 시간이 지날수록 파장이 긴 파도는 앞에, 짧은 파도는 뒤에 위치하게 되어 결국 파장이 비슷한 파도들끼리 같이 전파하게 된다. 바람이 세게 불지 않는 바다의 고정된 위치에서 파도를 관찰할 때, 일정한 방향으로 파장이 일정한 파도들, 즉 규칙파(regular waves)가 지나가는 것으로 느껴지는 경우는 바로 해양파의 분산성에 기인하며 이와 같은 바다 또는 파도를 스웰(swell)이라고 부른다.

심해에서 생성된 파도는 결국 육지와의 경계선인 해변에 다다르게 되는데 수심이 감소하면 일정한 진동수를 가지는 각 성분파는 파장의 반에 해당하는 수심이 되면 수심의 영향을 받기 시작한다. 수심이 작아질수록 성분파의 파고는 커지고 파장은 짧아지므로 H/λ, 즉 파도의 경사도(steepness)가 점점 커지며 해저면의 경사에 따라 해안선 또는 해안에 가까운 곳에서 쇄파에 이르게 된다. 그러나 쇄파에 의해 소실되는 에너지는 파도의 에너지의 일부일 뿐이므로 파도의 나머지 에너지는 반사(reflection)에 의해 다시 방향을 바꾸어 바다로 되돌아가게 되며, 따라서 한 번 생성된 파도는 그 에너지를 해안가에서 모두 잃어버릴 때까지 몇 번에 걸쳐 대양을 왕복하게 된다.

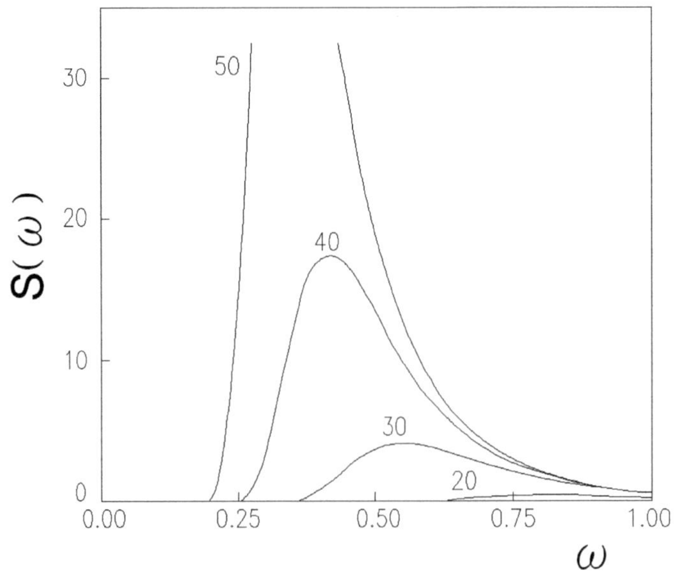

그림 3-39 Pierson-Moskowitz 스펙트럼

평균적으로 매년 약 30회의 태풍이 발생하며 이에 따라 생성된 파도는 태평양을 가로 지르며 몇 년에 걸치는 수명을 가진다. 바람이 불지 않는 해역에서도 꽤 많은 과거의 태풍에 의해 생성된 파도들이 영향을 미치고 있으며, 이들은 각각 서로 다른 파장과 파고, 그리고 방향을 가지므로 바다에서 우리가 일반적으로 만나게 되는 파도는 일정한 진동수를 가지는 규칙파로 간주하기 힘들다.

해양파의 불규칙성에도 불구하고 배의 운동을 다룰 때는 기본적으로 규칙파를 고려한다. 물론 위에서 설명한 바와 같은 이유로 해양파를 규칙파로 보기 힘들지만, 바다에서 스웰을 만날 가능성은 항상 있으며, 또한 무엇보다도 규칙파에 대한 배의 운동응답(motion response)을 알면 실제 해상에서 만나는 해양파에 대한 배의 운동응답을 구할 수 있는 방법이 있기 때문이다. 이 방법은 푸리에방법(Fourier method)으로 알려져 있으며, 사실 위에서 해양파를 진동수가 일정한 여러 성분파들의 합으로 보자고 한 것은 이 방법의 가장 기본적인 가정이다. 일반적으로 어떤 현상에 대해 푸리에방법을 사용하면 복잡해 보이는 현상을 매우 간단한 규칙파에 대한 문제로 바꾸어 생각할 수 있으며 대부분의 공학수학 과목에서 이 방법은 주요한 주제로 다루고 있다.

해양파의 경우 파도가 가진 단위길이당 평균에너지는 성분파의 파고의 제곱에 비례하므로, 각 성분파의 크기는 그 성분파가 가지고 있는 에너지의 제곱근에 비례한다. 해양파가 가지고 있는 에너지를 각 성분파의 진동수의 함수로 나타낸 것을 해양파 스펙트럼(ocean wave spectrum)이라고 부른다. 또한 완전히 발달된 바다는 배가 만날 수 있는 가장 큰 파도에 해당하므로, 보통 완전히 발달된 바다에 대한 스펙트럼을 고려하여 선박의 운동을 고려하는 것이 일반적이며, 그림 3-39에 가장 보편적으로 사용되고 있는 Pierson-Moskowitz 스펙트럼을 보였다[4]. 이 그림에서 곡선 위의 숫자는 kts로 나타낸 풍속이다.

바람이 불어온 거리와 시간이 매우 길다고 가정하면 완전히 발달된 바다는 풍속이 유일한 매개변수가 되므로, 해양파의 스펙트럼은 풍속을 매개변수로 하는 진동수의 함수로 주어진다. 약간의 통계학적인 결과를 이용하면 풍속 대신에 해양파의 특성, 즉 주기와 파고를 사용하여 스펙트럼을 나타낼 수 있으며 설계 시에는 대상 해역의 실측 자료를 검토하여 그 해역의 특성을 나타낼 수 있는 주기와 파고를 선정, 선박의 운동을 고려한다.

바다를 운항하는 선박의 경우 해양파에 의해 운동을 하게 되는데, 배의 운동을 이해하기 위해서는 먼저 해양파에 의해 배에 작용하는 힘을 알아야 한다. 파도에 미치는 물의 점성의 영향은 매우 작아 대부분의 파도 문제를 다루는 경우에는 그 영향을 무시할 수 있으며, 선체의 운동과 관련된 문제에서도 몇 경우를 제외하고는 점성의 영향을 무시한다.

점성의 영향을 무시하는 경우에는 물체의 표면에 법선방향(normal direction)으로 작용하는 압력만 고려하면 되며, 유체입자의 속도를 알면 압력을 구할 수 있으므로 유동장의 속도가 핵심적인 고려 사항이 된다. 배처럼 운동하는 물체에 해양파가 작용하는 힘을 이해하기 위해 먼저 섬이나 고정된 구조물과 같이 움직이지 않는 물체에 작용하는 힘을 생각하자. 물체를 향해 진행하는 성분파는 입사파(incident wave)라고 부르는데, 만약 입사파가 물체의 존재에 상관없이 파도의 형상에 아무런 변화를 받지 않는다면, 규칙파에 기인하는 유체입자의 속도와 그에 기인하는 압력분포는 잘 알려져 있으므로 고정된 물체 표면에 작용하는 압력을 계산할 수 있으며 원하는 방향으로 작용하는 힘은 이 압력의 해당 성분을 선체 표면에 대하여 적분함으로써 얻을 수 있다.

그러나 경험적으로 알고 있는 바와 같이 물체의 크기가 파장보다 매우 작은 경우를 제외하고는 입사파의 형상에 상당한 변화가 발생하며, 이 변화는 보통 산란파(scattered wave)라고 불리는 파도를 입사파에 더해줌으로써 만들어진다고 간주한다. 다시 말하면 입사파와 산란파에 기인하는 유체입자의 속도를 알면 고정된 물체에 작용하는 힘을 구할 수 있다. 물체의 존재에 기인하여 산란파가 발생하는 물리적 현상은 회절(diffraction)이라고 부르며, 고정된 물체에 규칙파가 입사하여 물체에 작용하는 힘을 구하는 문제는 회절문제라고 부른다(그림 3-40).

배와 같이 파도 중에서 운동하는 물체에 작용하는 힘은 위에서 설명한 회절문제 이외에도 배의 운

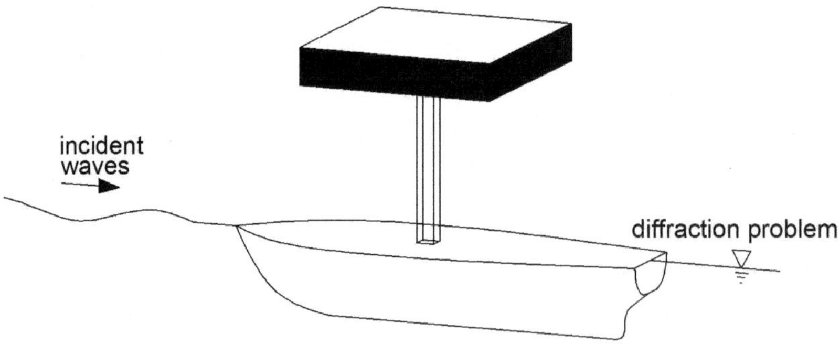

그림 3-40 회절문제

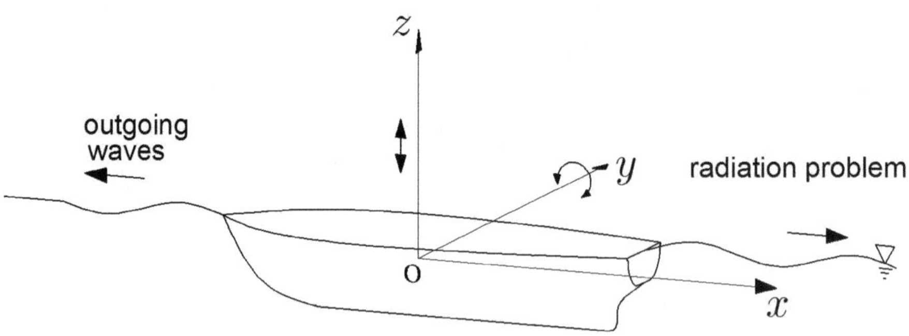

그림 3-41 방사문제

동에 기인하는 문제를 추가로 고려해야 한다. 예를 들어 입사파가 없는 잔잔한 수면에 떠있는 배가 운동을 하는 경우를 생각하면, 배의 운동에 의해 파도가 만들어 질 것이며, 이런 파도는 방사파(radiation wave)라고 불린다. 운동하는 배에는 방사파에 기인하는 압력 또한 작용하며 방사파를 구하는 문제는 방사문제라고 불린다(그림 3-41).

이하에서는 먼저 입사파가 없는 잔잔한 물, 즉 정수(still water) 중에 떠있는 배가 운동하는 경우에 대해 먼저 고려하고, 다음으로 입사파에 의해 운동하는 배에 대해 고찰한다.

3.3.2 정수 중에서의 배의 운동

동역학에서 배우게 될 바와 같이 물 위에 떠있는 배를 포함하여 모든 물체는 3 가지 병진운동(translational motion)과 3 가지 회전운동(rotational motion), 도합 6 가지의 운동을 할 수 있다. 배의 운동을 논의하기 위해 먼저 좌표계를 잡기로 한다. 공간에 고정되어 있는 좌표계를 고려하는데, 평형 상태에 있는 배의 길이방향, 폭방향, 깊이방향을 xyz 축으로 하는 우수계를 사용하기로 한다. xy 평면은 정수면인 수평면과 평행하게 잡는 것이 일반적이며, xz 평면은 배의 대칭면인 중앙종단면으로 잡고, x 축은 선미방향, y 축은 우현방향, z 축은 연직상방을 각각 양으로 취한다(그림 3-42). 좌표계의 원점은 배의 질량중심(center of mass)에 잡는 것이 일반적이나 파도 문제를 다루는 경우에는 질량중심의 연직상방에 위치하는 정수면 상의 점을 취하기도 한다.

일정한 방향으로 정해진 속도로 전진하면서 하나의 진동수를 가지는 입사파를 만나는 배를 생각하면, 배는 질량중심을 기준점으로 하는 동요(oscillation)를 하게 된다. 좁은 의미에서의 동요는 단진자 또는 질량-스프링 계의 운동에서 볼 수 있는 바와 같이 초기의 평형점을 중심으로 일정한 진폭을 가지고 음과 양의 변위를 주기적으로 가지는 운동을 뜻한다(그림 3-43). 한편 예를 들어 정수 중의 배를 약간 들었다가 놓은 경우, 또는 배가 전복되는 경우 등과 같이 주기적인 운동을 한다고 볼 수 없는 과도적인 운동(transient motion)도 동요에 포함시켜 다루는 것이 일반적이며, 따라서 넓은 의미의 동요는 평형점을 기준으로 하는 주기적, 비주기적인 운동을 모두 포함한다고 할 수 있다.

만약 정수 중의 배에 주기적으로 변화하는 전후방향의 힘을 가하면 배는 전후방향으로 운동할 것이며 그와 같은 운동은 전후동요(surge)라고 부른다. 마찬가지로 좌우, 상하방향의 힘을 가할 때 발생

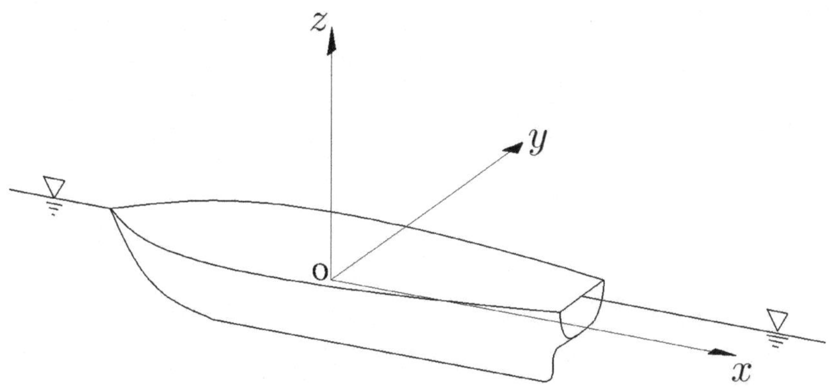

그림 3-42 좌표계

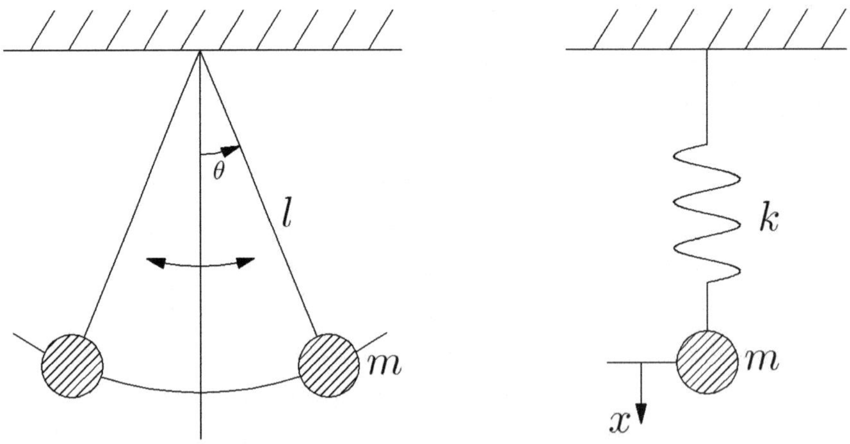

그림 3-43 단진자, 질량-스프링 계의 동요

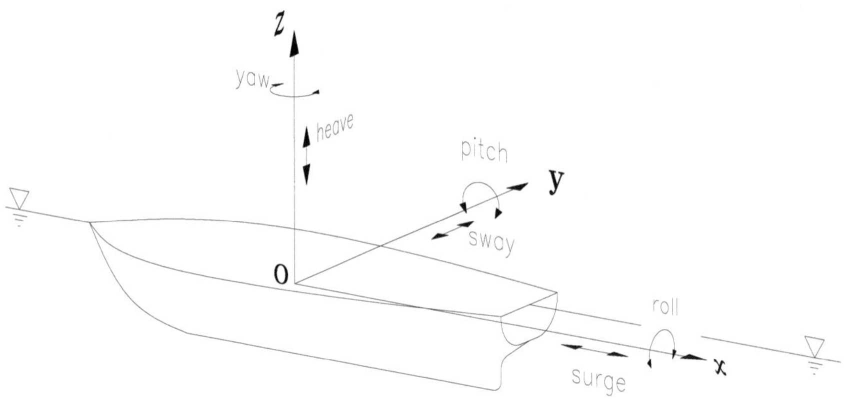

그림 3-44 상하동요, 전후동요, 좌우동요, 횡동요, 종동요, 선수동요

하는 운동은 각각 좌우동요(sway), 상하동요(heave)라고 부른다. 또한 x축에 대한 회전모멘트를 배에 주기적으로 가하면 배는 x축에 대한 회전운동을 할 것이며, 이와 같은 운동은 횡동요(roll)라고 부른다. y축, z축에 대한 회전모멘트를 가할 때 발생하는 운동은 각각 종동요(pitch), 선수동요(yaw)라고 부른다(그림 3-44).

정수 중에 떠있는 배를 약간 위로 움직인 후, 그 상태에서 가만히 놓으면 배는 분명히 상하동요를 할 것이다. 시간이 갈수록 상하동요의 크기는 작아져 결국 배는 원래의 평형 상태로 되돌아갈 것인데, 이 때 배가 상하방향으로 운동하는 이유에 대해 생각해 보자. 배를 약간 위로 움직이면 배의 무게보다 배에 작용하는 부력이 작아져 배는 연직하방으로 힘을 받으며 정지 상태에서 운동이 시작되므로 배는 하향운동을 할 것이다. 또 배가 원래의 평형 상태를 지나게 될 시점에는 이미 배의 속도가 상당히 커져 있으므로 관성(inertia)에 기인하여 계속 아래로 움직일 것이며, 배가 음의 연직변위를 가지면 배의 무게보다 부력이 더 큰 상태이므로 연직상방의 힘을 받아 점차 속도가 감소하여 결국 배는 정지 상태에 도달한다. 이 상태에서 배는 부력에 기인하는 연직상방의 힘을 받고 있으므로 다시 상향운동을 시작하며, 관성에 기인하여 원래의 평형 상태를 통과한 후에는 다시 연직하방의 힘을 받아 속도가 감소하고, 결국 정지 상태에 도달, 다시 하향운동을 시작할 것이며, 이와 같은 과정이 계속 반복될 것이다. 단 이 때, 배의 운동에 의해 수면파가 만들어지므로 배의 운동에너지는 지속적으로 수면파의 형태로 물로 전달되어, 배의 음 또는 양의 변위가 최대가 되는 정지 상태에서의 변위는 시간이 지남에 따라 점차 감소할 것이며, 일정 시간이 지난 후에 결국 배는 원래의 평형 상태로 되돌아갈 것임을 알 수 있다.

위에서 설명한 배의 상하동요는 그림 3-45에 보인 바와 같이 질량-스프링-감쇠 계의 물체 운동과 매우 흡사하다. 부력은 항상 변위의 부호와 반대되는 방향의 힘을 가하는 스프링의 역할을 하는데, 따라서 부력은 배의 위치를 원래의 평형 위치로 되돌아가게 하는 힘, 즉 복원력(restoring force)을 제공하고 있음을 알 수 있다. 또 조파현상은 감쇠의 역할을 하고 있는데, 단지 한 가지 다른 점이 있다면 조파에 의해 배에 작용하는 힘이 감쇠의 역할을 할 뿐만 아니라 배의 질량을 증가시키는 것과 같은 역할도 한다는 점이다. 배의 운동에 의해 생성되는 파도는 배로부터 사방으로 퍼져나가는 성질을 가지고 있으므로 방사파라고 부르는데, 이 파도에 의해 유체입자의 운동이 발생하며 따라서 배의 표면에는 이에 따른 압력이 작용하고 이 압력은 일반적으로 배의 가속도 성분과 속도 성분으로 분해할 수 있다. 여기서 속도 성분은 위에서 언급한 운동에너지의 감소를 초래하는 감쇠기의 역할을 하며, 가속도 성분은 배의 관성이 증가한 것과 같은 효과를 가져 오므로 결국 배의 질량이 증가한 것과 같은 역할을 한다. 방사파에 기인하는 감쇠는 조파감쇠(wave damping), 질량이 증가한 것과 같은 효과에 상응하는 질량을 부가질량(added mass)이라고 부르는데, 방사파는 상하동요에 의해서만 발생하는 것이 아니고 배가 위에서 논의한 6 가지 동요의 어떤 운동을 하는 경우에도 발생하므로 배의 운동을 다룰 때 잊지 말아야 할 현상이다.

한편 배의 선수를 조금 들어 올렸다가 가만히 놓을 경우에는 y축에 대한 회전동요, 즉 종동요를 하게 될 것이며 부력에 기인하는 힘 대신에 회전모멘트가 배에 작용하여 종동요를 할 것임을 위에서

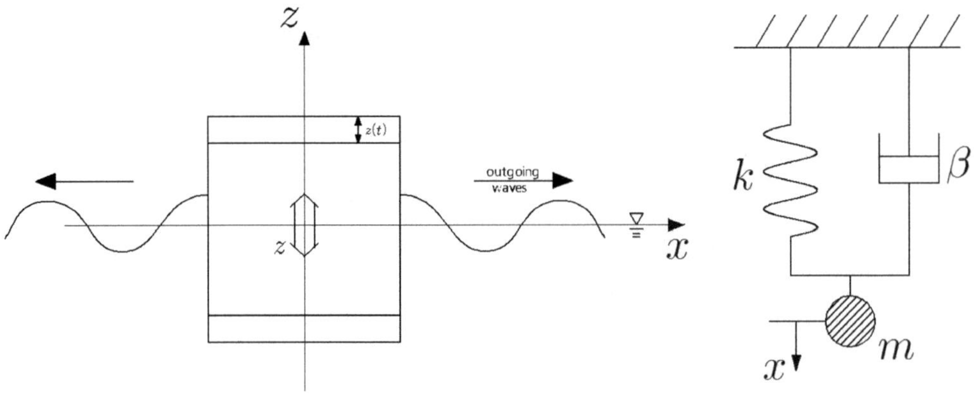

그림 3-45 배의 상하동요와 질량-스프링-감쇠 계의 동요

와 같은 방법으로 설명할 수 있고, 방사파에 의해 조파감쇠모멘트, 부가관성모멘트가 작용할 것임을 쉽게 이해할 수 있다. 또한 배의 우현을 조금 올렸다가 가만히 놓을 경우에는 x축에 대한 회전동요, 즉 횡동요를 하게 될 것이며, 종동요와 매우 유사한 방법으로 운동을 설명할 수 있다. 단 배를 수평면 내에서 위치 또는 자세 변화시킬 경우, 즉 전후동요, 좌우동요, 선수동요에 속하는 변위를 초기에 주었을 경우, 부력에 기인하는 힘의 변화가 없으므로 위에서 논의한 바와 같은 동요는 발생하지 않을 것이다. 이와 같은 관점에서 상하동요, 종동요, 횡동요는 수직운동(vertical motion), 전후동요, 좌우동요, 선수동요는 수평운동(horizontal motion)으로 묶어 부를 수 있다. 파도가 없는 정수 중에서 배가 수직운동을 하는 경우에는 복원력이 작용하므로 동요로 이어지지만, 수평운동을 하는 경우에는 복원력이 작용하지 않으므로 동요로 이어지지 않는다는 점에 유의한다.

수직운동의 경우 동요의 특성을 나타내는 변수로 고유진동수(natural frequency)를 정의할 수 있다. 그림 3-45에 보인 질량-스프링 계에 대해 m은 물체의 질량, k는 스프링의 스프링상수라고 하면, 물체는 $\omega_n = \sqrt{k/m}$로 주어지는 고유진동수를 가진다. 평형 상태에 있는 질량-스프링 계에 어떤 변화를 줄 경우, 물체는 위 식으로 주어진 고유진동수로 동요한다는 사실은 물리 시간에 배워 잘 알고 있을 것이다. 정수 중의 배가 수직운동을 시작하여 동요를 할 경우에도 위에서 설명한 바와 같이 부력이 스프링의 역할을 하고 있으므로 위와 비슷한 방식으로 고유진동수를 정의할 수 있는데, 단 방사파에 기인하는 질량 증가 효과 때문에 물체의 질량이 증가된 것을 고려해 주어야 한다.

3.3.3 파도 중에서의 배의 운동

바다를 항해하는 배는 3.3.1절에서 설명한 바와 같은 해양파를 만나게 되며 이에 따라 매우 복잡한 양상의 운동을 한다. 그러나 3.3.1절에서 언급한 바와 같이 푸리에방법을 사용할 경우, 하나의 진동수를 가지는 성분파가 입사파로 작용할 때의 배의 운동을 알면 일반적인 해양파의 경우에 대한 배의 운동응답을 구할 수 있으므로, 아래에서는 일정한 진동수를 가지는 입사파에 대한 배의 운동에 대해 고려하기로 한다.

x축 방향의 입사파는 종파(longitudinal waves), y축 방향의 입사파는 횡파(transverse waves)라고 부른다. 보다 일반적으로는 입사파의 방향이 배의 진행방향과 얼마나 큰 각도를 이루느냐에 따라, 뒤파도(following sea, 0°), 선미사파(quartering sea, 45°), 옆파도(beam sea, 90°), 선수사파(bow sea, 135°), 앞파도(head sea, 180°)라고 각각 부른다(그림 3-46). 단 여기서 선미사파와 선수사파는 종파와 횡파가 아닌 0°~90°, 90°~180°사이의 모든 파도를 나타내는데 사용되기도 한다.

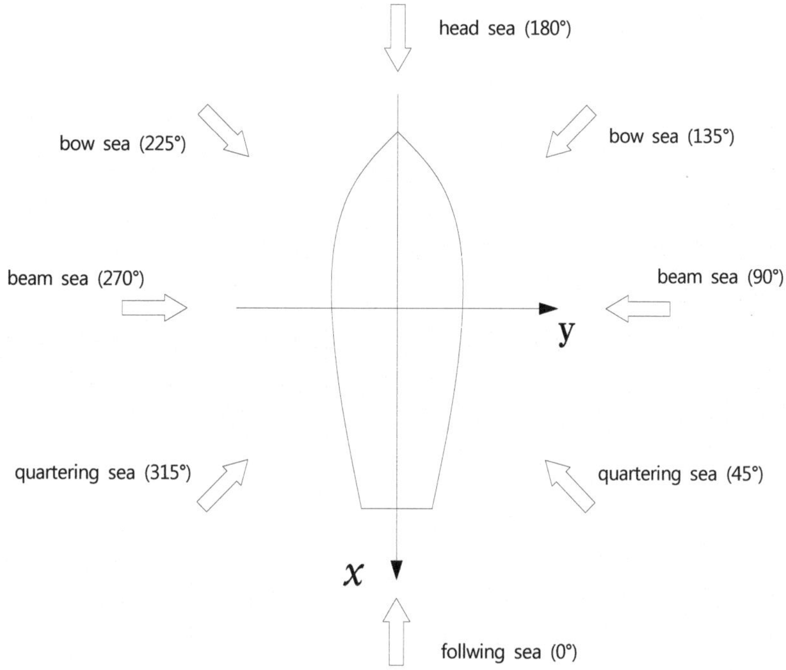

그림 3-46 입사파의 방향에 따른 해상 상태의 명칭

배의 운동에 영향을 미치는 입사파의 주기는 대개 4~16 s, 진동수는 0.4~1.6 rad/s, 파장은 25~400 m로 볼 수 있으며, 입사파 중에 놓인 배는 파도에 의해 주기적인 힘을 받으므로 앞 절에서 고려한 6 가지의 동요를 모두 할 수 있다. 입사파 중에 놓인 배의 운동을 고려할 때는 물체의 관성과 부력에 기인하는 힘 외에도 입사파와 산란파에 의한 힘, 그리고 방사파에 의한 힘을 모두 고려해 주어야 한다. 입사파의 방향이 일반적인 경우에는 따라서 대단히 복잡한 문제를 풀어야 하는데 여기서는 보다 간단한 종파와 횡파 중에 배가 놓여 있는 경우를 생각하기로 한다.

배가 종파 중에 놓인 경우에는 배의 기하학적 형상이 좌우대칭인 점에 기인하여 횡방향의 힘을 받지 않으므로 전후동요, 상하동요, 종동요를 하게 되는데, 이 중 전후동요는 수평운동, 상하동요와 종동요는 수직운동에 속한다. 실제 배의 경우에는 위의 세 운동이 동시에 일어나므로 세 가지 운동이 서로 영향을 미쳐 매우 복잡한 운동을 하지만, 세 운동 중 전후운동은 다른 운동에 미치는 영향이 비교적 작으므로 무시하기로 하면 배의 운동은 수직운동인 상하동요와 종동요의 연성운동(coupled motion)으로 가정할 수 있다. 이 두 운동은 당연히 서로 영향을 끼치므로 두 운동의 해를 동시에 구해야 하지만, 예를 들어 종동요는 일어날 수 없도록 배가 구속되어 있어 상하동요만 발생한다고 가정하자.

먼저 상하동요의 진동수는 입사파와 배의 속도에 의해 결정되는데, 앞파도를 받을 경우에는 입사파의 진동수보다 더 큰 진동수로, 뒤파도를 받을 경우에는 더 작은 진동수로 동요할 것이며 이와 같은 배의 동요 진동수를 조우진동수(encounter frequency)라고 부른다. 입사파와 산란파에 기인하여 배에 작용하는 힘은 기진력(exciting force)이라고 부르며, 방사파에 기인하는 힘은 앞 절에서 논의한 바와 같이 조파감쇠와 부가질량이 되어 배의 운동 특성을 결정하는 역할을 한다.

만약 입사파의 파장이 배의 길이에 비해 매우 크다면 산란파는 매우 작게 발생하므로 산란파의 영향은 무시하고 입사파의 영향만 고려할 수도 있는데, 이와 같은 경우, 입사파에 의해 배에 작용하는 힘은 Froude-Krylov힘이라고 부른다. 입사파의 파장이 배의 길이에 비해 매우 작다면 산란파와 입사파에 기인하여 배에 작용하는 힘이 모두 작아 배의 운동 자체가 매우 작다. 입사파의 파장은 식 (9.6)에 보인 바와 같이 진동수의 제곱에 반비례하므로 파장이 큰 파도는 진동수가 작은 파도에 상응하는 점에 유의한다.

또한 뒤파도를 받을 경우, 배의 속도가 입사파의 위상속도와 비슷하면 조우진동수가 영에 가까운 값을 가지므로, 배는 입사파와 같은 진폭, 같은 위상을 가지는 매우 느린 상하동요를 한다. 이런 경우에도 산란파는 매우 작을 것이므로 산란파의 영향은 무시할 만하며 기진력은 Froude-Krylov힘에 의해 주어진다.

상하동요하는 배의 조우진동수가 상하동요에 대한 배의 고유진동수와 같은 값을 가지는 경우에는 배의 동요 진폭이 매우 큰 값을 가지며, 앞 절에서 밝힌 바와 같이 수직운동의 경우에는 모두 고유진동수를 가지므로 이와 같은 상태가 발생할 수 있다. 이런 상태는 공진(resonance)이라고 부르는데, 배의 운항 시 배의 운동을 작게 하기 위해서는 배가 공진 상태에서 가능하면 멀리 떨어져 있도록 해야 하며, 따라서 수직운동, 즉 상하동요, 종동요, 횡동요의 고유진동수는 배의 설계 그리고 운항 시에 매우 중요한 의미를 가진다.

한편, 상하동요가 구속되어 있고, 종동요만 할 수 있도록 되어 있는 경우에도 위에서 상하동요에 대해 논의한 내용 중, 힘을 모멘트로 바꾸어 생각하면 동일한 방법으로 종동요를 설명할 수 있다. 단 입사파의 파장이 배의 길이에 비해 매우 큰 경우에는 산란파뿐만 아니라 입사파에 의해 작용하는 모멘트의 크기도 매우 작아지므로 기진모멘트가 영에 가까운 값을 가지며, 따라서 종동요의 크기가 매우 작아져 종동요 자체를 무시할 수 있는 경우가 되어 상하동요만 고려하면 된다.

배가 횡파(또는 옆파도) 중에 놓인 경우에는 배의 기하학적 형상이 전후 대칭이 아니므로 일반적으로는 6 가지의 운동을 모두 하게 되지만, 바지(barge) 또는 상자형 배인 경우에는 전후 대칭이므로 상하동요, 횡동요, 좌우동요만 하게 될 것이다. 일반적인 배의 경우, 중앙평행부의 길이가 길면 길수록 상자형 배와 비슷하다고 볼 수 있고, 또 C_b가 큰 배에 대해서는 상자형 배에 대한 논의가 크게 틀리지 않는다고 볼 수 있으므로 아래에서는 상자형 배에 대해 고려하기로 한다. 횡파 중에 놓인 상자형 배의 동요 진동수는 종파의 경우와는 달리 입사파의 진동수와 같으며 배의 전진속도의 영향을 받지 않는다. 상하동요에 대해서는 종파에 대한 논의에서 고려한 바 있으므로 상하동요는 구속되어 있다고 가정하면, 횡동요와 좌우동요의 연성운동에 대해 고려해야 하는데, 위에서와 같이 논의의 편의를 위해 횡동요가 구속되어 있는 경우에 대해 먼저 고려하기로 한다.

횡파 중에서 좌우동요하고 있는 상자형 배는 종파 중에서 상하동요하고 있는 배와 같이 입사파와 산란파에 의해 작용하는 기진력을 받으며, 방사파에 기인하는 조파감쇠, 부가질량에 의해 운동 특성을 달리하게 된다. 횡파의 파장이 배의 폭에 비해 매우 큰 경우에는 산란파가 매우 작으므로 그 영향을 무시할 수 있어 기진력으로는 Froude-Krylov힘만 고려하면 된다. 횡파의 파장이 배의 폭에 비해 매우 작다면 산란파와 입사파에 기인하여 배에 작용하는 힘이 모두 작으므로 배의 운동 자체가 매우 작다.

한편, 좌우동요가 구속되어 있고, 횡동요만 할 수 있도록 되어 있는 경우에도 위에서 좌우동요에 대해 논의한 내용 중, 힘을 모멘트로 바꾸어 생각하면 동일한 방법으로 횡동요를 설명할 수 있다. 단 입사파의 파장이 배의 폭에 비해 매우 큰 경우에는 종동요의 경우와 같은 이유로 산란파뿐만 아니라 입사파에 의해 작용하는 모멘트의 크기도 매우 작아지므로 기진모멘트가 영에 가까우며, 따라서 횡동요를 무시하고 좌우동요만 고려하면 된다.

입사파의 방향이 선수사파 또는 선미사파와 같이 배의 진행방향에 대해 비스듬할 경우에는 위에서 논의한 종파와 횡파 중에 놓인 배의 특성이 모두 나타날 것이므로 일반적으로 매우 복잡한 운동을 할 것임을 알 수 있다. 입사파가 이처럼 사파(oblique waves)인 경우 모든 동요의 진동수는 조우진동수와 같아야 하는데, 사파는 종파 성분과 횡파 성분으로 나누어 생각할 수 있고, 횡파 성분은 조우진동수의 변화에 영향을 끼치지 않으므로, 종파 성분만을 고려하여 조우진동수를 구할 수 있다.

선미사파의 경우에는 조우진동수의 값이 최대치가 되는 곳, 즉 기울기가 영인 곳 $\omega_e = \Omega$ 부근에서 입사파의 진동수 변화에 따른 조우진동수의 변화가 매우 작으므로, 예를 들어 만약 횡동요의 고유진동수가 Ω와 비슷한 값을 가진다면 꽤 넓은 범위의 입사파의 진동수에 대해 조우진동수는 Ω와 비슷한 값을 가진다[5]. 따라서 횡동요는 꽤 넓은 범위의 입사파의 진동수에 대해 공진 상태에 처하게 되며 동요의 진폭은 꽤 큰 값을 가지므로 매우 위험한 상황에 처할 가능성이 커진다. 이와 같이 선미사파는 선수사파에 비해 위험성이 크므로 배의 운항 시 가능하면 선미사파는 피하는 것이 안전한 운항방법임을 알 수 있다.

위에서 다룬 어떤 형태의 운동에 대해서도 회절문제나 방사문제를 풀 때, 가장 많이 사용되고 있는 방법은 패널법(panel method)이다. 패널법은 배의 표면과 수표면을 잘게 자른 패널로 근사하고 수동역학에서 배우게 될 유체에 대한 기본방정식들을 만족하는 해를 컴퓨터를 이용하여 구하는 방법으로 선형해(linear solution)를 구하는 데는 매우 편리하게 사용할 수 있다. 또한 파도의 경사도 또는 운동의 크기가 매우 커서 선형이론으로 다룰 수 없는 경우에 대해서도 비선형 패널법을 적용하여 해를 구할 수 있다.

이하에서는 배의 운동이 과도한 경우 발생하는 문제점들에 대해 알아본다. 가장 심각한 문제로는 과도한 횡동요에 기인하는 전복(overturn)을 들 수 있는데, 횡동요는 수직운동에 속하므로 가능하면 배의 횡동요가 공진 상태에서 멀리 떨어지도록 설계, 운항해야 한다. 2.4.3절에서 보인 바와 같이 횡동요(정적으로는 횡경사)에 대한 복원모멘트의 크기는 각변위 θ가 작을 경우 $GM\sin\theta \simeq GM\theta$로 주어지므로, 횡동요의 고유진동수는 GM, 즉 수선면의 형상과 무게중심(center of gravity)의 연직방향 위치에 따라 결정된다. 따라서 횡동요의 고유진동수는 선형뿐만 아니라 화물의 적재 상태에 따라서도 변화하는 값임에 유의한다. 배의 만곡부에 설치하는 만곡부용골(bilge keel)은 횡동요에 대한 저항력을 증가시키기 위해 거의 모든 배에 설치하며, 특별히 횡동요의 진폭을 감소시켜야 하는 선박에 대해서는 예를 들어 안정핀(stabilizing fin), 감요수조(anti-rolling tank, ART) 등의 여러 가지 장치를 설치할 수 있다(그림 3-47).

다음으로는 종동요가 과도할 경우, 선수와 선미의 연직방향 위치 변화가 매우 커지는데, 종동요의 위상과 입사파의 위상이 π만큼 차이나면, 즉 배가 내려갈 때 수면이 올라오게 되면 선수, 선미가 물

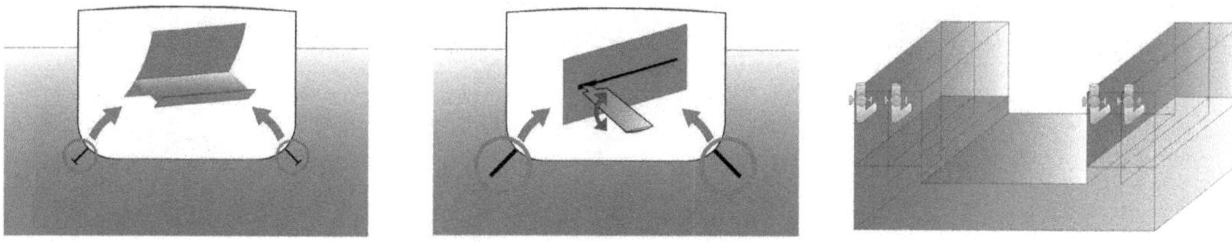

그림 3-47 안정핀(좌)과 감요수조(우)

밖으로 나왔다 들어갔다 하는 것을 반복하게 된다. 선수부가 물 밖으로 나왔다 들어갈 때, 선수부에 매우 큰 국부적인 압력이 가해질 수 있는데 이와 같은 현상을 슬래밍(slamming)이라고 부른다. 슬래밍이 발생하면 선체는 진동하며, 국부적인 압력이 매우 클 경우에는 선수부 외판이 파손되어 선수부 침수가 발생할 수도 있다.

한편, 선미부가 물 밖으로 나오면 프로펠러가 물 밖으로 나올 수 있고, 이와 같은 현상이 반복적으로 발생함에 따라 추진력이 크게 감소하여 속도가 떨어지며, 일정한 속력을 유지하고자 하는 경우에는 과도한 연료 소비로 이어진다. 또한 선수부에서와 마찬가지로 선미부가 물 밖으로 나왔다 들어갈 때, 프로펠러나 타 등에 매우 큰 국부적인 압력이 가해질 수 있으며 이에 따라 선체 진동이 발생하고 심한 경우에는 파손에 이를 수도 있다. 종동요의 고유진동수는 횡동요에 대해서와 같이 GM_L에 따라 결정되므로 선형과 화물의 적재상태에 따라 변화한다.

종동요와 상하동요의 위상차가 작으면 위와 같은 문제는 더욱 심각해 질 것이며, 만약 선수부가 물에 깊이 잠기면 선수부는 상당량의 물을 갑판 상에 가진 채로 물 위로 나오게 되므로 선수부의 비교적 넓은 면적이 물을 뒤집어쓰게 되고 동시에 갑판 상에 있는 물의 운동에 따라 배는 침수의 위험과 추가적인 하중을 받게 된다. 이와 같이 선수부 갑판이 물을 뒤집어쓰는 현상을 녹수(green water) 또는 갑판침수(flooding of deck)라고 하며(그림 3-48), 이의 방지를 위해서는 상하동요와 종동요의 고유진동수가 가능한 한 멀리 떨어지도록 배를 설계하고, 또 상하동요와 종동요의 진폭이 동시에 커지는 경우, 즉 종파를 만나는 경우를 가능한 한 피하여 운항해야 함을 알 수 있다.

각종 동요의 운동 진폭이 과도하게 커지면 그에 따른 에너지 소모도 증가하므로 결국 배의 저항이 증가하는 결과를 초래하며, 이와 같이 동요에 기인하는 저항증가를 부가저항(added resistance)이라고 부르고, 대개 전체저항의 5% 정도이다. 위에서 누차 언급한 바와 같이 각 동요의 진폭은 배의 형상과 화물의 적재 상태에 따라 변화하므로, 부가저항을 감소시키기 위해서는 배의 설계자와 운항자가 모두 동요의 진폭을 증가시키지 않는 방법에 대해 숙지해야 한다.

그림 3-48 선수 갑판침수

3.4 선박의 조종

3.4.1 침로유지와 침로변경

배는 정해진 시간 내에 한 항구에서 다른 항구로 이동해야 하는데, 이를 위해 배는 두 가지 성능을 갖추어야 한다. 정해진 침로(path, 또는 course)를 유지할 수 있는 성능과, 원하는 방향으로 침로를 바꿀 수 있는 성능인데, 전자인 침로유지(path-keeping 또는 course-keeping) 성능은 넓은 바다에서, 후자인 침로변경(path-changing) 성능은 선박의 왕래가 빈번한 연안 및 항만에서 주로 필요한 성능이다. 이들 상반되는 두 가지 성능은 선형의 특성과 타(rudder)를 중심으로 하는 선박 제어장치에 의해 결정된다. 특히 프로펠러와 타가 위치한 선미부의 형상과 어떤 종류의 타를 선정할 것인가에 대한 문제는 설계 초기부터 세심한 주의를 기울여 검토된다.

일반적으로 안정성(stability)은 평형 상태에 있는 물체에 외부교란(external disturbance)을 가했을 때, 어느 정도 시간이 지난 후 물체가 원래의 상태로 복귀할 수 있는 특성을 뜻한다. 안정성을 논의할 때 가장 쉬운 예는 그림 3-49에 보인 바와 같이 3 가지 지형에 놓인 공을 생각할 수 있다. 먼저 오목한 골의 바닥에 위치한 공은 그 위치를 조금 변화시킨다고 하더라도 시간이 조금 지나면 원래의 위치로 돌아갈 것임을 쉽게 상상할 수 있다. 반면에 볼록한 산의 정점에 위치한 공은 그 위치를 조금이라도 변화시킨다면 원래의 위치로 되돌아가기는 불가능하며, 또한 편평한 평면 위에 놓인 공은 그 위치를 변화시키면 변화된 위치에 그대로 있을 것임을 쉽게 생각할 수 있다. 이와 같이 평형 상태에 있는 물체는 물체가 놓인 환경, 또는 물체의 성질에 따라 안정성과 관련하여 각각 다른 특성을 가질 수 있으며, 위에서 생각한 3 가지 예는 각각 안정(stable), 불안정(unstable), 중립(neutral) 상태에 있다고 말한다.

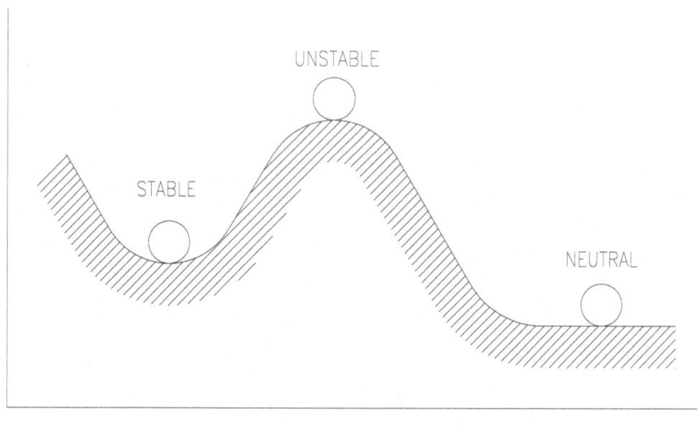

그림 3-49 안정성

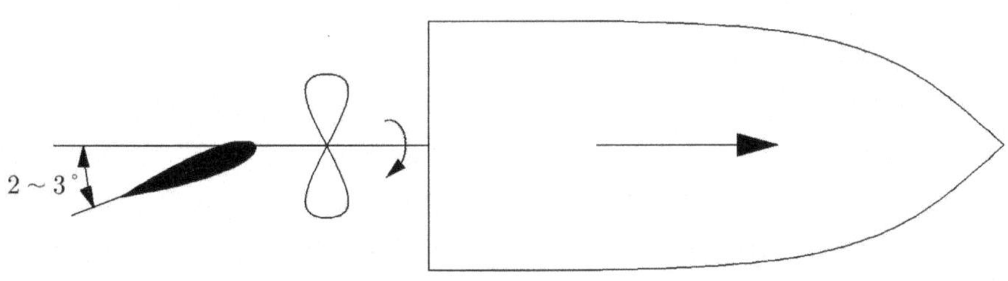

그림 3-50 단일프로펠러선의 직진과 타의 제어

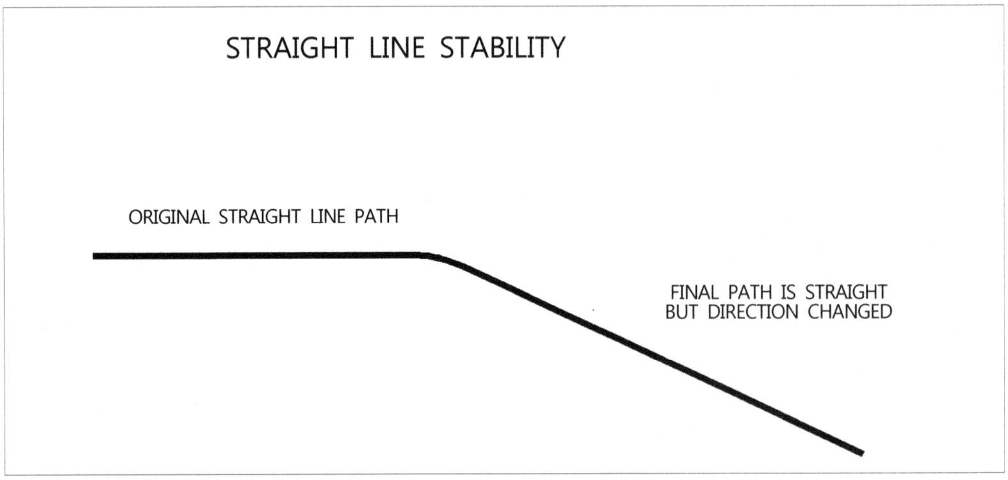

그림 3-51 직선안정성

프로펠러가 하나인 단일프로펠러(single screw propeller)선인 경우에는 프로펠러의 회전방향에 기인하여 타에 들어오는 유동의 방향이 배의 중앙종단면과 평행하지 않으므로, 타를 중립 위치에 놓으면 오히려 타에 의해 배를 회전시키는 선회모멘트(turning moment)가 발생하며, 따라서 배가 직진하기 위해서는 타에 들어오는 유동의 평균적인 방향과 평행하도록 타를 위치시켜야 하며 보통 중앙종단면과 3° 내외의 각도를 가지도록 제어된다(그림 3-50).

배가 직진하도록 타가 고정된 상태에서 배가 일시적인 외부 교란을 받을 경우 짧은 시간 동안의 과도적인 운동 후 방향은 다르지만 다시 직진 상태로 되돌아간다면 그와 같은 배는 직선안정성(straight line stability)을 가진다고 한다(그림 3-51). 배의 직선안정성은 배의 수평면 상에서의 운동, 즉 좌우동요, 선수동요, 전후동요에 대한 운동방정식을 고려하여 고찰할 수 있는데, 전후동요의 영향은 무시할 수 있을 만큼 작으므로 보통 좌우동요와 선수동요에 대한 운동방정식을 고려하여 직선안정성에 대한 지표를 얻는다[6].

직선안정성의 지표는 안정성지수(stability index)라고 불리는 양에 의해 주어지는데, 안정성지수의 부호가 음인 배는 직선안정성을 가진다. 안정성지수는 배의 여러 가지 수동역학적 특성에 의해 결정되는 양으로 배의 기하학적 형상과, 배의 질량 및 전진속력의 함수이다. 배의 기하학적 형상이 일단 결정되면 질량과 속력의 증가에 따라 안정성지수의 크기는 작아지므로 화물을 많이 적재하거나 속력이 빠른 경우에는 직선안정성을 잃게 되는 경우도 있다. 또한 직선안정성을 위해서는 선수동요가 가능한 한 빨리 소멸되어야 하는데 이는 선수동요에 대한 조파감쇠가 크면 클수록 직선안정성에 유리한

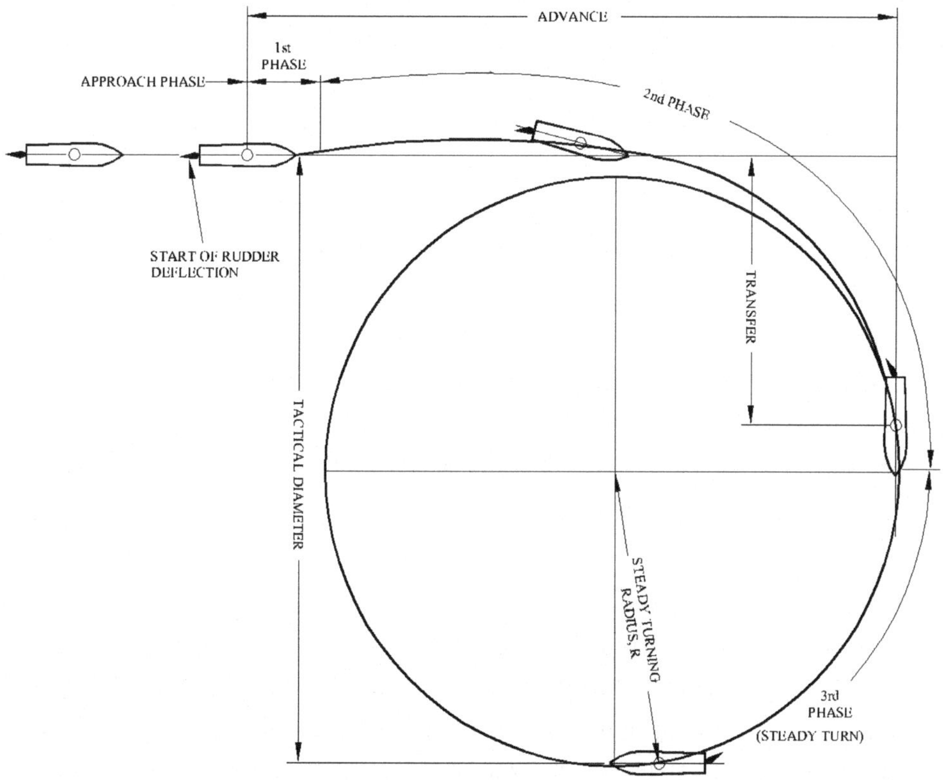

그림 3-52 선회시험 각 단계에서의 타각과 운동특성

것을 의미하며 따라서 LCB(Longitudinal Center of Buoyancy, 종방향부심)의 위치가 중앙횡단면으로부터 선미쪽으로 먼 곳에 위치할수록 직선안정성에 유리하다.

조선소에서 배를 다 지으면 선주에게 인도하기 전에 마지막으로 시운전(sea trial)을 실시한다. 이때 수행하는 조종성능과 관련된 시험으로는 선회시험(turning test), 지그재그시험(zig-zag test), 나선시험(spiral test), 풀아웃시험(pullout test), 정지시험(stopping test) 등이 있다. 각 시험의 절차는 선박의 안전한 운항을 위해 IMO에 의해 규정되어 있으며, 시험의 결과치 또한 일정한 기준치를 상회하도록 정해져 있다. 이들 각 시험의 자세한 사항에 대해서는 조종성능 과목에서 배우기로 하고, 여기서는 선회시험에 대해서만 약간 자세히 생각해 보기로 한다.

선회시험은 접근 단계를 포함 네 단계로 이루어진다(그림 3-52 참조). 접근 단계는 선박이 일정한 속도로 직선 항주하며 선회 준비를 마칠 때까지를 뜻한다. 모든 준비가 되었을 때, 타를 틀기 시작하면 1 단계가 시작되고, 타각을 최대타각까지 변화하면 1 단계는 종료된다. 이 동안 선박의 질량중심(center of mass)은 아직 직선 운동을 유지한다고 볼 수 있다. 2 단계에서는 최대타각까지 틀어진 타에 의해 발생하는 선회모멘트 때문에 배는 선회하기 시작하며, 몇 번의 동요를 거친 후 과도(transient) 상태를 마치며, 2 단계는 배의 진행방향이 90° 바뀌었을 때 종료된다. 3 단계에서 배의 질량중심은 일정한 선회 각속도를 가지고 원주를 따라 회전하며, 선박의 진행방향이 180° 바뀌었을 때 3 단계는 종료된다.

선회시험과 관련하여 세 개의 특성적 수치들을 정의할 수 있다. 1 단계가 시작되는 순간과, 2 단계가 종료되는 순간의 배의 질량중심 사이의 거리를 선박의 원래 진행방향으로 잰 거리를 전진거리(advance)로 정의하며, 또 접근 단계 종료 시점과 3 단계 종료 시점의 선박의 중앙종단면 사이의 거리를 배의 원래 진행방향에 수직한 방향으로 잰 거리는 기동직경(tactical diameter)으로 정의한다.

IMO는 전진거리는 배 길이의 4.5배, 기동직경은 5배를 각각 넘지 않아야 한다고 규정하고 있다. 한편 3 단계에서 배의 질량중심이 그리는 원의 반경은 정상선회반경(steady turning radius) 또는 간단히 선회반경이라고 정의한다.

3 단계에 대한 운동방정식으로부터 선회반경을 구할 수 있는데, 선회반경은 배의 전진속도에 비례하고, 타각에 반비례하며, 그 비례상수의 역수는 선회지수(turning index)로 정의된다. 선회지수 역시 선박의 수동역학적 특성에 따라 결정되며, 이 지수의 부호가 음이면 선회성능은 안정적이고, 또 그 절대값이 크면 클수록 선회반경이 작아져서, 배의 침로변경이 상대적으로 용이하다. 단 선회지수의 크기가 커지면 직선안정성을 결정하는 안정성지수의 크기는 감소하므로, 선회지수의 크기를 너무 크게 할 수는 없으며, 직선안정성과 선회성능을 모두 고려하여 두 지수가 적절한 값을 가지도록 선형을 결정해야 한다. 물리적으로 생각하면 직선안정성이 좋은 배는 당연히 선회시키기에 쉽지 않을 것이며, 선회반경이 작아 선회성능이 좋은 배는 조그만 외부 교란에 의해서도 직진성을 유지하기 힘들 것이므로 위의 결과는 이러한 현상을 대표적인 지수를 사용하여 정량적으로 나타낸 것으로 볼 수 있다.

이상으로 침로유지와 관련하여 직선안정성, 침로변경과 관련하여 선회성능을 고려하여 각각 안정성지수와 선회지수에 대해 살펴보았는데, 침로유지와 침로변경과 같은 상반되는 두 가지 성능을 보장하기 위해서는 이들 지수와 선형 사이의 관계에 대한 확실한 이해가 필요하며, 선형이 결정되는 초기설계 단계부터 이러한 점들은 신중하게 고려된다.

3.4.2 타의 메카니즘과 설계

선박은 여러 가지 종류의 제어면을 가지고 있지만, 그 중에서도 가장 많이 쓰이고 또 중요한 것은 타(rudder)로 볼 수 있으며, 선박의 진행방향, 즉 항로 또는 침로 제어를 위해서는 대부분의 경우 타를 사용한다. 타는 선미에 위치하며, 타각(rudder angle)의 변화에 따라 다른 값을 갖는 타력(rudder force)을 발생한다. 선박은 이 타력에 의해 불균형모멘트를 받게 되고, 이에 따라 선박은 그 진행방향을 바꾸게 된다. 이하에서는 타의 기본적인 메카니즘과 그 설계의 기본적 사항에 대해 살펴본다.

타의 종방향 단면은 3.2.1절에서 논의한 바 있는 날개단면의 형상을 가진다. 배가 좌우대칭인 것과 같이 타의 단면 형상 역시 좌우대칭이며 이와 같은 날개단면을 대칭형 날개단면(symmetric hydrofoil)이라고 부른다. 3.2.1절에서 논의한 것처럼 2차원 날개단면은 상당한 크기의 양력(lift)을 발생하는데, 이 힘은 날개단면에 입사하는 유동의 방향에 수직한 방향으로 작용한다. 대칭형 날개단면의 역학적 특성은 평판(flat plate)과 매우 유사하며, 어린아이들이 가지고 노는 장난감 배의 타는 대부분 얇은 평판으로 만들어져 있는 것도 이 때문이다. 전형적인 타의 형상을 그림 3-53에 보였는데, 각 날개단면의 길이는 코드, 연직방향으로 잰 타의 길이는 스팬(span)으로 부르며, 코드는 각 단면에서 다른 값을 가지지만 단면의 형상은 상사하다. 타의 상부 가장자리는 선체에 매우 가깝고 뿌리(root)라고 부르며, 하부 가장자리는 타끝(tip)이라고 부른다. 타의 앞쪽 가장자리는 앞날(leading edge), 뒤쪽 가장자리는 뒷날(trailing edge)이라고 각각 부르는데, 이는 2차원 날개단면에 대한 명칭을 그대로 사용하는 것이다[7].

타가 받는 양력의 방향은 입사류의 방향에 수직하므로 양력의 대부분이 배를 선회시키는 모멘트에 기여하며 이 모멘트의 크기는 배의 길이의 반에 양력을 곱한 것과 거의 같다. 그림 3-54에 보인 바와 같이 타각(rudder angle)을 변화시켜 타의 뒷날이 우현 쪽으로 움직이도록 하면, 이 때 타에 작용하는 양력은 근사적으로 좌현 방향의 횡방향 힘이며, 배가 받는 선회모멘트는 선수를 우현 방향으로 회전시킬 것이다. 타는 프로펠러 뒤에 위치하고 있으므로 프로펠러에 의해 가속된 유동장 안에 놓인다. 타가 발생하는 양력은 대략 속도의 제곱에 비례하므로 프로펠러 뒤에 놓인 타는 따라서 예를 들어 선수에 위치한 타에 비해 훨씬 큰 양력을 발생한다.

쌍프로펠러선의 경우에는 각 프로펠러 뒤에 하나씩 두 개의 타, 즉 쌍타(twin rudders)를 사용하는 것이 일반적이며, 이는 프로펠러에 의해 가속된 유동장의 효과를 이용하는 측면에서 합리적이라고 할 수 있다. 단일프로펠러선의 경우에는 하나의 타를 사용하는 것이 일반적이며 가장 통상적인 형태로 볼 수 있다. 하나의 타가 장착되어 있는 경우, 그림 3-55에 보인 바와 같이 먼저 타주(rudder post)와 하부지지부의 유무에 따라 타를 구분할 수 있으며, 타주가 없는 경우에는 크게 전동타(all movable rudder), 혼타(horn rudder), 균형타(balanced-with-fixed-structure rudder, 간단히 줄여서

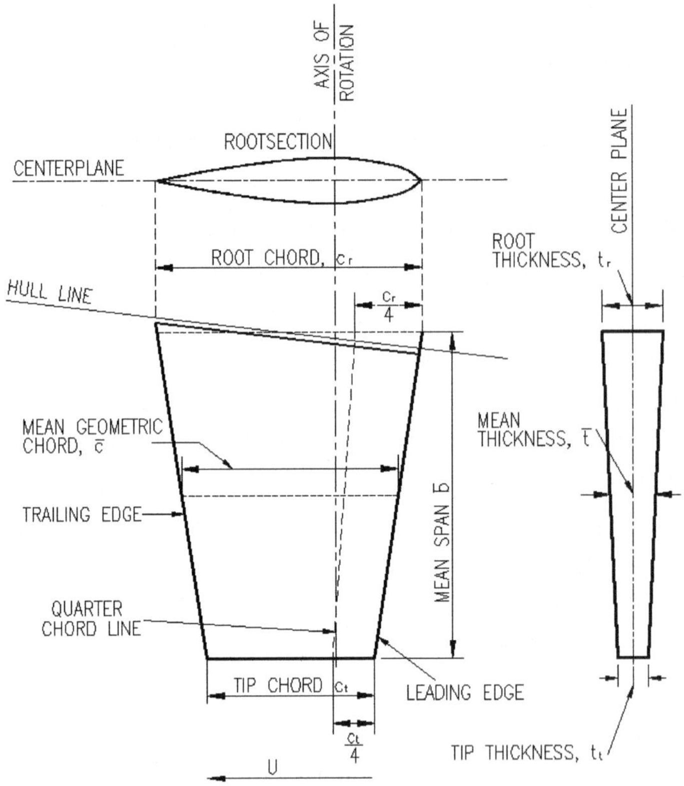

그림 3-53 전형적인 전동타의 형상과 세부 명칭

균형타로 부르기로 한다) 등의 3 가지로 구분할 수 있다. 대형 고속선을 제외하고 타를 장착하지 않았을 때 직선안정성이 확보된 배의 경우에는 전동타가 가장 많이 사용되고 있는데, 예를 들어 가래형(spade type)과 같은 전동타의 경우에는 타주가 없으므로 타두재(rudder stock)가 상당한 크기의 굽힘모멘트와 비틀림모멘트를 견뎌야 한다는 문제가 있다. 따라서 저속선 또는 중속선에서는 타주를 설치하고 하부지지형을 택하는 경우도 있지만 고속선에서는 진동의 우려 때문에 하부지지부를 두지 않는다. 타를 장착하기 전에 직선안정성이 보장되지 않는 배의 경우에는 혼타나 균형타를 택함으로써 타 면적의 일부를 고정시켜 배의 직선안정성을 보강하고, 가동 부분의 면적은 선회성능을 보장할 수 있을 정도의 크기로 선택할 수 있다.

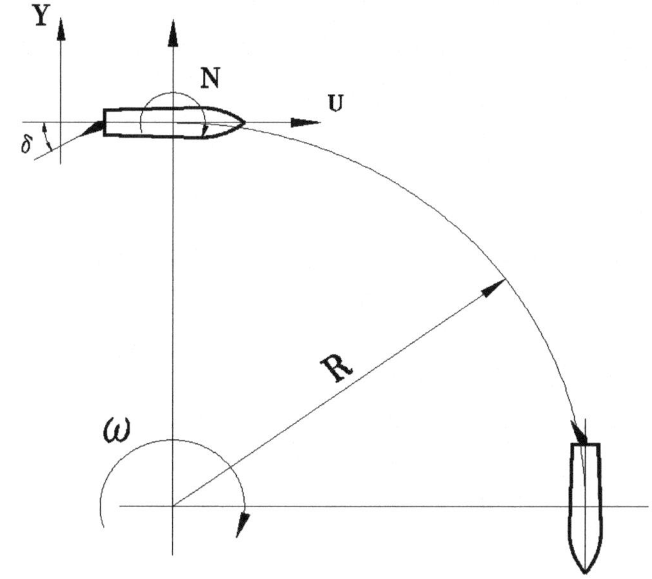

그림 3-54 타에 의한 선회모멘트의 발생

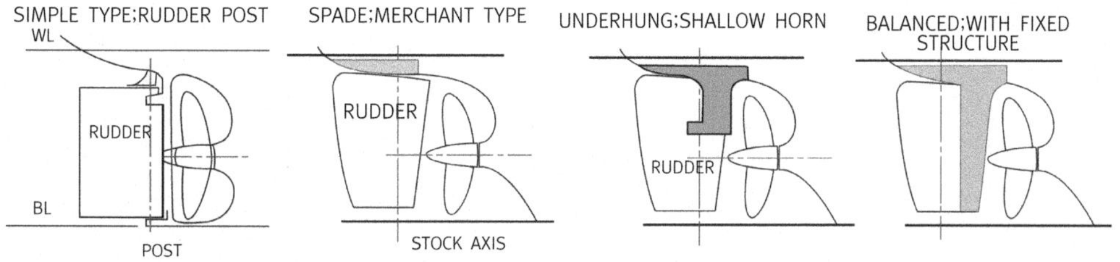

그림 3-55 타의 종류

근자에 이르러서는 3.2.4절에서 소개한 바와 같이, 전기추진 선박의 경우 포드형 프로펠러의 사용이 점차 확대되고 있는데 이와 같은 경우에는 별도의 타를 장착될 필요가 없으므로 선미형상의 설계가 훨씬 용이해진다는 장점이 있다.

타의 설계 시에 결정해야 할 기본적인 사항은 타의 종류, 타의 위치, 날개단면의 형상, 그리고 타면적비(rudder area ratio) 등을 들 수 있다. 여기서 타면적비는 중립 상태의 타를 배의 중앙종단면에 투영했을 때 얻어지는 면적을 배의 길이에 흘수를 곱한 면적으로 나누어 얻어지는 값이다.

앞에서 언급한 바와 같이 타의 종류는 타를 장착하지 않았을 때 직선안정성의 보장 유무와 배의 속도에 따라 결정될 수 있다. 또한 타의 위치는 가능한 한 배의 중앙횡단면으로부터 먼 곳에 위치시키는 것이 바람직하나, 프로펠러에 의해 가속된 유동을 최대한 이용해야 하므로 프로펠러로부터 너무 떨어지면 곤란할 것이다. 통상 타는 프로펠러로부터 프로펠러의 직경 정도 뒤에 설치하는 것이 일반적이나 고속선에서는 약간 크게 잡는다.

타의 각 단면을 이루는 날개단면은 대칭형 날개단면으로 NACA0018이라고 불리는 단면이 가장 널리 사용되고 있다[8]. 이 단면은 최대두께가 코드의 18%이며, 양항비(lift-drag ratio)가 비교적 크고 타 내부에 구조물을 설치할 수 있는 공간이 충분히 확보될 수 있어 그 선호도가 매우 높다. 타면적비는 2.5%가 최대치로 생각되고 있으며, 그 이상 타의 면적을 증가시킨다고 하더라도 타에 의해 발생되는 선회모멘트의 크기가 크게 개선되지 않는 것으로 알려져 있다. 타면적비를 증가시키면 선회성능뿐만아니라 직선안정성도 개선되므로 상반되는 두 가지의 성능을 모두 만족시킬 수 있는 적절한 타면적비를 구하는 것이 타의 설계 시에 매우 중요한 사항임에 유의한다.

연습문제

1. 모형시험을 위한 세 가지 상사를 설명하시오.

2. 선박에 작용하는 저항성분의 종류와 특성을 설명하시오.

3. 실선의 저항을 추정하는 방법 중 2차원 추정법과 3차원 추정법을 단계별로 구분하여 설명하시오.

4. 길이가 100 m이고 선속이 25 kts인 실선을 축척비 $\lambda = 1/20$로 하고 프루드수를 같게하여 모형시험을 수행할 때 모형선의 예인속도를 구하시오.

5. 저항시험과 자항시험을 구분하여 목적과 계측 항목들을 설명하시오.

6. 반류계수(wake fraction)와 추력감소계수(thrust deduction fraction)를 정의하고 설명하시오.

7. 준추진효율(η_D)과 추진효율(η_P)을 정의하시오.

8. 프로펠러 단독시험을 설명하고 일반적인 프로펠러의 단독성능 곡선을 그리시오.

9. 공동 현상을 설명하고, 프로펠러에서 발생되는 공동 종류를 기술하시오.

10. 가변피치 프로펠러(CPP)의 특성을 설명하시오.

11. 초전도추진 선박의 원리를 설명하시오.

12. 선박의 선수형상과 저항특성을 비교하여 설명하시오.

13. 선박의 선미형상과 저항특성을 비교하여 설명하시오.

14. 구상선수의 종류와 특성을 설명하시오.

15. 해양파 스펙트럼과 관련하여 본문에서 설명한 Pierson-Moskowitz 스펙트럼에 대해 조사하고, 어떤 식으로 주어지는지 보인 후, 식에 포함되어 있는 변수들의 의미에 대해 설명하시오.

16. 1학년 때 배운 물리에서 다루는 빛의 회절과 본문에서 기술한 수면파의 회절에 대해 비교하여 논하시오.

17. 몇 가지 종류의 배에 대해 상하동요의 주기(period)를 조사하고, 주기를 결정하는 주요 인자에 대해 설명하시오.

18. 어선, 여객선, 구축함에 대해 횡동요의 주기를 조사하고, 주기를 결정하는 주요 인자에 대해 설명하시오.

19. 만곡부용골(bilge keel)이 일반 상선의 경우 어느 정도 크기를 가지는지 조사하고, 조사된 바와 같은 크기를 가진 만곡부용골이 해당 선박의 횡동요에 어떠한 영향을 줄 것인지에 대해 정량적으로 기술하시오.

20. 안정성을 가지는 물체의 예를 2 개 들고 그 메카니즘에 대해 설명하시오.

21. 타(rudder)를 만드는 방법과, 그 재료, 대체적인 무게, 조타장치(steering gear)의 제조회사 등에 조사하고, 발견되는 의문점이나 문제점에 대해 논의하시오.

22. 어떤 선박의 직선안정성과 선회성능을 동시에 개선할 수 있는 방안에 대해 설명하고, 왜 두 성능을 동시에 좋게 하는 것이 어려운 일인지에 대해 논의하시오.

23. 여러 가지 선종(상선 및 함정)에 대해 타면적비(rudder area ratio)를 조사하고 얻어진 결과를 각 선종의 특성과 관련지어 설명하시오.

24. NACA0018 단면의 기하학적 형상을 구하여 그리고(제도, 또는 CAD), 또 이 단면의 양력이나 항력의 특성에 대해 논하시오.

참고문헌

[1] 대한조선학회 선박유체역학연구회, 2009, 선박의 저항과 추진, 지성사.

[2] Lewis, E. V.(Ed.), 1989, Principles of Naval Architecture, 2nd revision, Vol. II, The Society of Naval Architecture and Marine Engineers(SNAME).

[3] Kinsman, B., 1965, Wind waves-their generation and propagation on the ocean surface, Prentice-Hall.

[4] Newman, J. N., 1977, Marine Hydrodynamics, The MIT Press.

[5] Lloyd, A. R. J. M., 1989, Seakeeping: ship behaviour in rough weather, Ellis Horwood Limited.

[6] Lewis, E. V.(Ed.), 1989, Principles of Naval Architecture, 2nd revision, Vol. III, SNAME.

[7] 이승준, 2009, 역사로 배우는 유체역학, 2판, GS인터비전.

[8] Abbott, I. H. and von Doenhoff, A., 1959, Theory of wing sections, Dover.

추천문헌

[1] 대한조선학회, 1993, 조선해양공학개론, 동명사.

[2] 미국조선학회(임상전 역), 1966, 기본조선학, 대한교과서주식회사.

[3] 이창섭 등, 2008, 선박추진과 프로펠러 설계, 제2판, 문운당.

선체의 구조

4.1 개요

배는 판과 보강재를 적절히 용접, 조립하여 건조되는 매우 크고 복잡한 구조물이다. 선체의 외판은 물이 안으로 스며들지 못하게 하는 기본적인 수밀(watertight) 기능 이외에도 필요한 배수량을 확보하고 추진성능과 운동성능을 얻을 수 있도록 그 형상(선형)이 설계된다. 또한 내부적으로는 화물을 적재하기 위한 공간, 선박의 운항에 필요한 기관, 의장품 등을 위한 공간, 승무원을 위한 안전한 거주 공간 등을 위해 매우 복잡한 구획으로 이루어져 있다. 이와 같은 외판과 내부를 구성하는 각 부재들의 주된 기능은 예정된 화물을 효율적으로 적재, 운송할 수 있는 구획 구조로서 배가 놓일 거친 환경 속을 파손되지 않고 안전하게 운항할 수 있는 충분한 구조강도를 보장하는 것이다.

4.1.1 선체 구조의 기능 및 역할

1. 배의 횡단면 상 위치별 분류

배는 육상구조물과는 달리 해양을 운항하며 파랑에 견뎌야 하는 구조적 특성을 가진다. 배가 받는 물의 저항을 줄이기 위하여 선수와 선미는 부드러운 쐐기 모양의 유선형 형상을 가지지만, 선체는 개념적으로 긴 직육면체의 상자형거더(box type girder)로 간주할 수 있다. 외표면(외각)은 완전한 수밀구조[1]로서 선저외판, 선측외판, 갑판 등 판각(plate and shell)으로 이루어지며, 수압 등 외압과 국부적 굽힘변형을 효율적으로 버텨낼 수 있도록 판 위에 보강재가 용접된 보강판각(stiffened plate & shell) 구조를 기본으로 한다. 위치별로 다음과 같이 크게 네 가지 부위로 분류할 수 있다.

1) 선저구조

선저는 상자형거더의 바닥으로서 수압이나 파랑충격력을 지지하며 또 그 위에 실리는 화물이나 기계류의 무게를 지탱한다. 충돌이나 좌초 등으로 인한 국부적인 손상이 발생할 때의 침수로부터 선체를 보호하고, 기름과 같이 환경을 오염시키는 액체화물의 누출 방지를 위해 이중구조, 즉 이중저(double bottom)를 이루고 있다. 외부의 물과 접하는 부분을 선저외판, 그 상부에 실제 화물이 적재되거나 각종 의장품이 설치되는 부분을 내저판(inner double plating)이라고 부른다. 그 사이 공간은 연료유탱크나 청수탱크 또는 밸러스트탱크로 사용되며 배의 종방향으로는 거더(girder), 횡방

1) 물이 들고나지 못하는 방수 구조

향으로는 늑판(floor)이라고 하는 대형 보강재가 격자모양으로 설치되어 수압에 견디고 화물의 하중을 지지한다.

2) 갑판구조

갑판은 화물을 싣거나 각종 의장품 또는 기계류 등을 설치하는 평판 모양의 수평 구조부재로서 그 위에 놓이는 물체의 무게를 감당할 수 있도록 설계되며, 또한 선체의 내부 공간을 층별로 나누는 역할을 한다. 외부로 노출되는 최상층 갑판을 상갑판(upper deck), 그 아래 갑판을 제2 갑판, 그 아래를 제3 갑판 등으로 번호를 붙여 부른다. 상갑판은 상자형거더의 뚜껑 역할을 하며 화물을 적재 또는 하역하기 위한 창구(hatch)가 설치되고 경우에 따라 창구덮개(hatch cover)도 설치된다. 최근에 건조되고 있는 대형 상선 중 자동차운반선과 일반화물선을 제외한 대부분의 전용화물선들은 화물창 전체가 수직방향으로는 하나의 공간으로 이루어지므로 상갑판 아래의 수평방향 평판부재가 바로 내저판인 경우가 많다. 선체 전체의 종강도를 유지하기 위한 부재로서 중요한 역할을 한다.

3) 선측구조

선체의 양측을 감싸는 수직 외벽을 말하며, 수압과 파랑의 충격력을 견디는 역할을 한다. 최근에는 석유류와 같은 위험 화물이나 환경오염 물질을 취급하는 경우에는 선저처럼 이중구조로 설계하는 것이 의무화되어 있으며, 선저와 선측이 모두 이중구조로 되어 있는 경우를 이중선각(double hull)이라고 한다.

4) 격벽구조

격벽(bulkhead)은 선박을 횡방향 또는 종방향으로 구획하는 수직평판 구조물을 뜻한다. 횡방향으로 배치되어 선체를 종방향으로 구획하는 격벽을 횡격벽(transverse bulkhead)이라고 한다. 선체의 외벽에 손상이 발생되었을 때 침수된 해수가 다른 구획으로 넘어들어 가지 않도록 차단함으로써 배의 침몰 가능성을 줄이고 선박 전체의 안전성을 유지하는 중요한 기능을 하기 때문에 여러 가지 법규에 의해 설치 개수와 강도가 엄격하게 규정되어 있다. 배의 폭이 큰 경우, 배의 종방향으로 종격벽(longitudinal bulkhead)을 설치하여 화물창을 횡방향으로 나누어 준다. 격벽은 적재된 액체화물의 압력을 견뎌야 하며 또한 선체횡단면의 변형을 방지하여 선체의 구조적 안전성을 확보할 수 있도록 설계된다.

선체를 이루는 구조부재는 일반적으로 한 가지 역할만 수행하도록 설계되지는 않는다. 예를 들어 선저외판은 수압을 지탱하는 구조부재로서의 역할뿐만 아니라 물의 침입을 막는 수밀구조이며 저항성능과 복원성능 및 조종성능 등 운항성능에 영향을 미치는 등 다양한 기능을 제공한다. 배를 종방향으로 구획하는 횡격벽은 만일의 사고 시 침수에 기인하는 수압을 견디도록 설계되며, 선체횡단면 형상이 변형되는 것을 방지하는 역할을 한다.

2. 배의 종방향 위치별 분류

화물선을 예로 들어 생각하면 배의 종방향으로 위치에 따라 상당히 다른 특징을 가지며, 이를 위치별로 다음과 같이 분류할 수 있다.

1) 중앙부 화물창

선체의 중앙부는 주로 화물을 싣는 화물창(cargo hold)이 위치하고 있다. 기본적으로 대부분의 선박이 선저에 이중저 구조를 채택하고 있으며, 적재하는 화물의 특징에 따라 화물창도 다양한 형상을 가진다.

2) 선수부

선수구조는 항상 파도의 충격에 노출되어 있고 이러한 외부하중 외에도 다른 선박이나 부유물 또는 부두에 충돌할 가능성이 큰 부분이기 때문에 견고한 구조로 설계되어야 한다. 충돌과 같은 사고 시, 화물창이 파괴되는 것을 방지하기 위해 선수부와 화물창의 경계가 되는 선수격벽(fore peak bulkhead 또는 collision bulkhead)을 선수단에서 일정한 거리를 두고 설치하도록 되어 있다. 선수재와 선수격벽 사이의 공간은 체인로커(chain locker), 밸러스트탱크 등으로 이용되며 윈드라스(windlass), 선수쓰러스터(bow thruster) 등 선박운항에 필요한 다양한 기기들이 설치된다.

3) 선미부

선미부에는 기관실, 추진기 및 추진축, 타 등 선박의 추진과 관련된 시설들이 집중적으로 배치되어 있어 통상 선미격벽(after peak bulkhead)을 설치한다. 추진기와 주기관은 진동을 유발하는 주요 기진원이며, 항해사들이 근무하는 조타실과 선원들의 거주구가 배치되는 갑판실(deckhouse) 역시 주로 선미에 위치하기 때문에 진동과 소음 저감을 위한 구조설계와 방진 대책이 요망된다.

4) 기관실부

선박의 주기관은 선미의 추진기와 추진축으로 서로 연결되어야 하기 때문에 추진축 길이를 최소화하여 기계 배치공간을 최소화하고 구조를 간단하게 하기 위하여 선박의 기관실 역시 선미부에 배치하는 것이 일반적이다. 기관실의 하부는 중량물인 주기관이 탑재되는 장소이므로 별도의 보강이 필요하다.

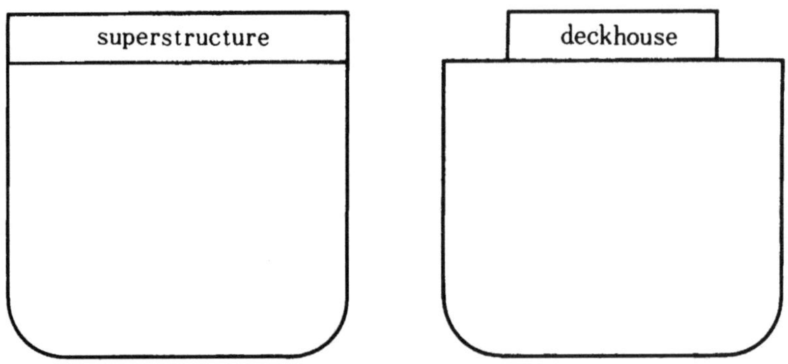

그림 4-1 선루와 갑판실

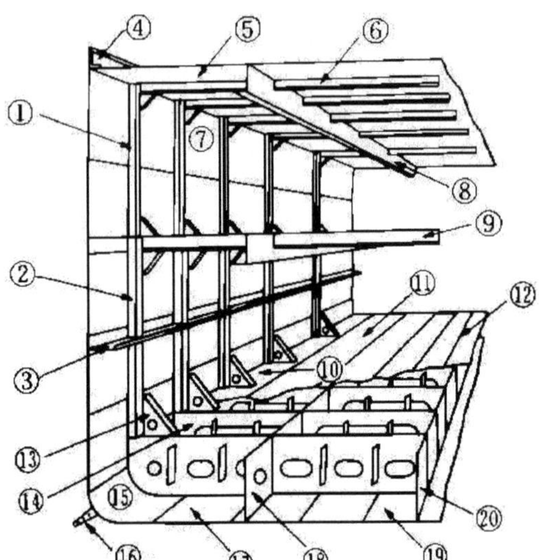

1) tween deck frame
2) hold frame
3) side stringer
4) gunwale angle
5) upper deck
6) beam
7) beam bracket
8) deck girder
9) second deck
10) margin plate
11) inner bottom plate
12) center strake
13) tank side bracket
14) open floor
15) solid floor
16) bilge keel
17) shell plate
18) side girder
19) keel
20) center girder

그림 4-2 일반 화물선의 화물창(횡늑골 방식 구조)

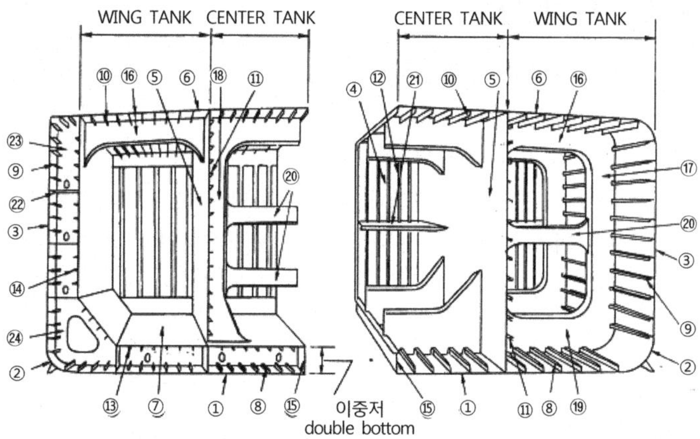

1) bottom plate
2) bilge strake
3) side shell plate
4) transverse bulkhead plate
5) longitudinal bulkhead plate
6) upper deck plate
7) inner bottom plate
8) bottom longitudinal
9) side longitudinal
10) deck longitudinal
11) longitudinal stiffener on longitudinal bulkhead
12) transverse bulkhead stiffener
13) inner bottom longitudinal
14) longitudinal stiffener on inner hull
15) bottom center girder
16) deck transverse
17) side transverse
18) vertical web
19) bottom transverse
20) strut
21) horizontal girder
22) side stringer
23) side transverse
24) bilge transverse

그림 4-3 유조선의 화물창(종늑골 방식)

5) 상부구조

상부구조는 배의 상갑판 위에 위치하는 구조로서 선루(superstructure)와 갑판실(deckhouse)로 구분되며 양자의 차이는 그림 4-1에서 보는 바와 같다. 선루의 측벽은 선체 외판(shell plate)의 연장으로 볼 수 있는 형태이며 주 선각과 동일한 수준의 강도를 갖도록 설계된다. 갑판실은 측벽이 선체 외판과 연속되어 있지 않으며 일반적인 건물 형태의 구조로 주로 선원들의 거주구나 조타실로 사용되고 강도부재로 간주되지 않는다.

4.1.2 선체 구조부재의 형상

배는 화물과 기관을 비롯한 각종 기계류를 싣고 파랑 중을 항행해야 하기 때문에 이로 인한 수압이나 화물의 하중에 견디기 위하여 여러 가지 형태의 구조부재들로 이루어져 있다. 많은 부분이 평판(plate)을 접합하여 건조되지만, 선수나 선미는 곡판(shell)으로 이루어져 있기 때문에 여러 가지 방법에 의한 곡면가공 과정이 필요하다. 평판과 곡판은 판의 면에 법선방향으로 작용하는 하중에 대해 쉽게 변형되는 취약성을 가지므로, 평판 또는 곡판에 보강재를 용접한 보강판(stiffened plate & shell) 구조를 배에서는 주로 채용하고 있다. 또한 화물창이나 갑판의 하중을 지지하고 아래층과 위층 사이

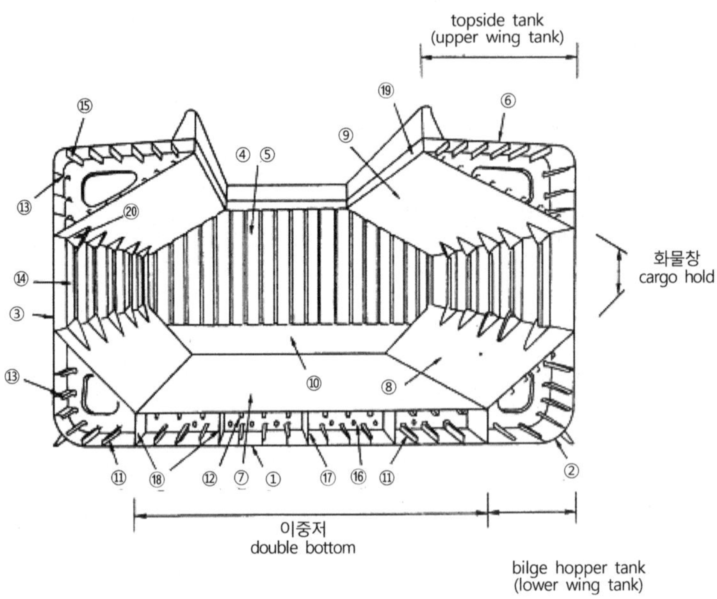

1) bottom plate
2) bilge strake
3) side shell plate
4) transverse bulkhead plate
5) corrugated bulkhead plate
6) upper deck plate
7) inner bottom plate
8) bilge hopper slope plate
9) TSWT slop plate
10) lower stool slop plate
11) bottom longitudinal
12) inner bottom longitudinals
13) side longitudinal
14) hold frame
15) deck longitudinal
16) solid floor
17) center girder
18) side girder

그림 4-4. 산적화물선의 화물창(혼합식)

의 간격 유지를 위하여 부분적으로 기둥(pillar)을 설치하며, 큰 굽힘하중을 버텨낼 수 있도록 횡방향으로는 보(beam)를, 종방향으로는 거더(girder)를 설치한다.

한편 배는 국부적으로 큰 하중이 걸리는 부분이 많고 특히 부재가 직각으로 꺾이거나 불연속적인 형상을 갖는 부분에는 하중이 집중적으로 작용하여 균열 등의 손상이 쉽게 발생하기 때문에 브래킷(bracket)과 같은 보강재를 설치해야 한다.

4.1.3 선체의 구조 양식

선체의 구조 양식은 그림 4-2, 4-3, 4-4에 보인 바와 같이 보강재의 배치 방향에 따라 횡늑골 방식, 종늑골 방식, 혼합식의 세가지 방식으로 분류한다.

1. 횡늑골 방식 구조(transverse framing system)

갑판, 선측, 선저 등 주요 구조에 늑골재(frame)를 횡방향으로 배치하는 방식이다. 구조가 간단하고 건조가 용이하며 늑골재가 종방향의 대형 거더를 관통하지 않기 때문에 슬롯홀(slot hole) 가공이 필요 없고 비교적 쉽게 건조할 수 있다. 화물창 내부의 돌출부가 적기 때문에 과거에 많이 건조되던 일반화물선과 어선 등의 중소형선에 적합하다. 그러나 선체의 종방향 강도가 취약하기 때문에 이를 보완하기 위하여 외판의 두께가 증가되는 경향이 있어 최근 많이 건조되고 있는 대형 전용화물선에는 부적합하다.

2. 종늑골 방식 구조(longitudinal framing system)

늑골재가 선체의 종방향으로 배치되어 있으며, 횡방향 강도를 확보하기 위하여 특설횡늑골(web frame)이 설치된다. 종강도에 강하고 선체의 중량을 경감할 수 있으나, 화물창 내부에 돌출부가 많아 구조가 복잡하며 보강재가 횡방향 늑골을 관통하기 때문에 수많은 슬롯홀이 생성된다. 따라서 일반화물선에는 부적합하며 유조선과 같은 탱커나 대형 상선에 적합하다.

3. 혼합식 구조

횡늑골과 종늑골 구조의 두 방식을 혼합한 구조로, 갑판, 선저, 내부선저(inner bottom)는 종늑골방식 구조로 되어 있고 선측은 횡늑골 방식 구조이다. 화물창에 비교적 돌출부가 적고, 배의 종강도도 충분히 확보할 수 있다. 산적화물선의 화물창은 대표적인 혼합식 구조이다.

4.2. 선체에 작용하는 힘

선박의 전반적인 형상은 전체적인 공간의 활용을 우선적으로 고려한 구획의 관점에서 결정된다. 그러나 판재의 두께라든지 보강재의 형상 및 치수 등 세부적인 사항은 배가 그 수명 동안 받을 내부 또는 외부 하중을 잘 견디어 손상이 없이 안전하게 항해할 수 있도록 설계되어야 한다. 배에 작용하는 힘은 선체, 탑재된 기계류 및 화물 등의 자중과 물의 부력, 파랑으로 인한 직접적인 변동수압에 기인하는 힘과 운동에 기인하는 관성력이 주요 성분이며, 액체화물의 유동 또는 파도에 의한 유체충격력, 도크에 입거 시 작용하는 하중 등 다양한 하중도 고려해야 한다. 여기서는 선체의 구조설계 단계에서 고려되어야 하는 하중에 대해 살펴본다.

4.2.1 선박의 구조설계 하중

1. 정적하중(static load)

정적하중은 시간의 경과에 따라 변화하지 않고 일정한 크기를 가지는 하중을 말한다. 선체 자체, 탑재된 기관 등 의장품, 적재된 화물의 중량과 내부탱크 벽면에 작용하는 수정압, 선체 외판에 작용하는 수정압 등이 이에 해당된다. 액화가스와 같은 초저온 화물을 싣는 경우 부위별 온도 차이와 열팽창에 의한 하중도 정적하중으로 간주할 수 있다.

2. 파랑하중(wave induced load)

선박의 구조설계에서 가장 중요하게 고려되는 하중이다. 시간에 따라 변화하는, 즉 동적인 하중이지만 작용 주기가 수초~수분으로 비교적 길기 때문에 구조물의 동적변형을 유발하지는 않는다. 파도 중에 있는 배는 선체 외벽에 변동수압을 받으며, 또한 횡동요와 종동요 등 선체의 운동이 유발되어 이 운동의 가속도에 기인하는 관성력을 추가로 받게 된다. 일반적으로 대형 상선의 경우 이 가속도의 최대치는 중력가속도의 50% 정도에 이르고, 소형 고속선인 경우에는 훨씬 더 큰 값을 가지므로 이에 대한 고려는 필수적이다.

파랑하중에 의한 선체구조의 거동은 파랑 자체의 불규칙성 때문에 정확한 해석은 힘들다. 그러나 과거 수십 년 동안 전 세계 주요 해역에 대한 파랑 자료들이 수집, 정리되어 있어 이 자료들을 이용한 통계적 해석법이 많이 사용되고 있다.

3. 충격하중

파도 속을 운항하는 배는 물과의 상호 작용에 의해 여러 가지의 충격력을 받는다. 3.3.3절에서 설명한 바와 같이 과도한 종동요로 인하여 수면 밖으로 들어 올려 진 선수가 밑으로 내려 갈 때, 파도에 기인하여 상승하고 있는 수면과 충돌하여 순간적인 충격을 받는 현상을 슬래밍(slamming)이라고 한다. 이 때 발생하는 충격력은 국부적으로 선저외판과 플레어(flare) 부분에 발생하는 손상의 주요 원인이 될 뿐만아니라, 선체 종방향으로 변위가 제법 큰 진동, 즉 위핑(whipping) 현상을 유발함으로써 선체 전체의 구조 안전성에 큰 위협이 된다. 함정설계에서도 수중에서 폭탄이 폭발하는 경우에 대비하여 충격파나 맥동하는 기체 버블(bubble)에 의한 위핑의 영향을 고려하게 된다.

유조선과 같이 액체화물을 적재하는 선박에서는 액체의 유동에 의해 발생하는 탱크 내부의 파도가 탱크 내벽과 충돌할 때 큰 충격압력이 발생한다. 이러한 현상을 슬로싱(sloshing)이라고 하며 슬로싱에 의해 내부 부재가 손상되는 사고가 흔히 보고되고 있다. 특히 LNG선에서는 탱크 내부에 액체 유동을 저감시킬 수 있는 내부 보강재가 전혀 없는 경우가 대부분이기 때문에 슬로싱 현상이 매우 심하게 발생할 수 있다. 더욱 최근에는 LNG선의 탱크가 점차 대형화되는 경향이 있기 때문에 슬로싱 현상을 이해하고 이에 대비한 탱크 설계를 함으로써 탱크의 구조적 안전성을 확보하기 위해 슬로싱에 관한 연구가 집중적으로 이루어지고 있다.

4. 국부하중

비중이 큰 중량물을 탑재 또는 적재하는 경우에는 그 무게를 고려하여 중량물의 주위를 별도로 보강한다. 갑판크레인, 주기관, 헬기착륙장 등이 이에 해당된다. 부재들의 연결부나 개구부의 모서리와 같이 구조 형상이 갑자기 변화하는 부위는 다른 부분에 비해 응력이 급격히 커지는 응력집중(stress concentration) 현상이 발생하므로 세심한 배려가 필요하다.

5. 기타

태안의 유조선 누출사고와 같이 선박이 다른 선박이나 부유체에 충돌하는 경우나 또는 좌초(grounding) 사고가 발생하는 경우에 대비하여 화물창 내부 손상이 최소한으로 억제될 수 있도록 구조설계가 이루어져야 하며, 사고로 인하여 화물창이 침수될 때 발생하는 수압에 대한 안전성도 검토되어야 한다. 쇄빙선이나 내빙(ice-strengthened) 상선과 같이 극지를 운항하는 선박에서는 빙산이나 빙판과의 충돌 시 받는 하중을 고려하여 선체에 치명적인 손상이 발생하지 않도록 구조설계가 이루어져야 한다. 그 외에도 추진기나 선체부가물에 의한 동유체력, 주기관, 보기의 회전에 기인하는 진동 등에 의한 하중도 고려해야 한다.

4.2.2 하중의 통계적 특성

바다를 운항하는 배가 만나게 되는 파도는 시기별 지역별로 항상 변화하기 때문에 이로 인한 파랑 하중 역시 확률적인 분포를 보이며 오랫동안 수집된 통계적 자료를 바탕으로 결정된다. 너무 안전한 설계만을 추구하다 보면 발생할 확률이 매우 작은, 너무 큰 파도를 상정하여 구조설계가 이루어지게 되므로 부재의 치수가 너무 커지고 선박의 무게가 증가한다. 이에 따라 건조비 상승은 물론 적재할 수 있는 화물의 용량도 감소하여, 경제적으로는 실패한 선박이 되기 쉽다. 그러므로 선박의 구조설계를 위한 하중은 그 동안 건조되었던 실적선의 자료와 해양파(ocean wave)에 대한 통계자료를 바탕으로 결정된다. 최근에는 확률 및 통계이론에 근거한 신뢰성해석(reliability analysis)을 수행함에 있어, 해양파의 통계적 관측자료를 직접 이용하고, 여러 방향에서 입사하는 다양한 종류의 파도에 대해 수동역학적으로 선체운동을 해석함으로써, 선체의 파손가능성을 확률적으로 예측하는 직접해석(direct analysis) 기법이 점차 많이 사용되고 있다.

4.3 선체의 강도

파도가 없는 물 위에 떠 있는 배는 정지 상태에서 연직하방으로 작용하는 자체의 무게와 연직상방으로 작용하는 부력이 서로 균형을 이루고 있다. 그러나 파도 중의 배는 파도의 전파에 따라 수면이 위아래로 움직일 뿐만아니라 상하동요(heave), 횡동요(roll), 종동요(pitch) 등의 운동을 하게 되므로 배와 물의 가속운동을 동시에 고려하지 않으면 수직방향 힘의 평형에 대해 올바른 결과를 얻을 수 없다.

중량과 부력이라는 정적인 힘들 외에도 앞에서 설명한 바와 같은 여러 종류의 하중들이 선체에 작용하며 선체는 이러한 하중들에 의해 다양한 형태로 변형된다. 따라서 선체는 이 변형들에 대응하여 적절한 강도를 갖도록 설계되어야만 그 수명 동안 구조적인 손상을 입지 않고 안전하게 항해할 수 있다.

하중을 받고 있는 구조물의 강도평가는, 그 구조물의 안전성과 밀접한 관계가 있으므로 합리적인 최신의 해석기법과 감독 기관의 관련된 규정에 따라 엄격하게 진행되며, 조선소는 필요 시 해석 결과의 타당성을 입증해야 한다. 우선 논의의 전개를 위하여 구조물의 강도를 다루는 구조역학의 기본 개념을 간단히 정리한 다음 선체 구조의 강도평가에 필요한 요소들에 대하여 개괄적으로 살펴본다.

4.3.1 구조역학의 기본 개념

본격적인 구조역학 이론은 나중에 자세히 다룰 기회가 있으므로, 여기서는 가장 간단한 인장(tension)과 압축(compression) 문제를 예로 들어 기본적인 용어와 개념만을 정리하고자 하며 이들만으로도 이 책에서 다루는 내용을 이해하는 데는 어려움이 없을 것으로 생각한다.

1. 응력(stress)과 변형률(strain)

먼저 그림 4-5와 같이 양쪽 끝에서 길이방향으로 당기는 힘 P를 받고 있는 길이 L, 균일한 단면적 A의 봉(bar)에 대하여 생각해 보자. 힘이 길이가 늘어나는 방향으로 작용하면 인장력, 줄어드는 방향으로 작용하면 압축력이라 부른다. 봉이 인장력을 받으면, 우리 눈에는 잘 보이지 않지만 미세하게 길이가 늘어나며 이 늘어난 길이 δ를 신장량(elongation)이라고 한다.

봉과 같이 인장력을 받는 부재를 생각해 볼 때, 부재의 단면적이 작으면 동일한 인장력에 대해 신장량이 클 것이며, 부재의 단면적이 커질수록 신장량이 작아질 것이다. 따라서 구조부재를 일관되게 평가할 수 있기 위해서는 인장력 자체의 크기 보다는 단위단면적당[2] 작용하는 힘의 크기로 부재의 신장량을 판단하는 것이 합리적이라는 사실을 알 수 있다. 이와 같이 단위면적당 작용하는 힘을 응력이라고 하며 구조물의 안전성을 평가할 때는 항상 이 응력의 크기가 기준이 된다. 그림 4-5를 예로 생각하면 단면적이 A인 봉에 P의 인장력이 작용하고 있으므로 응력 σ는 P/A가 된다. 인장력에 의해 발생되는 응력을 인장응력(tensile stress), 압축력에 의한 응력을 압축응력(compressive stress)이라고 부른다.

한편, 인장력이 가해질 때 발생하는 신장량 δ는 봉의 길이 L이 커질수록 비례하여 커지므로 실제 부재의 신장되는 정도를 일관되게 평가하기 위해서는 신장량 자체보다는 오히려 단위길이당 신장량 즉 δ/L이 보다 합리적인 기준이 될 것이며, $\epsilon = \delta/L$은 변형률이라고 부른다.

2. 재료의 역학적 특성

재료의 역학적 특성은 재료시험으로부터 결정된다. 그림 4-6에서 보는 바와 같이 작은 시편(specimen)을 인장시험기(tensile-test machine)에 장착하고 인장력 또는 압축력을 가하면서 신장측정기(extensometer)로 신장량을 측정한다. 이 때, 시편의 규격(치수)과 힘, 또는 하중의 작용방법은 미국시험재료학회(American Society for Testing and Materials, ASTM)에서 규정한 표준 시험

2) 단위라는 용어는 크기가 1인 물리량을 표현할 때 사용한다. 단위면적, 단위하중, 단위길이, 단위시간 등 유사한 용법이 있다.

편 및 시험법을 엄격하게 적용한다. 인장력을 증가시키면서 얻은 재료시험 결과는 그림 4-7과 같은 전형적인 응력-변형률 선도(stress-strain diagram)로 정리된다. 여기서 지적해 두고 싶은 사항은 위와 같은 방법으로 얻어진 응력-변형률 선도는 동일한 재료로 만들어진 부재에 대해서는 그 길이, 단면의 형상과 면적에 무관하게 동일한 양상을 보이며, 재료의 고유한 특성을 나타낸다는 점이다.

응력-변형률 선도를 살펴보면 응력의 크기가 작은 구간에서의 곡선 OA는 기울기가 일정한 직선이며 따라서 이 구간에서는 응력과 변형률이 서로 비례한다. 이 구간을 탄성영역(elastic region)이라고 하는데 이 구간에서는 하중이 소거되면 변형 역시 없어져 원래의 상태로 되돌아온다. 이 구간에서의 직선의 기울기를 탄성계수(modulus of elasticity) 또는 Young률(Young's modulus)이라고 하고 통상 E로 표기하며, 따라서 탄성영역에서의 응력과 변형률 사이의 관계식은 다음과 같은 비례식으로 쓸 수 있다.

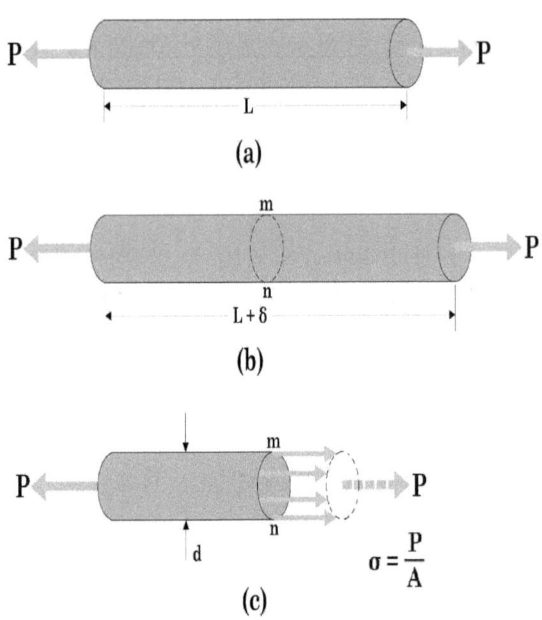

그림 4-5 봉의 인장

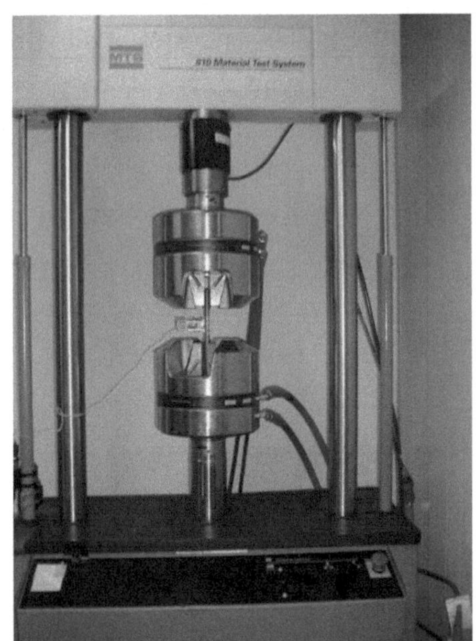

그림 4-6 재료 시편의 인장시험

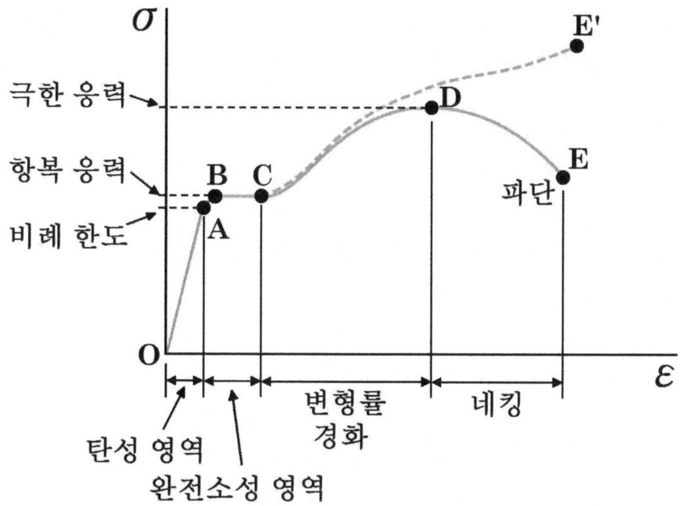

그림 4-7 응력-변형률 선도

$$\sigma = E\epsilon \tag{4.1}$$

탄성영역의 끝점인 점 A는 비례한도(proportional limit)라고 하며, 점 B는 항복점(yield point), 점 B에서의 응력을 항복응력(yield stress) σ_Y라고 한다. 부재 내부에 걸리는 응력이 항복응력에 도달하면 소성변형(plastic deformation), 즉 하중을 제거하더라도 변형이 지속되는 상태가 발생한다. 점 C를 지나면 다시 응력이 증가함에 따라 변형률이 증가하며, 응력이 최대가 되는 점 D를 지나면 비교적 급격하게 응력이 감소하여 결국 점 E에서 시편이 파괴된다. 점 D에서의 응력은 이 재료가 받을 수 있는 최대응력이며 이 응력을 극한응력(ultimate stress) 또는 인장강도(tensile strength)라고 하고, 점 E는 파단(fracture)점이라고 한다. 일반적으로 시편이 길이방향으로 인장력을 받아 늘어날 때, 폭방향으로는 오히려 줄어드는 현상이 발생된다. 물론 압축력을 받을 때는 반대로 폭방향으로 늘어나는 현상을 쉽게 확인할 수 있다. 이때 폭방향 변형률 ϵ_B와 길이방향 변형률 ϵ_L의 비의 절대값을 프와송비(Poisson's ratio)라고 하며 보통 ν로 표기한다.

$$\nu = -\frac{\epsilon_B}{\epsilon_L} \tag{4.2}$$

3. 기타 용어

재료의 역학적 특성과 관련된 기타 용어들을 다음에 정리하였다.

1) 강도(strength)와 강성(stiffness)

강도는 그 재료가 견딜 수 있는 응력의 크기를 뜻하며 일반적으로 항복응력(점 B) 또는 인장강도(점 D)로 대표된다. 강성은 재료가 응력을 받을 때 얼마나 큰 변형률이 발생하는가를 뜻하며, 흔히 Young률 또는 탄성계수로 대표된다. 동일한 응력 상태에서 변형률이 작은 딱딱한 재료일수록 강성이 크다.

2) 연성(ductility)과 취성(brittleness)

탄성한계 이상의 응력을 가할 때, 파단점에 상응하는 변형률이 큰 재료는 연성재료(ductile material), 상대적으로 작은 재료는 취성재료(brittle material)라고 한다.

연성재료는 파단 전까지 소성변형을 통해 많은 양의 에너지를 흡수할 수 있고, 눈에 보이는 큰 변형이 발생하기 때문에 파괴가 발생하기 전에 예방조치가 가능하다는 장점이 있으며, 따라서 구조용 재료로 많이 사용되고 있다. 알루미늄, 구리, 납, 니켈, 금, 은 등이 연성이 아주 큰 전형적인 연성재료이며 구조용 재료로 가장 많이 쓰이는 강(steel)도 성분, 열처리, 제조과정에 따라 변화는 있지만 탄소 함유량 0.2% 이하의 연강(mild steel)은 연성재료에 속한다.

취성재료는 인장 시 비례한도를 지나서 약간 더 늘어난 후 비교적 작은 변형률에서 파단되므로 항복점을 정의하기 힘든 경우도 있으며, 콘크리트, 유리, 돌, 세라믹 등이 이에 속한다. 탄소 함유량이 높은 무쇠, 주철 등 철화합물 역시 취성재료의 특징을 가지고 있다.

3) 인성(toughness)

재료에 균열과 같은 결함이 존재하면 외력에 의해 이 균열이 점차 진전하여 마침내 파괴에 이르는 경우가 많다. 따라서 균열의 진전에 저항하는 질긴 성질은 재료의 안전성과 관련하여 중요한 인자로 간주되며 이와 같은 성질을 인성이라고 한다.

4) 크리프(creep) 특성

재료가 고온 환경에서 힘을 받으면 즉시 큰 변형이 발생하지 않더라도 시간에 따라 점차 변형이 커져 마침내 파단에 이르게 된다. 이와 같은 현상은 엿가락의 변형을 상상하면 쉽게 이해할 수 있을 것이다. 이와 같은 크리프 현상은 터빈 날개와 같이 고온 환경에서 장시간 구동하는 부재에서 중요하게 고려된다.

4) 단위(unit)

응력, 강도와 관련된 여러 가지 물리량을 일관되고 통일되게 표현하기 위해서는 단위가 필요하다. 국제단위계인 SI 단위계(International System of Units)에서는 길이(m), 질량(kg), 시간(s), 온도(℃)를 기본단위로 사용하여 나타낸다. 아직 미국 등 일부 지역에서는 ft 또는 in, lb, ℉를 사용하는 영미 단위계를 사용하고 있으나, 여기서는 SI 단위계에 대해서만 간단히 요약한다.

SI 단위계에서 힘의 단위 newton[3](N)은 기본단위로 나타내면 다음과 같으며,

$$1\ N = (1\ kg)(1\ m/s^2) = 1\ kg \cdot m/s^2$$

압력(pressure)은 단위면적당 작용하는 힘이므로 압력의 단위 pascal(Pa)은 다음과 같이 표현할 수 있다.

표 4-1 주요 물리량들의 SI 단위기호

물리량	단위기호	비고
길이(length)	m	
질량(mass)	kg	
시간(time)	s	
각(angle)	rad	무차원량
속도(velocity)	m/s	
가속도(acceleration)	m/s^2	
면적(area)	m^2	
체적, 부피(volume)	m^3	
밀도(density)	kg/m^3	
힘(force)	N	$kg \cdot m/s^2$
압력(pressure)	Pa	N/m^2
응력(stress)	Pa	N/m^2
일(work)	J	$N \cdot m$
에너지(energy)	J	$N \cdot m$

3) Newton은 물론 과학자 Issac Newton의 성으로 고유명사이지만 단위를 나타낼 때는 보통명사로 보아 첫 문자를 소문자로 쓴다. 이하 Pascal, Joule, Watt에 대해서도 모두 같다. 또한 물리량을 나타낼 때, 숫자와 단위를 나타내는 부분은 반드시 한 칸을 띄어 쓰게 되어 있다.

$$1\ Pa = (1\ \ N)/(1\ \ m^2) = 1\ \ N/m^2$$

응력 역시 단위단면적당 힘의 크기이므로 압력과 동일하게 Pa을 사용한다. Pa은 통상적인 압력 또는 응력을 나타내는 데는 너무 작은 크기이기 때문에 일반적으로 Pa의 10^6 또는 10^3배에 해당하는 MPa 또는 kPa을 사용한다.

일과 에너지는 같은 단위 joule(J)을 사용하며 다음과 같이 기본단위로 나타낼 수 있다.

$$1\ \ J = (1\ \ N)(1\ \ m) = 1\ \ N \cdot m$$

공학에서 사용되고 있는 기초적인 물리량들의 단위기호를 표 4-1에 정리하였다.

4.3.2 구조물의 강도평가법

구조물의 강도평가를 위해서는 우선 그 구조물을 구성하는 재료들의 역학적 특성에 대한 정보가 필요하며, 작용하는 하중의 크기 역시 중요한 인자가 된다. 물론 구조물의 치수 등 설계 자료 역시필수적이다. 이러한 기본 자료들이 확보되면 구조물의 거동을 모사(simulation)하기 위한 수학적, 수치적 모델링 과정을 거쳐 실제 해석을 수행한다. 해석 결과가 나오면 안전성 평가기준과 비교 검토하여 최종적으로 설계를 확정한다.

표 4-2 대표적인 구조용 재료들의 재료특성치

	탄성계수 $E\ (GPa)$	항복응력 $\sigma_Y\ (MPa)$	인장강도 $\sigma_U\ (MPa)$	프와송비 ν
연강(mild steel)	190~210	200~700	340~830	0.27~0.33
고장력강 (high tensile steel)	190~210	340~1,000	550~1,200	0.27~0.33
알루미늄 합금	70~79	35~500	100~550	0.33
콘크리트	17~31	-	10~70	0.1~0.2
황동(brass)	96~110	70~550	36~41	0.34
청동(bronze)	96~120	82~690	36~41	0.34
목재(wood)	11~14	40~60	40~70	-

1. 재료특성치

구조해석의 목적에 따라 그 재료의 강도와 강성을 비롯한 다양한 재료특성치가 필요하다. 재료의 역학적 특성은 반드시 시험을 통해서 결정되기 때문에 일반적으로 제철소와 같은 재료 생산 업체에서 자사 제품에 대한 재료시험 결과를 제공하고 있으며, 많이 생산되고 있는 통상적인 재료인 경우에는 이미 발표되어 있는 여러 가지 자료집으로부터 쉽게 얻을 수 있다. 콘크리트와 같이 현장에서 직접 생산되는 재료인 경우에는 배합비율이나 주위 환경에 따라 재료특성이 달라질 수 있으므로 현장 시험이 요구된다. 많이 사용되고 있는 대표적인 구조용 재료들의 재료특성치들을 표 4-2에 보였다.

2. 하중의 평가

구조물에 작용하는 외력이 클수록 구조부재의 치수도 크고 튼튼하게 설계되어야 함은 너무도 당연하다. 선체에 작용하는 하중의 종류와 특성 그리고 평가 절차는 4.2절에서 설명한 바와 같다.

3. 구조강도 해석

얻어진 하중에 대한 구조물의 변형과 국부적으로 작용하는 응력 등 구조응답을 여러 가지 실험이나 해석기법을 이용하여 구하는 단계이다. 실제 구조물의 형상은 매우 복잡하기 때문에 아직까지는 선체 구조 거동을 완벽하게 모사할 수 있는 수단은 개발되어 있지 않다. 과거에는 이론적 해석법이 많이 적용되었으나, 1960년대 초반 구조물을 수많은 요소로 분할하여 실제 구조물과 매우 유사하게 모델링하여 해석하는 유한요소법(FEM, Finite Element Method)이라는 수치해석기법이 도입되었고 그 이후 컴퓨터의 연산능력과 기억용량의 비약적인 발전에 힘입어 강력한 구조해석 수단으로 활용되고 있다(그림 4-8 참조).

일단 적절한 구조해석법이 선택되면 우선 대상 구조물을 해석법에 맞추어 수학적으로 모델링하는 과정이 필요하다. 이 단계에서 문제를 단순화하기 위한 여러 가지 공학적 판단과 가정이 필요하다. 이와 같이 얻어진 해석 모형에 예상되는 하중을 부가하여 구조 거동을 계산하게 된다. 해석 결과가 얻어지면 이 결과를 고찰하여 합리적으로 평가하는 과정을 거친다. 즉 각 하중조건에 대응하는 구조부재들의 손상 가능성을 예측하고 이에 따라 필요할 때는 합리적인 보강 대책을 제시하여 재설계를 실시함으로써 구조물의 안전성을 확보한다.

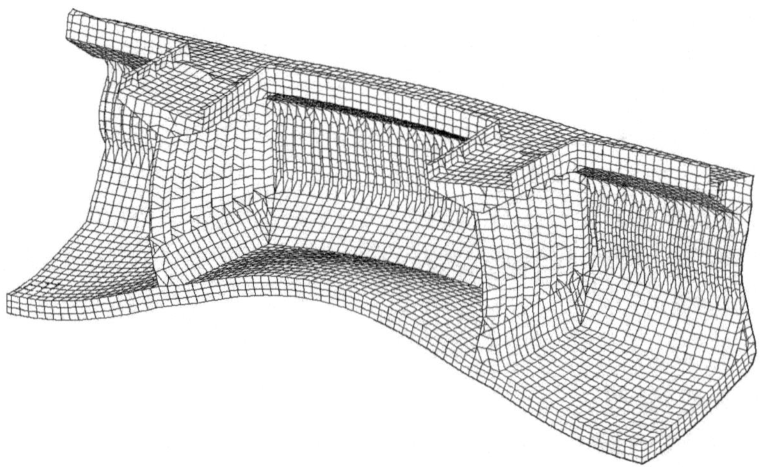

그림 4-8 산적화물선 구조의 변형 형상(유한요소 구조해석 사례)

4.3.3 선체의 구조강도

선박의 구조해석도 위에서 설명한 바와 유사한 과정을 거쳐 진행된다. 이 과정은 한편 감독 기관의 엄격한 규정에 따라 이루어지며 대체로 비교강도 개념(comparative strength concept)이 적용된다. 즉, 기존 선박들의 운항 실적 자료로부터 이미 구조적 안전성이 입증된 선박과 비교하여 동등 이상의 강도를 갖도록 설계하는 방식이다. 그러나 지어진 적이 없는 새로운 형식의 선박인 경우에는 하중의 통계적 분석과 유한요소법을 이용한 정밀 구조해석기법을 적용하는 절대강도 개념이 적용된다. 최근에는 일반 선박의 안전성 검토에서도 이와 같은 개념이 점점 확산되고 있다. 일반적으로 선체의 강도는 다음과 같이 종강도, 비틀림강도, 횡강도 및 국부강도의 4 가지 측면에서 검토된다.

1. 종강도(longitudinal strength)

종강도는 배의 길이방향, 즉 종방향으로 분포된 하중에 기인하는 굽힘변형에 선체가 버텨내는 능력을 뜻하며, 선체 구조설계에 있어서 가장 중요한 요소이다. 우선 그림 4-9와 같이 파도 위에 떠 있는 배가 받는 힘과 변형에 대하여 살펴보기로 하자. 그림에서 보는 바와 같이 선체의 무게와 부력의 종방향 분포는 각 단면에서 그 크기가 서로 같지 않다. 만일 선체가 종방향으로 여러 개의 조각으로 분리되어 있다면 각 부분에서 무게와 부력이 평형을 이룰 수 있는 흘수가 모두 다를 것이다.

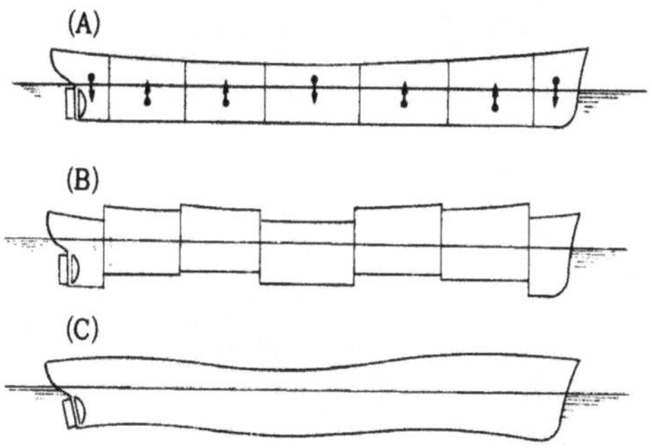

그림 4-9 선체의 전단력 작용 메카니즘

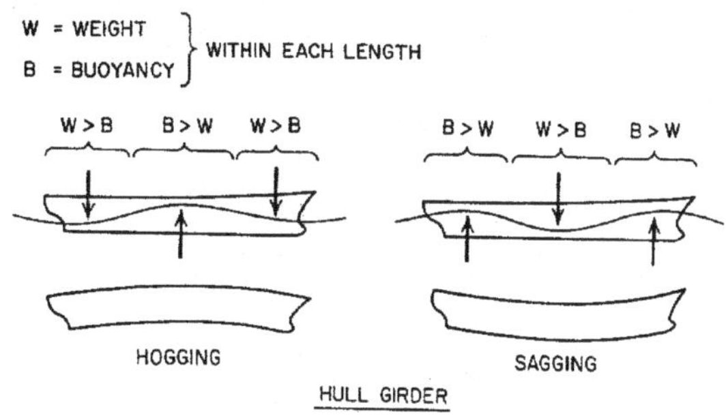

그림 4-10 파도에 의한 선체의 굽힘 거동

실제 선박은 모든 부분이 서로 연결되어 있어 그와 같이 변형할 수는 없으므로 각 부분의 경계면에서는 수직방향의 내부적인 힘이 작용할 것이다. 이와 같은 내부적인 힘, 즉 내력(internal force)은 각 부분을 수직방향으로 어긋나게 하려고 하는 방향으로 작용하므로 전단력(shear force)이라고 하며, 이 전단력은 선체를 수직방향으로 굽히는 역할을 할 것이다. 전단력을 종방향으로 적분하여 얻어지는 양은 수직방향의 굽힘모멘트(vertical bending moment)라고 하는데, 파도 중을 운항하는 선박에 대해 그림 4-10에 개념적으로 나타내었다. 좌측 그림과 같이 위로 볼록한 굽힘변형을 호깅(hogging), 반대로 우측과 같이 오목한 굽힘변형을 새깅(sagging)이라고 한다.

일반적으로 선체는 폭이나 깊이에 비하여 종방향의 길이가 긴 보(beam) 형상을 가지며 종방향의 굽힘 거동이 가장 중요한 의미를 가지므로 배를 이상화한 형상을 통상 선체거더(hull girder)라고 부른다. 모든 배에 대해 이와 같은 선체거더의 종방향 굽힘모멘트를 가장 우선적으로 고려하여 이를 버텨낼 수 있도록 중앙횡단면의 구조 형상을 결정하여 종강도를 확보한다. 종방향 굽힘변형은 수직방향뿐만 아니라 파도의 입사 방향에 따라 수평방향으로도 발생할 수 있고 그와 같은 변형은 수평굽힘(horizontal bending)이라고 한다.

선체가 받는 응력을 계산할 때는 정수 중 및 파도 중에서의 종단면력(굽힘모멘트와 전단력)을 모두 더한 전체 굽힘모멘트와 전단력을 이용하여 계산하며 중앙횡단면의 구조 설계도 이렇게 구해진 응력을 기반으로 하여 이루어진다. 정수중 굽힘모멘트(Still Water Bending Moment, SWBM)는 종방향의 무게 및 부력 분포로부터 적분을 사용하여 쉽게 구할 수 있다. 그러나 파도 중에서의 굽힘모멘트는 파도에 의한 수동압 분포를 정확히 예측하기 힘들고 배의 운동에 따른 관성력의 영향도 포함되어야 하므로 구하는데 어려움이 있다. 과거에는 표준파라고 하는 가상적인 파도 위에 배가 수

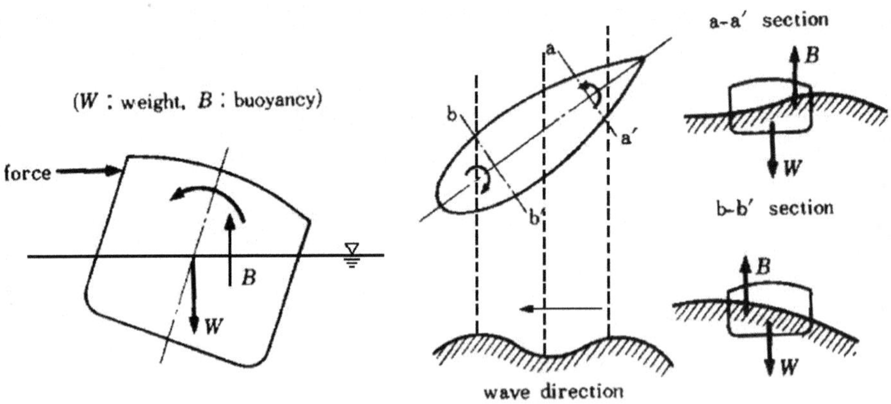

그림 4-11 사파 중의 선체에 작용하는 비틀림하중

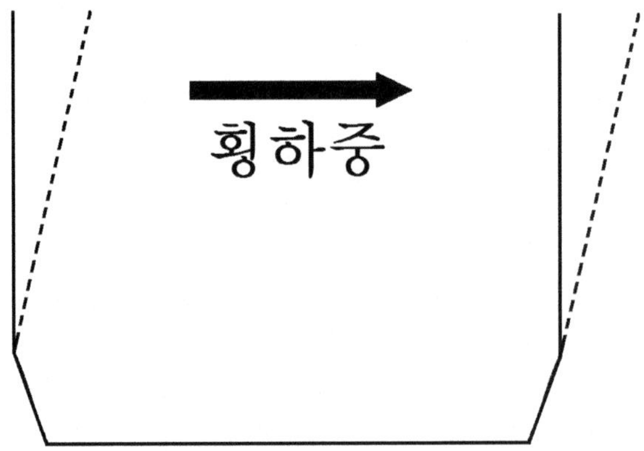

그림 4-12 자동차운반선의 래킹 변형

평하게 떠 있는 것으로 가정하여 파도의 영향을 고려하였으나, 선체운동에 기인하여 작용하는 힘들의 영향을 고려하지 못하는 단점이 있으므로, 최근에는 국제선급연합(IACS)에서 제시한 길이, 폭, 깊이, 배수량 등 선박의 주요요목만의 함수로 주어지는 간단한 식에 따라 굽힘모멘트와 전단력을 계산한다. 이 약산식은 많은 선박에 대한 직접해석 결과와 실적선에 대한 자료들을 통계적으로 처리하여 얻어졌다.

2. 비틀림강도(torsional strength)

배의 진행 방향과 비스듬한 방향으로 파도가 입사하는 경우에는 그림 4-11에서 보는 바와 같이 선체의 비틀림변형을 유발하는 하중이 작용하게 되는데 이를 비틀림모멘트(torsional moment)라고 한다. 화물을 비대칭적으로 적재하는 경우에도 비틀림모멘트가 발생한다. 특히 컨테이너선과 같이 창구(hatch)가 큰 선박은 비틀림변형에 취약하며 창구 모서리에 균열이 발생하기 쉽기 때문에 비틀림강도가 충분히 확보될 수 있도록 세심한 주의가 필요하다.

3. 횡강도(transverse strength)

선체 횡단면을 변형시키려고 하는 하중에 버텨내는 능력을 횡강도라고 한다. 횡방향 하중에는 외판에 작용하는 파도에 기인하는 압력과 화물 또는 선체의 무게, 관성력이 포함된다. 일반적으로 횡강도는 화물창을 중심으로 해석, 평가한다. 선체의 주요 횡강도 부재는 횡격벽, 횡늑골, 내부선저 늑판 등이다. 자동차운반선에서는 횡경사된 상태에서 횡방향으로 비대칭적인 하중 상태에 놓일 때, 래킹(racking)이라는 심각한 횡강도 문제가 발생할 수 있다(그림 4-12).

4. 국부강도(local strength)

선체 구조의 전체적인 거동이 아니라 부분적인 구조부재의 국부적 거동과 관련된 강도이다. 수압을 직접 받는 판재의 변형, 중량물을 지탱하는 기둥의 파괴 또는 국부적으로 손상 가능성이 높은 부재들이 대상이 된다. 선체 구조 전체의 안전성에는 큰 영향을 미치지 않지만 국부적인 균열, 좌굴과 같은 손상이 판재나 보강재, 브래킷 또는 기타 응력집중 부위에서 주로 발생하기 때문에 이와 같은 부재의 형상은 설계 시 특히 주의를 기울여 수행된다. 실제 선체 구조설계에서는 종강도 부재, 횡강도 부재들도 국부 하중을 동시에 감당할 수 있도록 설계된다.

4.4 선체 구조설계 및 안전성 평가

선체 구조는 매우 복잡하여 정확한 하중 추정과 구조해석에 바탕을 둔 설계가 사실상 어렵다. 실제 해상에서 발생하는 파도에 대한 정보가 많이 축적되어 있다고는 하지만, 아직도 불확실성이 크기 때문에 파랑하중의 추정 및 해석 시에는 확률적 고려가 필요하다. 선체의 구조 거동 해석 시, 구조의 이상화 과정에 해석자의 주관이 개입될 개연성이 있고, 사용하는 재료의 특성 역시 이론적으로 가정하는 것처럼 균일하기 힘들며, 배의 건조 과정에서도 모든 부재가 도면대로 정확하게 제작되는 것은 사실상 불가능하다. 이와 같은 여러 가지 이유 때문에 선체 구조 거동의 추정은 확률적 특성을 무시할 수 없다. 예전에는 선체 구조설계 과정에서 실적선의 경험을 바탕으로 하여 허용응력, 안전계수[4) 등의 개념을 사용하여 처리하는 것이 일반적인 관행이었으나, 최근에는 통계이론과 신뢰성 해석기법을 적용하여 좀 더 합리적으로 구조설계를 수행하고자 하는 노력이 경주되고 있다.

4.4.1 선체 구조설계

선체 구조설계는 다음과 같은 두 가지의 서로 상충되는 조건을 조화롭게 만족시켜 최적의 결과를 이끌어 내는 과정이라고 할 수 있다. 먼저 선주가 요구하는 재화중량, 선속 등 선박의 성능과 관련된 기능적 요구 조건을 만족하면서 경제적으로도 배의 중량을 최소화함으로써, 건조비와 운항비를 최소화할 수 있도록 설계되어야 한다. 다음으로는 승무원이나 승객 등 인명의 안전과 공익 차원에서의 해상 오염방지 등을 위하여 선박의 안전성을 보장할 수 있도록 설계되어야 하며, 이와 관련하여서는 각국 정부, 국제기구 또는 선급에서 제도적으로 엄격하게 관리, 감독하고 있다. 다시 말하면, 선체 구조설계는 경제적 측면에서 최소의 건조비와 유지비를 추구하되 동시에 안전성 측면에서 예상되는 모든 경우의 하중 상태에 충분히 견딜 수 있도록 부재의 배치와 치수를 결정하는 과정이라고 할 수 있고 다음과 같은 단계로 요약된다.

1. 초기 구조설계(부재 배치 및 치수 결정)

일반적으로 화물창의 크기나 기관실, 통로, 거주구의 위치, 하역설비, 항해장비 등 제반 설비의 크기와 위치를 고려하여 선체구획이 결정되면 그 다음 단계로 각종 구조부재의 배치와 치수를 결정한다. 합리적인 선체 구조설계를 위해서는 하중의 추정에서 건조에 이르는 전 과정을 고려하여 개념설계→기본설계→상세설계→생산설계를 거치면서 거시적 관점에서 미시적 관점으로 진행한다. 즉, 전체적인 뼈대와 큰 부재들의 크기와 치수를 우선 결정한 다음 세부적인 부분구조의 설계가 이루어진다.

부재의 치수 결정 과정은 강도, 중량, 충격, 피로, 진동, 건조비, 유지, 보수 등에 대해 상호간의 중

4) 구조물을 설계할 때, 주어진 외력에 의해 발생되는 응력의 크기가 항복응력이나 인장강도 보다는 조금 낮은 수준이 유지되도록 제한한다. 이것을 허용응력(allowable stress)이라 하며 항복응력이나 인장강도를 허용응력으로 나눈 값을 안전계수(safety factor)라고 한다.

요도를 고려하여 결정하며 사용 재료는 요구되는 강도를 만족하는 재료 중 중량/강도 비 또는 가격/강도 비 등 구조효율을 고려하여 결정한다.

일반적으로 파랑 중 선체의 구조 거동은 그림 4-13에 보인 바와 같이 3단계로 분류할 수 있다.

- 1차 거동(primary response): 선체거더의 전체적인 휨 거동
- 2차 거동(secondary response): 대형 보강재 등 복합 구조의 거동
- 3차 거동(tertiary response): 보강판의 국부적인 거동

1차 거동은 선체를 중량, 부력 등 분포하중을 받는 하나의 보(beam)로 가정하고 정수 중 또는 파도 중에서 받는 굽힘모멘트의 크기와 이를 견디기 위한 선체 횡단면 형상 설계에 영향을 주며, 2차 거동은 이를 좀 더 세분한 화물창 하나 정도의 구조 거동을 의미한다. 3차 거동은 판 및 보강재, 브래킷 등의 세부적 부분에 발생하는 응력집중이 관심 대상이 된다. 선체의 구조설계는 이와 같이 1차에서 3차 거동으로, 전체적인 관점에서 국부적인 관점으로 범위를 좁혀 가면서 진행된다.

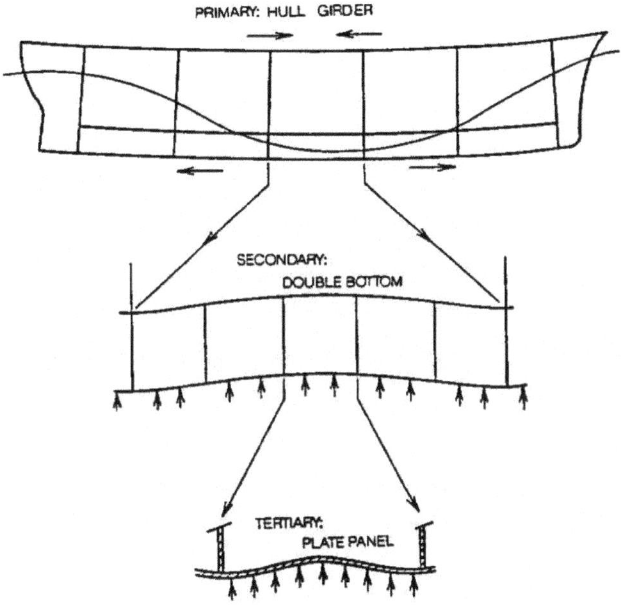

그림 4-13 선체 구조 거동의 분류[1]

앞에서 설명한 것과 같이 선체 구조설계에 있어서 가장 중요하게 고려되는 부분은 선체거더의 굽힘 거동에 대한 종강도 확보이며, 종강도 측면에서 가장 우선적으로 검토되는 부분이 선체중앙부의 횡단면 형상이다. 선체의 중앙횡단면이 설계된 다음 이를 기준으로 약간의 변형 및 수정 과정을 통해 선체 길이방향으로 다른 위치에 있는 단면에서의 횡단면 형상을 결정한다. 따라서 중앙횡단면의 설계는 선체 전체의 강도와 건조비를 좌우하는 매우 중요한 작업이다. 중앙횡단면의 설계 과정은 다음과 같다.

1) 중앙횡단면의 단면형상 결정

선체 구획배치 설계 단계에서 먼저 중앙횡단면의 형상을 결정한다. 이것은 수밀부재 및 선체 구획의 형상 설계를 완료한다는 의미이며, 대체로 선종에 따라 최적화된 전형적인 형상이 존재한다. 따라서 실적선 중 유사한 선박[5]을 기준으로 하여 이를 적절히 변형함으로써 설계를 진행하는 것이 통상적이다. 손상시복원성(damaged stability) 확보와 해상 오염방지 그리고 밸러스트(ballast)[6]탱크의 용량을 감안하여 내부선저의 높이를 결정하고, 충돌, 좌초 시 안전성 확보를 고려하여 선수격벽의 위치를 결정한다. 특히 유조선의 경우 선저외판과 내저판 사이 공간에 밸러스트를 다량으로 적재하게 되므로 이를 고려하여 높이를 결정한다. 화물의 하역작업을 고려하여 창구개구(hatch opening)의 크기가 정해진다.

2) 부재 배치

부재의 배치 방법은 구조 형식이 종늑골 방식인가 또는 횡늑골 방식인가에 따라 달라질 수 있으나 앞서 설명한 바와 같이 대체로 표준화된 전형적인 방식에 따르게 된다. 현재 국내 대형 조선사에서 주로 건조되고 있는 유조선, 컨테이너선 등 대형 전용화물선들이 대부분 종늑골 방식을 채택하고 있기 때문에 여기서도 이를 기준으로 설명한다.

종방향의 대형 거더와 횡방향의 특설늑골(web frame)을 가로 세로로 얽히게 배치하여 종강도와 횡강도를 동시에 만족시킬 수 있도록 한다. 경우에 따라 갑판 사이의 간격 유지와 수직방향의 하중을 견딜 수 있도록 기둥(pillar)을 설치한다. 실제 구조 배치에 있어서 가장 중요한 부분은 종늑골(longitudinal) 간격과 특설늑골의 간격이며, 제작의 편이성과 전체적인 구조적 연속성을 고려하여 결정하지만 이 간격은 외판의 두께 결정에 영향을 준다.

5) 이 설계의 기준이 되는 선박을 parent ship이라 칭한다.

6) 밸러스트는 배의 흘수와 종경사 즉 트림 조정을 위한 중량물을 말하며 콘크리트 등 고체가 사용되는 경우도 있으나 보통 물이 사용된다.

3) 부재 치수 결정

중앙횡단면에서의 구획과 부재 배치가 결정되면 각 부재의 치수를 결정하는 과정이 뒤따른다. 즉 판재인 경우는 두께를 결정해야 하고, 보강재인 경우는 굽힘강성을 고려하여 단면적과 단면계수(section modulus)[7]를 결정한다. 이 과정은 선급의 규정에 따라 이루어지기 때문에 흔히 선급규칙에 의한 치수계산(rule scantling)이라고 칭하며, 2 단계로 이루어진다. 그 첫 단계에서는 국부강도가 고려된 선급규칙의 계산식에 의해 부재의 치수(판 두께, 늑골의 단면계수)를 결정하며, 설계하중, 허용응력, 안전계수(safety factor), 좌굴강도, 부식여유치 등을 고려하여 판 두께와 종늑골, 거더들의 치수를 결정한다. 두 번째 단계에서는 설계된 중앙횡단면의 단면계수를 계산하고 선체거더의 굽힘응력을 고려하여 종강도를 검토함으로써 중앙횡단면 설계를 마무리한다. 이때, 굽힘응력이 선급의 요구치를 만족하도록 주로 갑판 및 선저 구조부재의 치수를 조정하여 종강도를 검토하는 과정을 반복적으로 수행한다. 이렇게 중앙횡단면의 구조설계가 이루어지면 마지막으로 횡강도와 국부좌굴, 피로강도 등을 검토하여 전체적인 초기 구조설계를 마무리한다.

2. 구조해석 및 안전성 평가

앞에서 살펴 본 바와 같이 선체의 초기 구조설계 과정은 기본적으로 종강도 및 주요 부재의 국부적인 강도 검토를 바탕으로 하여 이루어진다. 일단 초기 구조설계가 이루어지면 앞서 소개한 여러 가지 구조해석법을 이용하여 이에 대한 좀 더 상세한 안전성 평가 작업이 수행되며, 구조해석 결과를 감독기관(선급)의 설계 기준과 비교 검토함으로써 안전성을 평가한다. 구조 안전성의 확보는 결국 구조물의 파괴 가능성을 최소화하는 것이기 때문에 여러 가지 파괴 양식에 대한 면밀한 검토가 필요하다. 파괴 양식에 대한 세부 사항은 4.4.3절에서 다시 자세히 언급한다.

3. 최적 구조설계

구조해석 결과 안전성에 대한 요구조건이 만족되지 않으면 해석 결과를 참조하여 설계 개선이 이루어지며, 도출된 재설계 안에 대하여 다시 구조 안전성을 평가한다. 안전성이 만족되면, 위에서 설명한 과정을 최소중량, 최소건조비, 최소유지비를 위한 합리적인 최적의 구조설계가 도출될 때까지 반복한다.

7) 단면계수는 단면의 굽힘강도에 관한 특성치로 단면의 중립축에 관한 2차 모멘트를 중립축으로부터 가장 먼 곳까지의 거리로 나눈 값이다.

4.4.2 선체구조의 직접해석법

선체의 구조설계 단계에서 가장 중요하게 고려되어야 하는 외력은 파랑하중이다. 파랑하중은 선체의 안전성과 직결되는 길이방향 변형을 유발하는 핵심 인자이지만 불확실성이 크기 때문에 정확한 값을 알기는 어렵다. 따라서 각 선급에서는 파랑하중의 추정을 위한 여러 가지 간단한 경험식을 제시하고 있다. 그러나 이전에 건조한 경험이 없는 새로운 선박을 설계하는 경우에는 이러한 경험식만으로는 충분한 구조 안전성을 보장할 수 없기 때문에 수동역학적 해석기법에 근거한 선체운동해석[8]의 결과로부터 파랑에 기인하는 선체응답 즉 파랑단면력, 가속도 및 수압 등을 계산하고, 해양파 스펙트럼[9]과 해양파 관측자료[10]로부터 얻어진 해양파에 대한 통계적 특성을 고려하여(그림 4-14 참조) 선체의 구조응답을 장, 단기적 관점에서 확률적으로 평가한다. 이와 같은 정밀구조해석법을 직접해석법(direct analysis method)이라고 한다.

4.4.3 선급

선급은 2.5.2절에서 설명한 바와 같이 선체의 구조설계뿐만아니라 운항, 검사 등과 밀접한 관계를 가진 단체이며 정부로부터 선박의 건조, 검사, 관리 등에 관한 업무를 위임받아 수행하기 때문에 대부분의 국가에서 자국의 선급을 설치, 운영하고 있고, 서로 다른 독자적인 규정체계를 가지고 있다. 선체 구조의 관점에서 본다면 선급은 구조설계 규칙을 제정하고 각종 검사를 통하여 구조 안전성을 보장하는데 핵심적인 역할을 하며, 이와 같은 선급의 업무에 근거하여 배와 관련된 해상보험이 의미를 가지게 된다.

국제선급연합(IACS)은 선박들에 적용되는 선급규칙의 통일을 위하여 노력하고 있으며, 1988년 종강도 계산과 재료 규격 통일을 위하여 IACS UR(Unified Requirements)을 제정하였고, 2006년부터는 탱커와 산적화물선에 대한 공통 선급규칙을 마련하여 적용하고 있다.

8) 파도 중에서 움직이는 선체의 거동 즉, 속도/가속도, 표면에 작용하는 압력, 각 단면에 작용하는 힘 등을 수동역학적인 방법을 사용하여 정밀하게 해석하는 방법이다. 과거에는 선체를 2차원 물체인 스트립(strip)의 합으로 간주하여 해석하는 스트립법이 주로 사용되어 왔으나 최근에는 선체를 실제 형상과 유사하게 모델링하여 해석할 수 있는 3차원 패널법(panel method)이 주로 사용된다.

9) 3.3.1절에서 기술한 푸리에방법 및 해양파 스펙트럼에 대한 설명과, 대표적인 스펙트럼으로 그림 3-39에 보인 Pierson-Moskowitz 스펙트럼을 참조하기 바란다.

10) 전 세계 주요 해역을 수십 개 이상으로 분할한 다음 각 해역의 해상 상태에 대한 파고, 주기, 풍속, 풍향 등의 정보를 선원들의 목측자료나 관측선 또는 무인 계측기기를 이용하여 수집, 통계적으로 정리한 자료를 뜻한다.

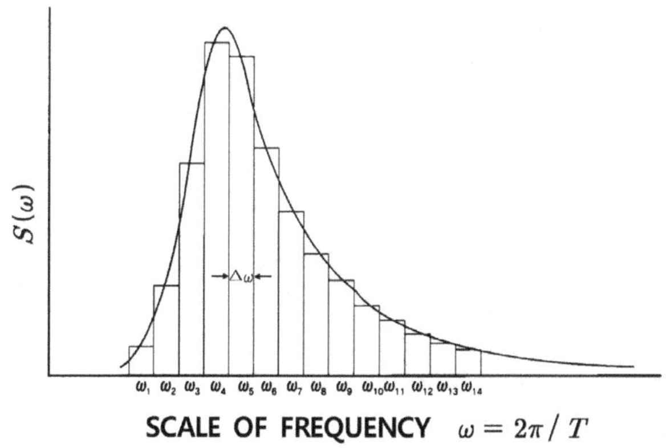

(a) 파도스펙트럼

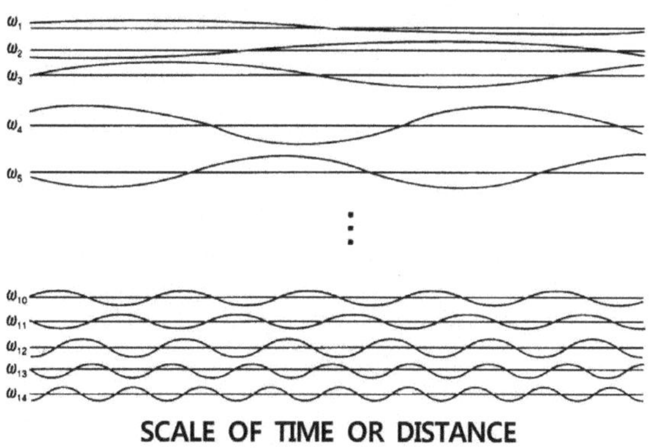

(b) 규칙파성분

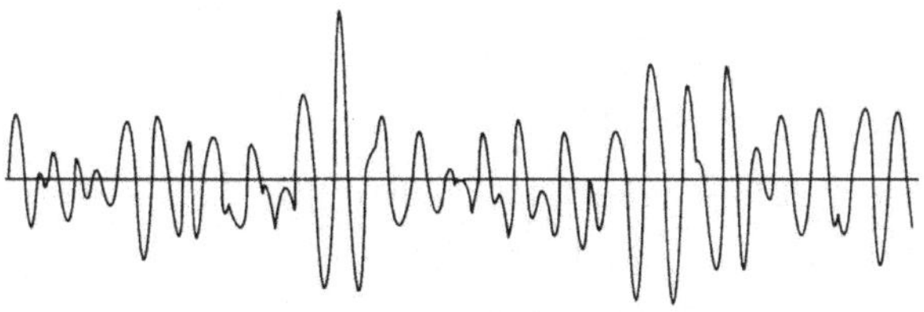

(c) 불규칙해상파

그림 4-14 해양파를 구성하는 성분파와 스펙트럼의 개념[2]

4.4.4 구조물의 안전성 평가기준

안전한 구조설계라 함은 예상되는 최악의 하중에 구조물이 파괴되지 않고 원래의 기능을 발휘할 수 있도록 하는 설계를 의미한다. 따라서 구조 안전성을 합리적으로 평가하기 위해서는 재료의 파괴에 대한 충분한 이해가 우선되어야 한다. 재료의 파괴 양식은 일반적으로 다음과 같은 네 가지로 분류된다.

1. 재료의 항복

4.3.1절의 재료시험 결과를 보면 작용 응력이 비교적 작은 범위 내에서는 재료는 탄성 거동을 한다. 그러나 응력이 재료의 항복응력을 초과하여 소성변형이 발생하면 영구적으로 변형이 잔류될 뿐 만아니라 극한응력에 도달하여 급속한 불안정 파괴의 가능성이 커지므로 특별히 예외적인 경우를 제외하면 대부분의 구조물에서는 주로 항복응력을 기준으로 부재가 받는 응력이 그 이하가 되도록 설계함으로써 소성변형의 발생을 허용하지 않는다. 실제에 있어서는 국부적인 재료의 항복 현상이 발생하면 주위 부재로 응력이 재분배되기 때문에 전체적으로는 큰 문제를 야기하지 않는 경우가 많지만, 그래도 가장 우선적으로 고려되는 구조설계 기준은 부재가 받는 응력을 항복응력 이하로 하는 것이다.

2. 좌굴 파단

기둥과 같은 긴 부재가 받는 축방향의 압축응력 또는 얇은 판각의 면에 접선방향으로 작용하는 압축응력의 크기가 어떤 수준, 즉 임계응력(critical stress) σ_C 이상이 되면 갑작스러운 변형이 발생한 후 즉시 붕괴에 이르게 된다. 이러한 현상을 좌굴(buckling)이라고 하며 구조설계에 있어서 매우 중요한 검토 항목 중 하나이다.

통상 임계응력의 크기는 항복응력보다 작으며 이와 같은 경우에는 탄성 상태에서 바로 좌굴로 이어지기 때문에 탄성좌굴(elastic buckling)이라고 하는데, 임계응력에 대한 여러 가지 이론식들을 사용하여 좌굴 안전성을 추정한다. 그러나 기둥의 길이가 짧아지면 임계응력이 증가하므로 경우에 따라 임계응력이 항복응력보다 커지며 소성좌굴(plastic buckling)이 발생할 수 있는데, 이에 대한 계산은 상당히 복잡하므로 일반적으로는 잘 사용하지 않는다. 임계응력 σ_C의 크기는 항복응력이나 인장강도 등 재료의 강도와는 무관하며, 강성에 비례하는 특징을 가지므로, 재료의 탄성계수에 비례하며 횡단면의 형상에 따라 달라진다.

3. 피로파괴(fatigue fracture)

주기적인 변동하중이 구조물에 반복적으로 작용하면 응력의 크기가 항복응력이나 극한응력보다 훨씬 낮은 경우에도 파손이 발생될 수 있다. 변동응력이 한 번 작용할 때마다 미량의 비가역적 손상이 발생하며 이것이 누적되면 마침내 눈에 보일 정도로 큰 균열(crack)이 생기고, 일단 균열이 생기면 그 끝 부분에 응력이 집중됨으로써 균열은 조금씩 진전하여 마침내 부재의 파단에 이르게 된다. 이와 같은 파괴 현상을 피로파괴라고 하는데 고속 회전기계, 진동이 심한 구조물 또는 항공기,

선박, 자동차와 같은 운송체에서 흔히 관찰되며, 부재에 작용하는 응력의 크기와 파단까지의 작용 횟수에 따라 저주기 피로(low cycle fatigue)와 고주기 피로(high cycle fatigue)로 구분한다.

저주기 피로는 항복응력 이상의 비교적 큰 응력이 반복적으로 작용하여 소성변형을 유발함으로써 파단에 이르는 경우를 말한다. 우리가 못이나 철사를 좌우로 크게 흔들어 자르는 것은 이와 같은 파괴현상을 이용하는 것이다. 파단까지 응력의 작용 횟수가 비교적 작고($10^3 \sim 10^4$회 이하) 이론적 해석이 어렵지만 선체 구조에서는 자주 발생하지 않기 때문에 그다지 중요하게 다루어지지는 않는다.

이에 비하여 고주기 피로는 저주기 피로에 비하여 낮은 수준의 변동응력이 비교적 많은 횟수 작용하여 파괴에 이르는 경우이다. 초기에 미소균열 형태의 손상이 발생하여 성장함으로써 어느 순간 갑작스러운 불안정 파단으로 이어진다. 파괴 전에 변형이 눈에 잘 띄지 않기 때문에 미리 대처하기가 어렵고 막대한 인명이나 재산의 손실을 유발하는 경우가 많다. 1994년 발생한 성수대교 붕괴 사건은 그 전형적인 예이다.

구조물의 피로수명(fatigue-life)은 초기균열이 발생하기까지의 수명, 즉 초기균열발생 수명에 균열이 진전하여 붕괴에 이를 때까지의 수명, 즉 균열진전 수명을 합한 것으로 볼 수 있다. 균열진전 현상은 아직 물리적으로 명확하게 규명되어 있지 않아 균열진전 수명의 예측을 위해서는 복잡한 이론

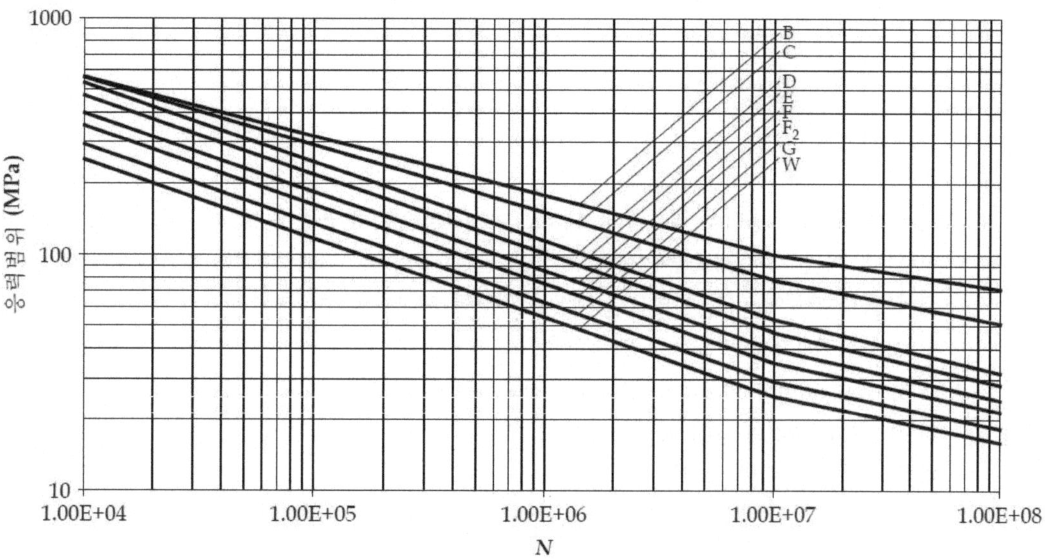

그림 4-15 이중선체 유조선 설계에 사용되는 S-N 선도[3]

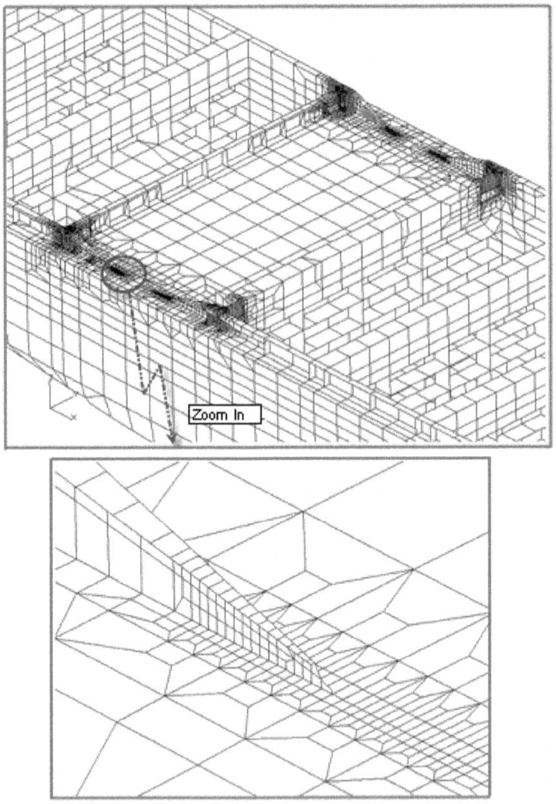

그림 4-16
컨테이너 운반선의 피로강도해석을 위한 유한요소해석 모델[3]

적, 실험적 접근 방법이 필요하다. 대체로 초기균열발생 수명이 전체 피로수명의 대부분을 차지하고 있고, 여러 가지 재료들에 대한 초기균열발생 수명 관련 실험 자료(S-N 선도)[11]들이 많이 발표되어 있기 때문에 이를 바탕으로 제안된 간단한 피로수명 추정방법이 보편적으로 사용된다. 그림 4-15에 전형적인 S-N 선도의 예를 보였다.

피로파괴를 미연에 방지하기 위해서는 설계 단계에서 피로강도에 대한 면밀한 검토가 우선되어야 하지만 건조 과정의 용접 등 품질관리가 무엇보다 중요하고 운항 중인 선박도 정기적인 검사를 통하여 균열발생 여부를 확인해야 한다.

11) S-N 선도는 재료의 시험편에 진폭을 변화시키며 조화함수의 변동응력을 가하여 파괴에 이르기까지의 작용 횟수를 구한 다음, 이 진폭을 파괴까지의 작용 횟수에 log를 취한 값의 함수로 나타낸 선도이다.

최근에는 특히 피로에 의한 손상이 증가하는 추세를 보이고 있어 설계 단계부터 응력집중 부위에 대한 피로강도 검토의 중요성이 점점 커지고 있으며(그림 4-16) 각 선급에서도 이에 대비한 규정화 작업이 이루어지고 있다.

4. 취성파괴(brittle failure)

상온에서는 연성이 뛰어난 재료라도 저온이 되면 취성을 보이는 경우가 많다. 이와 같이 저온 환경에서 구조물에 충격이 가해지는 경우, 재료 속에 존재하는 작은 결함이 급속히 전파되어 파단에 이르는 현상을 취성파괴라고 한다. 용접 결함 등 공작이 불량한 부위나 노치(notch)라고 하는 구조적 불연속부의 응력이 집중되는 부위에서 발생하지만, 초기 결함이 없는 경우에도 피로균열로부터 취성파괴로 이어지는 경우도 있다. 최근에는 재료 기술의 발전으로 인하여 파괴 인성치가 높은 재료들이 많이 개발되어 있으며, 온도에 따라 적정한 재료를 선택한다면 취성파괴 가능성은 낮은 수준으로 제어할 수 있다.

4.5 선체 구조용 재료

일반적으로 선체의 구조용 재료가 갖추어야 할 요건들은 다음과 같이 정리할 수 있다.

첫째, 큰 하중을 견뎌내기 위해서는 강도와 인성이 보장되어야 한다. 둘째, 원하는 형상으로 제작할 수 있기 위해서는 가공성과 접합성이 보장되어야 한다. 셋째, 바다 위를 장기간 운항하기 위해서는 충분한 기밀 및 수밀 성능이 보장되어야 하며, 부식성이 강한 염분에 저항하기 위해 내식성이 높아야 한다. 마지막으로 건조비를 줄일 수 있기 위해서는 값싸게 대량구입이 가능해야 한다. 이와 같은 조건을 두루 만족시킬 수 있는 재료는 현재까지 강(steel)을 우선적으로 꼽을 수 있으며 그 외에는 알루미늄(aluminium)합금, FRPFiber Reinforced Plastic)를 비롯한 복합재료 정도이다. 강은 철(iron)과 탄소의 합금으로 최상의 구조용 재료로 간주되고 있으나 알루미늄합금 등의 비싼 재료들에 비하여 상대적으로 무겁기 때문에 무게 대비 강도가 낮다는 단점이 있다. 아래에서는 먼저 가장 많이 사용되고 있는 강의 특성을 살펴본 후, 다른 재료들의 특징과 사용처를 간략히 정리한다.

4.5.1 철

용광로(고로)에 자철광, 적철광 등의 철광석과 함께 코크스, 목탄 등의 연료, 그리고 석회석을 넣고 고압의 뜨거운 바람을 불어 연소시키면 산소가 제거되어 무쇠(pig iron)를 얻을 수 있으며 이와 같은 공정을 제선공정이라 한다. 무쇠 또는 선철은 탄소 함량이 2.5~4.5% 정도이고 다량의 불순물을 포함하고 있어, 강도는 크지만 연성이 없는 취성재료에 속한다. 무쇠는 용융점이 낮고 녹은 쇳물의 유동성이 좋아 형틀에 쇳물을 부어 제품을 만드는 주물(casting), 즉 주철(iron casting) 제조에는 적합하지만, 단조(forging)에는 부적합하며, 강의 제조 원료가 된다. 주철은 연성과 용접성이 부족하다는 단점이 있으나 가격이 싸고 강도, 주조성, 가공성, 내식성, 내마모성 등이 우수하기 때문에 배에서는 주로 갑판기계, 롤러(roller), 페어리더(fairleader), 활차(pulley) 등에 쓰이고 있다.

4.5.2 강

강은 분류 방법에 따라 여러 가지로 나눌 수 있으나 탄소(C)함유량의 다소에 의해 강도가 크게 변화하기 때문에 탄소함유량이 가장 중요하게 고려된다. 철을 원료로 하여 강을 제조하는 제강공정은 용광로에서 생산된 쇳물(용선)에 다시 순도가 높은 산소를 불어 넣어 탄소, 유황, 인 등 불순물을 태워서 제거하는 과정을 거친다.

일반적으로 탄소함유량이 1.7% 이상이면 철, 그 이하면 강으로 분류된다. 연강(mild steel) 또는 저탄소강(low carbon steel)은 탄소 함유량이 0.12~0.30% 정도이며, 연성이 크고 용접에 적합하기 때문에 구조용 재료로 많이 쓰이고 있다. 일반 구조용 연강 외에 강도가 특별히 큰 고장력강 그리고 특수 용도로 사용되는 저온용강, 스테인레스강(SUS) 등이 있다. 또한 제조법에 따라 롤러에 의해 성형되는 압연강(강판 및 형강), 강을 녹인 쇳물을 형틀에 부어 만드는 주강(steel casting), 달군 후 두드려 성형하는 단강(forged steel) 등이 있다.

4.5.3 기타 구조용 재료

철이나 강 이외에도 알루미늄합금, 동합금, FRP를 비롯한 복합재료 등이 선체용 재료로서 부분적으로 사용되고 있다.

1. 알루미늄합금

순수 알루미늄은 강성이 너무 낮아 구조용 재료로 사용하기 어렵기 때문에 구리, 망간, 니켈 등 여러 가지 다른 원소들을 조금씩 첨가한 합금이 많이 사용된다. 대체로 가볍고 강도도 강에 비하여 뒤떨어지지 않기 때문에 구조용 재료로서 많은 장점을 가지고 있으나 가격이 비싸다는 단점이 있다. 중량 경감의 필요성이 큰 고속선의 선체 구조에 많이 사용되고 있다. 특히 저온 인성이 뛰어나고 내충격 강도가 높기 때문에 구형(Moss형) LNG 탱크용으로 사용된다.

2. 동 및 동합금

순동은 전도성, 내식성, 가공성이 좋으므로 전선, 관, 의장품 등에 사용되고 있다. 놋쇠(황동, brass)는 동과 아연의 합금으로 내식성이 좋아 펌프, 밸브 등에 사용되며, 청동(bronze)은 동과 주석의 합금으로 역시 내식성이 좋고 강도가 높아 창틀, 밸브 등에 사용된다.

3. 복합재료

FRP와 같은 복합재료는 대체로 유리섬유나 탄소섬유로 직조된 매트(mat)와 레신(resin)을 적층하여 제작하지만, 그 외에도 다양한 성형방법이 개발되어 적용되고 있다. 재료특성 측면에서 보면 대체로 강에 비해 비강도(단위무게당 강도)가 높고, 비강성(변형에 견뎌내는 정도)이 높다는 장점이 있다. 또한 복잡한 형상의 성형이 쉽고 수리 유지가 쉽기 때문에 어선과 같은 소형선이나 고속선의 선체 재료로 많이 사용되고 있다. 그러나 충격을 받게 되면 적층된 층간에 층리(delamination)가 발생할 수 있고 변형이 상대적으로 크기 때문에 대형선에는 적용하기 어렵다는 점이 한계로 지적된다.

4. 비금속 재료

그 외에 목재, 시멘트, 코르크(cork), 고무, 면포 등 비금속재료도 부분적으로 사용되고 있다.

4.6 선박의 진동

최근 선박은 고속화·대형화 추세로 인하여 진동을 유발시키는 힘, 즉 기진력(exciting force)은 커지는 반면에 경량화 등의 이유로 구조 강도는 더욱 약해지고 있다. 그러므로 과거에 비하여 진동 관점에서는 보다 불리해졌으나, 선박의 안락성 및 쾌적성에 대한 요구는 점차 증대함에 따라 선박진동의 중요성이 일층 부각되고 있다.

선박은 프로펠러, 주기관, 파도, 각종 기계 등으로부터 기진력을 받아 진동하게 된다. 선박에 과도한 진동이 발생하면 거주하는 승무원 또는 승객의 안락성이 저하되거나 피로도의 증가로 작업능률이 저하될 수 있고, 탑재된 장비나 기기에 오작동 또는 손상을 초래할 수도 있으며, 선체 자체가 진동으로 인해 피로손상을 입을 수도 있다.

선박의 진동은 표 4-3과 같이 ISO(International Organization for Standardization, 국제표준기구)나 여러 선급에서 제안된 기준에 의해 평가하는데, 평가기준을 만족시키지 못하면 진동 저감을 위한 방진공사를 시행하여야 한다. 방진공사에는 많은 비용과 시간이 소요되므로 건조 후 방진공사를 해야 할 필요가 없도록 설계 단계에서 진동해석에 근거하여 철저한 방진설계가 이루어지도록 하는 것이 매우 중요하다.

물체가 진동할 때, 자신의 질량 즉 관성과, 탄성 즉 복원성에 의해 결정되는 물체 고유의 진동수는 특별한 의미를 가진다. 왜냐하면 기진력의 진동수가 고유진동수(natural frequency)와 가까워질수록 작은 기진력에 의해서도 진동의 크기가 매우 커지기 때문이며, 이와 같은 현상을 공진(resonance)이라고 한다. 선박설계에서는 주요 기진력에 의한 공진 발생의 가능성을 우선적으로 검토한다.

표 4-3 선박진동의 평가기준

	평가기준
선체거더진동	ISO 6954
상부구조진동	ISO 6954
국부구조진동	각 선급의 지침
축계진동	ISO 20283-4
탑재장비진동	ISO 10816

이를 위해서는 기진원의 진동수 특성 및 크기를 파악하고 선박에 대한 진동해석을 통해 고유진동수와 진동형(vibration mode)을 추정한다. 주기적인 기진력의 경우 이를 진동수 성분별로 분석하면 기본진동수(fundamental frequency)를 갖는 기진력 성분과 기본진동수의 2, 3, 4, ... 배수의 진동수를 갖는 고차 기진력 성분으로 구성된다.

선박진동을 최소화하기 위해서는 설계 단계별로 진동해석을 수행하여 공진 가능성 검토 뿐 아니라 진동응답을 예측, 평가하고, 필요시 설계를 보완하여 과도한 진동 발생 가능성을 줄여 나가야 한다.

먼저 실적선 자료나 자유진동(free vibration)해석을 통해서 고유진동수를 예측하고 공진 가능성을 검토하여, 공진발생 가능성이 있는 경우에는 이를 회피할 수 있도록 구조설계의 변경 방안을 강구한다. 그리고 강제진동(forced vibration)해석을 수행하여 발생하는 진동응답의 크기를 예측하고, 진동응답이 허용기준을 초과할 가능성이 있는 경우에는 설계변경 또는 기진력 저감 방안 및 제진장치 채택 방안을 강구하여 설계에 반영한다.

다음 절에서는 선박에서 발생하는 진동을 분류하고, 선박진동을 일으키는 기진력에 대해 간략히 설명하였다.

4.6.1 선박진동의 분류

선박은 매우 복잡한 구조시스템이므로 나타나는 진동 현상도 매우 복잡하다. 그러므로 선박의 모든 진동 현상을 한꺼번에 다루기는 불가능하다. 선박진동은 일반적으로 아래에서 설명하는 바와 같이 선체거더진동, 상부구조진동, 국부구조진동, 축계진동 및 기타 진동으로 분류한다.

1. 선체거더진동

선체거더진동은 그림 4-17, 4-18, 4-19에 보인 바와 같이, 선체가 전체적으로 하나의 보(beam)와 같이 진동하는 것을 뜻한다. 선체거더진동은 변위의 방향에 따라 상하진동, 수평진동, 비틀림진동 및 종진동으로 구분된다.

일반적으로 선박의 강성(rigidity)은 상하방향이 다른 방향에 비해 상대적으로 작은 반면, 기진력은 상대적으로 크므로 상하진동을 가장 중요하게 다룬다.

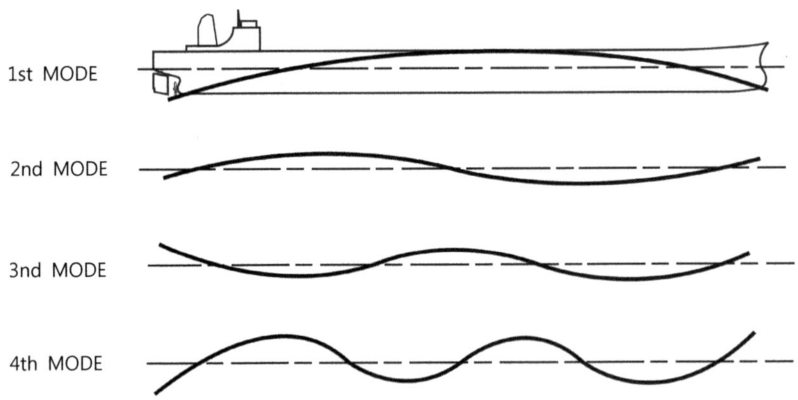

그림 4-17 선체거더 상하진동형

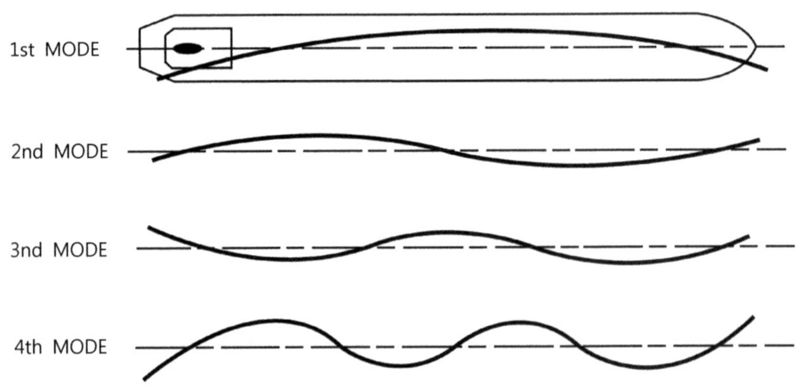

그림 4-18 선체거더 수평진동형

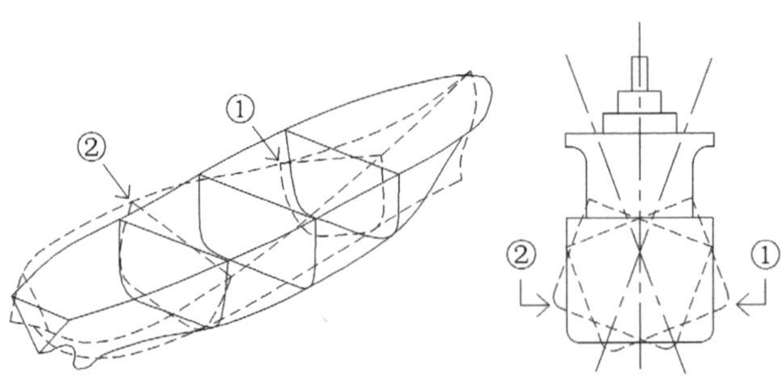

그림 4-19 선체거더 비틀림진동형

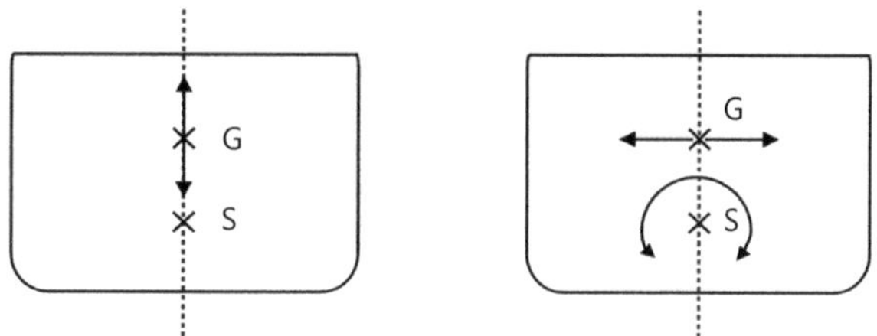

그림 4-20 질량중심 G 및 전단중심 S에 의한 선체거더 연성진동의 관계

수평진동과 비틀림진동은 그림 4-20에 보인 바와 같이 무게중심과 전단중심이 동일 수평선 상에 있지 않으므로 통상 상호 영향을 끼쳐 연성(coupled)되어서 나타난다. 컨테이너선과 같이 갑판에 큰 창구가 있는 선박은 비틀림 강성이 약하고 창구 모서리에 비틀림진동으로 인한 손상발생의 우려가 크므로 비틀림진동을 중요하게 다룬다. 종진동은 다른 방향에 비하여 강성이 크고 종방향의 기진력이 상대적으로 작기 때문에 일반적으로 고려하지 않는다.

과도한 선체거더진동이 발생하면 선체 전체에 걸친 저진동수 진동으로 인하여 승무원의 안락성과 거주성을 크게 해칠 수 있을 뿐만아니라 심한 경우에는 피로파괴로 인해 주선체를 파괴시킬 수도 있다.

2. 상부구조진동

주로 승무원의 거주구역과 작업구역으로 사용되는 상부구조에 나타나는 진동을 뜻한다. 상부구조는 승무원의 주요 생활구역인데 큰 진동이 유발되는 경우가 종종 있으므로, 진동문제를 중요하게 다루고 있다. 상부구조의 진동은 그림 4-21과 같이 보와 같은 거동으로서 전단변형과 굽힘변형, 하부의 탄성지지에 따른 강체운동, 선체거더 상하진동, 선체거더 종진동에 의해 유발된다.

3. 국부구조진동

기관실, 마스트, 연돌 등의 국부적인 구조물에 나타나는 진동을 뜻한다. 인접한 기진원에 의해 직접 기진되거나 선체거더 또는 인접 구조물의 진동에너지의 전달에 의해 진동이 발생한다. 국부구조물에 큰 진동이 발생하면 소음이 발생할 수 있고, 해당 국부구조에 피로에 의한 구조손상이 발생할 수 있다. 또한 그곳에 탑재된 정밀장비가 진동으로 인해 정상적으로 작동하지 못하게 될 수도 있다. 함정의 경우 마스트에는 정밀 전자장비가 탑재되는데 큰 진동이 유발되는 경우가 종종 있으므로, 함정에서 마스트진동은 매우 중요하게 다루어지는 국부진동문제이다.

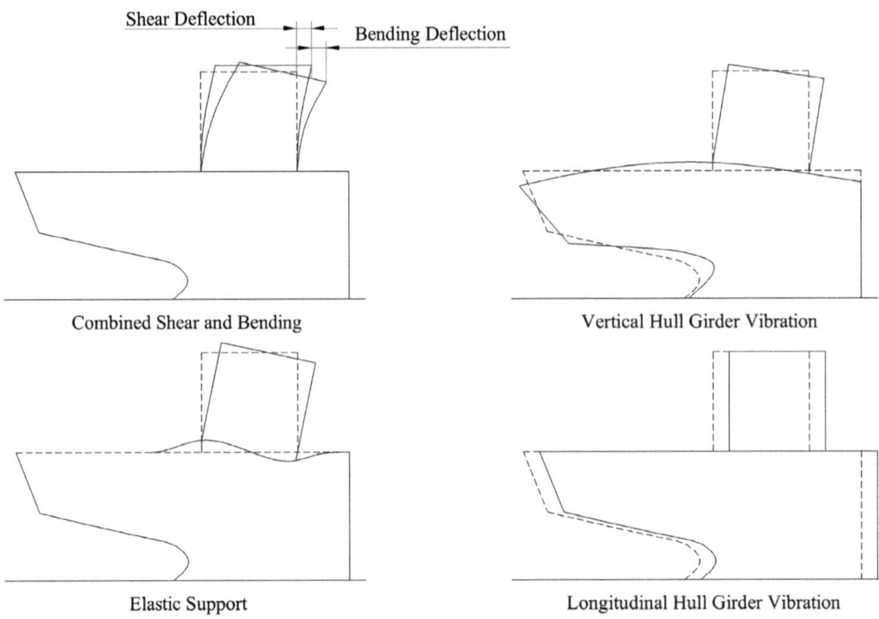

그림 4-21 상부구조 진동 형태 및 유발 원인

4. 축계진동

추진축계에 발생하는 진동을 뜻한다. 추진축계에 발생하는 진동은 그림 4-22와 같이 비틀림진동, 종진동, 횡진동으로 구분된다. 때때로 종-비틀림 연성진동이 문제가 될 수 있다. 추진축계의 과도한 진동에 기인하여 축의 피로 파손이나 베어링에 마모 손상이 발생할 수 있다.

5. 기타

그 밖의 선박진동으로는 주기관의 진동, 보기 및 탑재장비의 진동, 배관계의 진동 등이 있다. 주기관의 진동과 보기 및 탑재장비의 진동은 장비 자체의 원활한 작동에 문제를 일으킬 수 있으며, 지지된 바닥을 통해 인접지역의 국부구조로 전파된다. 그리고 심한 배관 진동은 소음발생과 배관의 손상을 초래할 수 있다.

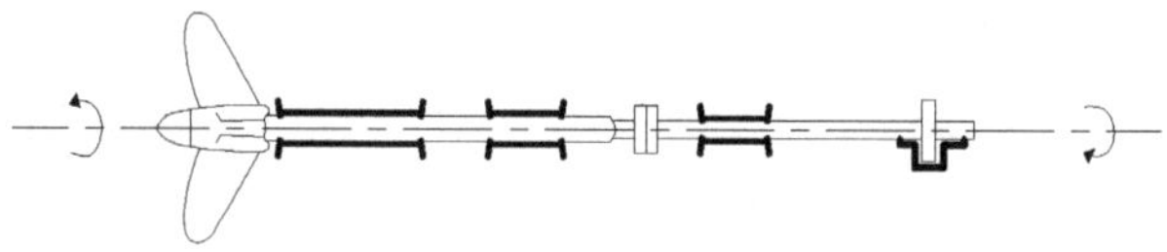

(a) 비틀림 진동

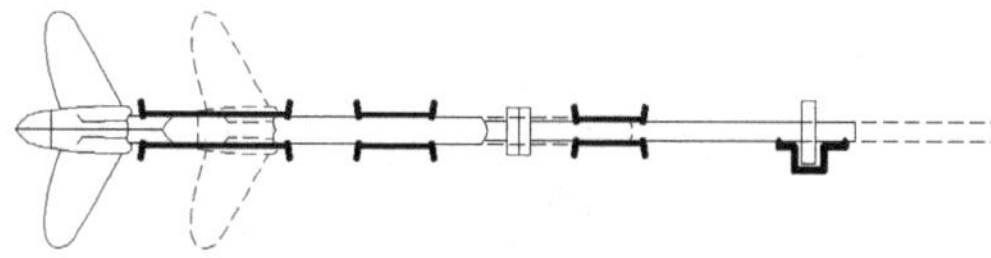

(b) 종진동

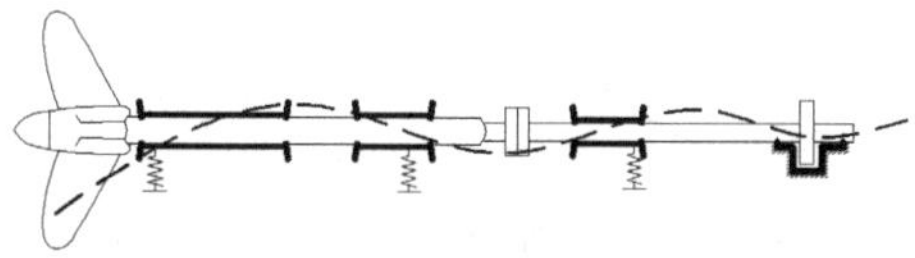

(c) 횡진동

그림 4-22 추진축계의 진동 분류

4.6.2 선박의 기진력

선박에 진동을 유발하는 기진원은 프로펠러, 주기관, 보조기관 및 탑재장비, 파도 등 다양하다. 이들 중 가장 큰 진동을 유발시키는 주요 기진원은 그림 4-23과 같이 프로펠러와 주기관이다. 선박진동의 크기는 기진력의 크기에 비례하므로 발생하는 기진력이 작아지도록 프로펠러, 주기관 및 탑재 기진원 장비를 설계 또는 선택해야 한다.

1. 프로펠러 기진력

프로펠러 기진력은 프로펠러 회전에 의해 발생되는 수동역학적 힘(hydrodynamic force)으로 표면전달 기진력과 축전달 기진력으로 구분된다. 프로펠러 기진력은 주기적인 기진력으로 기본진동수는 프로펠러 회전수와 프로펠러 날개수의 곱으로 주어지는 날개진동수(blade frequency)이다. 보통 4차 이상의 진동수 성분은 크기가 작으므로 일반적으로 3차 이하 진동수 성분만을 고려한다.

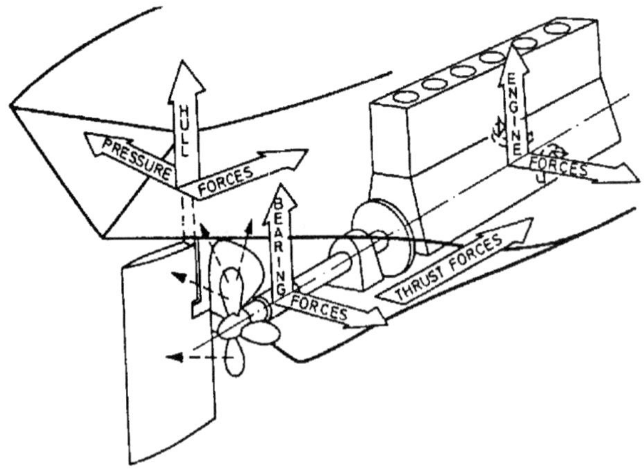

그림 4-23 선박의 주 기진원 - 프로펠러 및 주기관

1) 표면전달 기진력

선미에 위치한 프로펠러가 회전할 때 프로펠러 날개 주위에 생기는 와동(vortex)으로 인하여 프로펠러 부근의 선체표면에 작용하는 변동압력이다. 이와 같은 표면전달 기진력은 선체거더진동, 상부구조진동, 선미부 국부구조진동 등을 유발할 수 있다.

프로펠러 날개에 공동(cavitation)이 발생하면 추력이 감소하지만 보다 심각한 문제는 공동 붕괴로 인한 프로펠러의 침식현상과 소음문제이며, 공동의 체적 변화에 따라 선체표면에 큰 변동압력이 전달되어 선체에 큰 진동을 발생시킬 수 있다.

2) 축전달 기진력(shaft force 또는 bearing force)

프로펠러가 불균일 유동장 내에서 회전하기 때문에 프로펠러 날개에 작용하는 압력은 프로펠러 날개의 위치에 따라 달라진다. 따라서 프로펠러에는 시간에 따라 변화하는 변동력 및 변동모멘트가 발생하고 이들은 프로펠러축 및 베어링을 통해 축계와 선체에 전달되는데 이 기진력을 축전달 기진력이라고 한다.

축전달 기진력은 직접적으로 추진축계의 진동을 유발하며, 베어링을 통해 선체에 전달되어 선체거더진동, 상부구조진동, 선미부 국부구조진동 등을 유발시키는 원인이 된다.

2. 주기관 기진력

선박의 주기관은 대부분 터빈이나 디젤기관을 사용하는데, 터빈의 경우 기진력은 무시될 수 있다. 디젤기관에 의한 기진력은 피스톤의 운동에 따른 회전 및 왕복질량에 의한 불평형 관성력 및 모멘트에 기인한 것과 실린더 내의 주기적 연소압력에 기인한 것이 있다.

불평형 관성력과 모멘트에 의해서는 선체 전체, 이중저, 기관본체의 진동을 유발하는데, 주기관 회전수와 같은 진동수의 기진력 성분은 플라이휠(flywheel)에 평형질량을 설치하여 쉽게 상쇄시킬 수 있지만, 고차 기진력 성분은 간단한 방법으로 없애기 힘들다. 일반적으로 기관 회전수의 2차 성분 기진력이 가장 크게 될 가능성이 많다.

실린더 내의 주기적 연소압력에 의한 기진력은 가스폭발압력이 직접적으로 작용하는 것으로 불평형력에 의한 기진력에 비하여 고주파 성분의 기진력이다. 추진축계의 비틀림진동과 종진동의 직접적인 기진력으로 작용하며 기관본체와 상부구조 및 기관실 진동을 유발한다.

최근 선박에서는 디젤기관의 실린더 직경을 키우고 행정길이를 늘림으로써 실린더 수를 줄이고, 또 회전속도를 작게 함으로써 에너지 효율을 높이는 경향이 있는데, 이와 같은 경향은 기진력의 크기를 증가시키는 결과를 초래한다.

3. 파랑기진력

선박이 해상 상태가 좋지 않을 때 항해하면 선수부 슬래밍이나 선수갑판침수 충격력에 의하여 선체거더 상하진동이 발생할 수 있다. 이와 같은 충격력에 의해 유기되는 과도적(transient) 선체거더 진동을 위핑(whipping)이라고 하며, 함정과 같은 고속선에서 발생하기 쉬운데, 이로 인해 국부적인 구조손상이나 선체 중앙단면에 과도한 부가응력이 발생할 수 있다.

또한 해상 상태가 그리 나쁘지 않은 상태에서도 주기관 회전수와 무관하게 선체거더의 상하진동이 지속적으로 유기되는 경우가 있다. 이를 스프링잉(springing)이라 하며 대형선에서 발생하기 쉽다.

4. 기타 기진력

발전기나 펌프 등과 같이 기진력을 발생하는 기계들에 의하여 기계 자체나 이를 지지하고 있는 지지구조의 진동이 유발될 수 있다. 또한 배관계통에서 밸브의 급격한 개폐에 따른 수격작용이나 펌프 작동 시 서징현상으로 인한 진동이 발생할 수도 있다. 액체탱크가 큰 경우에는 슬로싱 현상으로 인한 탱크판진동 등이 발생할 수 있다.

4.7 선박의 소음

선박소음에 관한 연구개발은 1970년대 유럽에서 당시 매우 열악했던 선원의 거주환경을 개선시키려는 노력으로부터 시작되었는데, 그 결과 1981년 IMO에서 선원의 거주환경, 작업능률 및 청력보호 관점에서 선박소음 허용기준(Code on Noise Levels on Board Ships)[4]을 규정하기에 이르렀다. 표 4-4는 주요 격실에 대하여 당시 IMO에서 정한 허용기준을 보여주는데 이 기준은 지금도 새로 건조되는 대다수의 일반 상선에서 채택되고 있다.

위 표에서 dB(데시벨)은 소음의 크기 또는 레벨을 나타내는 단위로서 아래와 같이 정의된다.

$$10\log\frac{p^2}{p_{ref}^2}dB \tag{4.3}$$

여기서 p는 음압, 기준음압 $p_{ref} = 20\mu Pa$이다. 또한, dB(A)는 소음의 측정 시 A-가중(A-weighted) 주파수[12] 응답특성을 적용하였음을 의미한다. A-가중 주파수 응답특성은 1,000 Hz 부근의 소음을 가장 잘 통과시키는 주파수 필터로 사람의 청각 기관과 유사한 주파수 특성을 가지고 있다.

4.7.1 소음의 발생과 전달

1. 공기소음과 구조소음

우리가 일상생활에서 흔히 접하는 자동차의 경우를 예로 들어 소음의 발생과 전달 과정을 살펴보기로 하자. 우선 엔진의 배기음은 엔진 내부의 폭발 변동압력이 배기구를 통하여 그대로 공기 중으로 노출된 후 공기를 매질로 하여 전달되는 소음이다. 이와 같이 소음원의 변동압력이 직접 공기를 통하여 전달되는 소음을 공기소음(airborne noise)이라고 한다.

엔진 배기음 외에도 차체진동에 의한 소음을 생각할 수 있는데 이 소음은 앞에서 언급한 공기소음과는 매우 다른 과정을 거쳐 발생, 전달된다. 차체소음은 엔진의 진동이 주위 구조물로 전달되어 차체에 진동이 유발되고 다시 차체가 주위의 공기를 진동시켜 발생한 것으로 소음의 발생과 전달에 구조물의 진동이 주된 역할을 하고 있다. 이와 같은 소음을 구조소음(structure-borne noise)이

12) frequency는 일반적으로 진동수라고 번역하지만, 음향학 및 전기공학 분야에서는 주파수를 주로 사용하고 있다.

표 4-4 주요 격실의 소음 허용기준(IMO)[4]

격실	허용기준, dB(A)
기관실(machinery spaces, not continuously manned)	110
기관제어실(machinery control rooms)	75
작업실(workshops)	85
항해실(navigation bridge)	65
통신실(radio rooms)	60
선실과 의무실(cabins and hospitals)	60
식당(mess rooms)	65
사무실(offices)	65
주방(galley, without food processing equipment operating)	75

라고 부르며, 소음원이 구조물의 진동이므로 그 크기는 구조물의 진동레벨을 사용하여 나타낸다.

건축음향 및 환경소음 분야에서는 전통적으로 공기소음이 중요시되었고 주로 이 소음성분을 다루어 왔으나, 선박소음에서는 다음 절의 설명에서와 같이 선체구조 특성상 구조소음이 상대적으로 중요하게 다루어지고 있다.

2. 소음원

선박에서 소음은 선박 내부에 설치된 모든 기계장치의 작동으로부터 발생한다. 즉 항상 작동하고 있는 발전기, 주기관을 비롯하여 상시 또는 간헐적으로 작동하는 펌프류 등 선박에 탑재된 모든 기계류가 소음원으로 작용한다. 이외에도 선체 외부에 설치된 프로펠러도 중요한 소음원으로 고려되어야 한다. 프로펠러는 공동이 발생할 경우 큰 구조소음원으로 작용하여 선미부에 위치한 격실에 높은 레벨의 소음을 발생시키는 것으로 알려져 있다. 대부분의 탑재장비는 공기소음과 구조소음의 두 가지 소음을 모두 발생시키므로 두 개의 소음원으로 취급하는 것이 일반적이다.

공기소음원의 크기는 음압레벨(sound pressure level) 또는 음향출력레벨(sound power level)을 사용하여 나타낸다. 음압레벨은 소음원에서 멀어질수록 낮아져 측정 위치에 따라 서로 다른 값으로 주어진다. 따라서 소음원의 크기를 나타낼 때에는 장비로부터 일정한 거리만큼 떨어진 위치에서 측정한 음압레벨을 사용할 필요가 있는데 이 때 기준거리로는 1 m를 사용한다. 음향출력레벨은 소음원에서 단위시간당 발생하는 음향에너지를 나타내는 물리량으로 장비를 완전히 둘러싸는 가상 표면 상의 음압으로부터 구할 수 있다. 음향출력레벨은 음압레벨과는 달리 거리에 따라 바뀌지 않는 소음원 고유의 음향특성을 나타낸다.

한편, 구조소음원의 크기는 장비 지지부에 나타나는 자유진동레벨(free acceleration/velocity level)을 사용하고 있다. 자유진동레벨은 장비가 선체와 연결되는 지지점에 아무런 구속을 주지 않았을 때, 현실적으로는 구속 정도를 무시할 수 있는 아주 유연한 탄성마운트를 사용하였을 때, 장비 지지부에 나타나는 속도 또는 가속도에 대하여 음압레벨 산정 시에 사용한 식 (4.3)과 유사한 식을 사용하여 얻어지는 속도레벨 또는 가속도레벨로 정의된다. 선박에서는 전통적으로 기준속도 및 기준가속도로 $5\times10^{-8}\,m/s$, $10^{-5}\,m/s^2$를 각각 사용하고 있으나, ISO(국제표준기구)에서는 각각 $10^{-9}\,m/s$, $10^{-6}\,m/s^2$의 사용을 권장하고 있으므로 진동레벨 사용 시에는 반드시 기준값을 명기하여 혼동을 피해야 한다.

3. 소음의 전달

그림 4-24는 공기소음과 구조소음이 소음원으로부터 격실에 전달되는 과정을 나타낸 것이다. 일반적으로 공기소음은 공기를 통해 전달되는 소음 성분으로 그림에서와 같이 기관실 등 소음원이 위치하는 소음원실 및 인접한 격실에 한정하여 발생한다. 적어도 한 격실 이상 소음원실과 떨어진 격실에서는 공기소음에 의한 소음이 문제가 되지 않는 것으로 알려져 있다.

구조소음은 장비의 진동이 지지부를 통해 선체로 전달되는 가청진동수 범위의 진동을 의미한다. 선체는 육상구조물보다 상대적으로 가볍고 재질 또한 육상구조물과는 달리 대부분 진동 전달에 효율적인 강철이므로 건축구조물에 비하여 진동이 멀리까지 잘 전달되는 특성을 가진다. 따라서 장비에서 선체로 전달된 진동 즉 구조소음은 그림 4-24와 같이 공기소음과는 달리 구조부재를 타고 소음원과 멀리 떨어진 격실까지 전달되어 높은 소음레벨을 보이는 원인이 될 수 있다. 이러한 특성이 선박소음 분야에서 구조소음이 상대적으로 중요시되고 있는 이유이다.

4. 공기조화시스템 소음

공기소음과 구조소음 이외에도 거주구에 위치하는 선실에서 고려하여야 할 또 다른 소음 성분으로 공기조화시스템(Heating, Ventilating, Air Conditioning system, HVAC)에서 발생하는 HVAC소음을 들 수 있다. HVAC소음은 통풍팬에서 발생한 소음이 공기조화용 덕트를 통하여 선실에 전달되는 소음으로 상층부 거주구에 문제를 일으킬 수 있다. 다른 성분에 의한 소음이 상대적으로 높았던

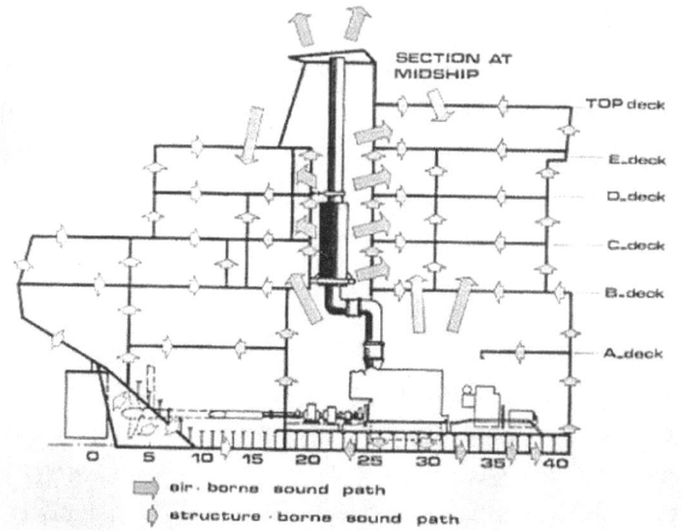

그림 4-24 선체구조를 통한 소음의 전달경로

과거에는 이와 같은 소음 성분이 문제시되지 않았으나, 최근에는 거주구의 소음레벨이 전반적으로 낮아지고 있고, 특히 정숙이 요구되는 크루즈선에서는 대부분 객실구역의 소음이 이 성분에 의해 결정되고 있으므로 HVAC소음의 중요성이 높아지고 있다.

HVAC소음의 일차적인 소음원으로는 통풍팬이 고려된다. HVAC소음은 덕트를 통해 전달되는 소음 성분이므로 HVAC소음과 연관되어 통풍팬의 소음원 크기를 언급할 때에는 통풍팬이 공기 토출구 또는 흡입구 덕트에 발생시키는 소음 성분의 크기를 사용해야 한다. 이 소음 성분은 통풍팬이 그 주위의 공간에 발생시키는 공기소음과는 다른 성분임에 유의한다. 또한 통풍팬으로부터 덕트를 통하여 전달되는 소음 성분에는 토출구 소음 성분 이외에도 흡입구 배관이 설치된 경우에는 흡입구 소음 성분을 별도로 고려해야 한다.

3차원 공간에서는 음파가 확산되면서 전달되므로 진폭은 거리에 따라 급격히 줄어들지만, 일정한 단면적의 배관을 통해 소음이 전파될 때에는 음향에너지가 1차원적으로 전달되므로 진폭의 감소 없이 멀리까지 전달될 수 있음에 유의한다.

4.7.2 흡음과 차음

음파가 실내의 한 벽면에 입사되면 반사, 흡수 및 투과현상이 일어난다. 음파의 흡수현상은 벽면 또는 벽 내부에서 음파가 열이나 다른 형태의 에너지로 바뀌어 나타나는 현상이고, 투과현상은 음파가 지닌 에너지가 인접 격실로 이동하는 현상으로 생각할 수 있다. 이 때 음파의 흡수 및 투과현상과 관련하여 사용하고 있는 용어가 각각 흡음 및 차음이다.

1. 흡음재

흡음재는 소음에너지를 열이나 다른 형태의 에너지로 변환시켜 결과적으로 소음을 감소시키는 재료이다. 흡음재는 일반적으로 단열재와 유사한 구조를 갖고 있으며 유리섬유(glass wool) 또는 광물모(mineral wool) 등 가느다란 섬유질과 기공이 혼합되어 있거나 또는 우리가 흔히 스펀지라고 부르는 형태의 구조를 갖고 있다. 이러한 구조는 음파가 기공 사이를 진행할 때 섬유 또는 주위 구조의 표면에서 마찰이 일어나 음파가 지닌 에너지가 소멸되는 원리를 이용한 것이다. 흡음재를 격실의 경계면에 부착하기 위해서는 그림 4-25에 보인 바와 같이 표면을 보호하기 위한 처리를 수행하게 되는데 이 때 흡음재를 통기성이 없는 재료로 감싸거나 또는 표면에 두꺼운 페인트를 칠할 경우, 음파가 흡음재 표면을 통과할 수 없어 흡음재로서의 기능을 충분히 발휘하지 못하게 될 수 있으므로 흡음재 설치 시 특히 표면처리에 주의하여야 한다.

2. 차음재

흡음재는 소음에너지를 직접 소멸시켜 소음을 감소시키지만, 차음재는 인접 격실에서 전달되는 소음에너지를 차단시켜 소음을 감소시키는 음향재료를 뜻한다. 차음성능은 소음원실과 인접한 격실의 소음 감소 목적 이외에도 프라이버시 보장 차원에서 방음설계의 중요한 설계요소가 된다. 이는 거주구에 사용한 패널의 차음성능이 떨어질 경우 인접 선실의 대화가 그대로 전달되어 사생활이 침해될 가능성이 높기 때문이다. 이와 같은 이유에서 IMO의 선박소음 허용기준에서도 차음성능에 대한 항목을 별도로 두고 있다.

일반적으로 균일한 두께를 갖는 단순구조 패널의 차음성능은 재료의 단위면적당 밀도가 클수록 증가하는 것으로 알려져 있다. 그러나 현재 많이 사용하고 있는 선실구획용 패널은 외부에 얇은 강판을 사용하고 그 사이를 흡음재로 채우는 샌드위치 형식의 구조를 채택하여 같은 밀도를 갖는 단순구조 패널보다 차음성능을 높이고 있으며, 이 값을 더욱 높이기 위해 패널 내부에 공기층을 두어

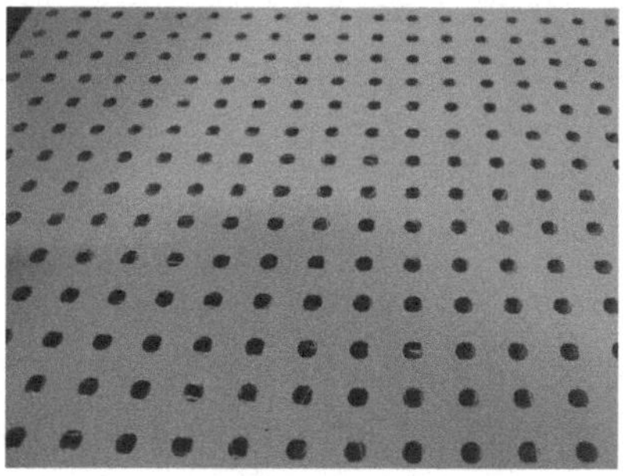

그림 4-25 흡음재의 표면처리

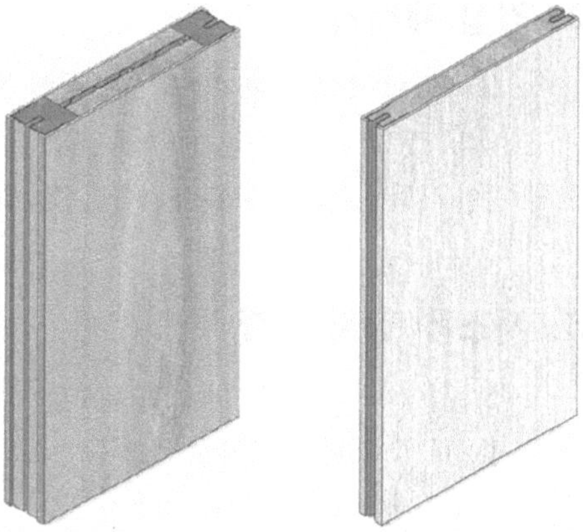

그림 4-26 선실구획용 패널

제작하기도 한다. 그림 4-26에 조립식 거주구 선실구획용 패널로 많이 사용되고 있는 제품의 모습을 보였다.

4.7.3 방음대책

방음설계의 첫 단계는 선박의 소음을 예측하는 작업이다. 예측 결과 허용수준을 초과하는 격실이 나타나면 경제성 및 적용 가능성 등을 고려하여 다음에 열거한 방음대책을 선택적으로 채택한다.

1. 흡/차음재

흡음재는 실내 소음을 줄이는 방법으로 널리 사용되는 수동적 소음대책의 대표적인 방법이다. 이 방법에서는 흡음재료를 격실의 경계면에 부착하여 격실의 흡음 특성을 향상시키는 방법으로 일반 격실에도 적용할 수 있으나 특히 소음원실의 방음대책으로 많이 사용되고 있다. 사전에 흡음처리가 미비했던 격실에서는 흡음재의 소음 저감 효과가 크게 나타나는 특징이 있다. 차음재 또는 차음구조 대책은 소음원과 인근 지역 사이에 구조물을 설치하여 소음의 전달을 차단하는 방법으로 기관실과 같이 아주 높은 소음레벨을 보이는 소음원실의 소음이 인근 격실로 전달되는 것을 억제하기 위한 방음대책으로 많이 사용한다.

2. 격실 재배치

각 격실의 소음 허용기준을 고려하여 모든 격실이 허용기준을 만족하도록 격실을 재배치하는 방법이다. 즉 기관실, 연돌 등 소음원실 근처에는 허용기준이 높은 창고, 작업실 등을 배치하고 허용기준이 낮은 침실, 사무실은 가능한 한 멀리 떨어뜨려 배치하는 방법이다.

3. 저소음 장비 선정

소음원에 대한 방음대책으로 유사한 성능을 발휘하면서 소음을 적게 발생하는 장비를 선택하는 방법이다. 그러나 장비의 소음/진동을 줄이기 위해서는 설계 및 제작 과정에서 추가 경비가 소요되고 동시에 중량도 늘어나는 경우가 많다. 따라서 소음의 감소와 비용/중량의 증가를 종합적으로 고려하여 판단해야 한다.

4. 탄성마운트

탄성마운트(resilient mount)는 진동을 유발하는 주기관이나 펌프 등의 탑재장비를 고정할 때 장비와 바닥 지지대 사이에 삽입하여 선체에 전달되는 진동을 줄여주는 장치로 구조소음의 저감대책으로 많이 사용하고 있는 방법이다. 특히 소음 및 진동이 중요시되는 함정에서는 거의 모든 탑재 장비에 대하여 탄성마운트를 사용하고 있다. 선박에서는 주로 그림 4-27과 같은 고무마운트와 금속 스프링마운트가 사용된다.

5. 차음상자

차음상자는 소음원을 박스 형태로 밀폐하여 공기소음을 차단하는 방법으로 15-25 dB 정도의 소음 저감 효과가 있다. 함정에서 디젤기관과 발전기와 같은 대형 장비에 대해서도 차음상자를 적용한 예를 찾아볼 수 있는데, 이러한 장비는 1차적인 공기소음원인 동시에 구조소음원으로 작용하므로 장비를 차음상자 내부에 탄성지지시키고 차음상자 자체를 또 외부에서 탄성지지시키는 이중탄성 지지구조를 사용하여 공기소음과 구조소음의 감소를 극대화하는 구조로 되어 있다.

6. 댐핑레이어(damping layer)

구조소음의 전달과정에서 감쇠를 증가시켜 진동을 저감시키는 방법이다. 이 방법은 진동이 심한 구조물에 점탄성 재료인 댐핑레이어를 부착하여 감쇠를 증가시키는 방법인데, 테이프, 도료, 금속판,

스프레이 등 제품 형태가 매우 다양하므로 적용 대상 구조물의 형상에 따라 적절한 것을 선택, 사용할 수 있다.

7. 뜬바닥(floating floor)

뜬바닥 구조는 갑판을 통해 전달되는 구조소음을 줄이기 위해 아주 효과적으로 사용할 수 있는 방음대책으로 그 기본 구조는 갑판 위에 암면 등 부드러운 재질의 완충재를 깐 뒤 그 위에 단단한 재질의 바닥판을 덮는 형태로 구성하여 격실의 바닥면을 갑판 상에 탄성지지시키는 개념이다. 뜬바닥 구조의 효과를 극대화하기 위해서는 그림 4-28과 같이 격실 전체를 탄성지지시키는 것이 중요하며 이때 설계 또는 시공 상의 오류로 인하여 갑판과 격실 바닥 사이에 완충재를 통하지 않고 직접 접촉하는 지점이 존재하면 성능의 급격한 저하를 초래할 수 있다.

8. 소음기(muffler)

소음기는 덕트를 통해 나가는 소음을 줄이기 위해 사용하는 독립적인 소음 저감 장치이다. 소음기는 크게 반작용(reactive)형과 소산(dissipative)형으로 나눌 수 있는데 반작용형은 단면적이 다른 관을

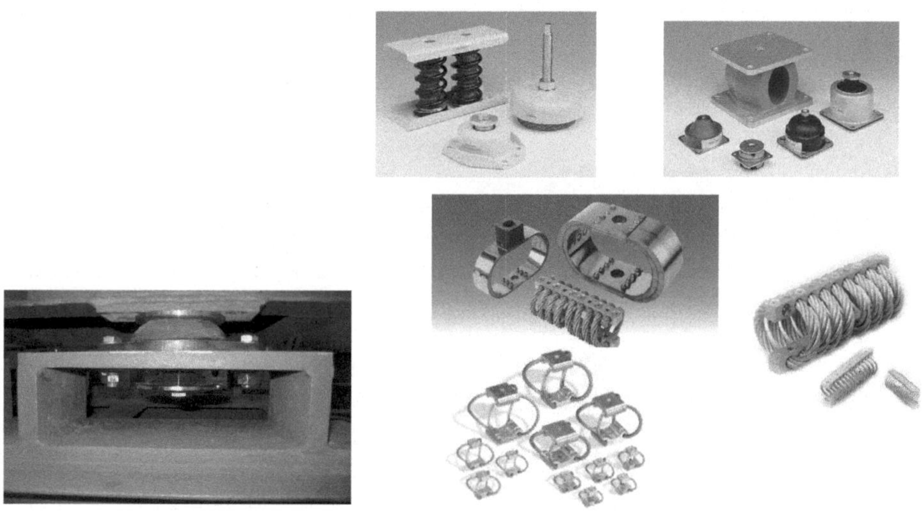

그림 4-27 고무마운트와 금속스프링마운트

조합하여 기본적으로 음의 반사에 의해 덕트의 토출구로 전달되는 소음을 감소시키는 방법이고, 소산형은 덕트 안쪽에 흡음재를 부착하여 음향에너지를 흡수하는 방법이다. 디젤기관에서는 소산형 소음기를 부착하여 소음을 줄이는 방법이 많이 사용된다.

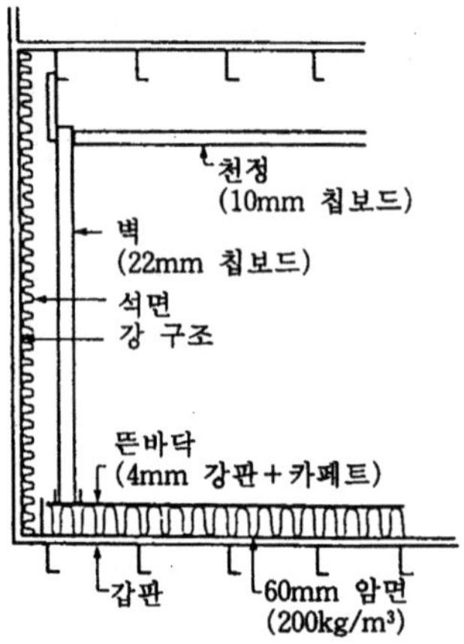

그림 4-28 뜬바닥 구조 시공

연습문제

1. 선체를 보강 판각구조로 건조하는 이유에 대해 기술하시오.

2. 선저를 이중구조로 하는 이유를 설명하시오.

3. 선수격벽의 기능을 설명하고 설치 위치에 대한 선급규정을 찾아보시오.

4. 선미부 갑판실 설계에 있어서 가장 중요하게 고려되어야 할 사항에 대해 설명하시오.

5. 대부분의 대형 선박들이 종늑골 방식을 채택하는 이유를 설명하시오.

6. 선체 구조설계에 있어서 중요하게 고려되어야 하는 하중을 열거하시오.

7. 슬로싱 현상에 대한 설명과 함께 이 슬로싱이 가장 심각하게 고려되어야 하는 선박의 예를 들고 그 이유를 설명하시오.

8. 응력의 개념을 설명하고 이 개념을 도입하게 된 이유를 설명하시오.

9. 재료의 인장시험을 통하여 얻을 수 있는 물리량에 대해 설명하시오.

10. 프와송비를 설명하시오.

11. 선체의 중앙단면설계에서 가장 중요하게 고려되는 사항에 대해 기술하시오.

12. 선체의 중앙단면 설계과정을 개략적으로 설명하시오.

13. 취성파괴와 피로파괴의 유사점과 차이점을 설명하시오.

14. 철과 강의 제조법과 재료특성의 차이점을 설명하시오.

15. 최근 선박진동의 중요성이 부각되는 이유에 대해 기술하시오.

16. 과도한 선박진동이 발생하면 어떠한 일이 일어날 수 있는가에 대해 기술하시오.

17. 선체거더진동 중에서 상하진동을 가장 중요하게 다루는 이유에 대해 기술하시오.

18. 선박진동을 유발하는 가장 중요한 기진원에 대해 기술하시오.

19. 음압의 진폭이 1 Pa일 때, 이 값을 음압레벨로 나타내면 몇 dB인지 구하시오.

20. 기관실에 디젤발전기와 청수펌프가 설치되어 있다. 디젤발전기만 운전할 경우 기관실의 소음은 105 dB, 청수펌프만 가동시켰을 때는 90 dB로 나타났다. 이 때, 두 장비를 모두 가동시킬 때 기관실의 소음레벨을 구하시오. 이 경우, 기관실의 소음을 줄이기 위해 가격은 비싸지만 좀 더 조용한 청수펌프를 사용하기로 하였다. 이 결정은 옳은 판단인지에 대해 기술하시오.

21. 펌프의 구조소음 레벨이 100 $dB\ ref\ 10^{-5}\ m/s^2$으로 주어졌을 때, 기준가속도 레벨로 $10^{-6}\ m/s^2$을 사용하여 구조소음 레벨을 나타내면 몇 dB인지 구하시오.

22. 작업실에 설치된 공기압축기에서 높은 소음이 발생하고 있다. 이 때, 작업실의 소음레벨을 낮추기 위한 방음대책과 그 예상효과에 대하여 기술하시오.

참고문헌

[1] Lewis, E. V.(Editor), 1989, Principles of Naval Architecture, 2nd revision, SNAME.,

[2] 寺澤一雄, 1971, 船體構造力學, 海文堂.

[3] 한국선급, 2010, 선급 및 강선규칙.

[4] IMO Resolution A. 468(XII), Code on Noise Levels on Board Ships, 1981.

추천문헌

[1] 대한조선학회편, 1996, 선박건조공학, 동명사.

[2] 한국선급, 1997, 선박 진동·소음 제어지침.

[3] 해군조함단, 2003, 함정의 소음/충격/진동 설계 및 관리지침서.

[4] 황종흘, 임상전 공역, 1989, 선박설계 -상선설계-, 문운당.

[5] 박승균, 1998, 해설 조선지식입문, 동명사.

[6] 이재신, 1981, 선체구조역학, 한국해사문제연구소.

[7] 이종원, 김문생, 조효남 공역, 2004, 재료역학, 인터비전(Gere, J. M., Mechanics of Materials 6th Edition).

[8] 한병기 외 공역, 1992, Vector-정역학, 희중당(Beer, F. E. and Johnsoton, Jr., E. R., 1988, Vector-Statics, McGraw-Hill Inc.).

[9] Bureau Veritas, 1987, Building and Operation of Vibration-Free Propulsion Plants and Ships.

[10] SNAME, 1983, Design Guide for Shipboard Airborne Noise Control, Technical and Research Bulletin No. 3-37.

[11] Hugh, O. F., 1983, Ship Structural Design-A Rationally Based, Computer Aided, Optimization Approach, John Wiely & Sons Inc.

[12] Nippon Kaiji Kyokai, 1981, Guide to Ship Vibration.

5

선박의 설계

선박설계는 선주의 기본적 요구조건과 선주와 조선소 사이에 합의된 상세 기술사양(technical specifications)을 만족시키도록 선박의 주요요목을 결정하고 선박의 건조(construction)에 필요한 구체적인 정보를 작성하는 일련의 작업과정이다. 과거에는 선박의 수주(order reception) 및 건조가 소량, 주문 산업임을 감안, 계약이 이루어진 후에야 기본설계, 상세설계 및 생산설계를 개개의 선박에 대해 수행하였으나, 1990년대 이후에는 자동차 산업과 마찬가지로 보편적인 시장의 요구를 반영, 조선소 별로 표준선을 미리 시장에 출시하고 선주의 특정 요구사항을 반영하는 개념이나 여러 가지 선택사양을 제시, 선주가 선택하게 하는 방향으로 전환함으로써, 설계 및 건조 기간 단축에 획기적으로 기여하였다.

아울러 예전에는 설계 단계에 따라 견적설계(estimate design), 기본설계(basic design), 상세설계(detail design) 및 생산설계(production design) 등으로 구분하였으나, 근자에 이르러 견적설계는 기본설계와 통합되었고, 상세설계와 생산설계는 표준화 및 전문화되어 외주(outsourcing)를 활용하고 있어 설계에 소요되는 공수의 절감, 설계기간의 단축이 가능하게 되었다.

5.1 선박의 원가, 선박의 기본설계 개요 및 경제성 평가

5.1.1 선가의 결정

선가의 결정은 시장가격(market price)에 의하여 결정되는 방법과 조선소 별 자체원가(production cost) 계산에 의해 산정하는 두 가지 방법이 있는데, 이 두 방법은 상호 보완적이며 선가는 통상 두 방법의 절충에 의해 결정된다. 시장가격에 의해 결정되는 선가는 세계 시장에서 최근 계약된 선박의 가격 정보, 예를 들어 Clarkson 등 선박 거래, 금융 등을 전문으로 하는 회사들이 제공하는 정보를 바탕으로 하여, 건조 조선소의 품질 수준 및 인지도, 기본 성능 수준, 인도 납기 및 사양서의 고급화 정도에 따라 일정한 가격을 가감하여 얻어지는 선가이다. 그러나 미래의 경영 상황 예측이나 수주 전 해당 선박에 대한 손익의 예상 및 설계 건조 시의 관리를 위해서는 조선소별 자체원가 계산이 필수적이며, 경영 상황이나 시장가격에 의해 계약선가가 결정된다 할지라도 계약 전 견적설계는 반드시 수행하게 된다.

5.1.2 선가의 주요 결정 요인

선박은 계약 후 짧게는 2년 길게는 3~4년 후에 인도되는 제품이므로, 선가는 재료비(material cost), 가공비(processing cost), 직접경비(direct expense) 등 직접 건조에 사용되는 원가 외에도 복잡한 경제적 요인들을 감안하여 결정된다.

우선 계약, 건조 및 인도 시점에 따른 자재비, 인건비 등의 상승 요인 추정, 환율 변동 예측에 따른 추정 등이 선가에 영향을 미치는 결정적 요인이 될 수 있는데, 예를 들어 중국의 경제 개발에 따른 원자재 공급 부족에 기인하는 강재 및 기자재 가격의 폭등, 또 IMF 사태 및 2009년의 전 세계적 신용위기에 따른 환율의 변동폭 확대 등을 생각할 수 있으며, 이와 같은 사태의 경험을 통하여 미래 예측의 중요성이 강조되었다. 특히 환율 변동은 국내 조선소의 대부분의 계약이 달러화 표기 계약인 점을 감안하면 조선소의 손익에 지대한 영향을 미치며, 최근에는 이러한 위험요소를 줄이고자 하는 취지에서 선물환 거래가 보편적 추세가 되었다.

한편 선박 대금의 지불방법 또한 선가에 큰 영향을 미친다. 통상 선박의 대금은 선가의 20%를 5회 분할 지급하는 것을 표준으로 하고 있으며, 계약(contract), 계약 후 6개월(의장 공사 기간이 비교적 짧은 경우), 강재절단(steel cutting), 진수(launch) 및 인도(delivery) 시에 분할 지급한다. 선가의 지불방법이 표준과 다를 때는 이자 지급 및 회사의 자금 흐름에 유의하여 선가를 조정해야 한다.

5.1.3 선박 제조원가의 구성

매출원가로도 불리는 제조원가의 구성은 재료비, 가공비 및 직접경비로 이루어진다. 먼저 재료비는 다음과 같이 구성되는데,

$$\text{재료비} = \text{직접자재비} + \text{예비비} + \text{운송비} + \text{간접재료비} \tag{5.1}$$

여기서 직접자재비(direct material cost)는 강재, 선박 주기관 및 발전기, 각종 펌프 및 배관, 항해장비 등 사양서에 기술된 모든 장비 및 시스템 구성에 사용되는 모든 자재를 포함한다. 예비비(reserve fund)는 통상 직접자재비의 변동이나 정도 보정을 위한 항목으로 직접자재비의 일정 비율을 고려하는 형식으로 표기되며 조선소의 상황이나 실적에 따라 달라진다. 운송비(transportation cost)는 자재의 운송계약, 즉 FOB(Free On Board)인가 또는 CIF(Cost, Insurance and Freight, 운임보험료포함가격)인가 등의 계약 조건에 따라 달라진다. 간접재료비(indirect material cost)는 선박 건조 시 사용되는 용접 관련 재료비, 가스 사용비용 등이 포함되며 분류 방법은 각 조선소에 따라 조금씩 다르다.

가공비는 다음 식으로 주어지는데,

$$가공비=설계가공비+생산가공비 \tag{5.2}$$

여기서 각 가공비는 기본적으로 설계 및 생산(production)에 소요되는 MH(manhour)당 인건비를 고려하여 결정하며, 각 조선소에 따라 시리즈선 건조 효과, 즉 동일 선박의 반복 설계, 건조 시의 생산성 향상 효과와 선박 건조의 난이도 등을 감안하여 조정한다.

마지막으로 직접경비는 다음과 같이 구성된다.

$$직접경비=검사비+보험료+시운전비용+기술료+행사비+보증수리비+기타비용 \tag{5.3}$$

이외에도 선박을 건조하여 인도한 후 최종적으로 손익을 평가하기 위하여 직접판매비, 운전자금 이자 및 설비투자 등의 감가상각을 고려하는 등의 복잡한 절차를 따른다.

5.1.4 주요요목의 결정

선박의 주요요목(2.2.1절 참조)은 선박의 크기, 성능 및 운송화물의 양을 결정하는 주요 인자이다. 실제 주요요목은 일반배치, 경하중량, 재화중량, 복원성, 운항해역(operational field)과 저항, 추진, 내항 및 조종 등의 각종 성능을 결정하는 주요 인자이므로 반복적인 방법에 의하여 최적화된 값을 얻는다. 주요요목 중 선박의 길이 LBP, 형폭 B와 형깊이 D는 선박의 겉보기 크기를 결정하며, LBP, B, 흘수 d와 방형계수 C_b를 사용하여 초기설계 시 선박의 경하중량과 재화중량을 결정한다. 특히 B는 복원성의 견지에서, 또 D는 화물창의 용적 및 운항해역의 해상 상태를 감안한 적정한 건현(freeboard)의 확보 또는 선수루(forecastle) 설치의 유무를 고려하여 결정한다.

아울러 선박의 기본 성능과 관련하여 선형계수(ship form coefficient, 2.2.2절 참조)와 주요치수의 비(ratio) 및 무차원상수를 함께 검토한다. 주요한 선형계수로는 C_b, C_m, C_p 및 C_w가 있고, 주요치수의 비로는 L/B, B/d, L/D, LCB, 무차원상수로는 프루드수 Fn가 있다. 이들 계수, 비, 무차원상수는 선박의 종류에 따라 전형적인 값을 가지며 실적선을 기준으로 분류하면 표 5-1과 같다.

저속비대선인 중형 원유탱커에서 B/d가 4.0 이상인 경우에는 흘수가 너무 작아 조종성능이 저하될 수 있으며, 따라서 특수타의 선정이나 다른 주요치수 비를 함께 고려, 쌍스케그선형(twin skeg hull form)을 선택할 수도 있다. 쌍스케그선형 선택 시에는 원가 및 성능을 동시에 참작하여 표 5-2에 보인 바와 같은 사항을 고려한다.

표 5-1 선박의 종류에 따른 프루드수, 선형계수와 주요치수의 비

	Fn	C_b	LCB	L/B	선박의 종류
고속선	0.25 이상	0.5~0.6	선미 2~3%	7 이상	여객선, 함정
중속선	0.25~0.20	0.65~0.75	중앙 부근	6~7	컨테이너선, LNG선
저속선	0.20~0.15	0.78~0.85	선수 2~3%	5.5~6	산적화물선, 원유탱커

표 5-2 쌍스케그선형 설계의 주요 매개변수

주요치수의 비	설계 기준	주요 고려 사항
L/B	4.5~5.0	클수록 저항성능에, 작을수록 원가에 유리
L/D	13 이상	작을수록 구조 강도에 유리
B/D	2.0 이상	작을수록 구조 강도 및 복원성에 유리
B/d	4.0 이상	작을수록 조종성능에 유리

5.1.5 선박의 경하중량 및 재화중량 추정

선박의 견적설계 및 기본설계의 최적화, 그리고 최종적인 설계와 건조의 성공 여부는 원가 및 성능을 고려한 적정 주요치수의 선정, 설계 및 건조 시 문제점을 최소화한 적정 공간 배치, 즉 조밀한(compact) 일반배치, 선박의 정확한 경하중량(light weight) 및 재화중량(deadweight)의 추정, 화물 적재에 필요한 공간의 확보에 따라 결정된다.

선박의 경하중량은 경사시험(2.4.3절 참조) 후 최종 결정되지만 원가산정과 기본설계 시에 정확한 추정이 필수적으로 요구된다. 경하중량은 선체강재중량(net hull steel weight), 기타 자재중량(페인트 및 용접재 등), 기관실 중량(주기관, 발전기, 기관실 내 펌프류, 배기관 및 배관계통 중량), 선박 화물창 내 일반 의장 중량(주요 펌프류, 배관계통 중량, 선박의 계류 및 조타에 사용되는 기기 및 필수 의장품의 중량), 항해장비 및 전선류 중량의 합에서 선원 거주구역의 선체강재중량을 제외한 각종 중량으로 구성되며, 이렇게 얻어진 중량에 필요한 적정 여유치(1~2%)를 추가한다. 통상 경하중량은 기기의 시험 및 운용을 가능하게 하는 최소의 윤활유, 연료유 등을 포함한다.

상업적으로 건조되는 선박의 경우, 경하중량에서 선체강재중량이 차지하는 비율은 여객선이 50~

60%(크루즈선 50%, 일반 페리 60%), 컨테이너선이 70% 내외, LNG선이 75% 내외, 원유탱커가 80% 내외, 산적화물선이 85% 내외이다.

선체강재중량은 보편적으로 최근의 실적선을 기준선으로 하여 초기설계 시 주요치수의 변화를 선형적으로 고려하여 추정하는 방법을 사용하며 다음과 같은 방법이 주로 사용된다.

■ Munro-Smith 공식

W는 강재중량, L, B, D, C_b는 각각 배의 길이, 폭, 깊이, 방형계수라고 하면 다음 식을 사용하여 각각의 변화에 따른 강재중량의 변화 ΔW_L, ΔW_B, ΔW_D, ΔW_C를 얻는다.

$$\Delta W_L = W_m\left(\frac{L_p}{L_m}-1\right)\times 0.85\times\frac{4}{3} \tag{5.4}$$

$$\Delta W_B = W_m\left(\frac{B_p}{B_m}-1\right)\times 0.55\times\frac{5}{4} \tag{5.5}$$

$$\Delta W_D = W_m\left(\frac{D_p}{D_m}-1\right)\times 0.3\times\frac{3}{2} \tag{5.6}$$

$$\Delta W_C = W_m(\Delta L+\Delta B+\Delta D)(C_{bp}-C_{bm})\times 0.5 \tag{5.7}$$

여기에서 하첨자 m은 기준선을, p는 현재 설계 중인 선박을 뜻하며, C_b는 만재흘수 시의 방형계수이다.

■ LR의 경험식

영국 선급협회인 LR의 경험식은 다음과 같이 주어진다.

$$W_p = \left(\frac{L_p}{L_m}\right)^{1.67}\left(\frac{B_p}{B_m}\right)^{0.67}\left(\frac{D_p}{D_m}\right)^{0.50}\left(\frac{d_p C_{bp}}{d_m C_{bm}}\right)^{0.17} \tag{5.8}$$

여기서 d는 흘수이다. 식 (5.8)로부터 알 수 있는 바와 같이 주요요목이 선체강재중량에 미치는 영향은 길이, 폭, 깊이, 방형계수의 순서이며 선박 원가에 미치는 영향의 순서도 동일하다. 강재중량을 추정함에 있어 적정한 기준선의 선정은 매우 중요한데, 적정 기준선은 선박의 형상, 특히 선미선형이 동일하고(단스케그 또는 쌍스케그), 최근 건조되어 적용 규정이 동일하거나 또는 유사해야 하며 요구

사양 수준이 동등한 것이 바람직하다.

만재배수량 및 화물창 용적의 결정은 먼저 대상 선박이 산적화물선, 컨테이너선, 여객선과 같은 용적형(volumetric type)인지, 또는 원유탱커, LNG선과 같은 배수량형인지를 구분하여 견적설계 및 기본설계에 임하는 것이 바람직하다. 용적형 선박은 손상 시 침수부분의 해수가 선박의 중량을 크게 증가시키는 선박의 특성 상 충분한 건현을 확보해 주어야 하므로, 상대적으로 큰 건현을 요구하며 선급의 규정에 따르면 B형 또는 B-60형이다. 특히 컨테이너선, 여객선은 손상시복원성(damaged stability) 판정의 경우 확률적 해석(probabilistic approach)을 적용한다. 한편, 탱커나 LNG선의 경우 손상 시 침수부분의 해수가 선박의 중량을 크게 증가시키지 않으므로, 비교적 작은 건현을 요구하며 선급 규정에 따르면 A형에 속하고, 손상시복원성 판정은 결정적 해석(deterministic approach)을 적용한다.

만재배수량은 경하중량, 화물의 중량, 연료유 중량(연료유와 윤활유), 각종 빌지탱크(bilge tank)의 약 50% 내외의 중량과 재화중량 상수(선원, 각종 비품 등)의 합으로 얻어지며, 이렇게 얻어진 만재배수량에 따라 해당 흘수를 결정한다.

5.1.6 선박의 경제성 평가

선박의 경제성 평가는 이미 건조되어 운항 중인 선박에 대해서도 가능하지만 건조 전 초기 견적 단계에서나 표준선의 계획 단계에서 매우 유용한 수단이다. 계획 단계에서 화물의 운송 능력, 운항 속도, 주요 예상 운항 경로, 건조비용, 운항비용 및 선단을 구성하는 척수 등을 고려, 경제성 평가를 수행하면 계획 시에 예상 문제점을 쉽게 파악할 수 있으며, 경제성 평가의 결과, 비교 우위 확보가 어려우면 초기의 계획을 재검토하게 된다.

경제성 평가에 사용되는 주요 항목을 표 5-3에 보였다. 선박을 운항하는데 소요되는 연간순비용(annual net expense)은 금리비용, 감가상각비, 일반경상비, 보수유지비, 연료비의 합이며, 연간총비용(annual gross expense)은 연간순비용에 적정계수(1.02~1.05)를 곱한 값이다. 최소화물운송비(Required Freight Rate, RFR)는 연간총비용을 운송화물량(amount of cargo transport)으로 나눈 값이며, 자본회수율(Capital Recovery Factor, CFR)은 화물운송수입에서 연간총비용을 뺀 값을 초기비용으로 나눈 값이다. RFR은 단위화물당 이윤을 확보하기 위한 최소화물운송비인데, RFR이 시장의 단위화물 수송운임 보다 비싸거나, CFR이 낮아 자본회수 기간이 10년 이상 또는 내구 수명에 근접할 경우, 계획 중인 선박의 경제성이 낮다고 볼 수 있으므로 계획을 변경하여 경제성 확보를 모색하게 된다.

표 5-3 선박의 경제성 평가에 포함되는 제반 비용

항목	적용 사항.
초기비용(건조 선가)	계약선가, 건조 중 발생 비용, 건조자금 이자, 인도 시 등록비, 세금 및 선주 공급품 비용
금리비용	운항 시 초기비용의 이자
감가상각비	선박의 내구 수명 및 운항 계획을 감안하여 결정, 통상 15년~20년, 최종 폐선 시 잔존 가치(선가의 약 10%)를 제외함
일반경상비	화물 운송 관련 영업비용, 선원 급여, 보험료, 입항비 등
보수유지비	선박의 정기 수리 및 보수비용, 운항 중 선체 보수유지와 기관실 소모품 및 보수유지비
연료비	선박의 운항에 필요한 소모 연료비 및 발전기 등의 연료비

5.1.7 법규와 규칙(laws, rules and regulations)

기본설계 및 상세설계 시 고려되어야 할 법규로는 국제법, 국내법(주로 소형 상선이나 어선), 선급 규정, 각 관련기관(authority)의 규정 등이 있다.

국제법으로는 IMO에 의해 정해진 조약 및 협약(convention), 의정서(protocol), 결의(resolution)가 있으며 효력 등급은 조약 및 협약, 의정서, 결의의 순서이다. IMO에 대해서는 2.5.3절을 참조하기 바란다.

조약 및 협약(convention)은 여러 나라가 협정한 사항으로 강제 구속력이 있다. 이는 각국의 정부가 자국 내에서 정식 비준함으로써 효력을 발생하게 되지만 가맹국의 수가 많아 모든 국가의 승인이 날 때 까지는 오랜 시간이 걸리므로 정해진 숫자의 나라에서 비준이 확인되면 조약의 효력이 발생한다. 여기서 비준은 조약의 체결에 대한 당사국의 최종적 확인/동의 절차로, 우리나라의 경우는 대통령의 제청으로 국회의 동의를 얻어야 한다. 대표적인 협약은 다음과 같다.

- **국제해상안전협약**(SOLAS, International Convention for the Safety Of Life At Sea),
- **국제만재흘수선협약**(ICLL, International Convention on Load Lines),
- **국제해상충돌방지협약**(COLREGS 1972, Convention on the International REGulations for Preventing COLlisions at Sea),
- **국제선박해양오염방지협약**(MARPOL 1973, International Convention for the Prevention of Pollution from Ships, as modified by the Protocol of 1978 relating thereto MARPOL)

의정서(protocol)는 관계국 대표자가 IMO의 회의 시 의사 또는 사실을 협의/기록하고 이에 기명 조인한 국제 공문서로, 그 효력은 협약보다 약하지만 구속력이 있다. MARPOL 중 Protocol of 1978 relating thereto MARPOL 1973(MARPOL 73/78) 등이 있다.

결의(resolution)는 어떤 국가나 단체가 국제적으로 통일시키거나 규제해야 할 필요가 있는 사항을 제의하고, 이를 IMO에서 논의하여 그 결과를 채택하는 것으로 강제 구속력은 없다.

SOLAS는 상선의 안전에 관한 모든 국제적인 조약들 중에서 가장 중요한 것으로 인식되고 있으며, Titanic호 사고에 대한 대책으로 1914년 처음 제정되었고, 1928년, 1948년 그리고 1960년 각각 개편되었다. 1960년 조약(발효: 1965년 5월 26일)은 IMO가 구성된 후 첫 주요과제로 수행되었고, 관련 산업의 기술적인 발전에 보조를 맞춘 현대적인 규정이었으며, 주기적으로 갱신, 향상시키고자 하였다. 그러나 실제적으로는 개정 절차가 매우 느리게 진행되므로 개정 내용의 적시 발효가 불가능하였다. 그 결과 1974년 그 때까지의 개정 내용 및 간단화된 개정 절차를 포함한 완전히 새로운 조약을 채택하게 되었다. 새로운 개정 절차는 회원국 다수가(예를 들면 2/3) 승인할 때까지 기다리는 대신에, 정해진 일자까지 승인국 수만큼의 이의가 제기되지 않는다면 발효되는 것으로 하는 묵시적 승인 방식을 적용하는 것이었다. 1974년 조약은 그 이후 많은 개정으로 갱신되었으며, 따라서 현재 유효한 조약은 SOLAS, 1974, as amended 라고 표현한다.

ICLL은 만재흘수선에 관한 국제협약인데, 선박의 적재량 관리를 위한 흘수 제한이 선박의 안전에 매우 중요하다는 것은 오래 전부터 알려진 사실이며, 이러한 제한은 건현의 형태로 주어진다. 1930년 채택된 첫 번째 만재흘수선협약은 예비부력의 확보에 기초를 두었으며, 선박의 복원성 및 과적에 의한 과도한 선체응력을 방지하기 위해 충분한 건현을 갖도록 하였다. IMO에 의해 1966년 채택된 ICLL 1966에서는 구획(subdivision)에 따른 원유탱커의 건현지정과 손상시복원성(damage stability) 계산에 대하여 규정하였다. 이러한 안전 대책의 주목적은 건현갑판(freeboard deck) 하부의 수밀성 확보에 있다. 규정을 정할 때에 지역적 차이와 계절적 차이에 의한 잠재적인 위험성을 감안하였고, 부속서에서 문(door), 현측배수구[1](freeing port), 창구통로(hatchway) 등과 같은 여러 가지 부가적인 안전 대책을 포함하였다. 지정된 만재흘수선들은 모두 선체중앙부 양 현측에 갑판선과 함께 표시되어야 하며 이를 만재흘수선표시(load line mark)라고 한다(그림 2-4 참조). 갑판 위에 목재를 운송하도록 계획된 선박은 화물이 파도의 충격을 완화하는 작용을 하므로 더 작은 건현이 허용될 수 있다.

COLREGS는 1960년 SOLAS와 함께 채택되었던 COLlision REGulations at Sea를 갱신, 대체하기 위해 만들어졌다. 1972년 협약의 가장 중요한 혁신적인 내용은 통항분리요령(traffic separation

1) 불워크(bulwarks) 상의 배수구를 뜻한다.

schemes)이며, Rule 10에서 통항분리수역 및 부근에서의 안전속도, 충돌위험과 운항요령 등이 규정되었다. 통항분리요령은 1967년 도버해협에서 처음 제정되었고 처음에는 자발적인 참여형태로 운영되었으나, 1971년 IMO에서 모든 통항분리요령을 필수적으로 준수토록 할 것을 결의하였으며 COLREGS에서 이러한 의무를 명확히 하였다.

MARPOL은 선박에 의한 해양오염을 방지하기 위한 국제협약으로 1973년과 1978년의 조약을 근간으로 지속적으로 개정되어 왔다. 1973년 MARPOL은 기름(oil), 화공품(chemical), 포장된 상태의 유해물질(harmful substances in packaged form), 쓰레기(garbage)와 오수(sewage)에 의한 오염에 대하여 규정하였다. 1978년 MARPOL에서는 그 당시 발생하였던 일련의 사고들의 원인을 분석한 결과, 그 대책으로 원유탱커의 안전과 오염방지를 위해 분리밸러스트(segregated ballast)에 대한 요건을 강화하는 내용을 채택하였다. 1973년 조약이 아직 발효되기 전에 1978년 조약이 채택되었으므로, 이 두 조약은 하나로 흡수되어 MARPOL 73/78로 불린다.

TONNAGE(International Convention on TONNAGE Measurement of Ships, 1969)는 전 세계적으로 통용되는 톤수측정방식 도입을 위한 첫 번째 성공적인 시도였다. 이전에는 영국과 그 연방을 중심으로 1854년 영국에서 고안된 Moorsom체계가 사용되고 있었으나 국제적인 단일체계의 필요성이 상존하였다. 1969년 협약은 각각 독립적으로 계산되는 총톤수(Gross Tonnage)와 순톤수(Net Tonnage)를 규정하고 있다(2.2.3절 참조). 규정은 협약이 발효되는 1982년 7월 18일 이후에 건조되는 모든 선박에 적용되며, 그 이전에 건조된 선박에 대하여는 조약 발효 후 12년 동안 또는 1994년 7월 18일까지 기존톤수의 사용을 허용하였다.

모든 상선에 적용되는 의무 조항으로서 초기계획 시 고려되어야 할 사항은 다음과 같다.

1. 연료유탱크의 이중구조화(MARPOL Annex I Reg. 12A)

   사고 시 연료유탱크의 기름 유출을 방지하고자 이중구조를 택하도록 하였으며, 적용대상은 총 연료유 600 m^3 이상의 모든 선박으로 각 탱크 용량이 30 m^3을 초과하는 모든 연료유 탱크이고, 각각의 연료유탱크 용량은 2500 m^3보다 작아야 한다. 상기 규정은 탱크의 외벽이 선측과 선저 외판으로부터 일정거리 이상의 간격을 두고 설치되어야 함을 정하고 있다.

표 5-4 시정에 대한 요구사항

구분	규정 요구사항	체크포인트
적용 선박	LOA 55 m 이상, 1998년 7월 1일 이후 건조 선박	LOA, 용골 거치일(keel laying date) 기준
시정거리(visibility length)	어떤 흘수에서도 LOA의 2배 거리 또는 500 m 중 작은 쪽의 시정거리가 확보되어야 함	어떠한 컨테이너 적재 상태에서도 만족해야 함
조타 지시 위치 (conning position)	높이: 조타실 갑판(wheelhouse deck) 상부 1.8 m 위치 길이: 작업실(work station) 위치	

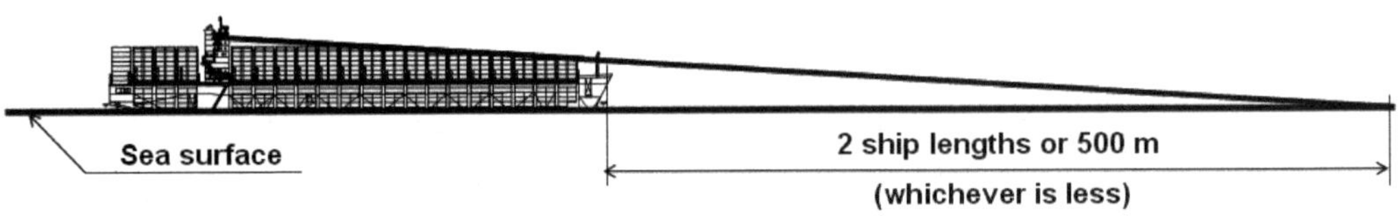

그림 5-1 컨테이너선의 시정

2. 시정에 대한 요구사항(visibility requirement)(SOLAS Chapter V Reg. 22)

선미 거주구를 가진 모든 선박의 거주구 위치 선정 및 높이 결정의 기준이 되며, 표 5-4에 그 내용을 보였다. 그림 5-1에 보인 바와 같이 컨테이너선에서는 화물의 적재량 및 경제성에 직접적인 영향을 미치므로 유의해야 한다.

3. 밸러스트수 교환(ballast water exchange)

자국의 항만에 입항하는 선박이 자국의 수역에서 밸러스트수를 아무런 조치 없이 배출하여, 입항하는 항만수역을 오염시키거나 또는 생태계를 파괴하는 것을 방지하기 위함이며, 밸러스트수 교환은 다음과 같은 방법에 의하여 수행된다.

1) 순차법(sequential method): 탱크 내의 밸러스트수를 완전히 배출한 후 밸러스트 펌프를 사용하여 교환수를 주수하는 방법이다.

2) 유동법(flow-through method): 탱크 내에 있는 기존 밸러스트수에 추가하여 교환수를 지속적으로 주수하여 혼합된 밸러스트수가 배출되도록 하며, 기존 밸러스트수 대비 약 3배 정도의 교환수를 주수하는 방법이다.
3) 희석법(dilution method): 별도의 밸러스트 배관을 이용하여 배출과 주수를 동시에 수행하는 방법이다.
4) 처리법(treatment method): 화학/기계적인 방법으로 밸러스트수에 포함된 미생물을 강제로 제거하는 방법이며, 2012년 건조되는 선박부터는 반드시 적용되어야 한다.

이외에도 각국의 선급은 선급별 규정을 적용하여 설계나 건조 시 감리를 실시하고 있으며, 선박이 등록되는 국가에서 요구하는 법규 또한 만족해야 한다.

5.2 산적화물선

산적화물선은 곡물, 석탄, 철광석 등 화물을 낟알 형태로 화물창에 싣고 수송하는 화물선이다(그림 5-2). 때로는 기름을 싣는 배를 산적 액체화물선이라고 하기도 하나 일반적으로 탱커라고 하고 대부분 곡물과 광석 등의 건화물을 나르는 배를 산적화물선이라고 부른다.

일반 선박에서는 아래쪽의 화물이 짓눌리지 않도록 중간에 갑판을 설치하여 그 사이를 막아주지만 산적화물선은 그와 같은 갑판을 설치하지 않는다. 곡물, 석탄, 철광석 등과 같이 포장되지 않은 균질의 화물인 산적화물은 선박의 동요로 인해 한편으로 기울어졌을 때 화물이 한쪽으로 쏠리면 원래 위치로 쉽게 복원되지 않는 특성이 있어 선박의 중심 이동을 초래하고 복원성에 악영향을 주게 되어 전복의 위험을 유발하게 된다. 이러한 위험을 방지하기 위해 SOLAS(국제해상안전협약)는 산적화물선에 대한 선박구조를 규제하고 있고, 화물 적재 시에도 화물의 쏠림 방지를 위해 화물창에 화물을 가득 채우거나 화물의 표면을 다른 포장화물로 덮는 등의 방법을 사용한다. 산적화물선의 화물창은 상갑판에서 화물창 바닥까지 전체가 하나의 공간으로 뚫려 있는 단일갑판형이며, 비중이 큰 철광석과 같은 화물은 화물창을 하나씩 건너서 적재하는 소위 교차선적(alternate loading)을 하기 위해 화물창 구조에 특별한 보강을 하기도 한다.

그림 5-2
산적화물선의
시운전

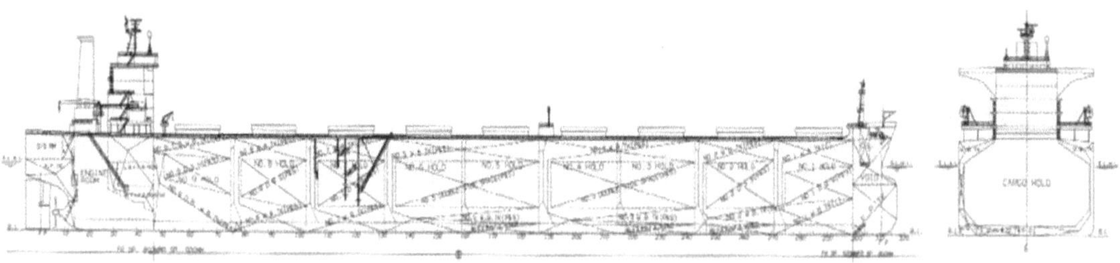

그림 5-3 산적화물선의 일반배치도 및 중앙횡단면도

산적화물선은 그림 5-3에 보인 바와 같이 트림 조정 등에 활용되는 선수미 피크탱크(peak tank), 화물창, 기관실 및 거주구의 가장 간단한 형태의 배치를 가진다. 화물창은 화물의 특성 상 횡격벽으로 구분되고, 해상 오염의 위험이 없기 때문에 이중선각(double hull) 구조가 아닌 단일선각(single hull) 구조이며, 적정량의 밸러스트 확보를 위하여 밸러스트 탱크로 활용되는 상부 호퍼탱크(hopper tank) 및 하부 호퍼탱크는 관으로 연결된다. 단 기관실 내 연료유 탱크는 해상오염을 감안, 선체 외벽과 적절한 거리를 유지하는 이중구조로 되어야 한다.

화물창의 구분은 화물의 적재를 쉽게 하고 적정한 강도를 확보하기 위해 파형격벽(corrugated flush type)을 채택하고, 횡격벽 상하 부분에 통상 빈 공간(void space)으로 사용되는 적절한 크기의 스툴탱크(stool tank)를 배치한다.

산적화물선의 설계에서 유의사항은 창구덮개(hatch cover)의 크기와 창구코밍(hatch coaming)의 높이 선정 및 창구개구(hatch opening)의 끝 부위 형상 및 반경 등이다.

5.2.1 재화중량에 따른 산적화물선의 분류

표 5-5에 재화중량에 따른 산적화물선의 분류를 보였다. 핸디사이즈 및 VLBC(Very Large Bulk Carrier)의 경우 화물의 종류 및 선주의 요구에 따라 다양한 형태로 설계 및 건조되며 최근에는 철광석 전용의 40만 DWT의 VLBC도 설계, 건조되고 있다.

표 5-5 재화중량에 따른 산적화물선의 구분 및 크기 제한(N_C는 화물창의 수)

	재화중량	최대크기 $LOA \times B \times d$	N_C	주요 특징
핸디사이즈 (Handysize)	20K~50K		5	세계의 불특정 항구를 운항대상으로 하며 화물 하역을 위해 자체 하역설비, 즉 크레인 또는 데릭(derrick)을 탑재
파나맥스 (Panamax)	55K~75K	274.2× 32.3× 12.04	7	파나마 운하를 통과할 수 있는 크기의 선형으로, 화물 하역은 항구의 설비를 이용하며, 자체 설비를 탑재하지 않음
캄사르맥스 (Kamsarmax)	82K	229.0× 32.24× 14.5	7	보크사이트 수출항인 Kamsar항을 대상으로 최적화
케이프사이즈 (Capesize)	120K~160K	314× 47.2× 17.5	9	남아프리카 공화국의 석탄 수출항 Richards Bay에 입항 가능한 크기
VLBC	180K~250K			

5.2.2 산적화물선에 적용되는 주요 규약

- IACS[2)] UR S21(Evaluation of Scantlings of Hatch Covers and Hatch Coaming of Cargo Holds of Bulk Carriers, Ore Carriers and Combination Carriers)

1980년대 많은 산적화물선들이 침몰되었는데, 특히 1980년 9월 폭풍우로 인해 침몰하여 44명 선원이 전원 사망한 영국 국적의 산적화물선 Derbyshire호의 잔해를 1994년에 발견하여 사고의 원인을 분석한 결과 1번 화물창의 창구덮개 및 창구코밍 강도가 지적되었다. 이에 따라서 창구덮개 및 창구코밍의 강도를 높은 하중에 견딜 수 있도록 규정하기 위해 IACS UR S21이 제정되었다.

나아가 각국의 선급이 서로 다른 규칙을 가지고 있었는데 따른 문제점을 없애기 위해, IACS는 산적화물선에 대한 공통구조규칙(Common Structural Rules for Bulk Carriers)을 제정하여 2006년 4월 1일 이후 건조 계약된 길이 90 m 이상인 선박에 적용하고 있다.

5.3 원유탱커(Crude Oil Tanker, COT)

원유탱커는 천연의 가공하지 않은 원유를 선박의 화물창에 실어 수송하는 배이다(그림 5-4). 이전에는 원유탱커의 선체 외판이 곧 화물창 벽이 되는 단일선각 구조였으나, 1983년 IMO가 MARPOL을 채택한 이후 이중선각 구조로 변화하게 되었다. 1989년 알래스카 연안에서 초대형 원유탱커 엑슨발데즈(Exxon Valdez)호가 좌초하여 다량의 기름이 유출된 것을 계기로, 1990년 미국 연안을 항해하는 모든 원유탱커에 대해 이중선각 구조를 의무화하는 법안이 제정되었고, 1992년 IMO도 새로 짓는 원유탱커의 경우 이중선각 구조를 의무화하였다.

탱커의 범주에는 원유탱커 외 정제유탱커 및 화공품탱커도 포함시키지만 화물 종류에 따라 설계가 다양하므로 여기서는 원유탱커만 다루기로 한다. 원유탱커는 그림 5-5에 보인 바와 같이 트림 조정 등에 활용되는 선수미 피크탱크, 화물창, 스롭탱크(slop tank), 기관실, 펌프실 및 거주구로 이루어지는 간단한 형태의 배치를 가진다. 원유탱커의 펌프실에는 일반적으로 화물펌프와 밸러스트펌프를 설치하지만, 화물의 종류가 다양한 정제유탱커의 경우 각 화물창 별로 펌프를 배치하여 별도의 펌프실이 없는 경우도 있다.

산적화물선과 달리 액체를 나르는 탱커는 화물창 내에 종격벽 및 횡격벽을 가지며, 격벽은 원유탱

2) 국제선급연합(2.5.2절 참조)

그림 5-4 원유탱커

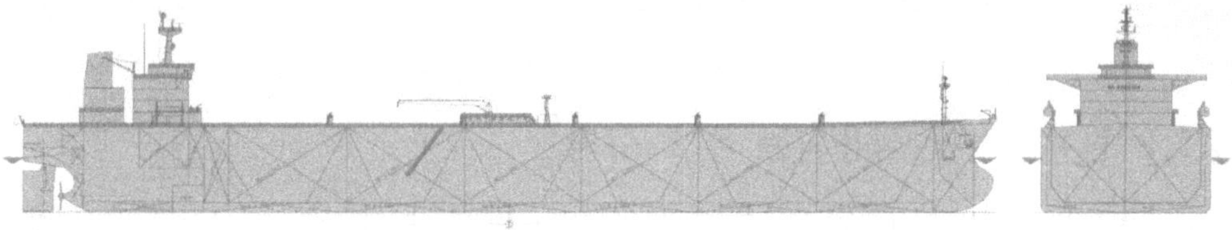

그림 5-5 원유탱커의 일반배치도 및 중앙횡단면도

커의 경우 보강재가 부착된 평면 형상을 가지도록 하며, 정제유탱커의 경우 파형격벽(corrugated type)으로 화물창 내 격벽이 쉽게 세척될 수 있도록 한다.

화물창의 경우 화물의 특성상 해상 오염의 위험을 감안하여 이중선각 및 이중저(double hull and double bottom)로 되어 있으며, 화물창과 선체외벽 사이에 일정거리 이상의 간격을 확보하여야 한다. MARPOL Annex I, Regulation 19는 1996년 7월 6일 이후 인도된, 재화중량 600 톤 이상의 원유탱커에 적용된다. IMO MEPC(Marine Environment Protection Committee), MARPOL

5.3.1 재화중량에 따른 원유탱커의 분류

표 5-6에 재화중량에 따른 원유탱커의 분류를 보였다. 표에 보인 원유탱커 중 파나맥스, 아프라맥스, 수에즈맥스는 좌우현에 각각 6개씩의 화물창을 가지며, VLCC는 좌우현 및 중앙부에 각각 5개의 화물창을 가진다. 원유탱커의 분류와 관련하여서는 2.6.5절의 상선 분류도 참조하기 바란다.

표 5-6 재화중량에 따른 원유탱커의 구분 및 크기 제한

분류	재화중량	최대 크기 (LOA × B × d)	주요 특징
파나맥스	55K~75K	228.6× 32.3× 12.6	일정 화물 및 항로를 갖는 정기선이 대부분, 최근의 파나마 운하 확장에 따라 변화 예상
아프라맥스 (Aframax)	95K~115K	253.0× 44.2× 11.6	운임 측면에서 가장 경제적인 크기의 선박
수에즈맥스 (Suezmax)	135K~180K	d= 18.9	원유 100만 배럴을 적재 할 수 있음(흘수 56 ft)
VLCC	240K~350K	470× 60× 20	원유 200만 배럴을 적재
ULCC	350K~		

5.3.2 원유탱커에 적용되는 주요 규약

MARPOL에 의해 규정된 사항을 준수해야 하며, 1978년의 협약에서는 그 당시 발생하였던 일련의 사고들에 대한 대책으로 원유탱커의 안전과 오염방지를 위해 밸러스트의 분리 요건을 강화하는 내용을 채택하였다. 또한, 산적화물선에 대해서와 같이, IACS는 이중선각 탱커에 대한 공통구조규칙을 제정하여 길이 150 m 이상인 선박에 대해 적용하고 있다.

5.4 액화천연가스운반선

액화천연가스운반선 또는 간단히 줄여서 가스운반선은 천연가스의 경제적 운송을 위하여 액화된 상태로 운반하는 선박이며 대표적인 가스운반선으로는 LPG선 및 LNG선이 있다.

LPG(Liquefied Propane Gas, 액화프로판가스)는 -42.3℃ 이하로 액화시켜 운반하는데, LNG에 비하여 비중은 크고 액화 온도가 상대적으로 높으므로 간단한 구조보강을 추가하여, -33.4℃에 액화되는 암모니아(NH3)와 같이 운반하기도 한다. LNG(Liquefied Natural Gas, 액화천연가스)는 천연가스의 주성분(부피 약 90%)인 메탄을 -161.5℃ 이하로 액화시킨 것이다. 액화된 천연가스의 부피는 기체 상

그림 5-6
LNG선의 시운전

태의 1/600, 비중은 0.42~0.47(원유 비중의 절반 정도)이기 때문에 수송 및 취급이 용이하며, 또한 LNG는 액화공정 전에 탈황/탈습 공정을 거치기 때문에 청결하면서도 고품질, 고열량인 장점이 있다.

LNG선(그림 5-6)은 초저온 화물을 운반하기 때문에 내저온성 재료를 사용하여 화물창을 제작하며 극저온 화물로 인한 열응력을 고려하여 보냉/방열 구조 설계에 주안점을 두어야 하고, 안전상 화물 유출을 방지하는 1차 방벽과 2차 방벽을 설치하여 LNG의 누수로 인한 2차적 사고를 방지한다.

5.4.1 화물 저장방식에 따른 LNG선의 분류

표 5-7에 화물 저장방식에 따른 LNG선의 분류를 보였다. LNG를 저장하는 LNG탱크는 크게 박막형과 독립형으로 나눌 수 있다. 박막형 탱크에 사용하는 금속판은 충분한 저온 연신율을 가지며 용접이 쉽고 부식에 강한 스텐레스강, 또는 충분한 열응력 강도를 가지며 열변형이 거의 없는 니켈합금강(Invar)을 사용한다. 독립형은 자기지지(self-supporting)형으로 별도의 LNG 저장 탱크를 만들어 화물창 구획에 설치하고 지지대를 사용하여 선체에 연결한다. 독립 탱크의 재질로는 일반적으로 비중이 낮고 연신율이 높은 비철금속 중 가격이 저렴한 알루미늄을 주로 사용한다. 독립 탱크 B형의 Moss형은 노르웨이의 회사 Moss의 특허이고, SPB형(Self-supporting Prismatic type B)은 일본의 IHI의 특허이다.

LNG는 -161.5℃ 이하의 초저온 상태에서 압력을 일정하게 유지하는 경우, 외부에서 들어오는 열 또는 액체의 유동에 의한 열을 흡수하여 비등할 수 있으므로 증발가스(boil off gas)를 생성한다. LNG선의 탱크에는 단열 시공을 하고 있으나 탱크 내외의 온도 차에 의한 비등은 피할 수 없으므로

표 5-7 화물 저장방식에 따른 분류

종류	특성	설계압력	2차 방벽
박막형	화물창 내벽에 단열재를 설치하고 그 위에 특수금속으로 박막을 입혀 탱크로 사용	0.25 $barg$[3]	별도로 설치
독립 탱크 A형	선급의 통상적 해석 방법으로 탱크를 설계하는 대부분의 저온식 LPG선	0.7 $barg$	선각이 2차 방벽 역할
독립 탱크 B형	통상 LNG선에 적용되며 Moss형 LNG, SPB형 LNG선	0.7 $barg$	부분적인 2차 방벽
독립 탱크 C형	압력식 또는 저온/압력식 탱크를 사용하는 소형 선박	지정값	2차 방벽 없음

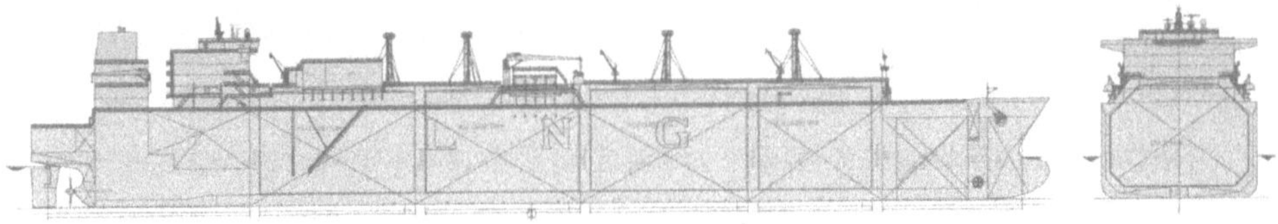

그림 5-7 박막형 LNG선의 일반배치도 및 중앙횡단면

증발가스의 양이 안전과 경제적인 측면에서 문제가 되지 않도록 설계 단계에서 잘 고려해야 한다. 과거에는 경제적인 관점에서 발생한 증발가스를 선박의 추진연료로 사용하기 위해 외연기관인 증기터빈을 주기관으로 사용했으나, 내연기관에 비하여 열효율이 떨어지므로 최근에는 가스와 연료유를 혼용하는 내연기관을 사용하거나, 발생된 증발가스를 선박에 설치된 재액화 장치를 이용하여 탱크로 환원시키는 방법을 이용하고 있다.

그림 5-7에 보인 바와 같은 박막형 LNG선에 대해서는 액체의 유동에 의하여 발생하는 슬로싱(sloshing)에 대비하여 탱크 형상 및 탱크 폭, 길이 및 화물창 내 화물적재 비율에 대한 엄격한 제한이 가해진다. 아울러 모든 LNG선은 하역 항구의 조건에 따른 흘수와 갑판 높이 및 화물의 적재 조건 등에도 제한이 있다.

탱크의 상대운동 및 가속도가 가장 큰 선수부 1번 탱크의 길이가 상대적으로 작으며, 특히 항구의 입출항 조건이나 화물 하역 시 용골수평(even keel) 상태를 유지하기 위하여 연료탱크를 선수미로 분리하여 배치한다. 또한 화물이 극저온인 점을 감안하여 화물창 사이에는 수밀공간인 코퍼댐(cofferdam)을 배치한다.

3) $barg$ 는 대기압을 기준으로 하는 상대압력을 bar 로 나타낸 값이다.

5.4.2 LNG선에 적용되는 주요 규약

1. IGC(Intergovernmental Conference)[4] Code

IGC Code의 목적은 액화가스 및 기타 화물을 운송하는 데 있어 해당 화물의 성질을 감안하여 화물의 운송에 사용되는 선박의 설계 및 구조의 기준과 해당 선박의 선원 및 해양환경에 대한 위험을 최소화하기 위하여 선박에 설치하여야 할 시설의 국제적 기준을 규정함에 있다.

2. SIGTTO(Society of International Gas Tanker and Terminal Operators, 국제 LNG선 및 터미널 운영자 연합회)

SIGTTO는 유럽의 메이저 각사, 가스회사, 전력회사, 가스탱커 운항회사, 터미널 회사 등이 참가하여 LNG와 LPG의 생산, 수송으로부터 소비까지의 관련 사업 전체의 안전 확보를 목적으로 국제적 기준을 정한다.

5.5 컨테이너선

컨테이너선(그림 5-8)은 화물을 담은 컨테이너(자재 및 화물의 운송에 이용되는 용기)를 적재하여 수송하는 선박이며 일명 Box Ship이라고도 한다. 1957년 미국 Sealand 선사가 소형 유조선을 개조하여 35 ft 컨테이너를 226개 적재할 수 있는 컨테이너선으로 사용한 것을 시초로 20세기 후반 해상수송 방식에 가장 큰 변화를 가져 왔으며, 현재 정기 화물선의 대부분을 차지하고 있다. 컨테이너를 사용함에 따라 육상수송과의 연계가 쉬워지고, 화물의 하역이 빨라졌으며, 선박의 수송효율이 혁신적으로 향상되었고 화물운송에서 택배 서비스(door to door service)가 가능해졌다. 일반적으로 적재 가능한 컨테이너의 수가 용량(capacity) 분류의 기준이 된다. 컨테이너선의 하역에 대해서는 6.1.2절을 참고하기 바란다.

4) EU의 기본조약에 대한 개정을 협의하는 공식적 절차이다.

그림 5-8 항해 중인 컨테이너선

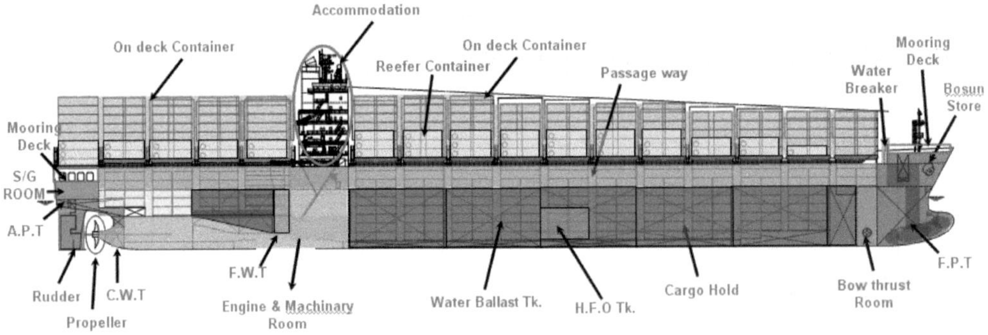

그림 5-9 컨테이너선의 일반배치

5.5.1 컨테이너선의 종류

컨테이너 적재 전용 여부에 따른 분류는 아래와 같다.

- 전용 컨테이너선(full container ship): 컨테이너만을 전문적으로 수송할 수 있도록 특수한 화물창 구조 및 창구덮개를 설치한 선박.
- 부분 컨테이너선(semi container ship): 선박의 일부분에 컨테이너를 적재할 수 있도록 만들어 컨테이너를 운반하는 선박.

또한 컨테이너 하역 방식에 따른 분류는 다음과 같다.

- Lo/Lo(Lift-on/Lift-off) 방식: 컨테이너 부두에 장치된 크레인 또는 선박 자체의 갑판에 설치된

크레인에 의해 컨테이너를 하역하는 방식

- Ro/Ro(Roll-on/Roll-off) 방식: 선박의 선미 또는 측면에 설치한 램프(stern/side ramp)를 통하여 트레일러 또는 지게차로 하역하는 방식
- 복합(hybrid) 방식: 위의 두 방식의 혼합

일반적으로 컨테이너선이라 함은 Lo/Lo 방식으로 하역하는 전용 컨테이너선을 뜻한다.

5.5.2 컨테이너선 일반배치 및 기본설계 시 유의사항

1. 컨테이너선의 일반배치

그림 5-9에 보인 바와 같이 컨테이너선의 일반배치는 산적화물선, 원유탱커, LNG선에 비해 다소 복잡한 형태이다. 주요한 차이점은 거주구역(accommodation)의 배치 및 기관부의 위치가 통상 산적화물선, 탱커 및 LNG선보다 상대적으로 중앙부로 이동하였으며 보통 주갑판 상에 배치되는 통로(passageway)가 주갑판 하부로 이동하였고, 아울러 대개 기관실 내부에 배치되는 연료유탱크가 중앙부에 배치되어 있다.

이와 같은 배치는 화물이 주갑판 상부 및 하부에 적재되는 것을 고려하고, 또 SOLAS에서 규정하는 시정거리(visibility length)에 대한 요구조건을 보다 커진 선형에 대해 만족시키기 위함이다. 또한 상대적으로 높은 운항속도를 낼 수 있기 위해 저속선 및 중속선에 속하는 산적화물선, 원유탱커, LNG선과 비교하여 일반적으로 2~3배의 높은 주기관 출력이 필요하기 때문이다. 그림 5-9에 보인 배치 구역에 대한 간단한 설명은 아래와 같다.

- FPT/APT(Fore Peak Tank/Aft Peak Tank, 선수미 피크탱크): 일반적으로 밸러스트탱크 용도로 사용되거나, 빈 공간(void tank)이 되며, 특히 FPT는 선박의 충돌 시 선체 전반에 미치는 충격을 막아주는 역할을 가진다.
- FWT(Fresh Water Tank, 청수탱크): 각 기기에 사용되는 냉각수 및 선원들에게 필요한 식수 등으로 사용되는 물을 저장하는 탱크
- CWT(Cooling Water Tank, 냉각수탱크): 선박의 주기관과 선미부 프로펠러를 연결하는 축(shaft) 구동 시 발생하는 열을 냉각시켜주는 역할을 함
- S/G Room(Steering Gear Room, 조타장비실): 선박의 방향제어를 담당하는 타의 구동장치인 조타장비가 설치되어 있는 장소

- Passageway(통로): 갑판 하부에 마련된 선원들의 이동 통로
- Mooring deck(계류갑판): 선박의 계류 시 필요한 계류장비가 설치되는 장소로 선수미에 위치한다.
- Water breaker(방수벽): 선수부의 갑판 상부로 넘어오는 해수(green water)가 컨테이너와 부딪히지 않도록 막아주는 구조물

2. 컨테이너선 기본계획 시 유의사항

컨테이너선 기본계획 및 설계에서는 주요요목, 선형 및 구획을 결정한다. 일반배치 결정 시에는 아래와 같은 항목에 유의하여야 한다.

1) 주요요목 결정 시 유의사항

- 생산성: 선박 건조, 건선거(dry dock)에 배치 가능 여부
- 주 터미널 설비: 주요 터미널 부두 깊이, 크레인 가동범위(outreach) 등 제반 요건
- 항해 경로: 수에즈 운하, 파나마 운하 등 요목 제한 요건
- 성능: 요구 항해 속력 및 컨테이너 적재 능력

2) 선형의 초기계획 시 유의사항

- 주기관 배치가 고려된 선미형상
- 파랑에 의한 충격하중 감소를 고려한 선수형상, 적절한 플레어각(flare angle)의 확보
- 계류장비가 설치 가능한 선수 갑판 면적 확보
- 컨테이너 적재를 고려한 LCB(종부심)의 위치 결정

3) 구획 및 일반배치 시 유의사항

- 적재성능 및 가격 측면에서 가장 유리한 최적 구획 및 탱크 배치: 컨테이너의 적재용량(container loading capacity), 선체/의장 물량
- 비틀림(torsional)모멘트를 고려한 기관실 및 거주구 위치 선정
- 항해거리 및 항해속력을 고려한 연료유 용량 및 연료유탱크 배치 결정
- 구조적 관점: 윙(wing)과 화물창개구(hold opening)의 폭, 격벽의 길이

4) 기타 고려사항

- 냉동컨테이너 유무
- 래싱브릿지(lashing bridge) 설치 유무
- 창구덮개(hatch cover): 패널의 종류(panel type), 중량, 전체 개수, 작동방법, 밀착도(tightness) 등

위와 같은 사항에 유의하여 아래의 순서에 따라 기본계획 업무를 수행하게 되며, 수행 결과를 분석하여, 요구성능이나 목표한 적재 컨테이너 수를 만족하지 못하면 결정 사항을 변경, 재차 수행한다.

- 주요요목 (L, B, D)
- 요구 속도를 만족하는 요구 마력 및 주기관의 종류 선정, 선박의 C_b, LCB 위치에 유의
- 실적선 및 유사선을 바탕으로 한 선형 변환(hull variation)
- 변환된 선형을 바탕으로 구획배치 결정
- 컨테이너의 적재용량 검토.
- 경하중량 추정
- 제반 주요 계산 수행: 트림과 복원성 계산, 손상시복원성 계산, 시정거리 계산, 건현 계산, 의장수(equipment number) 계산, 총톤수 계산을 수행한다. 컨테이너선은 갑판 상부에 컨테이너를 적재하기 때문에 풍압면적이 커지므로 풍압에 기인하는 횡경사각이 증가하며, 또한 선박의 중심이 높아지므로 GM이 과도하게 커져 횡동요가 커질 가능성이 높아지는데, 이와 같은 이유로 갑판 상부에 적재한 컨테이너가 유실되지 않도록 설계 시 유의해야 한다. 컨테이너선은 흘수가 작고, 선폭이 크기 때문에 복원성은 좋은 편이지만, 그 복원성 범위가 다른 선박에 비하면 상당히 작다는 점에 유의하여 대각도 횡동요가 일어나지 않도록 주의해야 한다.

빈 컨테이너와 화물로 채워진 컨테이너는 중량의 차가 있으며, 또한 화물이 든 컨테이너도 그 중량에 상당한 차이가 있기 때문에 무게중심의 위치 조절을 위한 적재 배치는 선박의 운항 시 반드시 신중히 고려되어야 한다. 일반적으로 무거운 컨테이너는 아래에, 가벼운 컨테이너는 위에 배치하고, 갑판에는 배의 동요로 인하여 컨테이너가 전락하지 않도록 가벼운 컨테이너를 실어야 한다. 컨테이너의 일반적재계획(general stowage plan)에는 적층중량한계(stack weight limit)가 기재되어 있으므로 이를 참고하여, 적재가 바람직한 상태로 이루어지도록 해야 한다.

5.6 여객선

여객선은 13인 이상의 여객을 운송하는 선박이며, 여기서 여객은 선장과 선원 또는 자격여하를 불문하고 승선하여 선박의 업무에 고용되거나 종사하는 사람과 1세 미만의 유아를 제외한 승선인원을 뜻한다. 여객선은 그 기능에 따라 크루즈선과 페리로 구분한다.

크루즈선(그림 5-10)은 정해진 항로를 일정기간(수일~수십일)에 운항하면서 승객들에게 휴양, 유람, 관광 등을 해상에서 제공할 수 있도록 건조된 선박을 뜻하며, 선박, 호텔, 휴양지(resort)의 복합적 기능을 가진다. 이를 위해 선박 내의 즐겁고 쾌적한 거주를 보장할 수 있도록 관련 설비를 갖추어야 한다.

페리는 정해진 항로를, 정해진 스케줄에 따라 운항하는 선박으로, 승객과 화물의 운송을 주목적으로 하며, 크루즈페리(cruise ferry), 로팩스(Ro-Pax), 팩스카페리(Pax car ferry) 등이 있다. 표 5-8에 각종 페리의 주요 특성을 보였다

그림 5-11에 각종 페리의 일반배치를 개략적으로 보였는데, 중간 회색으로 나타낸 부분은 주요 화물 적재 구역을, 연한 회색으로 표시된 부분은 승객을 위한 구역으로 객실이나 공용구역(public

그림 5-10
항해 중인 크루즈선

표 5-8 각종 페리의 주요 특성

구분	크루즈 페리	팩스카페리	로팩스
항해시간	1~2일	1~2일	2~10시간
주요 화물	트레일러, 자동차	자동차	트레일러
객실 수	모든 승객	대부분 승객	약간
공용구역의 면적	많은 위락시설	식당, shop	최소한의 식당

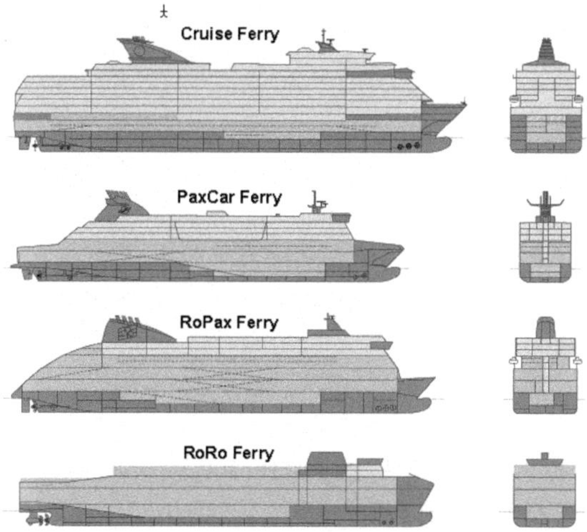

그림 5-11 각종 페리의 배치

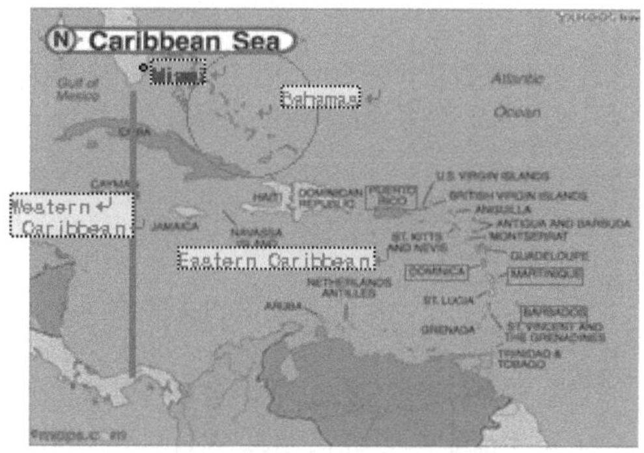

그림 5-12 카리브해 항로

space)을 나타낸다. 여객선에 적용되는 추가적인 주요 사항으로는 항로에 따른 구분으로 국제항해 여객선과 단국제항해(short international voyage)여객선이 있다. 단국제항해는 그 항로가 여객과 선원이 안전하게 대피할 수 있는 장소까지의 거리가 200 마일 이내에 위치하는 국제항해로, 항해가 시작된 국가의 마지막 기항지로부터 최종 목적항까지의 거리 또는 그 귀항거리의 어느 것도 600 마일을 넘지 않아야 한다. 항로 구분에 따라 여객선의 주요 안전 설비 요구사항이 달라지는데 일반적으로 크루즈선은 국제항해 여객선에 속하며 일부를 제외한 대부분의 페리는 단국제항해 여객선에 속한다.

크루즈선의 주요 항로에는 카리브해(Caribbean Sea), 유럽 지중해 지역, 알래스카 지역 및 최근 주목을 받고 있는 한국, 중국, 일본 및 동남아 노선 등이 있다.

그림 5-12에 보인 카리브해 항로는 가장 인기 있는 크루즈 항로 중의 한 곳으로 동, 서부 카리브해로 구분하는데, 7,000여 개의 크고 작은 아름다운 섬들을 자랑하며 멕시코연안 지역에서는 고대 마야 유적을 경험할 수 있다. 맑은 바다와 따뜻한 태양 아래의 모래 해변을 중심으로 스쿠버(scuba), 스노클링(snorkeling)과 같은 다양한 수상 스포츠, 해먹(hammock) 등을 즐길 수 있으며 대형 크루즈선을 중심으로 운영되고 있다.

그림 5-13에 보인 지중해 항로는 주로 중형 크루즈선을 중심으로 운영되며 발트해, 흑해, 지중해 및 노르웨이 피오르드 해안을 포함하여 수많은 세계적인 도시를 관광하면서 각 나라의 고유문화를 경험할 수 있고 그리스, 로마 등의 고대 문명 유적들을 관광할 수 있어, 해상 및 육상 관광을 동시에 할 수 있다는 장점이 있다. 그림 5-14에 보인 알래스카 항로는 상대적으로 미개척인 넓은 지역의 웅

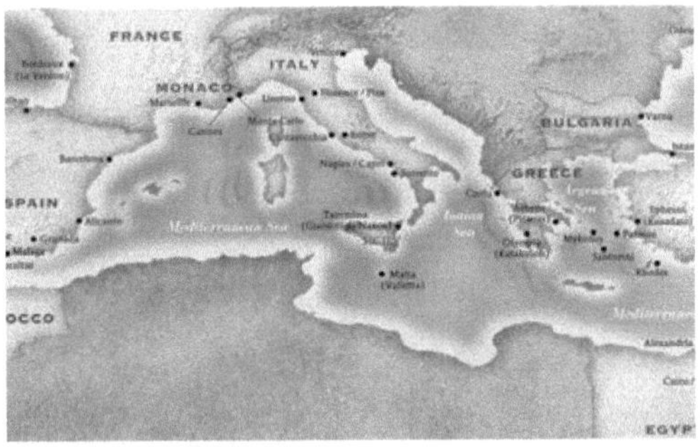

그림 5-13 지중해 항로

그림 5-14 알래스카 항로

장한 해안선과 빙하를 볼 수 있다. 인기가 높은 두 가지 항로 중 하나는 흐르는 빙하지역의 안쪽을 항해하는 것이고 다른 하나는 알래스카만의 앵커리지와 밴쿠버를 경유하는 항로이다. 항해 중 매일 새로운 것들을 발견할 수 있는 항로로 최근 인기가 매우 높은 항로이다.

5.6.1 크루즈선의 일반배치 및 구성 비

그림 5-15에 크루즈선의 전형적인 배치 구성비를 보였다. 그림에 보인 바와 같이 크루즈선 공간의 약 75%는 호텔 기능을 위한 공간이며, 25%가 운항을 위해 필요한 장비 등을 설치하는 공간으로 할당된다. 전체 공간의 약 55%가 숙박 시설인 객실과 식당, 라운지(lounge), 카지노, 쇼핑센터, 스포츠센터, 실내외 수영장 및 계단 등을 위한 공간이며, 약 10%는 승무원들을 위한 선원실 및 식당 등을 위한 공간이고, 약 10%는 조리실 및 승객 서비스를 위한 공간이다. 나머지 25%는 공기조화시스템(Heating, Ventilating, Air Conditioning system, HVAC), 추진시스템, 청수 및 연료유를 포함한 각종 탱크를 위한 공간과 계선 및 계류를 위한 공간이다. 크루즈선의 일반배치도는 거의 15층 이상의 모든 갑판의 배치 개념을 포함하는 종합 설계도이다(표 5-9 참조). 따라서 일반배치는 초기 단계에서부터 실내장식 및 의장 설계자들과 함께 검토하고 설계한다.

크루즈선 일반배치 시 우선적으로 고려되어야 할 사항은 크루즈선의 설계가 정형화되어 있는 것이 아니라는 점이며, 호텔 건축과 유사하게 선주가 제공하는 사양서와 요구사항 등을 상세히 이해해야 한다는 점이다. 특히 선주가 선호하는 실적선이나 참고 선박의 배치개념, 호텔 기능에 대한 이해는 필수적이다. 아울러 항해구역, 항해 운용개념과 관련한 아래와 같은 특별한 요구사항에 대한 제반 검토를 수행해야 한다.

- 항해하는 항구에 대한 제한: 길이, 깊이, 오버행(overhang), 잔교(jetty), 터미날 형상
- 항해구역의 다리(bridge) 등의 한(air draft, 수면 위의 높이)
- 운항하는 운하: 파나마, 수에즈 등
- 텐더(Tender)[5] 운항 여부
- 적재/양륙 소요시간(loading/unloading time)
- 항해구역의 환경(environment) 제한
- 여객의 승선 및 하선(embarkation/disembarkation) 방법 및 위치.
- 선급 표기(class notation) 및 기타 등록 국가 관련하여 특별한 요구 사항 검토
- 예비 추진장치(propulsion redundancy): 특히 이 항목은 2010년 7월 1일 이후에 용골거치를 수행한 여객선에 적용되는 '안전한 귀항'(safe return to port)에 해당되는 항목으로 한 구역의 화재, 침수 후에도 최소한의 운항을 할 수 있는 설비를 갖추어야 함을 뜻한다. 최근 대부분의 크루즈선은 선박이 침수 및 화재를 당했을 경우에도 72시간 이상, 다른 선박의 도움 없이 자항할 수 있는 능력을 갖추도록 배치한다. 이를 위해 주기관실, 발전기실/추진모터실/변환기실, 주배전반실/변압기실 및 조타장비실은 잉여체제(redundancy)를 갖추어야 한다.

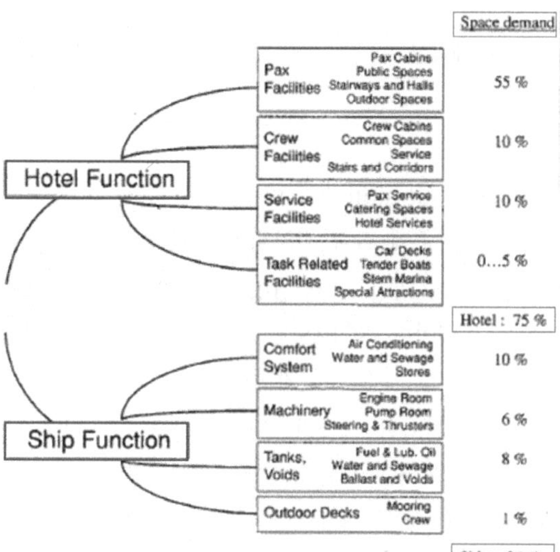

그림 5-15 크루즈선의 배치 구성비 예

5) tender는 여객선이 입항할 수 없는 작은 항구까지 승객을 운송하는 소형선을 뜻한다.

표 5-9 크루즈선의 기본 기능별 배치

	85,000 G/T Class	50,000 G/T
Deck 15	공용구역: 리도레스토랑((Lido restaurant), 전망라운지(observation lounge), 수영장 및 스포츠갑판(pool & sportsdeck)	
Deck 14		
Deck 13		공용구역
Deck 12	객실	
Deck 11		객실
Deck 10		
Deck 9		
Deck 8	공용구역, 구명정 승선갑판(embarkation deck)	
Deck 7		공용구역
Deck 6	객실, 쇼라운지, 주방(galley)	
Deck 5		객실 또는 선원실
Deck 4	선원실, 기관실, 식료품창고	선원실, 기관실, 식료품창고
Deck 3		
Deck 2	탱크, 기관실, 세탁실	탱크, 기관실, 세탁실
Deck 1	탱크공간	탱크공간

- 인간공학적 기준(ergonomic criteria): 이 항목은 승객 및 승객 수하물의 흐름 및 비상시를 대비한 흐름이 인간공학적 기준에 따라 검토되어야 함을 뜻한다.

여객선 일반배치를 할 경우, 가장 먼저 결정해야 할 사항 중의 한 가지가 주요방화구역(Main Fire Zone, MFZ)을 구획하는 작업이며, SOLAS가 규정한 길이 제한을 만족하면서 개수를 최소화하여 구획을 정해야 경제성 및 경쟁력 있는 설계가 가능하다.

이러한 주요방화구역이 구획되면 각각의 주요방화구역에는 비상시 탈출분석을 고려한 계단의 위치를 정한다. 계단설치의 주요 목적은 모든 승객과 승무원들이 구명정 승선갑판으로 안전하고 쉽게 접근할 수 있는 탈출로(escape route)를 제공해야 하며 승객들의 탈출 흐름에서 발생하는 혼란을 최소화할 수 있도록 배치한다. 상세 탈출로 설계 전에 개략적인 탈출분석(escape calculation)을 통해 각 갑판 상에 필요한 계단(stairway)의 수(number)와 크기(width)를 결정한다. 규정에 따르면 격벽갑판 상부의 각각의 주요방화구역에는 2개의 탈출로가 확보될 수 있도록 설계되어야 하며, 이중 최소한 하나의 탈출로

표 5-10 크루즈선 계단의 경사 각도에 대한 지침

Stairway user	Stairway function	Angle of inclination
Pax	MFZ escape	30 - 35°
Crew/Pax	MFZ escape	35 - 38°
Crew	Service	38 - 40°
Crew	tween deck/ few users	40 - 45°

그림 5-16 연돌을 이용한 암벽등반연습장

는 상방향 계단이어야 한다. 계단의 경사각에 대한 요구사항은 SOLAS, 45° 이내, USCG, 40° 이내로 제한하고 있으나, 실제 계단 경사각은 표 5-10에 보인 바와 같은 지침을 따르는 것이 좋다.

크루즈선의 핵심기술 중의 한 가지가 공용구역(public space) 설계 및 시공 기술이다. 대부분의 크루즈 선사들은 유명 실내장식가(interior architect)와 제휴를 통해 선박계약 전부터 자신들이 원하는 공용구역 배치를 개발한다. 최근 크루즈선은 여러 갑판, 여러 주요방화구역에 걸친, 화려한 장식의 거대개방형 아트리움[6](big opening atrium)을 설치하는 추세이다. 예를 들어 그림 5-16과 같은 연돌(funnel)을 이용한 암벽등반연습장(rock climbing wall), 또는 윈드서핑(wind surfing), 스케이트장(ice skating link) 등이 설치되기도 한다.

현재 설계자들에 의해 논의되거나 개발 중인 계획들을 살펴보면, 선수의 크레인을 이용한 번지점프(bungee jump), 선상 천문대, 바다 속을 볼 수 있는 공간, 대형 서커스 공연장, 롤러코스터, 선상 잔디구장 등 통념상 육상에 있는 휴양 및 위락 시설을 크루즈선 내에 설치할 것을 검토하고 있다.

6) 라틴어의 아트리움은 건물 내부의 정원을 뜻한다.

5.6.2 크루즈선 설계 시 유의사항

최근에 건조되는 거의 모든 크루즈선의 추진시스템은 소음 진동 측면에서 장점이 많은 전기 추진의 포드 추진시스템을 채택하고 선형도 이에 적합하게 설계한다. 크루즈선 설계 시 고려되어야 할 주요 선형요소로는 다음 사항이 있다.

1. LOA

LOA는 선박의 상징적 의미의 길이로써, 계약사양서 및 일반배치도에 표기될 뿐 별다른 물리적 의미는 가지지 않지만, 운항하는 항구에 따라 LOA의 제한이 주어질 때가 있다. LOA의 선정은 LBP를 기준으로 하여, 선수부 오버행은 구상선수의 길이를 초과하는 길이로 결정하며, 선미부는 Fn가 0.25 이상인 경우는 길게 하는 것이 자항 특성이 개선되어 저항성능에 유리하고, 0.25 이하인 경우에는 특별한 제한이 없다. LBP와 비교하여 선수 LOA가 클수록 외관상 보기에는 좋으나 공간 활용 관점과 선수 슬래밍의 관점에서는 불리하다.

2. LBP

LBP는 선박설계에서 선도(lines)를 제작할 때 사용된다. 선형 관점에서 C_b를 키우거나 줄이고자 할 때 LOA와 LBP의 상관관계에서 여유가 있다면 LBP를 조정하여 C_b를 조정할 수 있다.

3. B

크루즈선은 파나마 운하의 통과여부에 따라서 선폭을 결정하는데, 파나마 운하를 통과하는 선박이 가질 수 있는 최대 폭은 32.25 m이다. 파나마 운하 통과를 고려하지 않을 경우, 운항 효율을 고려하여 많은 크루즈선들이 최대 폭을 그 이상(post panamax)으로 결정한다.

4. d

흘수를 결정하기 위해 고려해야 할 사항은 예비부력 높이(reserve freeboard height), 프로펠러 심도(propeller immersion), 천흘수(lower draft) 운항능력 등이 있다. 여객선에서 스캔틀링흘수(scantling draft)를 결정하는 것은 설계흘수를 결정하는 것 이상 중요하다. 스캔틀링흘수에서 복원성에 대한 기준을 만족시켜야 하며, 선각구조치수(hull scantling)의 계산 기준이 된다.

5. LCB의 위치

여객선 선형개발 시 LCB의 위치는 매우 중요한 설계인자 중의 하나이다. 최적선형 관점에서 Fn 0.3 이상의 선박에서는 2.5~3.0% aft 정도가 일반적이다. 이는 선수형상을 홀쭉하게(fine) 함으로써 조파저항의 증가를 억제할 수 있기 때문이다. LCB의 위치는 주어진 적재 상태 하에서 트림 상태를 결정하는 LCB와의 상관관계도 함께 고려되어 검토되어야 한다.

6. 설계흘수에서 KM_T 값

크루즈선은 상부구조물이 높아서 VCG의 값이 크므로 복원성 관점에서 상당히 불리하다. 또한 2008년 이후 비손상시복원성 기준(criteria) 중의 한 가지인 기후기준(weather criteria)이 권고사항에서 강제사항으로 변경된 이후, 기후기준이 제한(limiting) 기준이 되고 있다. 이와 같은 복원성 기준이 고려된 선형을 만들기 위해서는 설계흘수에서 상대적으로 큰 KM_T를 가지는 선형이 되도록 해야 한다.

7. 수선면 근처의 배치에 대한 고려

크루즈선은 수선면 근처에 기관실(machinery room)과 선원실이 배치된다. 이러한 배치를 가능하게 하기 위해 수선면 근처에서 보다 넓은 갑판 면적을 갖기 위한 수선면(water plane) 설계가 필수적이다.

8. 포드 추진기 설치를 위한 선미형상 설계

포드 추진장치 설치를 위해 선미는 평저(flat bottom)형의 형상을 갖는다. 평저형 선미형상은 선미 슬래밍의 원인이 된다. 선수미 슬래밍은 크루즈선 승객들의 승선감을 해치는 요인이 되기 때문에 주의가 필요하다. 또한 포드의 초기 설치각 및 경사각(tilting angle)에 따라 3~5%의 추진마력의 차이가 발생하므로 모형시험을 통해 최적의 위치를 선정하는 것이 중요하다.

9. 중량 추정

크루즈선의 초기설계 시, 경하중량의 추정과 무게중심의 위치(vertical & longitudinal center of gravity) 추정은 배수량을 정하는 C_b를 결정하고 복원성의 만족 여부를 결정하는 가장 중요한 작업 중의 한 가지이다. 대부분의 경우, 경하중량 및 무게중심은 실적선의 통계자료로부터 추정할 수 있다. 초기 추정된 경하중량과 무게중심을 설계 및 건조 단계 시까지 적절하게 유지해야 하며, 이를 위해 격월로 중량 추정을 실시하여 초기에 추정된 값에 대해 검증해야 한다.

5.6.3 여객선에 적용되는 주요 규약

여객선과 관련된 중요한 요소는 선박, 승객, 바다, 승무원, 항구 등으로 볼 수 있다. 여객선에 적용되는 규정 또한 이들 요소에 대해 각각 다르게 적용된다. 규정의 기본 개념은 여객선의 각 요소와 관련하여, 발생 가능한 모든 사고를 미연에 방지하는 것이다.

1. 선박의 안전에 필요한 규정; 선급규정

선급규정은 선박의 건조단계에 적용되는 규정으로, 선박이 건조된 후, 운항 중 그리고 선박의 수명이 다할 때까지 선박 자체의 안전을 유지하기 위해 건조단계에 적용되는 규칙이며, 일반적으로 입급이 되는 선급의 규정을 말한다. 각각의 선급은 선급 고유의 규정을 보유하고 있고, 주로 선체(hull), 의장(outfitting)장비와 관련된 규정들로 구성되어 있다.

2. 승객의 안전을 우선한 규정; IMO MSC(Maritime Safety Committee), SOLAS

여객선에 승선하는 승객의 관점에서, 승객의 안전을 최우선하여 선박의 배치, 설비 및 시스템에 대하여 요구하는 규정이다. 이러한 승객안전 규정은 선박이 운항되는 각 나라 관련기관(authority)의 책임이고 각 국의 법령(statutory)에 명시되어 있다. 국제항해를 하는 선박에 대해 IMO의 MSC는 SOLAS를 제정하였고, 각 나라가 이를 채택하여 선박건조 시 적용하도록 요구하고 있다.

3. 바다의 안전에 관한 규정; IMO MEPC(Marine Environment Protection Committee), MARPOL

최근 환경의 중요성이 강조되고 있고, 자국의 바다뿐만 아니라 공해도 선박으로부터 배출되는 유해물질로부터 보호되어야 한다는 해상 보호의 규정들이 IMO의 MEPC에 의해 제정되어 선박에 적용하도록 요구하고 있다.

4. 승무원의 안전에 관한 규정; ILO(International Labor Organization) Convention

선박에서 일하는 승무원들이 안전한 선상 생활을 유지할 수 있도록, 선박에 설비되는 승무원들을 위한 시설들에 대해 ILO에서 규정을 제정하였고 각 관련기관은 이를 채택하여, 선박건조 시 적용토록 한다.

5. 항구의 안전에 관한 규정; USCG(US Coast Guard, 미국해안경비대)

선박이 운항하고자 하는 항구에 따라 특별한 요구가 있을 수 있다. 예를 들면, 외국국적(foreign flag)을 갖는 선박이 미국의 항구에 입항하기 위해 선박이 갖추어야 할 배치 및 안전에 관련한 규정이 있고, 또한 규정으로 정해진 사항이 아니더라도 항구 설비에 적합하게 선박의 설비를 갖추어야 할 사항들이 있다.

연습문제

1. 선박설계 과정을 단계별로 기술하시오.

2. 선박의 주요요목 결정 과정을 기술하시오.

3. 선박의 경제성 평가방법을 기술하시오.

4. 선박설계에 적용되는 조약과 규정을 기술하시오.

5. 산적화물선을 재화중량에 따라 분류하고, 적용되는 주요 규약을 기술하시오.

6. 원유탱커를 재화중량에 따라 분류하고, 적용되는 주요 규약을 기술하시오.

7. LNG선을 재화중량에 따라 분류하고, 적용되는 주요 규약을 기술하시오.

8. 컨테이너선의 일반배치 및 기본설계 시 유의 사항을 기술하시오.

9. 크루즈선의 설계 시 유의 사항에 대해 기술하시오.

10. 크루즈선의 설계 시 적용되는 주요 규약을 기술하시오.

추천문헌

[1] 황종흘, 임상전 공역, 1989, 선박설계 -상선설계-, 문운당.

[2] 대한조선학회, 1993, 조선해양공학개론, 동명사.

6 선박의장

선박의 운항 목적을 달성하기 위해 선박에 설치된 각종 시스템을 선박의장이라 부른다. 이 장에서는 선체를 제외한 각종 의장 시스템에 대하여 일반적인 조선소에서 통용되는 분류 기준에 따라 선체의장, 선실의장, 기관의장, 전기의장 순으로 기술하였다. 선박의장은 분야가 넓고 방대한 만큼 선박공학을 전공하는 대학생 수준에서 꼭 알아야 할 주요 시스템에 대해 간략하게 기술하여 선박의장에 대해 포괄적으로 이해할 수 있도록 하였다.

6.1 선체의장

6.1.1 계선/계류장치

1. 개요

조류, 파도, 바람, 얼음 등의 영향을 받는 선박을 일정한 수역에 닻[1](anchor, 앵커)과 닻사슬(anchor chain, 앵커체인)에 의한 파지력(holding power)을 이용하여 정박시키는 것을 계선(anchoring)이라고 하고, 부표(buoy)나 부두의 안벽에 로프(rope)로 선박을 묶어 고정시키는 것을 계류(mooring)라고 하며, 이와 관련하여 필요한 모든 설비와 장치를 계선/계류장치라고 한다.

닻을 내리는 경우는 대개 다음과 같다. 첫째, 항만 내에 다른 선박이 있거나, 검역을 받아야 할 경우 및 입항 수속이 완료되지 않아 외항에서 접안 순서를 기다릴 때이다. 둘째, 선박이 좌초하여 파도 때문에 좌우 또는 상하로 움직여 선저외판의 손상이 우려될 경우, 닻사슬의 장력을 이용하여 선박을 고정시킬 때이다. 셋째, 부두가 아닌 곳에서 화물을 싣고 내려야 할 경우나 장시간 휴식 및 간단한 수리를 할 때이다. 넷째, 좁은 수역에서 선박을 회전시키고자 배를 정지시킬 때이다. 다섯째, 항만 내에서 다른 선박 또는 물체와의 접촉 및 충돌을 피하기 위하여 선박을 급히 감속시킬 때이다.

계선/계류장치는 위에서 언급한 바와 같이 선박의 입출항 시, 손상 등의 악조건 또는 비상 상황에서 배를 보호할 목적으로도 사용되므로, 조선소에서 선주의 요구와 선급의 검사가 집중되는 분야이다.

1) 한자로는 錨(묘)라고 한다. 앵커체인의 경우와 같이 앵커로 불러야 할 때도 있으며, 투묘, 양묘, 묘박 등의 경우와 같이 묘를 써야 할 때도 있다.

2. 의장수(equipment number)

각국의 선급은 국제적으로 통일된 의장수에 따라, 닻의 종류와 수, 닻사슬의 종류, 크기 및 전체 길이, 예인라인[2](tow line)과 계류라인(mooring line)의 절단하중, 길이 및 수를 규정하고 있으며, 의장수 N_E는 다음 식으로 주어진다.

$$N_E = \Delta^{2/3} + 2Bh + 0.1A \tag{6.1}$$

이 식의 첫째 항은 배수량의 영향, 둘째 항은 수면 상부의 정면 투영면적의 영향, 셋째 항은 수면 상부의 측면 투영면적의 영향을 각각 나타내며, 여기서 모든 수치는 하기 만재흘수선에서의 값을 사용한다. Δ는 배수량, B는 형폭이며 h는 다음 식으로 주어진다.

$$h = f + h_1 \tag{6.2}$$

여기서 f는 중앙횡단면에서 잰 수면으로부터 최상층 전통갑판보의 상면까지의 수직거리, h_1은 최상층 전통갑판으로부터 너비가 $B/4$보다 큰 선루 또는 갑판실 중 가장 높은 위치에 있는 것의 상부까지의 수직거리이다. 너비가 $B/4$보다 큰 갑판실이 그보다 좁은 갑판실의 상부에 있을 경우에는 너비가 $B/4$ 이하인 갑판실의 높이는 산입하지 않는다. 또 A는 수면 상부에 있는, 선급 규정상의 배의 길이 L 내에 있고 $B/4$ 이상의 너비를 갖는 선체, 선루 및 갑판실의 측면 투영면적의 합으로 다음 식으로 주어지는데,

$$A = \Sigma h_2 l \tag{6.3}$$

여기서 h_2와 l은 각각 최상층 전통갑판보다 상부에 있는 높이가 1.5 m 이상인 선루, 갑판실과 트렁크(trunk)의 높이 및 길이이다. 위의 식들로부터 의장수를 구하면 표 6-1과 같은 의장표(equipment table)를 이용하여 닻의 수와 무게 및 닻사슬의 사양을 정할 수 있다.

2) 줄은 한자로 索(삭)이라고 하며, 예인삭, 계류삭으로 사용되기도 한다.

표 6-1 의장표(equipment table)

의장기호	의장수		선수앵커		선수앵커용 체인 (스터드 체인)				예인삭(tow line)			계류삭(mooring line)			
			수	질량(스톡리스 앵커의 단량)(kg)	길이 (m)	지름			길이 (m)	절단하중		수	길이 (m)	절단하중	
	넘고	이하				제1종 (mm)	제2종 (mm)	제3종 (mm)		SI단위 (kN)	공학단위 (kg)			SI단위 (kN)	공학단위 (kg)
G1	1670	1790	2	5250	577.5	73	64	56	220	⊞ 1024	104400	5	190	⊕ 353	36000
G2	1790	1930	2	5610	577.5	76	66	58	220	⊞ 1190	113100	5	190	⊕ 378	38500
G3	1930	2080	2	6000	577.5	78	68	60	220	⊞ 1168	119100	5	190	⊕ 402	41000
G4	2080	2230	2	6450	605	81	70	62	240	⊞ 1259	128400	5	200	⊕ 422	43000
G5	2230	2380	2	6900	605	84	73	64	240	⊞ 1356	138300	5	200	⊕ 451	46000
H1	2380	2530	2	7350	605	87	76	66	240	⊞ 1453	148200	5	200	⊕ 480	49000
H2	2530	2700	2	7800	632.5	90	78	68	260	⊞ 1471	150000	6	200	⊕ 480	49000
H3	2700	2870	2	8300	632.5	92	81	70	260	⊞ 1471	150000	6	200	⊞ 490	50000
H4	2870	3040	2	8700	632.5	95	84	73	260	⊞ 1471	150000	6	200	⊞ 500	51000
H5	3040	3210	2	9300	660	97	84	76	280	⊞ 1471	150000	6	200	⊞ 520	53000
J1	3210	3400	2	9900	660	100	87	78	280	⊞ 1471	150000	6	200	⊞ 554	56500
J2	3400	3600	2	10500	660	102	90	78	280	⊞ 1471	150000	6	200	⊞ 588	60000
J3	3600	3800	2	11100	687.5	105	92	81	300	⊞ 1471	150000	6	200	⊞ 618	63000
J4	3800	4000	2	11700	687.5	107	95	84	300	⊞ 1471	150000	6	200	⊞ 647	66000
J5	4000	4200	2	12300	687.5	111	97	87	300	⊞ 1471	150000	7	200	⊞ 647	66000
K1	4200	4400	2	12900	715	114	100	87	300	⊞ 1471	150000	7	200	⊞ 657	67000
K2	4400	4600	2	13500	715	117	102	90	300	⊞ 1471	150000	7	200	⊞ 667	68000
K3	4600	4800	2	14100	715	120	105	92	300	⊞ 1471	150000	7	200	⊞ 677	69000
K4	4800	5000	2	14700	742.5	122	107	95	300	⊞ 1471	150000	7	200	⊞ 686	70000
K5	5000	5200	2	15400	742.5	124	111	97	300	⊞ 1471	150000	8	200	⊞ 686	70000
L1	5200	5500	2	16100	742.5	127	111	97	300	⊞ 1471	150000	8	200	⊞ 696	71000
L2	5500	5800	2	16900	742.5	130	114	100	300	⊞ 1471	150000	8	200	⊞ 706	72000
L3	5800	6100	2	17800	742.5	132	117	102	300	⊞ 1471	150000	9	200	⊞ 706	72000
L4	6100	6500	2	18800	742.5		120	107				9	200	⊞ 716	73000
L5	6500	6900	2	20000	770		124	111				9	200	⊞ 726	74000
M1	6900	7400	2	21500	770		127	114				10	200	⊞ 726	74000
M2	7400	7900	2	23000	770		132	117				11	200	⊞ 726	74000
M3	7900	8400	2	24500	770		137	122				11	200	⊞ 735	75000
M4	8400	8900	2	26000	770		142	127				12	200	⊞ 735	75000
M5	8900	9400	2	27500	770		147	132				13	200	⊞ 735	75000
N1	9400	10000	2	29000	770		152	132				14	200	⊞ 735	75000
N2	10000	10700	2	31000	770			137				15	200	⊞ 735	75000
N3	10700	11500	2	33000	770			142				16	200	⊞ 735	75000
N4	11500	12400	2	35500	770			147				17	200	⊞ 735	75000
N5	12400	13400	2	38500	770			152				18	200	⊞ 735	75000
O1	13400	14600	2	42000	770			157				19	200	⊞ 735	75000
O2	14600	16000	2	46000	770			162				21	200	⊞ 735	75000

(비 고)

1. 와이어로프를 사용하는 경우 표의 ●표시는 (6×12), ⊕표시는 (6×24), ⊞표시는 (6×37)을 표준으로 한다.
2. 앵커체인의 길이는 연결용 샤클을 포함하여도 좋다.
3. 예인삭에 대한 기준은 참고자료로서 권장사항이다.

3. 계선장치

1) 닻(anchor)

닻을 해저로 내렸을 때 닻이 어떤 상태에 있더라도 닻사슬을 잡아당기면 닻은 잡아당기는 방향으로 회전하며, 닻머리(anchor crown, 앵커크라운)가 해저 표면에 닿은 후, 앵커플루크(anchor fluke)가 해저에 박히며 나아가 플루크가 점점 흙 속으로 깊이 박히면서 큰 파지력을 발휘하게 된다.

KS 규격에서는 다음과 같은 세 가지의 닻을 규정하고 있다.

- 스톡리스앵커(stockless anchor)
- 스톡앵커(stock anchor)
- 싱글플루크 스톡앵커(single fluke stock anchor)

일반 상선에서는 통상 선박의 크기에 관계없이 스톡리스앵커를 쓰고 있다. 그림 6-1에 스톡리스앵커의 부분 명칭을 보였다. 주로 쓰는 스톡리스앵커에는 다음과 같은 종류가 있으며 그림 6-2에 여러 가지 닻의 형상을 보였다.

(1) JIS 스톡리스앵커(Hall anchor)

가장 일반적으로 사용되는 닻으로 보수 및 교체가 쉬우나, 닻머리의 형상 때문에 적용 가능한 계선 시스템이 벨마우스형(bell mouth type), 받침대형(bolster type) 등으로 제한된다.

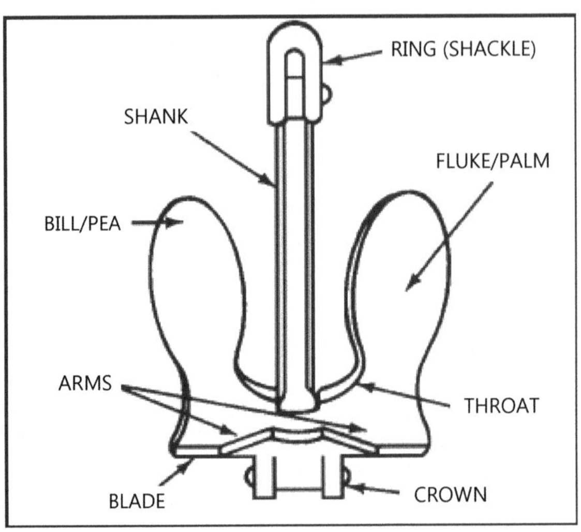

그림 6-1 스톡리스앵커의 부분 명칭

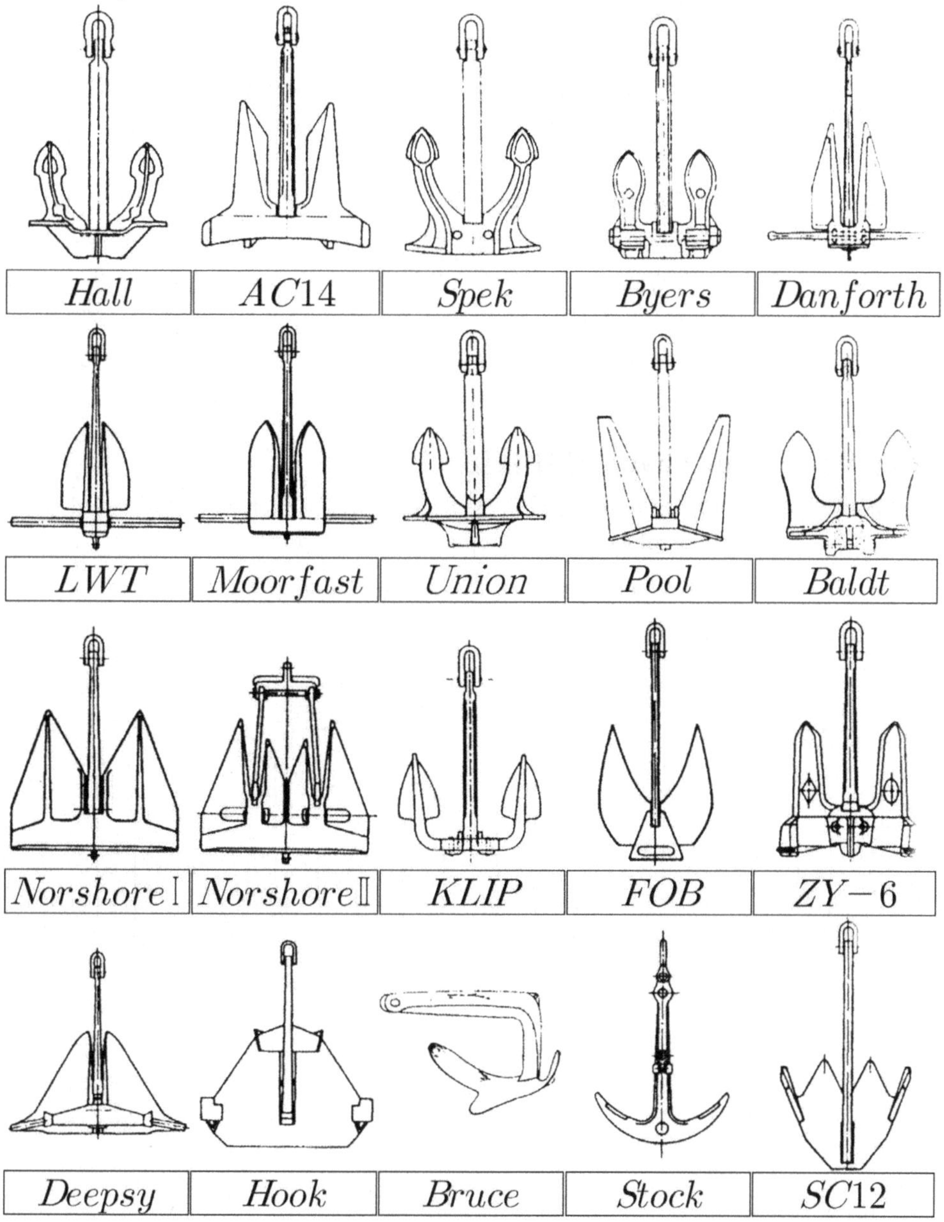
Hall
AC14
Spek
Byers
Danforth
LWT
Moorfast
Union
Pool
Baldt
Norshore Ⅰ
Norshore Ⅱ
KLIP
FOB
ZY-6
Deepsy
Hook
Bruce
Stock
SC12

그림 6-2 닻의 종류

(2) 스펙(Spek) 스톡리스형

그림 6-2에 보인 바와 같이 닻머리와 플루크가 닻의 회전에 유리한 형상을 지녔으며, 머리 부위가 평평하여 닻의 격납 시 보기에 깔끔하지만 파지력은 가장 작은 단점이 있다. 적용 가능한 계선시스템은 갑판형(on-deck type), 포켓형(pocket type), 반포켓형(semi-pocket type) 등이 있다.

(3) 고파지력(High Holding Power, HHP) 스톡리스형

AC-14 닻은 군함용으로 개발되었으나, 상선용으로도 사용되며 파지력이 매우 높아 각 선급은 다른 종류 닻의 75%의 중량만으로도 동일한 파지력을 확보할 수 있다고 인정하고 있다. AC-14 닻을 장착할 경우에는 닻의 무게를 줄일 수 있고 또한 투묘와 거의 동시에 파지력을 확보할 수 있는 이점이 있다. 적용 가능한 계선시스템은 갑판형, 벨마우스형, 포켓형, 반포켓형, 받침대형 등이 있다.

2) 닻사슬(anchor chain, 앵커체인)

닻사슬의 한 끝에는 닻이 달려 있고, 다른 끝은 체인로커(chain locker)의 케이블클렌치(cable clench)의 연결핀을 통하여 선체에 연결되어 있다. 닻사슬의 길이는 1 shot = 15 fathoms = 27.5 m를 기준으로 하며 1 쇼트(shot) 또는 1 섀클(shackle)이라 부르고, 각 섀클은 분리형 켄터섀클(Kenter shackle)로 연결된다.

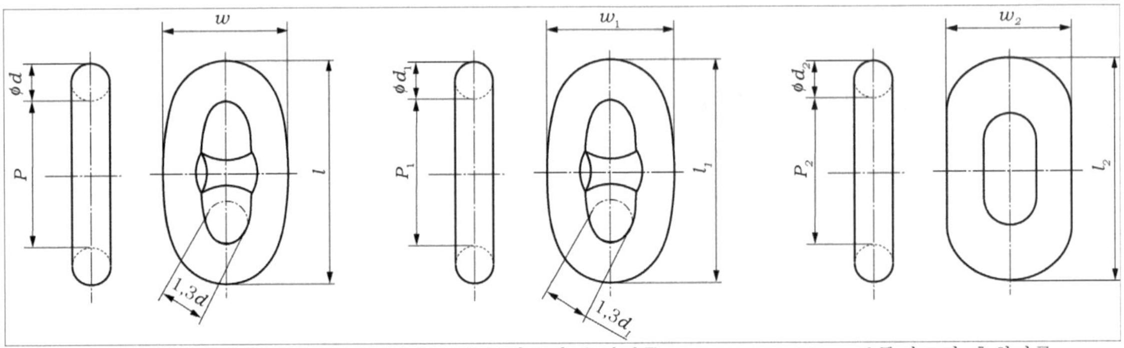

d = 보통링크의 호칭지름
l = $6\,d$
p = $4\,d$
$w \approx 3.6\,d$

(a) 보통링크

d = 보통링크의 호칭지름
d_1 = 확대링크의 지름 $\approx 1.1d$
$l_1 = 6\ d_1$
$p_1 = 4\ d_1$
$w_1 \approx 3.6\ d_1$

(b) 확대링크

d = 보통링크의 호칭지름
d_2 = 단말링크의 지름 $\approx 1.2\,d$
$l_2 = p_2 + 2d_2 \approx 6.75\,d$
$p_2 = 4.35\,d$
$w_2 \approx 4\,d$

(c) 단말링크

그림 6-3 여러 가지 링크의 도면

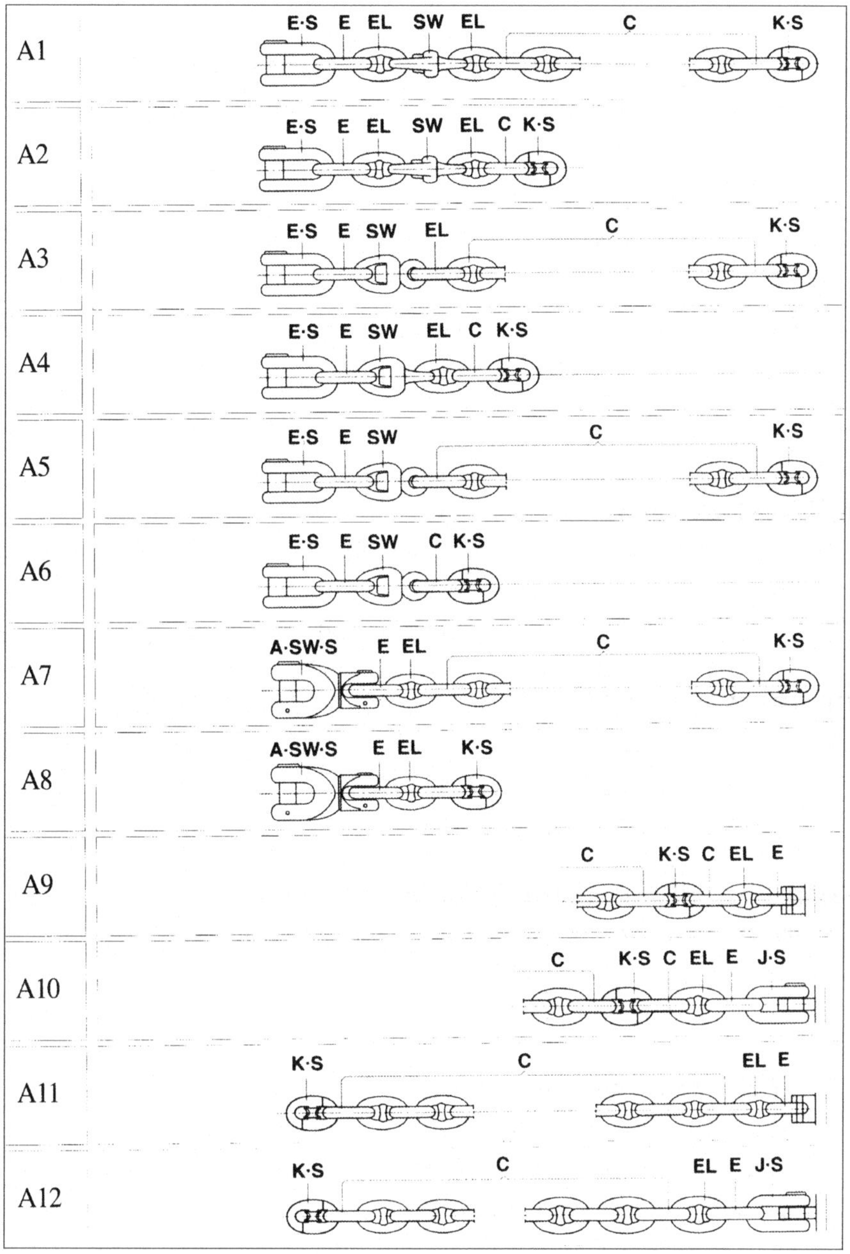

그림 6-4 켄터섀클의 연결 형태

그림 6-3에 보인 바와 같이 닻사슬에는 스터드(stud) 없는 사슬과 스터드붙이형인 1종 사슬, 2종 사슬, 3종 사슬 등 모두 네 가지가 있다. 2종 사슬은 인장강도가 490 N/mm^2인 소재로 만들어지고, 3종 사슬은 인장강도 690 N/mm^2인 소재로 만들어지므로, 3종 사슬을 선택하면 호칭지름을 감소시켜 중량을 10~15% 줄일 수 있다. 또한, 닻사슬을 가늘게 씀으로서 윈드라스[3](windlass)의 구조를 절감할 수 있으므로 장비의 중량 및 가격을 줄일 수 있다. 일반적으로 닻사슬은 앵커링(anchor ring)+앵커섀클(anchor shackle)+단말링크(end link)+스위블(swivel)+확대링크(enlarged link)+보통링크(common link) 순서로 연결한다. 호스파이프(hawsepipe) 길이가 매우 짧은 경우는 앵커스위블섀클(anchor swivel shackle)+단말링크(end link)+확대링크(enlarged link)+보통링크(common link) 순서로 연결하기도 한다. 다른 종류의 닻사슬의 배열은 그림 6-4에 보인 바와 같다.

3) 윈드라스(windlass)

그림 6-5와 같이 닻을 던지거나 끌어 올리는 데는 윈드라스를 사용하고, 계류로프(mooring rope)를 풀어서 내보내거나 감아 들이는 기계는 계류윈치(mooring winch)라고 한다. 일반적인 배치에서 윈드라스와 계류윈치는 수평으로 결합되어 있으며 선수부에 위치한다.

(1) 윈드라스 사양 결정

표 6-2를 참조하여 윈드라스의 사양을 결정한다. 닻사슬은 일반적으로 3종 사슬을 사용하며, 각 선급마다 정격양력(normal lifting force)을 정의하는 공식에 차이가 있지만 이는 최소 요구조건이므로 경우에 따라 용량을 크게 정할 수 있다.

(2) 윈드라스 밴드브레이크(windlass band brake) 용량 결정

윈드라스 밴드브레이크는 닻사슬 파단강도의 45%에 해당하는 정격하중을 밴드브레이크의 영구변형 없이 견딜 수 있도록 설계되어야 한다. 만약 체인스토퍼(chain stopper) 또는 체인콤프레서(chain compressor)가 설치되지 않는다면 닻사슬 파단강도의 80%까지 만족하도록 설계되어야 한다.

(3) 체인콤프레서(chain compressor)

그림 6-6과 같이 계선 시 닻사슬에 걸리는 인장력이 윈드라스에 직접 전달되지 않도록 하고 닻을 격납 조건에서 운행 시 닻이 풀리는 것을 방지하는 역할을 한다. 또한 닻을 올리고 내릴(lifting/lowering) 때 닻사슬의 이탈을 방지하는 가이드 역할을 하는 장치이다. 체인콤프레서는 윈

3) 수평축의 회전을 이용하여 무거운 물체를 들어 올리는 장치이다.

그림 6-5 복합 윈드라스

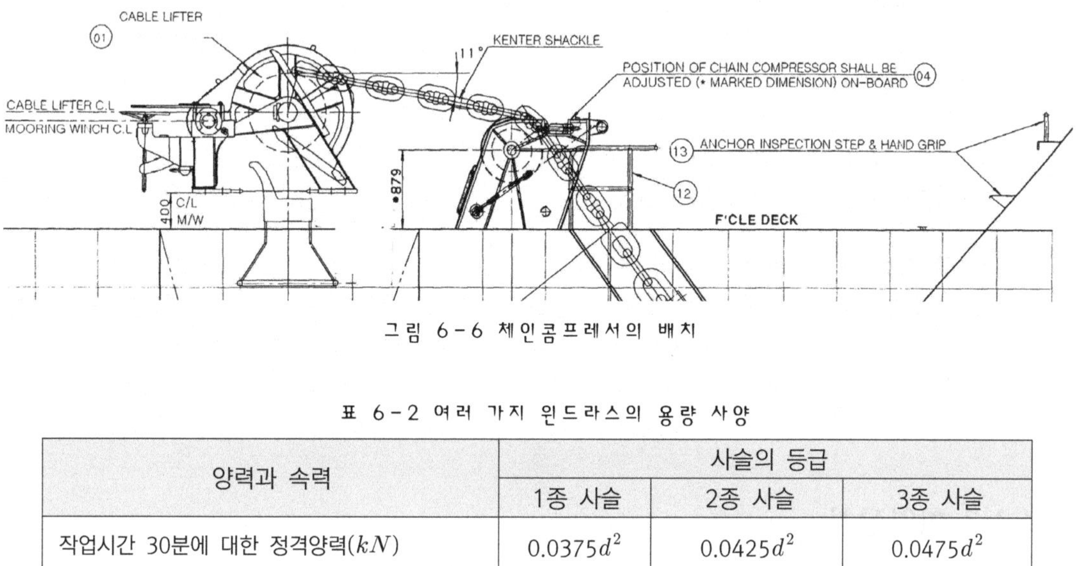

그림 6-6 체인콤프레서의 배치

표 6-2 여러 가지 윈드라스의 용량 사양

양력과 속력	사슬의 등급		
	1종 사슬	2종 사슬	3종 사슬
작업시간 30분에 대한 정격양력(kN)	$0.0375d^2$	$0.0425d^2$	$0.0475d^2$
평균 수직속력(hoisting speed)	$9\ m/min$		
작업시간 2분에 대한 최대양력(kN)	정격양력의 1.5배		
비고: d는 사슬의 직경(mm)			

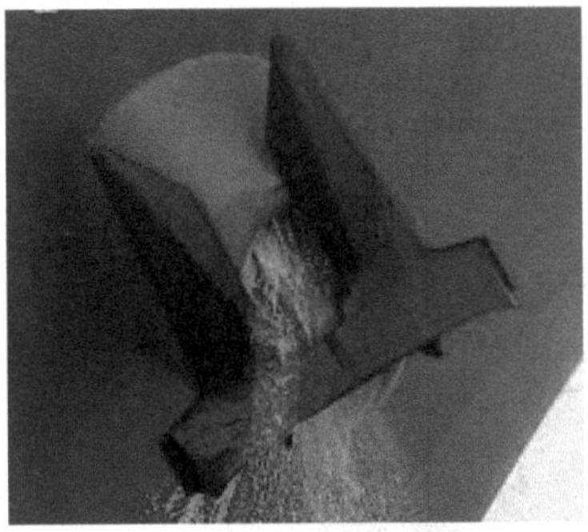

그림 6-7 벨마우스에 걸려있는 닻

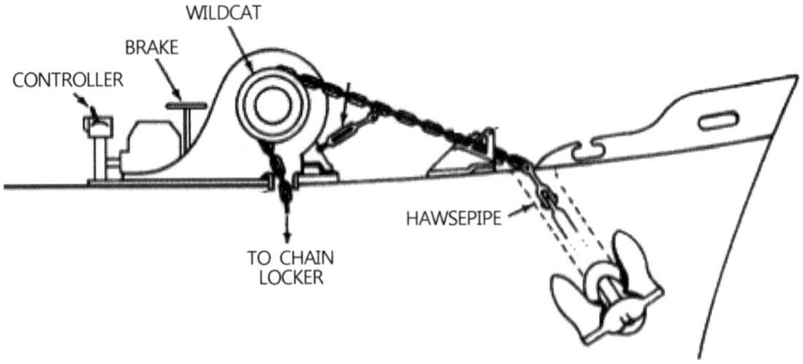

그림 6-8 호스파이프(hawsepipe)의 위치

드라스와 호스파이프 사이에 설치되어 닻사슬 파단강도의 80%까지 영구변형 없이 견딜 수 있게 설계되어야 한다.

(4) 벨마우스(bell mouth)

그림 6-7에 보인 바와 같이 닻의 회전 및 격납이 쉽도록 호스파이프 끝에 취부하는 주물로 된 구조물이다. 또한 호스파이프 끝에 위치하여 닻의 낙하 시 외판과의 충돌을 방지하기 위하여 충분한 거리를 유지하는 역할을 담당한다.

(5) 호스파이프(hawsepipe)

그림 6-8에 보인 바와 같이 닻사슬의 원활한 움직임을 위하여 갑판 상부로부터 외판에 이르기까지 나 있는 닻사슬의 통로를 말하며, 통상 닻사슬의 호칭지름(nominal diameter)의 10~11배의 크기를 내경으로 잡는다.

6.1.2 하역장치

배에서 화물을 싣고 내리는 작업을 하역(cargo handling), 이 작업을 위하여 설치된 장치를 하역장치(cargo gear)라고 한다. 또한 호이스팅(hoisting, 수직운동), 러핑(luffing, 상하회전), 슬루잉(slewing, 좌우회전) 등 세 가지의 움직임이 가능한 하역장치를 크레인(crane)이라고 한다.

그림 6-9 화물용 갑판크레인

1. 크레인의 종류

1) 화물용 갑판크레인(cargo deck crane)

항만에서의 하역능률은 선박의 운항 채산성에 매우 중요한 요소이므로 선박의 건조비가 증가하더라도 자체 크레인을 설치하는 경향이 있으며, 특히 하역설비가 제대로 갖추어져 있지 않은 지역을 운항하는 소형 산적화물선이나 컨테이너선은 화물을 신속하게 하역할 수 있게 하기 위하여 화물용 갑판크레인을 설치한다(그림 6-9). 이 화물용 갑판크레인은 지브형(jib type) 크레인과 갠트리형(gantry type) 크레인으로 구분되며, 일반 화물 및 컨테이너 등을 주로 취급한다.

2) 호스핸들링 크레인(hose handling crane)

원유탱커에 실린 화물유를 하역하는 데는 육상에 있는 저장용 기름탱크(oil tank)와 배의 기름탱크 사이를 연결하는 배관과 펌프를 이용하는데, 배관의 설치 및 제거 작업을 돕기 위하여 선박의 중간에 위치한 매니폴드(manifold) 주변에 설치되는 크레인이다(그림 6-10).

3) 프로비전 크레인(provision crane)

일반적으로 배의 거주구(accommodation) 좌, 우측에 설치되며 선원의 생활필수품이나 주기관 부품을 취급하는데 사용된다(그림 6-11).

그림 6-10 호스핸들링 크레인

그림 6-11 프로비전 크레인

2. 크레인의 구조 및 각부 주요기능

1) 구조

구조적인 측면에서는 지브(jib), 크레인바디(crane body), 퍼테스탈(pedestal, 지지부)의 세 부분으로 나눌 수 있으며(그림 6-12), 기능적인 측면에서는 호이스팅장치(hoisting device), 러핑장치(luffing device) 및 슬루잉장치(slewing device)로 나눌 수 있다.

2) 각부의 주요기능

(1) 호이스팅장치(hoisting device)

호이스팅장치는 하중을 상하로 움직여 올리고(lifting) 내리는(lowering) 역할을 한다. 주요 구성품은 수직윈치(hoist winch), 수직기어박스(hoist gearbox), 유압모터(hydraulic motor), 카운터밸런스밸브(counter balance valve), 선택밸브(selector valve), 상하제한밸브(upper/lower limit valve), 와이어로프(wire rope), 하중도르레(load block) 등이다.

(2) 러핑장치(luffing device)

러핑장치는 지브를 상하로 회전시켜 크레인의 작업구역을 넓혀주며, 주요 구성품은 유압 실린더, 카운터벨런스밸브, 블리더(bleeder), 감압밸브(pressure reduction valve) 등이다.

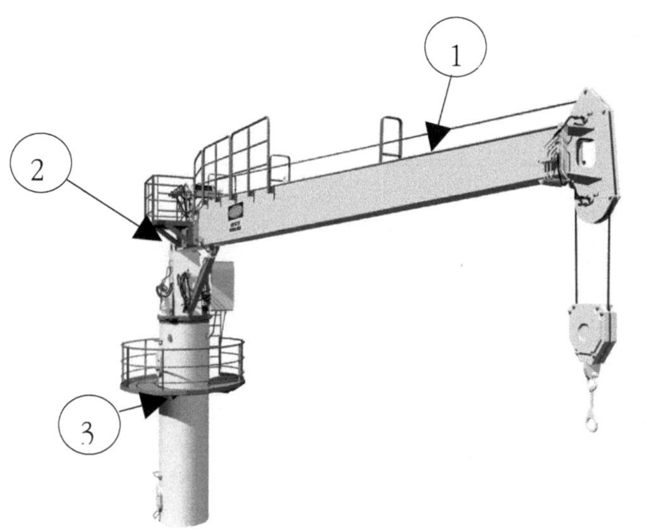

그림 6-12 크레인의 구조: 1; 지브, 2; 크레인바디, 3; 퍼데스탈

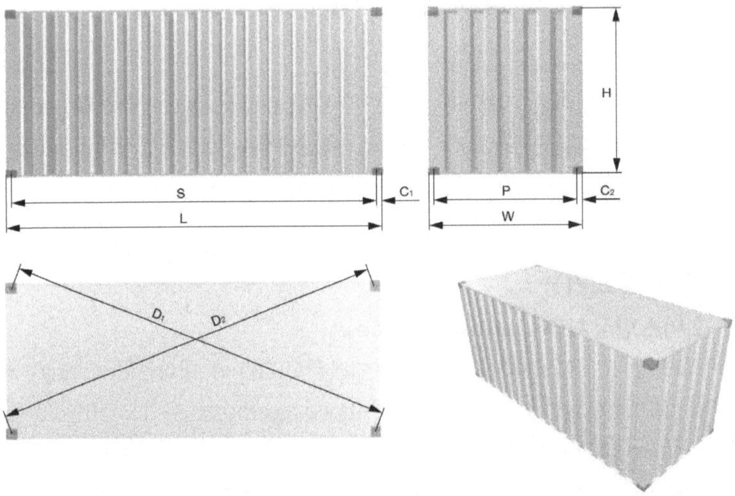

Designation			ISO 668										
			40'				30'				20'		
			1A	1AA	1AAA	1AX	1B	1BB	1BBB	1BX	1C	1CC	1CX
높	H	[ft]	8'	8'6"	9'6"	<8'	8'	8'6"	9'6"	<8'	8'	8'6"	<8'
		[mm]	$2438^{0/-5}$	$2591^{0/-5}$	$2896^{0/-5}$	< 2438	$2438^{0/-5}$	$2591^{0/-5}$	$2896^{0/-5}$	< 2438	$2438^{0/-5}$	$2591^{0/-5}$	< 2438
길	L	[ft]	40'				29'11¼"				19'10½"		
		[mm]	$12192^{0/-10}$				$9125^{0/-10}$				$6058^{0/-6}$		
	S	[mm]	11985 *				8918 *				5853 *		
	C_1	[mm]	$101,5^{0/-1.5}$										
폭	W	[ft]	8'										
		[mm]	$2438^{0/-5}$										
	P	[mm]	2259 *										
	C_2	[mm]	$89^{0/-1.5}$										
공차	D_1-D_2		≤ 19 mm				≤16 mm				≤ 13 mm		
중량(kg)			30480				25400				24000		

(*) The tolerances to be applied for S and P governed by the tolerances shown for the over all length and width in the ISO 668 and ISO 1161.

그림 6-13 ISO 컨테이너의 규격

(3) 슬루잉장치(slewing device)

슬루잉장치는 크레인을 좌우로 회전시키며 주요 구성품은 좌우회전베어링(slewing bearing with gear), 좌우회전기어박스(slew gearbox with pinion), 유압모터, 좌우회전제한밸브(slew limit valve), 역류방지밸브(non-return valve), 쓰로틀역지밸브[4](throttle check valve) 등이 있다.

3. 컨테이너선의 하역시스템

산적화물 및 액체화물을 제외한 대부분의 일반화물은 컨테이너에 담겨 수송된다. 컨테이너선은 하역시간을 단축하고 하역비용을 줄이기 위하여 개발된 컨테이너 용기를 이용하므로 날씨에 관계없이 하역이 가능하고 또한 하역능률이 높아 정박기간이 상대적으로 짧다.

1) 컨테이너의 크기

컨테이너와 컨테이너선의 크기를 나타내는 용어로 TEU(Twenty-foot Equivalent Unit, 20피트 등가단위)가 쓰이는데 이는 20 ft(약 6 m) 길이의 컨테이너를 말하는 것으로 보통 말하는 작은 컨테이너이다. 9,000TEU의 컨테이너선이라고 하면 20 ft짜리 컨테이너를 9,000개 실어 나를 수 있는 배를 뜻한다. ISO 668에서 규정하고 있는 컨테이너의 크기는 그림 6-13에 보인 바와 같이 20, 30, 40 ft의 세 종류가 있으며, 이 외에도 다양한 크기의 비ISO 컨테이너들이 사용되고 있다.

2) 컨테이너의 종류

그림 6-14에 보인 바와 같이 화물의 종류에 따라 여러 가지의 컨테이너들이 개발되어 사용되고 있다.

(1) 건식 컨테이너(dry container)

한쪽 면에 짝으로 문을 가진 알루미늄합금 또는 강철로 만들어진 가장 일반적인 표준형 컨테이너이다.

(2) 냉동 컨테이너(reefer container)

문의 반대편에 전기냉동기를 설치하여 냉동화물을 수송할 수 있도록 만든 컨테이너이다.

4) non-return valve와 check valve는 같은 뜻이며, 역류방지밸브 또는 역지밸브로 번역한다.

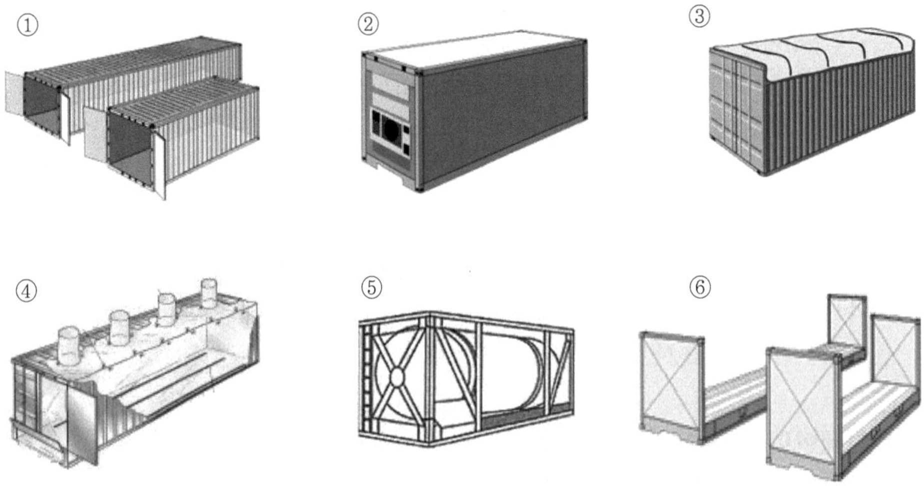

그림 6-14 번호 순서대로 건식, 냉동, 상부개방, 산적화물, 탱크 및 평저선반 컨테이너

그림 6-15 LO/LO 하역체계

(3) 상부개방 컨테이너(open top container)

형상 제약으로 상부 탑재가 필요한 화물의 운송을 위하여 개발된 컨테이너이다.

(4) 산적 컨테이너(bulk container)

곡물류, 사료 및 화약분말 등 산적화물의 운송을 위하여 상부의 창구(hatch)를 통하여 화물을 싣고 하부에 설치된 문을 통하여 중력에 의해 화물을 내릴 수 있도록 만들어진 컨테이너이다.

그림 6-16 RO/RO 하역체계

(5) 탱크 컨테이너(tank container)

액체화물을 수송하기 위하여 화물의 특성에 맞는 압력용기를 컨테이너 내에 탑재하여 만든 컨테이너이다.

(6) 평저선반 컨테이너(flat rack container)

바닥에 선반을 설치하고 천정과 측벽이 없어 화물의 길이, 높이 및 폭에 제한을 받지 않고 화물을 운송할 수 있도록 만든 컨테이너이다.

3) 컨테이너의 속구류(container securing fittings)

컨테이너의 하역 방식은 5.5.1절에서 설명한 바와 같이 LO/LO 방식과 RO/RO 방식의 두 종류가 있다(그림 6-15, 6-16). 컨테이너를 일단 배에 실으면 화물창 내 또는 갑판 위에 컨테이너의 위치 고정(guard)을 위해 설치된 셀가이드(cellguide) 사이에 격납하고 해당 컨테이너 속구류로 고정한다.

(1) 래싱브릿지(lashing bridge)

그림 6-17, 6-18에 보인 바와 같이 갑판 상에 적재되는 컨테이너의 위치를 고정시키고, 항해 중에도 그 고정성을 유지할 수 있도록 하기 위해 설치하는 구조물이다.

그림 6-17 래싱브릿지 형상

그림 6-18 래싱브릿지에 적재된 컨테이너

(2) 컨테이너 래싱장비(container lashing gear)

컨테이너의 래싱에 사용되는 각종 장비를 래싱장비라고 하며, 선체에 고정되어 있는 고정장비(fixed gear)와 이동하며 사용하는 이동장비(loose gear)로 나눈다.

① **고정장비**(fixed gear)

- 소켓(socket, foundation stool): 소켓(그림 6-19)은 창구덮개 등에 부착되어 트위스트록(twist-lock, 그림 6-21)을 꽂아서 컨테이너를 고정시키게 되어 있으며 단일식과 이중식의 두 가지가 있다.
- 안형판(eye plate): 안형판(그림 6-20)은 창구덮개 등에 부착되어 턴버클(turnbuckle)을 연결시키게 되며, 안형(eye)이 1개, 2개, 3개, 4개 및 5개인 것이 있다.
- 고정원추(fixed cone) 등

② **이동장비**(loose gear)

- 트위스트록(twist-lock): 트위스트록(그림 6-21)은 갑판 상부에 적재된 상/하부 컨테이너를 고정하기 위한 장비로, 컨테이너의 종/횡 방향의 움직임을 고정시키는 역할을 한다.
- 스태커(stacker): 스태커(그림 6-22)는 상부와 하부의 컨테이너를 연결, 지지해 주는 장비로 보통 화물창 내부의 컨테이너 적재 시 횡방향 움직임을 고정해 주는 역할을 한다.

그림 6-19 소켓(socket, foundation stool)

그림 6-20 안형판(eye plate)

그림 6-21 트위스트록(twist-lock)

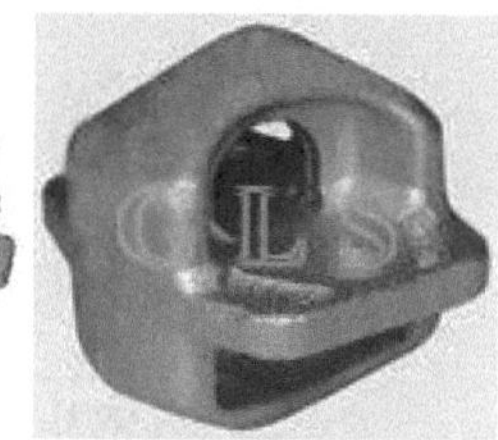

그림 6-22 스태커(stacker)

※ 턴버클, 확장고리(extension hook), 래싱바(lashing bar): 이들을 사용하여 안형판과 컨테이너를 연결한다.

6.1.3 개구 폐쇄장치

선박의 개구(opening)는 필요한 물건을 넣고 꺼내기 위한 창구(hatch), 사람이 드나드는 문(door), 폐위된 구역을 사람이 드나들기 위한 맨홀(manhole)로 크게 나눌 수 있다. 개구에는 항해 중 반드시 닫아 놓아야 하는 것과 자유롭게 여닫을 수 있는 것이 있다. 운항 중에 반드시 닫아 놓아야 하는 개구는 노천갑판(weather deck)이나 현측 또는 선미의 화물 출입구로, ICLL은 그림 6-23과 같이 구역을 정의하고 표 6-3과 같이 해당 구역에 위치하는 폐쇄장치에 대해 갑판면으로부터 개구부의 높이를 규정하고 있다.

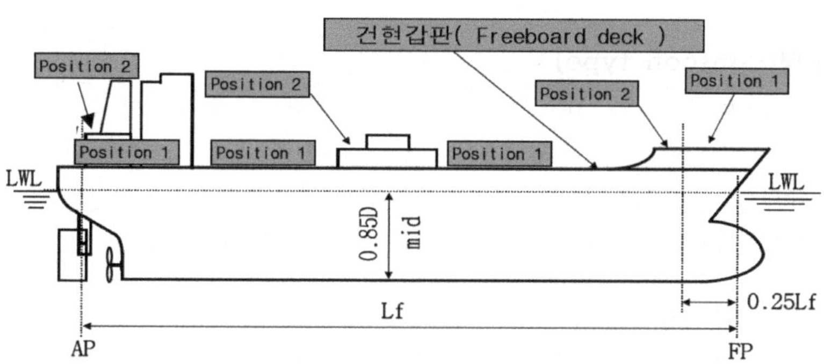

그림 6-23 구역의 위치

표 6-3 구역별 폐쇄장치의 높이

	Doors	Air pipes	Air vents	Hatches
위치 1	600 mm	760 mm for freeboard deck	900 mm	600 mm
위치 2	380 mm	450 mm for superstructure deck	760 mm	450 mm

1. 창구덮개(hatch cover, 해치커버)

배에 필요한 물건을 넣고 꺼내기 위한 개구부를 창구(hatch)라 하고, 그 덮개를 창구덮개(hatch cover)라고 한다. 산적 상태의 화물을 싣는 산적화물선이나 컨테이너선은 화물을 싣고 난 다음 화물창으로 해수가 유입되지 않도록 강(steel)으로 만들어진 창구덮개를 설치한다. 흔히 배의 갑판에 네모난 모양으로 일정한 간격으로 창구를 덮고 있는 구조물이다. 창구덮개는 설치와 열고 닫는 방식에 따라 여러 가지 형태를 가진다.

1) 롤링형(rolling type)

롤링형 창구덮개(그림 6-24)는 창구덮개 패널(hatch cover panel)에 롤러(roller)를 달고, 주행로(track way)를 따라 개폐하는 형태이다. 패널을 배의 양쪽(port & starboard)으로 개폐하는 형태를 사이드롤링형(side rolling type), 전후(fore & aft)로 개폐하는 형태를 엔드롤링형(end rolling type)이라고 하며, 산적화물선은 사이드롤링형을 많이 사용한다. 구동 방식으로는 랙/피니언(rack-pinion)-유압모터 방식과 체인(chain)-유압모터 방식이 있다.

2) 폰툰형(pontoon type)

폰툰형 창구덮개(그림 6-25)는 열고 닫기 위한 특별한 구동장치 없이, 화물용 갑판크레인이나 육상크레인으로 창구덮개를 들어 올려 다른 쪽의 창구덮개 위에 차곡차곡 쌓아둔다. 폰툰형 창구덮개 위로 추가적인 컨테이너 적재가 가능한데, 이를 위하여 충분한 강도를 가져야 하며, 대형 컨테이너선과 다목적화물선(multi-purpose cargo ship)에 사용된다.

3) 폴딩형(folding type)

폴딩형 창구덮개(그림 6-26)는 유압실린더나 배의 하역장치를 이용하여 힌지(hinge)로 연결된 패널(panel)들을 접는 형태를 취한다. 그 접는 형식으로는 앞뒤(fore & aft)로 나누어 접는 형식과 한쪽으로만 접는 방식이 있다. 이 형태의 큰 장점은 작동이 빠르고 조용하며, 창구덮개의 격납을 위한 추가적인 공간을 차지하지 않는다는 것이다.

2. 강재문(steel door)

거주실 및 창고(store) 등에 승무원 및 물건의 출입을 위하여 강재벽(steel wall)에 개구를 설치하는데, 강재문(steel door)은 이 개구를 통하여 해수, 비바람, 먼지 등이 내부로 침입하지 못하도록 설치된다(그림 6-27).

그림 6-24 롤링형 창구덮개

그림 6-25 폰툰형 창구덮개

그림 6-26 폴딩형 창구덮개

그림 6-27 강재문

1) 강재수밀문(steel watertight door)

건현갑판 하부의 격벽에는 통상 출입구를 설치하지 않는 것이 원칙이다. 하지만 예외적으로 출입구를 설치하는 경우에는 강재수밀문을 설치해야 하는데, 이 문은 격벽과 동일한 강도를 가지는 구조가 되어야 하며, 수밀성을 유지하기 위해 가스켓(gasket)과 조임장치를 설치하고 신속히 닫을 수 있어야 한다.

2) 강재풍우밀문(steel weathertight door)

선내와 폭로갑판 사이의 출입구, 외현부 등 노출부의 벽에 설치하여 비바람과 해수가 내부에 침입하지 못 하도록 만든 강재문이다.

3) 강재기밀문(steel gastight door)

강재기밀문은 원유탱커, 화공품탱커에 주로 설치되며 해로운 가스(gas)로부터 선원을 보호하기 위하여 거주실 또는 창고 내부로 통하는 곳에 설치되는 강재문을 말한다. 특히 강재기밀문은 필히 자동폐쇄기(self closer)를 설치하여 자동으로 문이 닫혀야 한다.

4) 맨홀(manhole) 및 맨홀덮개(manhole cover)

수밀탱크나 유밀탱크에는 내부 점검 시의 출입을 위하여 맨홀이라는 구멍을 설치하고, 수밀/유밀 구조의 덮개를 설치하며, 일반적으로 볼트/너트로 조여서 닫는다(그림 6-28).

5) 소형창구(small hatch)

그림 6-29에 두 가지 예를 보였다.

(1) 출입창구(access hatch)

화물창(cargo hold) 및 밸러스트탱크(ballast tank)에 작업자의 출입을 주목적으로 갑판에 설치하는 유밀과 풍우밀이 가능한 창구이다.

그림 6-28 맨홀과 맨홀덮개

(2) 보수용 창구(maintenance hatch)

보통 선수부의 보슨창고(Boatson store), 선미부의 조타장비실(steering gear room)과 기관실의 갑판 상부에 설치되는 유밀과 풍우밀이 가능한 창구로, 해당 구역에서 정비 목적으로 물건을 넣고 빼는데 사용된다.

6.1.4 등화설비, 안전설비, 방화 및 소방설비

1. 마스트(mast)

배의 갑판 위에 세워진 기둥을 통칭하는 것으로, 본래는 돛을 다는 기둥이었으나 현재는 선박의 안전항해를 위한 해상교통안전법에 명시된 신호기, 등화물, 형상물의 부착 및 안테나지지 등의 목적으로 사용되고 있다(그림 6-30, 6-31).

1) 선수마스트(foremast)

제일 앞에 위치한 마스트로 음향신호장치, 항해용 전등 및 신호용 전등이 설치된다.

2) 레이더마스트(radar mast)

거주구 상부에 위치한 마스트로 레이더의 스캐너(scanner)를 설치하고, 음향신호장치, 항해용 전등 및 신호용 전등이 설치된다. 선박의 통행 상 높이 제한으로 레이더마스트를 접을 수 있는 틸팅(tilting)형도 있다.

그림 6-29 소형창구(small hatch)

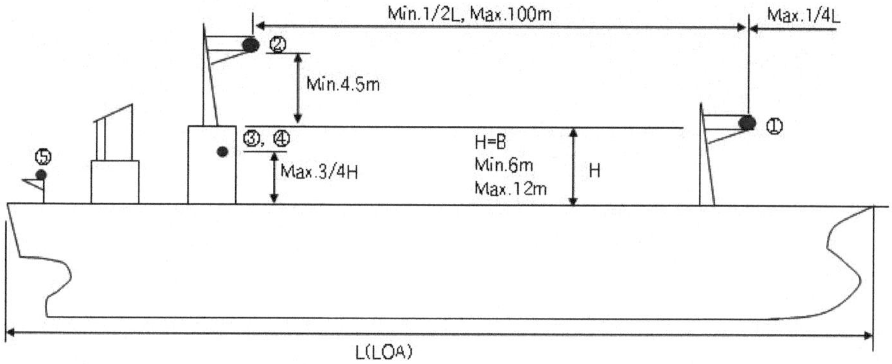

① 선수마스트등, ② 후방마스트등(after masthead light, 레이더마스트), ③ 적색의 좌현 현측전주(side light post), ④ 녹색의 우현 현측전주, ⑤ 선미마스트등

그림 6-30 각종 마스트의 위치(B: 형폭),

그림 6-31 선수마스트(좌), 레이더마스트(중), 선미마스트(우)

3) 선미마스트(stern mast)

선미부에 위치한 마스트로 항해용 전등 및 신호용 전등이 설치된다.

2. 현측사다리(accommodation ladder)

현측사다리는 배의 승무원이나 승객이 부두나 안벽에서 안전하게 승선, 하선하기 위한 장치이다. 현측사다리의 승강 및 격납은 윈치, 모터 및 실린더를 이용하는데, 동력원으로는 공기압모터(air pressure motor) 또는 전기모터(electric motor)를 이용하며 와이어(wire)의 리깅 시스템(rigging system)으로 작동하고, 그 종류로는 수직형(vertical type)과 수평형(horizontal type)이 있다(그림 6-32).

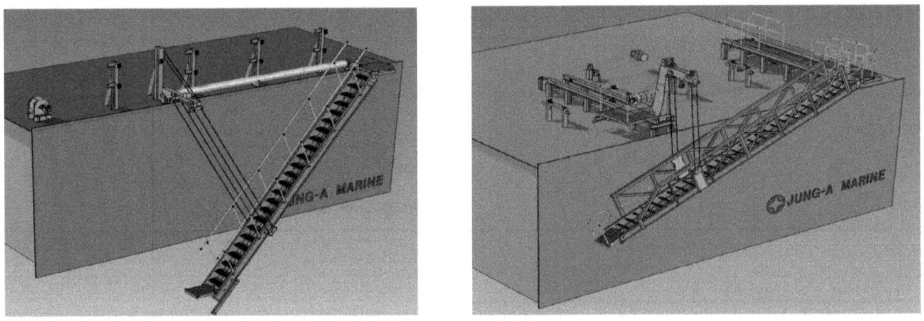

그림 6-32 현측사다리의 격납; 수직형(좌), 수평형(우)

그림 6-33 구명정의 중력형 진수(좌)와 자유낙하형 진수(우)

3. 구명장치

선박의 구명장치는 국제적인 관련 법규로 현재 발효 중인 SOLAS 및 국내 선박안전법에 의거하여 배치하여야 한다.

1) 구명정(lifeboat)

구명정은 해상에서 화재, 조난 등 피난상황에서 퇴선을 목적으로 사용하는 자항능력을 갖는 보트를 말한다. 구명정은 어떠한 해상 조건에서도 견딜 수 있는 충분한 복원성과 강도를 가져야 하며, 구명동의(life jacket)를 입은 승조원이 추진장치를 운전하는데 방해를 받지 않고 착석할 수 있는 공간을 확보해 주어야 한다. 구명정에는 신호장치, 의약품, 비상식량 등 생존을 위한 법정 비품을 갖추어야 한다. 구명정을 내리는데 사용하는 대빗(davit)은 주로 두 가지를 사용하는데, 거주구 양측에 설치된 중력형(gravity type)과 거주구 뒤쪽에 설치된 자유낙하형(free-fall type)이 있다(그림 6-33). 중력형은 윈치브레이크(winch brake)의 제동력을 이용하여 구명정을 내리며, 자유낙하형은 문자 그대로 구명정을 램프를 따라 자유낙하시키므로 신속한 탈출에 적합하다.

2) 팽창식 구명래프트(inflatable life raft)

팽창식 구명래프트는 해상에서 화재, 조난 등 피난상황에서 퇴선 시 해상으로 투하하여 내부의 압축가스를 이용, 팽창시켜 조난자가 그 위에서 구조를 기다릴 수 있게 하는, 자항능력이 없는 래프트이다(그림 6-34). 구명래프트에는 신호장치, 의약품, 비상식량 등 생존을 위한 법정 비품을 갖추어야 한다.

3) 구명부이(life buoy)

구명부이는 인명구조용의 부력을 가진 재료로 만든 둥근 도넛형 물체이다(그림 6-35). 모든 선박은 자기점화/자기발연 등의 기능과 관련하여 법정 요구사항을 만족시키는 구명부이를 적법한 수량 갖추어야 한다.

4) 구명동의(life jacket)

구명동의는 부력을 가진 재료로 만든 착용식 구명장비로(그림 6-36 좌와 중), 승선 인원 전원에게 제공될 수 있도록 비치해야한다. 여객선의 경우에는 별도의 법정 수량만큼의 어린이용 구명동의도 비치해야 한다.

그림 6-34 팽창되고 있는 구명래프트

그림 6-35 구명부이

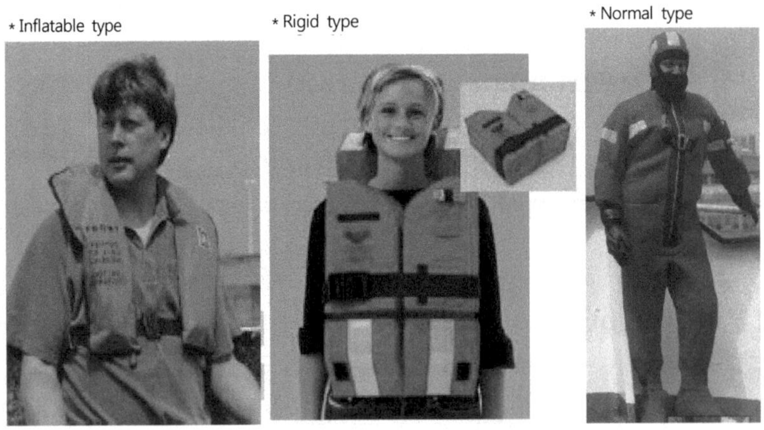

그림 6-36 팽창식 구명동의(좌), 경식 구명동의(중), 방수복(우)

5) 방수복(immersion suit)

방수복은 방수재료design by rule 규칙기반 설계로 만들어져 차가운 수중에서 사람의 체온을 감소시키지 않도록 보호하는 구명장비이다(그림 6-36 우). 승인된 크기의 제품이 구명정 요원으로 지정된 모든 사람에게 제공될 수 있도록 비치해야 한다.

4. 소화설비

항해 중 화재가 발생하였을 경우에는 다른 곳으로부터 지원을 받을 수 없으므로 선박은 반드시 자체적인 소화설비를 갖추어야 하며, 선박 화재로부터 승무원, 화물 및 선체를 보호하기 위하여 각종 법규나 규칙이 제정되어 각 항목에 걸쳐 적법한 설비를 갖추도록 하고 있다. 선박은 용적과 화물의 종류에 따라 적절한 종류, 크기와 수량의 소화설비를 갖추어야 하며, 승무원들은 그 설비를 충분히 숙련되게 조작할 수 있어야 한다. 선박의 소화설비로는 다음과 같은 것이 있다.

- 기관실: 이산화탄소시스템 또는 고팽창포말(high expansion foam)시스템.
- 화물창: 이산화탄소시스템.
- 기름탱크: 불활성가스시스템(inert gas system)시스템(주기관의 폐기 가스를 활용).
- 화물탱크: 갑판포말시스템(deck foam system).
- 선박의 모든 구획: 해수소화시스템.

✵ 그 외 화재진압이 필요한 구역: 휴대식 및 이동식 소화기 및 장비(fire extinguisher and equipment).

1) 소화의 원리

(1) 연료(가연물)의 제거

화재로부터 연료를 제거하는 방법으로는 물리적으로 연료를 화재 현장으로부터 끌어내어 분리시키는 경우와, 액체나 기체 연료의 화재 시 공급 밸브를 잠그거나 공급 펌프 등을 정지시켜 연료의 공급을 차단하여 소화하는 방법이다.

(2) 산소의 관제

화재 현장의 공기 중 산소 농도를 16% 이하로 낮추어 소화하는 것으로 이산화탄소, 질소가스 등을 밀폐된 화재 현장에 주입시키거나 새로운 공기의 공급을 차단하여 소화하는 방법이다.

(3) 열의 제거

열의 제거(냉각효과)는 소화에 가장 일반적으로 사용되는 방법으로 대표적인 냉각제는 물이다. 유류 화재 시는 분무 형태로 화재 표면에 분사하여 효과적으로 소화할 수 있으며 이산화탄소 소화기도 냉각작용을 이용한 하나의 예이다. 단 선박 화재 시 물의 과다 사용은 선체 내에 많은 물이 고이게 되어 선박의 복원성에 영향을 미칠 수 있으므로 주의해야 한다.

2) 화재의 분류 및 적용 소화기

(1) A급 화재: 일반적인 화재로 연소 후 재가 남는 화재이며, 나무, 천, 종이, 옷, 고무, 플라스틱 등의 화재가 이에 속한다. 적용 소화기로는 수류형(water type), 포말형(foam type), 건분형(dry powder type) A형 소화기가 있다.

(2) B급 화재: 유류 및 가스 화재로, 가연성 액체나 기체에 발생하여 연소 후 아무것도 남지 않는 화재이며, 연료유, 윤활유, 페인트, 그리스(grease) 등의 화재 및 LPG, 아세틸렌 등의 화재가 이에 속한다. 적용 소화기로는 이산화탄소, 포말형, 건분형 B형 소화기가 있다.

(3) C급 화재: 전기 화재로 전기 스파크, 전기 단락에 의하여 발생되는 화재이다. 적용 소화기로는 이산화탄소, halon[5], 건분형 C형 소화기가 있다.

5) halon은 탄소, 염소, 불소, 브롬으로 이루어진 화학물질로 불을 끄는데 사용되는 기체이며, 이산화탄소와 비교하여 매우 소량으로 동일한 소화 목적을 이룰 수 있다.

그림 6-37 휴대식 소화장비

(4) D급 화재: 금속 화재로 가연성 금속 물질인 나트륨, 칼륨, 마그네슘, 알루미늄 등의 화재이다. 적용 소화기로는 염화나트륨(NaCl) D형 소화기가 있다.

3) 이동식 소화장비의 종류

- 휴대식(portable) 소화장비(그림 6-37).
- 이동식(transportable) 소화기.
- 소방원 장구(fire man's outfitting).
- 호흡용 공기압축기(breathing air compressor for breathing apparatus).
- 이동식 주 소화유닛(transportable form applicator unit).
- 모래상자(sand box).
- 국제 연결구(international shore connection).
- 들 것(stretcher).
- 고정식 소화전(fire hydrant system).

✵ 위험물(dangerous goods) 운송 시 특별 장구.

✵ 헬리콥터 착륙용 장비(helicopter landing equipment).

✵ 구명정 청수 청소용 준비물(flushing hose with box).

✵ 진화용 도끼(large fire axe).

✵ 긴급탈출용 호흡기(Emergency Escape Breathing Device, EEBD).

6.1.5 타, 조타장치 및 쓰러스터 조종장치

1. 타(rudder)

타는 선박의 진행 방향을 바꾸기 위하여 사용되는 판 모양의 구조물로, 유체 흐름 속에 놓인 물체에 작용하는 양력을 이용한다. 일반적인 타의 개략적인 구조를 그림 6-38에 보였으며, 타의 설계, 종류에 대해서는 3.4.2절을 참조하기 바란다.

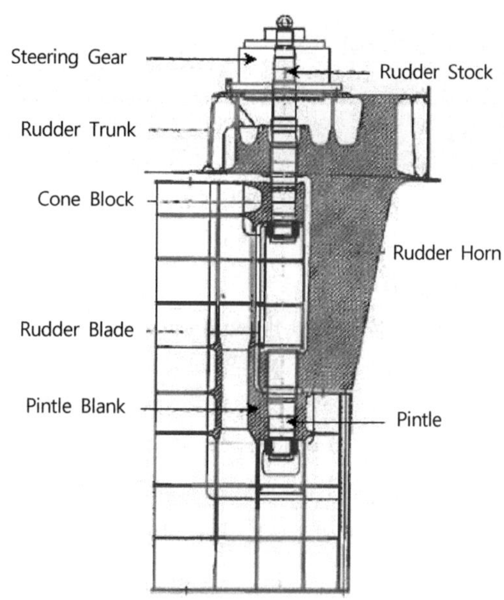

그림 6-38 타의 구조도

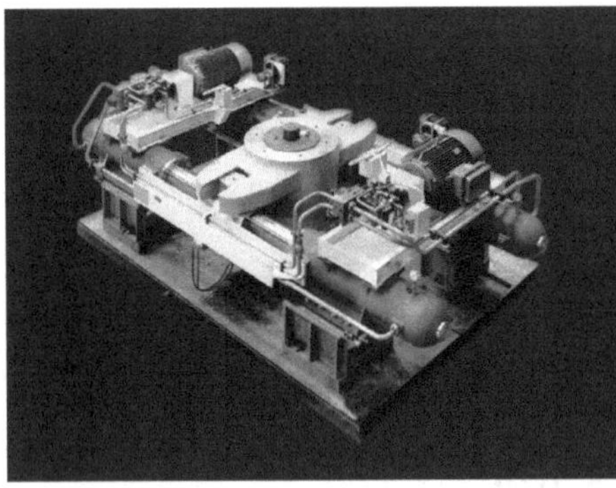
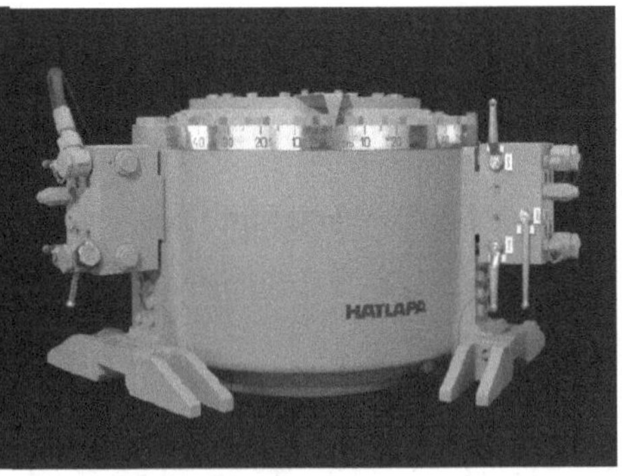

그림 6-39 램형(좌)과 회전익형(우) 조타장치

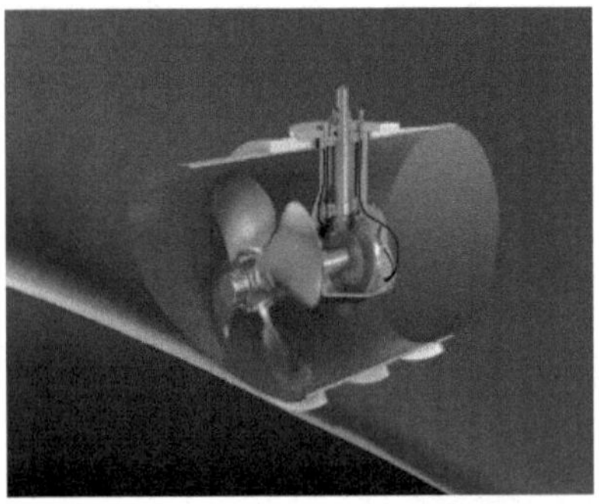

그림 6-40 터널형(좌)과 전방위형(우) 쓰러스터

2. 조타장치(steering gear)

조타장치는 타를 직접적으로 움직이는 장치이며, 그 구성은 조타실(wheelhouse)로부터 타의 동작을 전달하는 원격모터(telemotor)와 그 명령을 타에 전달하는 기계장치로 이루어진다. 조타 제어모드는 조타실의 타륜(steering wheel)을 사용하는 기계식 제어모드와 오토파일롯(autopilot)으로 조작하는 자동식 제어모드가 있다. 규정에 따르면 모든 선박에 설치되는 조타장치는 계획연속최대출력으로 운항 중 28초 이내에 한쪽 현 35°로부터 반대쪽 현 30°까지 타를 회전시킬 수 있어야 한다. 조타장치에는 그림 6-39에 보인 바와 같이 램형(ram type)과 회전익형(rotary vane type)이 있다.

3. 쓰러스터 조종장치(thruster maneuvering system)

쓰러스터는 좁고 복잡한 항만 내에서의 선박의 접안이나 이안 시 조종성능을 향상시키기 위하여 측면에 설치하는 보조추진기이다. 설치 위치에 따라 선수쓰러스터(bow thruster)와 선미쓰러스터(stern thruster)가 있고, 공급 동력원으로는 전기모터, 유압모터, 디젤기관을 사용하며, 형상에 따라 그림 6-40에 보인 바와 같이 터널형과 전방위형(azimuth, 아지머스)으로 구분한다.

6.1.6 선박배관계통(ship piping system)

1. 개요

배관은 주기관(main engine), 보조기관(aux.(auxiliary) engine), 보일러, 열교환기(heat exchanger), 공기압축기(air compressor) 그리고 펌프(pump) 등의 장비를 작동하는데 필요한 유체의 이동을 위해 관(pipe)을 이용하여 하나의 계통(system)을 구성하는 것이다. 배관의장은 선체의장의 주요한 부분이며, 액체화물을 싣는 선박의 경우에는 특히 중요한 분야이다. 최근의 선박건조는 공수의 감소를 위해 선행의장을 강조하고 있으며, 배관은 선행의장의 주요 부분이기 때문에 효율적인 선박건조를 위한 주요 관리항목 중의 하나이기도 하다.

2. 밸러스트계통(ballast system)

선박은 항해, 정박, 하역 시를 포함하여 모든 운항조건에서 복원성과 추진효율을 확보하기 위하여 적정흘수를 유지해야 하며, 이를 위해 밸러스트계통을 활용한다. 하역 중 선체에 작용하는 굽힘모멘트의 감소, 항해 중 선체진동의 감소를 위해서도 밸러스트계통은 효력을 발휘한다. 밸러스트수를 탱크에 주입하는 것을 밸러스팅(ballasting), 그리고 탱크로부터 배출하는 것을 디밸러스팅(deballasting)이라고 한다.

1) 밸러스트의 종류

순정한 밸러스트수를 전용 탱크에 주입하는 것을 분리밸러스트(segregated ballast), 세정되지 않은 연료유탱크에 밸러스트수를 주입하는 것을 오염밸러스트(dirty ballast) 그리고 세정된 연료유탱크에 채우는 것을 청정밸러스트(clean ballast)라고 한다.

2) 밸러스트탱크의 종류

밸러스트탱크에는 통상 항해 시 사용되는 전용 밸러스트탱크와 비상시(heavy ballast voyage)에 사용되는 비상용탱크(유조선과 산적화물선의 경우는 실제 화물 선적구역), 트림(trim) 조절용의 선수미 피크탱크, 횡경사(heeling) 방지용의 횡경사탱크, 횡동요(rolling) 방지용의 감요수조(anti rolling tank) 등이 있다.

3) 밸러스트탱크의 용적, 배치, 용도의 확인

밸러스트계통의 일반배치와 건조사양서가 결정되면 밸러스트탱크의 용도와 목적에 따라 밸러스트관이 구성되며, 일반적인 용도의 밸러스트탱크를 기준으로 펌프 용량과 관경이 결정된다.

4) 밸러스트계통의 설계

주수 및 배수에 소요되는 시간은 밸러스트계통의 가장 중요한 특성이며, 선박 성능의 기본 인자이다. 보통 주수, 배수 소요시간은 배의 취항 예정 항구의 항만 하역능력, 하역시간, 제한흘수 등에 의해 결정되나 일반적으로 산적화물선의 경우 7~12시간, 유조선은 10~14시간 그리고 광석운반선(ore carrier)은 12~18시간 정도이나 절대적인 기준은 없으며, 취항 항로의 가변성 때문에 선주의 의사에 따라 결정되므로 그에 대한 정확한 파악이 필요하다.

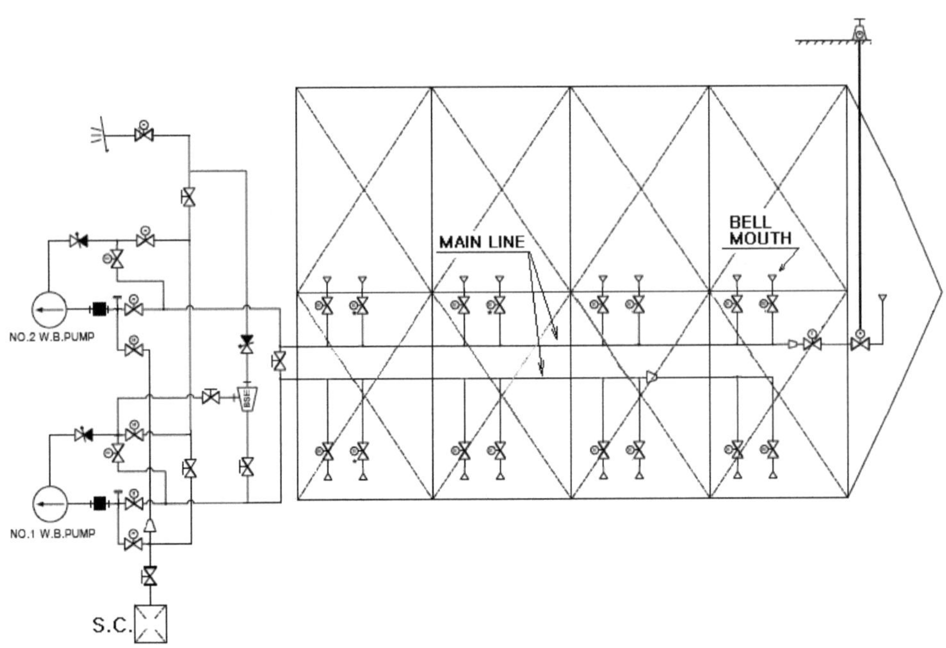

그림 6-41 밸러스트관 계통도

5) 일반적인 밸러스트관 계통도

그림 6-41에 보인 밸러스트관 계통도는 현재 탱커의 밸러스트관에 널리 사용하고 있는 방식을 보여 주고 있으며, 종방향으로 주관을 설치하고 여기에 지관을 설치하여 밸브와 흡입관을 설치한다. 밸브가 밸러스트탱크 내부에 설치되므로 원칙적으로 유압구동에 의한 원격 작동밸브를 사용한다.

3. 빌지계통(bilge system)

빌지계통은 선박 안에서 발생하는 빌지(bilge), 즉 선박에 설치된 각종 기기 및 관(pipe line) 등에서 발생되는 드레인(drain), 각종 스웨트(sweat) 및 누수 등으로 인한 물질을 선외로 배출하고, 예상치 않은 충돌 또는 좌초 등으로 인한 침수나 풍랑 등으로 선내에 들어오는 해수를 제거하기 위해 펌프와 관으로 이루어지는 계통이다. 선박의 안전상 대단히 중요한 역할을 하므로, 빌지펌프의 용량, 수량 및 빌지관 직경 등은 선급에서 엄격히 규정하고 있다.

1) 화물선적 구역의 빌지계통

화물선적 구역의 빌지계통은 구역 내의 빌지웰(bilge well)에 축적된 빌지를 기관실에 설치된 빌지펌프(bilge pump)로 흡입시키는 역할을 하는 계통이다. 이 구역의 빌지관은 선체 이중저 구역을 관통하므로, 선체의 충돌, 좌초 시 빌지관의 손상으로 인하여 화물선적 구역으로 해수가 유입될 수 있기 때문에, 나사조임역류방지밸브(SDNR: Screw Down None Return valve)를 설치하는 것이 원칙이다. 일반적인 빌지관 구성은 밸러스트관 구성과 유사하다.

(1) 개별계통(individual system)

그림 6-42는 화물선적 구역의 빌지웰(bilge well)들로부터 별도의 관망을 각각 구성하여, 기관실 구역으로 유도하는 개별계통 방식을 보여주고 있다. 각 구역간의 상호 연관성이 낮으며, 운용의 단순성은 있으나, 실제 배관망이 복잡하고 공수가 과다한 단점이 있다. 빌지웰의 수가 많은 일반 대형 상선에는 적용하기 힘들다.

(2) 주관계통(main line system)

그림 6-43은 선체 이중저 부분에 파이프덕트(pipe duct)가 있을 때, 그 덕트 내부로 빌지주관을 설치하여, 화물선적 구역의 배수관망을 단순하게 구성하는 주관계통 방식을 보여주고 있다. 유압원격제어밸브가 빌지웰마다 독립적으로 설치되므로 자재비가 증가하는 단점은 있으나 현재 대형 상선에서 일반적으로 적용하고 있다. 파이프덕트가 없는 경우에는 빌지관이 이종 또는 동종의 탱크를

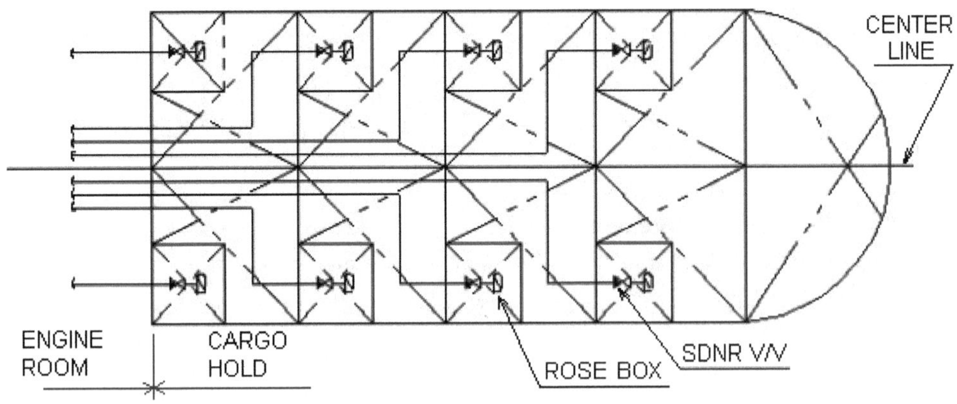

그림 6-42 빌지 개별계통

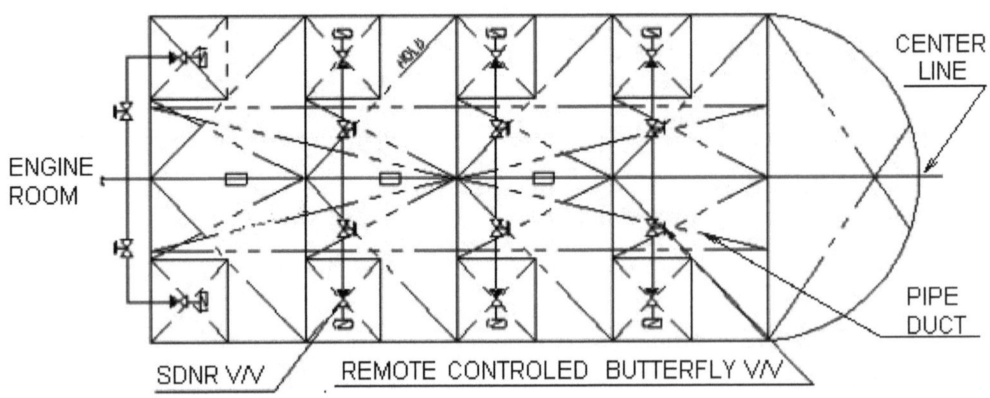

그림 6-43 빌지 주관계통

관통해야 하므로, 두께가 두꺼운 관의 사용을 원칙으로 하며, 주관의 지름과 탱크를 관통하는 파이프의 두께는 선급 규정에 따른다.

2) 체인로커(chain locker)와 보슨창고(bosun store)의 빌지계통

화물선적 구역 외에 체인로커 및 보슨창고에도 그림 6-44에 보인 바와 같이 빌지계통이 설치되는데, 보슨창고 구역의 빌지는 빌지햇(bilge hat)을 통하여 모이고 빌지분출기(bilge eductor)를 사용하여 선외로 배출되며, 체인로커 구역의 빌지는 빌지웰에 모이고 소화용 빌지펌프에 의해 구동되는 빌지분출기에 의해 배출된다. 이밖에 조타장비실, 비상 소화펌프실, 그리고 선수쓰러스터실(bow thruster room) 등에도 빌지계통이 요구된다.

4. 소화계통(fire fighting system)

대형 상선의 경우, 독립적인 소화계통을 보유해야 한다.

1) 일반 소화계통도

그림 6-45에 상선의 일반 소화계통도를 보였다. 각 필요구역, 체인로커, 보슨창고, 그리고 페인트창고 등에 소화관이 설치되며, 각 호스밸브 사이의 거리는 적절히 결정되어야 한다. 기관실의 화재나 침수 등으로 주소화 빌지펌프(fire & bilge, fire & general service pump)가 작동하지 않을 때를 대비하여, 별도의 비상 소화펌프가 선미 조타장비실 하부에 설치되고 소화관이 이에 연결되어 있음을 보여준다. 주소화관(main fire line)은 선체외부에 노출되어 있으므로, 동파의 위험이 있어 관에 남아있는 물을 제거하기 위해 일반적으로 글로브밸브(globe valve)를 설치한다.

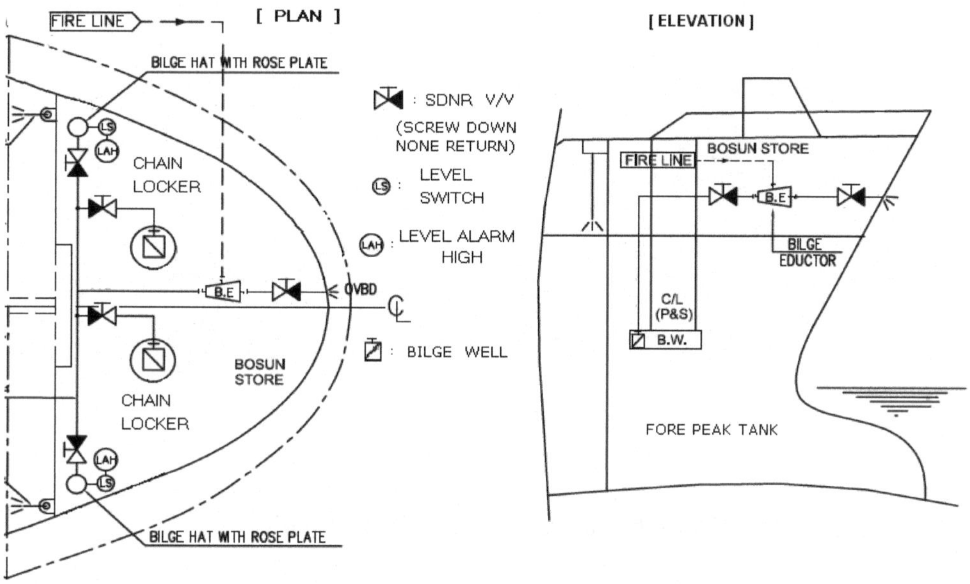

그림 6-44 체인로커와 보슨창고의 빌지계통

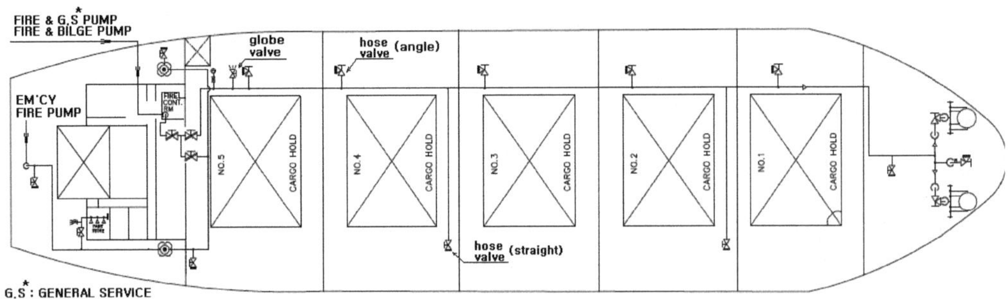

그림 6-45 상선의 일반 소화계통도

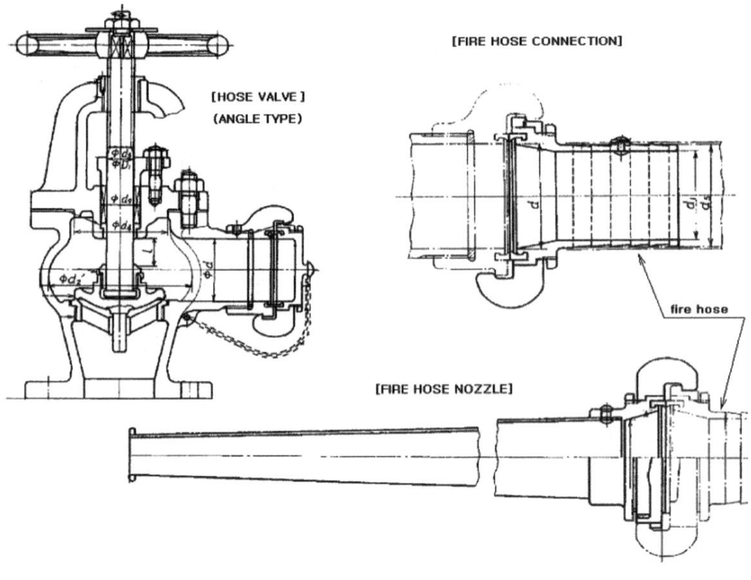

그림 6-46 소화계통 관련 부품류

2) 호스밸브와 소화호스(hose valve and fire hose)

그림 6-46은 소화계통과 관련된 부품류를 보여준다. 그림 6-45의 각 구역에 위치한 각 호스밸브에 호스커넥션을 연결하고 소화펌프를 작동시켜 고압의 해수를 공급받을 수 있으며, 소화호스(fire hose)로 필요한 장소까지 물을 이송한 뒤, 소화노즐을 이용하여 화재를 진압할 수 있다. 갑판 청소

등 다른 목적으로 해수가 필요한 경우에도, 소화노즐을 이용하는 것을 제외하면 동일한 방법으로 해수를 공급한다.

5. 화물유 관계통(cargo pipe system)

화물유 관계통은 탱커와 같이 액체화물을 운반하는 경우 화물 하역에 사용되는 장치로, 화물유 펌프, 배관 및 밸브로 구성된다. 주된 계통의 종류에는 재래식 펌프계통과 독립식 펌프계통이 있다.

1) 재래식 펌프계통(conventional pumping system)

재래식 펌프계통은 구동체인 화물유 펌프터빈(Cargo Oil Pump Turbine, COPT)과 피구동체인 화물유펌프로 구성된다(그림 6-47). 펌프터빈은 기관실에 설치하고, 기관실과 화물탱크 구역 사이에 화물유펌프실(cargo pump room) 공간을 확보하여 펌프를 설치한다. 화물유의 분리(cargo segregation)가 단순한 원유탱커의 경우는 이 방식을 채택하고 있다. 보조보일러(auxiliarly boiler)에서 생성된 증기의 압력을 이용하여 터빈을 구동하며, 화물유펌프는 구동축(shaft)으로 터빈과 연결되어 작동한다.

2) 독립식 펌프계통(independent pumping system)

독립식 펌프계통은 별도의 펌프실을 두지 않고, 각 화물탱크에 잠수형 펌프(submerged type pump)를 설치한다(그림 6-48). 노르웨이의 FRANK MOHN사에 의해 처음 개발되었으며, 유압동력팩(hydraulic power pack)의 유압에너지를 이용하여 잠수형 펌프를 구동한다. 재래식 펌프계통과

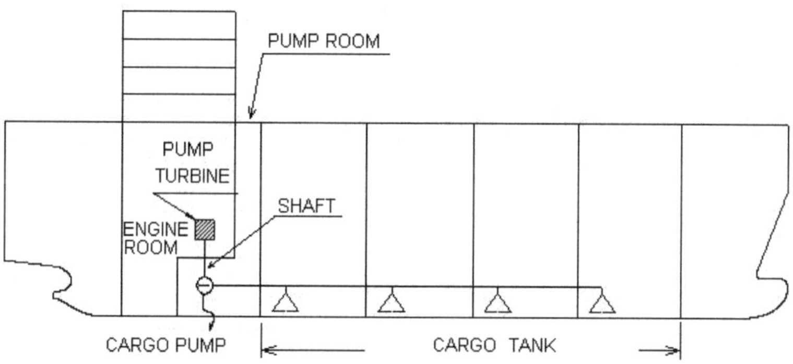

그림 6-47 재래식 펌프계통

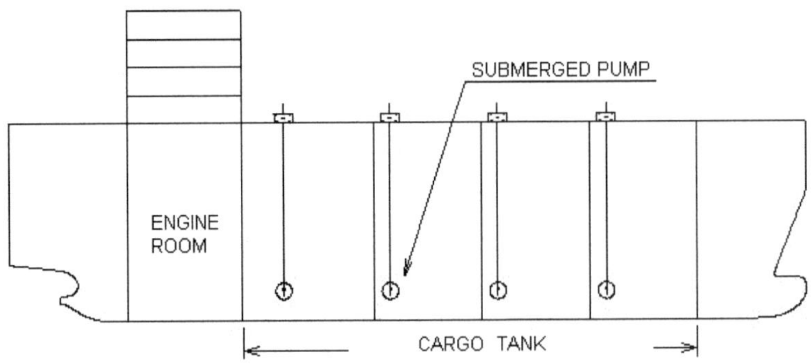

그림 6-48 독립식 펌프계통

비교하여 펌프실 공간을 화물탱크로 활용할 수 있고, 잠수형 펌프의 구조상 하역 중의 잔유량이 극히 적으며, 화물탱크 수만큼 여러 가지 다른 종류의 액체화물을 적재할 수 있고, 펌프를 구동하는데 증기터빈을 사용하지 않으므로 고압의 증기계통이 불필요하다는 장점이 있다. 단 재래식 펌프계통에 비하여 많은 수의 펌프가 설치되므로 장비가격, 설치비가 증가한다는 단점이 있다. LPG/LNG선에는 독립식 펌프계통을 적용하는 추세이다.

6. 탱크가열계통(tank heating system)

일반 상선에서 사용하거나 운반하는 유류 중 중유(heavy fuel oil)나 원유는 이송 시 점도를 낮추어야 한다. 이 계통의 목적은 가열장치의 사용으로 대상 유류의 온도를 높여 이송을 위한 적정 점도를 유지하는 것이다.

가열장치는 기관실에 설치하는 보조보일러 또는 방열유히터(thermal oil heater)이며, 가열 매체로는 증기 또는 방열유(thermal oil)를 각각 사용한다. 증기를 매체로 사용하는 경우에는 온도의 조절, 유지가 쉬우며, 관의 지름이 상대적으로 작은 편이고, 운영비 및 자재비가 절감되며, 화학적으로 안정적이고 무해하다는 장점이 있다. 방열유의 경우에는 관의 부식이 없으며, 혹한 시 결빙의 우려가 없고, 비교적 압력이 균일하며 상대적으로 높은 온도제어가 가능하다는 장점이 있다.

가열 매체로 증기를 사용하는 원유탱커의 일반적인 탱크가열계통도를 그림 6-49(좌)에 보였다. 기관실로부터 증기를 공급받아 화물유탱크에서 열원으로 사용하고 증기트랩을 사용, 증기를 제외한 응축수(condensate)만을 응축수관으로 보내는 것을 보여준다. 각 가열선(heating coil) 전후로 증기/응축수배관망의 하단부에 배출 밸브를 설치하여 고인 응축수를 제거한다.

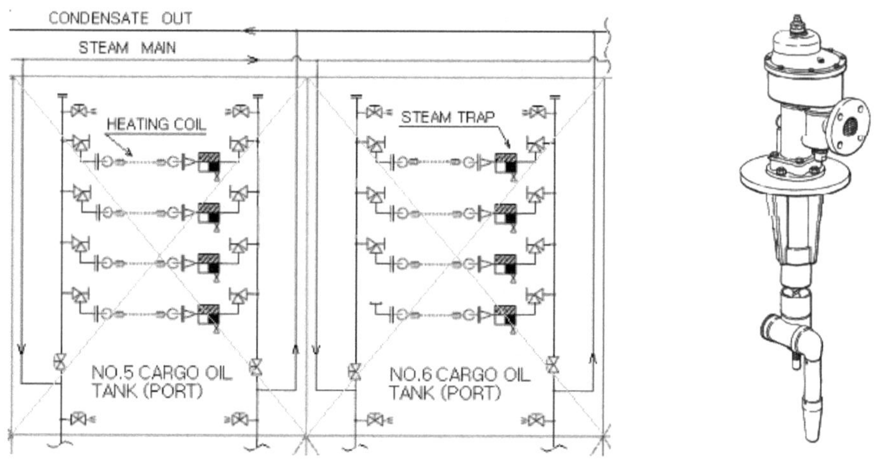

그림 6-49 원유탱커의 화물유 탱크가열계통도(좌)와 세정노즐(우)

7. 원유세정계통(crude oil washing system)

원유를 적재하고 항해하는 원유탱커의 경우에는 원유 속의 고형물인 왁스, 아스팔트, 모래 등이 침전되어 탱크 바닥에 쌓이게 되며, 이들에 의한 탱크 공간의 감소, 해양오염 등을 예방하기 위해 탱크를 세정한다.

전통적인 탱크 세정은 가열된 해수를 고압의 분류 형태로 이용하나, 세정에 사용된 물이 기름에 오염되므로 해상 배출이 불가하며, 이 오염된 해수는 스롭탱크(slop tank)에 보관해야 한다. 반면 원유세정은 원유를 육상으로 하역할 때 그 원유의 일부를 이용, 탱크세정용 고정 배관과 탱크세정기를 사용, 침전물을 용해시켜 적하 당시의 원상태로 환원하여 하역하는 방법이다. 그림 6-49(우)에는 탱크내부에 설치되는 세정노즐을 보였다. 원유세정은 해상오염을 방지하고, 세정효과가 우수하며, 하역과 동시에 세정이 진행되므로 시간과 비용이 절약되고, 화물의 운송용적이 증가한다는 장점이 있으나, 장비의 추가 설치로 비용이 증가하며 하역 자체에 소요되는 시간이 20~50% 증가하고, 하역 중 작업부하가 크다는 단점이 있다.

8. 공기/측심계통(air/sounding system)

공기계통은 밀폐된 특정 구역에 액체를 채울 때, 공기가 원활하게 유출, 유입할 수 있게 하기 위하여 설치되며, 일반적으로 강관(steel pipe)을 사용한다. 설계 시 고려해야 할 사항으로 탱크나 특정

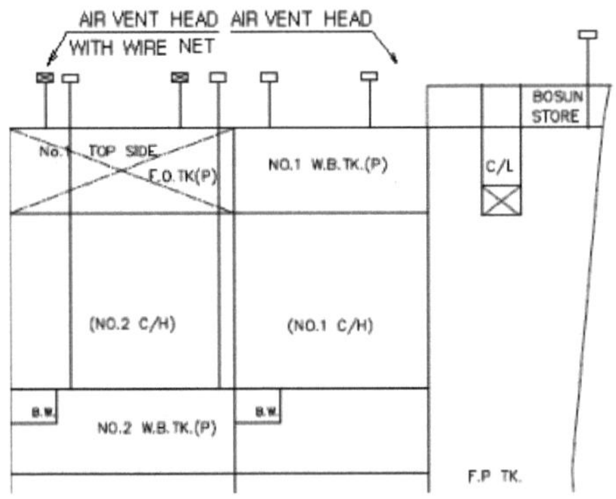

그림 6-50 산적화물선의 공기계통도

밀폐구역의 길이가 7 m 이상일 경우, 공기관을 두 개 이상 설치하고 공기관의 단면적이 충수관(filling line) 단면의 1.25배 이상 되도록 해야 한다. 측심계통은 깊이를 측정함으로써 탱크 내의 액체의 유량/체적을 계측하기 위해 설치된다.

1) 공기계통

산적화물선의 공기계통도를 그림 6-50에 보였다. 대형 탱크의 경우 앞쪽과 뒤쪽에 각각 공기관이 설치되며, 유류탱크의 경우는 밸러스트탱크와 달리 곤충이나 이물질 유입을 방지하기 위하여 망이 달린 통기구(air vent head)를 설치하기도 한다. 원유탱커에 실제 설치된 통기구를 그림 6-51에 보였다.

2) 측심계통도

산적화물선의 측심계통도를 그림 6-52에 보였다. 측심의 결과는 트림의 영향을 받으므로, 측심관은 탱크의 뒤쪽에 설치하는 것을 원칙으로 한다. 측심척도(sounding scale)가 쉽게 측심관을 드나들 수 있도록 일반 배관과 비교하여 관의 꺾임에 제한을 받는다. 산적화물선의 경우 측심관이 화물창 구역의 온도 계측에 이용되는 때도 있는데, 균등한 온도 계측을 위하여 탱크의 앞쪽에도 측심관을 설치하는 경우도 있다.

9. 불활성기체계통(Inert Gas System, IGS)

인화점이 60℃ 이하인 석유제품과 원유 등을 운반하는 탱커의 경우, 일반 공기관을 적용하는 개방식 탱크 통기 방식은 정전기의 영향으로 폭발의 위험성이 있다. 따라서 보조보일러에서 얻어진 연

그림 6-51 통기구(air vent head)

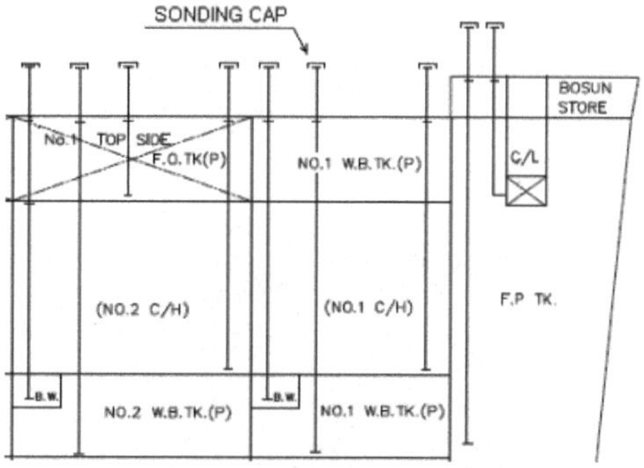

그림 6-52 산적화물선의 측심계통도

소가스를 냉각, 세정하여 산소 농도를 8% 이하로 낮춘 불활성기체로 만들고, 이를 화물유 탱크에 주입하여 폭발을 예방하는 계통이 불활성기체계통이다. 경우에 따라 보일러를 이용하지 않고, 전용의 불활성기체 생산 장비를 설치하기도 하는데, 이를 불활성기체발생기(inert gas generator)라고 하며, 순도가 높은 불활성기체를 얻기 위해 양질의 경유(light diesel oil)를 연료유로 사용하기도 한다.

IGS의 개략도를 그림 6-53에 보였다. 보일러의 연소기체를 세정과 냉각의 목적으로 스크러버(scrubber)를 통하여 송풍기(blower)로 흡입한 후, 역류방지를 위한 데크워터실(deck water seal)

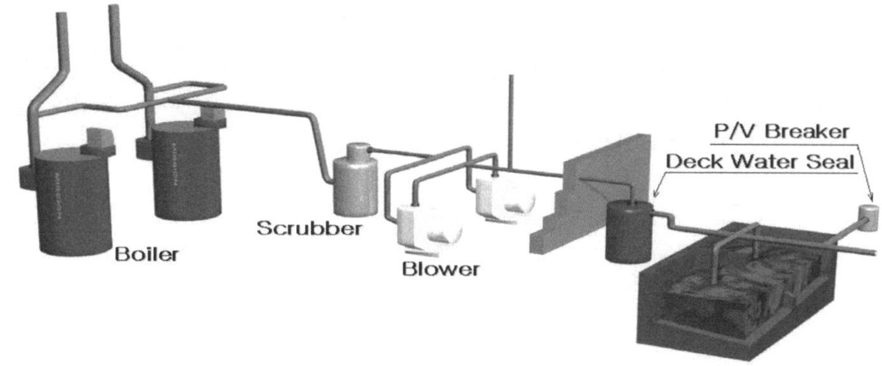

그림 6-53 불활성기체계통

그림 6-54 압력/진공 밸브(좌)와 압력/진공 차단기(우)

을 통과하여 화물유 탱크로 공급한다. 관련 배관을 불활성기체관이라 하며, 압력조절용 압력/진공(pressure/vacuum) 차단기(breaker)를 설치한다.

10. 화물탱크의 통기계통(cargo tank vent system)

IGS가 적용되는 화물탱크는 개방식 통기 장치가 적용되지 않으므로 IGS가 작동되거나 화물유 적재 또는 운항 중 탱크 내부의 온도 증가에 따라 탱크에 압력이 가해질 수도 있고, 반대로 양륙 중 또는 운항 중 탱크 내부의 온도 강하에 의해 화물탱크에 진공이 걸릴 수도 있으므로, 적정 압력을 유지해 주는 압력/진공 밸브가 필요하다. 이밖에 탱크 통기라이저(vent riser)와 IGS의 압력/진공 차단기도 통기계통에서 압력을 유지하는 역할을 한다. 그림 6-54는 실제 유조선에 설치된 압력/진공 밸브와 압력/진공 차단기를 보여주고 있다.

6.2 선실의장

6.2.1 개요

선실의장(accommodation, 거주설비)은 승객과 선원들이 자신들의 집에서와 같이 안락한 생활을 배에서 영위하게 하는데 필요한 설비를 뜻한다. 선박의 운항 시 승객과 선원에게 필요한 거주설비는 선박 관련법규에 따라 거주구(accommodation space, living quarter) 내에 적절히 배치한다. 한정된 공간이라는 점에서 육상의 거주설비와 다소 다르기는 하지만, 소규모 호텔이 배에 설치되어 있다고 생각할 수 있다.

거주구는 선박의 규모에 따라 1층에서 8층 내의 갑판층수(tier of deck)를 갖는데, 최상층 갑판에는 선박의 운항을 통제하는 조타실(wheelhouse)이 배치되며 그 위의 컴퍼스갑판(compass deck)에는 항해, 통신을 위한 레이더(radar)와 안테나(antenna) 장비가 설치된다.

주로 최하층 갑판에는 거주구의 공기를 깨끗이 하고, 온도, 습도 등을 쾌적한 상태로 조절하는 공기조화기기실(air conditioning machinery room)이 배치되며, 또한 식료품냉동장치(provision refrigerating plant)를 이용하여 항해 중 필요한 식료품을 항상 신선한 상태로 유지하는 식료품냉장고(refrigerating chamber, cold chamber) 및 건조식품저장고(dry provision store)가 배치된다. 선원들이 간단한 운동을 할 수 있는 운동실(gymnasium)과 선원들을 돌보고 치료하는 의무실(hospital) 또한 최하층 갑판에 배치된다.

중간층 갑판에는 거주구에서 가장 중요한 선원들이 거주하는 선실(cabin), 기관실구역과 갑판구역을 위한 사무실(office), 선박기기의 운전, 제어 그리고 작동 상태를 파악하는 제어실(control station)이 위치한다. 요리, 식사 및 휴식을 취할 수 있는 주방(galley), 식당(mess room) 그리고 휴게실(recreation room) 또한 중간층 갑판에 배치된다.

6.2.2 거주구 배치(layout)

거주구의 배치는 선주의 취향이나, 선박의 고급화 정도 및 선원들의 문화권(동양권 및 유럽권)에 따라 약간씩 달라지지만, 일반적으로 다음과 같은 구역으로 나누어 배치한다.

1. 거주구역(living space)

선원들의 개인적 사생활 공간인 선실(cabin)은 선원들의 등급(grade)에 따라 위치가 달라지며, 또한 방(room)의 크기 및 구성 형태 등이 달라진다(표 6-4). 선실의 위치는 선원들의 직무를 고려하여 동일 업무를 하는 수행하는 선원들을 동일 갑판에 배치하는 경우도 있으나, 일반적으로 선원들의 등급에 따라 최상층 갑판으로부터 순차적으로 배치한다. 방의 크기는 높은 등급의 선원들에게 보다 많은 공간이 할당되며, 구성 형태는 하나의 선실을 1명의 선원이 사용하도록 하는 것이 일반적이지만(그림 6-55), 선장(captain)이나 기관장(chief engineer)의 경우에는 대부분 두 개의 선실을 배정하여 각각 침실(bedroom)과 집무실(day room)로 사용한다(그림 6-56). 선실에 설치되는 가구는 기본적으로 침대, 소파, 탁자(table), 책상(desk), 옷장 및 개인화장실(private toilet) 등이 있으며 선원들의 등급에 따라 가구의 수량이나 사양이 차별화된다.

2. 공용구역(public space)

선원들의 선상 생활의 편의성을 위해 제공되며, 선원들이 공용으로 사용하는 구역을 총칭한다. 다음과 같은 방들이 공통적으로 배치되나 선박의 종류에 따라 달라진다.

표 6-4 선원들의 등급(grade)에 따른 구성 형태

Grade	No. of person		Cabin	Lavatory
Captain class	2	1 - Captain 1 - Chief engineer	Day room Bed room	Private
Senior officer class	2	1 - Chief officer 1 - 2nd engineer	Day room Bed room	Private
Junior officer class	8	1 - 2nd officer 1 - 3rd officer 1 - 3rd engineer 1 - 4th engineer 1 - Radio officer 1 - Electrician 1 - Pilot 1 - Owner	Single room	Private
Petty officer class	4	1 - Pump man 1 - Fitter 1 - Bosun 1 - Steward	Single room	Private
Crew class	14	7 - Deck crew 7 - Engine crew	Single room	Private
Suez crew	6	6 - Canal boatman	6-bed room	Private
Total 30 Persons + 6 Suez crews				

그림 6-55 사관급선원(좌)과 선원(우) 선실

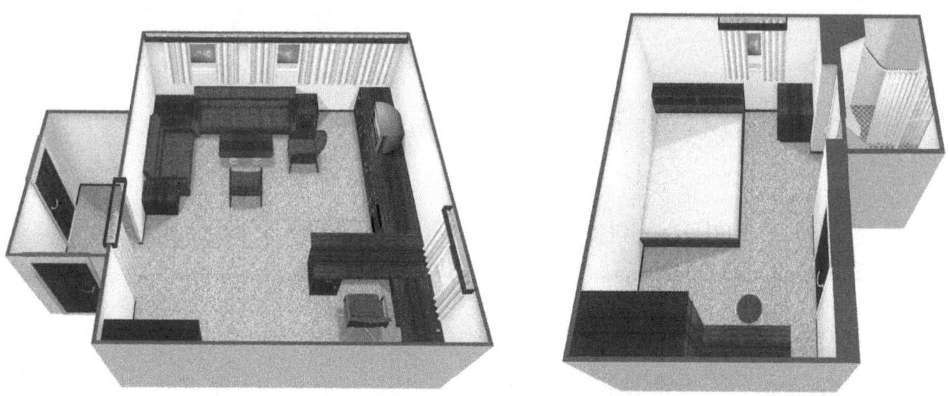

그림 6-56 선장급 집무실(좌)과 침실(우)

1) 식당(mess room)

선원들이 모여서 식사하는 장소로 선원들의 등급에 따라 주로 사관용 식당과 선원용 식당으로 구분 배치한다. 선주의 요구로 당직선원이 사용하는 당직자 식당도 배치될 수 있다. 식당의 가구로는 식탁과 식탁의자(common chair, arm chair)가 설치되며 식탁의자의 수량은 승선한 선원수에 맞게 공급되어야 한다(그림 6-57).

2) 휴게실(recreation room)

선원들의 휴식 공간으로 식당과 마찬가지로 선원들의 등급에 따라 구분 배치하는 것이 일반적이며, 사용 편의성을 위하여 주로 식당과 인접하게 배치한다. 일부 선주의 경우 휴게실 내에 바카운터

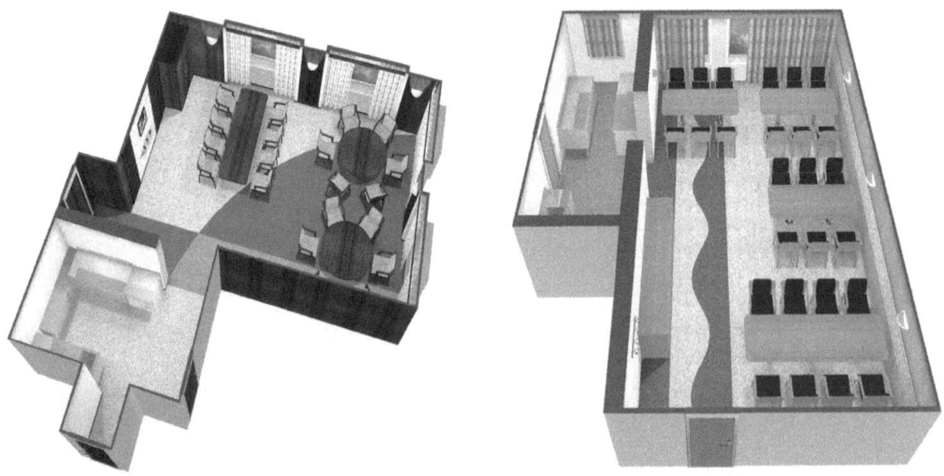

그림 6-57 사관 식당(좌)과 선원 식당(우)

(bar counter) 설치를 요구하는 경우도 있으나, 주로 소파와 오락테이블(game table) 그리고 오락기기(entertainment equipment) 정도가 설치된다(그림 6-58).

3) 사무실(office)

기관사(engineer)와 항해사(officer)가 사용하는 사무공간으로 기능에 따라 갑판사무실, 기관사무실 그리고 하역사무실(tally office)로 구분된다, 선주의 요구로 인해 선장 또는 기관장의 사무실(captain or chief engineer office)이 배치되기도 한다. 또한, 사무실에는 기관실구역과 갑판구역의 장비제어를 위한 제어패널(control console, control panel)과 전산기기들이 함께 설치되어 선실의장에서 제공하는 가구들과 조화를 이루어야 한다. 사무실 공간은 선실의장뿐만아니라, 기관의장, 전기의장이 함께 고려되어 배치되어야 한다.

4) 기타

공용으로 사용하는 공간은 식당, 휴게실, 사무실뿐만아니라, 선원들의 체력증진을 위한 운동실, 선원들을 돌보고 치료하는 의무실, 그리고 회의실(conference room)이 있으며, 선주의 요구나 선원설비규정에 따라 수영장, 사우나가 거주구에 배치되는 경우도 있다.

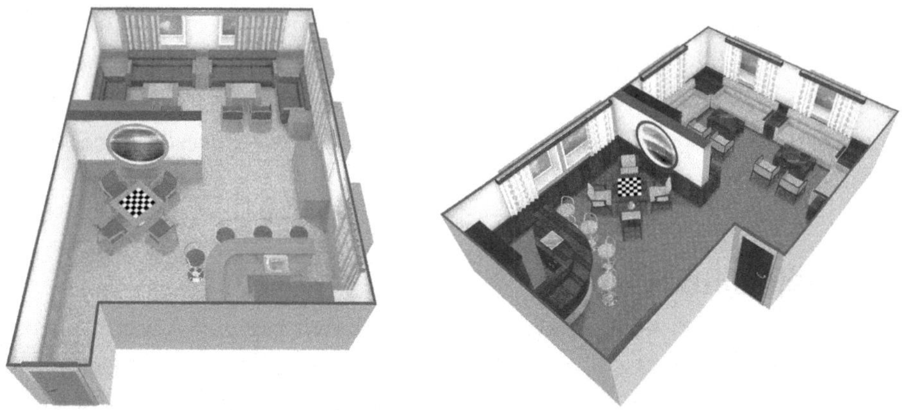

그림 6-58 사관 휴게실과 선원 휴게실

3. 제어구역(control space)

선박의 전체적인 운항과 화물의 하역 및 선박의 화재를 제어하는 구역으로 선실의장이라기보다는 선체의장, 기관의장 및 전기의장의 범주에 속한다. 대부분의 선박 제어기기가 거주구 내에 설치되므로 선실의장은 선원들을 위한 거주구역과 조화되는 제어구역을 배치하는 것이 중요하다. 제어구역으로는 선박의 전체적인 운항을 제어하는 조타실(wheelhouse), 주기관을 제어하는 기관제어실(engine control room), 화물하역작업의 제어 및 감시를 하는 하역제어실(cargo control room), 밸러스트를 조정하기 위한 밸러스트제어실(ballast control room), 소화작업을 원격제어하는 소화제어실(fire control station) 등이 거주구에 배치된다.

4. 주방구역(catering space)

선원들의 식사 제공과 관련된 식료품(provision)의 요리, 배식, 수거 및 세척을 위해 배치되는 구역이다. 주로 조리와 세척을 위한 주방(galley), 간단한 식료품과 식기류를 저장하는 팬트리(pantry)로 구분된다. 주방에 설치되는 주방기기(galley equipment)의 종류는 선원들의 나라별 식습관에 따라 달라지며, 선정된 주방기기는 요리사의 조리 동선에 따라 적절히 배치한다. 팬트리는 주방과 식당 사이에 주로 배치되어 선원들의 배식과 수거를 원활하게 한다.

5. 식료품저장구역(provision space)

운항 중 필요한 식료품을 저장하는 구역으로 식료품냉장고(cold chamber)와 건조식품저장고(dry

provision store)로 이루어진다. 식료품냉장고는 주로 육류, 어류, 야채 등을 저장하기 위한 챔버(chamber)로 구성되며, 각 챔버의 내부온도는 식료품냉동장치(provision refrigerating plant)를 사용하여 육류와 어류에 대해서는 -18℃, 채소에 대해서는 4℃로 유지한다. 건조식품저장고는 식료품의 운반 편의를 위해 노천갑판(weather deck) 방향으로 노천문(weather door)이 설치되고, 주로 식료품냉장고와 주방 사이에 배치한다.

6. 위생구역(sanitary space)

위생구역은 선원들이 사용하는 욕조(bathtub), 세면기(wash basin), 변기(water closet), 샤워 등 하수(sewage)가 생성되는 구역을 지칭한다. 거주구에서는 화장실(toilet)이 대표적이며, 세탁실(laundry), 건조실(drying room) 그리고 사우나 또한 위생구역에 속한다. 화장실은 선실에 설치되는 개인화장실(private toilet)과 선원들이 공동으로 사용하는 공용화장실(public toilet)로 구분된다.

7. 기타기관실구역(other machinery space)

선박에서 기관실구역은 주기관과 보조기관이 설치되는 기관실(engine room, machinery space)을 뜻한다. 거주구에는 기타기관실구역으로 분류하여 선실의 공기량, 온도, 습도를 조절하는 공기조화기기실, 비상발전기실(emergency generator room), 포말소화장치실, 이산화탄소소화장치실 등을 뜻하며, 승강기 작동을 제어하는 승강기장치실(lift machinery room)이 거주구의 기타기관실구역에 포함된다.

8. 통로구역(passage space)

거주구 내에서 통행을 위한 구역을 뜻하나, 육상건물에서는 별도로 구획되는 비상탈출로 (emergency escape route)의 역할을 포함하고 있어, 거주구에서 매우 중요한 구역 중의 하나이다. 거주구의 대표적인 통행로 및 탈출로는 통로(passageway, corridor), 계단(stairway)이 있으며, 통로는 선원들의 선상생활에 최적의 동선을 제공함과 동시에 비상 시, 선원들이 거주구 내에서 노천갑판(weather deck, exposed deck)으로 최단시간에 탈출할 수 있도록 배치해야 한다. 또한 기관실구역(engine room)에 화재발생 시 거주구의 복도를 통하지 않고 주갑판으로 직접 탈출할 수 있는 기관실비상탈출로(emergency escape route from engine room)도 통로구역으로 배치된다. 계단은 선원들의 편안한 이동을 고려하여 주로 선미에서 선수방향으로 배치하며 거주구의 각 갑판마다 동일한 위치에 배치한다.

9. 기타구역(sundry space)

기타구역은 선박의 운항 및 하역에 사용되는 각종 물품의 재고(inventory), 항해 중 선박을 유지 보수할 수 있는 예비부품(spare parts), 거주구 내에서 선원들이 사용하는 비품 등을 보관하는 구역이며, 선원들이 선박작업 관련 전후 피복을 갈아입는 탈의실(change room) 또한 기타구역으로 포함되며, 일반적으로 다음과 같이 구분된다.

1) 전기부품실(electric equipment room)와 축전지실(battery room)

전기의장 관련 부속품, 예비부품 및 축전지를 보관하는 장소로 전기의장 기기가 집중되어 있는 조타실(wheelhouse) 주위에 배치된다.

2) 갑판창고(deck store)

갑판용 용구 또는 소모품 등을 격납하는 창고로 거주구의 최하층 갑판에 주로 배치되며 노천갑판에서 통행이 가능하도록 배치한다.

3) 페인트램프창고(paint & lamp store)

갑판창고와 동일한 개념으로 배치되어야 하며, 창고 내부는 화재 예방 및 환기를 위해 통풍장치가 별도로 설치된다.

4) 청소용품실(cleaning gear room)

거주구 청소에 필요한 장비 및 비품 등을 보관하거나 청소용품을 세척하는 장소로 거주구에는 두 개의 갑판마다 하나의 청소용품실을 배치한다.

5) 기타

면세품을 보관하는 면세품창고(bonded store), 침구, 피복 등을 보관하는 피복창고(linen locker), 예비품과 비품을 보관하는 로커(locker)와 창고(store)가 기타구역에 속한다.

거주구의 배치는 위에서 언급한 선원들의 선상생활에 필요한 설비구축과 선박 운항 및 화물의 하역에 관련된 각종 장비가 설치된 공간의 구획을 조화롭게 배치해야 하며, 선실의장은 선원들의 안락한 선상 생활이 이루어질 수 있도록 선원과 연관된 거주설비의 설치와 공간을 배치하는데 주안점을 둔다.

6.2.3 선내 규정(rules & regulations)

해운국(maritime nation)으로 간주되는 국가의 국내법에서는 선원과 관련된 거주구 의장에 관하여 독자적인 규정(national regulation)을 가지고 있으므로 거주설비와 공간의 배치는 각 국가의 규정에 맞도록 법규의 내용을 충분히 검토해야 한다. 또한 모든 선박에 공통으로 적용되는 IMO(SOLAS, MARPOL), ISO, ILO 및 각 선급의 규정에 부합하는 거주구 의장이 이루어져야 한다.

1. 방화(fire protection)규정: SOLAS Chap. II-2

SOLAS, 각국의 선급 및 기관은 화재관련 법규를 규정하고 있으며, 선박은 이러한 규정을 만족하는 적절한 방화구조(fire protection construction)를 가져야 한다. 방화규정의 주안점은 화재 예방, 화재로부터의 인명, 화물 및 환경보호, 화재 발생구역의 통제와 진압 그리고 선원들의 탈출수단 등이다. SOLAS Chapter II-2는 선박의 화재와 관련한 사항들을 규정하고 있으며, 여객선에 대해서는 인명보호에 중점을 두어 보다 강화된 규정을 별도로 언급하고 있다. SOLAS에서 거주구 의장과 가장 밀접한 방화규정은 방화(fire protection, 화재차단)로 화재 발생지점을 선원들이 신속히 벗어날 수 있도록 거주구획이 형성되어야 한다는 점이다. 거주구획을 형성하는 격벽과 갑판의 재질은 화재 발생으로부터 일정시간 보호될 수 있어야 하며, 방화보존성(fire integrity)을 기준으로 격벽과 갑판에 대해 방화등급을 규정하고 있다.

1) 방화등급(fire grade)

선박에서의 격벽과 갑판의 방화등급은 A급구획(A-class division), B급구획, C급구획으로 구분되며, 격벽과 갑판에 사용된 재질의 방화등급은 국제표준화재시험(International Code for Application of Fire Test Procedures)에 의해 결정된다. A급구획의 방화등급은 화재시험 절차에 따라 A-60, A-30, A-15, A-0구획으로 나누어진다. 거주구에 사용되는 강판(steel plate)은 A-0구획의 재질과 동등한 방화등급을 가지며, A-60구획의 방화등급을 만족하기 위해 A-0구획의 재질을 가진 강판 표면에 A-60구획의 재질에 적절한 단화재(fire insulation)를 구성한다(그림 6-59).

2) 방화보존성(fire integrity)

표 6-5, 6-6은 인접하는 장소를 격리하는 격벽과 갑판의 방화보존성을 기준으로 방화등급이 표기되어 있으며, 여기서 인접한 장소(space)의 정의는 다음과 같고 ( ) 안의 숫자는 해당구역의 번호와 일치한다. 이들 사항은 탱커를 제외한 화물선(cargo ships except tanker)에 대해 적용되며, 탱커와 여객선의 경우는 별도의 방화보존성과 장소(space)의 정의에 따른다.

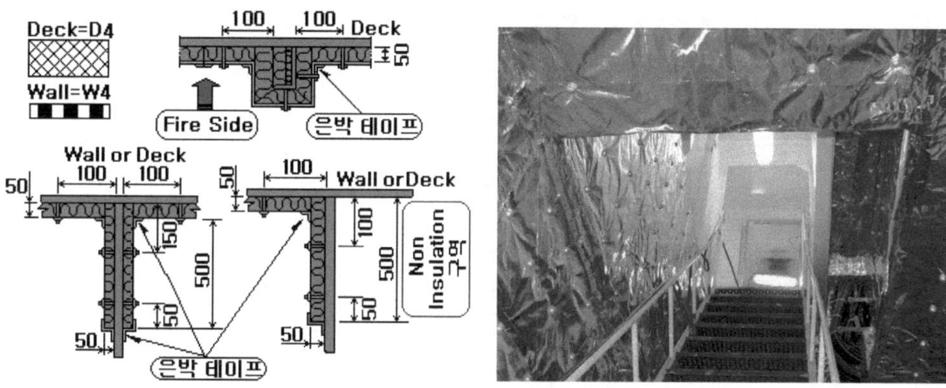

그림 6-59 단화재 A-60(좌)와 단화재의 설치(우)

표 6-5 인접한 장소를 격리하는 격벽의 방화보존성

SPACES		(1)	(2)	(3)	(4)	(5)	(6)	(7)	(8)	(9)	(10)	(11)
CONTROL STATIONS	(1)	A-0 [e]	A-0	A-60	A-0	A-15	A-60	A-15	A-60	A-60	*	A-60
CORRIDORS	(2)		C	B-0	B-0 A-0 [c]	B-0	A-60	A-0	A-0	A-0	*	A-30
ACCOMMODATION SPACES	(3)			C [a,b]	B-0 A-0 [c]	B-0	A-60	A-0	A-0	A-0	*	A-30
STAIRWAYS	(4)				B-0 A-0 [c]	B-0 A-0 [c]	A-60	A-0	A-0	A-0	* *	A-30
SERVICE SPACES (LOW RISK)	(5)					C	A-60	A-0	A-0	A-0	*	A-0
MACHINERY SPACES OF CATEGORY A	(6)						*	A-0	A-0 [g]	A-60	*	A-60 [f]
OTHER MACHINERY SPACES	(7)							A-0 [d]	A-0	A-0	*	A-0
CARGO SPACES	(8)								*	A-0	*	A-0
SERVICE SPACES (HIGH RISK)	(9)									A-0 [d]	*	A-30
OPEN DECKS	(10)										-	A-0
RO/RO CARGO SPACES	(11)											* [h]

표 6-6 인접한 장소를 격리하는 갑판의 방화보존성

SPACE BELOW ↓ SPACE ABOVE →	(1)	(2)	(3)	(4)	(5)	(6)	(7)	(8)	(9)	(10)	(11)
CONTROL STATIONS (1)	A-0	A-0	A-0	A-0	A-0	A-60	A-0	A-0	A-0	*	A-60
CORRIDORS (2)	A-0	*	*	A-0	*	A-60	A-0	A-0	A-0	*	A-30
ACCOMMODATION SPACES (3)	A-60	A-0	*	A-0	*	A-60	A-0	A-0	A-0	*	A-30
STAIRWAYS (4)	A-0	A-0	A-0	*	A-0	A-60	A-0	A-0	A-0	*	A-30
SERVICE SPACES (LOW RISK) (5)	A-15	A-0	A-0	A-0	*	A-60	A-0	A-0	A-0	*	A-0
MACHINERY SPACES OF CATEGORY A (6)	A-60	A-60	A-60	A-60	A-60	*	A-60 i/	A-30	A-60	*	A-60
OTHER MACHINERY SPACES (7)	A-15	A-0	A-0	A-0	A-0	A-0	*	A-0	A-0	*	A-0
CARGO SPACES (8)	A-60	A-0	A-0	A-0	A-0	A-0	A-0	*	A-0	*	A-0
SERVICE SPACES (HIGH RISK) (9)	A-60	A-0	A-0	A-0	A-0	A-60	A-0	A-0	A-0 d/	*	A-30
OPEN DECKS (10)	*	*	*	*	*	*	*	*	*	-	*
RO/RO CARGO SPACES (11)	A-60	A-30	A-30	A-30	A-0	A-60	A-0	A-0	A-30		* h/

(1) 제어실(control station): 제어구역
(2) 복도(corridors): 통로구역
(3) 거주구: 거주구역, 공용구역, 위생구역, 저장구역
(4) 계단(stairway): 통로구역
(5) 업무구역(저위험도)(service space(low risk)): 기타구역
(6) A류 기관구역(machinery space of category A): 기관구역(engine room)
(7) 기타기관실구역(other machinery space): 기타기관실구역
(8) 화물구역(cargo area): 화물구역
(9) 업무구역(고위험도)(service space(high risk)): 주방구역
(10) 개방 갑판(open deck)

3) 천정재와 내장재(ceiling panel & wall panel)

천정재와 내장재는 선원들에게 보다 안락한 공간을 제공하기 위해 사용되는 실내장식이 가미된 마감재이다. 천정재와 내장재는 침실, 사무실 등의 공간을 구획하는데 사용되므로 방화보존성 기준에 맞는 방화등급을 가져야 한다. 주로 B급구획과 C급구획에 사용되며, 실내장식용으로 처리된 표면마감재는 화재 확산이 불가능한 것으로 승인받은 제품으로 이루어져 있다(그림 6-60).

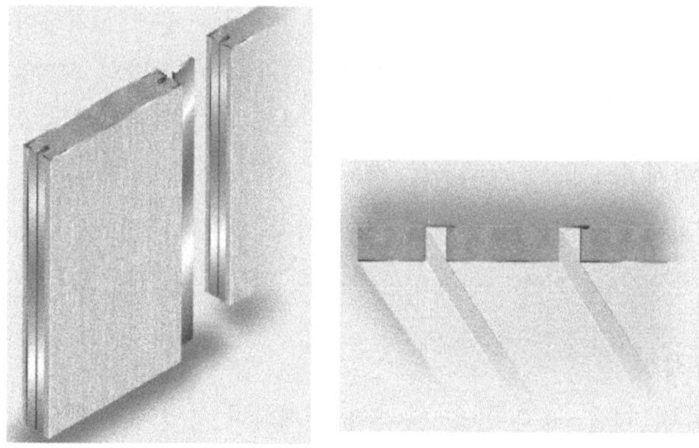

그림 6-60 내장재(좌)와 천정재(우)

2. 선원거주구설비(crew accommodation)규정: ILO 92 & 133

먼 바다 위에서 이루어져 온 해상근로의 특성 상, 선원의 기본적인 권익과 복지는 오랜 동안 대체적으로 무시된 상황이 됨에 따라, ILO(Maritime Conventions and Recommendation)는 1920년경 선원의 근로조건과 관련하여 근본적인 개선과 복지증진을 검토하게 되었으며, 그 결과 해상근로 관련의 국제적 기준이 마련되었다. 선상 선원거주구설비에 관한 협약(Convention concerning crew accommodation on board ship), Convention 92 & 133은 조명, 침실, 식당, 휴게실, 위생, 의무실, 사무실 등에 대해 세밀히 규정하고 있다.

3. 소음레벨(noise level on board ship)규정: IMO Res. A. 468

소음 관련 규정 및 일반적인 사항에 대해서는 4.7절을 참고하기 바란다. 선박을 건조하는 단계에서 선실의 소음을 예측하기는 쉽지 않으나, 각 조선소의 연구소에서는 거주구 소음 발생구역을 미리 예측하여 소음 저감대책을 마련한다. IMO는 일반적으로 거주구에 적용되는 소음 평가기준을 가지고 있으며, 또한 각국도 독자적인 규칙을 가지고 있다. 각 구역간 격벽에 적용되는 소음 저감(sound reduction)의 기준은 선실과 선실 사이는 40~44 dB, 선실과 공용구역 사이는 45 dB, 기타에 대해서는 30 dB이다.

4. 채광(window & side scuttle)규정: ISO 3903 & 1751

선박에서의 창(window)은 채광뿐만아니라 공기조화장치가 없는 선박의 경우에는 통풍의 역할도 하게 된다. 창의 종류로는 원형창(side scuttle)과 사각창(rectangular window)이 있으며, 원형창은 선박의 강도와 복원성 그리고 수밀성이 보장될 수 있는 곳에 설치하며, 사각창은 채광 면적이 넓어 식당, 휴게실과 같이 채광을 위한 용도와 조타실과 같이 전방의 시야를 확보해야 하는 곳에 설치한다. 선박의 수밀성을 위해 원형창은 수면 아래에서 유리에 작용하는 외부 수압을 차단하기 위해 수압방지용 차광덮개(deadlight cover)를 씌운다(그림 6-61).

조타실에 설치하는 사각창에는 악천후 시의 시계 확보를 위한 윈도와이퍼(window wiper)를 설치하며, 별도 회전창(clear view screen)을 설치하기도 한다(그림 6-62).

1) 원형창과 사각창

ISO는 창의 위치, 재질, 규격 등을 IACS와 연계하여 통일된 계산식에 의거 표준화하였고, 모든 선박은 ISO 1751 & 3903에 근거하여 원형창과 사각창을 각각 설치해야 한다. 또한 각 선급에서는 선박의 종류에 따라 추가적으로 갖추어야 할 사항들을 규정하고 있다. ISO에 명기되지 않은 창에 대해서는 BSI(British Standards Institution)의 규정을 따를 수 있으며, 각 선급에서는 BSI 규정을 만족한 창에 대해서도 자동으로 승인하고 있다. ISO, BSI의 창과 관련된 규정에 대한 모든 사항은 ICLL에 준하여 제정되었다.

ISO 1751은 원형창의 전반적인 정의와 기술적 자료 그리고 선박에서의 위치에 따른 창의 종류에 대해 다루고 있으며, A종(중량급), B종(중간급), C종(경량급)으로 구분한다. ISO 3903은 사각창에 대한 사항을 다루고 있으며, E종(중량급)과 F종(경량급)으로 구분한다.

2) 창유리

선박에서의 창은 설치 위치에 따라 창유리의 두께가 달라지며, 이러한 창유리의 두께 계산에 대해서도 사각창과 원형창에 대해 각각 ISO 5779와 ISO 5780의 규정에 따른다. 또한 ISO 3254는 선박의 사각창에 사용되는 강화안전유리에 대해 규정하고 있으며, 창의 안전유리(safety glass)에 대해 전반적인 정의와 기술적 자료를 다루고 있다. 이에 따르면 안전유리는 창유리의 파손 시, 일반유리에

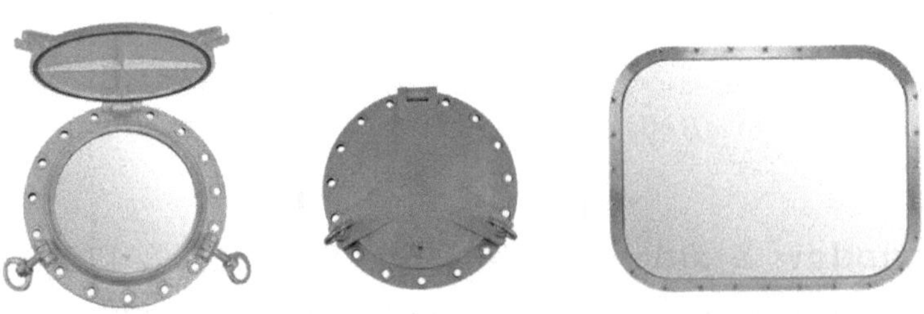

그림 6-61 원형창(좌)과 차광덮개(중) 및 사각창(우)

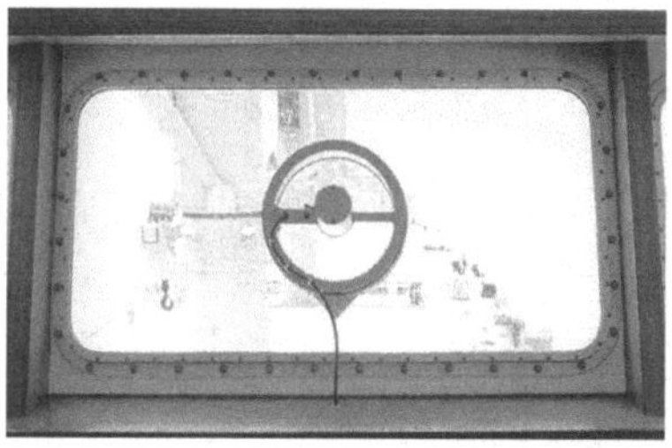

그림 6-62 회전창(좌)과 윈도와이퍼(우)

비해 보다 작은 파편으로 분열되어 인명 및 재산을 보호하는 유리이다. 강화안전유리(toughened safety glass)는 안전유리로부터 가열 및 급냉 과정을 통해 얻어진 유리로, 외부압력이나 급격한 온도 변화에 강한 내성을 지니고 있는 선박용 유리이다. 전기가열유리(electric heated glass)는 추운 지방을 항해하는 선박의 조타실에 설치하며 유리에 응결된 눈이나 얼음을 전기의 열선으로 녹여 충분한 시야를 확보하기 위해 사용되는 유리이다. 이중유리(pair galss)는 아르곤(argon) 가스가 충전된 두 겹의 유리로 주로 소음이 심한 장소의 창에 설치되며, 선내소음규정을 만족하도록 소음 저감 목적으로 사용되는 유리이다.

5. 방화문(fire retarding door)규정: SOLAS Chap. II-2

선박에서의 문은 방화규정에서 언급한 방화등급을 만족하는 방화문을 설치해야 하며, 선내의 격벽은 방화등급에 따라 여러 가지 구획으로 나누어지므로 각각의 구획과 동등한 조건을 만족하는 방화문이 설치되어야 한다. 방화문에는 A급, B급, C급이 있으며(그림 6-63), 표준화재시험(FTP Code) 시 연기와 화재의 통과를 방지할 수 있는 시간 및 화재가 일어난 반대 쪽의 상승 온도의 크기에 따라 분류한다. 이와 같은 조건을 만족하기 위해서는 불연성(non-combustible) 재료와 단화재(fire insulation)로 방화문을 제작해야 한다.

6.2.4 식료품 냉동장치(provision refrigerating plant)

선박은 출항 시 선원의 수와 운항기간에 적절한 양의 식료품을 준비해야 하며, 장기간 안전하고 신선한 상태로 식료품을 보관하기 위해 선내에 50～80 m^3 정도 크기의 식료품냉장고(cold chamber)를 설치한다. 식료품냉장고는 별도의 냉동장치(refrigerating plant)와 연결되며, 냉동

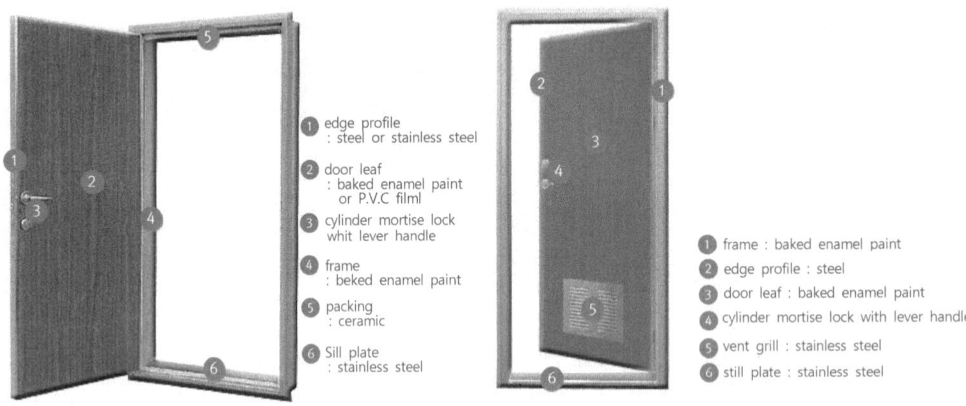

그림 6-63 A급(좌)과 B급(우) 방화문

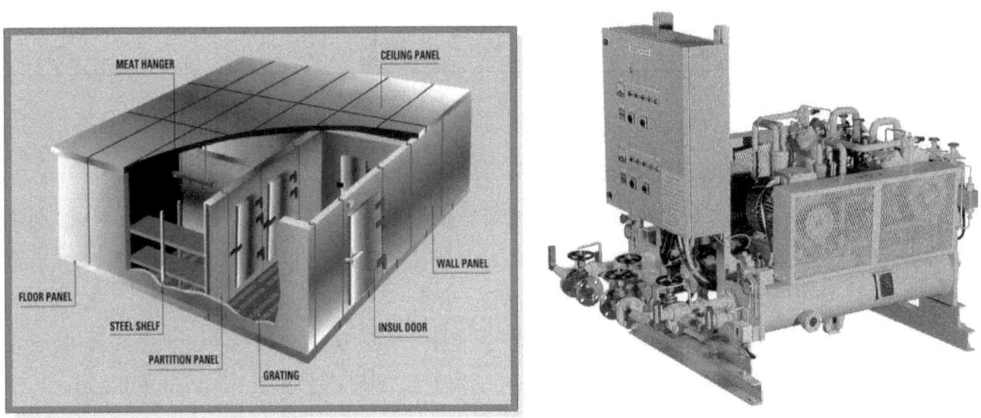

그림 6-64 식료품 냉장고(좌)와 냉동장치(우)

장치는 식료품냉장고의 각 챔버(chamber)의 온도를 낮추기 위해 팬(fan)을 사용하는 강제순환방식을 사용한다(그림 6-64, 6-65).

6.2.5 공기조화장치(air conditioning system)

공기조화장치는 HVAC(Heating, Ventilating and Air Conditioning system)라고 칭하며 원하는 공간의 온도, 습도, 기류, 청결도 등을 인공적으로 인체 또는 물품에 가장 적합한 상태로 유지시켜 주는 모든 장치이다. 사람의 경우 개인의 기호에 따라 가장 적합한 상태가 같지 않으므로 예를 들어 그림 6-66에 보인 바와 같은 미국공조협회(American Society of Heating, Refrigeration and Air Conditioning Engineers, ASHRAE)의 쾌감선도 상에서 빗금 친 영역을 기준으로 삼을 수 있다. 세계 전역을 운항하는 선박의 경우는 지역에 따라 기후 환경이 다르므로 세계기후(world climate)통계에 따라 외기 조건을 결정하게 되며, 지구온난화의 영향도 고려해야 한다. 극지방과 적도지방을 제외한 통상적인 지역에 대해서는 세계표준인 ISO 7547을 적용하고 있다(표 6-7).

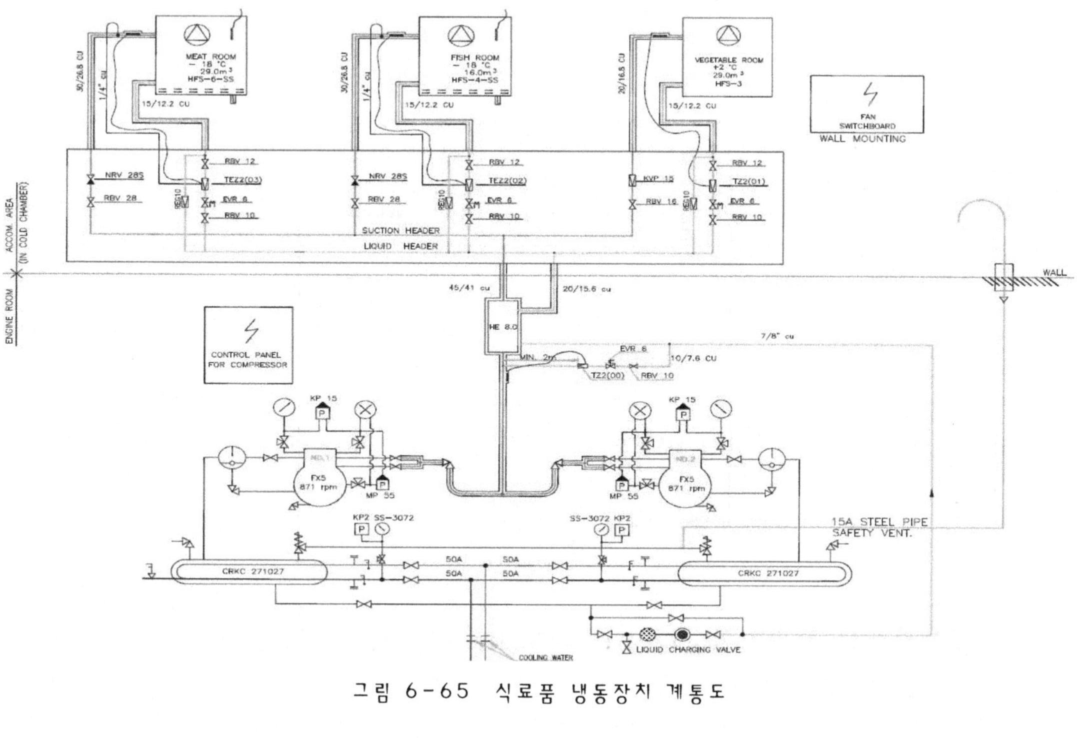

그림 6-65 식료품 냉동장치 계통도

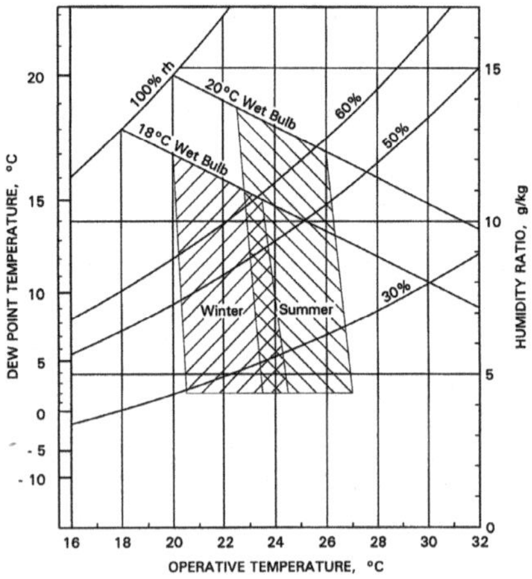

그림 6-66 ASHRAE 쾌감선도

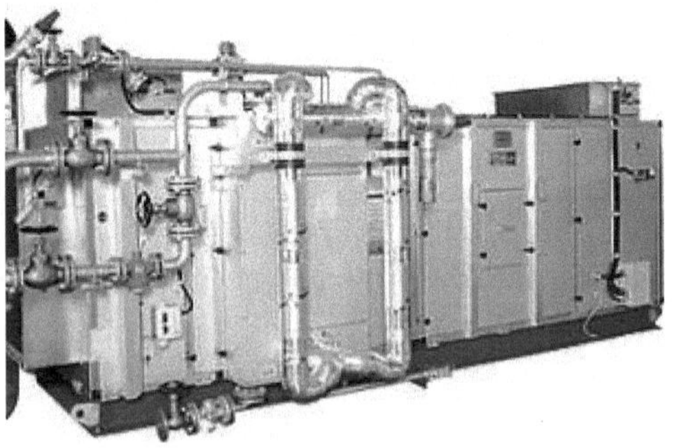

그림 6-67 중앙집중식 공기조화장치

표 6-7 ISO 7547에 따른 기후에 대한 세계표준(극지방과 적도지방 제외)

	여름철 (SUMMER)	겨울철 (WINTER)
외부 온도	+35℃	-20℃
외부 상대습도	70%	
내부 온도	+27℃	+27℃
내부 상대습도	50%	

1. 중앙집중식 공기조화장치(air handling unit)의 구성

이 장치는 계절별로 원하는 공간의 공기를 가장 적합한 상태로 만들어 주는 장비이며, 통상적으로 여과기(filter), 난방기(heater), 냉방기(cooler), 가습/제습(humidify/water elimination)기와 강제순환을 위한 대형팬을 내장하고 있다(그림 6-67, 6-68).

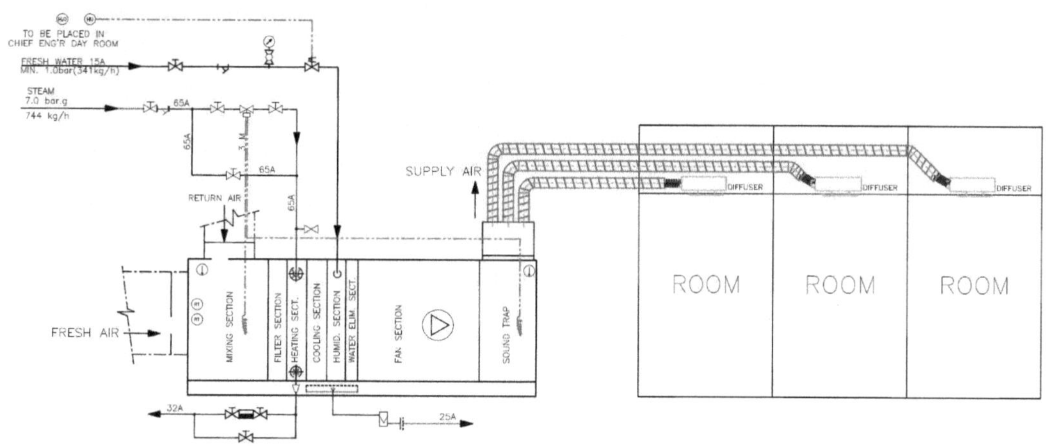

그림 6-68 중앙집중식 공기조화장치 개략도

2. 난방기(heater)

난방기는 기관실의 보일러에서 나오는 고온고압의 증기를 난방코일(heating coil)에 공급하는 형태로 구성된다.

3. 냉방기(cooler)

냉방기는 냉동장치로부터 온 저온저압의 냉매를 냉각코일(cooling coil)에 공급하는 형태로 구성된다.

4. 공기덕트(air duct)

선실구역에서는 협소한 공간에 배관과 전선을 같이 배치해야 하므로 덕트의 크기를 줄여야 하며, 이를 위해서는 유속을 높여야 한다. 냉난방용 덕트는 단열재가 내장되어 두께가 얇으면서도 단열효과가 좋고 균일하게 만들어진 표준 공정 제품을 사용한다. 안과 밖으로 얇은 껍질을 피복하고 그 사이에 단열재를 충진시킨 원형단면을 갖는 나선덕트(spiral duct)를 많이 사용하며, 이에 따른 이음새, 분지(branch), 줄임관(reducer), 댐퍼(damper), 관통관 등 모든 부속품(fitting)류까지 제작공장에서 표준화되어 자동 생산되는 제품을 사용하고 있다(그림 6-69).

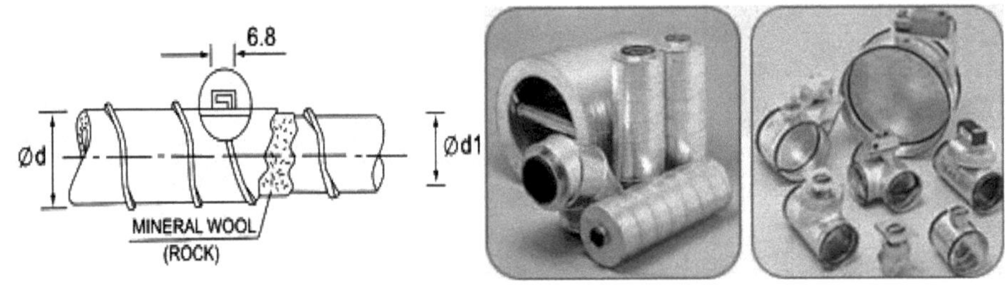

그림 6-69 나선덕트(spiral duct)와 부속품(fitting)

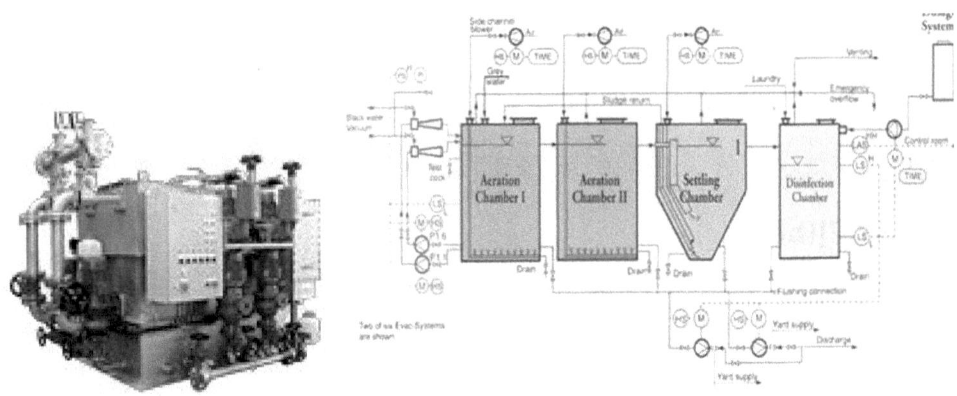

그림 6-70 오수처리장치와 개략도

6.2.6 위생설비(sanitary system)

위생설비는 승무원과 여객들의 일상생활에 필요한 세면, 샤워 등에 사용되는 기구와 물을 공급하는 장치 및 그 결과물을 처리하여 선외로 배출하는 장치이며, 세면기, 변기, 샤워기 등이 포함된다. 물을 공급하는 장치는 조수기, 여과기, 소독기, 가열기 등으로 구성되며, 승선인원이 충분히 사용할 수 있는 양의 청수와 식수를 공급할 수 있도록 한다. 수질유지를 위해 대개 동관(copper pipe)을 사용하고 선실구역에는 위생적인 PVC 계열의 배관을 사용한다.

오수(sewage water) 배출을 위해서는 협소한 공간에서의 배치에 유리한 진공시스템(vacuum system)을 적용하며, MARPOL의 규정을 만족할 수 있도록 오수처리장치(sewage treatment plant)를 설치하여 적절히 처리한 후 배출해야 한다(그림 6-70). 여기에 사용되는 배관은 기관실구역은 강관을 사용하나, 화재위험이 상대적으로 작은 거주구역은 대부분 PVC 계열의 배관을 사용한다.

6.3 기관의장

6.3.1 개요

기관의장(machinery outfitting)은 기관실 내의 주기관 및 선박 운항에 필요한 각종 보조기기류와 그에 수반되는 의장품들의 적절한 배치는 물론 공사 완료 후 기관실 장비들의 시험 관련 절차(procedure)를 포함한다. 이와 관련된 주요 업무는 선박 계약사양과 각종 규정(rules & regulations) 및 장비 제조자들의 권고에 따라 각종 기기장비 및 탱크들을 배치하여 장비들이 원활하게 운전될 수 있도록 각종 시스템을 구성하는 것이다. 조선소에서 기관의장과 관련된 부서는 설계를 담당하는 기관의장설계, 현장 설치를 수행하는 기관의장 그리고 시운전을 수행하는 시운전 등의 조직으로 구성되어 있다.

기관실은 그림 6-71에 보인 바와 같이 주기관으로부터 프로펠러까지의 추력 손실을 최소화하기 위해 대개 선미에 위치하며 주기관과 프로펠러 사이는 축으로 연결되어 있다.

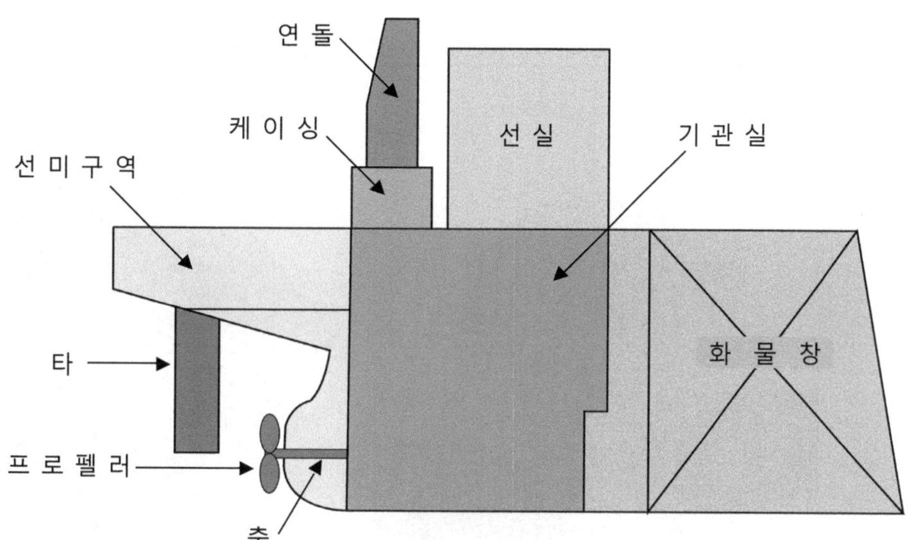

그림 6-71 기관실 주변의 배치

6.3.2 기관실 주요 장비

1. 주기관(main engine)

선박의 추진동력을 생성하며 대부분 내연기관으로 대형의 2행정 디젤기관이 주로 사용되나, 소형 선박에서는 4행정 디젤기관도 사용된다(그림 6-72).

2. 발전용기관(generator engine)

선박에 필요한 전기를 생성하며 대부분 내연기관으로 4행정 디젤기관이 사용된다(그림 6-73좌).

3. 보조보일러(auxiliary boiler)

연료용 중유(heavy fuel oil) 가열 및 선내 난방, 취사용 증기를 생성하는 장치이며(그림 6-73우) 다음과 같이 세 종류가 있다.

1) 기름 보일러(oil fired boiler): 버너로 기름을 연소하여 증기를 생성시키는 장치이다.
2) 폐기 보일러(exhaust gas boiler): 연료 절감을 위해 주기관의 폐기의 열을 이용하여 증기를 생성시키는 장치이다.
3) 복합 보일러(composite boiler): 기름 및 폐기로 증기를 생성시키는 장치이다.

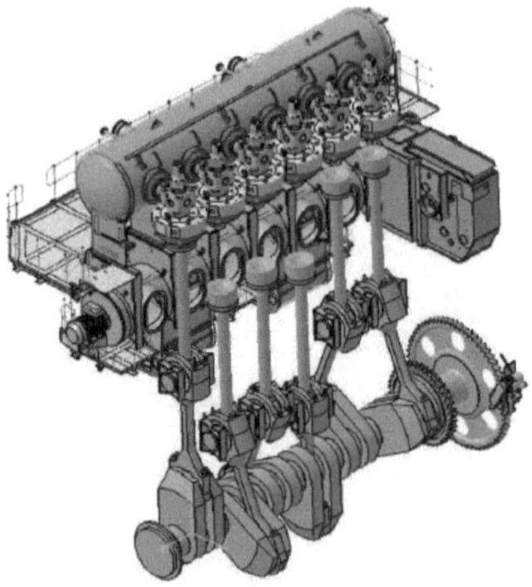

그림 6-72 주기관

4. 공기 압축기(air compressor) 및 공기 저장기(air reservoir)

기관 시동용 공기와 각종 제어 및 서비스용 공기를 생성시키고 저장하는 장치이다(그림 6-74).

5. 제어공기 제습기(control air dryer)

제어공기를 위해 먼지, 기름, 수분을 제거하는 장치이다.

그림 6-73 발전용기관(좌)과 보일러(우)

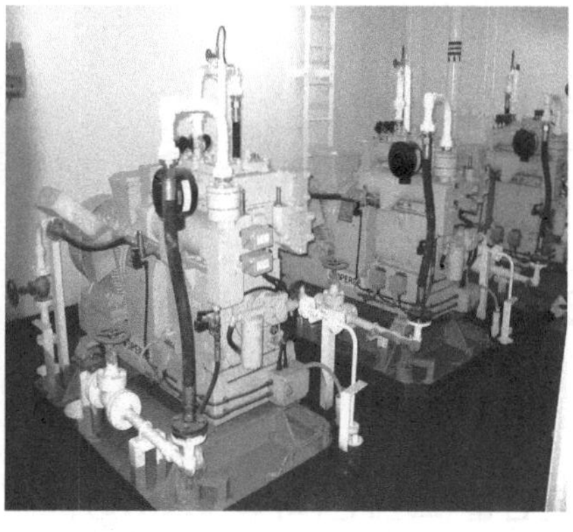

그림 6-74 공기 저장기(좌), 공기 압축기(우)

6. 기름 청정기(oil purifier)

연료유 및 윤활유에 함유된 수분, 고형분과 같은 불순물을 제거하는 장치이다.

7. 위생설비

1) 조수기(fresh water generator): 저압상태에서 물을 증류시켜 해수를 청수로 만드는 방식을 주로 사용한다(그림 6-75좌).
2) 살균기(sterilizer): 조수기로 만들어진 청수를 주로 자외선으로 살균하는 장치이다.
3) 경수화 장치(rehardening filter): 조수기로 만들어진 청수를 음용수로 사용하기 위해 경수화 하는 장치이다.
4) 온수 가열기(hot water calorifier): 선원들에게 온수 공급을 위해 증기 또는 전기를 이용하여 가열하는 장치이다.
5) 오수처리장치(sewage treatment plant): 선내 화장실, 샤워실, 식당 및 의무실에서 나오는 오수를 처리, 소독하는 장치이다(그림 6-75우).

8. 소각기(incinerator)

선내에서 발생하는 생활폐기물, 폐유 등을 소각하기 위한 장치이다.

9. 유수 분리기(bilge water separator)

기관실 내에서 발생하는 빌지 속의 유분을 15 *ppm* 이하로 제거하는 장치이다.

10. 펌프(pump)

물을 이송하는 원심펌프와 기름을 이송하는 용적식 펌프가 있다(그림 6-76좌).

11. 열교환기(heat exchanger)

가열기(heater)와 냉각기(cooler)가 있으며 매체로 각각 증기와 물을 사용한다(그림 6-76우).

12. 기관실 크레인(E/R crane)

주기관의 정비 및 각종 장비의 정비를 위하여 기관실 상부에 설치한다.

13. 기관실 팬(E/R fan)

주기관, 발전용기관, 보일러 등의 연소 공기 및 기관실 환기를 위하여 공기를 기관실 내부로 공급하는 장치이다.

14. 기관실 작업실장비(E/R workshop equipment)

용접기, 공작기계, 선반, 천공기(drilling machine), 연마기(grinding machine), 작업대 등 수리, 제작을 위한 장비이다.

그림 6-75 조수기(좌)와 오수처리장치(우)

그림 6-76 펌프(좌)와 열교환기(우)

6.3.3 선종별 추진시스템

선박에 있어서 추진시스템(propulsion system)은 추력을 직접 발생하는 장치에 따라 분류될 수 있으며, 나아가 기관의 종류에 따라 그림 6-77에 보인 바와 같이 세분할 수 있다.

1. 화물선

1) 산적화물선

프로펠러-디젤기관을 주로 사용하며, 통상 15 kts 정도로 저속이므로 주기관 출력은 5,000~20,000 kW 정도이다.

2) 원유탱커

프로펠러-디젤기관을 주로 사용하며, 화물유 펌프터빈(cargo oil pump turbine)을 구동하기 위해 대용량 보일러(20~60 ton/h)를 설치한다.

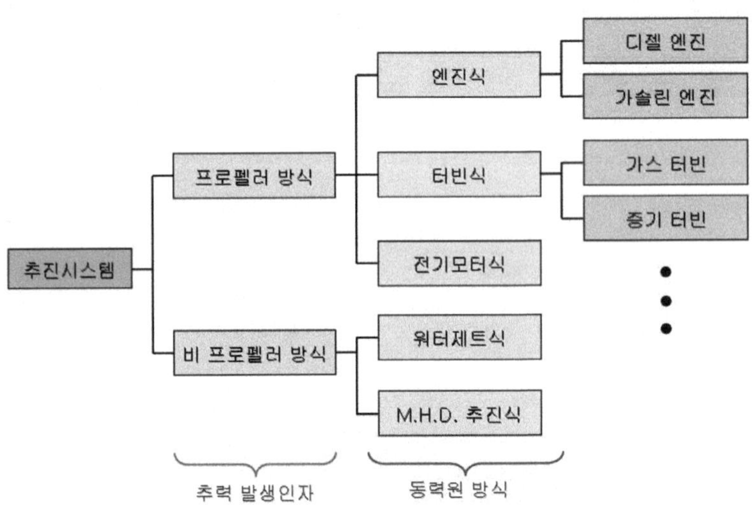

그림 6-77 추진시스템의 분류

3) 컨테이너선

프로펠러-디젤기관을 주로 사용하나, 통상 20 kts 이상의 고속이므로 대형 컨테이너선의 경우 주기관 출력이 100,000 kW까지 증가한다.

4) LNG선

타 선종과는 달리 LNG로부터 증발가스(boil off gas)가 생성되므로 이 가스를 연료 절감을 위해 주기관 동력원으로 사용하며, 증발가스의 사용 방식에 따라 다음과 같이 분류된다.

- 증기터빈 추진시스템(steam turbine propulsion system): 증발가스를 연료로 사용하는 전통적인 추진방식으로 주보일러 연료로 기름과 증발가스를 사용한다.
- 디젤 전기추진시스템(diesel electric propulsion system): 발전용기관의 연료로 기름과 증발가스를 사용하여 얻어진 전력으로 구동되는 모터로 프로펠러를 회전시키는 방식이며, 효율이 증기터빈 방식보다는 높으나 2행정 주기관보다는 낮다.

2. 여객선

여객선에 대해서는 24~27 kts의 비교적 높은 속력, 항구에서의 이안 및 접안 능력을 강화하기 위한 우수한 조종성능 등을 얻을 수 있는 추진시스템을 사용해야 한다. 4대의 주기관, 쌍축 가변피치프로펠러 등을 사용하는 경우가 많으며, 소음이 적고 조종성능이 우수한 타-프로펠러 일체 구조인 포드 전기추진(pod electric propulsor) 또는 전방위 전기추진(azimuth thruster)이 사용되기도 한다(그림 6-78).

그림 6-78 포드 전기추진(좌)과 전방위 전기추진(우)

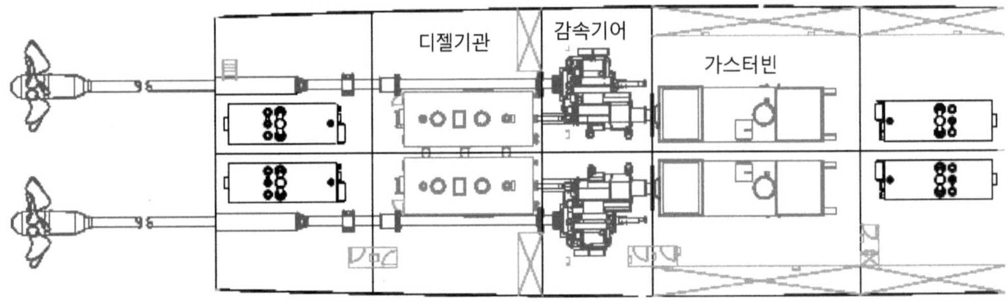

그림 6-79 전투함 추진장치 배치도

3. 군함

군함의 추진시스템은 작전 요구성능, 중량, 스텔스 성능, 경제성, 내충격성, 정비주기 등을 고려하여 결정한다.

1) 전투함: 순항 시 연료 소모가 적은 디젤기관을 사용하고 작전 시 최대속력을 낼 수 있는 가스터빈을 선택적으로 운용하는 디젤기관-가스터빈시스템과 쌍축을 사용하며(그림 6-79), 가스터빈은 일반적으로 디젤기관에 비해 열효율이 낮다.
2) 수송함: 화물선과 유사한 추진시스템을 가지나 군함 고유의 생존성 등이 고려된다.
3) 항공모함: 초대형 고속인 경우에는 원자력추진 방식이 사용되고 있는데, 이 경우 증기터빈의 보일러가 핵반응로를 이용하는 증기발생장치로 대체된다. 원자력추진의 장점은 연료유의 적재, 연소용 공기 등이 필요하지 않은 것이지만, 방사선 노출에 대비한 안전시설 등을 설치해야 하므로 초기비용이 매우 크다는 단점이 있다.

6.3.4 기관실 내의 각종 구역

기관실에는 선원의 거주 및 기관 통제와 작업을 위하여 각종 구역이 필요하며, 일반적으로 설치되는 구역은 다음과 같다.

1. 기관 제어실(engine control room)

기관실 장비를 운전하고 제어하기 위한 구역으로 주기관, 발전용기관 및 보일러 등의 주요기기를 관찰하는데 가장 편리하고 용이하게 접근할 수 있는 곳에 위치한다.

2. 기관실 작업실(E/R workshop)

주기관, 발전용기관, 보일러, 보기류 및 제반 장비의 예비품, 부품 등을 간단히 가공하기 위해 사용하는 구역으로 가공장비들이 설치된다.

3. 기관실 창고(E/R store)

각종 보기류의 예비품, 공구 및 부속품들을 보관하기 위한 구역으로 내부에 로커(locker), 선반(shelf), 걸이(rack) 등이 배치되어 있다.

4. 청정기 구역(purifier space)

모든 기름 청정기(oil purifier) 및 가열기(heater)가 배치되어 있는 구역으로 청정기 및 가열기들은 100°C 정도의 운전 온도로 작동되므로 구역 내 온도가 다소 높다.

5. 기관실 화장실(E/R toilet)

6. 연료 분사밸브 시험실(fuel valve test room)

주기관의 연료 분사밸브(fuel injection valve)의 시험을 위한 구역이다.

6.3.5 기관실 탱크

기관실에는 각종 장비를 작동하는데 필요한 연료유, 윤활유, 청수(fresh water), 슬러지(sludge) 등 여러 가지 유체를 담아둘 탱크가 요구된다. 또한 SOLAS 및 MARPOL 등 각종 관계 법령 및 선급 규정(class rule)에 준하여 선박이 안전하게 운행하고 정상적으로 작동할 수 있도록 탱크의 용량과 배치를 적절히 결정해야 한다.

1. 연료유(Fuel Oil, F/O)탱크

1) 연료유 저장탱크(F/O storage tank): 항구에서 공급받은 연료유를 운항 기간 동안 사용하기 위해 저장하는 탱크이다.

2) 연료유 침전탱크(F/O settling tank): 저장탱크로부터 연료유를 이송받아 물 및 찌꺼기 등을 침

전시키는 탱크이며, 청정기로 연료유를 공급하는 탱크이다.

3) 연료유 공급탱크(F/O service tank): 청정기를 거쳐 깨끗해진 기름을 보관하여, 주기관을 비롯한 각 장비에 연료유를 공급하는 탱크이다.

2. 윤활유(Lubrication Oil, L/O)탱크

1) 윤활유 저장탱크(L/O storage tank): 윤활유를 항구에서 공급받아 저장하는 탱크로 주기관과 발전용기관에 필요한 탱크는 통상 별도로 설치한다.

2) 윤활유 침전탱크(L/O settling tank): 윤활유 썸프탱크를 비우거나 청정기에 공급하기 위해 사용되며, 물 및 찌꺼기를 침전시키는 탱크이다.

3) 주기관 시스템오일 썸프탱크(M/E system oil sump tank): 주기관 바로 아래에 설치되며, 시스템오일을 주기관에 공급하기 위해 사용된다. 윤활유의 경우는 보통 청정 상태로 항구에서 공급되므로 저장탱크로부터 공급탱크 역할을 하는 썸프탱크로 바로 이송되어 저장된다.

4) 주기관 실린더오일탱크(M/E cylinder oil tank): 주기관 피스톤의 왕복운동 시 피스톤과 실린더 사이의 윤활 및 밀봉을 위해 공급되는 실린더오일의 저장과 공급을 위해 설치되며, 실린더오일은 통상 90일 정도 쓸 수 있는 양을 비축한다.

3. 청수탱크(fresh water tank)

선원 및 각종 장비에 필요한 청수를 저장하는 탱크이다.

4. 빌지 보관탱크(bilge holding tank)

기관실에서 배출되는 빌지를 보관하기 위한 탱크이며, 보관된 빌지는 유수 분리기(bilge water separator)를 거쳐 유분 함유량 15 *ppm* 이하인 상태에서 선외로 배출된다.

5. 슬러지탱크(sludge tank)

1) 청정기 슬러지탱크(purifier sludge tank): 청정기에서 나오는 물과 기름슬러지(oil sludge)를 저장하기 위해 청정기 바로 아래에 설치된다.

2) 폐유탱크(waste oil tank): 기관실의 각종 장비 및 탱크 등에서 배출되는 폐유를 저장하는 탱크로 저장된 폐유는 소각기에서 소각하거나, 항구에서 적법하게 처리된다.

6. 보일러 급수탱크(boiler feed water tank)

선내 증기시스템은 폐회로이므로 생성된 증기는 응축수가 되어 보일러로 돌아온다. 이 탱크는 보일러에 공급되는 물을 저장하며, 순환되어 돌아온 응축수를 보관하는 탱크이다.

6.3.6 기관실 시스템

1. 연료유시스템(F/O system)

주기관, 발전용기관, 보일러 등의 연료를 소모하는 장비들에 연료를 공급하기 위한 시스템으로 선외로부터 공급받은 연료를 청정시키고, 장비의 사용 조건에 맞는 점도를 가지도록 만들며, 펌프, 기름 청정기, 연료 가열기, 자동 여과기, 점도 유지기 등으로 구성된다.

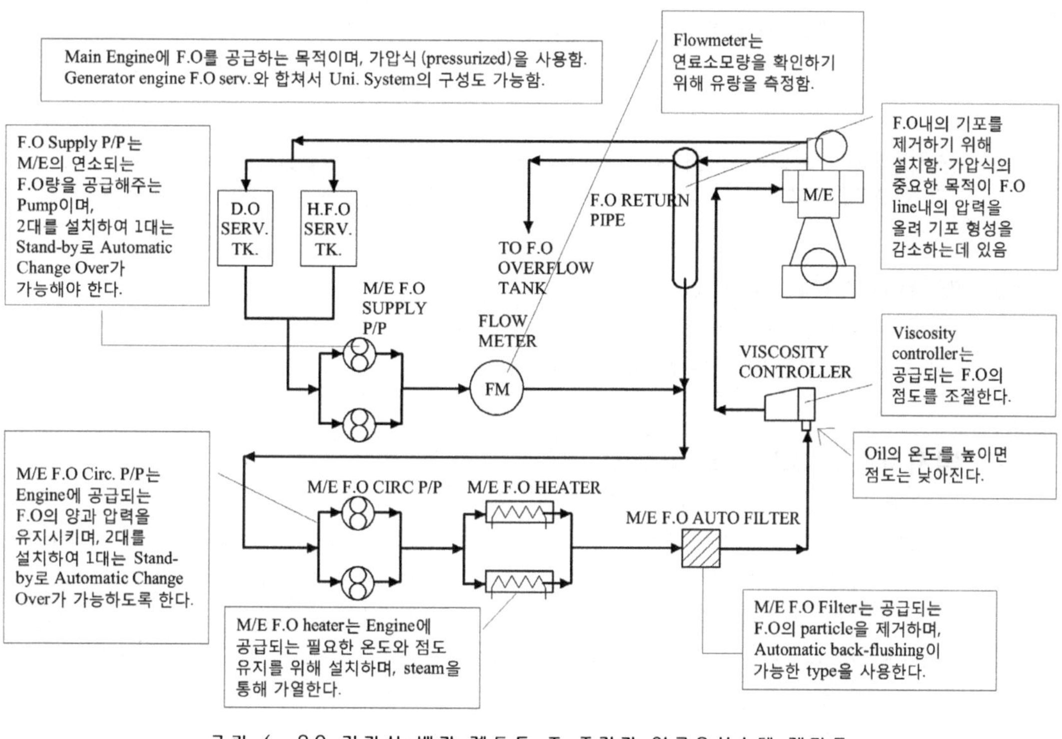

그림 6-80 기관실 배관 계통도 중 주기관 연료유시스템 개략도

2. 윤활유시스템(L/O system)

윤활 및 냉각을 필요로 하는 기기에 윤활유를 공급하기 위한 시스템으로 윤활유를 이송, 청정 및 공급하며, 펌프, 기름 청정기, 윤활유 냉각기, 자동 여과기 등으로 구성된다.

3. 냉각수시스템(cooling water system)

각종 장비의 냉각을 위한 시스템으로 냉각에 사용되어 가열된 청수를 해수로 냉각하는 방식을 사용하며, 냉각수의 이송은 원심펌프에 의해 이루어진다.

4. 압축공기시스템(compressed air system)

내연기관 시동용 공기, 각종 제어 및 서비스용 공기를 위한 압축공기의 생성, 저장 및 공급을 담당하는 시스템이다.

5. 냉온수시스템(hot & cold water system)

선원들의 식수와 위생수 또는 기기용 청수의 생성, 저장 및 공급을 담당하는 시스템이다.

6. 공기관 및 측심시스템(air vent & sounding system)

각 탱크 및 밀폐구역의 공기관(air vent pipe)과 측심관(sounding pipe)으로 구성된 시스템이다.

7. 증기시스템(steam system)

물을 보일러에 공급하여 증기를 생성하고 각종 난방 및 가열기의 열매체로 사용하며, 다시 응축수를 회수하여 보일러로 보내는 시스템이다.

8. 빌지시스템(bilge system)

기관실 내 빌지를 이송, 저장, 처리 및 선외로 배출하는 시스템으로 15 *ppm* 이상의 유분이 함유된 빌지를 해상으로 배출해서는 안 된다. 기관실 시스템은 위에서 설명한 바와 같이 매우 많은 시스템이 복합되어 있으므로 통상 기관실 배관 및 계기 계통도(E/R piping & instrument diagram)를 준비한다. 이 계통도는 계약사양(building specification), 선급규정(class rule), 제작처 도면(vendor drawing)을 참고하고, 기관실에 배치되는 각종 장비, 탱크, 구역 등의 자료를 참조하여 작성하며, 기관실 장비, 밸브, 각종 계기의 작동 및 운전을 이해하기 위한 자료로 활용된다. 그림 6-80에 기관실 배관 계통도 중 주기관 연료유시스템의 개략도를 보였다.

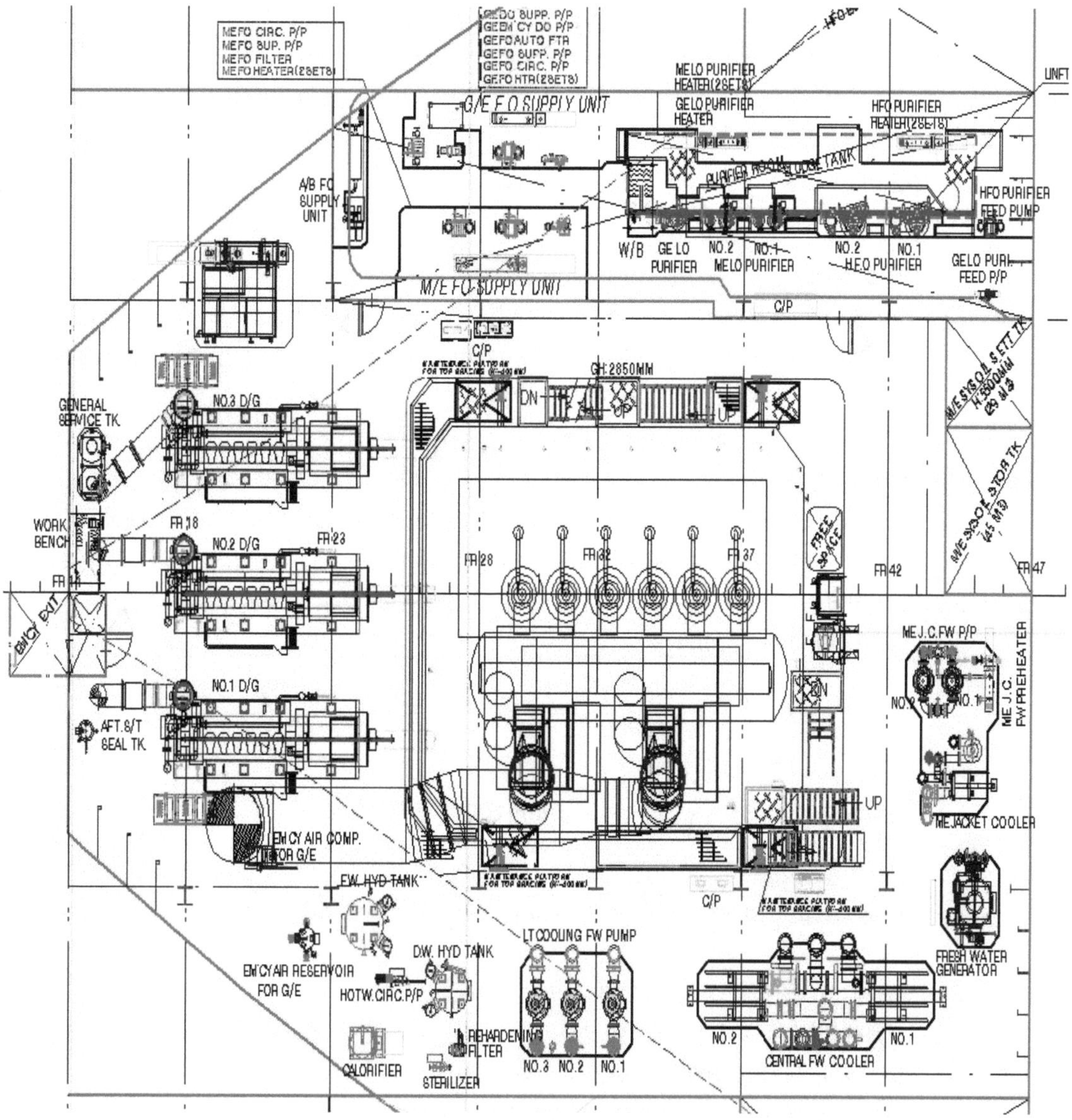

그림 6-81 기관실 장비 배치도의 평면도

표 6-예1 HFO의 관경별 표준 유속(JIS F1701)

	32A	40A	50A	65A	80A	100A	125A	150A
HFO 허용 흡입유속/토출유속 (m/s)	0.4/0.5	0.4/0.7	0.4/0.7	0.5/0.8	0.5/0.9	0.6/1.0	0.7/1.1	0.7/1.1

[예제 6-1]

주기관 연료유시스템의 주기관 연료유 공급펌프는 용량이 13 m^3/h이다. HFO(Heavy Fuel Oil, 중유)의 관경별 표준 유속(JIS F7101 참조)이 표 6-예1과 같을 경우 흡입(suction)/토출(discharge) 측의 적절한 공칭관을 구하시오.

[답]

관내 유동의 경우 펌프 흡입 측과 토출 측의 유량 Q는 펌프 용량인 13 m^3/h로 일정하다. 위의 표는 해당 관경에서 표준 최대허용 유속을 나타내므로 표 6-예1의 값을 평균유속으로 하여 계산하였을 때 얻어지는 직경보다는 큰 값을 선택해야 한다. 체적유량에 대한 다음 식을 사용하여 결과를 얻을 수 있다.

$$Q = AV = \frac{\pi d^2}{4} V \rightarrow d = \sqrt{\frac{4Q}{\pi V}}$$

흡입 측; $d = 18.8 \times \sqrt{\frac{13}{0.6}} = 87.7\,mm$, 따라서 100A 사용.

토출 측; $d = 18.8 \times \sqrt{\frac{13}{0.9}} = 71.5\,mm$, 따라서 80A 사용.

이 때 표 6-예1을 이용해 먼저 임의로 속도를 선택하고, 계산된 값과 맞지 않으면, 다른 값을 선택하여 다시 계산하는 방식으로 구한다. 예를 들어 상기 흡입 측의 속도 계산 시 50A 기준으로 0.4 m/s를 선택하여 계산을 하였다면, 107 mm를 얻는다. 그러나 125A일 때 유속은 0.7 m/s까지 허용할 수 있으므로 한 단계 낮은 100A 값인 0.6 m/s를 선택하여 다시 계산하도록 한다(시행오차법).

6.3.7 기관실 배치도

1. 기관실 장비 배치도(E/R machinery arrangement)

이 배치도는 기관실 내의 기관 제어실, 기관실 작업실 및 청정기 구역(purifier space) 등 각종 구역들을 보여주며, 설치되는 모든 기기 및 탱크를 표시하여 기기의 수량, 위치 및 이들 기기의 조작 및 수리 구역을 알려준다. 기관실 내의 통행로를 확인할 수 있으며, 전체 의장품 배치의 기본이 되는 도면이다. 그림 6-81에 기관실 장비 배치도의 평면도를 보였다.

2. 기관실 통행시스템과 탈출로(E/R traffic system & E/R escape route)

기관실 내의 원활한 통행과 주기 및 보기의 작동, 보수 및 점검을 용이하게 하기 위한 통로에 대한 사항을 나타내며, 기관실 탈출로는 화재 등의 비상 시 신속하게 기관실 밖으로 대피할 수 있도록 가능한 멀리 떨어진 두 곳에 탈출로를 설치한다. 그림 6-82에 기관실 탈출로의 개략도를 보였다.

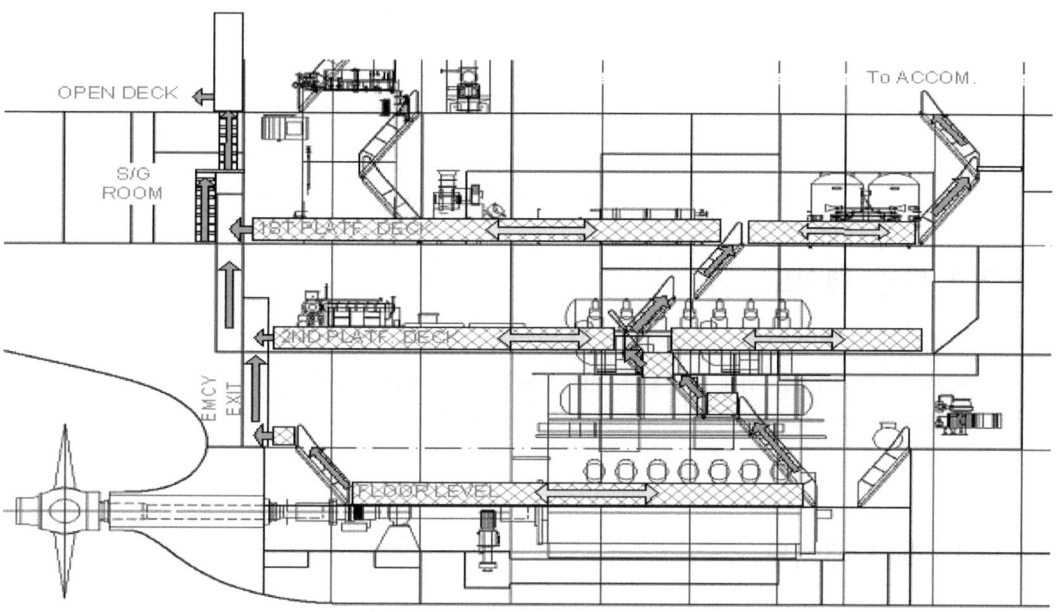

그림 6-82 기관실 탈출로의 개략도

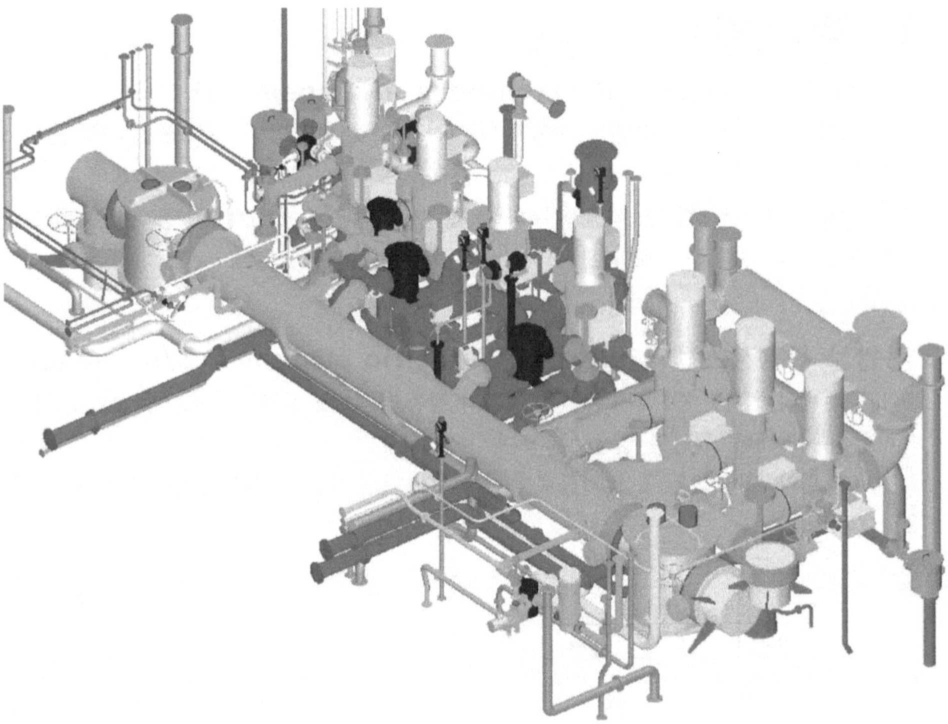

그림 6-83 배관의 3D 모델링 모습

6.3.8 배관 배치도

배관계통도(piping diagram)와 3D 모델링(modeling)을 통해 제작, 설치를 위한 도면이 선주/선급 검사 및 현장작업을 위해 준비된다. 3D 설계를 통해 배관의 교차와 유지 및 보수를 위한 공간 확보 여부를 확인할 수 있다(그림 6-83).

6.3.9 축계 배치도

추진축계는 주기관이 발생한 동력을 프로펠러에 전달하고, 프로펠러의 추력을 선체에 전달한다. 추진축계의 일반배치는 프로펠러축(propeller shaft), 중간축(intermediate shaft), 선미관 베어링(stern tube bush bearing), 선미관 실링장치(stern tube sealing device) 등으로 구성된다(그림 6-84).

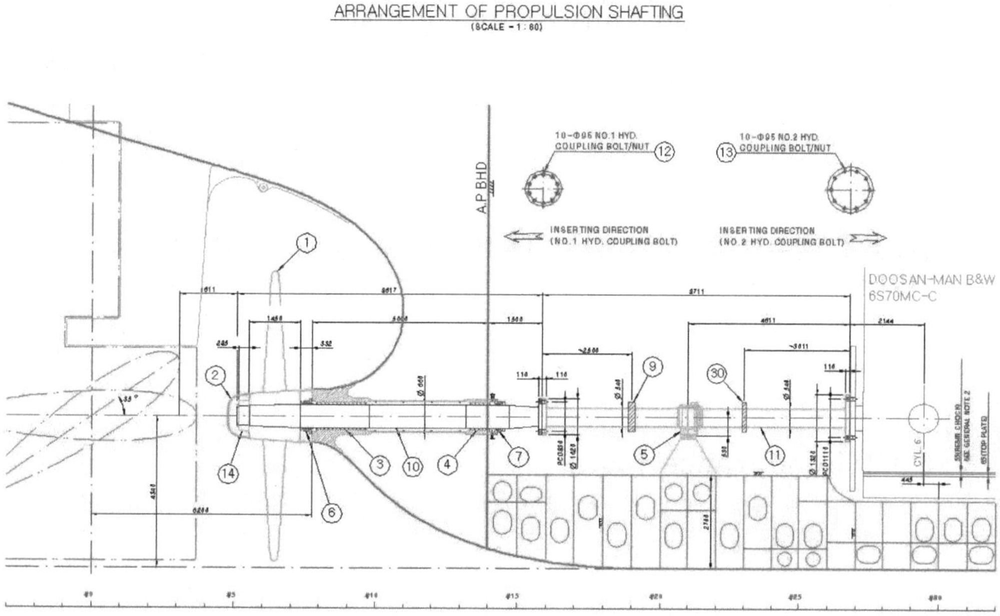

그림 6-84 축, 타의 배치 모습

6.3.10 선행의장 및 시운전

선행의장은 도크(dock) 회전률을 높이기 위해 의장품들을 블록탑재 전 미리 설치하는 것으로 도크 내에서의 공기 단축을 위해서는 필수적이며, 또한 많은 장비들이 모듈 유닛(module unit)으로 외부에서 사전 제작되어 조선소로 입고된다. 시운전은 선박 건조 완료 후 선박의 성능 검증 및 각종 장비들의 원활한 작동을 검증하는 단계로 조선소 내에서는 시험하기 어려운 각종 장비들의 성능 시험도 이때 수행된다.

시운전(sea trial) 시 수행되는 기관실 관련 시험은 다음과 같다.

1. 주기관 안전시험(M/E safety test)

선박이 해상에서 처음으로 프로펠러를 사용하는 경우 엔진의 상태가 정상적으로 운전되는지를 확인하는 시험이다.

2 데드쉽 회복시험(dead ship recovery test)

선내 전기 및 압축공기 등의 활성화 에너지가 모두 소진된 상태를 데드쉽(dead ship)이라고 하는데, 이 상태에서 주기관을 시동하기까지 걸리는 시간을 확인하는 시험이며, SOLAS에서 규정하는 시간은 30분 이내이다.

3 비틀림계 캘리브레이션과 진동계측(torsion meter calibration & vibration measurement)

주기관과 프로펠러를 연결하는 축에 발생하는 비틀림 및 진동을 부착시킨 스트레인게이지(strain gauge)를 사용하여 계측하는 시험이다.

4 내구시험(endurance test)

항해 중 기관실의 주기관을 비롯한 각종 장비의 운전 상태와 열균형(heat balance)의 유지 및 연료 소모량 등을 계측하는 시험이다.

5 조수기 성능시험(fresh water generator capacity test)

조수기를 통해 생성된 청수의 용량을 계측하는 시험이다.

6 폐기보일러 성능시험(exhaust gas boiler capacity test)

항해 중 폐기보일러에서 생성된 증기의 발생량을 급수펌프 출구 측의 유량계(flowmeter)를 사용하여 측정하는 시험이다.

7 주기관 시동시험(M/E starting test)

주기관은 압축공기를 사용하여 시동하는데, 공기 저장기에 저장된 압축공기의 양이 주기관을 규정된 횟수 이상 시동하는데 충분한 용량인지를 확인하는 시험이다.

6.4 전기의장

전기의장은 전기·전자의장이라고 해야 정확한 표현이지만 전통적으로 전기의장이라고 부르고 있다. 이 절에서는 전기의장을 항해시스템, 통신시스템, 경보 및 감시시스템, 전기시스템, 조명설비로 나누어 실무적인 차원에서 기술하였다.

6.4.1 항해시스템(navigation system)

1. 항해시스템의 이해

선박이 해상에서 안전하게 이동하는 교통수단으로서의 역할을 다하기 위해서는 본선에 대한 다양한 정보, 주변에 있는 다른 선박들의 위치, 해상 및 해저의 지형지물, 기상 상황 등 다양한 정보가 필요하다. 과학 기술의 발전에 따라 정확한 항해정보를 습득할 수 있는 각종 항해장비들이 연구, 개발되었으며, 일반적으로 항해장비는 선박의 위치, 방향 및 속도를 측정하여 선박의 항해와 안전에 기여하는 장비를 통칭하며, SOLAS는 선박의 종류와 총톤수에 따라 적절한 장비의 탑재를 의무화하고 있다(표 6-8).

항해시스템은 선박의 운항 및 조종이 수행되는 조타실(wheelhouse)에 설치된 장비들을 통하여 항해에 관련된 각종 정보들을 제공함으로써, 항해자가 효과적이고 안전하게 선박을 운항하는데 도움을 준다. 그림 6-85는 현대적인 항해장비를 갖춘 조타실을 보여주고 있다.

2. 집적항해시스템(Integrated Navigation System, INS)

최근의 항해장비는 전자·컴퓨터 기술의 발달로 성능이 고도화되어 집적항해시스템을 가능하게 하고 있다. 집적항해시스템은 선박의 방위, 위치, 속도 등을 비롯하여 선박의 주변 상황 및 기상에 관련된 모든 정보를 체계적으로 송수신, 기록, 제어하는 시스템으로, 이 시스템의 사용으로 항해의 안전성과 효율성이 훨씬 향상되었다.

집적항해시스템의 주요 기능은 다음과 같다.

표 6-8 항해시스템 구성도

항해시스템	장비	구성
항해시스템	방위측정 장비	자이로 컴파스(gyro compass)
		자기 컴파스(magnetic compass)
	위치측정 장비	GPS
	수심측정 장비	음향 측심기(echo sounder)
	속도측정 장비	속도 일지(speed log)
	지형·지물탐색 장비	레이더
	기타 장비	풍향 표시계(wind indicator)
		기후 팩스(weather facsimile)
		항해자료기록계(voyage data recorder)

그림 6-85 조타실

1) **집적표시(integrated indication):**

선박의 위치, 항해 경로, 속도, 방향 등 선박 관련 정보 및 선박 주위의 지형지물, 기상 등 선박 주변 정보를 집약하여 표시

2) **조타제어(steering control):**

오토파일롯(autopilot)와 연계하여 선박의 경로 및 방향, 속도를 제어

3) **자료관리(data management):**

개별 항해장비가 측정한 정보를 관리하고, 이들 정보를 필요한 곳에 제공

이러한 집적항해시스템을 바탕으로 한 명의 항해자가 조타실에서 선박을 운항하는 1인 선교운용(one-man bridge operation)이 가능하게 되었으며 선박 운항 자동화 및 합리화에 크게 기여하고 있다.

6.4.2 통신시스템(communication system)

1. 전세계해상조난 및 안전시스템(Global Maritime Distress and Safety System, GMDSS)

항해기간 중에 어떠한 이유로 조난을 당하게 된다면 어떤 조치를 행해야 하는가? 당연히 신속하게 선박 내부에 상황을 주지시키고, 주변에 구조를 요청해야 할 것이다. 선박에서 통신시스템의 가장 중요한 기능은 이와 같이 해당 선박의 조난 및 위험 상황을 선박 내부 및 주변에 전달하는 것이다. 선박에서 가장 중요한 통신시스템 중 하나는 바로 전세계해상조난 및 안전시스템(Global Maritime Distress and Safety System, GMDSS)이다(표 6-9). 이 시스템은 정보·통신 분야의 급격한 발달에 따라 등장한 새로운 통신기술을 해상 및 육상통신에 통합시켜 선박 조난 시에 주변을 항해 중인 선박뿐만 아니라, 육상에서도 신속 정확하게 조난경보를 감지토록 하여 효과적인 수색, 구조 활동이 이루어질 수 있도록 하고 있다. 이 제도는 지구 상의 해역을 A1, A2, A3, A4구역으로 구분하여, 각 구역을 항해하는 선박들에 설치되어야 할 장비들을 규정하고 있다(표 6-10 및 그림 6-86).

2. 선내통신시스템(internal communication system)

선내통신시스템의 경우에는 마이크(microphone)와 스피커를 사용하여 방송 및 음성 교신을 할 수 있는 선내방송시스템(public address with talk-back system)과 유선전화기 등의 음성통신시스템,

특정 정보 전달을 위한 각종 경보(alarm)시스템으로 구성된다(표 6-11).

선박 운항 중에 승무원들이 빈번하게 머무는 공간, 필요하다고 생각되는 특정 공간에는 음성통신시스템을 이용하여 선내통신을 가능하게 하고, 위험상황 경보 및 호출을 목적으로 하는 경우에 경보시스템을 이용하여 신속하게 선내에 비상 정보를 전달한다.

선내방송시스템의 경우, 화재 및 일반 비상경보(general emergency alarm)시스템과 접목되어 일반 항해 중 방송 및 음성교신 뿐만 아니라 위험 상황 시의 방송 및 경보 신호의 전파 역할도 최우선

표 6-9 전세계해상조난 및 안전시스템(GMDSS) 구성

GMDSS

지상통신시스템	위성통신시스템
• 협대역 직접인쇄 통신(Narrow Band Direct Printing Telegraphy, NBDP) • 중파/고주파 통신(Medium/High Frequency, MF/HF) • 초고주파 통신(Very High Frequency, VHF) • 항해텔렉스(NAVigational TelEX, NAVTEX) • 수색구조 트랜스폰더(Search And Rescue Transponder, SART)	• Inmarsat-C • 비상위치표시 무선표지(Emergency Position Indicating Radio Beacon, EPIRB)

표 6-10 전세계해상조난 및 안전시스템(GMDSS)의 해역 구분

분 류	범 위	비 고
A1 구역	육상 VHF 무선국의 통신 범위	20~30 해리
A2 구역	육상 MF 무선국의 통신 범위	100 해리(A1 구역 제외)
A3 구역	지구 정지궤도 상의 해상 통신위성 유효범위	70° N 와 70° S 사이 (A1 및 A2 구역 제외)
A4 구역	A1~A3 구역을 제외한 범위	주로 극지방

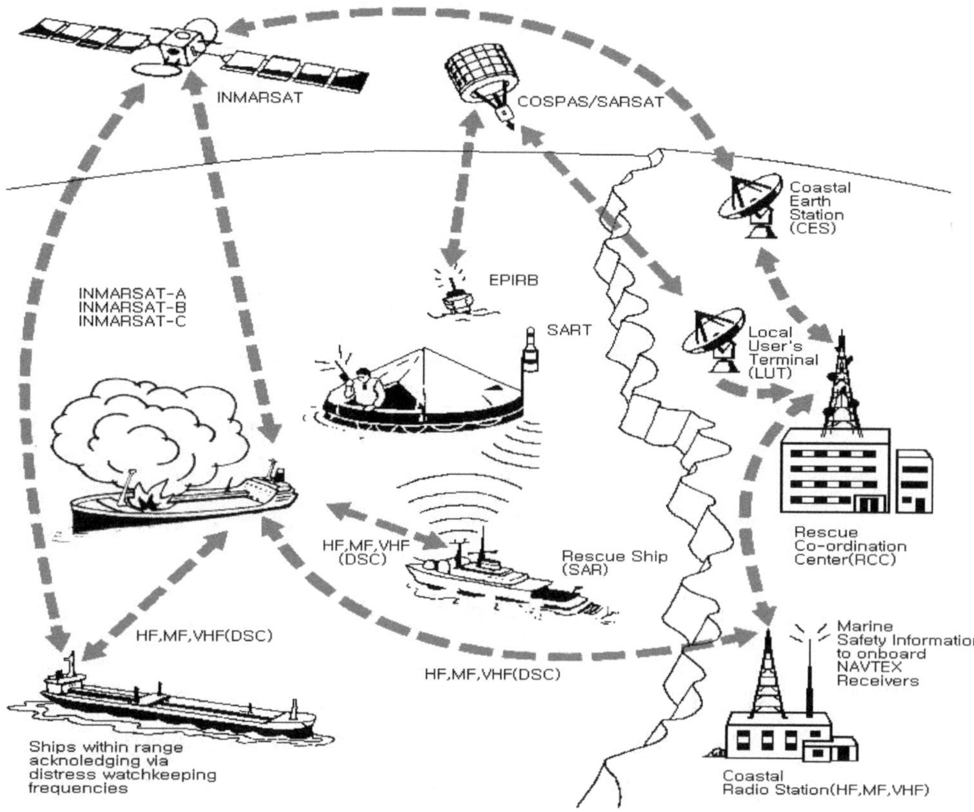

그림 6-86 전세계해상조난 및 안전시스템(GMDSS)의 구성

표 6-11 선내통신시스템의 구성

선내통신시스템	
음성통신시스템	경보시스템
• 선내방송시스템 • 자동교환전화 • 음력전화 • 상용 축전지전화	• 일반 비상경보시스템 • 냉장실 경보시스템 • 의무실 경보시스템 • 사관/선원 호출경보

적으로 수행할 수 있어야 한다. 이렇게 선내방송시스템의 중요성이 증가함에 따라 각 선급에서는 이와 관련하여 강제로 적용하는 규정을 별도로 명시하고 있다.

3. 기타 통신시스템

기타 통신시스템으로는 GMDSS에 규정된 Inmarsat-C 장비를 제외한 Inmarsat 위성통신시스템(Inmarsat-A, B, F 등)과 기적(whistle)을 이용해 선박 주위에 약속된 신호로 정보를 알리는 기적제어시스템(whistle control system), 승무원들의 여가 시간 활용을 위하여 라디오 및 TV 방송을 시청할 수 있게 해주는 CAS(Communal Aerial System) 등이 선박에 설치된다.

근자의 급격한 정보·통신 분야의 발달로 수준 높은 통신기술과 다양한 통신매체가 개발되어 선박 운항 중에도 인공위성을 통하여 전자 메일을 주고받을 수 있고, 다양한 지역의 방송을 손쉽게 접할 수 있다. 앞으로도 이러한 정보·통신기술의 발달은 선박 운항에 있어 여러 가지 새로운 변화를 가지고 올 것으로 예상된다.

6.4.3 경보 및 감시시스템(Alarm and Monitoring System, AMS)

1. 시스템 기능

최근의 자동화 선박은 컴퓨터 기반의 하드웨어와 소프트웨어를 선박에 따라 최적으로 구성하여 기관제어실의 모니터, 자판 및 마우스를 통하여 실시간 감시 및 제어를 하고 있다. 이 시스템은 선내의 다양한 시스템과 쉽게 정보 교환이 가능하여 하나의 제어 감시시스템으로 운용, 관리할 수 있다. 그림 6-87은 감시 및 경보시스템의 계통도를 나타내고 있다.

이 시스템의 주요 사양과 특성은 다음과 같다.

1) 경보 전달(alarm extension): 선박에서 발생한 위험 및 고장 상태는 즉시 관련 경보가 해당 당직자에게 전달되어야 한다. 따라서 기관실, 거주구, 조타실에 적절한 방법으로 경보를 전달하고 경보를 접한 당직자는 지체 없이 상세 상황을 확인한 후, 필요한 조치를 취할 수 있도록 하는 기능이다.

2) 기관사 호출(engineer calling): 기관제어실 또는 다른 제어장소에서 개별 또는 관련 선원 모두를 호출할 수 있도록 하는 기능이다.

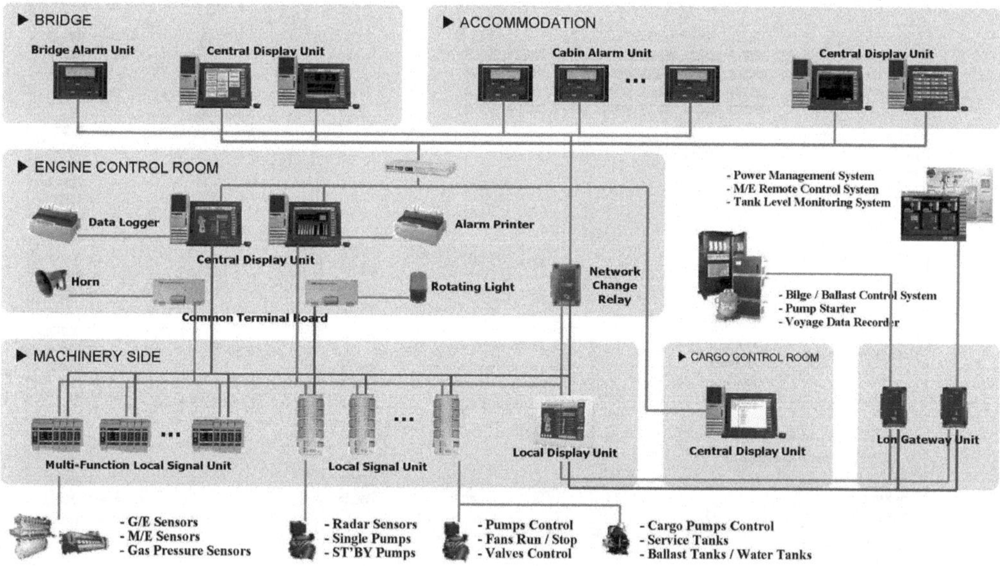

그림 6-87 경보 및 감시시스템 계통도

3) 작업자 경보(personnel alarm, 또는 dead-man alarm): 기관실에 작업할 목적으로 들어간 작업자의 예기치 못한 사고로 발생한 긴급 사태(졸도, 부상 등)를 기관실 및 거주구에 설치된 경보를 작동하여 신속하게 구조할 수 있도록 하는 기능이다.

4) 경보 및 자료 기록(alarm and data logging): 기관실 기기 및 선적된 화물의 상태에 대한 경보와 각종 기기의 상태를 기록하여 선박을 효율적으로 관리할 수 있도록 하는 기능이다.

5) 경보 정지(alarm repose, inhibit): 선박의 각종 시스템 및 기기가 정상적인 상태(정지 시 포함)에서 발생되는 불필요한 경보 기능을 억제시키는 기능이다.

2. 시스템 구성

일반 상선의 경우, 기관실, 화물창, 조타실을 포함한 거주구로 나누어 시스템을 구성할 수 있다. 그림 6-88과 그림 6-89는 시스템에서 준비된 모니터를 통해 기관실 기기류와 화물류가 제어되고 있는 예를 보여주고 있다.

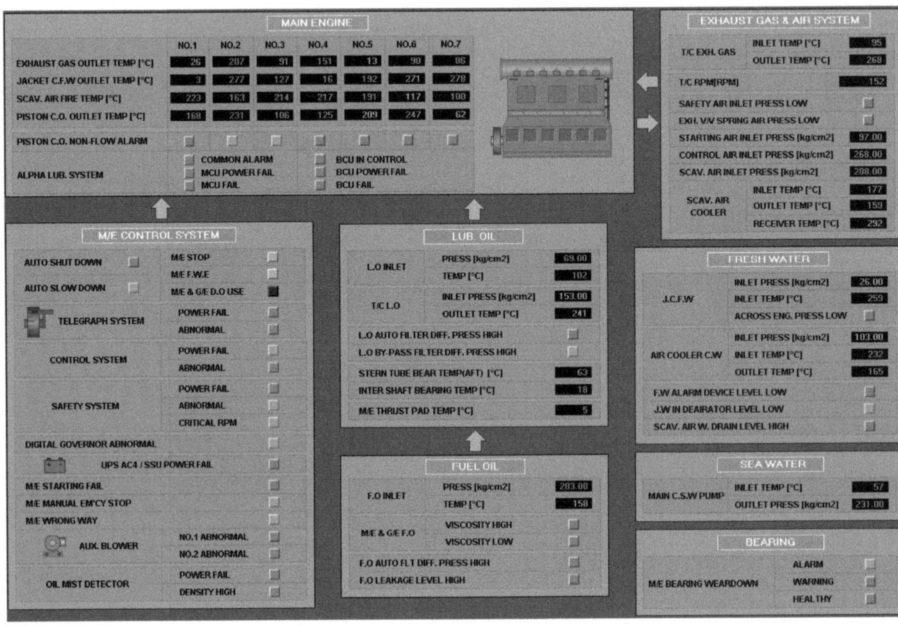

그림 6-88 기기류 제어

1) 기기류(machinery part)

- 기기류 감시 경보시스템(machinery alarm monitoring system): 주기관 및 보조기기 등 각종 시스템의 동작 상태를 감시하고, 이상 발생 시 위험 및 고장 상태를 알리는 시스템.
- 발전기제어 및 동력관리시스템(generator control and power management system): 발전기의 운전 상태를 제어하여 선내에 원활한 전력 공급을 관리하는 시스템.
- 추진성능감시시스템(ship performance monitoring system): 연료유 절약을 위하여 적절한 양의 연료로 최적의 선박 속도를 유지할 수 있도록 관리하는 시스템.
- 펌프제어시스템(pump control system): 추진장치와 중요한 시스템의 운전을 위해 설치된 각종 펌프를 제어 및 감시하는 시스템.

2) 화물류(cargo part)

- 밸러스트펌프 및 밸브 제어시스템(ballast pump and valve control system): 선박흘수의 제어를 위해 설치된 밸러스트펌프 및 밸브를 원격제어 및 감시하여 해수를 밸러스트탱크로 이송하는 시스템.

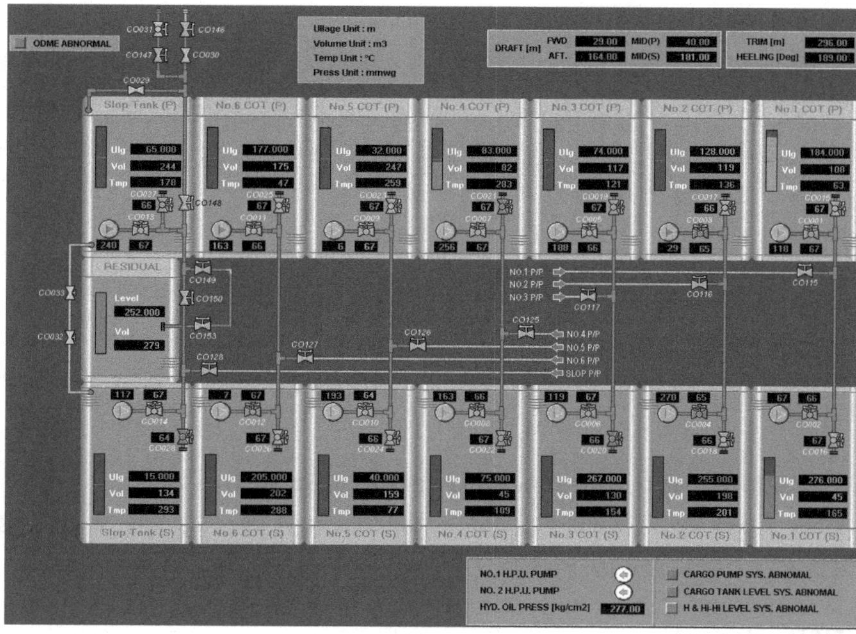

그림 6-89 화물류 제어

- 밸러스트탱크 감시시스템(ballast tank monitoring system): 밸러스트탱크 내의 해수 수위와 양을 원격감시하는 시스템.
- 빌지펌프 및 밸브 제어시스템(bilge pump and valve control system): 선박의 빌지를 이송하기 위해 설치된 펌프와 밸브를 원격제어 및 감시하는 시스템.
- 흘수 측정시스템(draft gauging systcm): 선박의 흘수를 원격감시하는 시스템.
- 화물유펌프 및 밸브 제어시스템(cargo pump and valve control system): 주로 원유탱커, LNG선에 적용되며, 화물유펌프 및 밸브를 원격제어 및 감시하여 각 화물창에 원유 및 액화가스를 하역하는 시스템.
- 횡경사방지 제어시스템(anti-heeling control system): 주로 컨테이너선에 적용되며, 신속한 컨테이너 하역이 이루어지도록 배의 횡경사를 방지하기 위하여 밸러스트탱크의 물을 이송시켜 배의 균형을 제어하는 시스템.

※ 화물유탱크 감시시스템(cargo tank monitoring system): 주로 원유탱커, LNG선에 적용되며, 각 화물창에 적재된 원유 및 액화가스의 높이, 온도 및 양을 원격감시하는 시스템.

※ 냉동컨테이너 감시시스템(reefer container monitoring system): 주로 냉동컨테이너를 운반하는 컨테이너선에 적용되며, 온도 변화에 민감한 화물이나 온도를 일정하게 유지해야 하는 농축산물, 화학물질을 수송하기 위한 냉동 컨테이너의 설정온도를 원격감시하는 시스템.

6.4.4 전기시스템(electrical system)

1. 전기일반

1) 직류/교류(direct current/alternating current)

직류는 전류의 세기가 일정하고, 교류는 일정한 주파수(frequency)로 시간에 따라 변화하며, 선박에서의 상용 주파수는 60 Hz 이다.

2) 전압(voltage)

두 전하 사이에 작용하는 기전력을 전압이라고 한다. 보통 일반 상선에서 저압이라고 하면 DC 24 V, AC 220 V, AC 440 V를 뜻하며, 고압은 AC 3,300 V, AC 6,600 V, AC 11,000 V이고 대용량 및 특수선에 사용된다.

3) 주파수(frequency)

발전용기관과 교류발전기(alternator)를 사용하여 교류 전류를 발생시키는 경우 그 주파수 f는 기관의 rpm (revolutions per minute, 분당회전수) N과 교류발전기의 극수 P와 다음 관계를 가진다.

$$f = (N/60)(P/2) = NP/120$$

4) 위상(phase)

교류를 생성하기 위해 120°의 위상차를 가진 3상 정현파를 사용하며, 일반적으로 단상(single-phase), 3상(three-phase)이 주로 쓰인다.

5) 전기기기의 일반적 요구사항

- 선박의 특수성으로 기기의 크기는 작고 중량은 가벼워야 한다.
- 주위 공기의 기준 온도는 일반적으로 45°C이다.
- 기관실, 갑판 상에 설치되는 기기의 습도는 95% 이상이다.
- 기기는 설치 장소에 따라 먼지나 물로부터 보호되어야 한다.
- 선체의 횡경사 및 횡동요에 관계없이 기기가 작동해야 한다.
- 선체의 진동에 대해 기기는 충분한 강도를 가져야 하며 작동에 지장을 받지 않아야 한다.
- 외부자계의 영향을 받는 기기는 자기차폐(magnetic shield)가 필요하다.
- 기기는 단락(short), 접지(earthing)시킴으로써 인체에 대한 감전 방지 조치가 필요하다.
- 기기에 화재가 발생하거나 기기로 화재가 번지는 것을 예방해야 한다.

6) 전기재해의 종류 및 대책

- 감전: 전기설비의 충전 부분이나 누설 부분에 사람이 접근 또는 접촉 시 발생하며, 감전되면 근육경련, 심장마비, 혼절 등의 상태를 동반하여 대단히 위험하다.
- 과열: 전선에 허용된 전류의 용량을 초과할 때 전기설비 및 전선에 발생하며, 화재 및 폭발의 위험이 크다.
- 아크: 아크 용접이나 전선 접촉 시 발생하는 아크 또는 스파크에 기인하며, 고열 및 강한 빛 때문에 안구의 손상 및 화상, 화재, 폭발의 위험이 있다.
- 누전: 전기설비의 절연파괴로 전류가 기계설비를 통해 대지로 새어 나가는 경우이며, 이에 따라 감전, 과열, 스파크가 발생할 수 있고, 정상적인 기계작동이 되지 않을 가능성이 있다.
- 정전기: 높은 정전하 때문에 발생하며, 순간적인 스파크가 생길 수 있으므로 인화성 물질의 점화원이 되어 화재 및 폭발의 위험성이 있다.

7) 접지

- 계통접지: 낙뢰 또는 기타 써지(surge)에 의하여 전선로에 발생할 수 있는 과전압을 억제한다.
- 보호접지: 인체에 가해지는 전기 충격을 감소시켜 감전사고를 예방한다.

8) 전선(cable)

전선은 전기신호나 에너지를 전달하는 도체로써 물리적/전기적으로 보강된 것이며, 해상(marine)용의 기본 구성은 다음과 같다.

- 도체(conductor): 전선의 목적은 전류를 흐르도록 하여 에너지를 전달하는 것이고, 이를 담당하는 부분이 도체이며 주로 구리를 사용한다.
- 절연체(insulation): 절연 특성을 가져야 하는 부분으로 전선코어(core) 간의 단락을 방지하고 사람의 감전방지를 주목적으로 한다. 도체에서 발생하는 열을 주변으로 발산하는 능력이 좋아야 하며, 저항 및 온도 특성이 좋아야 하고, 유연성이 있어야 한다.
- 보호 피복(jacket): 환경을 보호하기 위함이며 절연 특성을 갖추어야 한다.
- 외장(armour): 전선의 물리적 강도를 높여 주기 위한 부분이며 강, 알루미늄, 구리 재질의 편조를 사용한다.
- 차폐(screen): 유도 장애를 방지하기 위해서 연동선을 편조한 차폐 전선이 널리 사용된다.

9) 전기장비 보호등급(IP grade, Ingress Protection grade)

전기장비 보호등급이란 선내에 설치되는 전기장비에 대해 미립자(particles) 및 물의 유입으로부터 전기장비를 보호하기 위해 선급에서 지정한 등급으로 표 6-12에 보인 바와 같이 분류된다. IP 등급은 예를 들어 IP ij의 형태로 주어지는데, 여기서 i, j는 각각 미립자와 물에 대한 보호등급으로 숫자가 클수록 보호등급이 높다.

2. 전력계통

전력계통은 발전기, 배전반(switchboard), 변압기, 축전지, 선외 급전반(shore connection box)으로 구성되는 전력 공급장치와 보기용 모터, 기동기(starter or control panel), 분전반(distribution board)으로 구성되는 동력 및 분전장치를 총칭한다.

1) 발전기

선내의 전력 공급원으로, 선박의 항해(sea going), 입/출항(maneuvering), 적재/양륙(cargo loading/unloading), 정박(harbour), 비상(emergency) 시 등 모든 운항조건에서 부하의 변동 및 증가에 대해 과부하가 되지 않도록 그 용량을 정해야 한다. 원동기의 종류에 따라 디젤발전기, 축발전기, 터빈발전기가 사용된다.

표 6-12 IP 등급

고체(미립자)에 대한 보호정도

IP	시험	설명	IP	시험	설명
0		보호되지 않음.	4	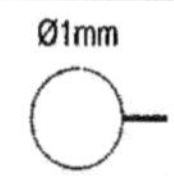	1 mm 이상의 고체로부터 보호됨. (연장, 전선크기 정도)
1		50 mm 이상의 고체로부터 보호됨. (손에 닿는 정도)	5		먼지로부터 보호됨.
2	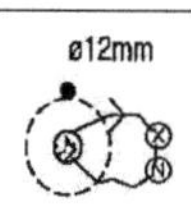	12 mm 이상의 고체로부터 보호됨. (손가락 크기 정도)	6		먼지로부터 완벽하게 보호됨.
3	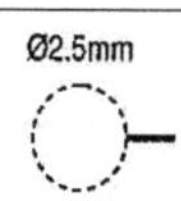	2.5 mm 이상의 고체로부터 보호됨. (연장, 전선크기 정도)			

액체에 대한 보호정도

IP	시험	설명	IP	시험	설명
0		보호되지 않음.	4		모든 방향의 스프레이로부터 보호됨.
1	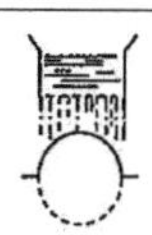	수직의 낙수물로부터 보호됨.	5		모든 방향의 낮은 압력으로 분사되는 물로부터 보호됨.
2		15^{0} 정도 들이치는 낙수물로부터 보호됨.	6		모든 방향의 높은 압력으로 분사되는 물로부터 보호됨.
3		60^{0} 정도 들이치는 낙수물로부터 보호됨.	7	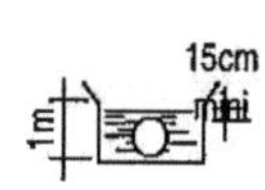	15 cm ~1 m 까지 침수되어도 보호됨.

2) 배전반

배전반은 발전기의 회전속도 및 전압 제어, 발전기의 병렬운전 투입, 모선(main bus)의 전압/주파수/전류 감시 및 부하 상태를 파악하는 기기이며, 조작하기에 접근이 쉽고 기름이나 물로부터 격리된 별도의 장소에 설치된다.

3) 변압기

변압기는 전자기유도 현상을 이용하여 교류 배전계통에서 전압을 올리거나 낮추는 데에 사용한다.

4) 축전지

주전원의 정전(blackout) 시의 선내 비상조명, 통신장치와 경보장치의 예비(backup) 전원으로 납축전지(lead acid battery)와 알카리축전지(alkaline battery)가 있다.

5) 선외 급전반

선박이 안벽에 정박하고 있는 동안 선내의 발전기를 운전하지 않고 육상으로부터 전원을 공급받아 취사 및 장비 유지(maintenance)가 가능하도록 하는 장비이다.

6) 모터

모터는 전력에 의해 발생하는 토크(torque)를 이용하여 기기를 회전시키는 장비이다.

7) 기동기(starter or control panel)

유도전동기가 정지 상태에서 전전압(full voltage)을 가하는 전기적인 장치이며 모터를 보호한다. 모터 기동전류, 기동시간을 순차적으로 함으로써 선내의 순간적인 전압 변동이 15% 이내가 되도록 기동전류를 제한하기도 한다.

8) 분전반

소규모 용량의 장비나 국부적인 조명에 필요한 전원을 공급하기 위해 차단기(breaker)를 구비하여 분기회로를 구성할 수 있도록 하는 장비이다.

9) 전력계통의 구성

(1) 디젤기관구동시스템(diesel engine driven system)

디젤기관구동시스템의 경우에는 발전기는 통상 3대 이상으로 구성되며, 배전반 중간에 위치한 버스-타이 차단기(bus-tie breaker)를 기준으로 왼쪽에 2대, 오른쪽에 1대를 연결시켜 배전반의 한 면에 사고가 발생할 때 모선(bus)에서부터 분리가 가능하게 하여 주기관의 추진에 방해가 되지 않도록 시스템을 구성한다. 부하 변동에 연동하여 동시에 여러 대의 발전기가 병렬운전을 하여 선내 전력을 공급하고 있으나 일반적으로 항해 중에는 발전기 1대 운전을 기준으로 한다. 모든 전기 장비는 단락, 과전류로부터 보호하기 위해 차단기나 과전류계전기(over current relay)를 사용하여 보호해야 한다.

그림 6-90에 이 시스템의 전력계통도 구성을 보였다. 발전기에서 생성된 전기는 주배전반(main switchboard)의 차단기를 통해 모선에 공급되며, 모선으로부터 각종 장비에 전력이 공급된다. 중요한 보기는 반드시 No. 1, 2로 분리하여 전력을 공급함으로써 한쪽 모선에서도 선박의 항해가 가능하도록 시스템을 구성한다.

비상용 발전기(emergency generator)를 가진 선박에서는 비상용 전력은 비상용 배전반(emergency switchboard)을 통해 공급되는데, 통상 항해 시에는 주발전기(main generator)로부터, 비상 시에는 비상용 장비만 독립하여 비상용 발전기로부터 각각 전력을 공급받는다.

(2) 전기추진시스템(Electrical Propulsion System, EPS)

전기·전자 소자의 혁신적인 발달로 1980년 하반기부터 전기추진시스템 선박이 등장하였다. 선박 운항의 친환경적 관점이 부각되면서 그린쉽(green ship) 및 에너지절약(energy saving)을 위하여 전기추진시스템의 수요가 점점 증가하고 있다. 이 시스템은 초기 건조비용이 증가하지만 자기위치

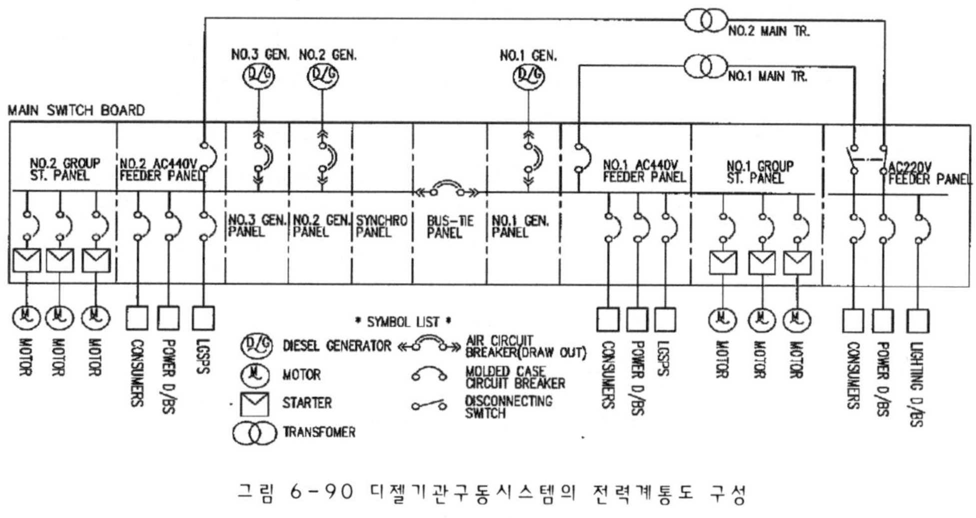

그림 6-90 디젤기관구동시스템의 전력계통도 구성

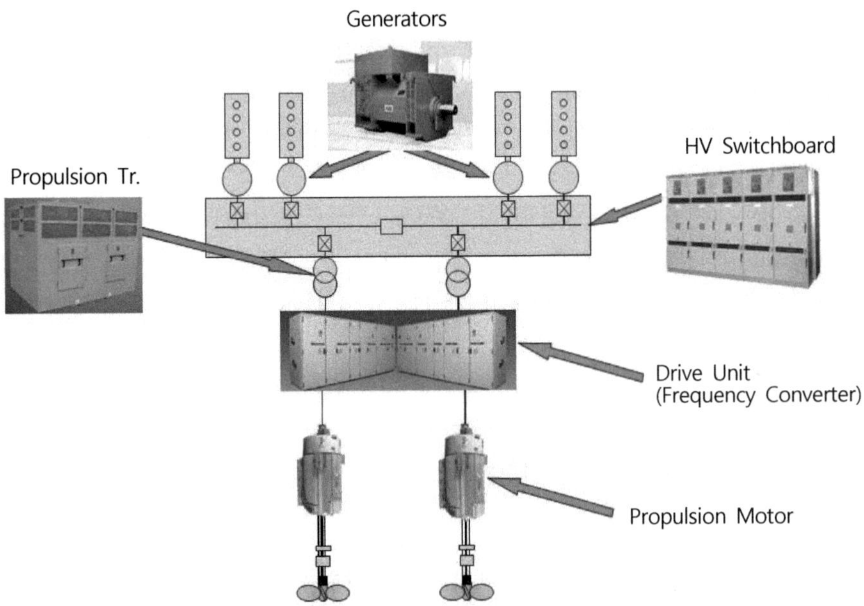

그림 6-91 전기추진시스템의 전력계통도 구성

제어 및 저소음이 요구되는 선박에 주로 이용되고 있으며, 특수선박의 경우에는 운영상 반드시 필요한 시스템이다. 또한 이 시스템은 전기 부하가 대형화되고 전동기 속도제어 때문에 저압전력시스템 보다는 고압전력시스템을 주로 적용하고 있다. 그림 6-91에 전기추진시스템의 전력계통도 구성을 보였으며, 이 시스템의 일반적인 사항에 대해서는 3.2.4절도 참고하기 바란다.

아래에서는 전기추진시스템의 주요 장비 및 장점을 간단히 설명하였다.

① 주요 장비

- 4대의 주발전기
- 고압 배전반(교류 6,600 V 또는 11,000 V)
- 2대의 추진용 변압기(propulsion transformer)
- 2개의 구동 유닛(주파수 변환기)(drive unit, frequency converter)
- 2대의 추진 모터(propulsion motor)
- 1대의 원격제어시스템(remote control system)

② **장점**

- 조종성능 우수: 유연한 동력 공급이 가능하며, 시스템의 여유도(system redundancy)가 크고, 운전 범위(operating range)가 넓다.
- 기관실 장비 배치 용이: 연료소비(fuel consumption)가 작은 선형이며, 화물구역(cargo space)이 더 넓다.
- 친환경적인 설비: 연료소비가 낮고, 황산화물(SOx) 및 질소산화물(NOx)의 배출(emission)이 적으며, 소음 및 진동(noise and vibration) 레벨이 낮다.

6.4.5 조명설비(lighting fixture)

여러 종류의 선형에 맞게 설치된 항해등 및 신호등(signal lights)은 선박 사이의 충돌을 사전에 예방하고 안전을 확보하는데 큰 역할을 한다. 주로 야간에 사용되는 선박의 등화(lighting)는 COLREGS 1972 and Amendments에 맞도록 설치되어야 하며, 수에즈 및 파나마 운하를 통과하는 선박은 운하 통과규정에 맞는 신호등을 설치해야 한다.

항해등에는 마스트등(masthead lights), 현측등(side lights), 선미등(stern light)이 있으며, 신호등에는 통제부재등(not under command lights), 정박등(anchor lights), 수에즈/파나마 신호등 등이 있다.

주어진 장소의 사용 목적과 그 곳에서 이루어지는 작업에 적합하도록 빛의 질, 양 및 방향을 고려하여 조명설비의 광원과 조명의 종류, 크기, 위치 등이 결정된다. 다른 전기기기와는 달리 조명설비는 승무원의 생리, 심리적인 요소를 충분히 고려하여 결정해야 하며, 좋은 조명이 되기 위해서는 조도, 휘도 분포, 눈부심, 그림자, 배광 분포, 분위기, 조명 기구의 위치와 마감 처리, 보수의 용이성 등이 모두 잘 고려되어야 한다. 조명설비의 종류에는 백열등, 형광등, 투시등, 스위치, 콘센트 등이 있다.

연습문제

1. 의장표를 보고, 의장수 4100을 갖는 선박에 적용할 H.H.P 닻의 사양, 체인의 사양 및 계류라인을 결정하시오.

2. 크레인의 각 부위를 구분하고 기능측면에서 분류되는 성능을 기술하시오.

3. 창구덮개를 정의하고, 대표적인 형태를 기술하시오.

4. 한 개의 밸러스트탱크에 두 개의 흡입관이 설치되는 경우가 있는데, 주흡입관보다 작은 소형의 흡입관의 목적에 대해 기술하시오.

5. 일반적으로 빌지분출기를 구동하는 유체는 어느 펌프로부터 공급받는지 기술하시오.

6. SOLAS Chap. II-2 에 언급된 선내 방화규정과 관련하여, 복도(passageway)와 선장실(captain room)이 접하는 격벽의 방화등급을 구하시오.

7. 선내 소음레벨규정(Noise level on board ship)인 IMO Res. A. 468과 관련하여, 일반선원(crew class)의 선실(cabin)과 휴게실(recreation room) 사이의 격벽은 소음 저감(sound reduction)레벨이 최소 몇 dB이 되어야 하는지 구하시오.

8. 통상 거주구역의 시간당 환기 횟수를 6회로 하는 경우, 가로 5 m, 세로 5 m 높이 2.1 m인 선실의 시간당 환기량을 구하시오. 상기의 환기량을 160ø(단면적 0.02 m^2)의 원형 덕트로 통풍할 때의 초당 풍속을 구하시오.

9. 기관실에 설치되는 주요 장비에 대해 기술하시오.

10. MCR 10,000 kW 주기관이 장착된 선박의 슬러지탱크 용량을 구하시오. 단, 주기관이 연료를 청정시키며, 주기관의 연료소모율은 160 g/kWh, 연료유의 비중은 0.98, 주기관의 연료소모율만

고려하여 구하시오. 소각기 등은 설치되지 않는다. MARPOL 09 Amend/I/Reg. 12를 참조하여 계산하시오.

11. 빌지 주관 및 빌지 흡입지관의 관경을 결정하는 식을 구하시오(한국선급(KR) 기준).

12. 해수 펌프의 1000 m^3/h에 대한 토출측 관경을 결정하시오. 단 해수의 기준속도 3 m/s이며 [예제 6-1]을 참조하시오.

13. 잠열을 설명하고 HFO 가열기의 유량이 2.6 m^3/h, 가열기 입구 측은 100℃, 출구 측은 150℃로 설정할 경우, 필요한 7 bar 증기량을 구하시오(kg/h). 단 HFO의 비열은 0.45 $kcal/kg$℃, 비중은 0.98이다. 7 bar 증기의 잠열량은 490 $kcal/kg$이다.

14. 선박 항해시스템 중 방위 측정 장비 두 가지를 나열하고, 원리를 간단히 설명하시오.

15. 기관실에 작업할 목적으로 들어간 작업자의 예기치 못한 사고로 인하여 발생한 긴급 상태(졸도, 부상 등)를 기관실 및 거주구에 설치된 경보를 작동시켜 신속 구조할 수 있도록 대비하기 위한 경보는?

16. 3상, 60 Hz, 440 V에서 운전하고 있는 4극 전동기의 회전속도를 구하시오.

17. 전기 재해의 종류를 5가지 이상 나열하시오.

18. 자기적으로 유도되는 결합된 두 코일이 있을 때, 어느 한 코일에 흐르는 전류가 변화하면 다른 코일에 기전력이 유도되는 전자기 유도현상을 이용하여 교류 배전계통에서 전압을 올리거나 낮추는 데에 사용하는 기기의 명칭을 적어 보시오.

추천문헌

[1] 대한조선학회, 2000, 선박의장, 동명사.

[2] 박승균, 2008, 해설 조선지식입문, 동명사.

[3] 우병구, 2002, 선박조종과 도선, 해인출판사.

[4] 한국조선공업협회, 1993, ANCHORING SYSTEM 설계지침서 I -1.

[5] 미래산업기계, Windlass & Mooring Winch, http://www.miraewinch.com.

[6] 서해마린시스템, Hatch Cover, http://www.seohae-ms.com.

[7] 정아마린, Accommodation Ladder, http://www.jung-a.co.kr.

[8] 해상교통관제센터, http://www.vtskorea.info.

[9] HATLAPA, Steering Gear, http://www.hatlapa.de.

[10] Klasss van Dokkum, 2003 Ship Knowledge-A Modern Encyclopedia, DOKMAR.

[11] KR RULE "Pt 8 Ch 1 Sec 101", "Pt 8 Ch 2 Sec 201", "Pt 8 Ch 3 Sec 301", "Pt 8 Ch 4 Sec 401", "Pt 10 Ch 2 Sec 202", "Pt 11 Ch 10 Sec 3.7.3".

[12] LIEBHERR, Cargo Deck Crane, http://www.liebherr.com.

[13] Rolls-Royce, Thruster, http://www.rolls-royce.com.

[14] US army field manual, Chapter 4, 21, http://www.globalsecurity.org/military.

7

선박 생산기술

7.1 변천사로 본 선박 생산방식

1980년대 중반 21세기 조선소의 모습[1]을 전망한 글이 있었다. 조선소의 고유 설비인 선대나 도크(dock)[2] 그리고 대형 크레인이 그대로이고, 용접기도 더욱 실용적으로 활용되는 정도로 외형적 차이는 별로 없을 듯하며, 다만 컴퓨터가 작업현장까지 보급되어 관리상의 변화는 클 것이라는 그저 그런 예견이었다. 그때나 지금이나 조선소의 외모는 비슷하다.

그러나 그 사이 선박 성능은 크게 향상되었고 다양한 신기능을 갖춘 선박이 개발되었으며, 생산효율과 생산 속도 면에서도 크게 진화하였다. 30년 전과 비교하여 생산설비(hardware)의 변화는 아주 작지만, 그간 설계기술과 생산기술의 발전은 어느 시기보다도 치열하게 거듭되어온 것이 사실이다. 그리고 그 중심에 우리나라 조선산업이 있었다.

지난 30여년 우리나라의 조선산업은 끈질긴 연구노력으로 꾸준한 성장을 이루어 2,000년대 들어 세계 최강의 위업을 달성하였고, 대형 갠트리크레인(gantry crane, 門型 크레인)은 조선 왕국의 상징으로 많은 이들에게 친숙하게 되었다. 초대형 크레인과 도크는 조선소의 생산능력을 가늠하는 중심 설비로서, 몇몇 대형 조선소는 1,000 톤 이상의 양하(揚荷) 능력을 갖춘 크레인과 대형 선박을 동시에 여러 척 건조할 수 있는 길이 500 m 이상의 초대형 도크를 여럿 보유하고 있다. 이와 더불어 수백만 m^2의 넓은 공장 부지에서 수만 명의 숙련된 작업자를 만날 수 있으며, 수 km에 달하는 안벽에서 시험운전을 준비하는 여러 종류의 선박들을 볼 수 있다.

이처럼 웅장한 조선 현장은 우리나라에서만 볼 수 있는 장관으로, 세계 최대조선소에서는 2009년 한 해에만 100척이 넘는 대형 선박을 건조하는 쾌거를 이룬 바 있다.

큰 조선소를 찾아 선박이 만들어지는 경로를 따라 가보면, ①필요한 강판과 형강을 규격 별로 보관하는 원자재 저장소→②강판을 자르고 구부려 필요한 형상의 일차 부품을 만드는 가공공장→③일차 부품을 소조립·중조립·대조립하여 블록(block)[3]으로 만들어 내는 여러 조립공장→④블록에 의장품을 설치하는 의장공장→⑤뒤이어 블록을 말끔하게 도색하는 도장공장→⑥블록을 대형화하는 선행탑재장→⑦블록을 탑재[4]하여 선박을 완성하는 도크(또는 선대)를 거쳐→⑧선박의 시험운전을 행하는 안벽에

1) 미국 National Shipbuilding Research Program에서 발행하는 정기간행물 참조.

2) 선박을 일체로 건조하는 최종 조립 장소로서, 마치 건축물의 기초와 같은 역할을 한다고 볼 수 있다. 선대는 전통적으로 경사 구조였으나, 최근 들어 평지형 선대를 이용한 소위 '육상 건조방식'을 흔히 채택하고 있다.

3) 선박을 효율적으로 생산하기 위하여, ①먼저 적정한 크기로 선박을 분할한다. 그리고 ②분할된 각 섹션(section)을 공장에서 미리 제작하여 ③도크에 탑재하는데, 탑재단위가 되는 섹션을 블록이라 한다.

4) 완제품을 만들기 위해 부품을 결합하는 작업을 일반적으로 조립(assembly)이라 통칭한다. 특히 도크나 선대에서 블록을 연접하여 선체를 형성하는 작업을 탑재라고 한다. 이는 블록을 '들어 올려 제 위치에 싣는다'는 뜻을 갖는다.

이르게 된다. 이러한 생산단계를 거치며, 수백만 개의 부품으로 구성된 대형 선박이 탄생되는 것이다. 매년 수십 척의 선박을 생산할 경우, 수천만, 수억 개에 달하는 부품이 조립되어야 하는 셈이다. 그래서 조선을 대규모 조립산업이라 이른다.

그럼 이제부터 선박 생산방식의 변천과정을 살펴가며, 발전의 계기와 선박 생산의 핵심 기술에 대해 알아보기로 하자.

7.1.1 전통 생산방식

용접이 본격적으로 적용되기 전까지는, 선박 생산의 근본방식은 수천 년을 두고 크게 변하지 않았던 듯하다. 알맞은 물가를 찾아 튼튼한 대, 즉 선대를 마련하고, 그 위에서 한 켜 한 켜 붙여가며 선체를 만들었다. 대개의 작업순서는 먼저 ①용골(keel)을 선대 위에 단단하게 배열하고 ②늑골(frame, internal structure)을 용골에 맞추어 붙인 후, ③외판(shell plate)을 덮어나가는 식이었다. 그리고 필요한 운항도구를 선체에 설치함으로써 선박이 완성되었다. 마치 전통 한옥을 짓듯이 선대 위에서 모든 부품들을 하나하나 조립했기 때문에, 선박 생산을 통상적으로 '배를 짓는다'[건조(shipbuilding)]고 하였으리라. 이처럼 수많은 부품을 한 곳에서 하나씩 조립하는 생산방식을 소위 개별생산(job production)방식이라 한다.

선체를 구성하는 수많은 부품과 다양한 의장품들은 비슷한 유형[5]끼리 모아져, 노련한 장인들의 손에 의해 선대 근처에서 만들어졌다. 묶음생산(batch production)방식이라 이해하면 된다(참고하기 1. 생산방식의 일반적 분류 참조).

개별생산방식에 따른 선박 건조와 묶음생산방식에 의한 부품제작으로 요약되는데, 이 모두 시스템 지향적 공정(system-oriented process)[6]을 온전히 따랐다 할 수 있다. 이러한 전통적 생산방식은 목선 건조뿐 아니라, 리벳(rivet)으로 조립되던 철선 시대에도 널리 적용되었다. 이러한 생산방식으로는 한 척의 선박을 완성하는 데는 계획하기조차 힘든 긴 공사기간이 소모될 수밖에 없었고, 각 시스템별로 전문화된 장인들의 지휘 아래 수많은 인부들이 동원되어야만 했다. 그러나 목재와 수동식 작업도구에 의존했던 상황에서는 최선의 선택이었을 수 있다.

---

5) 비슷한 유형끼리는 제작방법이 동일하기 때문에, 이들을 모아 한곳에서 제작하는 게 유리하다. 이러한 묶음생산을 family manufacturing이라 하며, 이런 관점에서 용골, 늑골, 외판으로 우선 구분하고, 또한 직선 형상과 곡(曲, curved) 형상으로 각기 구별되어 제작되었다.

6) 시스템(system)별로 구분되어 이루어지는 생산공정을 일컫는다. 시스템이란, 늑골, 외판, 격벽, 갑판, 연료장치, 정박장치, 조명설비 등 선체구조나 작동 상의 기능을 의미한다.

7.1.2 블록 건조방식

1. 용접기법의 도입과 선행화 시도

20세기 초반 용접의 출현은 선박 생산방식의 극적 변화를 잉태하였다. 여럿의 선체 부재를 미리 큰 부품으로 용접한 후, 이를 선대 위에서 단번에 붙이려는 시도였다. 용골과 늑골을 '미리 조립하여'(prefabricated, pre-assembled) 선저(bottom) 구조를 여러 조각으로 만들고, 외판과 골재가 엮인 선측쉘(side shell) 구조도 미리 조립함으로써, 선대에서의 어려운 작업을 대폭 줄이려고 부단히 노력하였다. 그러나 용접기술과 크레인 용량 등 여러 기술적 한계에 부딪혀, 선대 작업이 극히 어려운 부분에만 실현되는 실로 미미한 변화에 그쳤다.

하지만 선대 위에서만 모든 부품 하나하나를 붙여야했던 오랜 제약에서 벗어나, 선행화(prefabrication)[7]의 길을 열었다는데 큰 의미가 있다.

2. 용접의 전면적 적용과 블록 건조방식의 탄생

용접이 출현한 지 30여 년이 지난 2차 대전 발발 직후, 연합군의 해군력은 독일의 잠수함(U-Boat[8]) 앞에 손쓸 겨를도 없이 무기력하게 괴멸되었다. 급기야, 미국은 '침몰되는 속도보다 더 빨리' 5천여 척의 선박을 건조해야 하는 초비상 사태에 봉착했으며, 곧바로 조선사에 큰 획을 그은 리버티 선Liberty ship 리버티선)[9] 건조가 급진되었다.

사상 초유의 초단기 대량생산이라는 'Mission Impossible'은 혁명적 구상을 촉구하였다. ①선체 전부를 100개 남짓의 섹션으로 나누어 ②넓은 부지에서 수천 개 섹션(수십 척 분량에 해당하는)을 동시에 조립하면서 ③수십 개의 선대에서 여러 척의 선박을 동시에 탑재함으로써, 빠른 속도로 대량의 선박을 건조하자는 초유의 발상이었다. 이는 용접의 전면적 적용을 전제한 모험에 가까운 과감한 결단이었으나, 초고속 생산을 가능케 하는 유일한 돌파구였다. 절박한 상황이 블록을 조립하여 선대에 탑재함으로써 선체를 건조하는 새로운 선박 생산방식, 즉 블록 건조방식을 탄생시킨 동기였다. 즉시 10여 곳에 조선소 터를 정하고, 수십 개의 선대를 급히 만들며 대량의 용접기를 투입

7) 제작순서에 따라 해야 할 작업이 정해지는데, 이 중 일부 작업을 순서에 앞당겨 수행되도록 조정하는 것을 선행화라고 이른다. 작업을 앞당기면 대체로 작업환경을 좋게 하는 경향이 있어, 안전하면서 쉽고 빠른 작업을 할 수 있다. 선행화가 생산체계 구축의 핵심 과제인 이유가 여기에 있다.

8) Undersea boat(Unterseeboot)의 약자로, 1차, 2차 대전에서 맹활약을 한 독일의 잠수함을 뜻한다.

9) 2차 대전 중 미국에서 대량생산된 전시용 표준 화물선이다. 1941년 후반부터 4년이 채 안 되는 기간에 18 개 조선소에서 2,751척이 건조되었다. 초기 계획은 거의 6,000척에 가까웠다.

하였다. 조선이라곤 전혀 알지 못하는 여성 작업자들을 끌어 모았다. 만들기 쉽도록 선박을 설계했다(design for production). 대부분의 장비나 부품을 표준화시켰다. 그리고 댐 공사현장의 대형 크레인까지 투입하여 블록을 점차 대형화시키며 선대 작업량을 줄이려고 애썼다. 또한 용접의 문외한들에게 가장 쉬운 '아래보기 자세'의 용접으로만 블록을 만드는 방법을 찾았다. 온갖 방법과 수단이 동원되었다. 그러나 새롭게 시도된 용접에는 심각한 문제가 수없이 속출되어, 생산 현장과 학계에서는 용접품질을 개선하기 위해 밤낮 없는 연구에 몰두했다.

국가적 위기를 맞은 산학의 희생적 분투에 힘입어, 2~3년의 짧은 기간에 블록 건조방식은 완숙의 경지에 도달할 수 있었다. 지금으로부터 70년 전, U-Boat·용접기술·도전정신이 연출한 대작인 셈이다(참고하기 2. 선박 생산과 용접기술 참조).

3. 블록조립의 기계화·라인(line)화

초기에는 이렇다 할 생산설비도 없는 상태에서, 수천 개의 블록을 선대 주위에 펼쳐놓고 생산에 돌입하였다. 그리고 생산을 해가면서 조립방법을 찾아내고 하나하나 생산설비를 갖춰나갔다. 오래지 않아, 블록 유형별로 가장 효율적인 조립방법과 순서(block assembly process)를 찾게 되었고, 이에 필요한 기계장치와 작업도구가 개발되었다. 힘든 현장 시험을 거치며 평구조 블록조립은 상당수준 기계화되었고, 특히 거주구 블록은 흐름생산(flow line production)설비를 갖추기까지 하였다. '아래보기 자세'의 용접을 위해 블록을 일부러 뒤집는 장치도 개발되었다. 이러한 도발적 변화에는 현장 작업자들까지 경쟁적으로 동참한 제안제도가 크게 기여했다고 하며, 이를 통해 생산성과 품질의 놀라운 향상을 이루었음은 물론이다(표 7-1).

종전 후 이같이 값진 생산기술은 일본 조선소로 고스란히 넘어가, 소조, 중조, 대조로 구분되는 효율적인 체계를 갖추게 되면서, 기계화, 전문화, 선행화라는 3중의 생산성 향상을 이루는 막대한 성과를 톡톡히 보게 되었다. 그리고 1960년대 들어, 가공단계부터 도크단계에까지 합리적 설비를 갖춘 현대식 생산체계를 정착시키게 되었다.

표 7-1 Richmond 조선소의 성과

1941년 대비 1944년의 성과
* 건조기간: 6분의 1로 단축
(총 공기: 1차선 244일, 후반기 평균 42일)
* 생산성: 2배 이상 향상
(초기 백만 MH(manhour) 이상 소모, 후기 50만 MH 이내)

7.1.3 선각/의장/도장 통합(Integrated Hull construction, Outfitting and Painting, IHOP) 생산방식

1. 완벽한 작업 상류화, 존지향적 작업시스템(zone-oriented work system)[10]의 추구

블록 건조방식은 의장설치 및 도장작업에도 큰 변화를 불러왔다. 블록조립단계에서부터 의장설치를 하겠다는 당연한 요구가 강하게 드러난 것이다. 선대나 도크의 좁은 선체 안에서 모든 의장품을 설치하는 선상의장(on board outfitting)이 이루어지는 상황에서는, 극도로 열악한 작업환경으로 인해 사고위험이 아주 높았고 작업 간 간섭이 심각하여 일하기조차 곤란했기 때문이다. 작업의 비능률과 공사기간의 장기화가 불가피했고, 막대한 부대비용을 유발할 수밖에 없었다.

따라서 안락한 작업환경에서 안전하고 쉽게 좋은 품질의 작업을 위해, 생산 현장이 앞장서서 블록에서의 의장설치, 즉 블록의장(on-block outfitting)을 도모하게 되었다. 이 개념을 확장하여 의장품끼리 미리 조립하는 유닛의장(on-unit outfitting)에 이르게 되었다.

이는 작업하기에 유리한 상류공정에서 '가능한 작업을 모두 완결'하자는 원칙, 존의 원칙[11]에 따른 것으로, 조선 현장에서는 선행화라는 기치 아래 대조에서 중조를 거쳐 소조립 단계까지 거슬러 올라갔다.

1970년대 중반 문을 연 국내 조선소에서도 초기부터 존지향적방법(zone-oriented method)을 강력히 추진하여, 1980년대 후반 고도의 상류화 수준에 이르게 됨으로써 안전작업과 좋은 품질, 획기적인 생산성 향상과 공기단축을 이룩하였다.

2. 선체, 의장, 도장 통합

소조에 이르는 작은 존(zone)까지도 의장작업이 상류화되었다는 것은, 소조립공장의 작업자가 조립과 의장품을 동시에 설치하는 상황을 뜻한다. 선체와 의장작업이 한 묶음의 작업으로 일체화된 셈이다. 이를 위해서는 소조립공장에서 생산되는 모든 존에 대해 ①각 존별로 해야 할 의장작업정보가 미리 명확히 편성되고 ②필요한 의장품이 정확히 보급되어야만 한다.

따라서 모든 설계정보가 존별로 재편성되어야 한다. 구매관리도 존단위 정시(Just In Time, JIT)보급에 초점을 맞추어야 한다.

10) 의역하자면, '부품단위 작업완결 방식'이라 할 수 있다. 여기서 존(zone)은 부품의 형상에 따라 만들어진 작업가능 공간을 뜻하며 보다 자세한 것은 7.3절에서 설명한다.

11) 이를 존의장(zone outfitting), 존도장(zone painting)이라 부른다.

IHOP는 단순히 정보와 자재의 존단위 편성이나 통합에 그치지 않는다. 생산관리, 작업관리, 품질관리도 존단위로 계획되고 확인되어야 한다. 그리고 작업조직도 존단위 작업완결에 적합하도록 조정되기도 한다. 고유 업무의 재편성과 통합, 즉 선체설계, 의장설계 사이의 업무 재편성과 통합이 따르기도 하며, 현장작업팀의 재구성과 일인 다기능을 촉구하는 경우도 있다. 따라서 진정한 IHOP방식은 설계, 자재구매, 생산관리, 작업관리, 품질관리, 조직관리 등 조선 전반의 업무체계가 존의 원칙에 따라 재구축되면서 완성에 이를 수 있다.

강조하건데 작업완결이란, 후속 공정에서 재작업(rework)[12]함이 없이 단번에 조립될 수 있는 정도(accuracy)와 품질을 갖춘 상태를 의미한다. 이는 일에 들이는 정성과 다음 작업자를 배려하는 마음가짐에 따라 민감하게 달라진다. 그래서 '존단위 작업완결(completeness by zone)'은 우리의 영원한 과제이다.

표 7-2 생산방식의 변화

생산방식	발전 계기 및 주요 기술 개발		설비	생산효율
전통적 생산방식	용접기법 도입 이전 : 리벳(rivet)기법	모든 부품을 선대에서 하나하나 조립 (piece-part building)	: 선대 : 안벽 : 부품 제작장	: 수 년의 건조 기간 소모
	20세기 초반 : 용접기법 도입	선체 일부 섹션의 선행조립 시도	: 소규모 섹션 조립장추가	
블록 건조방식	2차 대전 초기 : 용접기법 전면 적용 : 블록 개념 확립	1) 블록 건조방식 2) 블록 대형화 3) 선행의장 시도	: 대형 크레인 : 블록조립기계화 및 라인(line) 생산 시도	: 선대 기간 대폭 단축 : 조립생산성 획기적 향상
	1960년대 이후 : 블록조립 기계화 : 공장 전문화 : 의장 선행화	1) 조립라인 고도화 2) 생산 물류 정립 3) 용접기법의 지속적 개선 및 개발 4) CAD/CAM 도입 시작	: 조립라인 구축 : 선박 생산체계 합리화 : 용접 자동화 : NC 절단	: 선종 전문화 및 고효율화
IHOP 생산방식	: 존 개념 확대 : 선체·의장·도장 통합	1) 의장·도장 상류화 2) 종합의장도면 생성 3) 작업 통합	: 업무체계 재편성 : 정보체계 구축 : CIM	: 다(多)선종 혼류 생산

12) 부품의 정도(accuracy)나 품질이 미달하여 다시 수정하는 작업을 뜻한다.

3. CIMS(Computer Integrated Manufacturing system)

정보의 통합을 이루는 데는 CAD(Computer Aided Design)의 역할이 지대하다. 이제 구체적인 생산방식에 따라 유연하게 대응하는 동시적 정보체계가 구축됨에 따라, 이미 선진 조선소에서는 생산관리나 작업관리까지도 일관된 업무체계로 구축하려는 노력을 하게 되었다.

다만 생산 현장이 항상 변하고 있다는 점에 꼭 유의해야 한다. 생산 현장 곳곳에서는 언제나 문제가 생기게 마련이고, 매일 개선활동이 일어나고 있다. 살아 움직이며 성장한다고 할 수 있다. 따라서 이러한 유기적 변화의 가치를 바르게 판단해야만, 유효한 체계를 구축할 수 있다.

선박 생산방식의 변화와 관련 사항을 표 7-2에 요약하였다.

7.2 선박 생산의 이해

7.2.1 선박 생산단계

이하에서는 대형 상선을 생산하는 조선소에서의 일반화된 생산단계에 대해 알아본다. 선박 생산은, 이미 설명한 바와 같이, ①가공 ②소조 ③중조 ④대조 ⑤블록대형화 ⑥탑재 단계를 거친다. 가공부터 대조단계까지는 상당 수준의 기계화 및 자동화에 이르렀다. 대부분 소조립·중조립단계와 평블록조립공장에는 완전한 흐름(flow line) 생산체계가 정착되었으며, 곡블록조립공장에서도 작업팀이 순차적인 이동작업을 함으로써 유사흐름생산(pseudo flow line production) 효과를 거두고 있다.

의장설치는 통념상 ①블록의장 ②선상의장 ③시운전단계로 정리된다. 그러나 존지향적방법에 뿌리를 둔 상류화가 확장되면서 ①유닛조립 ②소조의장 ③중조의장 ④대조의장 ⑤블록의장 ⑥PE[13)]의장 ⑦선상의장 ⑧시운전 단계로 세분화되었다. 이제는 조립공장 안에서도 많은 의장품이 설치되고 있으며, 선상의장에 남는 작업량이 현격히 감소됨으로써 도크기간의 단축으로 직결되었다. 여기서는 조선소 내에서 제작하거나 구매되는 의장 부품의 제작단계에 대해서는 제외하였다.

도장은 사양에 따라 여러 겹을 하게 되는데, 일반적으로 ①하도(primer) ②중도(intermediate paint) ③상도(finish paint)로 구분된다. 중간 제품을 깔끔하게 유지하는 조선소에서는 블록도장단계

13) Pre-Erection의 약자로, 탑재 전 블록 대형화를 위한 전용 작업장이며 선행탑재라고도 이른다. 대개 도크와 연접하여 대형 갠트리 크레인이 미치는 지상의 넓은 작업장이다. 독립된 대형 크레인이나 블록을 이동할 수 있는 다른 장비를 갖추고, 도크로부터 독립된 작업장을 운영하는 조선소도 있다.

에서 상도까지 마무리하는 범위가 상대적으로 넓다. 도크단계에서 모든 도장을 완결하고, 안벽단계에서는 인도 직전 미용 목적의 간소한 마감으로 끝내는 것이 이상적이다. 강판 가공 전에 전처리 공장에서는 가공, 조립 중 강판의 녹 방지를 위하여 숍프라이머(shop primer)를 바른다. 보통 6개월 이내의 내구성을 갖는 도료가 사용된다.

블록 생산체계가 소조, 중조, 대조로 나뉘어 전문화됨에 따라, 선진화된 선박 생산체계는 가공부터 안벽단계까지 대개 9 단계로까지 편성되었다. 부품가공 후 오로지 선대와 안벽 두 단계에 전 작업이 밀집되었던 전통 생산방식과 크게 대비된다. 이제 소조, 중조, 대조단계의 의장설치도 충분한 상류화 수준에 이르렀을 뿐 아니라, 동일 작업자가 선체와 의장품을 모두 용접하는 경우도 흔히 접할 수 있다. 선체와 의장작업이 완전히 일체화된 셈이다.

선박의 생산단계를 표 7-3에 요약하였다.

표 7-3 선박의 생산단계

	생산설비	생산단계		
		선체	의장	도장
1	원자재 보관장		제작·구매 ①유닛조립[14]	
2	전처리 공장			①숍프라이머(shop primer)
3	가공 공장 : 절단, 곡가공 (bending)	①절단 및 곡가공		(보수도장)[15]
4	블록조립공장 : 평블록 공장 : 곡블록 공장	②소조립	②소조의장	(보수도장)
5		③중조립	③중조의장	(보수도장)
6		④대조립	④대조의장	(보수도장)
7	블록의장 공장		⑤블록의장	
8	블록도장 공장			②하도 ③중도 ④상도
9	선행탑재장 (PE area)[16]	⑤블록 대형화	⑥PE의장	(보수도장)
10	도크(또는 선대)	⑥탑재	⑦선상의장	④상도
11	안벽		⑧시운전	④상도 (보수도장)
		6 단계	8 단계	4 단계

7.2.2 생산 공장 개요

1. 가공단계

1) 강재적치장, 전처리 공장

강재적치장은 강판과 형강을 보관하는 조선소의 가장 첫 공정이다. 배수가 잘되는 평지에 보관하며 강재 품질에 손상이 없도록 자석식(magnetic) 크레인을 사용한다. 하나하나의 강재를 모두 철저히 추적(traceability)하는 관리가 아주 중요하며, 가공계획에 입각하여 필요 강재를 선별하여 정시공급(JIT delivery)하는 간단명료한 정보체계가 구축되어야 한다.

대개 3개월분의 강판과 형강을 보관하는데, 이로 인한 재고 비용도 상당하다. 따라서 재고 비용을 최소화하기 위해선, 선체설계→강재구매→강재생산(제철회사)→강재 입고→가공 사이의 리드타임(lead time)을 줄이는 노력을 소홀해서는 안 된다.

강재적치장으로부터 투입된 강재는 전처리공장의 예열→표면처리(blasting)→하도(priming)→건조(drying) 공정을 연속으로 거치며, 녹이나 이물질이 제거되고 초벌도장이 된다. 이는 조립 중 강재 보호를 위한 것이며, 강재의 식별번호를 기재하여 즉시 해당 가공장소로 직송된다. 강재의 선별→전처리→보급은 일관화된 전산시스템을 이용하여 소수의 인원으로 통합 관리된다.

2) 강재절단(cutting)

강재절단은 원자재로부터 제 1차 부품을 가공하는 공정으로, 강재의 두께에 따라 산소연소 화염이나 플라스마아크(plasma arc)를 이용한다. 높은 정밀도를 요하는 경우에는 레이저(laser beam) 절단을 채용한다. 가장 일찍이 CAM(Computer Aided Manufacturing)이 적용된 공정으로서, 대부분의 작업은 수치제어(numerical control)방식으로 정밀하게 이루어진다. 또한 기계화와 자동화된 절단기를 유효적절하게 활용함으로써, 극소수의 인력으로 높은 생산효율을 얻고 있다. 절단 공정에는 형상절단뿐 아니라 용접개선(開先)도 포함되는데, 절단기의 꾸준한 개발로 10여 년 전부터는 동일 장비로 절단과 용접개선이 모두 가능할 뿐 아니라 조립선표기(marking)까지 병행[17]하기 시작했다. 수작업을 하는 경우에도, 여러 보조기구가 개발되어 정확하고 용이한 절단이 이루어지고 있다.

---

14) 조선소 내에 유닛조립공장을 구비하기도 하지만, 최근 들어서는 외부의 전문회사로 외주화하는 경우가 많다.

15) 보수도장(paint repair). 용접이나 절단으로 인해 도장이 손상된 부분을 보수한다. 후공정에서 용접될 부분은 제외된다.

16) 도크기간 단축을 주목적으로 하며, 선행의장 확대와 고소 작업 감소를 기해 생산성 향상에도 크게 기여한다.

17) 절단공정에서는 부품을 절단하는 것만이 아니다. 절단된 부품 하나에도, 할 수 있는 모든 작업을 완결하는 존지향적생산(zone-oriented production)을 보여주는 착실한 사례이다.

여러 공정을 거치는 형강 절단은 거의 로봇(robot)에 필적하는 장비를 이용하기도 하는데, 많은 조선소에서는 아직도 편리한 공구를 이용하여 효율적인 수작업에 의존하고 있다.

강재절단은 자동화된 장비에 크게 의존하는 관계로, 장비의 보전관리가 특히 중요하다. 장비 고장을 예방하고, 절단 품질을 유지하기 위하여, 매일 정기 점검을 어김없이 실시해야만 한다. 그리고 전처리장치와 절단기는 오래전 완전히 국산화를 이루어, 성능과 품질 면에서도 세계적으로 높이 인정받고 있다.

3) 강판 및 형강 성형(forming)

절단된 강판과 형강을 냉간 가공이나 열 가공을 하여 외판과 내부재의 곡형을 만드는 공정으로서, 자동화된 장비와 정성스런 수작업을 연합하여 해야 하는 아주 까다로운 작업이다. 대체로 냉간압연(cold pressing)이나 압연(rolling)작업으로 요구되는 정도(accuracy)를 만족시키고 있으나, 선형에 따라 냉간 가공만으로 원하는 곡형을 얻기 힘든 부분이 불가피하게 있기 마련이다. 이 경우 기계적 가공으로 기본 형상을 만든 후, 선상가열(line heating) 또는 점 가열(spot heating)로 최종 형상을 만들게 된다.

기계적 가공은 대개 NC(Numerical Control, 수치제어)화 되어 있으며, CNC(Computerized numeric control, 컴퓨터수치제어) 선상가열장치도 사용하고 있다. 또한 곡형을 쉽게 측정하는 계측장치도 개발되어 작업의 정확성과 신속성을 크게 높이게 되었다. 근래에 개발된 '최적의 가열선을 해석하는 소프트웨어'와 이에 따라 CNC를 이용한 '자동 선상가열장치'가 특기할 만하다. 성형 품질과 생산성 면에서 획기적 성능이 확인되어, 조만간 널리 상용화되리라 기대한다.

2. 블록조립단계

1) 소조립(minor assembly)

블록의 대조립, 중조립이 기계화, 라인화되고 전반적인 블록 생산체계가 정착되면서, 중조, 대조단계로 공급될 단순 유형의 작은 부품군을 전문적으로 조립하는 공정으로 정립되었다. 대개 작은 평판의 한 면에만 서너 개의 보강재(stiffener)를 용접하는 형태여서, 부재의 배열, 취부, 용접을 거의 전자동으로 라인화한 수준에 이르렀다.

대조, 중조단계의 조립 시각에 맞추어 각 블록에 필요한 소조품들을 묶음으로 공급하게 되는데, 이를 위해서는 치밀한 일정관리가 특별히 요구된다. 그러나 블록조립라인이 동기화된 생산체계(synchronized production system)[18]를 갖추게 되면, 아주 용이하고 효율적인 운용이 가능해진다.

2) 중조립(sub assembly)

대조립에 필요한 중형 조립품을 전문적으로 제작하는 공정으로서, 양면 작업이 요구되는 구조이며 일부는 특이 형상을 갖는다. 따라서 소조립과 마찬가지로 동기화된 라인체계로 조립되며, 다만 특이 형상의 중조품은 별도의 전문화된 작업장에서 조립된다.

중조립공장은 평블록과 곡블록의 중조품에 각각 적합하도록 전문화되어, 대개 두 대조공장으로 나뉘어 배치된다.

3) 평블록조립(flat block assembly)

선체중앙부를 구성하는 평구조 블록을 조립하는 공정으로서, 1960년대 들어 가장 일찍이 기계화되었으며, 이제는 거의 완벽한 동기화된 생산체계 하에 원활한 흐름생산을 한다. 일반적으로 ①판 취부 ②일면용접 ③반전(turnover) ④이면용접 ⑤조립선표기(marking) ⑥종강재 취부 ⑦종강재 용접 ⑧횡강재 취부 ⑨횡강재 용접의 순으로 라인화되어 평유닛을 조립하며, 이중구조일 경우는 뒤따라오며 ①-⑦공정을 마친 평유닛을 뒤집어 합침으로써 완성한다.

또한 평블록에 부가되는 구조나 의장품을 설치하는 공정이 연속으로 이어지며, 대개 200 m 이상의 긴 직선형 조립라인을 형성한다. 종강재와 횡강재 등 대조에 필요한 내부 구조, 즉 내구재(內構材)는 인접한 중조와 소조 라인에서 공급된다(참고하기 3 참조).

4) 곡블록조립(3D block assembly)

곡유닛도 작업의 바탕이 곡형을 이룬다는 점만 다를 뿐, 조립공정은 평유닛과 동일하다. 따라서 흐름 생산라인을 갖춘 조선소도 흔하다.

3D 블록조립은 곡유닛과 중조, 소조에서 공급되는 내부 구조를 부가해서 완성된다. 또한 설치 가능한 의장 작업도 이루어진다. 대개 고정된 작업장에서 조립되며, 작업자를 편성(인원배치)하는 기술에 따라 생산효율이 크게 달라진다(참고하기 3 참조).

3. 블록의장

블록조립에 이어 전적으로 의장품을 설치하는 단계로서, 대개 기관실과 화물창 블록을 구분하여 작

---

18) 자동차 조립라인과 같이 연속되는 공정을 일정 작업시간으로 편성, 즉 동기화하여 생산의 흐름을 일정하게 유지하는 생산체계를 이른다. 여기서 작업시간은 사이클시간(cycle time)이라고 하는데, 재공(在工) 수와 투입하는 작업 인원을 유효적절하게 조합하여 정한다. 이는 흐름생산의 효율을 도모하는 체계로서, 마치 경제속도를 유지하며 가장 원활한 교통체계를 구축하는 것과 유사하다. 어떠한 제품 생산에 있어, 동기화된 체계가 유익하다고 판단되면 과감하게 시도할 것을 권장한다. 이와 더불어 '라인밖 작업'이나 '우회 라인'을 적절히 구사하면, 많은 문제들이 쉽게 풀릴 수 있기 때문이다(7.3.3, 7.3.4절 참조).

업한다. 조립단계부터 평, 곡으로 특화된 생산라인이 의장에까지 연장되는 셈으로, 조립과 연계하여 각기 적정 작업기간으로 동기화된 생산체계로 운영된다.

의장배치설계(outfit arrangement design)에서부터 블록의장을 극대화하기 위한 세심한 노력을 기울여, 이제는 95% 이상의 높은 블록의장율[19]을 달성하고 있다. 블록의장율의 수준은 의장 생산성 뿐 아니라 도크기간과 인도 일정에 결정적 영향을 미친다.

1) 기관실 블록의장

특히 배관, HVAC(Heating, Ventilating and Air Conditioning system), 전장, 교통장치 등이 밀집된 기관실 구획은, 탑재 전 가능한 모든 의장작업이 설치되어야만 선상 단계에서 차분히 마무리 지을 수 있다. 그렇지 않을 경우, 진수 후 안벽에서의 시운전 일정에 큰 차질을 초래하게 된다.

기관실 블록은 바닥(floor)이 뒤집힌 상태로 조립되므로, 이 단계에서 천장과 벽에 위치한 모든 의장품을 설치하기에 가장 유리한 단계이다. 의장품을 효율적으로 설치하기 위해서는, 당연히 필요한 의장품이 빠짐없이 정시보급되어야 한다. 대개 한 블록당 수백 개에 달하는 다양한 의장품을 설치하게 되는데, 이들을 설치순서에 맞춰 분류하여 1일 작업분씩 보급하는 '1일 보급' 체제를 지향하고 있다.

2) 화물창 블록의장

화물창 블록은 기관실에 비해 의장품의 밀도가 낮고, 길고 큰 의장품이 주종을 이룬다. 따라서 넓은 면적을 차지하며, 기관실 블록에 비해 짧은 사이클시간으로 운영된다. 따라서 4시간 또는 2시간 단위의 의장품 보급체제를 갖추기도 한다.

3) 존검사(zone inspection)

자재보급률뿐 아니라, 도면오류나 의장품 오작에 대해서도 철저히 관리하여야 한다. 블록의장의 완성도를 높이기 위하여, 공간 검사를 제도적으로 시행하기를 권장한다. 블록의장율, 자재보급율, 도면오류, 의장품의 제작오류 실태를 챙기고, 이에 대한 원인과 대책을 강구하는 제도로서, 설계, 구매자재, 생산, 생산관리의 관계자들이 함께 문제를 풀어나가는 보람의 장이 된다.

블록의장의 범위는 도장작업에 방해를 주지 않는 한 모든 것을 포함하며, 도장작업 중 손상이나 이물질 유입을 방지하는 보호 덮개를 마무리하는 것으로 완결된다.

19) 블록 내 위치한 전체 의장품 중 블록단계에서 설치된 의장품의 비율

4. 블록도장

습도 조절장치를 갖춘 표면처리(blasting)설비와 도장 및 건조(painting & drying)설비로 구성되며, 작업자의 위생과 외부로의 공기 오염을 방지하는 장치도 완비하고 있다.

표면처리→도장→건조 공정으로 이루어지며, 도장 사양에 따라 정해진 횟수 반복하여 상도(finish coat)까지 마무리하게 된다.

균일한 도막(도장두께)을 유지함으로써, 도장 품질을 만족시킴과 동시에 도료 수율(yield ratio)[20]을 높이는 노력이 중요한 관리점이다.

5. 선행탑재(Pre-Erection, PE) 단계; 블록 대형화(grand block assembly) 및 의장 완결

대체로 동기화된 체계로 생산되는 여러 공장을 거치며 도장작업까지 완결된 블록은 도크로 직접 탑재되거나 PE작업장에서 대형화 과정을 거치게 된다.

무엇보다도 탑재작업의 안정성 확보와 의장의 완성도를 더욱 높이는 것을 주목적으로, 대형화를 위한 대상 블록을 선별한다. 불안정한 형상의 선수, 선미구획은 다른 구획과 달리 특별히 긴 블록탑재 기간이 요구되므로, 도크 작업의 정형화된 운영과 기간 단축을 위해 대개 대형화를 하고 있다. 화물창의 갑판부와 같이 도크 내에서는 고소작업을 요하는 블록들이 주요 대상이 되며, 선행의장률을 한층 높이기 위해 기관실 블록의 대형화는 반드시 시행하고 있다. 특히 기관실 대형화작업은 소위 IHOP의 축소판으로 조직 간 합동노력이 절대적이다.

블록조립까지의 효율적 흐름생산과 도크의 탑재방식은 서로 일률적으로 연속되지 않는다. 따라서 PE공정은 블록조립라인과 탑재 사이의 불가피한 간극을 완충(buffer)하는 역할을 감당할 수 있다. 즉 PE작업장은 블록조립과 도크탑재까지의 조선 전체의 생산흐름을 원활하게 이어주는 조정자가 되는 셈이다.

6. 도크 생산

그 사이 블록이 대형화되고 선행의장과 도장의 완성도가 최고 수준에 달함에 따라, 도크나 선대의 공사 기간이 크게 단축되었다. 일점 탑재[21]를 하는 경우에도, 연간 6척 이상의 선박을 생산하고 있

20) 수율은 이론 소요량 대비 실제 사용량의 비율을 말한다. 도료뿐 아니라 강재를 포함한 모든 원자재의 수율관리가 재료비에 큰 영향을 준다.

21) 한 점에서부터 탑재하여 선체를 완성하는 탑재방식을 말한다. 이점 탑재는 두 점에서 탑재를 시작하는 경우를 이르며, 일점 탑재에 비하여 건조 기간을 단축할 수 있다.

다. 즉 수만 톤(DWT) 규모의 선박도 2개월 이내에 도크공사를 완료하는 수준에 달했다는 의미이다. '한 번에 블록을 제 위치에 정확히 정열', 즉 1회정열(one-time setting)하는 것이 중요하다. 이는 블록의 정도(accuracy)[22]에 크게 좌우된다. 블록의 정도 불량은 정열설치(setting)작업을 어렵게 할 뿐 아니라 블록 사이의 용접선을 흩뜨려 버린다. 따라서 작업기간이 장기화되고, 일률적인 작업 진행을 방해하여 생산흐름의 균일성을 잃게 한다. 이미 반자동 또는 자동 용접장비[23]가 실용화되어 있는데, 이 또한 블록의 정도가 허용치 내에 있을 때 효과적인 적용이 가능하다.

모든 의장설치 작업은 도크 내에서 완결되어, 가능한 한 운전을 위한 기계적점검(mechanical completion)[24]까지 확인되어야 한다. 이는 블록의장율이 95% 이상의 수준까지 향상되어야만 가능하다. 도장작업도 블록상태에서 이미 상도(finish coat)까지 완결하여, 도크에서는 단지 블록의 연결부만을 보수 도장하는 것으로 간단히 끝내고 있다.

도크에서는 최종적으로 선체 전체를 탑재하는 단계로서, 고소작업이 불가피하다. 이로 인해 수많은 고소차와 작업대(scaffolding)가 필요하게 되는데, 이를 얼마나 최소화시키느냐가 작업환경의 안전성과 생산성 향상의 주된 관건이 된다. 최선의 방법은 고소차나 작업대를 없애는 것이다. 따라서 고소작업을 스스로 할 수 있는 자동용접장치와 도장장치를 개발하였으며, 최소한의 필수적 작업대도 전용 장치를 제작하여 부대적인 고소작업의 준비 시간과 비용을 최소화시키고 있다.

7. 안벽단계

안벽에서는 기계류점검을 끝낸 선박의 운항에 관련된 모든 시스템을 개별적으로 점검한다. 기계 장치를 개별적으로 운전하며 정상 상태를 확인한다(선상점검, on board test). 발전기의 경우는 부하시험(load test)을 거치며, 주기관의 안벽 운전(mooring test)을 통해 추진시스템의 적정 상태를 확인한다. 최종적으로 해상시운전을 통해 선박의 성능을 측정하며, 계약상 요구성능이 만족됨을 확인하고 선주에게 인도한다.

8. 거주구(superstructure) 조립

거주구는 다른 선체 구획과는 달리 박판[25] 구조이며, 또한 의장작업도 다른 구획과는 속성이 다르다. 따라서 별도의 생산라인을 이용하여 일체의 모듈(module)로 생산하고 있다. 의장작업은 기계적

22) 20 m x 20 m 크기의 블록인 경우, 적어도 길이와 수평도의 오차가 ±5 mm 이내에 있어야 한다.
23) 수평 용접부의 (Submerged Arc Welding) 및 수직 용접부의 EGW(Electro Gas Welding)
24) 기계 장비의 운전을 위하여 기계·배관·전기·통제 시스템 등 모든 관련 의장품이 바르게 설치 되었는지를 최종 점검하는 것을 이름.
25) 대개 6~8 mm 두께의 강판을 사용한다.

작동과 조명시설을 점등하는 정도까지 완결하고 있다. 우리나라에서는 90년대 초부터 거주구 모듈만을 전문적으로 생산하는 회사가 설립되어, 많은 조선소가 이들로부터 공급을 받고 있다.

9. 의장 제작 및 선별 보급

조선소 내에는 관제작공장, 기계공장, 철의장제작공장, 전장공장이 구비되어 있다. 그리고 의장품의 설치 단계에 맞추어 필요한 의장품을 모듬하는 넓은 선별(marshalling)장을 갖추고, 정시보급에 완벽을 기하고 있다.

7.3 고효율 생산방식의 설계원리

생산체계는 생산설비(area[26]), 생산인력(manpower), 생산기간(time)으로 짜 맞춰진 틀이다. 효율적 생산체계란, 보유 설비를 최대로 활용하여 최소의 인력으로 최단 기간에 생산하도록 만들어진 체계를 이른다.

이때, 선박을 어떻게 분할해서 생산하느냐가 아주 중요하다. 당연히 보유 설비의 능력과 맞아야 할 것이다. 또한 작업이 용이하여 인력과 시간이 작게 들도록 분할하는 것이 바람직하다. 먼저 제품분할의 원리부터 알아보도록 한다.

7.3.1 제품분할

여기서는 생산에 유익하도록 제품을 분할하는 경우를 다루기로 한다. 이를 생산지향형 제품분할(production-oriented work breakdown)이라 하며, 줄여서 제품분할(product work breakdown) 또는 작업분할이라고 표현하기도 한다.

참고로 생산지향형 제품분할구조(PWBS, Production-oriented Work Breakdown Structure)가 생산 분야에 부합되는 반면, 시스템지향형 제품분할구조(SWBS, system-oriented Work Breakdown Structure)[27]는, 제품의 설계나 운영 및 보수유지(operation and maintenance) 측면에서 유효하게 활용된다.

26) 조선소에서는 area(작업장의 면적)가 생산설비의 가동률을 나타내는 대표적 요소이다.
27) 제품에 담긴 기능(function 또는 system)에 따라 분할하는 체계를 이른다.

1. 존의 개념: 작업 가능 공간

제품을 순차적 분할하면 그때마다 여러 형상으로 나누어진다. 그리고 마지막 낱개 부재의 형상으로까지 전개된다. 이렇게 순차적인 제품분할로 드러난 모든 형상을 존이라고 한다. 존은 그 형상에 따라 작업할 수 있는 공간을 형성한다. 즉 존의 본질적인 의미는 바로 '작업 가능 공간'이라고 할 수 있다. 예를 들어 낱개의 강판에 보강재를 용접할 경우, 낱개 강판은 보강재를 조립할 수 있는 존이 된다. 낱개 부재 하나하나도 존이며, 같은 의미에서 블록도 존이다. 이와 같은 존의 본질적 의미로부터, '가능한 작업을 모두 완결'하자는 존의 원칙을 설명할 수 있다. 즉, 존의장방법(zone outfitting method)이란 각 존에서 가능한 의장작업을 완결한다는 생산원칙이다.

2. 제품분할 원리

생산에 유익한 제품분할이란 한 마디로 효율적 작업이 이루어지도록 존을 구분하는 것인데, 그 바탕에는 GT(Group Technology)[28]가 있다. GT란 분할된 부품들을 기하학적 형상과 작업의 종류가 비슷한 것들끼리 모아 동류생산(family manufacturing)함으로써, 생산효율을 높일 수 있다는 상식적 원리를 근거로 한다. 좀 더 설명하자면, 형상과 작업의 유사성은 생산 과정에서 유사한 문제[29]를 발생시키게 되고, 이런 경우 생산 문제를 쉽게 찾을 수 있고 간단히 해결할 수 있어 높은 생산효율에 도달하기가 용이하다는 것이다. 따라서 제품분할은 '문제의 유사성'에 기준하여 이루어지게 된다. 그리고 유사한 문제(problem)를 지닌 유사한 형상의 부품들을 같은 장소(area)에 모아 생산토록 하는 것이다. 바로 곡블록과 평블록이 이에 따른 대표적 구분이다. 이어 각 블록의 조립절차를 분석하여 소조, 중조, 대조로 나누고, 궁극적으로 작업량과 일정을 반영하여 필요한 작업장과 작업인원을 편성하게 되는 것이다.

7.2절에서 설명한 생산단계 및 전문공장이 이러한 과정을 거쳐 설정된 것이다. 참고로 문제 유형을 결정하는 인자를 표 7-4에 간단히 정리한다. 이는 일본의 IHI(Ishikawajima-Harima Heavy Industries)에서 정립한 내용으로서, PWBS[30]에서 인용한 것이다. 물량 규모도 문제를 결정짓는, 즉 생산효율에 큰 영향을 끼치는 인자이다. 전체 작업량이 작은 소형선은 대체로 흐름라인방식보다

28) Group Technology는 1959년 러시아의 기술자 S. P. Mitrofanov에 의해 정립되었으나, 그 개념은 F. W. Taylor의 '과학적 관리의 원칙'에서 이미 제시된 바와 기본적으로 같은 맥락이다.

29) 여기서 문제(problem)는 효율성을 제고할 수 있는 가능성으로 이해해야 한다. 작업이란 현실적으로 항상 문제가 따르게 마련이다. 따라서 생산의 효율성은 발생된 문제를 얼마나 빨리 알아차리고 쉽게 해결하느냐에 크게 좌우된다. 만약 발생되는 문제의 속성이 유사하다면, 문제의 발견이나 해결에 익숙해질 수 있고 더 나아가 문제를 예방하거나 제거하는 것도 가능해지게 된다. 그래서 효율적 생산체계란 문제를 일찍 찾고 즉각 해결하도록 독려하는 도구이자 강제하는 장치여야 하는 것이다. 다시 말하면, 문제는 개선의 가능성이다. 그래서 문제 해결능력이 중요한 기술인 것이다. 또한 문제 해결 과정은 수행이다. 문제를 즐길 수 있다면 최상일 것이다.

30) Product Work Breakdown Structure, US Department of Commerce Maritime Administration.

표 7-4 문제 유형을 결정하는 인자

	결정 인자	예 시
1	형상(by feature)	▪ 평블록 대비 곡블록 ▪ 강재 구조 대비 알루미늄 구조 ▪ 대구경 대비 소구경 관 ▪ 관 재질 등
2	물량 규모 (by quantity)	▪ 생산방식 개별생산 대 흐름생산(job-by-job vs. flow line) ▪ 블록의장 물량: 기관실구획 대비 기타 구획 등
3	작업의 품질 수준 (by quality)	▪ 작업자에게 요구되는 기량 수준 ▪ 요구되는 장비의 수준 등
4	작업의 종류 (by kind of work)	▪ 현도, 절단, 곡가공(bending), 용접, 표면처리, 도장, 볼트체결(bolting), 시험(testing), 청소(cleaning) 등

는 개별생산(job production)방식을 채택하는 근거가 이것이다. 블록의장도 작업량이 아주 작은 경우에는 피하는 편이 유리하다. 산만한 물류•작업자의 이동과 지나친 분산으로 인해, 작업의 효율에 비해 오히려 큰 추가 비용이 발생되기 때문이다. 이는 7.5절에서 좀 더 설명하기로 한다.

다음 절에서는 위의 원리에 따라 효율적인 선박 생산체계를 설계하는 과정을 간략히 살펴보자.

7.3.2 최적 블록분할

1. 선박의 기본적 분할

1) 기본 속성이 상이한 작업의 분할: 선체, 의장, 도장

선박 생산과 관련한 작업은 작업 행태가 다른 세 가지로 우선 나누어지는데, 바로 선체, 의장, 도장이 이에 해당한다. 이 세 가지 작업은 작업 장비나 소요되는 재료 그리고 작업자의 기능이 전혀 다르다. 즉 생산 과정에서 발생할 수 있는 기술적 문제들이 전혀 '유사성'을 갖지 않는다고 할 수 있다.

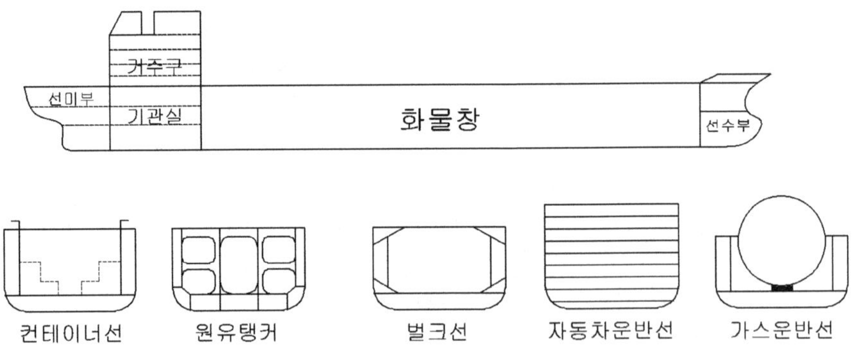

그림 7-1 선체 구획 및 선종별 중앙 단면 개략도

표 7-5 선체 구획

선체 구획	구조 형상	주요 기능(의장/도장)
선수부(forebody)	내부 구조: 벌집형 외판: 심한 곡형	정박장치, 마스트, 선수쓰러스터(bow thruster)
화물구역(cargo space)	이중저(double bottom), 이중선측쉘(double side shell), 횡격벽(transverse bulkhead), 상갑판(upper deck)	밸러스팅(ballasting), 연료유 저장고(fuel storage), 하역(cargo handling) 설비, 화물적재
기관실(machinery space)	이중저, 곡면선측쉘(curved S/S), 평갑판(flat deck)	추진장치를 위시한 제반 선박 운용장치, 연료 등 각종 저장 탱크
선미부(aft body)	내부 구조: 벌집형, 주강, 외판: 심한 곡형	조타장치, 프로펠러, 정박장치
거주구(deckhouse)	단순하고 편평한 입체구조	제반 거주 설비, 항해 통신 설비

2) 선박의 큰 구획

일반 상선은 크게 화물창, 거주구, 기관실, 선수부, 선미부로 분할된다. 이 다섯 존은 선체 구조, 의장품의 종류와 밀집도, 도료의 종류가 서로 다르기 때문에, 생산 문제의 관점에서 당연히 구분될 수밖에 없다. 표 7-5는 각 구획의 구조 형상과 주요 기능의 다른 점을 간략하게 정리한 것이다. 선수미, 기관실, 거주구획은 어느 선박에서나 기본 기능이 같고 구조 형상도 유사하다. 그러나 화물창은 화물의 종류에 따라 독특한 공간을 구성하며 선체 구조의 형상이 달라진다. 종류가 다른 선박의 중앙단면도를 보면 그 차이를 쉽게 알 수 있다. 또한 화물창의 설비와 도료도 각기 다른 고유 특성을 갖는다(그림 7-1).

이제 일차적으로 분할된 5개 구획을 기준으로, 블록을 분할하는 과정에 대해 살펴 보자.

2. 블록분할 최적화의 목적

여기서는 이미 가동 중인 조선소가 생산물량을 충분히 확보한 것으로 가정하고 논의를 진행하기로 한다. 따라서 가능한 한 생산량을 증대시키며 인적 생산성을 극대화하는 것을 목표로 한다.

1) 설비 활용의 극대화

블록분할은 조선소가 보유한 설비를 최대로 이용토록 해야 하는 것이 가장 기본적인 원칙이다. 기존의 설비를 최대로 활용하는 것이 생산 비용 절감과 공기 단축에 가장 유리하기 때문이다.

첫째, 도크 크레인의 최대 용량에 근접하는 규모에 맞춰 분할한다. 가장 작업 여건이 불리한 도크 내의 작업량을 최소화하기 위해서이다. 그러나 탑재의 안정성과 용이성을 우선 확보토록 해야 한다.

둘째, 조립공장의 설비를 최대로 활용토록 한다. 공장이 허용하는 최대치에 달하는 블록의 폭, 길이, 높이와 중량을 찾는 것이다.

셋째, 블록의장을 극대화할 수 있는 형상이 되도록 분할한다.

이상 세 가지 기준을 모두 만족시키는 블록분할이 설비 활용을 극대화시킬 수 있다. 새로운 조선소를 짓는 경우에는, 주력하려는 선종에 가장 유리한 블록분할을 하고 그에 적합한 규모의 설비를 갖추도록 해야 할 것이다.

표 7-6에는 좀 더 구체적인 고려 사항을 정리하였는데, 그 내용을 요약하면, 선박의 기본 구획 정보를 바탕으로 ①조립 정반의 폭과 길이 ②크레인 용량 ③운반 능력 ④공급되는 철판의 최대 폭과 길이를 고려하여 블록의 적정 크기를 결정한다.

가능하면 블록을 대형화함으로써, 도크에서의 작업량을 최소화하고 조립공장의 설비 활용과 선행 작업을 극대화하는 것이 바람직하다.

2) 공장간 부하 균등화(production levelling)

그러나 무리한 대형화는 공장 간 부하의 불균형을 야기하여, 심각한 생산성 저하와 생산량 감소를 유발한다. 따라서 가공→소조립→중조립→블록조립→블록 대형화→도크 내 탑재→안벽 마무리까지의

표 7-6 블록분할 시 고려 사항

구 분	고려 사항
설비 능력	크레인 용량(도크, 조립공장, 부유식(floating) 크레인, 조립공장의 규모(정반 크기, 공장 높이), 운반체 능력(transporter capacity 및 해상 운송 능력), 주요 작업장(PE 등)의 면적
선박의 기본 구획 정보	선박의 폭과 높이, 화물창(C/H)의 단위 길이, 기관실 구역의 길이, 구획별 중량, 도장의 특성
원자재 제약	조달 가능한 강판의 최대 폭과 길이, 주물이나 주강품의 최대 중량 및 크기, 운송의 제약

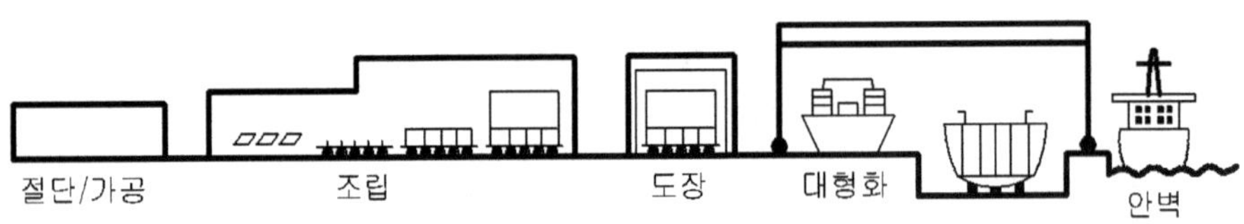

기본 방침	최적화 전개	추구 목표
설비 활용 극대화	블록 대형화 및 작업 상류화 -선각, 의장, 도장의 선행작업 극대화 -도크 작업량 최소화	최고의 품질과 생산성 ▪ 설비 가동률 극대화 ▪ 안전 작업환경 조성 ▪ 인적 자원의 효율 제고 공기 단축 ▪ 최단 물류 조성 ▪ 재공재고 최소화
공장간 부하 평준화	조선소 전체 설비의 최적 활용 동기화 생산체계 구축	

표 7-7 블록 분할 최적화

전체 생산단계가 서로 부하 균형을 이루면서, 설비 활용을 극대화하는 것이 최선이다. 따라서 최적의 블록분할을 위해서는 조선소 전체를 보는 안목과 시스템적 사고[31]능력을 갖추어야 한다.

조선소의 중심 설비인 도크와 평블록 공장, 곡블록 공장의 부하 균등화가 최적화의 주요 관건이기 때문에, 대개 위의 3개 공장의 부하를 검토하며 최적의 블록분할을 결정하게 된다. 선종에 따라 가공공장, 의장설치, 도장공장도 세심한 검토가 필요한 경우가 생긴다. 이를 위해서 두 가지 검토가 따른다.

(1) 블록조립순서 분석

먼저 블록의 유형별(참고하기 3 참조)로 조립순서도를 작성한다. 조립순서도는 블록을 대조, 중조, 소조 단계로 분할하고 그 조립순서를 명시한 것으로, 각 공장의 설비 능력이 최대로 활용되도록 블록을 세분화해야 한다.

이에 따라 각 공장별로 문제 유형이 유사한 존을 구체적으로 배정하게 된다. 그리고 존에 따라 가능한 선행의장·도장작업을 추가로 고려하면, 블록조립과 선행의장, 도장을 포괄하는 작업 절차와 작업량이 결정된다.

(2) 공장 간 생산기간 동기화

각 공장의 생산기간은 도크기간과 동일하게 운영되는 것이 효율화의 원칙이다. 그래야만 어느 공장도 가동을 멈추지 않고 연속 작업이 가능하기 때문이다. 즉 모든 공장이 동일한 사이클시간으로 돌아가도록 동기화하는 것이다.

도크기간은 조선소의 중요한 경영 지표로서, 탑재방식[32]에 따라 탑재네트워크(erection network)를 검토하여 정해진다. 탑재네트워크에 대해서는 7.4절에서 설명한다.

각 공장의 부하는 작업 물량을 생산기간과 1일 생산능력의 곱으로 나누어 얻을 수 있는데, 작업 물량은 조립순서 분석을 통해 기본도면(key plan)으로부터 구해지며 생산기간은 도크기간에 의해 결정된다. 대개 10% 정도까지의 과부하는 인적·물적 자원을 보완하고 세부작업요령(Detailed Assembly Procedure, DAP)을 개선함으로써, 충분히 소화할 수 있다.

이와 같은 검토를 거쳐 ①조선소 전체로 최적화된 블록분할과 ②최적의 탑재네트워크(탑재 순서 및 탑재 기간)이 도출되며 ③블록조립공장별로 균등한 부하의 물량이 배정된다. 이제 공장간 균형을 이루며 생산설비를 최대로 활용하면서, 가장 안정적인 생산이 가능한 기반을 마련한 셈이다.

31) 시스템적 사고란 전체를 알고 개체를 보고, 개체를 알면서 전체와 연결시킬 줄 아는 옴살스러운(holistic) 안목이다.

32) 탑재방식에는 탑재 시작점의 수에 따라 일점 탑재와 다점 탑재로 나눈다. 또한 이중저, 중간층, 상층 블록을 각각 넓게 탑재해 나가는 경우 층식 탑재라 하며, 반면에 이들을 화물창의 공간 형성이 우선되도록 구간별로 탑재하는 형식을 고리(ring)식 탑재라고 한다. 도크의 가동률을 높이기 위해 두 척 이상의 선박을 동시에 생산하는 탠덤(tandem) 또는 후속 선박의 일정부분을 동일 기간에 탑재하는 세미탠덤(semi-tandem)방식을 사용하기도 한다.

7.3.3 동기화 생산

1. 정시조립과 생산 평준화[33)]

블록조립공장은 선박 생산에 있어서 가장 많은 양의 작업을 소화하며, 또한 선박 생산체계의 척추 역할을 하는 생산단계이다. 블록의 정시조립과 생산성에 조선소의 경쟁력이 달렸다 해도 과언이 아니다.

정시조립이 무엇보다 우선되어야 하며, 블록조립 일정은 탑재네트워크로부터 정해진다. 7.4절에서 설명되지만, 탑재네트워크는 일정한 형태(pattern)를 가져야 하며 가능하면 일정 간격으로 블록을 탑재하도록 한다.

이미 앞에서 최적의 블록분할과 조립순서 분석을 거쳐, 적정 부하의 물량과 생산기간이 확정된 상태이다. 이어서 이번에는 하나하나의 블록이 요구 일정에 맞추어 조립되는 체제를 만들어야 한다. 조립공장은 대부분 자동화, 기계화된 장치들을 곳곳에 구비하고 흐름생산방식(flow line production system)으로 운영된다. 따라서 가장 쉬운 작업방법으로 최소의 인력이 일정한 속도로 쉬지 않고 생산[평준화 생산]할 때, 이상적인 효율화 체계를 갖출 수 있다.

2. 조립공장별 동기화된 생산체계 구축

도크기간과 동일한 기간 동안에 일정한 속도로 블록을 생산하여 정해진 일정에 공급해야 하는 조건을 만족시키는 단순명료한 체계를 구축하는 것이 가장 좋다. 이 점에서 동기화된 생산체계가 가장 적합하다고 판단된다.

1) 동기화

먼저 최적의 조립 속도를 구한다. 만약 유효한 생산기간이 40일이고 20개 블록이 배정되었다면, 이틀마다 한 블록씩 생산해야 한다. 따라서 사이클시간=유효한 생산기간/블록 수로부터 2일을 얻는다. 5개의 작업장(workstation)으로 편성된 라인을 가정하면, 조립 착수일로부터 10일째(2일x5 w/s) 첫 블록이 완성된다. 그리고 매 2일 간격으로 블록을 완성하므로, 착수일로부터 50일째 모든 블록의 생산을 완료하게 된다. 조립 착수일로부터 완료일까지는 총 50일의 리드타임(lead time)이 필요하며, 생산기간은 도크 사이클시간에 맞춘 40일이다.

조립라인의 모든 작업장은 설정된 사이클시간 안에 작업을 완결할 수 있도록, 세부작업요령을 조정하여야 한다. 그리고 이에 맞추어 작업장(area)과 인력(manpower)을 유효하게 편성함으로써, 평준

33) 평준화는 생산효율을 유지하고 향상시키기 위하여 생산량을 일정하게 유지하는 것을 뜻한다.

화된 생산체계를 확정하는 것이다.

2) 정시조립

정시조립을 위하여, 탑재 순서-다음 공정에서 요구하는 순서-에 따라 블록을 한 줄로 나열하고, 사이클시간=이틀 간격의 완료 일정을 각 블록에 부여한다. 그리고 탑재의 요구 일정에 대입하여, 지연되는 블록이 없도록 최초 블록의 조립 착수일을 조정함으로써 정시조립을 만족시키게 된다.

평준화 생산에서는 일부 블록의 조기 생산이 불가피하다. 더구나 도크기간이 40일이라 하더라도, 탑재 후 용접과 의장, 도장을 마무리하는 기간이 필요하기 때문에 탑재 기간은 그보다 짧아야 한다. 예를 들어 탑재 기간이 35일인 경우에는 적어도 5일 이상분의 블록이 조기 생산될 수밖에 없다. 블록조립과 도크사이의 PE작업장이 조기 생산된 블록의 대기 기간 동안 블록 대형화나 의장설치를 완결하는데 유효하게 활용하는 완충 공정이 된다.

3. 도크 생산체계의 동기화

도크 회전율[34]은 조선소의 총매출을 결정하며, 도크 운영계획은 조선소의 실질적 경영계획이라 해도 지나치지 않다. 따라서 도크 생산을 계획하는 일은 회사의 경영목표를 달성하려는 목표지향적 기획(target-driven planning)이어야 한다. 또한 도크는 생산 전반을 이끄는 견인력(pulling power)이다. 즉 도크 운영이 안정적이면, 모든 앞 단계의 생산 활동과 구매, 설계까지도 안정 기조에서 향상을 도모할 수 있다. 반대로 불안정할 경우에는 조선소 전체가 혼란과 비효율로 치닫게 된다. 도크는 생산을 총지휘하는 맏형으로 비유할 수 있다. 그만큼 막중한 역할을 가지고 있으므로, 이에 반드시 충실해야 함을 강조한다.

첫째, 정해진 도크기간을 반드시 준수한다.

둘째, 평준화 생산의 선봉이 된다.

셋째, 진수 시 목표한 공사 진척도에 꼭 도달한다.

1) 탑재네트워크와 피치시간(pitch time)

그림 7-2는 각 구획별 탑재 양식을 보여주는 블록분할의 대강이다. 화물창 구획은 9개 고리(ring)로 나뉘었고, 기관실 구획은 선저만 일체형이고 상갑판은 전체 폭을 가지며 둘로 분할되어 있다. 그 외 구획들은 두세 개의 대형 블록으로 분할되었다.

34) 조선소의 선박 생산량은 도크의 연간 진수 횟수에 달려있다. 이를 일반적으로 도크 회전율이라 한다.

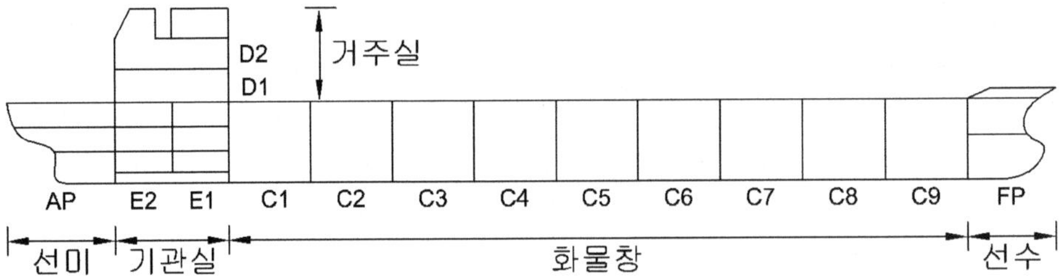

구역	탑재 블록 구성
화물창	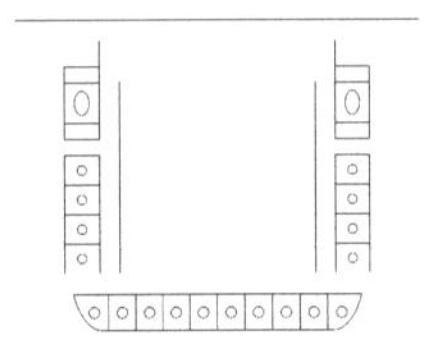 9개의 고리(ring)형으로 대분할 한 고리의 구성(6개 블록) -이중저 -횡격벽 -선측쉘 하단(좌, 우현) -선측쉘 상단(좌, 우현)
기관실	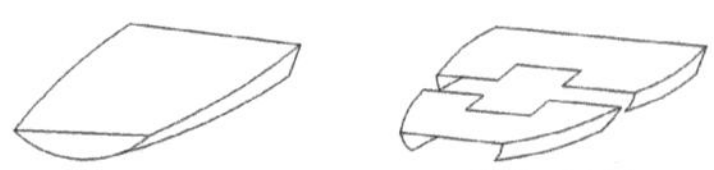 이중저 상단 2분할 이중저: 일체형으로 대형화 상단 3층 구조: 전폭 2분할
선미	층식 3분할
선수	층식 2분할
거주실	층식 2분할
전체	탑재 블록 수(총 68개) : 화물창(54), 기관실(7), 선미(3), 선수(2), 거주실(2)

그림 7-2 블록분할

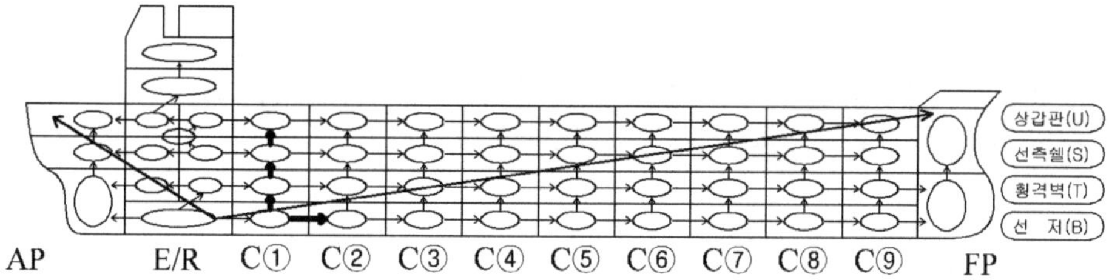

그림 7-3 탑재네트워크

그림 7-3은 C① 선저를 탑재의 시작점으로 모든 블록을 탑재 순서에 따라 화살표로 연결한 네트워크(network)로, 선박의 형상 안에 그려 넣음으로써 도크 안에서 선박이 지어지는 단계적 모습을 쉽게 이해할 수 있도록 하였다. 선체의 대부분을 차지하는 화물창을 보면, 맨 아래 단의 선저 블록을 탑재한 후 뒤따라 횡격벽, 선측쉘(좌우현), 상갑판 블록을 순서대로 쌓는 일정한 양상으로 전체 구획이 정렬되어 있음을 알 수 있다. 이는 규격화된 블록분할이 의도한 결과이다.

이에 피치시간[35]을 덧입혀 생각해보자. 피치(pitch)는 톱니바퀴에서 톱니와 톱니 사이의 거리를 가리키는데, 여기서 피치시간이란 탑재와 다음 탑재 사이의 시간을 의미한다. 만약 선저 블록간의 피치시간이 만 3일이라고 하면, C①부터 1일, 4일, 7일, 10일, 13일, 16일, 19일, 22일째에 순차적으로 탑재되어 25일째에 C⑨ 선저 블록을 마지막으로 탑재하게 된다. 즉 첫 번째 탑재되는 기준 블록으로부터 마지막 탑재 블록까지의 피치시간을 합하면 총 탑재 기간을 얻을 수 있다. 마지막 탑재에 이어 마무리 작업을 끝내면, 진수를 하게 된다.

이와 같이 탑재 순서와 피치시간에 의해 도크기간이 결정되며, 이 두 가지 결정 인자를 조정함으로써 가장 적절한 도크기간을 설정할 수 있다. 탑재 순서는 블록분할과 탑재방식에 따라 달라지므로, 필요할 경우 블록분할과 탑재방식을 변경하기도 한다.

2) 선박 생산의 총지휘자

앞에서 탑재네트워크의 모습이 블록분할로부터 의도적으로 결정된다고 하였는데, 그림 7-4를 통해 블록분할에 따른 탑재네트워크의 모습의 차이를 간결하게 볼 수 있다. 한 마디로 블록이 일정 규격으로 정형화될수록, 간결한 형식의 탑재네트워크가 만들어진다. 만약 모든 블록이 하나로 정형화되고 동일한 피치시간으로 탑재된다면, 이는 똑같은 벽돌을 일정 속도로 하나하나 쌓아가는 일과 다를 바 없다.

35) 인접 블록 간 탑재 시점의 시간적 간격을 뜻한다.

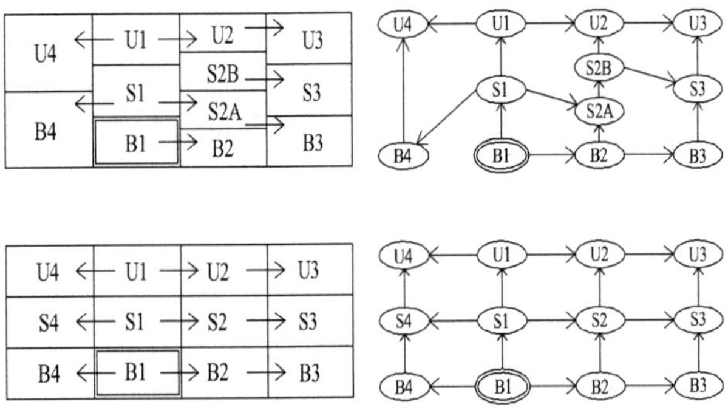

그림 7-4 탑재네트워크의 비교

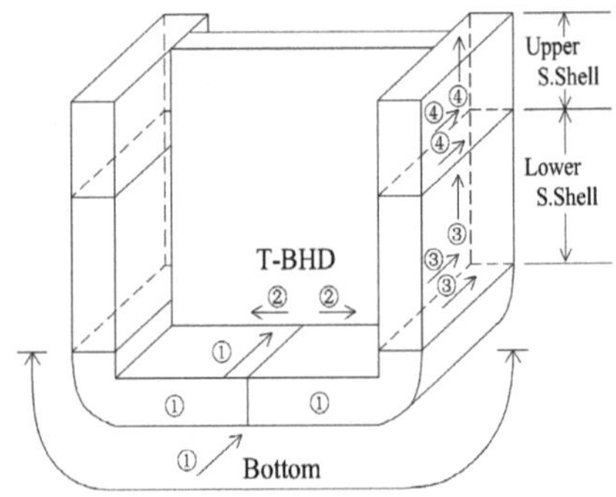

그림 7-5 화물창의 한 고리(ring)

탑재네트워크가 도크 이전의 모든 공정을 이끌어(pull) 간다고 하였다. 즉 모든 블록의 도장, 의장, 조립, 가공 일정은 탑재네트워크의 일정에 의거하여 거슬러 올라가며 결정된다. 뿐만아니라 생산도면을 현장에 보내고 필요 자재를 보급하는 일정도 이에 따라 정해짐으로써, 조선소 전체의 업무 흐름에 영향을 주게 된다. 만약 벽돌쌓기와 같이 일정한 피치시간으로 탑재를 한다면, 상류의 모든 공정도 일정한 리듬의 흐름생산을 이룰 수 있다.

이와 같이 탑재네트워크는 조선소 생산 전반을 이끄는 총지휘자이다. 블록분할, 탑재방식, 탑재네트워크의 중요성은 아무리 강조해도 지나치지 않는다.

3) 평준화 생산체계 구축의 기반

그렇다면 도크 생산 자체도 동기화된 작업으로 편성되어야 함이 마땅하다. 도크 작업은 ①블록 정열(setting) ②취부 ③용접 ④의장 ⑤도장의 순서로 진행되며, 이에 따라 모든 작업이 존별로 완결(zone completion)되어 나간다.

이 작업들도 조립공정의 동기화 편성과 마찬가지로, 각각의 세부작업요령을 검토하여 실현 가능한 표준작업을 구하는 과정을 거친다.

그림 7-5는 선박 중앙부의 한 고리(ring)를 보여준다. 탑재는 ①선저 블록을 먼저 연결하고 ②횡격벽 ③하부 선측쉘(lower side shell) ④상부 선측쉘(upper side shell) 순으로 진행되며, 각기 고유의 접합 형태와 작업량을 지닌다(표 7-8).

각 접합 형상에 따라 취부 용접의 세부작업요령을 분석하여 표 7-8과와 같은 투입 인원과 작업기간을 정하게 된다. 작업기간은 해당 공정의 사이클시간이 된다. 그림 7-5와 같은 고리 9개로 화

표 7-8 접합 형태와 작업량(투입인원 및 작업일수)

접합 형태 (type of joining)	취부	용접
선저와 선저 (bottom to bottom)	5명 x 2일	4명 x 5일
선저와 횡격벽 (bottom to T-BHD)	2명 x 2일	3명 x 2일
하부 선측쉘 (lower side shell)	2명 x 2일	3명 x 2일
상부 선측쉘 (upper side shell)	3명 x 2일	4명 x 6일

물창이 구성되어 있을 경우, 각기 9번의 반복 작업을 하여 화물창의 선체를 완성한다.

이렇게 정형화된 작업을 실현하기 위해서는, ①블록의 정도 확보와 1회정열(one-time setting) ②자동용접의 적절한 도입 ③전용 작업대의 개발 ④취부, 용접을 용이하게 하는 도구(jig, fixture) 개발 ⑤완벽한 작업준비 및 안전한 작업 환경의 조성 등에 만전을 기해야 한다.

7.3.4 생산체계의 안정화 및 개선

1. 세부작업 분석 및 생산체계 편성

사실 앞에서 설명한 동기화 노력이 과연 현실적으로 가능할까 의구심이 들지 모른다. 이 점에 대해 생산체계란 원하는 바를 성취하기 위해 의도적으로 만들어야 함을 강조하고 싶다. 그리고 세부작업 분석을 통해 쉽게 실현될 수 있다는 점 또한 강조한다.

지금까지의 설명은 모두 실현가능한 범위 내에서 가장 효율적인 방법을 찾는 방법이다. 또한 세부작업 분석도 실현가능한 최선의 방법을 찾기는 마찬가지이다.

앞에서 예를 든 사이클시간이 2일인 공장의 경우, 각 작업장(workstation)마다 2일 안에 한 블록분의 작업을 완결해야만 한다. 이를 맞추기 위해 다음과 같은 세부작업을 분석하게 된다.

- 세부적으로 작업을 자르고 순서를 정한다.
- 작업자의 보유 능력에 따라 작업시간을 정한다.
- 세부작업을 합리적으로 엮어, 효율적 생산체계를 편성한다.

표 7-9 동기화 체계 편성

작업 순서별 요소 작업	소요 인원x 작업 일수	동기화 체계 편성
①	2P x 1D	작업장 1. (2P x 2D)
②	2P x 1D	
③	4P x 2D	작업장 2. (4P x 2D)
④	2P x 1D	작업장 3. (2P x 2D)
⑤	2P x 0.5D	
⑥	2P x 0.5D	
⑦	2P x 0.5D	작업장 4. (3P x 2D)
⑧	3P x 2D	
사이클시간: 2일, 4 작업장 작업자 수: 11명		

표 7-10 표준작업의 3 요소

- 표준작업의 3 요소
  - ① 사이클시간
  - ② 작업 순서
  - ③ 재공 수

표 7-9를 통해 동기화된 생산체계를 편성하는 방법을 이해하자. 8가지 요소 작업으로 이루어져 있고, 각각 소요 인원과 작업 일수가 정리되었다. 그리고 요소 작업을 합리적으로 조합하여 사이클시간이 2일인 동기화 체계를 편성하게 된다. ①②→③→④⑤⑥→⑦⑧로 세부작업을 묶어, 작업장(area)과 인원(man)이 공장 간 조화를 이루는 사이클시간에 맞추어 실현가능한 가장 효율적인 체계로 편성된 예를 보였다.

그런데 네 번째 작업장[⑦⑧]은 작업시간이 0.5일을 초과하여, 2일의 사이클시간으로 동기화될 수 없다. 이를 풀 수 있는 주체는 작업자이며, 이러한 조정이 바로 유효한 개선이다.

세부작업은 결국 작업자의 손에 달렸기 때문에, 특히 작업자의 의견을 존중해야 한다. 작업자가 0.5일을 줄일 당사자이기 때문이다. 세부작업 내역은 해당 작업자가 반드시 스스로 만들어야 한다. 쉽게 이해할 수 있도록 극히 단순한 경우를 예로 들었지만, 현실적으로는 깊이 궁리하고 협의할 일이 많이 생긴다.

2. 표준작업[36)]

이제 편성된 생산체계에 맞추어 세부작업요령을 구체적으로 정리해야 한다. 요소 작업별로 작업 인원과 시간을 명시하고, 작업 시에 유의해야 할 기술적 사항과 필요한 준비물을 상세히 기술한다.

36) 3M(Man, Machine, Material)을 서로 유효하게 짜 맞추어 가장 효율적인 생산을 행하도록 하는 방법을 집약한 결과가 표준작업이다. 이는 세부작업 순서와 작업시간을 명기하여, 각 작업장을 동기화시키는 기본이 된다.

표 7-11 작업장의 유효한 개선 추구

실현 성과→		이상	목표	
		2차	목표	
		현재	목표	
	95%	110%	98%	93%
작업장	1	2	3	4
개선 우선순위	2	x	3	1

구체적인 작업 요령, 필요한 공구 및 사용 방법, 안전 및 정도(accuracy)의 급소 등이 포함된다. 이렇게 생산체계에 맞추어진 작업 요령을 '표준작업'이라 한다(표 7-10).

표준작업은 ①'생산체계를 세우는 골격'이다. 표준작업은, 기업 전체의 큰 설계 안에서 설정된 공장 전체의 시스템을 바탕으로 전체 효율을 위해 치밀하면서도 탄력적으로 편성되어야 한다. ② '작업자 스스로 만들어 내는 것'이며, '끊임없는 현장 개선의 결실'이 되어야 한다. 표준작업은 생산 경쟁력의 원천이 되는 조선소의 소중한 자산이다.

표준작업만 지켜지면, 원하는 생산체계가 성공적으로 작동된다. 그러나 문제는 항상 생기기 마련이며, 실제 성과가 미달하는 작업장이 생기게 된다. 단 유사한 형상을 모아 생산하기 때문에, 유사한 문제가 생기는 점에 유의하기 바란다. 4개의 연속된 작업장의 성과가 표 7-11과 같은 경우를 생각해 보자. 성과가 가장 낮은 작업장 4가 당연히 우선적인 개선 대상[37]이 될 것이다. 이곳이 라인의 전체 효율을 결정짓는 병목(bottleneck)이기 때문이다. 다음에는 작업장 1, 작업장 3의 순서로 문제를 풀어나가고, 작업장 2는 오히려 과잉 능력을 삭감하는 것이 개선의 방향일 것이다.

그런데 개선 활동을 순차적으로 하다 보면, 또 다른 문제가 생기며 병목이 이곳저곳으로 움직여 다닌다. 그래서 끊임없는 개선의 장이 펼쳐진다. 결국 현재 목표를 넘어 새로운 목표를 향하게 된다. 이렇게 동기화된 생산체계는 각 작업장마다의 자주적 개선활동을 촉진하며, 이상적 목표를 향해 꾸준히 전진하게 한다.

3. 우회(by-pass) 라인과 라인밖 생산

그러나 표준작업의 틀에 부적합한 부품이 간간이 끼어있게 마련이다. 그렇다고 동기화된 생산의 주

37) 성과가 가장 낮은 곳을 도외시하고 다른 곳을 개선한다 해도 생산라인의 종합적인 성과는 개선될 수가 없다. 즉 가장 유효한 개선은 항상 한 군데 밖에 없다. 곧 병목(bottleneck)이 그 곳이다.

류(mainstream)를 불리하게 변경하거나 포기할 수는 없으므로, 일단 라인 밖으로 빼내어 별도의 방법을 찾아야 한다. 마치 교통 체증을 풀기 위해 우회 도로를 개설하는 것과 같은 이치이다.

7.4 최적 생산방식의 기획과 운용

7.4.1 조선소마다의 고유 생산체계; 선박의 규모와 생산방식

사실 선박이 크던 작던, 여러 종류의 선박을 섞어 짓던 한 종류의 선박만 짓던, 선박의 효율적 생산을 이루는 기본 원리는 마찬가지이다. 심지어 자동차 조립라인과 선박의 블록조립라인 사이에도 생산체계를 구축하는 기본 원리에는 차이가 없다. 그러나 조선소마다 드러난 생산 양상에는 차이가 있게 마련이다. 같은 종류의 선박을 생산하더라도, 보유하고 있는 설비와 작업자의 기량 그리고 설계능력에 따라 그마다의 고유 생산체계가 구축되어야 하는 것은 바로 이 때문이다.

특히 소형선 생산의 경우에는 생산방식에서부터 큰 차이를 보이게 된다. 앞에서 존의 원칙, IHOP, 생산단계 분류에 대한 설명이 대형선을 연속 생산하는 체제에 초점을 맞춘 경향이 있어, 생산체계의 구축 원리를 잠깐 되돌아보는 게 좋을 듯하다.

생산체계는 ①문제(problem) 유형을 고려하며 제품을 존(zone)으로 분할하고 ②유형별로 모아서 ③각 유형의 작업절차(work sequence)를 분석하여 세분화된 생산공정을 설계하는 방식으로 만들어져야 한다. 그리고 작업장(area)과 인력(man)을 유효하게 짜 맞추어 동기화된 매끈한 생산흐름을 구축해야 한다.

이 중 ①문제 유형을 결정짓는 인자(7.3절 참조)를 상기하자. 소형선은 그만큼 물량이 작기 때문에, '물량 규모(by quantity)'에 따르는 문제를 고려해야만 한다.

먼저 블록조립의 경우, 대형선에 비해 물량이 작아질수록 세부공정으로 작업을 나누는 흐름생산방식은 부적합하게 된다. 조립품을 이동시키고 인력을 분산 배치하여 얻을 수 있는 성과보다 그 비용이 커지기 때문이다. 의장 선행화에 대해서도 유의해야 한다. 소조립, 중조립 단계는 말할 것도 없고, 심지어 블록에 설치할 수 있는 의장품이 극히 작은 경우가 흔하다. 단지 서넛 정도일 수도 있다. 이 경우 블록의장을 고집한다면, 생산흐름, 인력배치, 작업관리, 품질관리 등 전반적인 측면에서 필요 이상의 미세관리가 요구되며 이에 따른 추가 비용으로 종합적인 생산효율을 훼손시키고 만다. 따라서 여러 공정의 유사한 작업을 적정 규모로 묶을 필요가 생긴다. 예를 들면, 소조, 중조, 대조를 한 단계로, 여러 단계의 의장설치도 한 곳에 묶음으로써, 생산단계를 줄이고 작업량을 크게 하여 일종의 개별생산방식을 구사하는 것이 효율적이기 때문이다.

작업팀의 구성도 이에 적합하게 조직되어야 한다. 때에 따라 작업자의 다기능화가 요구되며, 좀 더 세심한 작업관리가 뒤따라야 한다. 이러한 관점에서 선박의 크기에 따른 적합한 생산방식을 간략하게 정리해 보자. 표 7-12는 쉽게 이해할 수 있도록, 일반적인 경우를 기준으로 대체적인 방향을 제시한 것이다.

1. 단일 선종의 소형선 생산

몇 개의 블록으로 구성된 건조방식을 따르나, 블록의 규모상 의장과 도장작업의 선행화에는 한계가 크다. 블록 작업 물량이 적고, 작업을 완결하기에 충분한 공간이 형성되지 않는 경우, 선행의장이 오히려 생산성을 훼손하기 때문이다. 따라서 선대 상에서 공간을 충분히 확보한 후 일괄 설치하는 방식을 흔히 따르고 있다.

결국 생산단계가 블록조립·선대(탑재/의장/도장)·안벽으로 나뉘며, 선대에 대부분의 작업이 집중되는 양상을 띠게 된다. 마치 개별생산방식과 아주 유사하다. 이와 같은 조선소는 단출한 조립설비와 선대를 갖춘 소규모의 조선소가 대부분인데, 기본설계 능력이 미흡하여 생산을 위주로 운영되는 것이 안타깝다. 또한 독자적인 수주 활동이 어려워, 대개 중개인을 통한 수동적 영업을 한다.

이와 달리 시장의 요구를 직접 충족시킬 수 있는 탄탄한 설계 능력을 갖추고, 알찬 사업을 영위하는 조선소도 없지 않은 것을 보면, 역시 시장의 요구를 감당할 수 있는 설계 능력이 관건임을 알 수 있다.

표 7-12 일반화된 선종별 생산방식

대상 선종		단일 선종 주력 생산	다선종 혼류생산
소형선	예인선, 경비정, 작업선, 바지(barge), 소형 어선 등	① 개별생산방식	② 개별생산방식
중형선	연안화물선 20,000 DWT 이하	③ 흐름생산방식(선체) +개별생산방식(의장)	④ 흐름생산방식 (선체+의장)
대형선	대양횡단 화물선 20,000 DWT 이상	⑤ IHOP	⑥ IHOP

2. 다양한 선종의 대량생산

완전한 개별생산방식을 보여준다. 마치 비행기나 대형 중장비를 조립하듯이, 옥내 선대에서 다종의 표준선을 개별적인(job-by-job) 방식으로 대량생산한다. 동시에 십여 척을 2~3개월 내에 생산하는 능력을 갖추고 있다.

이와 같은 조선소를 흔히 만날 수 있는 것은 아니며, 유럽에서 대표적인 조선소를 찾을 수 있는데, 이 회사는 30여년 전 '소형선의 대량생산'이라는 기치를 내걸고 그간 100여 개국에 4,000척에 달하는 선박을 인도하고 있다.

고객이 원하는 모든 선종(거의 20 선종)을 수용하되, 표준선 건조를 원칙으로 한다. 강한 설계 능력을 바탕으로 현장의 되먹임(feedback)을 중시함으로써, 고객이 원하는 표준선을 설계한다. 자재 표준화와 간편 공법, 일종의 모듈생산(modular production)을 통해 합리적 원가와 최단 납기로 호평을 받고 있다.

3. 단일 선종의 중형선 생산

대부분의 경우, 블록조립은 흐름생산방식이 적합하다. 그러나 블록조립단계에 의장·도장작업을 통합하기에는 작업량이 그리 많지 않다. 따라서 대부분의 의장품을 선대에서 설치하는 개별생산방식을 따르는 것이 효율적이다. 생산단계는 블록조립, 블록의장, 선대(탑재/의장/도장), 안벽단계로 나누어진다. 유럽의 성공 사례를 보면, 대부분의 의장을 아예 선대에서 일괄 설치함으로써 좋은 성과를 올리고 있다. 단 그들은 배관, 기계설치, HVAC, 전장, 거주설비, 화물시스템별로 고도로 전문화된 팀을 보유하고 있다는 점을 간과해서는 안 된다. 각 팀은 배치설계부터 제작, 설치, 운전에 이르기까지 일체의 능력을 갖추어, 생산성과 품질 면에서 타의 추종을 불허한다. 그야말로 분야마다 뛰어난 장인들로 구성된 팀으로, 인재육성의 중요성을 실감하게 한다.

단 이와 같은 조선소의 경우에는 후속 선박의 작업이 연속적으로 이루어지지 않는다는 점이 큰 장애 요소이다. 따라서 주로 외주화(outsourcing) 전략으로 해결하게 된다.

4. 다양한 종류의 중형선의 대량생산

선종에 따라 세부공정별 작업내용과 양이 서로 다르다. 따라서 혼류 생산의 경우, 세부공정별 작업장의 편성과 인력배치에 있어 민첩한 조정이 자주 따르게 된다. 즉 생산 현장을 중심으로 생산흐름을 원활하게 유지하는 대응 능력이 갖춰져야 한다. 특히 배원[38] 관리가 잘 이루어져야 한다.

38) 생산라인의 각 작업장에 배정된 일의 양을 고려하여 작업자의 수를 조정 배치하는 것. 이는 조선에서 특히 활발하게 적용되어야

이와 같이 고도의 관리 능력으로 블록조립의 흐름생산체계를 안정적으로 운영한다. 그리고 대량생산의 이점을 살려, 의장설치도 흐름생산방식으로 구현될 수 있다.

간단히 설명하면, 단위 선박의 작업은 위에서 소개한 유럽 사례와 같이 개별생산방식을 따르나 후속 선박의 작업이 연속적으로 이어짐으로써, 조선소의 의장설치 작업 전체를 흐름생산방식으로 전개할 수 있는 것이다.

5. 단일 선종의 대형선 연속 생산

잘 짜여진 일관 생산설비를 갖추고, 표준 설계에 의한 단일 선종 또는 2~3 선종을 전문적으로 반복 생산한다. 대개 70년대 건설된 선진 조선소가 이에 해당한다.

IHOP의 전형적 조건을 갖추어, 최상의 효율을 추구하는데 가장 적합하다. 그러나 전문화와 지나친 효율 추구로 인해 새로운 선종으로의 확대나 변화에 취약하다는 큰 약점을 지니게 된다. 단일 선종만으로는 적극적인 연구개발(Research and Development, R&D) 투자가 어렵고, 새로운 선종의 선박을 설계할 만한 여력이 갖춰지기 어렵기 때문이다.

6. 대형선 다선종 혼류(混流)생산

말 그대로 여러 종류의 선박을 동시에 섞어 생산하는 경우로서, 우리나라의 초대형 조선소가 이에 해당한다. 당연히 일관된 흐름생산설비를 갖추고, IHOP생산을 추구한다.

여러 선종이 섞여 흐르기 때문에 안정적 생산흐름을 위한 고도의 업무체계를 갖추어야 한다. 설계정보, 생산계획, 자재보급, 배원, 작업자 숙련도 유지, 표준작업 등 제반 업무가 유기적으로 통합되어 일사불란하게 움직여야 하는 것이다. 단일 선종으로 전문화된 조선소보다 더 높은 효율에 도달

할 원칙이다. 경험에 비추어 볼 때, 20% 정도의 부하 변동은 정원으로 해결할 수 있다. 그러나 그 이상인 경우에는 일을 옮기거나(배량), 사람을 옮겨야(배원)만 한다. 융통성이 부족한 생산체계 하에서는 배량을 하는 경우가 대부분이다. 그러나 생산의 흐름을 원활히 하는 데는 각 작업장에 정원을 배치하고 작업량에 따라 소수 인력을 재배치하는 배원 방식이 반드시 적용되어야 한다. 배원 기술만으로도 10% 이상의 생산성 향상이 가능하다(그림 7-6).

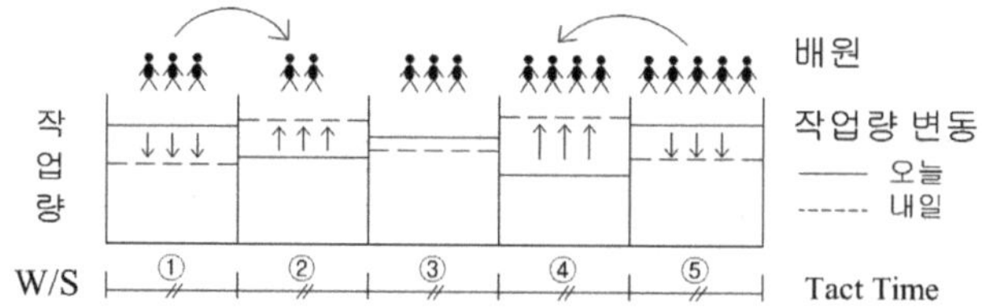

그림 7-6 배원 계획

할 수 있는 가능성이 크다.

초대형 조선소는 지속적인 상품 개발을 통해 시장을 주도하며, 전략적 연구개발과 체계적 기술 관리로 엄청난 기술을 끊임없이 쌓아가는 기술 축적의 보고이다. 이를 바탕으로 사업 영역을 과감하게 다각화하여, 해군 함정 및 육해상플랜트(plant) 분야에서도 독보적 지위에 올라서게 되었다.

7.4.2 최적 생산방식의 기획과 운용

1. 목표를 지향하는 탄력적 기획

선박 생산체계는 생산 대상 선박의 종류에 따라 달라진다. 제품이 다르니, 블록분할, 탑재방식, 각 공장의 작업량, 사이클시간, 작업 요령, 인원의 배치가 모두 달라질 수밖에 없다. 만약 하나의 도크에서 선종이 다른 5척의 선박을 1년에 건조한다면, 생산체계도 이에 대응해서 그만큼 변해야 한다. 같은 선박을 연속 생산하더라도, 생산성과 공기 목표가 상향조정됨에 따라 세부작업요령을 조정하며 생산체계를 점진적으로 효율화시켜야 한다.

어떤 자동차 부품회사는 매월 다른 모습으로 새롭게 태어난다고 은근히 자랑한다. 그 달의 생산부품에 맞추어 가장 효율적인 작업 방법을 찾고, 그에 따라 생산 장비를 매월 마지막 날 밤에 송두리째 재배치한다는 것이다. 이것이 그들의 경쟁력이다.

이처럼 조선소도 생산 제품에 따라 반드시 변해야 한다. 따라서 선박 수주가 거의 확실시 되면, 대상 선박에 대한 실현 가능한 기본 목표(품질, 원가, 납기)가 정해진다. 그리고 생산과 설계가 주도하여, 초기 기본도면(key plan)[39]의 검토를 시작으로 주어진 목표를 달성할 수 있는 방법을 단계적으로 구체화시키게 된다(그림 7-7). 참고하기 4의 선표(shipbuilding program)에 간략히 기술한 바와 같이, 수주 직후 기본 전략을 확정하고 일사불란하게 목표 달성을 위한 구체적인 검토가 이루어져야 한다. 표 7-13의 요약된 업무체계도에서 볼 수 있듯이, 제품설계, 공정계획, 일정계획 기능을 주축으로 전략기획, 목표전개, 실행점검 단계를 거치며 효율적 생산방식을 강구해 나간다.

2. 목표 지향

목표란 기업이 원하는 바람직한 모습으로서, 기업의 발전을 이끄는 힘, 즉 견인력(pulling force)이다. 조직 전체가 주어진 기본 목표(품질, 원가, 납기)를 분명히 이해하고, 기술적으로 실현 가능한

39) 기본도면(key plan): ①일반배치도(General Arrangement) ②중앙단면도(Midship section) ③구조도(Construction Profile) ④기계류배치도(Machinery Arrangement) ⑤시스템계통도(System Diagram) ⑥선실배치(Cabin Plan)

방안을 합리적인 기준에 따라 의도적으로 기획, 계획[40]해야 한다.

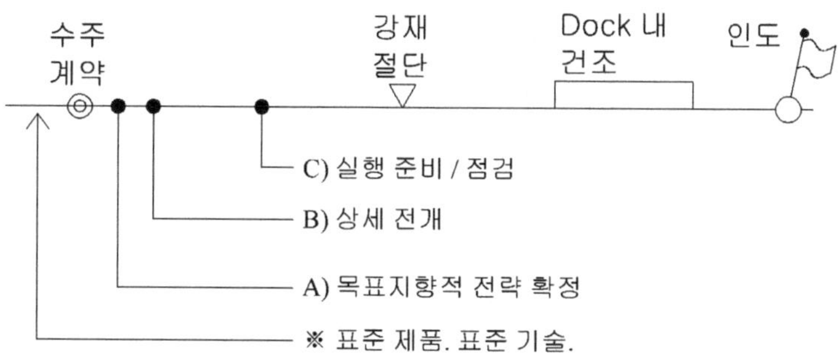

그림 7-7 선표 상으로 본 업무추진 단계

표 7-13 생산중심의 업무체계도 요약

회사 목표 Q.C.D.[41]	제품설계	공정계획	일정계획	생산체계
전략기획 단계	초기설계	블록분할 건조공법	기본계획	전체 최적화
목표전개 단계	상세설계	제작공정	상세계획	공장 평준화
실행점검 단계	생산설계	세부작업요령	실행계획	작업장 동기화
생 산 단 계	작업 수행			표준작업

40) '기획, 계획'이란 특정해를 구하는 인간 행동이다. 'planning and design is the label assigned to the purposeful activity of creating and restructuring a situation-specific solution.' 또한 Einstein은 'imagination의 힘은 지식보다 강하다'고 하였다. 기획·계획의 세계는 이상을 추구하며 넓은 안목으로 전체를 통합하는 힘, 그리고 목표를 지향하는 '시스템 구축 능력'을 중요시한다. 일본의 한 경제학자는 격변하는 환경에 대응하기 위한 3I형 접근을 제안한다. ①'마땅히 있어야 할 모습'을 구상하여, 기획하고(Imagination) ②일상적인 혁신 활동을 통해(Innovation) ③강한 개성과 독자적인 경쟁력을 추구하라(Identity).

41) Quality, Cost, Delivery 즉 품질, 원가, 납기를 뜻한다.

- 목표를 향해 주도적[42]으로 일을 추진해야 한다.
- 현실과 목표의 차이를 명확히 인식하고, 현상을 과감하게 타파하는 사고(breakthrough thinking)로 임해야 한다. 즉 현실의 문제를 뛰어넘고, 예상되는 문제에 미리 대응해야 한다. 이를 위해서는 타업계나 타사를 분석하는 벤치마킹(bench marking)도 아주 유효하다.
- 설계, 공정, 일정 기능은 각기 탄탄한 기본기를 갖추고, 세 축 사이에 유기적 업무체계가 구축되어야 한다.
- 설계와 생산에 관련된 표준[43]이 확립되어, 신속한 업무추진이 되도록 한다.

3. 설계, 공정, 일정의 일체화된 목표 전개

바람직한 업무체계는 탁월한 전략과 전술을 마음껏 구사하고 획기적 생산성과를 거두는 '목표 실현의 장'이다. 표 7-14는 단계별 업무 속성과 중점 내용을 개략적으로 정리한 것이다. 실제 업무를 진행함에 있어서는, 모든 원가 발생 요소에 대해 구체적인 검토와 꼼꼼한 관리가 따라야 한다.

아래에서는 설계, 공정, 일정 기능이 일체가 되어 함께 도모할 핵심 업무를 단계별로 요약해 본다.

1) 전략기획 단계

(1) 제품 설계

초기설계 단계에서 고객의 요구성능을 적정하게 만족시키는 경제적인 설계에 전념하면서, 생산에서 제시하는 생산방법 및 여러 요구 사항을 적극적으로 설계에 반영하도록 한다.

(2) 공정계획

조선소 설비를 최대로 활용하고 높은 생산성을 확보하기 위한 생산방법을 기획한다. 도크 및 각 전문 생산라인(조립, 의장, 도장)에 적정 작업을 배정하며 공장 간 부하를 균등화한다. 또한 생산을 쉽고 안전하게 하기 위한 설계 기준이나 원칙 그리고 작업량을 최소화하는 방안에 대해 충분히 제안한다.

42) 주도적인 자세는 변화에 대응하는 소극적 행위가 아니라, 의도적으로 변화를 이루어내는 적극성을 바탕으로 한다.

43) 표준이란 일을 효과적이고 효율적으로 할 수 있도록 돕는 강력한 무기이다. 표준은 마치 식물이 자라는 토양과도 같다. 기름진 토양에서 식물이 잘 자라듯이, 표준화(설계 표준, 작업 표준, 품질 기준 등)가 알차게 받혀주는 풍토에서는 목표 전개가 아주 원활하게 이루어진다.

표 7-14 효율적 생산을 위한 단계별 업무속성

주요 단계	업무 성격	중점 내용
전략기획	목표 지향적	① 최저 원가 : 재료비, 인건비, 경비 ② 고생산성 공법 ③ 최적 공사 기간 : 최단 납기 추구
목표전개	구체적 업무 전개	① 목표 달성 방안의 전개 : 경제설계, 생산체계, 구매 및 외주 등 ② 목표의 구체적 분배
실행점검	철저한 준비 및 점검	① 목표 실행 방법의 구체화 ② 자원의 적정 배정 ③ 철저한 준비 및 점검

(3) 일정계획

대일정 계획(master schedule), 또는 기본계획은 최적의 생산방법에 의거하여 도크기간을 결정하고 전문화된 공장마다 적정 공기와 자원을 합리적으로 배정하는 기획이다. 그리고 생산(도크, 조립, 가공)뿐 아니라, 설계와 주요 자재의 조달에 관한 일정을 구체적으로 명시한다(참고하기 5 참조).

2) 목표전개 단계

(1) 제품 설계

상세설계 과정에서는 공정계획에서 확정된 제작 절차와 그와 관련된 모든 요구사항을 적극적으로 반영한다. 생산 능률뿐 아니라, 재료비 절감을 위한 설계 노력도 이때 집중적으로 이루어진다.

(2) 공정계획

제작공정분석(Fabrication Sequence Analysis, FSA)을 통해 모든 생산라인이 효율적인 흐름생산을 이룰 수 있는 제작 절차를 정의한다. 이에 따라 조선소 전체로 최적화된 공장별 생산 속도(사이클 시간)가 결정되며, 작업장과 인력을 유효하게 편성하게 된다. 또한 이로써 짧은 물류, 재고(기다리는 낭비)의 최소화를 비롯하여 생산원가를 최소화하는 평준화된 흐름생산체계가 확정된다.

표 7-15 공정계획 및 일정계획 수립 절차도

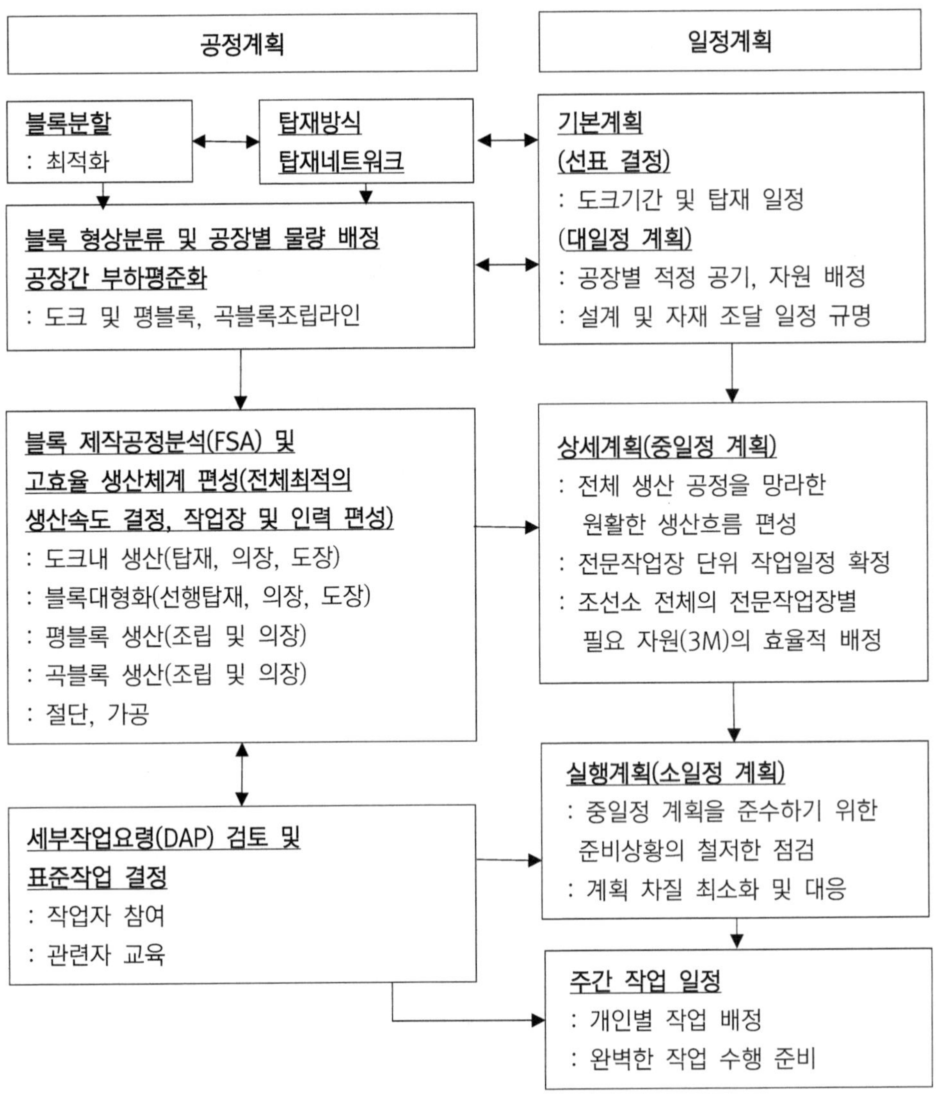

(3) 일정계획

중일정 계획, 또는 상세계획은 공정계획에서 수립한 체계에 의거하여, 작업장별로 구체화시킨 작업 일정계획이다. 이는 블록조립과 탑재를 비롯하여 의장, 도장 작업을 총망라하여, 선박 생산과 관련한 조선소 전 작업장의 생산 일정을 포함한다. 이에 따라 작업장별로 필요한 자원[3M(Man, Machine, Material)]을 해당 일정에 맞추어 배정하게 된다(참고하기 6 참조).

3) 실행 준비 및 점검 단계

(1) 제품 설계

생산설계 도면에 세부작업요령 및 품질 기준을 충분히 반영함으로써, 완벽한 생산 정보로서 제공되도록 한다.

(2) 공정계획

생산 일정에 차질이 없도록, 확정된 체계에 맞추어 세부작업 요령(Detailed Assembly Procedure, DAP)을 정비한다. 이는 작업자가 필히 지켜야 할 '표준작업'으로서, 작업자의 참여가 절대적이며 관련자 모두, 즉 설계자, 생산기술자, 작업자 모두가 숙지하도록 필요 시 교육훈련을 실시한다.

(3) 일정계획

소일정 계획은 중일정 계획을 차질 없이 실현하기 위한 점검 행위이다. 따라서 소일정 계획은 중일정 계획을 지키는데 요구되는 모든 노력을 포함해야 한다. 즉 세부작업요령에 따라 작업장마다의 적정 인력, 장비, 자재의 준비 상태를 상세하게 점검한다. 그리고 계획 차질이 발생된 경우에는 문제 요인을 즉시 파악하고 이에 필요한 모든 조치(재발 방지를 포함한)를 취한다(참고하기 7 참조).

앞에서 설명한 공정계획과 일정계획의 상호 관계를 표 7-15에 정리하였다.

7.5 선박 생산기술의 가치

7.5.1 선박 생산기술의 어제와 오늘

1. Khufu ship, 4,500년 전 선외판(shell-first) 건조

이집트 수도 카이로 근처의 기자 피라미드 앞에는 기원전 2,500년경 것으로 밝혀진 길이 43.6 m의 목선(木船)이 날렵한 선형을 뽐내며 전시되어 있다. 선체 전체가 우아한 곡선미를 자랑하며, 지금이라도 태양을 향해 날아갈 듯하다. 이는 1,200개 이상의 부품으로 분해되어 보관된 상태로 발견되어, 조립 순서에 맞추어 합리적인 묶음으로 보관된 부품을 조립하는 과정에서 당시의 선박 건조 방식을 다시 돌아볼 수 있게 되었다.

그 건조방식은 외판을 먼저 엮어 만들고 이를 늑골에 결합하는 방식인 것으로 밝혀졌는데, 선체를 여러 섹션으로 나누어 조립한 후 선대에서 일체로 건조한 것으로 판단된다. 당시의 선박설계 기술과 더불어 탁월한 생산방식을 고스란히 보여주고 있다.

조선기술자의 눈으로 선체를 뜯어보면, 모든 목재 부품들이 만들기 쉽도록 분할되었음을 금방 알아차릴 수 있다. 4,500년 전의 합리적인 제품분할과 효과적인 생산방식에 크게 놀라지 않을 수 없다. 근본적으로는 현대적 블록 건조방식과 다를 바 없다고 생각된다. 다만 수천 조각의 목재 부품을 로프로 엮었던 고대와는 달리, 주로 강재[44]로 된 부품을 용접으로 조립하는 차이가 있을 뿐이다.

인류는, 어느 시대에 있어서나, 필요를 충족시키기 위해 지혜를 모아 새로운 방법을 모색해 나간다. 필요를 만족시킬 효과적인 방법을 구상하고, 적합한 재료를 찾아, 경제적인 생산방식을 철저하게 연구하고, 온갖 가용 방법과 도구를 적절히 이용했을 것이다. 파라오를 태양으로 나르는데 가장 적합한 최고급 요트[45]도 그러한 산물이었다고 믿어진다. 요즘 들어 중요한 화두가 된 기술융합(convergence)과 복합(hybrid)화도 특별하고 새로운 추세라기보다는, 절실한 필요(needs)에 의해 언제나 발현될 수 있는 통합적 발상이라 생각된다. 선박 생산방식의 끊임없는 발전도 시대적 변화에 적응해온 결과이며, 같은 이유로 이와 같은 변화는 앞으로도 지속될 것이다.

2. 조선소, 가장 오랜 공장다운 공장

인도 Gujarat지역 내 Lothal[46]에서 기원전 2,400년에 운영되었던 조선소 흔적이 발굴되었다. 현재까지 발견된 가장 오래된 조선소로, 인류와 함께 해온 장구한 조선 역사를 보여준다. 또한 세계 최초의 공장다운 공장으로 알려진 것은 바로 1,104년 설립된 Venice 조선소인데, 무려 만 6천 명에 달하는 작업자들이 매일 한 척의 선박을 연속적으로 생산했다고 한다.

조선소 발굴터에는 선체를 조립하던 흔적이 남아있는데, 이로 보아 상당 수준의 전문화된 라인 생산체계를 갖추었던 것으로 판단된다. 또한 선행제작(pre-manufacturing)을 했던 물증까지도 발견되었다고 하니, 요즘의 생산기술이 반드시 앞섰다고 단정하기보다는 오히려 옛 지혜로부터 무엇을 배

44) 선체에 사용되는 재료는 주로 강(鋼)이다. 그러나 고속정이나 빠른 속도가 요구되는 어선의 경우, 선체 중량을 줄이기 위해 알루미늄이 많이 사용된다. 또한 소형의 요트나 어선은 강화유리섬유(FRP)로 선체를 성형(成形)하기도 하는데, 폐기 시 환경문제로 인해 사용을 금지하는 추세에 있다. 물론 목재를 사용한 작은 선박도 지어지고 있다. 특수 화학물질을 싣는 화물선의 경우, 화물창 구획에는 stainless steel을 주로 사용한다.

45) 사실 Khufu ship의 선형은 비행기 동체와 흡사하다.

46) Wikipedia 자료 참조

울 수 있을 것인가 생각하게 된다. 목선 시대에 사용되었던 도구만 보아도, 그들의 작업방법이 얼마나 합리적이었는지 감탄하게 된다. 그리고 장인 정신에 뿌리박은 정성과 숙련된 손놀림을 느낄 수 있다. 옛 것에서 배우는 겸손한 마음이 절로 생긴다.

3. 현대적 선박의 원형, Isambard Kingdom Brunel의 Great Britain호

Isambard Kingdom Brunel은 영국의 산업 혁명기를 대표하는 산업기술자 중 한 사람이다. 그는 초유의 기술을 적용한 철도와 교량 건설 및 터널공사로 명성을 떨친 토목기술자이며 Great Britain호[47]를 탄생시킨 혁신적인 조선기술자이다.

1843년 진수된 Great Britain호는 프로펠러 추진기를 장착하고 대서양을 횡단한 최초의 철선이자 길이가 98.15 m에 달하는 최대 선박이었다. Brunel은 1839년 목선의 한계에서 벗어나 최대의 대양 횡단 선박을 건조하기 위해, 처음으로 철 구조설계를 시도하였고 동시에 도크 건설과 엔진(engine) 제작을 진두지휘하였다. 당시에 목선이나 교량 건설에 쓰이던 리벳(rivet) 방식을 선박건조에 적용하였다. 또한 프로펠러 추진에 대한 기술적 시험을 통해 대양 횡단의 안전성과 높은 연료 효율을 달성하였다.

이 선박은 혁신적인 구조설계와 프로펠러 추진기를 최초로 적용한 현대적 선박의 원형으로 평가되고 있다. 일설에 따르면, 1850년 이후, 선박 조립에 용접을 전면적으로 적용하기 시작한 1940년대까지 선박설계의 수준이 별로 달라진 게 없다고 평가할 정도이다.

4. 믿기지 않는 진기록

선박의 대량생산 체계를 이야기하려면, 미국의 Henry Kaiser를 빼놓을 수 없다. 2차 대전의 절박한 상황에서, 불가능을 용납하지 않는 Kaiser(Can-do construction man)는 Liberty ship 생산을 주도한 산업계의 별이었다. 그가 조선기술에 남긴 업적은 자동차 생산에 컨베이어(conveyor)체계를 도입한 Henry Ford에 필적한다. 그가 선박의 대량생산방식을 개척한 장본인이다. 현대적 블록 생산방식을 최초로 실현시키고, 블록 대형화, 설계 단순화 및 표준화, 장비 표준화, 의장 선행화 등 생산기술 전반의 선진화를 이루었다. 모든 혁신의 중심에는 불굴의 의지와 자신감에 넘치는 Kaiser가 항상 있었다.

47) 1839년 설계와 동시에 도크 건설, 엔진(engine) 제작을 시작하여, 1843년 7월 19일 진수된 최초의 철선이다. 최대 730명을 태우고, 최고 12.5 kts의 속도로 대양을 횡단한 여객선이다.

표 7-16 '선대 기간 10일' 대상 선박

대상 선박	블록분할
Hull No. 440(EC2) 10,856 DWT, 화물선	총 블록 수: 97개
▪ 길이 135 m, 폭 17.3 m, 흘수 8.5 m ▪ 최고 속도 11.5 kts ▪ 기름 보일러(oil fired boilers) 2기, 3중팽창 증기기관(triple expansion steam engine), 단일프로펠러(single screw propeller), 2500 Hp ▪ 승선 인원 41명	거주구획 4 선수 2, 선미 3 선창 및 기관실 88 * 기관실 의장 실물 제작

표 7-17 선대 기간 진기록 수립

	선대 기간: 4일 15.5시간!
1일 차	00시: 탑재 개시 02시: 선저곡판(bottom shell) 완성 12시: 주기관 설치 완료
2일 차	12시: 선체 탑재 완료 (선수미 선명까지 완료 후 탑재)
3일 차	오전: 상갑판까지의 선체 공사 완료 주기관 가동 오후: 100% 완성된 거주실 모듈 탑재 (잉크병·옷걸이까지 선행 설치)
4일 차	도장, 배선 및 기타 마무리 작업
5일 차	15시: 진수
	진수 3일 후 시운전 출항!

선박 건조를 시작한 지 1년 남짓 되었을 때, 그는 '선대기간 10일'이라는 극한적인 도전을 시도한다. 혁신적인 산업의 기수인 Kaiser는 직원들에게도 혁신의 동기를 불어넣는데 귀재였다고 한다. 작업자들까지도 수백 가지의 묘책을 쏟아내며, 97개 블록의 선박을 10일 만에 끝낼 준비에 혼신의 힘을 다했다(표 7-16).

Richmond 조선소! 의장과 도장을 완벽하게 마무리한 블록이 모두 준비된 1942년 11월 어느 일요일 새벽 0시, 탑재 시작을 알리는 신호가 울렸다. 그리고 5일째 진수를 행하는 믿을 수 없는 진기록을 세우게 된다. 그리고 3일 후 시운전 출항을 하였다니, 얼마나 완벽한 공사가 이루어졌는지 짐작할 수 있다(표 7-17). 이는 오로지 기록 갱신을 위한 경기였다고 할 수 있다. 그러나 무한한 가능성을 실제로 보여준, 혁신적 발상과 도전정신에 감동하지 않을 수 없다.

Liberty ship은 1941년부터 채 4년이 안 되는 기간에 미국 내 18개 조선소에서 2,708척이나 생산되었다. Kaiser가 이끄는 조선소에서는 그 중 1/3을 생산하였으며, 그 밖의 선종도 700척 정도나 생산했다. 미국 서부에 최초로 조선소를 세우고, 9만 6천 명 중 오직 18명만 용접경험자였던 초년생들로 일구어낸 조선 역사의 대변혁이었다.

그들이 후반기에 이룬 평균 42일이라는 건조 기간은 지금의 생산체계로도 따라 가기 쉽지 않다. 60여 년 전의 기록이 우리에게 잠재된 가능성을 일깨워 주는 건 아닐까?

7.5.2 선박 생산을 넘어서,

1. 조선은 대형물 제조기술의 극치

선박은 각종의 화물을 변질됨이 없이 안전하게 적재/하역하며, 승무원들이 안락한 여건에서 장기간의 해상 운송을 수행토록 개발되어 온 이동플랜트(mobile plant)이다.

태초로부터 물을 이용한 삶의 지혜에 더불어, 19세기에 들어서 폭발하듯이 발현된 다양한 기계적/전기적 공학기술이 접목되며 현대적 선박이 등장하게 되었다. 이에 더불어 다양한 화물의 적재 및 운송방식이 혁명적으로 발전함에 따라, 선박의 종류가 특화되었다. 또한 추진장치의 개발을 선도하며, 선박의 대형화와 고속화를 이루어내고 있다. 뿐만 아니라 안전 항해와 환경보호를 위해, 첨단기술의 접목을 통해 끊임없는 기술적 갱신(更新)을 시도하고 있다.

이처럼 선박(해양플랜트도 마찬가지)은 다양한 기술을 유기적으로 융합하며 발전해 온 기술복합체로서, 기술 총화의 산물이라 할 수 있다. 따라서 조선소는 바로 기술 총화의 현장인 셈이다. 이러한 선박과 해양플랜트와 같은 대형의 기술복합체를 생산하는 공장이 조선소 이외에 또 있을까? 조선소의 상징처럼 여겨지는 초대형 크레인과 바다가 담고 있는 부력을 지혜롭게 이용하는 기술만으로도 일반적인 플랜트산업의 제조기술과의 차별성을 쉽게 가늠할 수 있다.

이에 더해 조선소는 '고정된' 전문 생산설비에서 '조직화'된 기술자들에 의해, 각양각색의 선박과 플랜트를 반복적으로 생산한다는 점에 착안해야 한다. 즉 동일 기술자와 동일 생산설비에서 다양한 제품을 생산함에 따라, 생산기술의 지속적 개선과 축적이 자연스레 이루어지며 마침내 고유의 탁월한 제조기술을 개발할 수 있는 곳이 조선소이다. 이 점이 각 현장마다 건설장비와 생산조직을 일회적으로 분산 운영하는 일반적인 플랜트 설치 현장과의 중요한 차이이며, 이와 같은 이유로 조선소가 대형의 기술복합체 생산에 강한 경쟁력을 확보하게 된다.

2. 대형 플랜트 생산기술 선도

이제 선박 생산기술은 어떠한 유형의 대형 복합체라도 가장 경제적이고 효율적으로 생산해 낼 수 있을 만큼 성숙되었다. 해양플랜트는 물론 어떠한 육상플랜트라도 탁월하게 소화하는 최고의 기술이 조선소에 있다. 선박 생산방식의 발전과 대형 플랜트 생산기술을 선도하게 된 바탕 노력을 간략하게 요약하면 표 7-18과 같다.

이러한 선도적 생산기술을 앞세워 해양플랜트 분야에서는 석유·가스개발의 영역을 넘어 풍력발전, 조력발전, 심해자원 개발, 해양환경, 해양도시 개발에까지 나아갈 것이다. 뿐만 아니라 사막, 혹한, 우림 지역과 같이 최악의 개발 여건도 조선소 특유의 기술과 도전정신으로 극복할 수 있다. 아프리카, 중동, 동남아, 북미, 남미의 해안 하구지역 개발에 조선기술이 크게 공헌하리라 믿는다. 북극해와 맥킨지강을 거슬러 올라가고, 수천 m 심해까지 들어갈 것이다(그림 7-8).

표 7-18 선박 생산기술의 발전

	구 분	발전 과정
1	생산 방식	개별생산(job production)→묶음생산(batch production)→블록 흐름생산[48] (flow line production)→선각/의장/도장 통합(IHOP)
2	작업 분할 원칙	시스템 중심→선체 블록 중심→존 중심
3	설계 정보 단위	시스템별→시스템 묶음→존단위 통합정보
4	작업 편성	단일 유형의 작업→다종 작업 통합화
5	작업자 기량	단일 기능→다기능화
6	설치 부품 형태	단일 부품→단순 유닛→모듈화

48) 공정레인(process lane)을 따라서 생산이 이루어진다.

그림 7-8 알라스카 프루드훼만(Prudhoe bay)의 해수처리플랜트

참고하기 1. 생산방식의 일반적 분류

제품을 생산하는 데는 세 가지의 주된 방식이 있다. 각 방식은 서로 전혀 다른 원리를 바탕으로 하지만, 지향하는 목적은 가장 높은 효율성을 얻으려는 점에서 동일하다. 제품이 지닌 속성과 생산량에 따라 가장 적합한 생산방식을 채택하게 되는데, 선박과 같이 부품이 다양하고 수가 많은 대형의 대규모 조립제품인 경우는 모든 방식을 적절하게 혼용한다.

1. 개별생산(job production or prototype production)

원래는 맞춤 양복, 결혼 케이크, 도자기 등과 같이 한 사람이 개별적으로 제품을 완성하는 생산방식을 일컫는다. 근래에 들어서는 대형의 독특한 제품의 생산과 신제품의 시험제작에도 보통 이를 적용한다.

특정 고객의 주문에 따라 하나 또는 극소량을 생산할 때 적용되며, 예술작품과 같이 정성을 다해 만들어야 하는 복잡하고 고가의 제품인 경우가 대부분이다. 따라서 창조성이 강하게 요구되며, 깊은 지혜와 수준 높은 기능이 절대적이다. 이러한 제품의 속성을 볼 때, 제작 과정이나 절차를 정형화시키거나 계획하고 통제하는 일이 상당히 어렵다. 또한 일에 대한 열정이 효율을 가늠하지만, 하나뿐인 또는 독창적인 제품(one-off products or prototypes)을 만드는 것이기 때문에 제작 과정은 대체로 비효율적이다.

그러나 이 방식은 한 작업자로 하여금 직접 제품을 완성토록 함으로써, 성취감과 긍지를 심어줄 수 있다. 따라서 이러한 동기부여를 겨냥하여 전자제품이나 자동차 조립에서 채택하기도 한다.

2. 묶음생산(batch production)

유사한 제작방법과 비슷한 기능 수준 그리고 동일 생산 장비를 필요로 하는 제품(또는 부품)들을 일정 양의 묶음으로 모아서 하나의 생산공정[동일 장비와 인력]에서 동시에 만들어 내는 방식을 가리키며, 가장 흔히 접할 수 있는 일반화된 생산방식이다.

이 방식은 생산 장비의 가동률을 높여주고 또한 작업의 전문화를 통해 높은 생산성과 안정된 품질을 기하는 효과가 있다. 그리고 자재의 공급 경로도 단순화하는 이점이 있다. 반면에 많은 양의 재공품(在工品)[49]과 필요 이상의 재고로 인한 비용이 큰 부담이 될 수 있으며, 필요한 시기에 생산을 못해 낼 경우 다음 공정의 작업 중단을 유발시키는 경우가 발생될 우려가 크다. 바로 과잉 생산과 작업 대기로 인한 낭비를 발생시키는 것이다. 따라서 총원가를 최소화하는 계획능력이 필히 따라야만 한다. 즉 1회에 생산할 적정 양(lot size) 및 리드타임(lead time)의 상호 조정으로 과잉 생산과 지연 공급을 가장 적게 하는 최적화를 해야만 한다.

3. 흐름생산(flow line production)

저렴한 원가 구현을 위하여 표준화된 제품을 전문화된 라인에서 일정 속도로 흐르게 하여 생산하는 방식으로서, 수요가 큰 비슷한 유형의 제품을 대량생산하는데 가장 적합하다.

서로 연속적으로 이어진 여러 작업장을 흐르며 제품이 형성되므로, 각 작업장에서의 소요시간(사이클시간)이 동일해야 한다. 따라서 생산라인을 구성하는 각 작업장 사이의 생산 능력이 균형을 이루며, 자원을 적절하게 배치하는 것이 중요하다. 따라서 이를 동기화된 생산체계(synchronized production system)라고 부른다.

일반적으로 자동화 기기와 로봇을 포함한 전용 설비를 갖추는데 큰 초기투자가 따르나, 생산라인을 풀타임(full time)으로 가동하며 평균 기량의 작업자로서 대량생산을 함으로써 제품 단가를 크게 낮출 수 있다. 설비 투자비를 최소화하는 생산기술과 설비 고장을 사전 예방하고 최소화시키는 전반적 설비 보전기술[50](TPM)이 실로 중요하다. 그리고 주문생산이 아닌 예측생산을 주로 하며, 시장

49) 제작 중에 있는 제품이나 부품을 의미한다.

50) 흐름생산방식에서는 한 설비만 고장이 생겨도 라인 전체가 중지되는 치명적 약점이 있다. 따라서 설비 고장을 사전에 예방하는 설비보전(保全)활동이 경영상 중요 과제가 된다. TPM(Total Preventive Maintenance or Total Productive Maintenance)은 자동차 부품 회사인 일본전장에서 1969년부터 실시된 전원참여의 설비예방보전 체계이다.(일본전장은 TOYOTA자동차의 핵심 계열회사이다.)

으로부터의 제품 변화에 신속한 대응이 쉽지 않다. 따라서 시장 예측과 신속한 대응이 항상 핵심 과제가 된다.

참고하기 2. 선박 생산과 용접기술

용접기술은 지난 100여 년간 조선산업과 더불어 발전해왔다. 용접기법의 획기적 발전 계기는 양차 세계대전이었으며, 바로 조선을 통해서 급속하게 진척되었던 것이다. 1차 대전 중에는 새로이 개발된 전기 아크 용접(electric arc welding)이 군용 선박의 생산과 강구조물 제작에 크게 기여하며, 용접에 대한 실용적 연구가 군사적 목적에서 조직적으로 이루어지기 시작하였다. 이 조직을 발판으로 미국용접학회(AWS: American welding Society)가 대전 직후인 1919년 설립되었다. 그리고 2차 대전이 발발하자 새로운 용접기법과 용접재료의 개발 요구가 드세게 일어났는데, 이 또한 짧은 기간 내에 대량의 선박을 생산해야 하는 미국 조선소의 급박한 상황으로부터 기인되었다. 마침내 SAW(submerged arc welding) 기법을 탄생시켰고, 산학연의 노력으로 용접 결함을 대폭적으로 줄이는 저수소계 용접봉이 개발되었다.

모든 기술 분야와 마찬가지로 20세기 후반에 들어서도 용접기술의 진전과 혁신은 더욱 가속화되었는데, 이렇게 지속된 발전 또한 조선산업으로부터의 끊임없는 개선 요구가 동인이었다고 할 수 있다. 새롭게 설계된 선박은 새로운 재질의 강재를 필요로 했고, 이에 따라 새로운 용접재료의 개발을 지속적으로 요구하였던 것이다.

혹자는 조선은 용접과 운반을 주축으로 한다고 잘라 말하기도 한다. 그만큼 조선에 있어서 용접의 독존적 위상을 가리키는 표현이며, 용접기술의 중요성을 역설했다는 점에서 이 언급에 쉽게 수긍할 수 있다.

1. 선박 생산에서의 주요 용접기법

1) SMAW(Shielded Metal Arc Welding)

표면에 플럭스(flux)를 피복한 금속 전극봉(metal electrode)과 용접될 부재 사이에 아크(arc)[51]를 일으켜 그 고열로 용융접합하는 방법으로서 보통 막대 용접(stick welding)이라 부른다. 플럭스는 용융부위를 대기로부터 차단(shielding)하기 위한 가스를 발생시키고, 탈산작용(deoxidation)[52], 합

51) 전극 간의 전류 흐름에 기인하여 발생되는 스파크(spark)

52) 용접 시 용융금속의 산소를 산화물 형태로 만들어 슬래그로 부상시킴으로써, 용융금속에 기공(blow hole) 발생을 막아준다.

금첨가(alloying)[53] 그리고 아크를 안정시키는(stabilize) 역할을 한다. 금속봉이 아크를 일으키며 용융될 때, 그 표면을 덮어 싼 플럭스도 녹으며 가스로 환원되어 용재를 오염으로부터 보호하고 슬래그를 형성하여, 용접부가 냉각될 때까지 잘 응고되도록 보호한다.

이는 1890년대 후반 개발된 가장 오랜 용접기법으로서, 조선에 적용되면서 용접 성능이 획기적으로 개선되었고 고장력강의 용접에까지 적용되는 빠른 진전을 이루었다. 장비가 저렴하고 간단하여 어디서나 쉽게 사용되는 가장 일반화된 용접기법이며, 용접 품질이 안정되어 있어 간단한 구조물이나 관(pipe) 용접에 널리 적용되고 있다. 반면에 용접 속도가 느리고, 용접봉을 자주 교체해야 하는 단점이 있으며, 자동화에 한계가 있다. 다만 1960년대 일본 조선소에서 인기를 누린 중력식(gravity type) 용접은 근래까지도 유용하게 적용되어 왔다. 이는 긴 용접봉을 간단한 도구에 결속하여 자중에 의해 스스로 용접되도록 고안된 방법으로서, 한 사람이 여러 대를 동시에 운용할 수 있어 생산성 향상에 크게 기여할 수 있다. 그러나 용접열로 인한 변형이 상대적으로 크다는 점을 감안해야 한다. 우리나라 조선소에서도 1980년대에 많이 사용했던 적이 있으나, 열변형으로 인한 교정 작업이 귀찮게 수반되기 때문에 현재는 거의 사용하지 않는다. 더욱이 FCAW기법(아래 참조)이 개발되면서 이제 조선소에서는 거의 찾아보기 힘들지만, 대체로 짧은 길이의 용접이나 사전용접(tack welding)에는 아직도 유용하게 사용된다.

2) FCAW(Flux Cored Arc Welding)

1950년대 초에 SMAW의 단점을 보완하기 위해 개발된 용접기법으로, 관형의 금속 전극봉이 자동으로 송급되는 반자동(semi-automatic) 용접기법이다. 관을 통해 공급되는 플럭스는 용접 부재의 성분과 작업 여건에 따라 선택하게 되는데, CO_2 또는 CO_2와 Ar이 적정비율로 혼합된 기체를 사용하는 게 일반적이다.

이 용접기법은 특히 용접 자동화에 아주 유리하다. 전극봉을 자동으로 송급하는 용접장치의 운전특성이 자동화에 적합하며, 용착속도도 빠르다는 강점이 있다. 또한 용접될 부재가 다소 오염되었더라도 요구되는 용접품질에 도달할 수 있다.

우리나라 조선 현장에서는 보통 CO_2용접이라 불리며 1980년대 중반부터 급속하게 적용되기 시작하여, 이제는 SMAW기법이 거의 FCAW로 대체된 상황이다. 뿐만아니라 FCAW기법에 의한 자동용접장치가 폭넓게 적용되고 있으며, 로봇 용접도 왕성하게 개발되었다. 당연히 지난 20여 년간 조선소를 중심으로 꾸준한 개선노력을 기울인 결과로, 우리나라가 세계 최강의 조선국으로 성장하는데

53) 용접금속에 필요한 기계적 물성을 확보하기 위하여 용융금속에 합금원소를 첨가하는 역할이다.

큰 몫을 함과 동시에 용접장치 또한 세계에서 가장 우수한 성능을 자랑하게 되었다. 이제 조선소의 거의 모든 작업자 손에는 FCAW 반자동용접기가 쥐어져 있으며, 다양한 도구 개발로 자동화된 FCAW 용접기도 흔히 볼 수 있다.

3) SAW(Submerged Arc Welding)

모래알과 같은 입자형 플럭스를 용접부위에 두텁게 덮어 차단하는 방법을 채용함으로써, 높은 전류가 흐를 수 있고 에너지 방산도 방지할 수 있도록 한 기법이다. 용접봉이 플럭스로 덮인 상태에서 아크가 발생되기 때문에, 서브머지드아크(submerged arc)라고 이름 지어졌다. 따라서 용착량이 많고 용착 깊이가 매우 커서, 용접 능률이 대단히 높을 뿐 아니라 두꺼운 강판 용접에 최적의 기법으로 사용되고 있다.

이 용접기법은 1935년 개발되었으나, 실질적으로는 2차 대전이 되어서야 조선 현장에서 실용화되었다. 당시는 용접이 산업 현장에 널리 소개되기 전이어서, 1941년 미국 서부에 최초로 세워진 조선소에서는 96,000명 작업자 중 오직 18명만이 용접경험자였다고 한다. 이로써 용접사의 기초 훈련조차 생각할 겨를도 없이 당장 선박 생산에 돌입해야 했던 당시의 절박한 상황을 충분히 그려볼 수 있다. 이때 후판을 빠르게 용접할 수 있는 이 용접기법이 얼마나 적극적으로 채용되었을까 짐작이 간다.

SAW기법은 아주 두드러진 여러 강점을 갖고 있다. 대전류 사용으로 용융속도와 용착속도가 빨라, 용입이 매우 깊고 용접 능률도 현저히 높다[54]는 점이다. 물론 용접부의 기계적 성질도 우수하다. 따라서 조선소에서는 일찍부터 블록조립단계의 후판 용접에 효과적으로 적용하기 시작하여, 이제는 대체로 길고 용착량이 많은 후판의 아래보기 용접에 독보적 기법으로 자리 잡았다. 또한 적정한 도구[용접선 백업(backup) 장치]의 개발로, 강판을 뒤집지 않고도 한쪽 면에서 완벽히 용접(one side welding)을 마칠 수도 있게 되었다. 이에 따라 블록조립단계에서는 일찍부터 후판의 일면 용접에 특히 유용하게 적용되고 있으며, 적정한 이동장치(carriage)를 개발하여 탑재단계에까지 적용범위를 확대하였다. 또한 여러 종류의 플럭스 개발로 스테인레스강(stainless steel)이나 일부 특수 금속에도 사용되고 있다.

다만 아래보기 용접(flat position butt welds, horizontal-fillet welding)에 제한적으로 적용되는 점이 아쉽다. 그리고 장비가 고가이고 이동이 간단치 않아, 용접 길이가 짧고 복잡한 경우에는 오히려 경제성이 떨어지고 비능률적이다.

54) SMAW기법에 비해 강판 두께 12 mm인 경우 2~3배, 25 mm에서 5~6배, 50 mm에서는 8~12배 정도로 높은 능률을 보인다.

2. 용접 변형(welding distortion)과 정도(accuracy) 관리

용접은 고열로 금속을 녹여 접합하기 때문에, 그로 인한 모재의 변형이 불가피하다. 용접 중의 지나친 열은 모재의 수축과 뒤틀림을 유발하고, 강제로 구속된 경우에는 내부응력으로 잔류하게 된다. 따라서 용접 후 변형을 수정하는 지루한 교정 작업이라는 큰 낭비가 따르게 되며, 잠재된 잔류응력은 선체의 심각한 변형을 초래하는 치명적 요인이 될 수도 있다. 따라서 선박 생산에 있어서 용접 변형은 고질적인 골칫거리의 하나이며, 조선소의 생산성은 결국 열변형을 최소화하여 교정 작업을 줄이는데 달렸다 해도 지나치지 않다. 이를 바로 잡고 예방하는 지혜가 바로 통계적 정도 관리(statistical accuracy control)이고 선상가열(line heating)기술이다.

열로 인한 변형은 불가피하다. 따라서 발생될 수밖에 없는 변형의 정도를 정확히 알아내어, 이에 대처하는 방법뿐이다. 통계적 정도 관리란 여러 형태의 용접이 발생시키는 변형치를 구하려는 꾸준한 노력이다. 이를 통해 변형을 최소화시키는 용접 방법을 택하고, 적합한 용접 순서를 찾아내야 한다. 그리고 불가피한 변형에 대응해서는, 미리 반대로 변형(역변형)을 줌으로써, 용접 후에 재작업 없이 정품이 제작되도록 한다. 또한 선상가열을 이용하여 구조물의 정도를 보정해 준다. 선상가열이란 이름 그대로 선이나 점 모양으로 가열하여 제 형상으로 되돌리는 고유기술을 의미한다. 즉 열로 인해 발생된 변형은 또한 열로 다스릴 수밖에 없는 것이다. 강의 열변형에 대한 속성을 확실히 깨닫고 지혜롭게 다스리는 고유기술이 바로 선상가열이다. 완벽한 정도를 위해 통계적으로 접근하는 끈기와 열변형에 대한 지혜가 생산성 향상의 핵심 기술임을 강조한다.

참고하기 3. 블록조립 생산체계

1. 블록 형상 분류

선박의 중앙단면도는 선형과 선종에 따라 전혀 다른 형상을 가진다. 그리고 한 선박 안에서도 상세 구조도를 가까이 들여다보면, 크고 작은 다양한 형상들과 깨알 같은 수치들로 복잡하기만 하다. 그러나 기본 형상은 횡골재와 종골재를 적절하게 엮은 판구조일 뿐이라고 간단히 추상[55]할 수 있다. 어느 선박이든 모든 선체는 기본적으로 종횡의 골재로 엮인 평평한 판과 곡형 판으로 이루어진다. 그런 관점에서 블록의 유형은 그다지 종류가 많지 않다. 단순한 ①평패널(panel)[—] ②곡패널[◡]과 단순형상이 몇 개 조립된 ③이중구조형[═] ④L형 ⑤벌집구조 ⑥박판구조 정도가 고작이다(표 7-19).

55) 추상의 본질은 한 가지 특징만을 잡아내는 것이다.

평블록조립라인에서는 유형 ① 전부와 유형 ③④의 대부분을 생산하고, 곡블록조립라인에서는 유형 ② 전부와 유형 ③④의 일부를 생산해야 한다. 기본 패널을 생산하는 두 라인이 조선소의 주력공장이라 할 수 있다. 유형 ⑥에는 거주구 블록이 해당되며, 조선소 내에 별도로 전문화된 생산라인이나 외주로 생산된다.

2. 블록조립순서 분석과 생산라인 설계

유형별 블록의 조립순서도(assembly sequence diagram)는 블록을 구성하는 모든 부품의 단계별 조립절차를 명확히 보여준다. 이에 따라 블록유형별로 소조립, 중조립, 대조립 단계에서 제작될 부품을 구분하고 그 물량을 구체적으로 파악하게 된다. 그리고 소조립, 중조립, 대조립라인의 공정 흐름을 설계하게 된다. 그중 대조립라인에 대해 간략히 설명한다.

1) 패널 조립라인

주종을 이루는 평패널은 판을 접합하고 그 위에 종횡의 골재를 제자리에 용접하는 순서로 제작된다. 세부적인 공정은 다음과 같다(그림 7-9).

① 판 배열→취부→용접→

② 종골재 배열→취부→용접→

③ 횡골재 배열→취부→용접

표 7-19 형상별 블록 분류

형상별 블록 분류	기본 구조		해당 선체 구획 (컨테이너선 기준)
	평	곡	
① 평패널	◎		상갑판 격벽
② 곡패널		◎	* L자형 블록의 쉘부분도 조립
③ 이중선각 (double hull)	◎	o	이중저 선측쉘
④ L형	갑판부	쉘부분	기관실(선저 제외) 선수·선미 상단부
⑤ 벌집구조 (격자형)		◎	선수·선미 하단부 주기관 받침대 블록 등
⑥ 박판 평구조	◎		거주구 구획

표 7-20 대구획별 선체 구조(컨테이너선 기준)

선체 구역	블록 형상		주요 구조
선수부	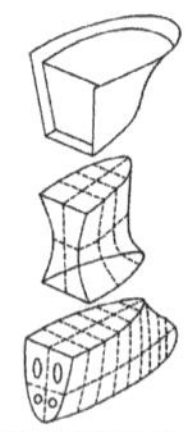	하부: 곡 벌집형 상부: 곡 L형	곡쉘(curved shell)+ 격자형 내부구조 곡쉘+평패널
화물창	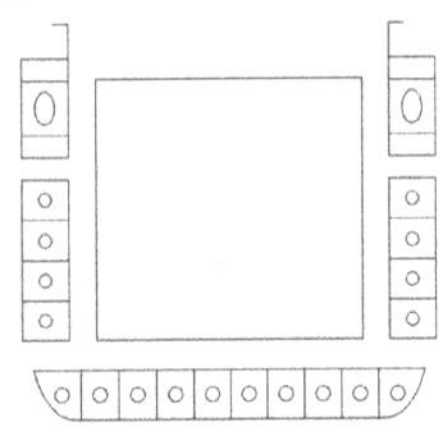	이중저 선측쉘 횡격벽 상갑판	평패널+평패널 평패널+곡쉘 평패널+평패널 평패널+곡쉘 평패널 평패널
기관실	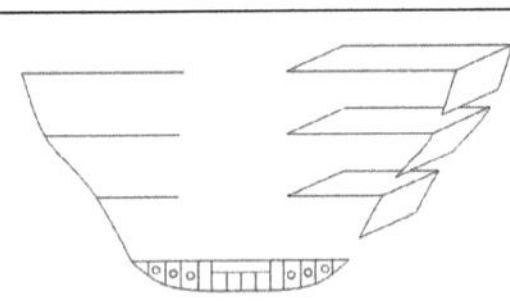	갑판/선저(D/Btm): 양면 구조 갑판 블록: L형	곡쉘+평패널 평갑판(flat deck) + 곡쉘
선미부	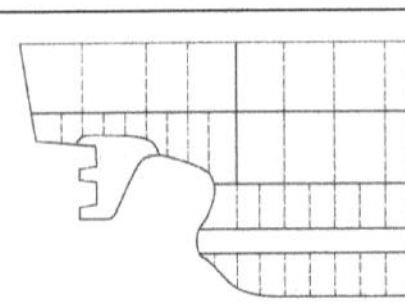	하부: 곡형 벌집형 상부: 곡형 L형	곡쉘 + 격자형 내부구조 평갑판 + 곡쉘
거주구	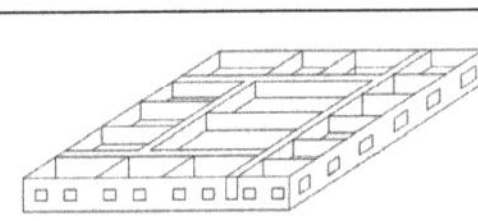	한쪽이 열린 평 입체형	평패널+평벽(flat wall)

곡패널의 경우 강판과 내부재가 선형에 맞추어 곡가공된 차이만 있을 뿐, 세부작업 공정은 평패널과 다르지 않다. 그러나 곡형을 정확히 받쳐주는 지그(jig)를 사용하기 때문에 평패널과는 별도의 전문 작업장을 조성한다. 이 라인을 이용하여 가장 많은 양을 차지하는 형상 ①②가 생산된다. 이를 기본 라인이라 하자.

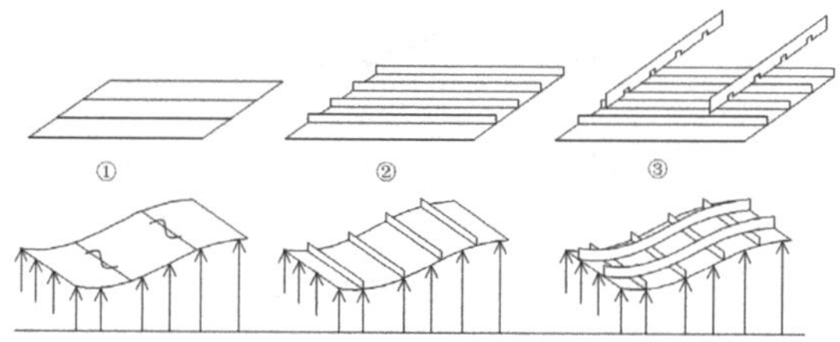

그림 7-9 패널 조립 공정

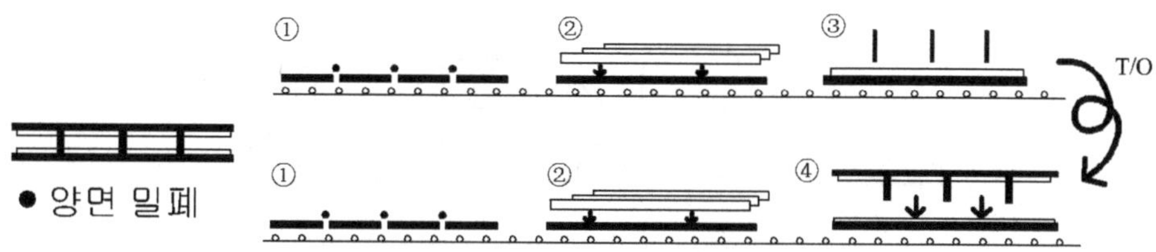

그림 7-10 이중구조 조립공정

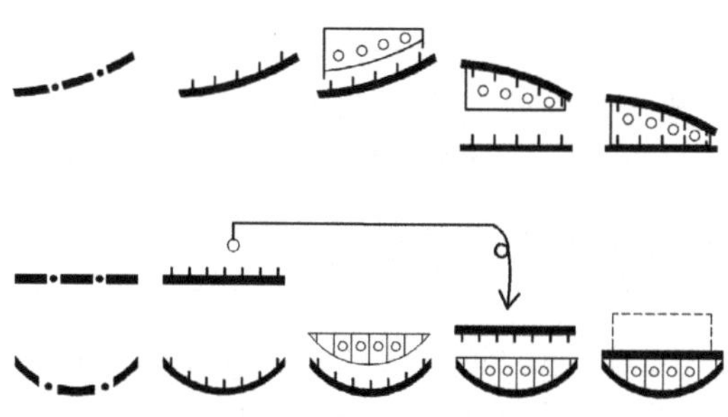

그림 7-11 이중저, 이중선측쉘 조립공정

2) 입체형 블록의 조립: 연장 라인

대부분의 블록은 둘 이상의 기본 패널이 합쳐지거나 다른 구조가 덧붙어 완성되는데, 이중구조형과 L형으로 대표된다. 따라서 기본 라인을 연장한 추가 공정에서 입체 구조의 조립을 소화한다.

우선 이중구조형은 평패널을 마주붙인 형상으로서, 샌드위치를 만드는 것과 별 차이가 없다. ①②③공정까지 완성된 평패널을, 뒤따라오며 ①②공정까지 마무리된 패널 위에 뒤집어 덮으면 양면 구조가 형성된다. 기본 라인에 이어 패널을 덮고 용접하는 공정이 추가되면 족한 것이다(그림 7-10).

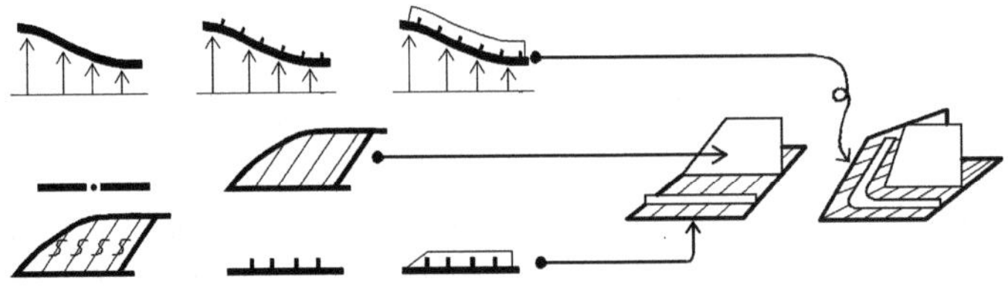

그림 7-12 L형 블록조립공정

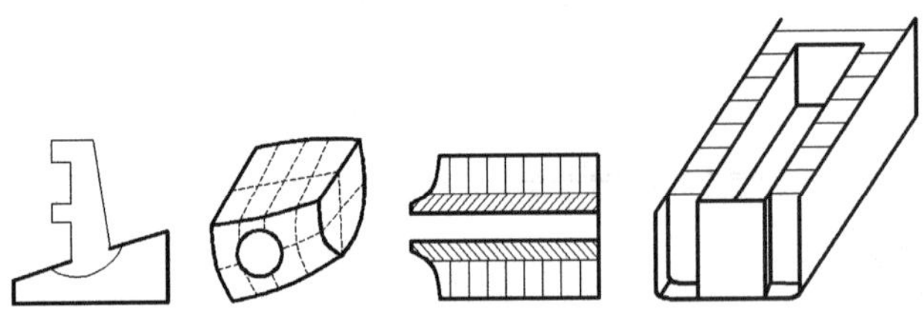

그림 7-13 선수미의 블록

선박의 안전과 해상 오염을 방지할 목적으로 이중선체가 의무화되면서, 이중구조형의 블록이 주종을 이루게 되었다. 따라서 대부분 조선소는 이중구조 생산에 적합하게 연장된 평블록조립공장을 갖추고 있다. 또한 양면 블록 위에 다른 구조물이 부가되는 경우도 많아, 추가로 연장된 공장도 흔하다. 따라서 라인 길이가 200 m 이상 되는 조립공장이 대부분이다.

이중저나 선측 블록은 곡형 구조와 평패널로 구성된다. 따라서 곡쉘을 조립하는 라인과 평패널 조립라인이 짝을 이루어 흐르도록 하는 경우도 많이 볼 수 있다(그림 7-11).

L형 블록은 곡쉘, 갑판패널(평) 외에 벽패널(평)을 포함하는 경우가 많다. 주로 기관실 구역을 구성하는 블록으로, 상대적으로 많은 양의 의장작업이 따르는 존(zone)이다(그림 7-12).

3) 개별 생산(job production)

특정한 기능이나 목적에 따라서 그만의 독특한 구조를 갖는 블록들도 있다. 주기관과 같이 무거운 기기가 놓이는 구조, 측면쓰러스터(side thruster)가 설치되는 블록, 선미늑골(stern frame), 타의 혼(rudder horn)이 붙는 구조 등이 대표적인 예가 될 수 있다. 선수미 양끝부분의 블록들이 주로 이에 해당한다(그림 7-13).

이들은 작업절차도 독특하고 작업자의 높은 기량을 필요로 한다. 그리고 한 선박에 하나뿐인 경우가 대부분으로 별도의 작업장에서 개별생산방식으로 조립된다. 그러나 선박의 건조 척수가 많을 경

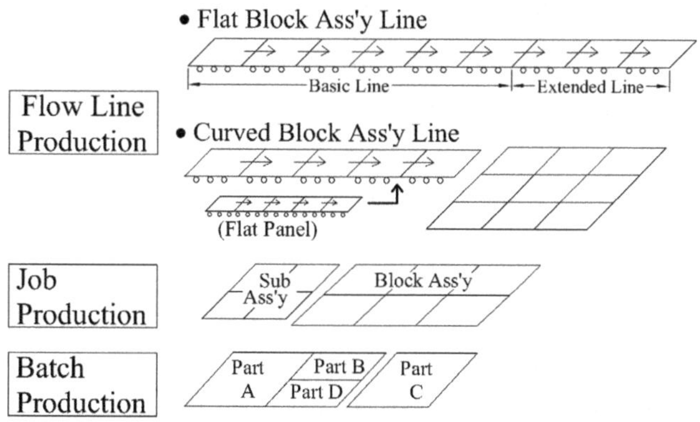

그림 7-14 블록생산체계 개략도

우에는, 이러한 유형의 블록들을 모아 반복적으로 연속 생산함으로써 흐름생산의 효과를 거둘 수도 있다. 비록 제품 자체가 흐르지는 못하지만, 전문화된 작업팀이 일정 순서에 따라 질서있게 이동하며 일을 하는 것이다[유사흐름 라인생산].

4) 블록조립의 외주 전략

2000년대 들어 선박 블록을 전문적으로 생산하는 공장이 여럿 들어섰다. 이에 따라 대형 조선소들은 보유 설비의 최대 효율을 기함과 동시에, 전체 조립비용을 최소화하려는 목적으로 활발한 외주 전략을 펼쳐왔다. 블록의 형상이나 조립 절차가 독특하거나, 부재 수가 많고 작업 공간이 협소하여 조립기간이 특히 길게 요구되는 경우, 전문화된 블록조립공장을 찾아 외주화하게 되는데, 대개 선수미 블록이 이에 해당한다. 조선사가 보유한 설비 능력, 전문공장의 품질 수준에 따라 여러 형태의 외주 전략이 구사되고 있다.

3. 전체 블록생산체계의 효율적 편성

대부분의 블록은, 기저패널(base panel)의 형상에 따라, 평·곡을 전담하는 2개의 흐름라인에서 생산된다. 평블록 공장은 대체로 흐름설비를 완비하고 있고, 곡블록 공장에도 부분적으로 흐름설비를 갖추고 있다. 각 블록조립공장은 대개 해당되는 중조립•소조립라인과 연접되어 효율적인 흐름체계를 구축한다.

그리고 선수·미 단부를 포함한 독특한 형상의 블록은 별도의 전문화된 공장에서 개별생산방식으로 생산하고 있다.

또한 블록을 구성하는 여러 가지 부품들을 조립하는 공장이 있다. 대개 한 곳에 모아 묶음생산방식으로 경제적으로 생산한다. 그러나 양이 많고 소요가 잦은 부품의 경우, 해당 공장의 라인과 연결된 작업장을 갖추기도 한다(그림 7-14).

참고하기 4. 선표(shipbuilding program)

조선소의 기본계획은 도크나 선대의 운영계획으로부터 출발한다. 도크, 선대는 조선소의 매출과 직결된 주요 설비로서, 진수 전 모든 기계적 작업을 효율적으로 완결시키는 생산단계이다. 대개 2~3년 기간의 기본계획을 수립하며, 매출 증대를 위하여 도크, 선대 기간을 점진적으로 단축시켜 나가는 것이 당연하다. 이를 가장 간단히 나타낸 일정표가 선표이다.

선표는 계약일, 생산 착수, 탑재 개시일, 진수일, 인도일만으로 한 척의 생산계획을 축약한 표로서, 조선소의 기본계획을 대표한다(그림 7-15).

생산 착수는 강재절단(steel cutting)으로부터 시작되며, 첫 번째 블록을 탑재하는 용골거치(keel laying)와, 용접을 완결하고 의장, 도장을 거의 마무리하여 진수(launching or floating out)를 하고, 시운전을 거쳐 인도(delivery)하는 과정을 거친다.

생산기간은 짧을수록 유리하다. 이는 빠른 생산 속도로 생산성 향상과 재공(在工)•재고(在庫) 비용을 최소화하여, 생산원가를 절감할 수 있다는 의미이다. 더불어 설계, 자재구매, 생산방법의 검토 등 충실한 생산준비를 할 수 있는 기간이 충분히 확보되기 때문이다.

선박 수주를 위한 영업활동을 시작하려면, 먼저 선표를 검토하여 수주대상 선박의 생산기간과 가능한 최단 납기 그리고 예상 원가를 검토해야 한다. 이때 선박의 초기 기본도면(key plan)을 근거로 블록분할, 탑재방식, 탑재네트워크에 의해 도크기간의 적정 여부를 판단하고, 충분한 생산준비 기간을 감안하게 된다. 주요 기자재의 적기 조달가능성도 확인되어야 할 주요 사항이다.

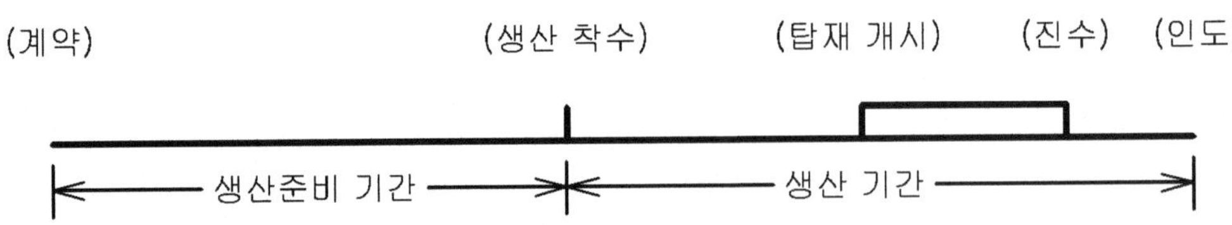

그림 7-15 선표

참고하기 5. 대일정 계획

대일정 계획은 선박의 수주단계부터 인도까지의 모든 업무를 포함하는 기본계획(master schedule)이다. 생산, 설계, 자재구매 업무의 일정계획뿐만아니라, 블록분할, 조립공정분석을 통해 생산체계를 조정하고 중일정 계획을 수립하는 일정까지도 포함한다. 요구되는 시점에 필요한 제품만 만드는 견인생산(pull production)을 원칙으로, 납기를 기점으로 일정을 거슬러 올라가 작업일정을 수립(backward scheduling)해야 한다.

① 생산기간[계약 납기일→안벽기간→도크기간→절단 착수]

: 적정한 안벽 작업기간[해상시운전→계류시운전]

: 블록분할과 탑재 순서를 검토하여 도크기간 결정[운전을 위한 기계적점검까지 포함]

: 조립, 절단, 의장, 도장 작업기간 설정

: 조립 착수, 절단 착수 시점 결정

② 설계기간[생산→생산 정보→상세설계→기본설계]

: 기본설계, 선체, 의장, 도장의 상세설계, 생산설계기간 결정

③ 강재 조달 일정[탑재→조립→절단→강재 입고→강재 발주→강재 물량산출(Material Take Off, MTO)]

④ 주요 장비 조달[주기관 설치→입고→(제작)→주문→사양 작성]

1. 대일정 계획은 EPF(Engineering, Procurement, Fabrication) 일정계획

생산과 관련하여, 대일정 계획(master schedule)은 제시된 제작방법(블록분할, 탑재방법)에 따라 도크 및 주요 공장의 생산부하를 균등하게 하고 공장 간 유기적 공정 연결을 도모하여, 효율적 생산체계를 구축할 수 있는 기본 틀을 마련하는데 목적을 둔다.

설계와 주요 자재의 조달에 관한 일정을 구체적으로 규명한다. 설계의 경우, 작업 착수일과 자재 발주일정을 감안하여 생산설계, 상세설계, 기본설계 시점을 정하게 된다. 블록분할, FSA(Fabrication Sequence Analysis, 제작공정분석), DAP(Detailed Assembly Procedure, 세부작업요령)는 설계에 반영되어야 할 아주 중요한 생산 요구사항을 담고 있다. 따라서 설계 계획에는 이를 협의하고 반영하는 일정도 특별히 명기되어야 한다.

강재 조달의 예를 들면, 절단 착수일정을 기준으로 강재 입고, 발주, 물량산출, 선체설계 일정을 정한다. 즉 자재가 필요한 시점으로부터 ①설치→②제작→③원자재 입고→④발주(Purchase Order, PO)→⑤주문의뢰(Purchase Order Request, POR)→⑥소요자재 목록(Bill Of Materials, BOM) 작성→⑦물량산출(MTO) 기간을 조목별로 따져 자재조달계획을 수립한다.

특히 긴 리드타임(lead time)이 요구되는 자재는 선박계약과 동시에 주문을 확정해야 한다. 주기관을 비롯한 주요 장비류, 프로펠러, 선미보스, 타에 필요한 주물류가 이에 해당한다.

이와 같이 대일정 계획은 프로젝트(project) 전반의 일을 포함하는 EPF 일정계획이다. 이에 따라 모든 조직[설계, 자재구매, 품질관리, 시설관리, 인사관리, 생산 등]에서 구체적인 실행계획을 마련하게 된다. 이때 각 조직의 상황을 종합적으로 판단하여 전체 최적(total optimum)을 찾는 것이 중요하다. 따라서 중요사항에 대해서는 관련 조직 간의 회의시점(meeting point)을 명시하고 정기적인 회의체의 운영 일정도 포함한다.

2. 대일정 계획은 조선소의 실질적 경영기획

조선소에서는 적어도 향후 1년 동안에 생산될 모든 선박의 대일정 계획을 종합, 검토하게 되는데, 이것이 결국 회사 전체의 연간 계획이 된다. 따라서 대일정 계획은 조선소의 연간 기본계획으로서 조선소의 발전을 도모하는 구체적 기획이 되는 것이다.

참고하기 6. 중일정 계획: 목표의 구체적 전개

중일정 계획은 대일정 계획에서 제시된 회사의 생산 일정과 생산성 목표를 만족시키는 구체적인 방안을 찾는 일이다. FSA 검토를 통해 최적화된 생산체계를 바탕으로 대일정 계획의 틀 안에서 가장 효율적인 자원 배분과 생산흐름을 결정한다.

1. 작업장기저의 일정계획(workstation based scheduling); 분할된 부품과 작업장의 만남

중일정 계획을 수립하는 절차는 다음과 같이 간단히 요약될 수 있다.

- 블록을 분할하고, 탑재방식을 검토한다(대일정 계획 시 검토).
- 블록 유형별 조립공정을 분석한다(FSA).

- 각 블록 형태별 FSA에 따라 블록대형화→블록조립(대조 중조 소조)→가공에 이르는 최적의 생산체계를 설계한다. 이때 표준 DAP가 유용하게 이용된다.
- 확정된 생산라인의 각 작업장별로 필요자원[3M(Man, Machine, Material)]을 배정한다.

이로써 제작 과정상에 나오는 선박의 모든 부품, 즉 존(zone)들이 조선소의 최소단위 작업장에 자리 잡게 되고, 부여받은 생산 사이클시간에 맞추어 효과적인 자원 배정과 생산일정을 결정하게 된다.

2. 조선소 전체의 생산을 6개월 이상 면밀히 내다본다.

대일정 계획은 프로제트의 계약에서부터 인도까지의 전 과정, 즉 생산준비[설계, 자재구매, 생산방법] 및 생산을 대상으로 하여 조선소 전체의 연간 계획을 수립하는 근거라고 했다. 이어서 작업장에 근거를 둔 중일정 계획은 조선소의 전 작업장을 대상으로 6개월 이상의 기간에 걸친 생산 내용을 구체적으로 결정하게 된다. 그리고 중일정 계획은 조선소 전체를 하나로 보며, 생산의 효율화를 도모하는 마지막 검토 과정이다. 조선소 전체 설비를 잘 알고, 생산할 선박의 블록분할과 FSA를 확실히 이해한 기술자만이 좋은 계획을 수립할 수 있다. 표준작업을 착실하게 정비하고 철저히 지키는 조선소에서는 한 사람의 전문가가 블록분할(B/D), FSA, 중일정 계획을 일체로 담당하고 있으며, 이런 경우가 가장 바람직한 것으로 생각된다.

일반적으로 ①도크 ②선행탑재 ③평블록 ④곡블록 ⑤절단가공 ⑥의장 설치 ⑦도장 ⑧의장 제작 등에 대한 중일정 계획서로 나뉘어 조선소 전체의 생산을 포함한다.

참고하기 7. 실행계획; 소일정 계획 및 주간 작업일정

1. 소일정 계획

1) 중일정 계획을 지키는 보루

소일정 계획은 중일정 계획을 차질 없이 실현하기 위한 재점검 행위이다. 각 공장의 관리 담당자가 대개 월간 단위로 작성하며, 작업장과 장비, 소요 인력 및 자재 보급 등 제반 생산준비 상황을 구체적이고 철저하게 확인하는 것이 주된 목적이다. 그리고 차질이 발생했거나 예상될 경우, 즉각 이를 만회하기 위한 수정 계획을 때때로 작성하게 된다. 즉 중일정 계획을 준수하기 위해 발버둥치는 노력이 바로 소일정 계획이다(그림 7-16).

계획표의 형식은 중일정 계획과 마찬가지이며, 계획 요소의 상세 정도에도 차이가 없다. 다만 내다보는 시간길이(time span)의 차이에서 이름을 달리 할 뿐이다.

소일정 계획은 월 단위 계획이다. 그러면 생산 현장에서는 소일정 계획을 실제 얼마의 주기로 수립하고 있을까? 한 달에 한 번 계획을 짜는 현장이 있다. 이곳에서는 모든 일이 계획대로 잘되는 것일까? 일주일에도 다섯 번씩이나 소일정을 새로 짜는 현장이 있다. 그들은 왜 그럴까?

2) 도크, PE 단계의 통합 소일정 계획

도크, PE 단계에서는 선체작업에 이어 동일 공간에서 의장, 도장 작업이 연속적으로 이루어지게 된다. 따라서 같은 작업장, 같은 공간에 여러 다른 조직의 작업자가 이어 달리기로 일을 해야 한다. 따라서 이 단계에서는 IHOP 일정계획을 짜는 착실한 계획수립자(organizer)가 있어야 한다. 서로 상의하여 만들어진 IHOP 일정계획에 따라 움직이는 현장을 상상해보라. 계주 경기와 같이, 여러 조직이 한 팀을 이루어 매끈하게 바톤교대(baton touch)를 하며 흐르는 생산레인을 상상해 보라.

2. 주간 작업일정

각 작업장의 책임자가(일반적으로 반장이라 칭함) 주 단위로 작성하는 일정표로서, 소일정 계획에 따라 작업자 개개인에게 매일 매일의 일을 명확히 부여하는 작업 배정이다. 반장이 주간 작업 일정표를 작성하는 과정에 따라가 보면, 현장의 꼼꼼한 살림살이를 엿볼 수 있다(표 7-21).

3. 일상적 개선 활동

작업 중에도 여러 가지 요인으로 문제가 발생되게 마련이다. 따라서 '문제 해결능력'이 절대적으로 중요하다. 대개 반장의 주도하에 자체적으로 해결하며, 필요 시 관련 부서와 연락하여 도움을 받기도 한다. 문제점에 대한 대책은 원인 조직에 즉각 통보되어 철저한 재발 방지를 하게 된다. 필요에 따라 설계 표준이나 품질 표준, 세부작업요령을 수정한다.

생산 현장에서는 이처럼 맡은 바에 충실하고 알뜰한 살림꾼들을 많이 만날 수 있다.

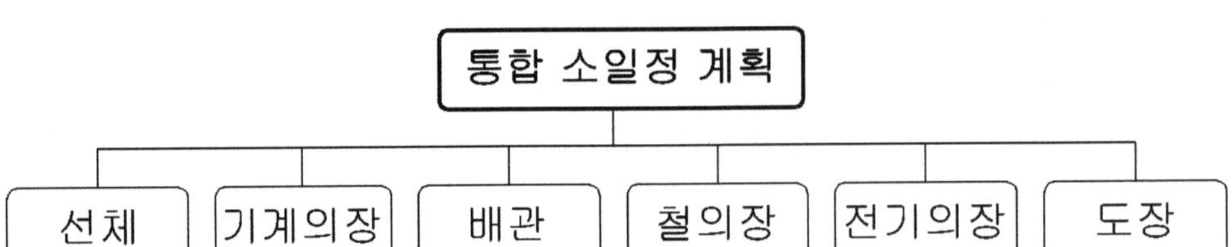

그림 7-16 소일정 계획

표 7-21 주간 작업일정

요일	시각		
목요일	오후	①	담당 작업장의 작업진행 상황을 면밀히 파악하며, 차질발생이 우려되는 부분에 대해 특별한 관심을 둔다.
		②	작업자들에게 다음 주 근태 계획을 확인한다.
금요일	오전	③	금주에 완료될 작업범위를 예상하고, 다음 주 작업일정표를 작성한다. 일정표에는 세부작업별로 일자 및 시각을 정하고, 각 작업마다 담당 작업자를 지명한다. (바로 이것이 배원이다.)
금요일	오후	④	상위 책임자에게 작업일정표를 점검 받는다. 이는 앞뒤 공정과의 문제 여부를 확인하고 조정하기 위한 것이다.
금요일	퇴근 전	⑤	모든 작업자에게 확정된 주간 작업일정표를 상세히 설명한다.
월요일	작업착수 전	⑥	완벽한 작업준비를 확인하고 작업 요령을 숙지시킨다. 특히 안전을 강조한다.

연습문제

1. 선박 생산방식의 변천 과정에 있어, 생산성 향상을 도모해 온 사고방식과 주도적 기술을 정리하시오.

2. CIMS(Computer Integrated Manufacturing System)가 추구하는 방향에 대해 구체적으로 조사하고 미래의 발전방향에 대해 논하시오.

3. 조선소마다 고유의 생산단계를 구축하고 있다. 원하는 조선소를 선택하여 그 생산단계를 조사하고 장단점에 대해 논하시오.

4. 여러 조선소의 블록조립라인에 대해 조사하고, 서로의 차이점을 비교하시오.

5. 다른 산업에서 적용되고 있는 동기화 생산의 사례를 조사하고 비교 토론하시오.

6. 탑재네트워크의 작성 방법을 알아보고, 네트워크의 양상이 선박 생산의 전체 흐름에 끼치는 영향에 대해 논하시오.

7. 표준작업에 대해 조사하고, 간단한 사례를 들어 그 영향에 대해 논하시오.

8. 대형 조선소와 중소형 조선소 사이의 생산방식의 차이에 대해 논하고, 효율적 생산방식에 대해 비교, 토의하시오.

9. 블록분할과 제작공정분석에 대해 사례를 찾아보고 정리하시오.

10. 해양플랜트의 생산방식에 대해 조사하고, 선박 생산방식과의 차이점에 대해 기술하시오.

해양공학 기초 및 용어

해양공학(ocean engineering)에서는 다양한 목적을 이루기 위해 바다에 투입되는 여러 가지 인공적인 구조물의 설계, 건조에 대해 다룬다. 그에 반해 해양학(oceanography)은 바다 자체에 대해 연구하는 자연과학의 한 분야이다. 해양공학은 해안공학(coastal engineering)이나 근해공학(offshore engineering)으로부터 발전해 나왔다고 볼 수 있는데, 이는 육지가 인류의 주된 생활공간인 점에 기인한다. 무엇보다도 20세기에 들어서 발전한 내연기관을 사용하는 교통기관과 석유화학공업에 힘입어 석유의 가치가 점차 상승하고 있고, 이에 따라 점점 깊은 바다 밑에 저장되어 있는 석유의 경제적 가치가 높아졌으며, 석유 채굴과 관련된 구조물들이 대량으로 건조되기 시작한 것이 해양공학의 발전을 가져왔다고 할 수 있다.

바다에서 석유를 채취하고자 하는 노력은 1896년 미국 캘리포니아 연안에서 수행되었던 시추 작업을 그 시작으로 볼 수 있으며, 현재는 수심 2,000 m 이상의 해저에서 석유를 채굴하고 있다. 한편 1980년대에 들어서면서는 잠수탐사선을 이용하여 심해저에서 망간단괴, 고코발트 망간크러스트(cobalt-rich manganese crust), 열수광상, 차세대 에너지원으로 불리는 메탄 하이드레이트 등을 발견함으로써 심해에 대한 관심이 더욱 높아지게 되었다.

해양 석유개발은 탐사, 시추, 생산, 운송으로 이루어지는데, 이에 필요한 작업공간, 즉 플랫폼(platform)의 설계/제작/운용 기술은 해양공학의 근간을 이루어 왔으며, 해저의 석유를 해상으로 끌어올리기 위한 해양 라이저(marine riser)와 생산된 석유를 육지로 이송하기 위한 해저 파이프라인(subsea pipeline)도 주요한 부분이다. 이와 같은 구조물은 다른 해양자원을 개발하는 데에도 필수적이며, 근자에는 해양에너지 및 해양공간 개발, 해양 탐사용 심해 잠수정까지 그 대상 영역이 넓어지면서, 해양공학은 바다에 투입되는 구조물과 관련하여 필요한 모든 기술을 전반적으로 다루는 공학으로 발전하게 되었다.

이 장은 해양공학 입문을 위한 기초로서 해양자원(ocean resources)과 해양구조물(offshore structure)에 대하여 그 종류와 개발 현황 및 관련 용어들에 대해 알아본다.

8.1 해양자원

바다는 지구표면의 약 71%를 차지하며, 평균수심은 약 3,800 m이다. 그림 8-1에 해저의 대체적인 구성을 보였는데, 육지에 인접한 대륙붕(continental shelf)을 벗어나면 수심이 급격하게 증가하고, 석유는 대륙주변지(continental margin)에 주로 분포하고 있음을 알 수 있다.

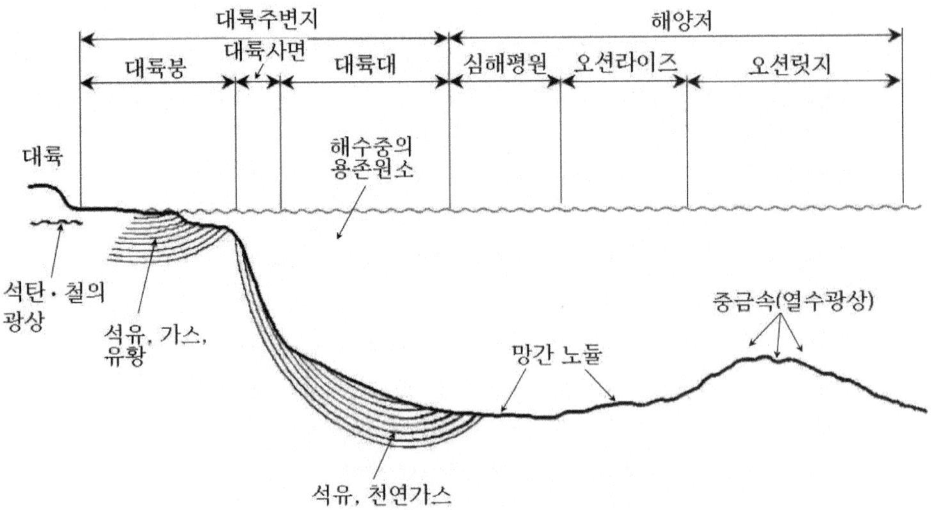

그림 8-1 해저의 구성 및 자원

표 8-1 해양 자원

	분류	자원	
해수	생물자원	수산물, 미생물, DNA	
	용존자원	마그네슘, 칼륨, 브롬, 요오드, 우라늄	
	자연에너지	파도, 조류, 해류, 밀도차, 온도차	
해상	공간자원	교통로, 해상도시, 해상공항	
	자연에너지	바람, 태양광	
해저	탄화수소	석유, 천연가스, 메탄 하이드레이트	
	광물자원	대륙붕	모래, 자갈, 규토, 선석, 인회석, 유황, 사광
		심해저	망간단괴, 고코발트 망간크러스트, 열수광상

대륙주변지는 해저 전체의 약 20%를 차지하고 있고, 그 바깥쪽은 해양저(ocean basin)라고 부르며, 해양저의 수심은 대개 3,300 m 이상이다.

바다에는 약 30만 종의 생물자원이 막대한 양으로 존재하며 마그네슘, 칼륨, 브롬, 요오드, 우라늄 등의 해수에 녹아있는 자원, 즉 용존자원이 있다. 해저에는 석유, 가스뿐만 아니라 많은 광물자원이 묻혀 있으며, 해상에는 교통로, 해상도시, 해상공항, 저장공간 등으로 활용할 수 있는 막대한 공간이 있다. 또한 바다에는 에너지로 활용할 수 있는 바람, 파도, 조류(tides), 해류(currents), 밀도차, 온도차 등의 자연 청정에너지가 있다.

현재 알려진 해양자원은 표 8-1과 같은데, 바다에 대한 이해가 넓고 깊어질수록 더욱 많은 자원을 얻을 수 있게 될 것이다. 이 장에서는 해수 용존자원과 생물자원은 다루지 않으며, 석유/가스, 메탄 하이드레이트, 광물자원, 공간자원에 대해 알아보기로 한다. 해양에너지에 대해서는 13장에서 다루기로 한다.

8.1.1 해양 석유/가스

19세기 말부터 자동차와 비행기, 그리고 배의 추진 연료로 기름이 사용되기 시작하면서 대량으로 유통되기 시작한 석유[1](petroleum)는 현재에 이르러서는 그 용도가 매우 다양해져 현재 지구 상에는 약 3,000 종의 석유관련제품이 있다. 1947년 미국 루이지애나 해안(멕시코만)에서 최초의 해양 유정을 발견하였으며, 최근에는 수심 2,000 m 이상의 심해저에서 석유를 채굴하기에 이르렀고, 이 과정에서 개발된 기술들은 해양공학의 기본이 되었다.

석유와 천연가스는 여러 가지 탄화수소의 혼합물인데, 개발과정이 유사하기 때문에 일반적으로 석유개발이라고 하면 석유와 천연가스(주로 메탄)의 개발을 다 포함한다.

해저의 석유개발은 탐사(exploration) 과정으로 시작되는데, 탐사의 결과로 지질학적으로 유망한 유진의 가능성이 확인되면, 탐사정 시추를 통하여 석유의 존재를 실제로 확인하고, 평가정 시추를 통하여 유전의 규모와 구조를 파악, 적합한 생산계획을 세운 후, 생산정을 시추하고 채굴을 개시한다.

1. 시추시스템(drilling system)

시추에 필요한 장비를 탑재한 해양구조물을 드릴링리그(drilling rig)라고 한다. 시추(drilling 또는

1) 석유와 원유(crude oil)는 보통 같은 뜻으로 사용되고 있으나, 엄격하게 말하면 석유는 지하에서 퍼 올린 여러 가지 탄화수소의 혼합물이고, 석유로부터 가스와 물을 분리하여 얻어진 것을 원유라고 하며, 원유는 줄여서 oil이라고 부르기도 한다.

boring)란 지각 내부의 정보를 얻기 위하여 또는 지하자원을 채취하기 위해 지각 안으로 구멍을 뚫어서 시료를 채취하는 것을 뜻하는데, 석유 시추에는 주로 드릴비트(drillbit)를 회전시키면서 파 들어가는 드릴링(drilling)공법을 사용한다.

석유시추를 위한 드릴링 작업은 그림 8-2에서와 같이 회전축 역할을 하는 드릴파이프(drill pipe)에 의해 비트로 전달되는 토크에 의해 이루어진다. 비트가 회전하면서 분쇄한 것들을 해상으로 끌어

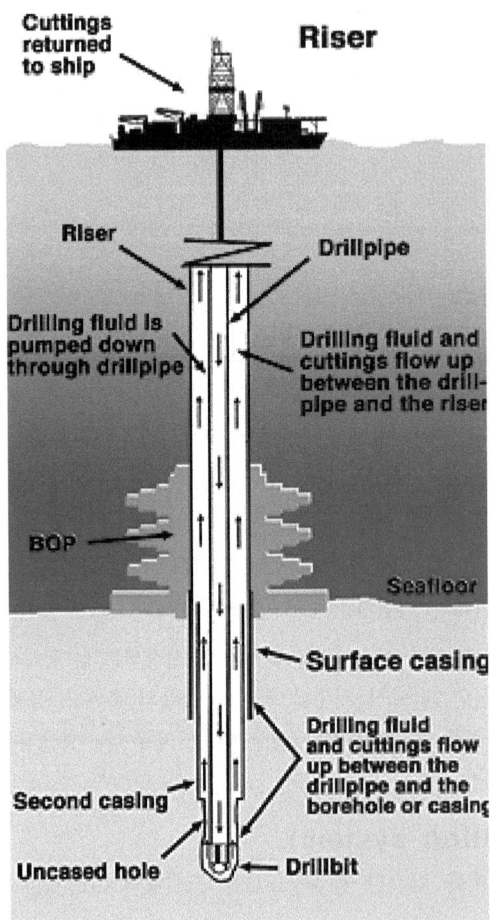

그림 8-2 시추시스템

올리고 또한 비트의 굴삭작업에 의한 열을 식히기 위하여 머드(mud, 또는 이수)를 순환시킨다. 즉 머드를 드릴파이프 속으로 공급하여 비트 끝의 구멍에서 분출되게 하고, 드릴파이프와 케이싱(casing) 사이를 통해 분쇄물(cutting)과 함께 해상으로 회수하면서 파 들어가게 된다.

굴삭의 진행에 따라 약 $9\ m$ 길이의 드릴파이프를 하나씩 연장해 가는데, 데릭(derrick)에는 이 연장 작업을 위한 장치와 드릴비트를 회전시키기 위한 장치가 설치된다. 연장된 드릴파이프는 그 길이가 너무 길어서 실과 같은 특성을 가지므로 공학적으로는 줄 또는 현(string)으로 취급하기 때문에 드릴스트링(drill string)이라고도 한다.

파도와 바람에 의해 해양구조물이 움직이고 또한 해류와 조류의 변화에 의해 라이저도 움직이는 상황에서, 매우 긴 드릴파이프로 해저에서 구멍을 뚫어 원하는 위치에 도달하여야 하는 해양 시추는 고도의 기술과 막대한 비용을 요하는 작업이다.

시추를 위한 드릴링 작업이 유정까지 다다르면 유정에 갇혀 있던 고압의 가스나 물, 석유 등이 갑자기 분출되어 바다로 흘러나오는 경우가 있는데, 이것을 방지하기 위한 장치로서 해저면에 분출제어장치(blowout preventer, BOP)를 설치한다.

2. 생산시스템(production system)

시추 결과에 따라 경제성이 인정되어 석유를 생산하기로 결정되면 시추공에 추가의 케이싱 파이프를 설치하고 BOP를 제거한 후, 유량을 조절하는 장치인 트리(tree)를 설치한다. 심해에서는 대부분 해저면에 설치하는 습식트리(wet tree)를 사용하고, 상하동요(heave) 성능이 좋은 구조물의 경우에는 플랫폼 갑판 하부에 설치되는 건식트리(dry tree)를 사용한다.

생산에 필요한 장비를 탑재한 해양구조물을 생산 플랫폼(production platform)이라고 한다. 생산정(production well)에서 채굴된 석유에는 원유와 가스 외에 흙, 물 등이 혼합되어 있으므로, 먼저 원유와 물을 분리하고, 물과 가스를 분리하며, 분리기(separator)로 원유와 가스를 각각 분리한 후, 저장하거나 운송한다. 천연가스의 경우에는 가스를 액화시키는 GTL(Gas To Liquids) 설비도 필요하다. 생산정에서의 채굴부터 저장 이전까지의 공정에 필요한 시스템을 생산시스템이라고 한다.

3. 해양 라이저(marine riser)

해저의 석유를 개발하기 위해서는 세장형 해양구조물(long slender marine structure)이 많이 사용되는데, 앞에서 언급한 드릴파이프나 시추 라이저 외에 생산 라이저와 해저 파이프라인 및 계류라인(mooring line) 등이 있다.

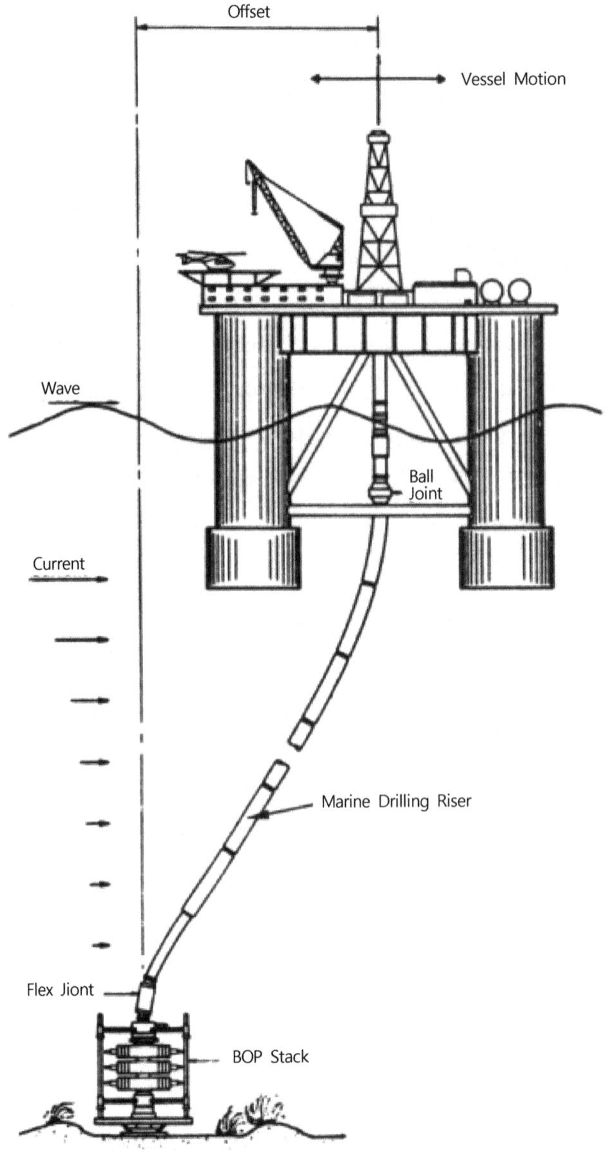

Marine Drilling Rig with Marine Drilling Riser

그림 8-3 시추 라이저(drilling riser)

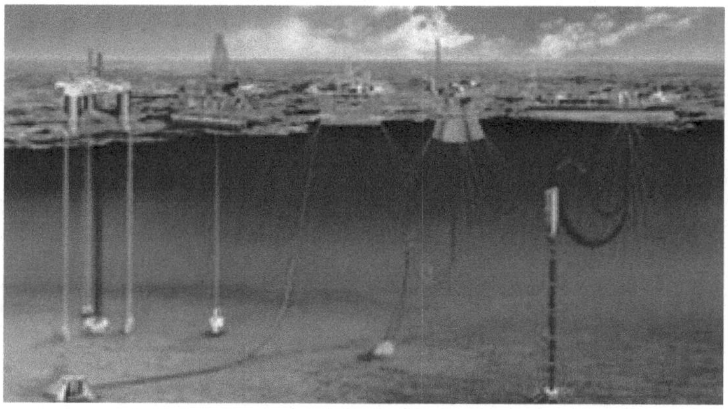

그림 8-4 생산 라이저(production riser)

해양구조물에는 석유나 천연가스를 이송하기 위해 하부에 해양 라이저가 연결되는데, 여기에는 시추 라이저와 생산 라이저 및 파이프라인 라이저가 있다. 시추 라이저는 시추를 진행할 때 시추공 상부와 해양구조물 사이를 연결하여 머드, 분쇄물, 시추물을 운송하고, 생산 라이저는 생산 시 유정에서 채굴된 석유나 천연가스를 해양구조물로 운송하며, 파이프라인 라이저는 생산된 석유나 천연가스를 해양구조물에서 해저 파이프라인으로 운송한다. 시추 라이저는 드릴파이프를 보호하는 역할도 한다. 그림 8-3은 시추 라이저의 한 예를 보여주고 있으며, 그림 8-4는 여러 종류의 생산 라이저를 보여주고 있다.

4. 해저 파이프라인

해양구조물에서 생산된 석유나 천연가스를 육상으로 이송하기 위해서는 해양구조물에 저장한 후 셔틀탱커(shuttle tanker)로 이송하거나 또는 해저에 파이프라인을 설치하여 이송한다. 심해에서의 파이프라인 설치는 통상 로봇에 의해 이루어진다. 그림 8-5는 노르웨이 서해 수심 1000 m 지점에 파이프라인을 설치하기 위해 2004년 프랑스에서 개발된 해저용 원격조종 굴삭기를 보여주고 있는데 준설작업과 파이프 절단작업을 한다. 6기의 비디오카메라, 소나, 압력센서, 고도계, 자이로, 자세측정을 위한 8개의 각도계, 6개의 거리측정기, Ethernet 기반의 유선통신체계 등을 갖추고 있다. 해상의 조종사가 비디오카메라를 보고 조종할 때 굴삭작업을 하다 보면 흙탕물로 시야가 가려지게 되는데, 이를 위해서 그림 8-6과 같이 사전조사를 통해 확보한 해저지형도와 각종 센서 정보로 작성한 가상 3차원 컴퓨터영상(virtual 3-D computer image)을 활용하여 조종한다.

그림 8-5 원격조종 굴삭기

그림 8-6 Virtual 3-D Computer Image

8.1.2 메탄 하이드레이트(methane hydrate)

메탄 하이드레이트(천연가스 하이드레이트라고도 함)는 해저나 빙하 아래에서 메탄과 물이 높은 압력에서 얼어버린 고체상(solid phase) 격자구조의 연료이다. 바다의 미생물이 썩으면서 발생한 메탄가스가 물과 결합하여 만들어지는데, 그림 8-7과 같이 그 형태는 드라이아이스와 비슷하고 태우면 불이 붙기 때문에 불타는 얼음이라고도 하며, 녹이면 천연가스로 사용할 수 있는 메탄이 발생한다. 연소 시 이산화탄소 배출량이 기존 화석연료의 24%에 불과하고 엄청난 매장량 때문에 21세기의 새로운 청정 에너지원으로 기대되고 있다. 총 매장량은 현재 약 10조 톤으로 추정되고 있으며, 이는 천연가스로 환산하면 약 250조 m^3에 상응하는 막대한 양이다. 세계 각국은 바다 깊은 곳에 묻혀 있는 이 메탄 하이드레이트에서 차세대 에너지원인 메탄을 뽑아내려고 하고 있다. 19세기가 석탄, 20세기가 석유의 시대라면 21세기는 메탄 하이드레이트의 시대라는 예측도 나오고 있다.

최근 미국 지질연구소(US Geological Survey, USGS)는 그림 8-8과 같이 대륙에서는 캐나다와 미국 알래스카, 러시아 시베리아의 동토 지대, 대륙붕에서는 지진대를 따라 메탄 하이드레이트가 분포하는 것을 확인했다. 러시아 과학원 무기화학연구소도 알래스카 북쪽의 보퍼트해(Beaufort Sea), 러시아와 알래스카 사이의 베링해(Bering Sea), 오호츠크해와 일본 열도 근해에서 메탄 하이드레이트 층을 발견했다. 이는 환태평양 지진대와 화산대를 따라 메탄 하이드레이트 분포층이 이어지고 있음을 말해준다.

그림 8-7 메탄 하이드레이트의 연소

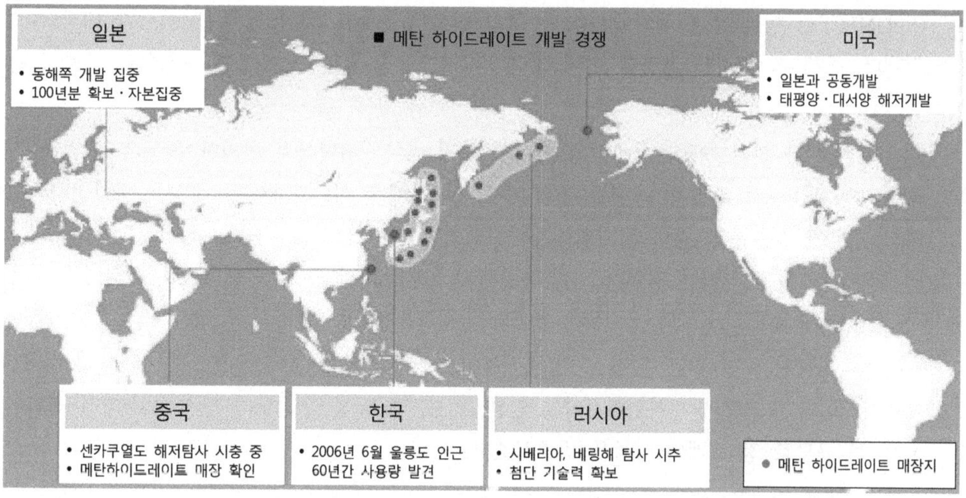

그림 8-8 메탄 하이드레이트 매장 분포 및 각국 개발 현황

위의 두 연구소는 독도 주변 해저가 환태평양 메탄 하이드레이트 분포층을 이어주는 연결고리라는 사실을 알아냈다. 한반도 주변 해저지형을 보면 제주분지, 울릉분지, 일본분지가 연결돼 있으며, 이들 지형은 쿠릴열도와 베링해를 지나 캐나다, 미국, 남미 칠레까지 이어지는 메탄 하이드레이트 분포대를 형성한다. 그리고 쿠릴열도와 동중국해를 이어주는 곳이 울릉분지이고 그 중심이 독도인 셈이다. 이

분포대는 울릉분지와 제주분지를 지나 대만 해역으로 연결되는데, 대만 북쪽 해역에서는 중국이 메탄 하이드레이트 탐사에 급피치를 올리고 있어 향후 일본과 중국이 메탄 하이드레이트 개발을 둘러싸고 또 충돌할 가능성도 있다.

일본 에너지 전문가들은 메탄 하이드레이트는 훌륭한 에너지 자원인 것은 물론, 석유자원 부존 여부를 알려주는 지표 역할도 한다고 주장하고 있다. "해저에 석유자원이 있는 지역을 탐사해보면 통상 맨 위쪽에 얼어붙어 있는 메탄 하이드레이트 층이 나타나고 그 아래에 천연가스와 원유가 있다"고 하며, 전 세계 천연가스 층과 러시아 과학원이 만든 메탄 하이드레이트의 분포층을 비교해 보면 놀랄 만큼 일치한다. 다시 말해 독도 주변에 메탄 하이드레이트가 묻혀 있다면 그 바로 밑에 석유층이 있을 수 있다는 것을 강력히 시사한다. 이미 일본 내 석유 관계자들은 "독도 주변에 엄청난 석유가 매장되어 있을 수 있다"며 주목하고 있다.

일본은 메탄 하이드레이트 개발의 선진국이며, 1970년대부터 개발에 나선 일본은 2008년 경제산업성 주도로 '메탄 하이드레이트 자원개발 연구 컨소시엄'을 결성했다. '석유천연가스/금속광물 자원기구(JOGMEC)'는 일본 주변 해역에 100년 치의 이상의 고순도 메탄 하이드레이트가 매장되어 있다고 추정했다. 동해 쪽 해저를 포함해 이미 많은 탐사를 마친 일본은 2016년 상용화를 목표로 개발에 총력을 기울이고 있다.

중국은 메탄 하이드레이트 개발에 있어 기술적으로는 뒤떨어져 있지만 행동은 매우 적극적이다. 중국은 1998년 당시 주룽지(朱鎔基) 총리 주도 아래 메탄 하이드레이트 개발을 국가전략산업으로 선정하고 개발에 착수했다. 중국 국가발전개혁위원회는 하이난 섬에 대규모 정제시설을 건설하고 메탄 하이드레이트에서 분리해낸 천연가스를, 홍콩까지 800 km에 이르는 해저 파이프라인을 건설해 공급하는 방안을 구상하고 있으며, 2015년 상용화를 목표로 하고 있다.

우리나라에서는 2007년 11월에 '가스 하이드레이트 사업단'이 울릉분지 지점의 해저층에서 메탄 하이드레이트 구조를 발견하였다. 이는 일본, 인도, 중국 등 우리보다 앞서 시추했던 국가의 구조보다 훨씬 큰 규모로 전 세계의 이목을 집중시켰다.

현재 세계 각국은 메탄 하이드레이트의 개발을 위해 경쟁적으로 연구를 진행시키고 있는데, 메탄은 이산화탄소보다 지구 온실효과에 훨씬 큰 영향을 미치며 또한 심해의 메탄하이드레이트의 대규모 채굴로 인한 지반 침하 및 해저 붕괴의 우려가 있으므로, 이와 같은 주요 쟁점과 관련하여 심해에서의 탐사 및 채취, 그리고 메탄 추출기술에 대한 연구가 집중적으로 이루어지고 있다.

8.1.3 해양 광물자원(marine hard minerals)

대륙붕의 광물자원은 오래 전부터 채취하여 사용하여 왔으나, 심해의 광물자원은 아직까지는 상용 목적으로 개발되지 못하고 있다. 여러 선진국에서는 심해 광물자원을 2010년대 중반까지 상용 목적으로 개발하는 것을 목표로 삼고 있으며, 표 8-2에 해양 광물자원을 대륙붕 자원과 심해 자원으로 분류하여 정리하였다.

1. 대륙붕 자원

대륙붕 광물자원은 현재 생산되는 전체 광물의 약 1%를 차지한다. 건설산업에서 혼합재로 쓰이는 모래와 자갈이 이 중 40%를 차지하는데, 현재 약 250 ft 수심의 해역에서까지 채취하고 있다. 일본의 경우는 점점 더 심해지는 육상에서의 환경규제를 피해 해양에서 모래와 자갈을 가장 많이 생산하고 있으며, 총 수요의 20~25%를 해양에서 얻고 있는데, 해안의 침식을 막기 위해 수심 20 m 이상에서만 채취하도록 규제하고 있다.

산업재료로는 규사(silica sand), 유황, 인산염(phosphate), 선석(aragonite) 등이 대륙붕에서 생산된다. 규사는 유리의 원료, 주물사, 연마사 등으로 사용되고, 유황은 제조업과 농업에서 많이 사용된다. 인산염은 비료의 원료로 쓰이는데, 육상의 인산염은 50~100년 정도면 고갈될 것으로 추정되고 있으며, 최근 독도 근처 해저에서 그 매장 가능성이 보고되면서, 우리나라에서도 관심이 높아지고 있다.

사광(placer deposit)이란 침전작용에 의해 농축된 광물 알갱이(grain)가 축적된 것이다. 다이아몬드, 금, 백금, 주석, 티타늄 등 많은 종류의 사광금속이 예로부터 해양에서 채광되어 왔다. 다이아몬드는 해양에서 채광되는 유일한 원석으로 수심 10~40 m에서 채취한다.

표 8-2 해양 광물자원

	분류	광물자원
대륙붕	건설재료	모래, 자갈
	산업재료	규사, 유황, 인산염, 선석
	사광광물	다이아몬드, 금, 백금, 주석, 티타늄
심해	망간단괴, 고코발트 망간크러스트	망간, 구리, 니켈, 코발트
	열수광상	금, 은, 구리, 아연

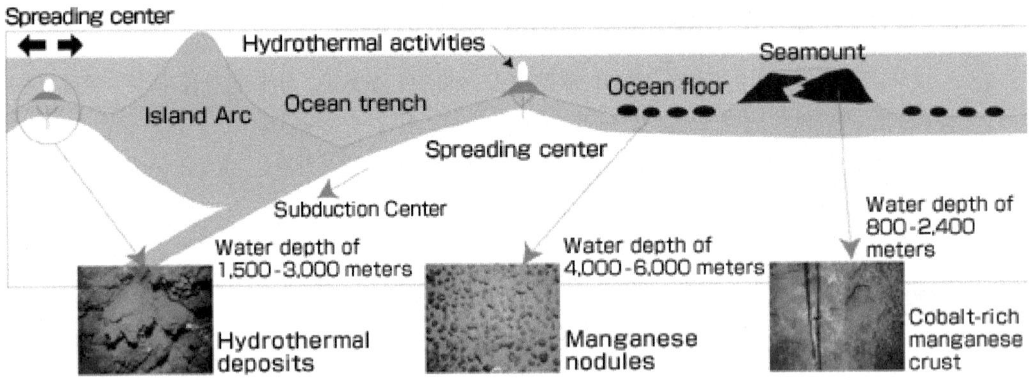

그림 8-9 심해 광물자원 분포

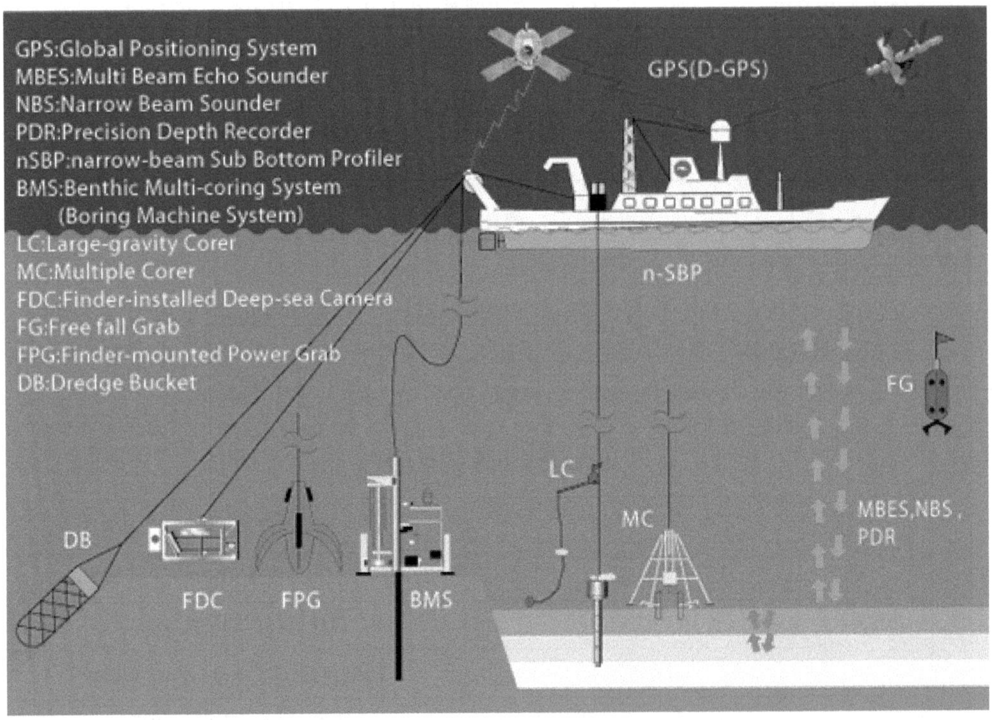

그림 8-10 심해자원의 탐사장비

또한 알래스카 주변 해역의 금 매장량은 엄청난 것으로 추정되고 있으며, 주석은 말레이 반도에서 가장 많이 생산된다. 한편, 군수산업과 항공산업에서 수요가 큰 전략물질인 티타늄은 고강도 합금과 부식 방지성 합금을 만드는데 사용된다.

일반적으로 육상 자원은 점점 고갈되어가고 특히 환경에 대한 관심이 높아짐에 따라, 대륙붕의 광물자원이 점차 더욱 중요해 질 것이며, 또한 보다 더 수심이 깊은 곳의 광물자원까지 개발하게 될 것이다.

2. 심해 자원

해양에 부존하는 자원에 대해서는 그 소유권에 대한 국제질서의 확립에 오랜 시간이 소요되었다. 1967년 22차 유엔총회에서 해저를 인류 공동의 유산(common heritage of mankind)으로 선언할 것이 제안되었고, 그 후 개발자에 대한 기득권 보호 문제를 놓고 선진국과 제3 세계의 대립이 계속되어 왔으나, 결국 1994년 11월 배타적 광구권을 인정하는 유엔해양법이 발효되었으며, 이를 기점으로 본격적인 심해저 개발이 시작되었다.

가장 잘 알려진 해양 광물자원은 심해저에 널리 분포되어 있는 망간단괴(polymetallic manganese nodules)이다. 1960년대부터 미국, 영국, 일본 등의 몇 나라들은 컨소시움을 결성하여 해양 광물자원에 대한 탐사 및 연구를 계속하여 왔으며, 1980년대부터는 잠수탐사선을 이용하여 심해저에서 망간단괴, 고코발트 망간크러스트(cobalt-rich manganese crust), 열수광상(hydrothermal deposits) 등을 발견하였다. 그림 8-9에서 보는 바와 같이 망간단괴는 수심 4,000~6,000 m의 심해평원(ocean floor)에서, 고코발트 망간크러스트는 수심 800~2,400 m의 해저산의 경사면에서, 열수광상은 수심 1,500~3,000 m의 해령(ocean ridge)의 개구축 부근에서 주로 발견되었다.

심해 자원이 분포되어 있는 수심 수천 m 해저는 수백 기압의 압력이 작용하고 빛이 없는 암흑 상태이며, 또한 전자파(radio wave)에 의한 무선통신이 불가능하므로 탐사와 채취를 위해서는 최첨단의 공학기술이 요구된다. 그림 8-10은 1980년에 건조된 일본의 심해 자원 탐사선인 Hakureimaru No. 2에 탑재된 탐사장비를 보여주고 있으며, 이들 장비를 표 8-3에 정리하였다.

1) 망간단괴

망간단괴는 그림 8-11과 같이 핵을 중심으로 동심원의 구조를 가지고 있으며, 주성분은 망간과 철이고 니켈, 구리, 코발트, 아연, 몰리브덴(molybdenum) 등의 금속을 함유하고 있다. 그림 8-12와 같이 수심 수천 m의 해저평원 바닥에 감자와 비슷한 모습으로 널려 있는데, 색깔은 검은색 또는 다갈색이며 지름은 2~6 cm 정도이다. 또한 해저의 퇴적물 속에는 지름 수십 μm 이하의 매우 작

표 8-3 심해자원 탐사장비

기능	장비명
위치측정 체계	GPS(Global Positioning System)
심해용 카메라	FDC(Finder-installed Deeper-sea Camera)
수심측정 체계	MBES(Multi Beam Echo Sounder)
	NBS(Narrow Beam Sounder)
	PDR(Precision Depth Recorder)
해저지형측정 체계	n-SBP(narrow-beam Sub Bottom Profiler)
굴착 체계	BMS(Benthic Multi-coring System)
	LC(Large-gravity Corer)
	MC(Multiple Corer)
채집 체계	FG(Free fall Grab)
	FPG(Finder-mounted Power Grab)
	DB(Dredge Bucket)

그림 8-11 망간단괴의 단면

그림 8-12 망간단괴가 해저에 널려 있는 모습

표 8-4 망간단괴에 함유된 금속의 추정량[1]

함유 금속	추정량			용도
	톤수	현재의 소비량으로 소비할 때	육상 매장량과의 비	
망간	2,000억 톤	24,400년분	33배	자성재료, 건전지
구리	50억 톤	640년분	11배	합금, 군수품
니켈	90억 톤	16,400년분	150배	스텐레스강, 전자재료, 도금재료, 전지
코발트	30억 톤	136,400년분	1,100배	초경합금, 촉매제

은 망간단괴가 대량으로 존재하는데, 망간단괴와 구별하기 위하여 미세단괴(micro nodule)라고 부른다.

망간단괴는 영국 해군의 챌린져(HMS Challenger)호가 일찍이 1872~6년의 탐사 기간 동안 여러 해역에서 발견하였지만 큰 관심을 받지 못하다가, 2차 대전 이후 니켈, 코발트 등의 특수강 제작을 위한 첨가 금속으로 그 수요가 늘어남에 따라 비로소 주목을 받기 시작하였다. 망간단괴 개발이 큰 관심을 받고 있는 이유는 구리, 니켈, 코발트가 동시에 다량 함유되어 있고, 또 표 8-4에 보인 바와 같이 그 매장량이 매우 방대하기 때문이다.

우리나라는 경제성이 높은 망간단괴가 부존된 곳으로 알려진 태평양의 클라리온-클리퍼톤(Clarion-Clipperton) 해역에 15만 km^2의 광구를 등록하였으며, 이 광구에서 망간단괴를 채취, 제련함으로써 구리, 니켈, 코발트 등을 상업적으로 생산할 것으로 전망되고 있으나, 그 전에 많은 기술적 난제를 해결해야 할 것이다.

2) 고코발트 망간크러스트(cobalt-rich manganese crust)

고코발트 망간크러스트는 그림 8-13과 같이 해저산의 기반암 위를 껍질처럼 덮고 있다. 색깔은 검은색 또는 검은 갈색이며, 100만 년에 1~3 mm 정도 성장하는데 두께가 수 mm에서 수십 cm까지 이른다. 해저산의 경사면, 수심이 800~2,400 m인 곳에 주로 형성되는데, 이 수심은 바닷물에 녹아있는 산소가 가장 적은 곳이다. 망간단괴에 비해 얕은 곳에 분포하지만, 기반암에 붙어있어 채광이 더 어렵다.

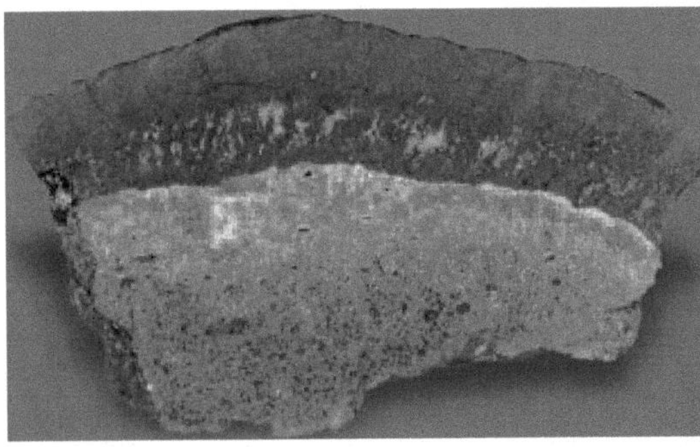

그림 8.13 기반암 위의 고코발트 망간크러스트

그림 8-14 해저 열수광상

코발트 함유량은 평균 1.5% 정도로, 망간단괴보다 훨씬 많은 양을 함유하고 있는데, 수심이 얕은 곳에서 형성된 것일수록 함유율이 높다. 코발트는 그 내열성으로 인하여, 제트엔진에 사용되고 있으며, 철과의 합금은 우수한 자성재료로 쓰이고 있다.

3) 열수광상(hydrothermal deposits)

해저의 열수광상은 해저의 갈리진 틈으로 스며든 해수가 용암에 의해 가열된 후, 금, 은, 구리, 아연 등의 유용광물을 녹인 열수가 되어 분출구를 통하여 분출되는데, 분출된 열수가 주위의 해수에 의해 급속히 냉각되면서 그림 8-14와 같이 금속 황화물이 분출구 주변에 석출되어 쌓여 만들어진 광상이다. 해령의 개구축, 즉 해양판이 벌려져 마그마가 바닷물과 쉽게 접할 수 있는 장소에서 주로 발견되었는데, 수심 1,500~3,000 m에 존재한다.

육상의 거의 모든 광상들은 과거 지질시대의 열수광상에 속하므로, 해저 열수광상의 개발은 심해의 다른 자원에 비해 비교적 용이하다. 또한 해저 열수광상으로부터 육상에서 얻었던 것과는 비교할 수 없을 정도로 풍부한 자원을 지속적으로 얻을 수 있으므로 많은 나라들이 막대한 예산과 첨단기술 및 인력을 투입, 열수광상 개발을 위한 탐사 및 연구 활동을 수행하고 있다.

우리나라는 2008년 3월 남서태평양 통가의 배타적 경제수역 내에 약 2만 km^2의 해저 열수광상 광구의 탐사권을 확보하였다. 2009년부터는 열수광상을 찾기 위한 정밀탐사에 들어갔으며, 2013년경 상업적 생산을 시작할 것으로 전망하고 있다.

표 8-5 해양공간 이용의 예

종류	시설
교통/수송/통신 공간	해상교량, 해저터널, 해저 파이프라인, 하역 중계기지, 해저 케이블, 전파 중계탑
산업공간	화력발전소, 원자력발전소, 폐기물 처리 플랜트, 해수담수화 플랜트, 펄프 플랜트
저장공간	석유 비축기지, 광석 비축기지, 시멘트 비축기지, 곡물 비축기지
생활공간	해상호텔, 해양위락기지
초대형 부유식 해양구조물(VLFS)	해상공항, 이동식 해상기지(MOB)

8.1.4 해양공간 자원

바다에는 앞에서 언급한 석유, 광물자원, 생물자원 등의 유형 자원 외에 표 8-5와 같이 교통/수송/통신 공간 뿐 아니라 기피 산업용 플랜트나 이동이 필요한 플랜트 등의 산업공간, 대규모 공간을 필요로 하는 석유, 광석, 시멘트, 곡물 등을 비축하는 저장공간, 그리고 호텔 및 위락시설 등의 생활공간으로 활용할 수 있는 막대한 해양공간이 있다. 최근 관련 기술의 발전에 따라 이러한 시설들은 점점 더 깊은 수심의 해역까지 보다 더 큰 규모로 설치되기에 이르렀으며, 특히 육지가 부족하여 연안지역을 매립하여 육지를 확대해 왔던 우리나라 및 일본, 유럽의 국가들은 이에 대해 비교적 높은 관심을 가지고 있다.

아직 실적은 없으나, 해상공항이나 해상도시 또는 이동식 군사기지로 활용하기 위한 초대형 부유식 해양구조물(Very Large Floating Structure, VLFS)에 대한 연구가 여러 나라에서 이루어지고 있다. 미국에서는 이동식 해상기지(Mobile Offshore Base, MOB) 프로젝트를 수행하였다. 소수선면 쌍동선(SWATH, Small water plane Area Twin Hull) 여러 척을 일정한 지점에 집결시킨 후 이들을 연결하여 원하는 길이의 활주로를 확보, 해상 기지로 활용하고자 하는 계획이며, 이동 시에는 해체 후, 각각 자체 추진력으로 이동할 수 있는 장점이 있다. 일본에서는 1995년부터 6년간 국가연구과제로 막대한 예산을 투입하여 부유식 해상공항을 목표로 한 메가플로트(mega float) 프로젝트를 수행하였다. 그림 8-15와 같이 길이 1,000 m 해상공항 모델을 도쿄만에 설치하여 실증시험을 수행하였고, 길이 4,000 m 급의 활주로를 가진 메가플로트 공항이 기술적으로 가능하다는 결론을 얻었다.

그림 8-15 도쿄만에 설치된 길이 1000 m 해상공항 모델

또한 메가플로트의 넓은 면적과 면진성 및 이동성 등의 장점을 활용하여, 지진 등의 대규모 재난 시 고기능 방재 거점으로 활용하는 방안도 검토된 바 있다.

8.2 해양구조물(offshore structure)

해양구조물은 다양한 목적을 이루기 위해 바다에 투입되지만 주로 석유개발과 관련하여 발전하여 왔으므로 이 절에서는 석유개발을 위한 해양구조물에 대해서 살펴보기로 한다.

바다에서 석유를 개발하기 위해서는 탐사/시추/생산/저장/이송 등의 작업을 수행해야 하는데, 이러한 작업을 위한 해양구조물은 각 작업에 필요한 시설을 탑재하고 또한 작업자가 거주할 수 있어야 한다. 해양구조물은 육상에서 제작한 후 작업장소로 운송하여 설치하는데, 운송과 설치에도 고도의 기술이 필요하다. 해양구조물은 이송방법과 설치공법까지 고려하여 설계되며, 설치/운용지역의 수심뿐만 아니라 해상 상태, 해저지반 상태, 유정의 크기 및 분포, 생산된 석유의 운송거리 등을 모두 고려하여 적합한 종류의 구조물을 결정한다.

표 8-6 해양구조물의 지지방식에 따른 분류

지지방식	종류
고정식	잠수식 플랫폼(submersible platform)
	잭업리그(jack-up rig)
	중력식 플랫폼(gravity platform)
유연식	CPT(Compliant Piled Tower)
	인장각 플랫폼(Tension Leg Platform, TLP)
	원주형(spar) 플랫폼
부유식	반잠수식리그(semi-submersible rig)
	드릴쉽(drillship)
	FSO(Floating Storage and Offloading vessel)
	FPS(Floating Production System)
	FPSO(Floating Production Storage and Offloading vessel)
	FSRU(Floating Storage Regasfication Unit)
	FDPSO(Floating Drilling Production Storage and Offloading vessel)

해양구조물은 지지방식에 따라 표 8-6에 보인 바와 같이 고정식(fixed type), 유연식(compliant type), 부유식(floating type)으로 분류하며, 설치가능 수심은 그림 8-16에 보인 바와 같다. 비용 및 작업의 용이성 등을 고려하여 수심이 얕은 곳에서는 고정식 구조물을 사용하지만, 수심이 어느 이상 깊어지면 유연식 또는 부유식 구조물을 사용하지 않을 수 없으며, 이와 같은 경우에는 구조물의 운동을 최소화하기 위한 설비가 추가로 필요하다.

해양석유 개발을 위해 설치된 본격적인 최초의 해양구조물은 1947년 멕시코만 해상에 투입된 강관(steel tubular) 구조물이다. 1970년대에 이르러 고정식 구조물이 수심 300 m 해역까지 설치되었으며, 1983년에는 유연식인 Lena Guyed Tower가 역시 멕시코만에 설치되었으나 많은 문제점이 제기되었다. 1990년대 이후로는 TLP(Tension Leg Platform), 원주형(spar) 플랫폼과 부유식, 즉 FSO(Floating Storage Offloading vessel) FPS(Floating Production System), FPSO(Floating Production Storage and Offloading vessel) 등이 개발되었다.

최근에는 효율적인 심해 석유개발을 위해 근처에 있는 여러 개의 유전을 해저시스템(subsea system)으로 연결하여 하나의 대형 호스트 플랫폼(host platform)을 설치하는, 즉 클러스터(cluster) 개발에 대한 연구도 활발하게 이루어지고 있다. 2007년에는 멕시코만의 수심 2,500 m인 곳에 반잠수식 FPS인 Independence Hub가 설치되었다.

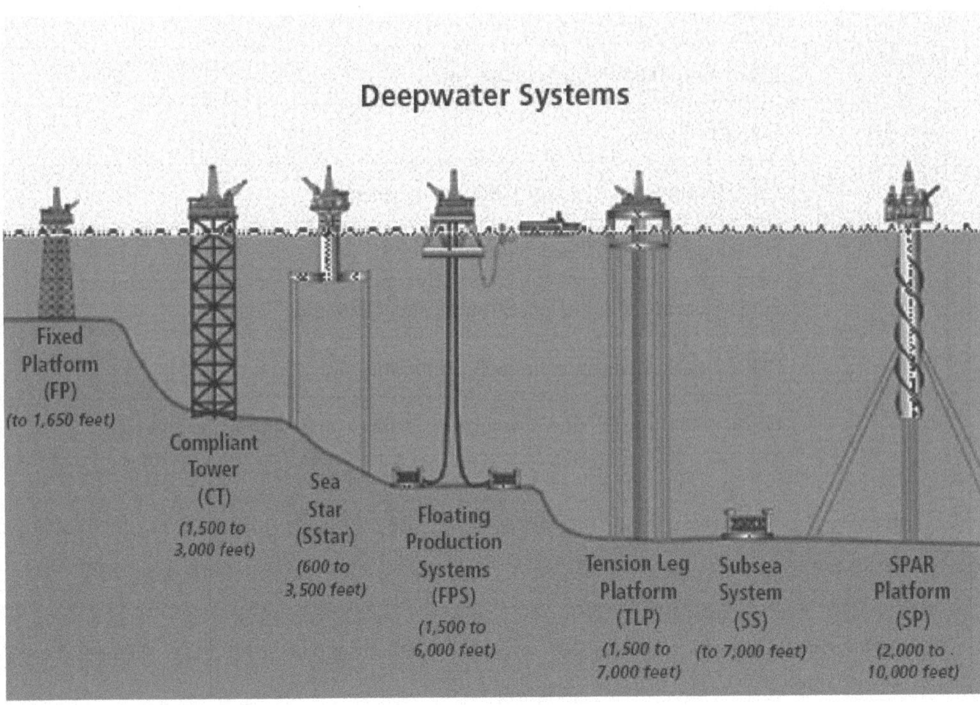

그림 8-16 해양구조물의 설치 가능 수심

8.2.1 고정식 해양구조물

고정식은 해저 지반을 기초로 견고하게 구조물을 지지하는 방식인데, 잠수식, 잭업리그(jack-up rig), 중력식 등이 있다. 고정식은 수심 300~500 m의 해역에서 사용된다.

1. 잠수식 플랫폼

잠수식은 해저면 착저식 또는 재킷형(jacket type)이라고도 하는데, 바지형 구조물에 물을 넣어 해저면에 침하시킨 후 파일을 박아 위치를 고정하고 그 위에 트러스 구조로 상부의 플랫폼과 연결한다.

2. 잭업리그

잭업리그는 플랫폼에 설치된 유압잭(hydraulic jack)에 의해 다리 부분을 상하로 움직일 수 있는 구조물인데, 설치 위치로 운송할 때에는 다리 부분을 위로 올려 플랫폼이 가장 아래쪽에 위치하도록 하며, 설치 시에는 플랫폼을 해수면 위에 위치시키고, 다리 부분을 내려 해저에 고정시키며, 그림 8-17은 이와 같은 방법으로 설치된 잭업리그를 보여주고 있다.

3. 중력식 플랫폼

중력식 플랫폼은 그림 8-18에 보인 바와 같이 해저에 설치되는 원통형 시멘트 케이손(caisson)의 무게로 구조물의 위치를 고정하며, 3~4개의 기둥 위에 플랫폼을 설치한다. 이 경우에는 파일(pile)을 박지 않으므로 해저가 단단할 때만 설치할 수 있다. 멕시코만의 해저는 진흙이지만 이와 달리 북해의 해저는 단단한 모래층이므로 중력식을 투입하기에 적합하다. 하부의 케이손은 해수에 부식되지 않으므로 저장탱크로 사용할 수도 있고, 특히 파일을 사용하지 않으므로 공기가 짧다는 장점이 있다.

8.2.2 유연식 해양구조물

1983년 멕시코만의 수심 300 m인 곳에 Lena guyed tower를 설치하였으나 많은 문제점이 제기되었으며, 이를 계기로 다양한 종류의 유연식 구조물인 CPT, TLP, 원주형 플랫폼 등이 개발되었다. 유연식은 해저에 파일을 박아 기초(foundation)로 삼지만 수평방향의 운동을 어느 정도 허용하는 방식으로, 심해에서도 사용할 수 있고 태풍에도 견딜 수 있도록 유연성(flexibility)을 갖게 하는 방식이

그림 8-17 잭업리그

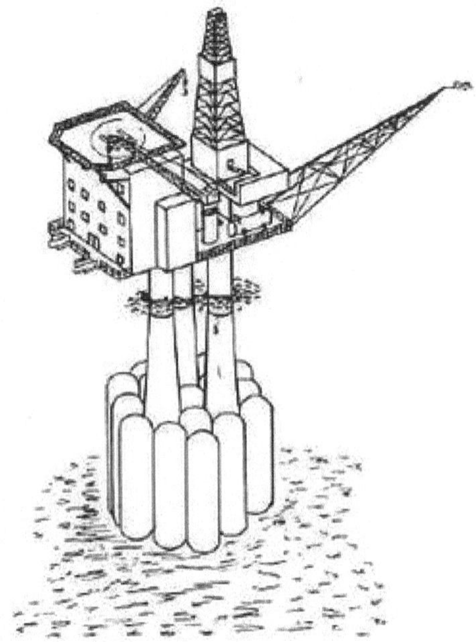

그림 8-18 중력식 플랫폼

다. 부유식은 상하운동의 고유주기가 파도의 주기와 비슷하므로, 해상 상태가 좋지 않은 해역에는 투입하기 곤란하며, 이와 같은 이유로 유연식에 대한 관심이 더욱 높았다.

1. TLP(Tension Leg Platform)

TLP는 그림 8-19에 보인 바와 같이 해저에 연결된 4~6개의 수직방향 다리로 상부(topside)를 지지하는데, 다리에 미리 큰 인장력을 가하여 플랫폼의 상하방향 운동은 억제할 수 있도록 되어 있다. 부력을 받기 위한 부분은 반잠수식과 마찬가지로 수중에 위치하며, 다리는 고장력강의 관형의 부재로 제작되고 항상 인장만 받도록 설계되어 텐돈(tendon)이라고 한다. 텐돈의 무게는 수심 증가에 따라 매우 빠르게 증가하므로, TLP는 매우 깊은 바다에는 적합하지 않으며, 적정 수심은 2,000 m 이하이다.

TLP는 건식트리를 사용할 수 있는 장점이 있으며, 생산설비를 갖춘 플랫폼이나 석유 또는 가스를 채굴만 하는 단일유정마개(simple wellhead) 플랫폼으로도 사용되는데, 시추설비를 갖출 수도 있

그림 8-19 TLP

다. 단일유정마개 플랫폼이란 건식트리를 설치하여 생산 라이저와 연결시킨 플랫폼인데, 생산설비는 FPSO나 생산 바지(barge)에 설치한다.

TLP는 1980년대 이후 심해용으로 멕시코만, 북해, 인도네시아, 서 아프리카 등에 널리 사용되고 있으며, 현재 부유식 생산플랫폼인 FPSO와 반잠수식 다음으로 많이 사용되고 있다.

2. 원주형 플랫폼(Spar platform)

원주형 플랫폼은 그림 8-20에 보인 바와 같이 부력을 담당하는 부분이 수직방향의 긴 원주형 물체이며, 이 부분을 6~20개의 계류라인으로 인장계류(taut mooring)함으로써 구조물을 고정시킨다.

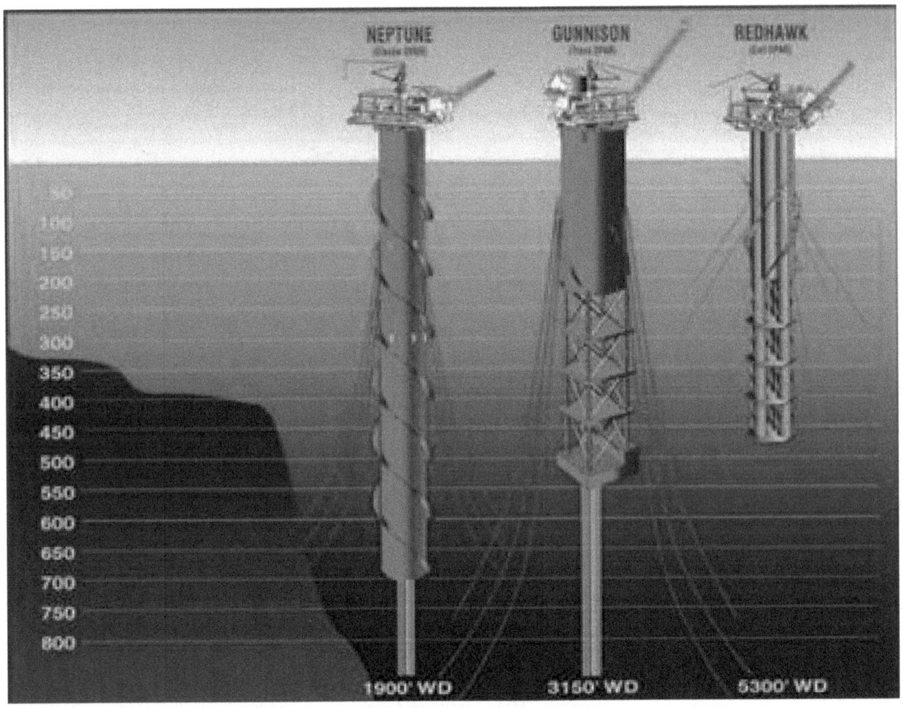

그림 8-20 원주형 플랫폼

(그림 8-21). 각 계류라인은 파일로 해저면에 고정된다. 최초의 원주형 플랫폼은 1996년에 멕시코만 수심 588 m인 곳에 설치되었는데, 원주의 길이는 235 m, 직경은 21.3 m이었으며, 현재는 수심 3,000 m 이상의 해역에도 설치 가능하다.

원주형 플랫폼은 건식트리를 사용할 수 있는 장점이 있으며, 생산시설을 갖는 플랫폼이나 석유나 가스 채굴만 하는 단일유정마개 플랫폼으로도 사용되는데, 시추 설비를 갖출 수도 있다.

3. CPT(Compliant Piled Tower)

CPT는 그림 8-22에 보인 바와 같이 고정식과 마찬가지로 해저 지반에 파일을 박는 방식인데, 유연각(flex-leg) 즉 관절부가 구부러질 수 있도록 제작된 다리 부분을 가진다는 점에서 구분된다.

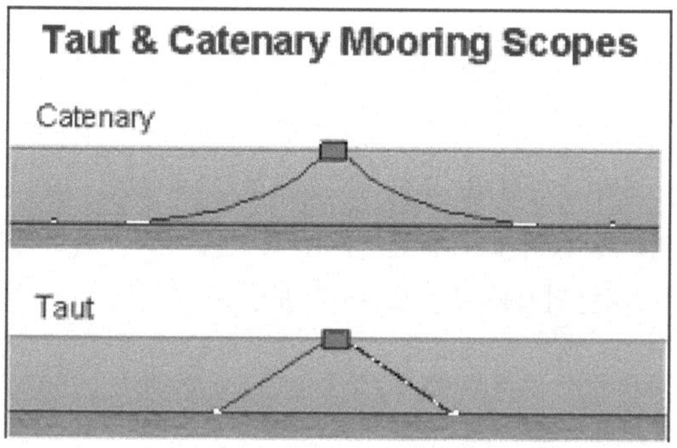

그림 8-21 현수(catenary)계류와 인장(taut)계류

그림 8-22 CPT

8.2.3 부유식 해양구조물

부유식 해양구조물에는 반잠수식과 수상선형이 있다. 반잠수식은 수선면적(water plane area)을 줄일 수 있어 파도의 영향을 최소화할 수 있다는 장점이 있다. 수상선형은 이동성이 뛰어나고 중량 변

화에 따른 흘수 변화가 무시할 만하다는 장점이 있는 반면, 상하운동의 고유주기가 해양파의 주기와 비슷하여 거친 해상 환경에서 지속적인 작업을 수행하기에는 적합하지 않다는 단점이 있다.

부유식은 바람이나 파도, 해류, 조류 등에 의해 수평방향 운동을 하게 되므로, 구조물을 원하는 곳에 위치할 수 있도록 하는 위치제어장비가 필요하다. 심해에 설치되는 경우, 계류시스템만으로는 위치를 고정할 수 없으므로, 통상 위성을 이용한 동적위치제어(Dynamic Positioning, DP)시스템을 채택한다. 표 8-7에는 2000년대 중반까지 설치된 생산 플랫폼의 종류별 실적을 보였는데, FPSO, 반잠수식, TLP 순이며, 최근에는 원주형도 많이 설치되고 있음을 알 수 있다.

1. 반잠수식 드릴링리그(semi-submersible drilling rig)

반잠수식은 대개 2개의 유선형 하부 선체와 상부의 플랫폼을 기둥으로 연결한 형태이다. 하부 선체에 해수를 주입하면 하부 선체와 기둥의 일부는 물에 잠기는 반잠수 상태가 되어 그림 8-23(좌)에 보인 바와 같이 기둥의 일부와 플랫폼만 수면 위에 뜨게 된다. 수선면적이 매우 작아지므로 파도에 의한 영향을 줄일 수 있고, 물을 채운 하부 선체는 플랫폼의 복원성(stability)을 높이게 되므로 거친 바다에서도 사용할 수 있다는 장점이 있다.

드릴링리그(drilling rig)로는 반잠수식이 가장 많이 사용되고 있으며, 이동 시에는 하부 선체에서 해수를 빼서 부상시킨 후 그림 8-23(우)와 같이 예인하거나 또는 자체적으로 갖추고 있는 추진장치를 사용한다.

2. 드릴쉽(drillship)

드릴쉽은 시추에 필요한 시설을 갖춘 선박(수상선)을 뜻한다. 그림 8-24에 보인 바와 같이 배의 중앙부에 높은 데릭(derrick)이 설치되며, 데릭 아래의 뚫린 공간, 즉 문풀(moon pool)을 통해 드릴스트링(drill string) 등 시추에 필요한 모든 기기를 밑으로 내려 보낼 수 있다.

표 8-7 생산 플랫폼의 종류별 설치 실적[2]

	1990-1994년	1995-1999년	2000-2004년	누계
FPSO	12	36	60	108
반잠수식	7	12	7	26
TLP	3	6	9	18
원주형		2	12	14

2002년 일본은 112 m 높이의 데릭을 갖추고 수심 2,500~7000 m에서 시추 작업을 수행할 수 있는 세계 최대의 초심해용 드릴쉽을 진수한 바 있으나, 앞에서 기술한 바와 같이 수상선형은 심해의 거친 환경에서 지속적으로 시추 작업을 하기에는 어려운 점이 많다.

그림 8-23 반잠수식 드릴링리그, 작업 시(좌)와 이동 시(우)

그림 8-24 드릴쉽

그림 8-25 반잠수식 FPS(FPSS)

그림 8-26 예인선에 의해 이동 중인 FSO

그림 8-27 FPSO

3. 반잠수식 FPS, 또는 FPSS(Floating Production Semi-Submersible)

반잠수식 FPS, 즉 FPSS는 1974년 북해에서 사용하기 위해 반잠수식 드릴링리그를 반잠수식 FPS로 변환한 것이 시초인데, 이 FPSS는 79 m 수심에 설치되어 16년간 사용되었다. 그림 8-25에 보인 바와 같은 FPSS는 현재 FPSO 다음으로 많이 설치되어 있는 생산 플랫폼이다. 개발 초기에는 남아도는 반잠수식 드릴링리그가 많아 작은 비용을 들이고 생산 플랫폼으로 개조할 수 있었으나, 1990년대에는 그와 같은 잉여 반잠수식 드릴링리그가 고갈되어 차라리 FPSO를 건조하는 것이 보다 경제성이 높게 되었다.

2000년대로 들어서면서 초심해의 분산된 유정을 개발하게 됨에 따라 FPSS의 소요가 다시 늘게 되었으며, 2007년 멕시코만의 수심 2,500 m인 곳에 설치된 가스 FPSS인 Independence Hub는 현재까지 가장 깊은 수심의 해역에 설치된 해양구조물이다. 매우 깊은 바다에서는 여러 개의 유정을 하나로 묶어 클러스터로 생산하는 허브(hub) 플랫폼이 사용되고 있다. FPS는 별도의 저장시설을 가지고 있지 않으므로 해저 파이프라인을 통하여 생산된 원유를 이송한다.

4. FSO(Floating Storage and Offloading vessel)

FSO는 생산 플랫폼에서 생산된 석유나 가스를 보관하고 하역하는 기능을 갖춘 플랫폼이다. FSO는 잉여 또는 노후 유조선을 개조하거나 신조로 제작하는데, 일반적으로 자체 추진력이 없으므로 그림 8-26과 같이 예인선에 의해 이동된다.

5. FPSO(Floating Production Storage and Offloading vessel)

FPSO는 1977년 60K DWT 유조선을 FPSO로 개조하여 수심 115 m의 스페인 근해에서 사용한 것이 처음이다. FPSO는 생산기능 뿐만 아니라 저장기능과 하역기능을 갖추고 있으므로, 하나의 플랫폼으로 생산/저장/하역 문제를 모두 해결한다. 해저계류에 기인하여 유정의 보수 유지 등을 위한 비용이 많이 든다는 단점은 있으나, 중량 변화에 덜 민감하고, 이동성이 뛰어나며, 또한 갑판면적이 넓고, 잉여 또는 노후 유조선을 개조하여 만들 수 있다는 장점 때문에 FPSO가 가장 많이 사용되고 있다(그림 8-27). 해저 파이프라인이 잘 설치되어 저장 공간이 필요하지 않은 멕시코만을 제외하고는 대부분 지역에 설치되어 있다.

FPSO는 터렛(turret)에 의한 계류방식을 사용하는데, 터렛의 형태는 설치되는 해양의 환경에 따라 결정된다. 그림 8-28은 여러 종류의 터렛을 보여 주고 있는데, 최근에는 태풍 시에는 분리하고 태풍이 지나간 후에 다시 연결할 수 있는 분리식이 많이 사용된다. FPSO에 시추설비(drilling facility)를 추가한 FDPSO(Floating Drilling Production Storage and Offloading vessel)도 콩고 해역에 투입하기 위하여 개발 중이다.

그림 8-28 터렛의 종류

6. LNG FPSO

FPSO는 가스 저장설비는 갖추고 있지 않으나, LNG FPSO는 가스처리(gas treatment) 시설을 포함하는 천연가스 생산설비와 액화설비 및 저장설비를 동시에 갖추고 있으며, 대형 압축기에 의한 냉동시스템과 이를 위한 극저온 열교환기가 매우 중요하다. 가스 생산지에서 LNG를 LNG선으로 직접 공급해 줄 수 있으며(그림 8-29), 2009년 최초로 우리나라에서 수주하여 현재 건조 중이다.

7. LNG FSRU(LNG Floating Storage Regasfication Unit)

LNG FSRU는 육상의 LNG 터미널을 해상에 설치한 것이다. LNG 터미널은 LNG선으로부터 LNG를 공급받아 액체 상태로 저장하고 있다가, 기체 상태로 바꾸어 거주지로 보낸다.

이러한 시설은 많은 공간을 필요로 하며 또한 기피시설이기 때문에 그림 8-30과 같이 해상에 부유식으로 설치하는 것이 유리할 수 있으며, 이와 같은 LNG FSRU 개발에 대한 연구 또한 활발히 진행되고 있다.

그림 8-29 LNG FPSO

그림 8-30 FSRU

연습문제

1. 아래의 두 자료와 독도 수역의 해양자원에 대한 인터넷 자료를 찾아서 부존되어 있는 자원을 정리하고 요약하시오.
   1) 2008년 9월 1일자 매일신문 “150조 바다 밑 황금 '메탄하이드레이트' 잠잔다”
   2) 세계일보 2005년 4월 1일자 세계일보 “독도 에너지 개발 성공하려면”

2. 해양공학이란 무엇이며 해양학과의 차이에 대하여 기술하시오.

3. 해양환경의 중요성에 대하여 논하시오.

4. 해양에는 어떠한 자원들이 있는지 기술하시오.

5. 해양석유 개발에는 어떠한 기술들이 필요한지 조사하고 요약하시오.

6. 심해저에서 발견된 광물자원은 어떠한 것들이 있는지 조사하고 요약하시오.

7. 1994년 11월에 발효된 배타적 광구권을 인정하는 유엔해양법에 대해 설명하시오.

8. 해양구조물의 종류별 설치가능 수심에 대하여 설명하시오.

9. 유연식 해양구조물에는 어떠한 것이 있는지 설명하시오.

10. 부유식 해양구조물에는 어떠한 것이 있는지 설명하시오.

11. FPSO는 선박 형태만 있고 반잠수식은 없는 이유는 무엇인지에 대해 기술하시오.

참고문헌

[1] 박용안 역, 1989, 해양광물자원, 겸지사.

[2] James R. McCaul, 2006, Growing Requirement for Floating Production System, May 2006 Maritime Technical Reporter, International Maritime Associates, Inc.

추천문헌

[1] 대한조선학회편, 1996, 해양공학개론, 동명사.

[2] 최한석, 2008, 심해석유 탐사 및 개발의 검토, 한국해양공학회지 22권 4호.

[3] 강주명, 2006, 석유시추공학, 서울대학교 출판부.

[4] 이흔, 2008, 심해저 퇴적층 내 메탄 하이드레이트 형성 과정 및 결정 구조 규명, 교육과학기술부.

[5] 홍승용, 강정극, 1993, 심해저 자원개발론, 서울프레스.

[6] 정하찬, 임성우, 김용환, 2006, 석유생산 해양구조물의 수요 전망 II: 종류별 분석 및 국내 조선업계의 장단점 분석, 대한조선학회지 43권 2호.

[7] Azar, J. J. and Samuel, G. Robello, Drilling Engineering, Amazon.co.uk.

[8] Sparks, Charles P., 2007, Fundamentals of Marine Riser Mechanics(Basic Principles and Simplified Analysis), Pennwell Corp.

[9] Cronan, D. S., 1980, Underwater Minerals, Academic Press, London.

[10] Klinkhammer, G. P. & Bender, M. L., 1980, The Distribution of Manganese in the Pacific Ocean, Earth Planet Sci. Lett. 46:361-384.

[11] Moritany, T. et al. 1977, Description, Classification, and Distribution of Manganese Nodules, Geol. Survey Japan, Cruise Report 8:136-158.

[12] Welling, C. G., 1981, An Advanced Design Deep Sea Mining System, OTC 4094.

[13] Herrouin, G., 1989, A Manganese Nodule Industrial Venture Be Profitable : Summary of a 4-Year Study in France, OTC 5997.

[14] http://www.glossary.oilfield.slb.com, Schlumberger Oilfield Glossary.

9

해양구조물에 작용하는 유체력

9.1 물체와 유체

선박해양공학과의 학생이 배우는 전공과목은 기초, 응용, 설계 등의 과목으로 분류할 수 있다. 그 기초과목 중에서 역학과 공학수학은 빼놓을 수 없는 주요과목인데, 역학은 대개 동역학, 유체역학, 고체역학, 열역학 등을 포함한다.

동역학에서는 '물체(body)의 운동'에 대해 다루는데, 이 때 '물체'는 우리가 관심을 가지고 있는 어떤 사물을 뜻한다. 예를 들어 지구의 운동에 대해 관심이 있는 경우에는 지구를, 또는 사람의 운동에 대해 관심이 있는 경우에는 사람을 물체로 간주한다. 일반적으로 사물은 대단히 여러 가지 특성을 가지고 있지만, 일단 물체의 운동을 생각하는 경우[1], 그 사물이 가지고 있는 많은 특성 중 물체의 운동과 관련된 양은 오로지 하나, 질량(mass)뿐이다. 물체의 질량은 대개 무게를 달아 얻을 수 있으며, 그 물체에 힘이 가해졌을 때, 얼마나 큰 가속도(acceleration)가 발생하는가, 즉 관성(inertia)을 결정하는 양이다.

한편, 어떤 '물체의 운동'을 다룬다고 하는 것은 다음과 같은 뜻을 가진다. '어느 순간 그 물체의 위치(position)를 안다고 할 때, 다음 어떤 시점에서도 그 물체의 위치를 예측할 수 있을 것인가' 하는 질문에 답하고자 한다는 것이다. 예를 들어 현재 어떤 위치에 있는 인공위성이 한 시간 또는 하루 후에 어디에 있을 것인가와 같은 질문을 고려한다는 것이다. 이와 같은 질문에 대한 해답은 Newton에 의해 본격적으로 주어지기 시작했는데, 그의 운동법칙은 바로 그가 얻은 해답의 핵심이다. 고등학교에서도 배우는 유명한 그의 운동법칙(the law of motion)에 따르면 어떤 물체의 위치를 예측하기 위해서는 그 물체의 질량과 그 물체에 가해지는 힘(force)을 알아야 한다.

위에서 논의한 내용을 해양구조물(ocean structure)에 대해 적용하면, 해양구조물의 운동을 다루기 위해서는 해양구조물의 질량과 그 해양구조물에 가해지는 힘을 알아야 한다는 것을 뜻한다. 해양구조물의 질량은 각 부품의 합으로 얻어지며, 전체 질량이 일단 결정된 후에는 따라서 부품의 변경 시, 질량의 변화에 반드시 유의해야 할 것이다. 한편, 해양구조물에 가해지는 힘을 구하기 위해서는 해양구조물이 놓이는 바다의 상태를 이해하지 않으면 안 될 것이다. 바다는 물, 즉 액체이며, 역학적으로는 유체역학에서 다루는 물체이다. 따라서 해양구조물에 가해지는 힘을 알기 위해서는 유체역학의 도움이 필요하다는 것을 알 수 있다.

1) 논의를 간단하게 하기 위해 물체의 회전운동과 변형에 대해 생각하지 않기로 하면, 물체는 질점(mass particle 또는 mass point)으로 볼 수 있으며, 질점은 크기는 없고 질량과 위치만 가지는, 실질적으로는 존재할 수 없는 개념(concept)이다. 회전운동에 대해서는 아래에서 다루기로 하며, 변형(deformation)에 대해서는 4장을 참조하기 바란다.

유체역학에 대해 고려하기 전에, 각주 1에서 밝혔던 바와 같이 이제 해양구조물의 회전운동도 고려하기로 하면, 해양구조물의 질량뿐만 아니라 그 형상(shape) 및 질량 분포(mass distribution)도 알아야 한다. 회전하는 물체의 관성, 즉 물체에 모멘트가 가해졌을 때 얼마나 큰 회전가속도가 발생하는가는 질량관성모멘트(mass moment of inertia)에 의해 결정되는데, 이를 구하기 위해서는 바로 물체의 형상과 질량 분포를 알아야 하기 때문이다.

다시 말하면 질량이 같은 물체는 같은 크기의 힘을 받을 때 같은 가속도를 가지지만, 같은 크기의 모멘트가 작용할 경우 반드시 같은 회전가속도를 가지는 것은 아니다. 같은 크기의 모멘트를 받을 때, 같은 회전가속도를 얻기 위해서는 질량관성모멘트의 크기가 같아야 하기 때문이다. 질량관성모멘트 또한 물체를 구성하고 있는 각 부재에 대한 값의 합으로 얻어지므로, 전체 질량관성모멘트의 값이 일단 결정된 후에는 부재의 이동 및 변경 시, 이와 같은 변화가 질량관성모멘트의 변화에 미치는 영향에 대해 반드시 유의해야 한다. 예를 들어 해양구조물의 건조 과정 중에 어떤 부재의 위치를 변화시킨다면 전체적인 질량의 변화는 없지만, 위치 변화에 따른 질량관성모멘트의 변화가 발생하므로, 동일한 모멘트를 받는 경우에도 설계 시에 가정한 것과는 다른 회전가속도를 얻으며, 따라서 다른 회전운동을 하게 될 것이다[1].

유체역학에서는 흐르는 물체를 크게 나누어 기체와 액체로 분류한다. 기체는 분자 사이의 거리가 상대적으로 커서 분자간(intermolecular) 인력이 전혀 영향을 미치지 않는 상태를 말하며, 액체는 분자 사이의 거리가 상대적으로 작아서 인접한 분자들이 항상 일정한 거리를 유지하는 상태를 말한다. 예를 들어 물의 경우, 보통의 상온에서는 액체 상태로 있지만, 열을 가해 그 온도가 비등점보다 높아지면 분자간 거리가 유지될 수 없어 끓는 것, 즉 기화하는 것을 경험적으로 알고 있다. 이와 같은 차이에도 불구하고, 기체와 액체는 대단히 많은 문제에 대해 동일한 법칙으로 다룰 수 있으므로, 유체(fluid)라는 이름으로 같이 묶어서 다루며, 유체의 운동을 다루는 학문을 유체역학이라고 부른다. 일반적으로 유체는 힘을 받을 때, 흐름(flow)으로써 이에 반응하는 물체를 뜻한다.

움직이는 유체 즉 유동(flow) 중에서 움직이지 않는(또는 운동하는) 물체가 유체로부터 받는 힘은 물론 유체의 운동에 기인한다. 물체 주변의 유체입자(fluid particle)[2]는 물체의 존재(또는 운동) 때문에 영향을 받으며, 그 반작용으로 물체에 힘을 가하게 된다. 가장 간단한 경우로 정지해 있는 유체 중에서 어떤 물체가 움직이는 경우를 생각하면(그림 9-1), 처음에는 물론 모든 유체입자가 정지 상태에 있겠지만 물체가 움직임에 따라 물체 주변의 유체입자들은 상당한 운동에너지를 가지게 될 것이며, 이들의 운동에너지를 모두 합하면 당연히 영보다 큰 어떤 값을 가질 것이다[3]. 이 운동에너지는

2) 유체입자는 질점의 개념을 유체역학에서 원용한 것이며, 따라서 크기는 없고, 질량과 위치만 가지는, 실질적으로는 존재할 수 없는 개념이다.

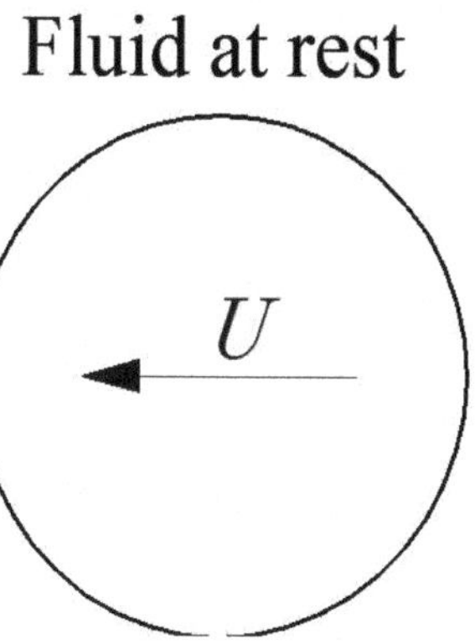

그림 9-1 정지해 있는 유체 중에서 움직이는 물체

물체의 운동에 기인하여 생긴 것이므로 결국 물체는 유체에 일(work)을 한 것이며, 일-에너지 원리(work-energy principle)에 따르면 단위시간당 물체가 한 일은 물체가 유체에 가한 힘(이 힘은 작용-반작용 법칙에 의해 유체로부터 받는 힘과 크기는 같고 방향은 반대이다)과 물체의 속도를 곱한 것과 같아야 할 것이다.

유체 중에서 움직이는 물체가 받는 힘을 구하는 방법은 몇 가지가 있는데, 가장 쉽게 생각할 수 있는 방법은 물체 표면에 작용하는 압력과 마찰응력을 구하여 이들을 모두 더하는 방법, 즉 물체 표면에 따라 적분하는 방법이다. 여기서 압력(pressure)은 표면에 수직한 방향으로 작용하는 응력 성분이며, 마찰응력(frictional stress)은 접선방향으로 작용하는 응력 성분이다. 압력은 유체의 점성(viscosity)을 무시한 경우에도 작용하는 응력이지만, 마찰응력은 유체의 점성을 고려할 때 얻어지는 응력이다. 물론 응력(stress)은 통상 단위면적당 작용하는 힘으로 정의되는 양이다. 예를 들어 대기압은 가장 잘 알려진 압력이며, 평판(flat plate)을 그 면에 평행하게 물 속에서 움직일 때 평판이 받는 마찰저항은 바로 평판 표면에 접선방향으로 작용하는 마찰응력을 모두 더하여 얻어지는 힘이다(그림 9-2). 유체의 점성은 꿀과 같이 끈적끈적한 유체와 물과 같이 덜 끈적끈적한 유체의 다른 점을 정량화하여 얻게 되는 유체의 성질이다. 공기는 물에 비하여 1.5% 정도의 점성을 가진다.

위에서 설명한 방법을 사용하여 얻어지는 힘 중, 특히 저항(resistance), 즉 물체의 운동 방향에 반대 방향으로 작용하는 힘은 실제 유체의 경우에는 당연히 영이 아닌 값이 되지만, 만약 유체의 점성

3) 유체가 가지는 단위체적당 운동에너지는 밀도와 속도의 제곱을 곱한 값의 반이므로, 정의(definition)에 의해 움직이는 유체의 운동에너지는 항상 영보다 크다.

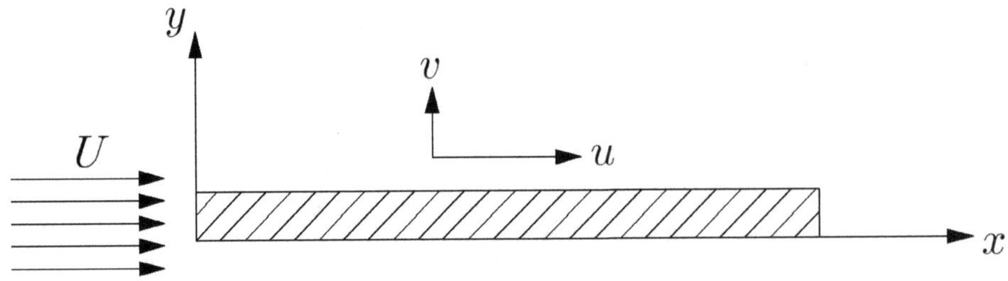

그림 9-2 그 면에 평행하게 움직이는 평판(평행평판)

을 무시하면 이론적으로는 저항이 영이 되는 경우도 있다. 예를 들면 균일한 속도로 진행하는 유동 중에 2차원 원주가 놓여 있을 때와 같은 매우 기본적이고도 단순한 문제에 대해 유체의 점성을 무시하면 물체에는 어떠한 힘도 작용하지 않는 것을 보일 수 있다(그림 9-3)[2]. 그러나 이러한 결과는 명백히 사실과 다르므로, 이와 같이 모순되는 결과를 얻지 않기 위해서는 점성을 고려해야 한다. 점성이 있는 유체의 운동, 즉 점성유동을 고려하는 경우에는 점성을 무시하는 경우에 비하여 유동 현상을 정량적으로 다루는 것이 훨씬 복잡하여 대부분의 문제를 컴퓨터를 사용하지 않으면 다룰 수 없다는 문제점이 있다. 한편, 실제로 점성을 무시하고 다루어도 좋은 문제들도 많이 있으며, 따라서 유체역학의 상당 부분에서는 비점성유체, 즉 점성을 가지지 않은 유체로 가정하여 유체의 운동을 다룬다.

유체의 점성을 무시하는 경우에는 물체에 마찰응력이 작용하지 않으므로, 압력이 유일한 응력 성분이 되며, 이 압력을 물체 표면에 대해 적분하여 물체에 작용하는 힘을 구한다. 바다에서 항상 볼 수 있는 파도[4]는 물의 점성을 무시해도 매우 정확하게 기술할 수 있는 현상이며, 따라서 파도에 기인하여 물체가 받는 힘은 유체의 점성을 무시하고도 얻을 수 있는 양이다. 그러나 그 면에 평행하게 움직이는 평판(앞으로는 '평행평판'으로 부르기로 한다)에 작용하는 힘을 얻고자 하는 경우에는 유체의 점성을 무시하면 마찰응력을 구할 수 없으므로, 반드시 유체의 점성을 고려해야 하며, 평행평판에 작용하는 마찰저항은 전적으로 유체의 점성에 기인한다.

실제 문제에서는 대부분의 물체가 유체로부터 압력과 마찰응력을 동시에 받는다. 예를 들어 파도가 있는 바다에서 운동하는 해양구조물의 경우에는 파도에 기인하는 힘과 점성에 기인하는 힘을 모두 받게 되는데, 이런 경우에는 해양구조물이 받는 힘을 어떻게 근사적으로 구할 것인가 하는 점을 생각해야 한다. 유체의 점성과 수면에 발생하는 파도 등을 동시에 고려하여 물체 주변에 생긴 유체 유동을 정확하게 구하는 것은 물론 불가능한 일은 아니지만 매우 복잡한 문제를 풀어야 하므로 시간과

4) 보다 정확하게는 수면파(water surface waves).

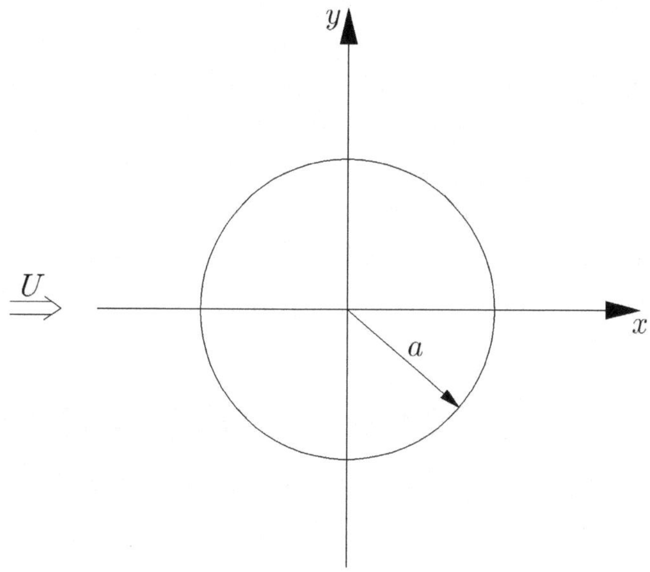

그림 9-3 균일한 속도로 진행하는 유동 중에 놓여진 2차원 원주

비용이 상당히 소요되는 일이다. 따라서 해양구조물의 설계를 위해 이러한 계산을 직접 수행하는 일은 매우 드물며 대부분의 경우 공학적인 목적으로 사용할 수 있는 근사적인 방법을 사용하여 설계를 수행한다.

9.5절에서는 이와 같은 근사적인 방법을 소개하기로 하는데, 이와 같은 근사적인 방법의 타당성과 이 방법이 포함하고 있는 요소들의 특성에 대한 이해를 돕기 위해, 9.2, 9.3, 9.4절을 작성하였다. 먼저 9.2절에서는 유체의 점성에 기인하여 물체에 작용하는 힘에 대해 보다 자세히 다루기로 한다. 또한 9.3절에서는 바다의 표면에 생기는 파도에 기인하는 힘의 특성을 이해하기 위해 파도가 고정된 물체 주위를 지나갈 때 생기는 회절 현상에 대해 주로 고려할 것이다. 9.4절에서는 파도와 같이 시간에 따라 변화하는 유동장 내에 물체가 놓여 있을 때, 물체가 받는 힘의 특성에 대해 고찰하기로 한다.

마지막으로 9.6절에서는 해양구조물과 관련된 모형시험(model test)과 그러한 모형시험을 수행하는데 사용되는 해양공학수조(ocean engineering basin)에 대해 알아본다. 해양구조물에 작용하는 힘을 구하기 위해서는 기본적으로는 이론적, 수치적인 방법에 근거한 근사적인 방법을 사용하지만, 이와 같은 방법의 타당성은 최종적으로는 실제 해양구조물이 건조되어 현장에 투입된 후 얻어지는 성능으로부터 확인된다. 그러나 많은 해양구조물의 경우, 건조 이전에 근사적인 방법이 어느 정도 타당한가를 확인하도록 요구받고 있으며, 이런 작업은 모형시험을 통해 이루어지는데, 통상 그와 같은 목적을 위해 특별히 건조된 수조, 즉 해양공학수조를 사용한다. 국내에서는 MOERI와 울산대학교가 이와 같은 시설을 운용하고 있으며, 학생들의 견학은 언제나 환영하고 있다.

기본 역학 과목 중, 아직까지 언급되지 않은 열역학에서는 역학 문제에 대해 가장 광범위하게 적용되는 법칙인 에너지보존법칙과 엔트로피불감소법칙에 대해 배우며, 이와 같은 법칙의 적용으로 디젤기관과 증기터빈 또는 가스터빈과 같은 기관(engine)의 특성과 관련하여 매우 중요한 결과를 얻는다.

9.2 유체의 점성에 기인하는 힘; 마찰력과 압력항력

유체의 점성은 유체의 끈적끈적한 정도를 나타내는 척도인데, 유체 중에 있는 물체가 그 경계면에서 유체로부터 얼마나 큰 마찰응력을 받느냐를 결정하는 인자이기도 하다. Newton(1687)은 경계면(또는 벽면)에서의 마찰응력 τ_0은 경계면에 평행한 방향의 속도 u의 수직방향, 즉 y방향 변화율에 비례하는 것으로 간주하여 그 비례상수로 동점성계수(dynamic viscosity), 또는 간단히 줄여서 점성계수 μ를 다음과 같이 도입하였다(그림 9-4).

$$\tau_0 = \mu \frac{du}{dy}\bigg|_{y=0} \tag{9.1}$$

표준상태, 즉 표준대기압, 15℃에서 물의 점성계수는 $1.144 \times 10^{-3}\ Pa \cdot s$로 매우 작지만, 벽면에서의 du/dy가 비교적 큰 값을 가지므로 마찰응력의 크기도 무시할 수 없을 정도의 크기를 가진다. 벽면에서는 점성 때문에 유체입자가 움직일 수 없으므로 그 속도는 영의 크기를 가지지만, 벽면에서 매우 가까운 곳에서 u는 이미 상당한 값을 가지게 되어 du/dy의 값은 꽤 큰 값을 가지기 때문이다. 마찰응력의 단위는 압력의 단위와 같아 Pa이며, 속도변화율의 단위는 s^{-1}이므로 점성계수의 단위는 $Pa \cdot s$이다. 여기서 Pa은 N/m^2이며, $1\ Pa$은 매우 작은 압력을 나타내는데, 예를 들어 표준대기압은 $101.3\ kPa$이므로, $1\ Pa$은 대기압의 약 10^5분의 1에 해당하는 작은 압력이다.

9.1절에서 언급하였던 평행평판은 그 저항이 전적으로 마찰응력에 의해 주어지므로, 점성에 기인하는 저항 문제를 다루던 많은 연구자들이 이 문제를 다루었는데, 마찰저항과 관련하여 새로운 전환점은 관유동(pipe flow)을 다루던 연구자들에 의해 제공되었다. 토목, 건축, 생물학 등의 여러 분야에서

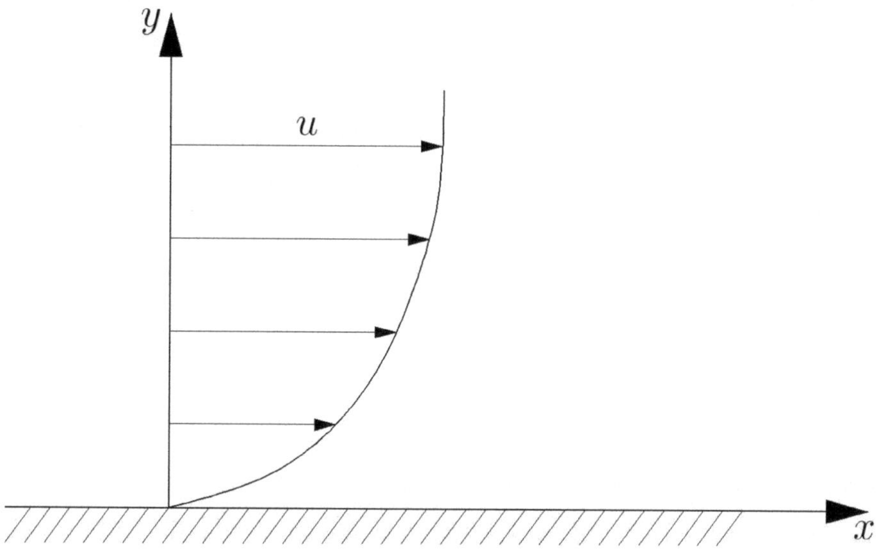

그림 9-4 마찰응력과 점성계수의 정의

관유동을 다루고 있었는데, 19세기 중엽까지만 하더라도 관을 따라 흐르는 유체가 벽면에서의 마찰저항을 이기도록 하기 위해 얼마나 큰 힘을 가해야 하는가를 결정하는데 대단한 혼란을 겪고 있었다. 이와 같은 상황에서 Reynolds(1883)는 일종의 무차원상수(dimensionless number)를 도입하여 이 상수의 크기에 따라 두 가지 종류의 유동이 존재한다는 내용의 논문을 발표하였다.

이 무차원상수는 지금은 그의 이름을 따라 레이놀즈수(Reynolds number, Rn)라고 불리며, 다음과 같이 정의된다.

$$Rn = \frac{\rho U d}{\mu} \tag{9.2}$$

여기서 ρ는 유체의 밀도, U는 관을 따라 흐르는 유체의 한 단면에서의 평균속도, d는 관의 직경이다. 레이놀즈는 이 Rn가 어떤 임계값보다 작으면 관내의 유동은 층류(laminar flow)가 되고, 크면 난류(turbulent flow)가 되어 한 단면에서의 유동 형태가 서로 다르게 주어진다는 것을 실험적으로 입증하였다. 층류는 유체가 매우 얇은 층을 이루며 흘러가는 것을 강조하여 부쳐진 이름이며, 난류는 유체의 흐름이 매우 무질서해 보이는 것을 강조하여 붙여진 이름이다. 층류에 대해서는 예를 들어 관유동의 경우, 속도 분포가 포물면의 형태를 가진다는 것을 쉽게 보일 수 있지만, 난류에 대해서는 속도 분포가 Prandtl(1904)의 경계층이론[5]이 발표된 후에도 상당 기간이 지나서야 얻어졌다[2]. 속도 분포를 알아야 식 (9.1)을 사용하여 벽면에서의 마찰응력을 결정할 수 있으므로, 난류 관유동의 마찰 특성에 대해서는 20세기 초엽까지도 제대로 이해하지 못하고 있었다.

Prandtl(1933)은 난류 관유동에 대해 얻은 속도 분포를 평행평판 상의 난류경계층에 대해서도 그대로 쓸 수 있다는 가설을 발표하였으며, 이에 근거하여 Schoenherr(1932)는 난류경계층을 가진 평행평판의 한쪽 면에 작용하는 마찰저항 F_F를 구하는 식을 얻었다. 그의 결과는 지금도 선박의 마찰저항을 산정하는 데는 가장 기본적인 공식으로 인정되고 있으며 다음과 같다(그림 9-5).

$$\frac{1}{\sqrt{C_F}} = 4.13\log(Rn\,C_F) \tag{9.3}$$

여기서 마찰저항계수 $C_F = F_F/(bl\rho U^2/2)$, b와 l은 각각 평판의 폭과 길이이며, 평판의 $Rn = \rho Ul/\mu$이다. 무차원량인 마찰저항계수를 얻는데 사용된 식의 분모는 당연히 힘의 차원을 가지는 양이며, bl은 평판의 면적이고, $\rho U^2/2$은 정체압(stagnation pressure)이라고 불리는 양이다. 정체압은 U라는 속도로 움직이는 유체입자의 속도가 물체 표면에서 영이 되었을 때, 물체에 가하게 되는 압력이므로, U라는 속도로 움직이는 유체입자가 물체에 가할 수 있는 가장 큰 값의 압력이다[6]. 따라서 C_F는 1보다 작은 값을 가져야 하는데, 그림 9-5에 보인 바와 같이 난류인 경우 통상 3×10^{-3}보다 작은 값을 가진다.

한편 물속에서 움직이는 평행평판에 대해 속도 $U = 1\,m/s$, 길이 $l = 10\,m$이면, $Rn = 8.74\times10^6$인데, 평행평판의 경우 층류와 난류를 구분하는 Rn, 즉 임계$Rn = Rn_c$는 2×10^5 정도이므로 실제 선박이나 해양구조물에 대해 그 주위의 유동을 대부분 난류로 보아야 할 것임을 알 수 있다[7].

5) 경계층이론(boundary layer theory)은 근대 유체역학의 핵심을 이루는 부분이며 유체역학에서 보다 자세하게 배우게 될 것이다.

6) 베르누이 방정식의 한 형태인 $\rho u^2/2 + p = \rho U^2/2 + p_0$에 $u = 0$을 대입하면 $p - p_0 = \rho U^2/2$을 얻으며, 이 압력을 정체압이라고 부른다.

7) 임계 Reynolds수(critical Reynold number)는 하나의 값을 가지는 것이 아니라 그림 9-5에 보인 바와 같이 꽤 큰 범위에 걸친 값을 가지며 2×10^5은 그 범위의 하한에 해당한다.

[예제 9-1]

물 속에서 움직이는 폭 $b = 1\,m$, 길이 $l = 10\,m$ 인 평행평판의 속도 $U = 1\,m/s$ 이다. 표준상태를 가정하면 본문 중에서 논의한 바와 같이 이 경우에 대한 $Rn = 8.74 \times 10^6$ 이므로 평판은 난류 유동 중에 있다. 식 (9.3)을 사용하여 이 평판의 양면에 작용하는 마찰저항을 구하시오.

[답]

식 (9.3)을 사용하여 마찰저항계수를 구하고자 할 때, 문제는 이 식에 Rn를 대입하면 C_F가 그냥 얻어지는 형태가 아니라는 점이다. 공학자들이 사용하는 경험식 중에는 이와 같은 형태의 식들이 많이 있는데, 이때 가장 쉽게 사용할 수 있는 방법으로 반복법이 있다. 반복법을 사용하기 위해서는 반복자(iterator)를 만들어야 하는데, 식 (9.3)을 다음과 같이 바꾸어 써 반복자로 사용하기로 한다.

$$\frac{1}{\sqrt{C_{n+1}}} = 4.13\log(RnC_n),\ 즉\ C_{n+1} = \frac{1}{\{4.13\log(RnC_n)\}^2},\ n = 0, 1, 2, \cdots \quad (예\ 9.1)$$

여기서 C는 표기의 편의상 C_F를 대체하여 쓴 것이며, C_0는 다음 식을 사용하여 구하기로 한다.

$$C_0 = 0.074Rn^{-1/5} \quad (예\ 9.2)$$

이 식은 식 (9.3)에 대한 근사식이지만 Rn가 10^7보다 커지면 너무 작은 값을 주는 결점이 있다. 식 (예 9.2)에 Rn를 대입하여 $C_0 = 3.03 \times 10^{-3}$을 얻으며, 이 결과를 식 (예 9.1)에 대입하여 다음을 얻는다.

$$C_1 = 3.00 \times 10^{-3} \quad (예\ 9.3)$$

한 번 더 위와 같은 방법을 반복하면 위의 값이 유효숫자 세 자리인 결과임을 확인할 수 있으므로 결국 다음을 얻는다.

$$C_F = 3.00 \times 10^{-3} \quad (예\ 9.4)$$

따라서 평판의 양면에 작용하는 마찰저항은 다음과 같다.

$$F_F = C_F\,bl\rho U^2 = 30\,N \quad (예\ 9.5)$$

여기서 물의 밀도 $\rho = 10^3\,kg/m^3$으로 하였다.

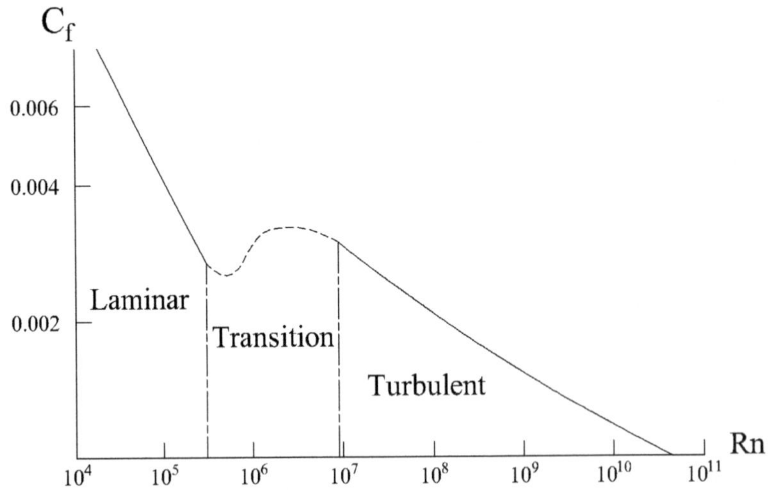

그림 9-5 *Rn*의 함수로 나타낸 마찰저항계수

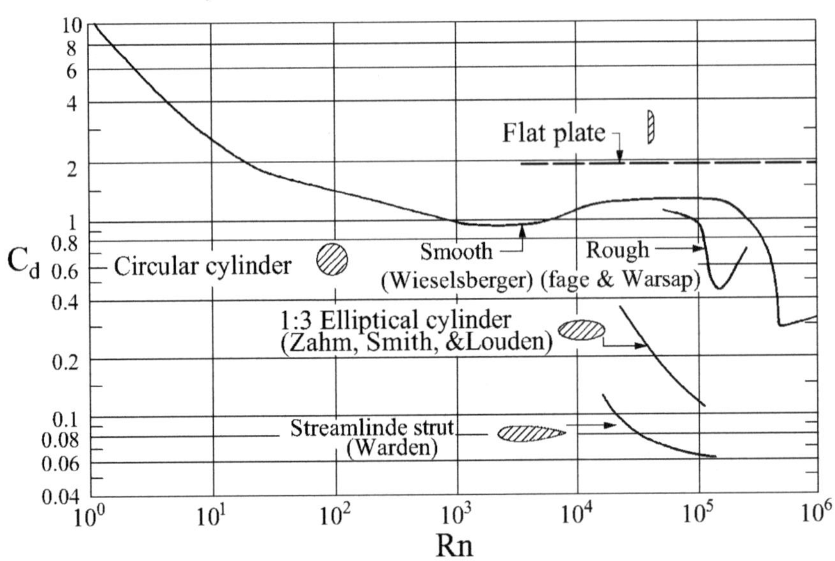

그림 9-6 원주 등 2차원 물체의 형상저항계수

위에서는 마찰응력에 기인하는 저항을 받는 평행평판에 대해 고찰하였으나, 배나 해양구조물과 같이 일반적인 형상을 가진 물체의 경우에는 마찰응력뿐만 아니라 물체 표면에 압력도 작용한다. 점성을 무시한 경우와 점성을 고려한 경우의 압력 분포가 현저하게 달라 실제 물체가 저항을 받게 되는 경우도 많다. 예를 들어 2차원 원주가 균일한 속도로 진행하는 유동 중에 있을 때, 점성을 무시하면 유체로부터 받는 힘이 영이 되는 것에 대해서는 앞에서도 언급한 바 있다. 점성을 무시하면 저항이 영이 되는 것은 원주의 앞쪽과 뒤쪽의 압력 분포가 동일하기 때문인데, 다시 말하면 전후 대칭이 되어 이들을 더하면 물체에 작용하는 합력이 영이 되기 때문이다. 그러나 점성을 고려하면 이와 같은 전후 대칭성이 깨지고 원주의 앞쪽에 작용하는 압력에 기인하는 힘이 뒤쪽에 작용하는 압력에 기인하는 힘에 비해 훨씬 큰 값을 가지게 되어 결과적으로 원주는 큰 저항을 받게 된다. 이와 같은 저항을 형상저항(form resistance), F_d라고 하며 통상 다음과 같이 무차원화된 형상저항계수를 사용하여 나타낸다.

$$C_d = \frac{F_d}{(A_p \rho U^2/2)} \tag{9.4}$$

C_d를 몇 가지 2차원 물체에 대해 Rn의 함수로 그림 9-6에 보였다. 여기서 A_p는 유동의 방향에 수직한 평면에 투영된 물체의 투영면적이며, 예를 들어 2차원 원주의 경우에는 $A_p = d$이다.

형상저항은 주로 물체 뒤쪽에 작용하는 압력이 감소하는 사실에 기인하는데, 이와 같은 압력 저하는 박리(separation)라고 부르는 현상의 결과이다. 박리는 물체 표면에 아주 가까운 곳에서 표면을 따라 이동하던 유체입자가 더 이상 물체 표면을 따라 흐르지 못하고 물체 표면으로부터 떨어져 나가기 때문에 발생한다. 일단 박리가 발생하면 박리가 발생한 점 뒤의 영역과 그 앞의 영역에 속하는 유체는 서로 분리되어 섞이지 않게 되며 뒤쪽의 물체 표면에는 상당히 작은 압력이 작용한다. 그림 9-6에서 확인할 수 있는 바와 같이 형상저항계수의 크기는 일반적으로 마찰저항계수보다 훨씬 큰 값을 가진다. 따라서 물체의 형상을 설계할 때, 가능하면 박리가 발생하지 않도록 노력하게 되며, 유선형 물체(streamlined body)는 바로 이러한 이유 때문에 만들어진 형태의 물체이다.

지금까지의 논의를 해양구조물의 부재에 대해 적용하면, 평판과 같은 형상을 가지는 부재는 마찰저항을 받을 것이며, 2차원 원주의 형상을 가지는 부재는 형상저항을 받을 것이다. 일반적인 형상의 부재는 마찰저항과 형상저항을 모두 받을 것이며, 이 때 박리가 물체의 뒤끝에 가까운 쪽에서 생기면 생길수록 형상저항의 영향은 작아질 것이다.

[예제 9-2]

물 속에서 움직이는 직경 $d=1\,m$, 폭 $b=10\,m$ 인 원주의 속도 $U=1\,m/s$ 이다. 그림 9-6을 사용하여 이 원주에 작용하는 형상저항의 대체적인 값을 구하시오.

[답]

먼저 표준상태를 가정하고 주어진 조건을 사용하여 Rn 를 구하면 다음과 같다.

$$Rn = \frac{\rho U d}{\mu} = 8.74 \times 10^5 \tag{예 9.6}$$

폭이 유한하지만 직경에 비해 상당히 크므로 2차원 원주의 결과를 사용하여도 큰 오차가 없을 것으로 생각할 수 있으며, 이 Rn 에 상응하는 C_d 의 값을 그림 9-6으로부터 읽으면 $C_d \simeq 0.3$ 을 얻으므로 형상저항은 다음과 같다.

$$F_d = C_d A_p \rho U^2/2 = 1.5\,kN \tag{예 9.7}$$

여기서 $A_p = db = 10\,m^2$ 를 사용하였다.

식 (예 9.5)에서 얻었던 평행평판의 마찰저항이 30 N 이었던 점을 고려하면 식 (예 9.7)의 결과는 50배에 해당하는 값이다. 비슷한 크기, 속도를 가지는 두 물체에 대해 형상저항을 고려해야 하는 경우의 저항이 마찰저항을 고려해야 하는 경우의 저항보다 일반적으로 매우 크다는 점을 확인할 수 있다.

9.3 수면파에 기인하는 힘

이 절에서 설명하는 내용은 흔히 Airy의 선형파이론(linear wave theory)으로 알려져 있다.

9.3.1 수면파의 형상과 분산관계식

바다에 파도가 없는 광경은 상상하기 힘들다. 해안가에서, 배 위에서 파도를 보며 도대체 어떤 힘

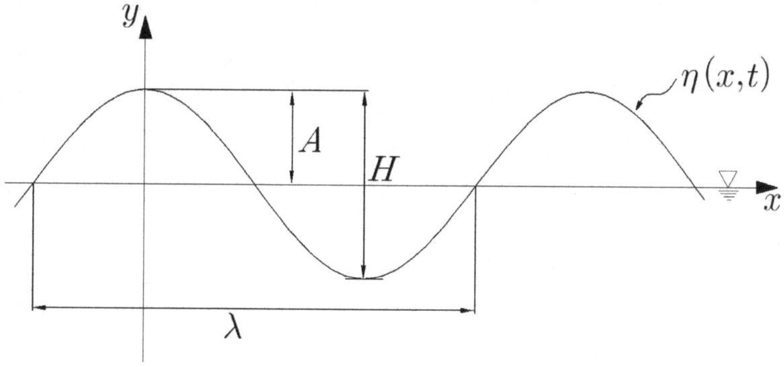

그림 9-7 일정한 속도로 진행하는 수면파와 좌표계

들이 저런 파도를 만들어 내는지 생각해 본 적이 있을 것이다. 바다에서 볼 수 있는 파도는 3.3절에서 설명한 바와 같이 대부분 바람에 의해 만들어진다. 바람 중에서도 특히 거대한 에너지를 가진 태풍(typhoon)이나 허리케인(hurricane), 사이클론(cyclone)과 같은 대규모 열대성 저기압들에 의해 파도는 만들어지는데, 한 번 만들어진 파도는 해안가에서 파도가 부서지면서 소실되는 에너지를 제외하고는 에너지 소모가 매우 작기 때문에 몇 년씩 대양을 누비고 다닌다.

이와 같은 파도를 우리가 알고 있는 지식을 사용하여 설명하고자 하는 시도는 당연히 역학의 발전과 더불어 시작되었다. 그러한 노력의 일환으로 1840년 Airy에 의해 얻어진 발견 중 매우 중요한 사실은 수표면에 발생하는 파도의 형상을 우리가 잘 아는 조화함수(harmonic function), 즉 사인이나 코사인 함수로 나타낼 수 있다는 것이다. 물의 표면에 생기는 일정한 속도로 진행하는 파도, 즉 진행하는 수면파(water surface waves)를 조화함수를 사용하여 나타낼 때, 이 함수는 몇 개의 매개변수를 포함한다. 진행파를 다음과 같이 쓸 수 있다고 하면(그림 9-7),

$$\eta(x,t) = A\cos(kx - \omega t) \tag{9.5}$$

이 식은 공간과 시간을 나타내는 x, t 이외에도 A, k, ω의 세 매개변수를 포함한다. 여기서 A는 진폭(amplitude)이라고 부르며 파도의 크기를 나타내고, k는 파수(wave number), ω는 진동수(frequency)라고 부른다. 또한 $H = 2A$는 파고(waveheight)라고 부르며 파저에서 파정까지의 수직거리를 나타낸다. k와 ω는 각각 공간과 시간에 대한 수면파의 주기성을 나타내는 양이다. 파도의 파장을 λ라고 하면 조화함수의 주기는 2π이므로, $k\lambda = 2\pi$, 즉 $k = 2\pi/\lambda$로부터 k는 단위길이당 파도의 수에 2π를 곱해준 양임을 알 수 있고, 예를 들어 파장이 $10\,m$인 파도의 파수는 $0.2\pi\ rad/m$가 된다. 또한 파도의 주기(period)를 T라고 하면 같은 논리에 의해 $\omega = 2\pi/T$가 되므로, 만약 주기가 $10\,s$라면 진동수는 $0.2\pi\ rad/s$가 된다. 여기서 파도 하나를 2π에 상응하는 양으로 보았으므로, rad의 단위가 사용된 점에 유의한다.

식 (9.5)가 진행하는 수면파를 나타내기 위해서는 중요한 제한이 가해진다. 진폭 A를 파도의 파장 λ로 나누어 준 값은 수면파의 기울기를 나타내는 척도라고 볼 수 있으며, 파도의 경사도(steepness)라고 불리는데, 식 (9.5)는 A/λ, 즉 경사도가 $1/50$보다 작은 경우에만 실제와 잘 맞는 결과를 준다는 점이다. 실제로 먼 바다에서 우리가 쉽게 볼 수 있는 대부분의 파도는 이 제한을 만족하며, 따라서 매우 경사도가 작은 파도들이다.

수면파에 대한 유체역학적 지식의 가장 기본적인 내용(또는 Airy의 선형파이론의 가장 중요한 내용)은 위에서 언급한 매개변수 중 k와 ω가 서로 독립적으로 정해질 수 없고, 수심이 깊은 경우에는 다음과 같은 일정한 관계를 가진다는 사실이다[1].

$$\omega^2 = gk = \frac{2\pi g}{\lambda} \tag{9.6}$$

여기서 g는 중력가속도이며, 이 식은 수면파에 대한 분산관계식(dispersion relation)이라고 불리는데, 그 이유는 아래에서 설명하는 바와 같다.

먼저 식 (9.5)에서 조화함수의 자변수(argument)인 $kx - \omega t$는 위상(phase)이라고 부르는데, 이를 다음과 같이 변형하면

$$kx - \omega t = k(x - ct) \tag{9.7}$$

$c = \omega/k = \lambda/T$를 얻는다. 이 c는 속도의 차원을 가지며 파도의 위상, 또는 형상이 x축의 양의 방향으로 움직이는 속도이므로 위상속도(phase speed)라고 불린다. $c^2 = \omega^2/k^2$이므로 여기에 식 (9.6)을 대입하면 다음 결과를 얻는데,

$$c^2 = gk/k^2 = g/k = (g/2\pi)\lambda \quad \Rightarrow \quad c = \sqrt{g/2\pi}\,\sqrt{\lambda} \simeq 1.25\sqrt{\lambda} \tag{9.8}$$

이 식에 따르면 수면파의 위상속도는 파장의 제곱근에 비례하며, 그 비례상수는 1.25이다. 예를 들어 파장이 $100\,m$인 파도의 위상속도는 $12.5\,m/s$로 지구 상에서 가장 빠른 사람보다 더 빠르다. 여기

서 유의할 점은 파장이 긴 파도는 파장이 짧은 파도보다 빨리 움직인다는 것이다. 어느 시점에 파장이 다른 파도들이 한 곳에 모여 있고 일정한 방향으로 움직이는 경우를 생각하면, 시간이 흐를수록 긴 파도는 앞 쪽으로 나아가고, 짧은 파도는 뒤 쪽으로 쳐질 것이며, 따라서 처음에는 한 곳에 모여 있던 파도들이 점점 더 길어지는 넓은 공간을 차지한다. 이와 같은 현상을 분산(dispersion)이라고 부르며, 분산의 원인은 바로 식 (9.8) 또는 식 (9.6)에 의해 주어지므로, 식 (9.6)을 분산관계식이라고 부른다.

수면파의 형상을 나타내는 식 (9.5)와 관련하여 얻을 수 있는 또 하나의 주요한 정보는 수면파가 진행할 때 운동하는 유체입자들의 속도이다. 식 (9.5)에 나타나는 세 개의 매개변수를 사용하여 속도의 차원을 가지는 양을 조합해 보면 위상속도 외에도 $A\omega$ 라는 양을 생각할 수 있는데, 이 양이 바로 수면파가 진행할 때, 수면 상에 있는 유체입자들의 속도의 크기이다. 또한 가속도의 크기는 $A\omega^2$ 으로 주어지는데, 이 양들은 차후 5절에서 긴요하게 사용될 것이다.

[예제 9-3]

진폭 $A = 1\,m$, 파장 $\lambda = 64\,m$ 인 수면파에 대해 수면에 있는 유체입자의 속도 및 가속도의 크기와 위상속도를 구하시오.

[답]

먼저 위상속도는 식 (9.8)을 사용하여 다음과 같이 얻는다.

$$c = \sqrt{(g/2\pi)\lambda} = 1.25\sqrt{\lambda} = 10.0\,m/s \tag{예9.8}$$

진동수 ω 는 분산관계식인 식 (9.6)으로부터 다음과 같이 얻으며,

$$\omega = \sqrt{gk} = \sqrt{2\pi g/\lambda} = 7.85/\sqrt{\lambda} = 0.98\,rad/s \tag{예9.9}$$

수면에 있는 유체입자의 속도의 크기 $u_0 = A\omega$, 가속도의 크기는 $a_0 = A\omega^2$ 으로 각각 주어지므로 다음 결과를 얻는다.

$$u_0 = 0.98\,m/s\,,\ a_0 = 0.96\,m/s^2 \tag{예9.10}$$

9.3.2 수면파의 회절

수면파의 또 다른 중요한 성질은 회절(diffraction)이다. 예를 들어 그림 9-8에 보인 바와 같이 단위 진폭의 파도가 매우 긴 방파제를 향하여 들어오는 경우를 생각해 보자. 만약 파도가 빛처럼 직진한다고 하면, 방파제 뒤 쪽($x>0$, $y>0$)은 소위 그림자에 해당하므로 파도의 진폭이 영이고, 그렇지 않은 쪽($x>0$, $y<0$)은 단위 진폭을 가져야 한다. 그러나 우리의 경험상 그와 같은 일은 발생하지 않으며, 그림자 부분에서 y가 증가하면 진폭이 영으로 수렴하며, $y<0$인 구역에서는 y의 절대값이 증가하면 진폭이 1로 수렴하는 것을 알고 있다. 다시 말하면 수면파가 진행하다가 물체를 만나면 물체 주변을 포함한 상당히 큰 범위에 걸쳐 파도의 크기에 변화가 생긴다. 이와 같은 현상을 회절이라고 하며, 진행하는 수면파가 물체의 존재에 의해 변화하면 물체는 반작용에 의해 그에 상응하는 힘을 받게 된다.

물체가 진행하는 수면파 중에 있을 때, 물체를 향해서 진행하는 파, 즉 입사파(incident waves)의 파형은 회절에 의해 변화할 것이며, 한편 물체는 이에 상응하는 힘을 받게 된다. 해양구조물의 경우에도 이와 같은 회절 현상에 의해 영향을 받는다. 회절 현상은 물체의 크기가 파장에 비해 매우 작으면 무시할 수 있을 만큼 작아질 것이다. 예를 들어 파장이 $10\,m$인 파도는 수면 상에 떠 있는 맥주병에 의해 거의 변화되지 않은 채 진행할 것이다. 또한 물체의 길이가 파장에 비해 매우 크다면 그와 같은 파도가 물체에 가하는 힘 또한 그리 크지 않을 것이므로, 물체의 크기와 파장의 상대적인 크기에 따라서 회절에 기인하여 물체에 가해지는 힘의 중요성이 변화함을 알 수 있다.

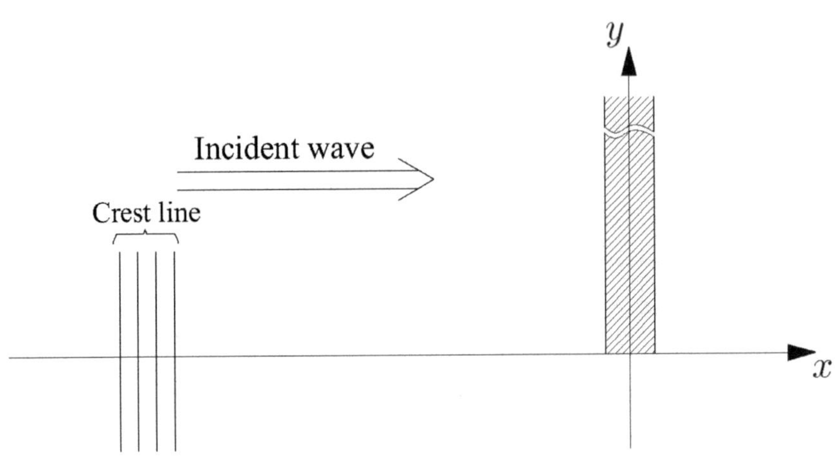

그림 9-8 수면파의 회절

9.3.3 수심의 영향

지금까지는 수심이 대단히 깊은 경우에 대해서 고려하였다. 해양파는 대부분 깊은 바다에서 생성되어 해안을 향해서 진행하는데, 해안에는 우리가 사용하는 많은 시설, 구조물들이 있기 때문에 수심이 점차 작아지면 파도에 어떤 변화가 생기는지를 아는 것, 또한 주요한 과제이다. 해양구조물 특히 석유 생산용 해양구조물은 근해(offshore)에서부터 설치되기 시작하여 점차 깊은 바다로 이동해 나갔기 때문에 지금도 많은 수의 해양구조물이 근해에 설치되어 사용되고 있다.

수심이 감소하더라도 파도의 형상을 식 (9.4)와 같은 조화함수로 나타내는 것은 매우 좋은 근사이다. 다만 분산관계식에 변화가 생기는데, 유체역학의 기본적인 방정식들을 사용하면 식 (9.6) 대신에 수심 h가 유한한 경우에 대한 다음과 같은 분산관계식을 얻는다[1].

$$\omega^2 = gk \tanh kh \tag{9.9}$$

물론 $h \to \infty$ 인 경우에 $\tanh kh \to 1$ 이므로 위의 식은 식 (9.6)으로 환원됨을 확인할 수 있다. 식 (9.9)는 수심 h가 일정하다는 가정 하에 얻어진 결과이지만 수심이 매우 서서히 변화하는 경우에도 식 (9.9)를 사용하여 충분히 정확한 결과를 얻을 수 있다.

해안에서와 같이 수심 h가 감소하는 경우, 다시 말하면 해저지형이 시간에 따라 변화하지 않는 것으로 가정할 수 있는 경우에는, 파도의 진동수는 수심의 변화에 따라 변화하지 않는다. 따라서 진동수 ω를 주어진 양으로 간주하고 식 (9.9)를 k에 대해 풀어 파수를 구할 수 있다. 식 (9.9)에서 tanh 함수의 값은 항상 1보다 작으므로, ω의 값이 일정할 경우 h가 감소함에 따라 k는 증가할 것임을 알 수 있으며, 따라서 파도는 해안선에 접근할수록 파장이 짧아진다. 또한 에너지보존법칙을 적용하면 수면파의 진폭 A는 해안가에 접근할수록 증가함을 보일 수 있어 결국 파도의 경사도, A/λ는 증가한다. 한편 위에서 지적한 대로 수면파를 식 (9.5)와 같은 조화함수를 사용하여 간단히 표현할 수 있기 위해서는 $A/\lambda < 1/50$가 만족되어야 하므로, 수심이 어떤 값보다 작아지면 식 (9.5)로 수면파를 표현하는 것이 더 이상 정확한 결과를 주지 않을 것임을 알 수 있다. 또한 이와 같은 A/λ의 증가는 궁극적으로는 결국 파도가 너무 가파러져 부서지는 쇄파(breaking waves) 현상을 초래한다.

'수심 h가 감소함에 따라 파수 k는 증가한다'는 사실은 수면파를 이해하는데 매우 중요한 또 하나의 단서를 제공한다. 먼 바다에서 해안 쪽으로 비스듬하게 들어오는 파도가 있다고 하면, 이 파도는 해안에 접근하면서 수심이 감소함에 따라 그 진행 방향 또한 변화하게 된다.

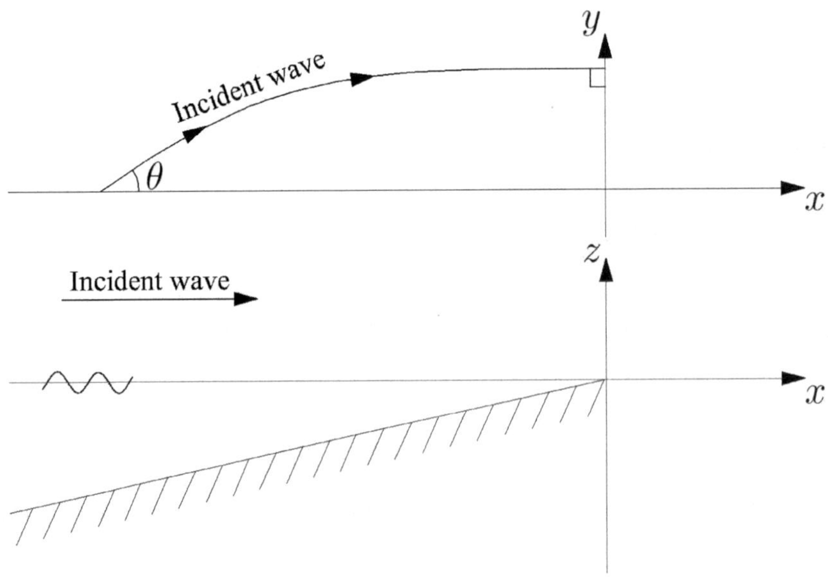

그림 9-9 해안에서의 수면파의 굴절

그림 9-9와 같이 수심의 변화가 x좌표만의 함수로 주어지는 경우를 생각하자. 수면파가 먼 바다에서 x축으로부터 θ인 방향으로 진행하고 있다고 하면 먼저 이와 같은 파도를 어떻게 나타낼 것인지 생각해 보자. 파도의 진행방향을 ξ방향이라고 하면 식 (9.5)에서 x를 ξ로 바꾸어 파도의 위상을 $k\xi-\omega t$로 쓸 수 있다. 여기서 $\hat{e}$를 ξ방향의 단위벡터라고 하고, 파수벡터 $\underline{k}=k\hat{e}$로 정의하자. 임의의 점의 위치벡터 $\underline{x}=(x, y)$라고 하면, 벡터 내적 또는 스칼라곱(scalar product)의 정의에 따라 $\xi=\hat{e}\cdot\underline{x}$이므로 다음을 얻는다.

$$k\xi-\omega t=k\hat{e}\cdot\underline{x}-\omega t=\underline{k}\cdot\underline{x}-\omega t \tag{9.10}$$

따라서 $\underline{k}=k\hat{e}$는 파도의 진행 방향과 파수의 크기를 나타내는 벡터인데, $\underline{k}=(k_x, k_y)$와 같이 쓸 수도 있으므로, 파수벡터는 x방향과 y방향의 파수 k_x, k_y를 각각 그 성분으로 하는 벡터이기도 하다.

이제 파도가 먼 바다에서 x축으로부터 어느 정도 떨어진 방향으로 진행하고 있다고 하면, 해안에 근접하면서 y방향으로는 수심이 일정하므로 파수 k_y는 변화할 이유가 없으나, x방향의 파수 k_x는 수심의 감소에 따라 증가하므로, 결국 파도의 진행 방향이 점차 해안선, 즉 y축에 수직한 방향으로 변화할 것이다. 이와 같이 수심이 변화함에 따라 파도의 파수가 변화하고 또 진행 방향이 바뀌는 현상은 굴절(refraction) 현상이라고 불린다. 일반적으로 해저 지형은 해안에 가까운 곳에서는 해안에 평행한 방향으로는 큰 차이가 없으므로, 해안에서 우리가 보는 파도들이 대개 해변에 평행한 파정선(wave crest line)을 가지고 해안 쪽으로 들어오는 것을 볼 수 있다.

9.4 가속유동장 중에 놓인 물체가 받는 힘

먼 바다에 해양구조물을 설치하는 경우, 수심이 어느 정도, 예를 들어 500 m보다 더 깊어지면, 고정식(fixed type) 보다는 부유식(floating type)이 더욱 경제적이다. 이와 같은 부유식 해양구조물은 파도 중에서 회절 등의 현상으로 파도를 변형시키기도 하지만, 동시에 파도가 지나감에 따라 변화하는 유동장에 기인하는 힘도 받게 된다.

이하에서는 가속유동장 중에 놓인 물체가 받는 힘을 생각하기 전에 먼저 정지해 있는 유체 중에서 가속운동을 하는 물체가 받는 힘에 대해 생각한다. 정지해 있는 유체 중에서 물체가 가속운동을 하기 위해서는 주변의 유체도 가속시켜야 하며, 이에 따라 그 반작용에 상응하는 힘을 물체는 유체로부터 받게 된다.

9.4.1 정수 중에서 가속운동하는 물체

수면파를 포함하는 문제에 대해 파도 현상을 고려하여 유체 유동을 구하는 것은 일반적으로 상당한 시간과 노력을 요하므로, 수면의 존재를 무시하고 먼저 무한히 넓은 유체 중에서 물체가 동일한 가속운동을 하는 경우, 물체는 유체로부터 어떤 힘을 받는가를 생각하는 것이 보통이다. 물론 부유식 해양구조물이 수면 상에서 가속운동을 하면 파도가 만들어지므로 이에 상응하는 에너지 소모가 있으며, 이에 따라 물체 또한 유체로부터 힘을 받지만, 이 성분, 즉 조파감쇠력(wave damping force)은 일단 무시하기로 한다.

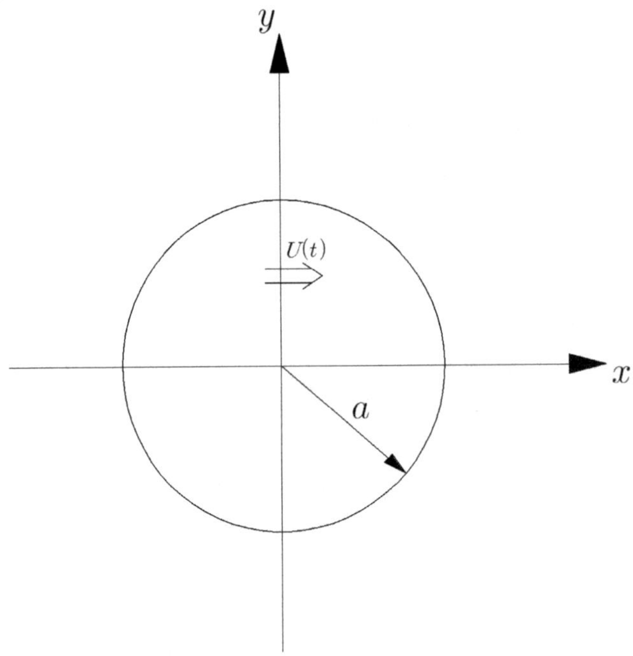

그림 9-10 무한히 넓은 유체 중에서 가속운동하는 2차원 원주

물체가 정지해 있는 무한히 넓은 유체 중에서 가속운동을 하는 대표적인 경우로 반경이 a인 2차원 원주가 x방향으로 시간에 따라 변화하는 속도 $U(t)$로 움직이는 경우를 생각하자(그림 9-10). 원주 주위의 유체는 원주의 속도에 따라 매 시각 달라지는 속도 분포를 가지게 되며, 따라서 유동장 전체에 대해 유체의 운동에너지 $E_K(t)$를 구하면 이 양 또한 매 시각 다른 값을 가지는 시간의 함수가 될 것이다. 일-에너지 원리에 따르면 이와 같은 에너지의 변화량은 원주가 유체에 대해 단위시간당 한 일에 의해 공급되므로, 물체가 유체에 가한 x방향의 힘(이 힘은 유체가 물체에 가한 힘과 크기는 같고 방향은 반대이다) $F_a(t)$와 단위시간당 물체가 움직인 거리 $U(t)$의 곱과 같아야 하므로 다음 결과를 얻는다,

$$\frac{dE_K}{dt} = F_a U \tag{9.11}$$

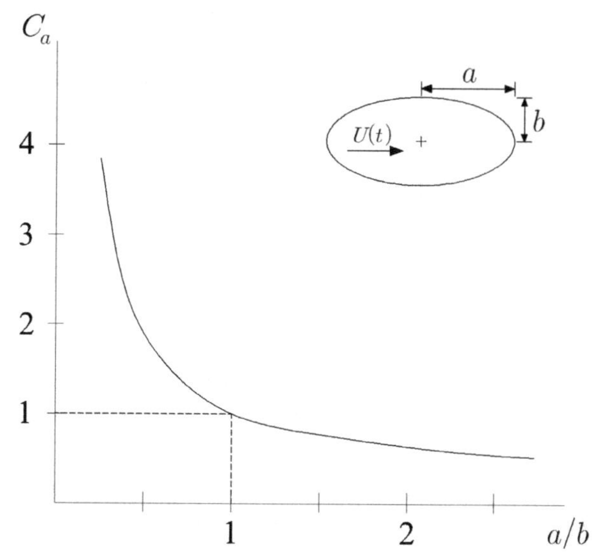

그림 9-11 2차원 타원체의 부가질량계수

여기서 $E_K(t)$를 원주가 배제한 유체의 질량 $M=\rho\pi a^2$을 사용하여 다음과 같이 무차원화하기로 하면, $C_a = E_K / (MU^2/2)$, 식 (9.11)로부터 다음을 얻는다.

$$\frac{d(C_a MU^2/2)}{dt} = C_a MU\frac{dU}{dt} = F_a U,\ 즉\ F_a = C_a M\frac{dU}{dt} \tag{9.12}$$

이 식을 얻는데 C_a는 시간에 따라 변화하지 않는 양임을 가정하였는데, 이와 같은 가정은 물체의 모양이 시간에 따라 변화하지 않으면 사실과 부합된다.

식 (9.12)의 마지막 결과는 유동장의 운동에너지를 무차원화한 계수 C_a가 한편으로는 물체가 가속시킨 유체의 질량을 원주가 배제한 유체의 질량으로 무차원화한 양으로 간주할 수도 있음을 보여주고 있다. 이 계수 C_a는 일반적으로 부가질량계수(added mass coefficient)라고 불리며, 2차원 원주에 대해서는 $C_a = 1$임을 보일 수 있다[3].

그림 9-11에 x방향 반경이 a, y방향 반경이 b인 2차원 타원체(ellipsoid)에 대한 C_a의 값을 a/b의 함수로 보였다. 물론 C_a를 무차원화하는 데는 질량 $M=\rho\pi ab$를 사용하였으며, 물체는 x방

향으로 가속운동을 한다. $a/b=1$인 원주를 중심으로 $a>b$이면 $C_a<1$, 또 $a<b$이면 $C_a>1$로 반경비 a/b가 감소할수록 부가질량계수 C_a가 증가하는 것을 확인할 수 있다.

9.4.2 가속유동장 중에 정지해 있는 물체

다음으로는 가속유동장 중에 물체가 놓여 있는 경우를 생각하자. 이 문제는 사실 위에서 생각했던 문제, 즉 정지해 있는 유체 중에서 물체가 가속운동을 하는 문제에 음의 x방향으로 $U(t)$를 더해준 것과 동일한 문제이다. 이와 같은 유동장에 대한 해는 비교적 초보적인 방법을 사용하여 얻을 수 있으며, 얻어진 해를 사용하여 물체의 표면에 작용하는 압력을 구하고 그 압력의 x방향 성분을 물체 표면에 대해 적분하여 x방향으로 작용하는 힘을 구할 수 있다[3].

이와 같이 얻은 힘 F_v도 식 (9.12)에서와 유사하게 $M\frac{dU}{dt}$로 무차원화하면 다음과 같이 쓸 수 있다.

$$F_v = C_v M \frac{dU}{dt} \tag{9.13}$$

이 식에서 무차원계수 C_v는 가상질량계수(virtual mass coefficient)라고 불리며, 2차원 원주에 대해서는 $C_v=2$임을 보일 수 있다. 일반적인 물체에 대해서는 다음 관계가 성립하며,

$$C_v = 1 + C_a \tag{9.14}$$

여기서 우변의 1은 통상 가속유동장의 부력(buoyancy)에 기인하는 항이라고 부른다. 물론 2차원 원주에 대해서는 $C_a=1$이므로 위에서 언급한 결과와 일치하며, 또 타원체에 대해서는 그림 9-11에 보인 C_a의 값을 사용하여 가상질량계수 C_v를 얻을 수 있다.

다양한 형상의 물체에 대해 부가질량계수의 값이 얻어져 있으므로 이들 결과를 사용하면 무한히 넓은 가속유동장 중에 놓인 물체가 받는 힘을 쉽게 구할 수 있다. 물론 이와 같은 방법으로 얻은 힘에는 앞에서 언급한 조파감쇠력이 포함되어 있지 않으므로 매우 정확한 결과는 아니다. 그러나 9.5절에서 논의할 바와 같이 물체와 파도의 상대적인 크기에 따라 조파감쇠력이 그렇게 중요하지 않은 범위도 있으므로, 이와 같은 제한점에 잘 유의하여 위의 결과를 사용한다면 공학적인 목적으로 설계를 위한 값들을 얻어 내는 데는 충분히 정확한 값을 얻을 수 있다.

[예제 9-4]

직경 $d = 1\,m$, 폭 $b = 10\,m$ 인 원주가 수면에 매우 가까운 곳에 떠있다. 이 물체를 향해 진폭 $A = 1\,m$, 파장 $\lambda = 64\,m$ 인 수면파가 들어올 경우, 부가질량계수에 기인하여 이 물체에 작용하는 힘을 구하시오.

[답]

주어진 파도에 상응하는 수면 상에 있는 유체입자의 가속도의 크기는 [예제 9-3]에서 식 (예 9.10)으로 구하였다. 이 결과를 식 (9.13)에 대입하여 물체에 작용하는 힘을 구하면 다음을 얻는다.

$$F_v = C_v M \frac{dU}{dt} = 15.1\,kN \qquad (예\ 9.11)$$

여기서 $C_v = 2$, $M = \rho b \pi d^2/4 = \pi \times 2.5 \times 10^3 = 7.85 \times 10^3 kg$, $dU/dt = a_0 = 0.96\,m/s^2$ 을 사용하였다. 식 (예 9.11)에서 얻어진 값은 [예제 9-2]에서 얻었던 동일한 원주의 형상저항에 대한 결과, 식 (예 9.7)의 $1.5\,kN$의 열 배에 해당하는 값이다.

이 예제의 결과처럼 물체가 가속유동장 중에 있기 때문에 받는 힘이 유체의 점성에 기인하는 힘보다 항상 큰 것은 아니며, 이와 같이 두 가지 다른 요인에 의해 물체가 받는 힘의 상대적인 중요성을 결정하는 문제에 대해서는 다음 절에서 고려할 것이다.

9.5 해양구조물에 작용하는 유체력

9.2, 9.3, 9.4절에서는 유체의 점성과 가속유동장에 기인하여 물체가 받는 힘의 특성과 그 산정에 대해 논의하였다. 또한 [예제 9-4]에서는 두 가지 힘의 크기의 상대적인 중요성에 대해서 간략하게 살펴 보았다. 이 절에서는 해양구조물의 설계 시에 일반적으로 사용하는 힘의 산정 방법에 대해 살펴 보는데, 이 절의 내용은 흔히 Morison의 근사이론이라고 불린다.

먼저 직경 d인 2차원 원주에 작용하는 힘을 점성에 기인하여 작용하는 형상저항 F_d와 원주가 가속유동장 중에 있기 때문에 받는 힘 F_v로 대별하여 이 두 힘의 상대적인 크기를 비교해 보자. 형상저항 또는 점성력으로도 불리는 F_d는 식 (9.4)로부터 다음과 같이 쓸 수 있고,

$$F_d = \frac{1}{2}\rho U^2 d\, C_d \tag{9.15}$$

가속유동장 중에 있기 때문에 받는 힘, 또는 관성력으로도 불리는 F_v는 식 (9.13)으로부터 다음과 같이 쓸 수 있다.

$$F_v = \rho\frac{\pi d^2}{4}\frac{dU}{dt}C_v \tag{9.16}$$

여기서 속도 U와 가속도 dU/dt에 대해 [예제 9-3] 위에서 논의한 바와 같이 $U = A\omega$, $dU/dt = A\omega^2$를 사용하기로 하면 두 힘의 비에 대해 다음 결과를 얻는다.

$$\frac{F_d}{F_v} = \frac{C_d}{2\pi}\frac{H}{d} \tag{9.17}$$

여기서 $C_v = 2$를 사용하였으며, $H = 2A$로 파고이다. 이 결과에 따르면 점성력과 관성력의 비는 H/d에 비례하며 그 비례상수 $\alpha = C_d/2\pi$이다. 그림 9-6에서 알 수 있는 바와 같이 $C_d \approx 0.3$이므로, $\alpha \approx 0.05$이다. 그러므로 $H/d > 50$이면 점성력이, $H/d < 5$이면 관성력이 물체에 작용하는 힘의 지배적(dominant)인 성분이 될 것이다.

원형 단면을 가진 해양구조물의 부재가 파도 중에서 받는 지배적인 힘은 따라서 파도의 파고와 원주의 직경의 비에 따라 달라지는데, 파고가 직경보다 매우 클 때는 점성력만, 그리고 직경보다 작거나 같을 때는 관성력만 고려하여도 큰 오차가 발생하지 않을 것이다.

이와 같은 상황을 $\frac{\lambda}{d} - \frac{H}{d}$ 평면에 도시하면 그림 9-12와 같은 결과를 얻는다. 여기서 $H = \lambda/7$라는 직선은 깊은 바다에서 파도가 가질 수 있는 최대 경사도(maximum steepness)로부터 주어진 것이며, 실제로 바다에서 만나게 되는 파도는 $H = \lambda/7$로 주어지는 직선의 우하부에 있는 점들에 상응한다. 그러므로 위의 결과에 따르면 해양구조물의 부재에 작용하는 힘을 선정하기 가장 어려운 경우는 점성력과 관성력의 크기가 비슷하다고 볼 수 있는 $H/d \in [5, 50]$에 속하는 때이다.

그림 9-12에는 영역 1, 2, 3, 4로 구분하여 표시하였는데, 영역 1과 영역 2에서는 관성력이 지배적이며, 영역 4에서는 점성력이 지배적임은 위에서 논의한 바 있다. 영역 3에 대해서는 현실적으로

양자의 요인을 모두 고려하여 정확한 해를 얻는 것이 많은 시간과 노력을 요하므로 설계 시에는 부정확성을 알면서도 점성력과 관성력의 합을 물체가 받는 것으로 간주하여 다음과 같은 Morison공식(Morison formula)으로 불리는 식을 사용하여 근사한다.

$$F = F_d + F_v = \frac{1}{2}\rho U^2 d C_d + \rho \frac{dU}{dt}\frac{\pi d^2}{4} C_v \tag{9.18}$$

9.2절에서 점성력을 얻을 때는 일정한 속도로 움직이는 원주를 고려하였으나, 점성력을 계산할 때는 파도에 기인하는 속도, 즉 시간에 따라 변화하는 속도를 사용해야 하며, 이는 명백히 가정과 배치된다. 또한 관성력을 구할 때는 유체의 점성을 무시하고 구하였으므로 관성력을 구하는 식은 점성이 있는 유체에 대해서는 명백히 합리적인 근사라고 간주하기 힘들다. 따라서 위의 식 (9.18)은 많은 모순을 내포하고 있지만 지난 수십 년 동안 이 식을 사용하여 해양구조물을 설계해 오고 있다.

한편 영역 1은 관성력이 지배적인 영역이지만, $\lambda/d < 1$이 되면, 즉 파도의 파장이 물체의 길이보다 짧은 경우에는 회절 현상이 지배적이 되어 물체에 의해 파도가 간섭되는 것을 무시할 수 없는 경우가 된다. 이때는 유체의 점성은 무시하되, 수표면의 영향은 고려하여 문제를 풀 수 있으며, 물체의 간섭 또는 조파에 의한 힘, 즉 조파감쇠력도 고려하여 물체에 작용하는 힘을 구한다.

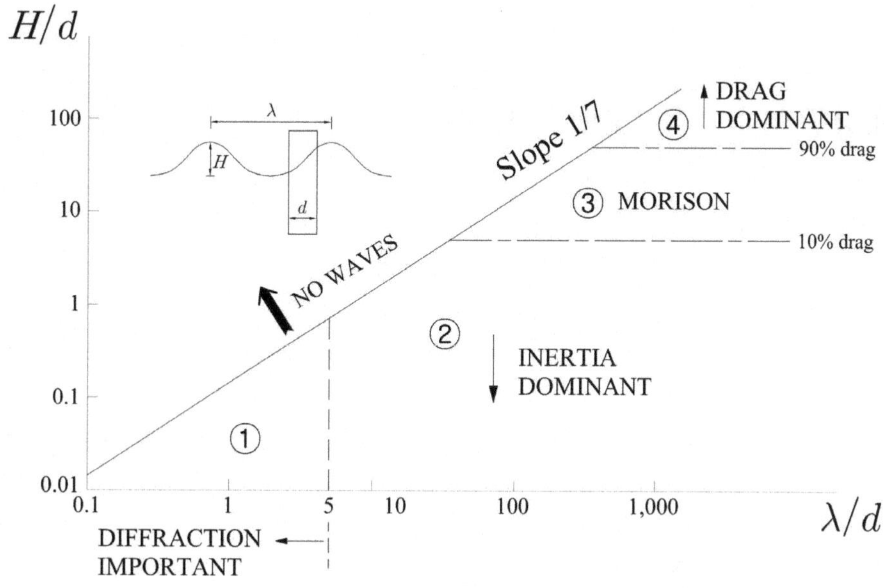

그림 9-12 파도 중의 2차원 원주에 작용하는 힘의 산정

[예제 9-5]

위의 [예제 9-4]에서 고려한 경우, 즉 원주의 직경 $d = 1\,m$, 폭 $b = 10\,m$, 수면파의 진폭 $A = 1\,m$, 파장 $\lambda = 64\,m$인 경우가 그림 9-12의 어떤 영역에 속하는지 구하고 [예제 9-4]에서 얻은 결과와 비교하여 고찰하시오.

[답]

먼저 λ/d와 H/d를 구하면 다음과 같으므로,

$$\lambda/d = 64, \quad H/d = 2 \tag{예9.12}$$

이 경우는 그림 9-12의 영역 2에 속하며, 이 영역에 대해서는 관성력이 지배적이므로, 관성력만 고려하여도 크게 틀리지 않는 근사해를 얻을 수 있다. [예제 9-4]에서 얻었던 결과는 관성력이 점성력의 열배에 해당하므로 이와 같은 추론과 큰 차이가 없음을 알 수 있다.

9.6 해양공학수조와 모형시험

앞에서 논의한 바와 같이 해양구조물에 작용하는 힘을 계산할 때, 경우에 따라서는 근사적인 계산 결과를 사용하여 설계를 수행하고 있으므로, 설계를 최종적으로 확정짓기 전에 매우 정밀한 계산이나 또는 실험을 수행하여 설계 시 사용했던 여러 가지 근사들이 타당한 결과를 주고 있는지 확인할 필요가 있다.

해상에서 해양구조물이 처하게 될 상황을 실험실에서 재현하기 위해서는 다양한 시설과 장비들을 갖추어야 한다. 먼저 해양공학수조는 예인수조와는 달리 가로와 세로의 길이가 그렇게 차이 나지 않는 사각형의 형상을 가지고 있어 사각수조(square basin)라고도 불린다. 이는 시험을 실시하는 모형을 수평면 상에서 가로, 세로 방향으로 모두 움직일 수 있도록 하며, 또한 조파기를 사각형의 두 변에 ㄱ자 모양으로 설치하여 임의의 방향으로 진행하는 파도를 만들어 낼 수 있도록 하기 위해서이다. 그림 9-13에 MOERI 해양공학수조의 두 가지 모습을 보였다. 위는 전체적인 구조를 알기 쉽도록 실제에 가깝게 그린 그림이며, 아래는 내부를 가능한 한 다 보이도록 찍은 사진이다. 모형을 장착하고 가

로, 세로로 움직일 수 있게 하는 평면운동대차(planar motion carriage)를 볼 수 있으며, 해류를 모사하기 위한 해류생성장치도 볼 수 있다. 또한 수조의 두 변에는 조파기(wave maker)가 설치되어 있으며 나머지 두 변에는 소파기(wave absorber)가 설치되어 벽면에서의 반사를 최소화하고 있고, 바람을 모사하기 위해서는 이동식 송풍기를 사용한다. 이와 같은 장비들을 사용하여 해양구조물이 받는 가장 주요한 하중들인 바람, 해류, 파도에 기인하는 하중들을 재현할 수 있다. MOERI 수조의 시험구역의 크기는 길이×폭×깊이가 56×30×4.5 m 이며, 또한 가운데에 깊이 12 m, 직경이 5 m 인 심

그림 9-13 해양공학수조의 전경(MOERI)

정(deep pit)을 가지고 있어 모형시험 시 발생할 수 있는 수심에 대한 제약을 덜 받을 수 있고, 또 특별히 깊은 곳에 위치하는 구조물, 예를 들어 라이저나 해저 생산시설 등에 대한 시험을 수행할 수 있도록 되어 있다.

평면운동대차는 컴퓨터로 제어되며, 원운동, 평면운동을 할 수 있도록 되어 있어 일반 선박의 운동 및 조종 시험을 수행할 수 있다. 원래 사각수조는 선박의 운동 및 조종 시험을 위한 수조로 고안되었으나, 해양공학의 발전에 따라 해양구조물의 시험에 더욱 다양하게 사용되고 있다. 저항시험을 위한 예인수조는 길이방향의 한쪽 벽면에만 조파기가 설치되어 매우 제한적인 입사파밖에 만들 수 없지만, 평면운동대차를 사용하고 또 임의방향의 사파(oblique wave)를 생성할 수 있는 해양공학수조에서는 훨씬 더 일반적인 운동 및 조종 관련 시험이 가능하다. 그림 9-14에는 선박의 운동성능 시험(좌)과 반잠수식 리그의 동적위치제어 시험(우)을 보였다. 조파기는 실제 해상에서의 파도를 재현하기 위해 임의방향으로 진행하는 불규칙파를 생성할 수 있으며, 이를 위해 조파기는 142개의 피스톤형 유닛(unit)으로 구성되어 있다.

해양공학수조에서의 모형시험도 저항, 추진시험과 마찬가지로 역학적 상사를 보장하기 위해서는 차원해석을 수행하여 그 결과 얻어지는 여러 가지 무차원상수들을 같도록 해 주어야 한다. 이들 무차원상수에는 프루드수와 레이놀즈수가 포함되는데, 파도와 관련된 시험을 수행하는 경우, c는 파도의 위상속도, g는 중력가속도, L은 해양구조물의 크기를 대표하는 길이라고 하면, 프루드수 Fn를 다음과 같이 쓸 수 있다.

$$Fn = \frac{c}{\sqrt{gL}} = \sqrt{\frac{g\lambda}{2\pi g L}} = \sqrt{\frac{\lambda}{2\pi L}} \tag{9.19}$$

여기서 λ는 파도의 파장이고, 위의 결과를 얻기 위해 식 (9.8)을 사용하였다. 위의 결과에 따르면 실제 해양구조물과 모형의 프루드수를 같게 해 주기 위해서는 모형의 축척과 파장의 축척을 동일하게 취하면 된다는 것을 알 수 있다. 그러나 3.1.1절에서 논의한 바와 같이 프루드수와 레이놀즈수를 동시에 같아지도록 모형시험을 실시할 수는 없으므로, 해양공학수조에서의 시험에서도 대부분의 경우 실제와 모형시험에서의 프루드수가 같아지도록 모형시험을 수행한다. 따라서 당연히 모형시험 시의 레이놀즈수가 실제의 경우와 다른 사실에 기인하는 오차가 발생하며, 이와 같은 오차를 줄이기 위해서는 가능한 한 모형의 크기를 크게 하는 것이 일반적이다. 단 해양공학수조에서는 수면파의 파장과 수심에 따른 제약이 있다. 다시 말하면 파장에 맞추어 축척비를 정한 경우 그에 맞추어 수심을 정하면 수조의 수심보다 큰 값이 나올 수가 있다. 이런 경우에는 결국 수조의 수심에 맞추어 축척을 다시 정해야 하는데, 이 때 모형의 크기가 너무 작아져 시험 결과의 신뢰도에 문제가 생길 수도 있다. 이와 같은 문제를 극복하기 위해서는 CFD의 도움을 받아 시험 결과의 신뢰도를 높이는 방법을 쓰기도 한다.

그림 9-14 선박의 운동성능 시험(좌)과 반잠수식 리그의 운동응답 계측시험(우)

연습문제

1. Newton의 세 운동법칙이 Newton 자신에 의해서는 어떻게 표현되었는가를 조사하고 오늘날 우리가 배우는 형태와 비교하여 논술하시오.

2. Newton의 운동에 관한 2 법칙을 시간에 대해 적분하여 일-에너지 원리를 유도하시오. 또 동일한 법칙을 공간에 대해 적분하면 어떤 원리를 얻는지에 대해 설명하시오.

3. 공기, 물, 꿀, 기름에 대한 점성계수를 조사하고 평소에 이 유체들의 끈끈한 정도에 대한 생각과 일치하는지 설명하시오.

4. 식 (9.2)로 주어진 레이놀즈수의 정의는 $\nu = \mu/\rho$를 사용하여 다음과 같이 쓸 수도 있다.

$$Rn = \frac{Ud}{\nu} \tag{연9.1}$$

여기서 ν는 운동학적 점성계수(kinematic viscosity)라고 불린다. 공기, 물, 꿀, 기름에 대한 운동학적 점성계수를 조사하고, 그 결과를 이용하여 동점성계수와 운동학적 점성계수가 다른 점을 물리적으로 설명하시오.

5. $Rn = 10^8$일 때의 평판의 마찰저항계수 C_F를 Schoenherr의 공식과 [예제 9-1]의 반복법을 이용하여 구하시오.

6. 평판이 유동에 수직하게 놓여 있을 때 평판이 받는 저항은 마찰에 기인하는지, 아니면 박리에 따라 평판의 앞면과 뒷면에 작용하는 압력의 차이에 기인하는지에 대해 설명하시오.

7. 식 (9.8)을 이용하여 0~400 m의 파장을 가지는 파도의 위상속도의 크기를 그래프로 나타내시오.

8. 진폭 2 m, 파장 150 m인 수면파에 대해 수면에 있는 유체입자의 속도 및 가속도의 크기와 위상속도를 구하시오.

9. 수심이 대단히 깊은 곳에서 파도의 파장이 100 m였다. 이 파도가 해저의 경사가 매우 완만하게 선형적으로 감소하는 영역을 지나 해안을 향해 직각방향으로 진행하고 있다. 수심이 50, 25, 15, 10, 5 m일 때의 파장을 식 (9.9)를 이용하여 구하시오. 단 식 (9.9)를 다음과 같은 반복자로 변형하여 사용하고

$$\omega^2/(gk_{n+1}) = \tanh k_n h, \quad n = 0,1,2,\cdots$$

$k_0 = \omega^2/g$으로 하시오. 얻어진 결과로부터 수심이 감소함에 따라 생기는 파장의 변화에 대해 설명하시오.

10. 그림 9-10과 같은 경우를 생각하자. 수중에서 $U(t) = A\omega\cos\omega t$의 속도로 움직이는 반경 1 m, 길이 10 m인 원주에 작용하는 $x-$방향 힘의 크기와 부가질량계수를 구하시오. 단 $A = 2\ m$, $\omega = 0.8\ rad/s$이다.

11. 위의 문제와 관련하여 원주는 정지해 있고 유동장이 $U(t) = A\omega\cos\omega t$로 변화할 경우에 원주가 받는 $x-$방향 힘의 크기와 가상질량계수를 구하시오.

12. 직경 d=10 m인 원주가 수면에 매우 가까운 곳에 떠있다. 이 물체를 향해 진폭 A=2 m, 파장 λ= 150 m 인 수면파가 들어올 경우, 그림 9-12의 어느 영역에 속하는지 구하고 이 물체에 작용하는 형상저항과 관성력의 크기를 구한 뒤, 얻어진 결과를 그림 9-12와 관련하여 설명하시오.

13. 수심 600 m인 해역에서 운용될 반잠수식 리그의 운동성능에 대한 모형시험을 수행하는데 해양공학수조의 수심이 4 m이다. 고려할 파도의 파장이 150 m, 진폭이 3 m이고, 리그의 기둥부 직경 d= 15 m일 때, 적절한 축척비를 구하시오.

참고문헌

[1] 이승준, 역사로 배우는 동역학, 인터비젼, 2002

[2] 이승준, 역사로 배우는 유체역학, 개정판, GS인터비전, 2009

[3] Dean, R. G. and Dalrymple, R. A., 1991, Water wave mechanics for engineers and scientists, World Scientific Publishing Co.

추천문헌

[1] Holton, G., 1952, Introduction to concepts and theories in physical sciences, Addison-Wesley.

[2] Roberson, and Crowe, 1993, Engineering fluid mechanics, 5th Ed., Houghton Mifflin.

[3] Barltrop, N. D. P.(Ed.), 1998, Floating structures: a guide for design and analysis, Vol. 1; The Center for Marine and Petroleum Technology publication 101/98, Oilfield Publication Limited.

10

해양구조물의 구조

19세기 이래로 지구 상에 남아있는 자원의 마지막 보고, 또한 청정 생활공간으로서 해양의 개발에 대한 관심은 점차 고조되어 왔다. 석유 시추 및 생산용 해양플랫폼이 다양한 형태로 개발되었고, 해상공항, 해상플랜트, 해상도시 등 각종 생활 시설에 대한 타당성 조사가 진행되고 있다. 이와 같은 해양 개발을 위한 각종 구조물들은 각각의 목적에 따라 그 기능이 달라지므로 매우 다양한 형태로 설계가 이루어지고 있어 설계 개념을 일괄적으로 기술하기는 어렵다.

해양구조물의 구조설계는 물체에 작용하는 외력에 대해 구조물의 안전성을 보장한다는 측면에서 전반적으로 선박의 구조설계와 그 내용 및 절차가 비슷하다. 특히 해양파에 의한 파랑하중이 가장 중요한 설계하중이므로 이와 관련된 구조거동의 해석과 통계적 처리는 거의 유사한 방법이 사용되고 있다. 이 장에서는 다양한 해양구조물들 중에서 해저 석유 시추 및 생산에 사용되는 해양구조물로 논의의 범위를 한정하고 그들의 구조설계와 관련하여 기본적인 사항을 살펴보고자 한다.

10.1 해양구조물 구조설계의 개요

10.1.1 해양구조물과 선박에 대한 구조설계의 차이점

일반 상선은 화물을 적재하고 목적지까지 운송하는 비교적 단순한 기능과 함께 배라고 하는 공통적인 특성을 가지는 반면, 해양구조물은 탐사, 시추 및 생산과 같은 다양한 기능을 수행하기 위한 설비를 갖추어야 하고, 그 목적에 따라 다양한 형태를 가지기 때문에 구조설계 관점에서도 선박에 대해서와 같이 일반화되고 규격화된 설계 절차를 정의하는 것은 매우 어렵다. 따라서 구조설계 방법 역시 선급의 규정을 따라 구조 부재의 수치를 정하는 일반적인 방식을 쓸 수 없고, 다양한 설계 목적을 만족시킬 수 있도록 구조해석에 근거한 설계 기법을 적용한다. 더욱이 해양구조물의 대다수를 차지하는 해저 석유의 시추/생산설비는 최근 작업 영역이 연안의 대륙붕에서 점차 심해로 확장되고 있어 혁신적인 구조형식과 설계 개념의 도입이 가속화되고 있다. 선급 규정/규칙에서도 해양구조물에 대해서는 전반적인 지침만 제공할 뿐, 상세한 설계규칙을 제시하지 않고 있다.

선박은 날씨가 매우 나쁠 때는 경우에 따라 항로를 바꾸어 나쁜 기상 조건을 피해갈 수도 있으나, 해양구조물은 해당 작업 위치에 고정되어 가혹한 해상 조건도 그대로 견뎌야 하기 때문에, 설계하중의 크기도 크고 조건도 훨씬 엄격하다. 최근에 발생한 카리브해의 유정 유출 사고에서 보듯이 석유 시추/생산용 해양구조물이 파괴되면 엄청난 환경재앙을 불러올 수 있으므로, 구조설계 역시 일반 상선보다 훨씬 보수적으로 진행된다. 선박의 경우에는 생산비용의 절감이 설계 시에 고려해야 할 변수

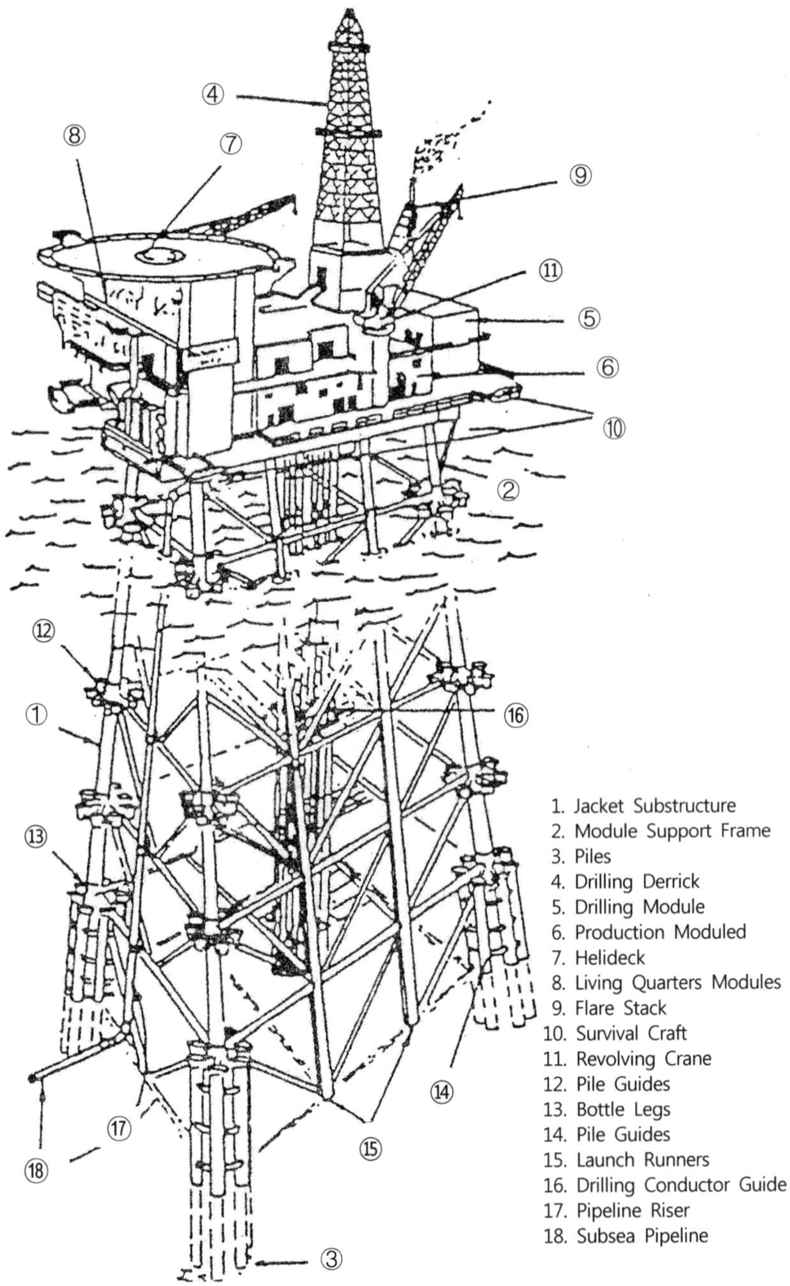

그림 10-1 재킷형 해양구조물의 구조 형상[1]

의 하나이지만, 해양구조물에 대해서는 안전이 가장 중요한 설계 요소이며, 따라서 가격도 선박에 비해 훨씬 높아 1척에 미화 20억불을 상회하는 경우도 드물지 않다. 한편, 초기의 해양구조물이 멕시코만 연안의 천해역에 설치된 재킷(jacket) 구조였음에 기인하여 그 구조가 육상구조물의 연장선인 골조구조물이라는 점, 따라서 설계 개념 역시 조선공학보다는 토목공학적 접근에 기반을 두고 있다는 점도 중요한 차이이다.

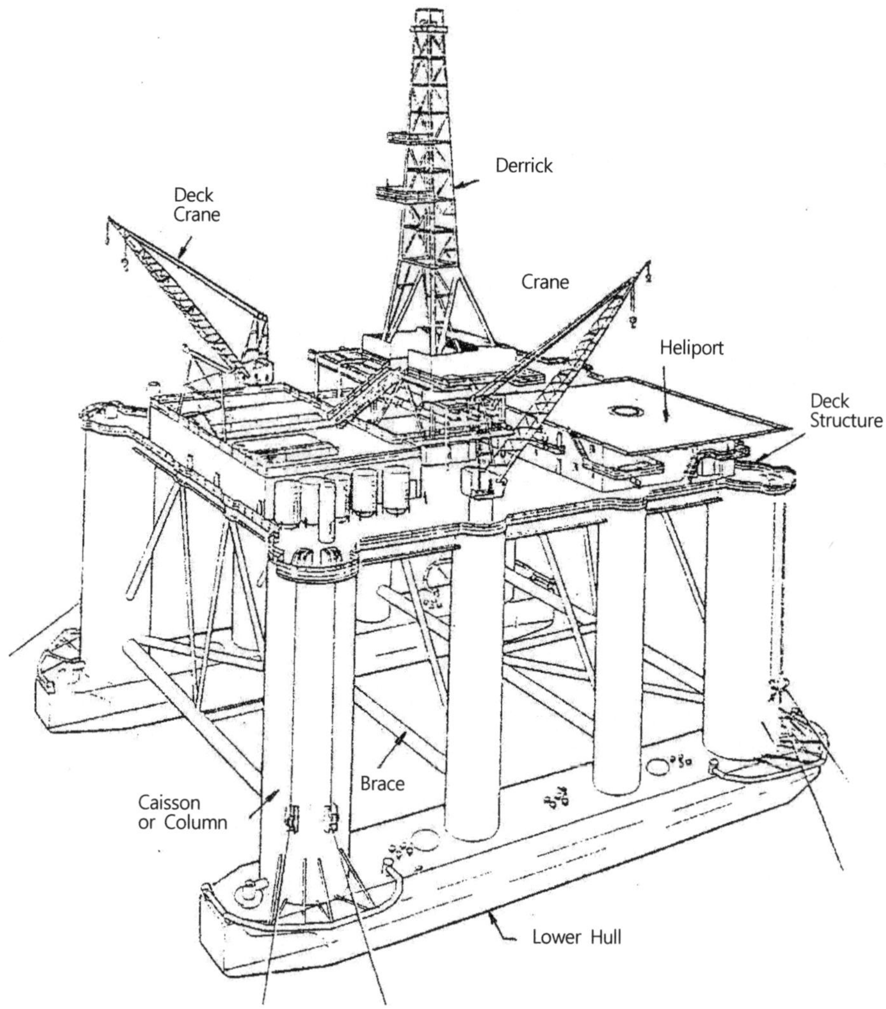

그림 10-2 반잠수식 드릴링리그 구조 형상[2]

10.1.2 해양구조물의 구조거동

최근 동적위치제어(dynamic positioning)시스템 등 계류시스템이 발전하여 파랑 또는 조류에 기인하는 표류력을 받는 경우에 대한 위치확보 기술이 진전됨에 따라 드릴쉽(drillship), FPSO 등 일반 선박과 유사한 형태의 석유 시추/생산설비들도 많이 건조되고 있다. 이와 같이 선박과 유사한 해양구조물에 대해서는 앞서 4장에서 설명한 선박의 구조설계 방식을 비슷하게 적용할 수 있으므로, 여기서는 재킷형(그림 10-1), 인장각플랫폼(Tension Leg Platform, TLP), 반잠수식 드릴링리그(그림 10-2) 등 골조형 해양구조물을 중심으로 논의를 진행한다.

이와 같은 골조형 해양구조물들은 대부분 원통형 또는 사각형 단면을 가지는 가늘고 긴 부재들로 조립된 구조물이며 다양한 형태를 가진다. 재킷형과 같이 해저에 직접 착지되는 고정식 해양구조물은 부력이 필요하지 않기 때문에 하부구조의 대부분은 지름이 상대적으로 작은 비보강 원통구조로 이루어져 있다. 반면 반잠수식 드릴링리그, TLP 등과 같은 부유식 해양구조물은 수면 위에 뜰 수 있도록 부력을 확보하기 위해 하부구조가 지름이 크고 또 보강된 원통, 또는 사각형의 기둥구조로 되어 있다.

4.4.1절에서 설명한 바와 같이 선체의 구조거동은 일반적으로 1차, 2차 및 3차 거동으로 분류하고 이에 대응하여 구조설계도 전체적 관점에서 국부적인 관점으로 단계적으로 진행한다. 해양구조물에 대해서도 이와 유사한 방법을 적용할 수 있으며, 그 구조거동을 그림 10-3에 개념적으로 보였다.

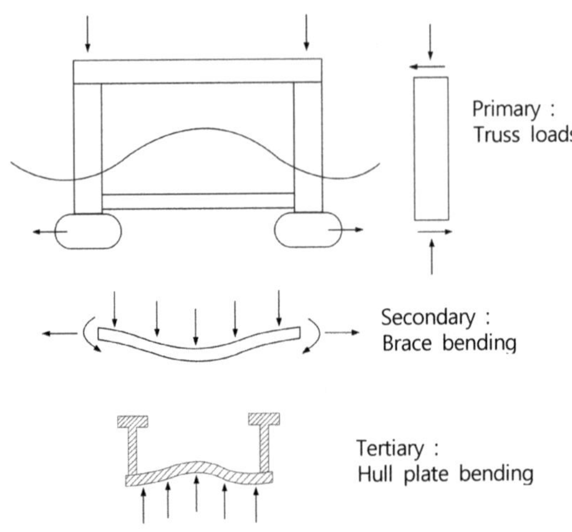

그림 10-3 골조형 해양구조물의 구조거동 분류

1. 1차 거동

구조물의 전체적인 거동을 말한다. 골조의 주요치수를 결정하기 위해 가장 먼저 파악해야 할 기본적인 거동이며, 이후 이루어지는 보다 상세한 2차, 3차 거동을 파악하기 위한 기초 자료로 활용된다. 골조형 해양구조물의 경우에는 선박처럼 하나의 보로 간주하여 굽힘모멘트로부터 강도를 추정하는 간단한 방법을 적용하기 어렵기 때문에, 초기 단계부터 비교적 복잡한 3차원 골조에 대한 구조해석으로부터 출발해야 하는 문제점이 있다.

2. 2차 거동

골조를 이루는 보의 부재 하나하나의 거동이며, 양단에 작용하는 힘과 직접 작용하는 외부하중(external load)을 고려하여 정밀하게 해석한다.

3. 3차 거동

선박의 경우와 마찬가지로 국부하중을 받는 판각과 보강재의 거동을 말하며 보통 전체강도에 미치는 영향이 비교적 작은 편이고, 국부적인 강도와 응력집중을 고려한 설계 기준이 각 선급에 의해 제시되어 있다. 원통부재 간 연결부의 강도 문제 역시 중요한 검토 항목이다.

10.1.3 해양구조물 구조설계의 기본개념

100년 이상의 장기간에 걸쳐 수없이 건조된 선박에 비해 해양구조물은 60년 정도의 비교적 짧은 역사를 가지고 있고, 오늘날에도 지속적으로 혁신적인 설계 개념이 도출되고 있어 그 형상 및 기능이 다양하므로, 구조적 안전성을 확보하기 위한 일관된 설계규칙이 아직 확립되지 못한 상태이다. 따라서 일반 상선의 구조설계는 선급규칙에 의존하여 소위 규칙기반 설계(design by rule)로 이루어지는데 반하여, 해양구조물의 구조설계는 엄격한 구조안전성 평가를 바탕으로 하는 해석기반 설계(design by analysis)가 필수적이다. 나아가 최근 석유 시추/생산 작업이 보다 수심이 깊은 심해역과 빙해역 등 환경조건이 가혹한 해역으로 확대되고 있어 더욱 과학적이고 합리적인 설계기술의 개발이 요구되고 있다.

해양구조물 구조설계의 요체는 주어진 환경 및 조건 하에서 다음과 같은 4가지 한계상태(limit state)에 이르지 않도록 전체적인 구조물의 형상과 부재의 치수를 결정하는 것이다.

1. 최종강도 한계상태(ultimate limit state)

구조물이 견딜 수 있는 최대하중보다 더 큰 하중이 작용하여 좌굴 또는 과도한 소성변형이 발생함으로써 구조물이 최종적으로 붕괴되는 상태이다.

2. 피로강도 한계상태(fatigue limit state)

파랑, 풍압 등 반복적으로 작용하는 하중에 의해 구조부재에 피로파괴가 발생하는 상태로 변동응력의 시간에 따른 변화와 응력집중[1](stress concentration)의 문제가 엄밀하게 고려되어야 한다.

3. 점진붕괴 한계상태(progressive collapse limit state)

어떤 외부하중 또는 사고에 의해 구조물에 국부적인 손상이 발생되어 잔류강도(residual strength)가 감소된 이후, 이 손상을 확대시킬 수 있는 큰 하중이 차례로 작용하여 누적된 손상에 의해 구조물이 점진적으로 붕괴되는 상태이다.

4. 운용가능 한계상태(serviceability limit state)

위의 3가지 경우에 해당되지는 않지만 구조물이 주어진 기능을 다하지 못해 운용이 중단되는 상태, 예를 들면 진동이나 소음이 설계 요구조건을 초과할 정도로 심하여 작업이 어렵거나 또는 구조물의 변형이 심해 탑재된 장비를 사용하기가 불가능한 상태이다.

이러한 한계상태들을 극복할 수 있는 합리적인 구조설계를 위해 작업 종류 및 조건, 하중조건, 설계온도, 적용규칙 등의 설계조건에 대한 면밀한 검토가 선행되어야 한다. 일반 해양구조물은 운용 해역 및 수심에 따라 설계조건이 조금씩 달라질 수 있는데, 빙해역에 설치되는 경우에는 좀 더 특수한 사양이 요구되며, 설계온도는 사용 재료의 선정 및 시험 방법에 있어 매우 중요한 요소이다.

1) 구조물의 형상이 급격히 변화하는 구조적 불연속 부위에 주위보다 상당히 큰 응력이 작용하는 현상이다.

10.2 설계하중

10.2.1 개요

해양구조물에 작용하는 하중은 그 특성에 따라 여러 가지 방법으로 분류할 수 있으나 이 중 다음에서 설명하는 바람, 해류, 파도에 기인하는 환경하중이 구조설계에 가장 큰 영향을 주고, 또 불확실성이 크기 때문에 상대적으로 더욱 중요하게 고려된다.

10.2.2 풍하중

바람에 의한 항력(drag)은 일반적으로 시간에 따라 크게 변하지 않는, 즉 정상적(steady) 특성을 갖지만 해양구조물에 작용하는 다른 동적 하중과 중첩되어 해양구조물과 계류시스템의 동적 거동에 큰 영향을 줄 수 있다. 바다에서 부는 바람은 시간과 장소에 따라 크게 변화하지만, 장기간의 실측자료를 통계적으로 처리하여 얻어지는 결과들을 이용하여 예측할 수 있다. 각 선급 등 설계규칙에서는 풍속 U의 계산기준을 제시하고 있으며, 이에 따른 풍하중 F_w는 형상저항을 고려하여 다음과 같이 얻는다(9.2절의 식 (9.4) 참조).

$$F_w = \frac{1}{2} \rho_a U^2 A_p C_d \tag{10.1}$$

여기서 ρ_a는 공기의 밀도, A_p는 풍압을 받는 물체의 바람방향에 수직한 평면에 대한 투영면적, C_d는 형상항력계수이다(그림 9-6 참조). 일정한 풍속 하에서 각종 단면 형상에 대한 형상항력계수의 추정법이 여러 설계규칙에 제시되어 있으며, 와동유리(vortex shedding) 효과에 기인하여 주기적으로 변화하는 하중의 영향도 감안하도록 권장하는 경우도 있다. 여기서 U는 점성유동의 경계층이론에 근거하여 다음과 같은 형태의 식으로 주어진다.

$$U(z) = \left(\frac{z}{h}\right)^{1/n} \overline{U}(h) \tag{10.2}$$

여기서 $\overline{U}(h)$는 해면으로부터 높이 h인 곳에서의 평균 풍속, n은 장소에 따라 변화하는 계수이다. 돌풍과 같이 시간에 따라 변화하는 풍속은 식 (10.2)로부터 얻어진 풍속에 경험적으로 주어진 돌풍계수(gust factor)를 곱하여 추정한다.

10.2.3 해류(current)

해류는 조석(tide), 바람에 의한 취송류(wind drift) 등에 의해 발생되며 바람과 마찬가지로 해양구조물의 장주기(long period) 표류운동을 유발하므로 거의 정적인 하중으로 생각할 수 있다. 발생 원인에 따라 깊이방향의 속도분포 특성이 다를 수 있지만 일반적으로 해류에 의해 몰수부에 작용하는 수동역학적 힘은 풍하중과 비슷하게 식 (9.4)를 이용하여 계산한다. 이 때 계산에 사용하는 속도는 유체입자와 구조물 사이의 상대운동 속도이며, 파도와 해류의 진행방향은 같은 것으로 가정하고 파도에 의한 유체입자 운동에 해류에 의한 유체입자 운동을 벡터적으로 합성하여 얻은 속도를 사용한다. 각 설계규칙에서는 해류 속도의 계산법을 제시하고 있다.

10.2.4 파랑하중

1. 해양파 이론

해양파는 그 발생 원인이나 파주기에 따라 다양하게 분류될 수 있으며, 현재까지 해양파를 수학적으로 표현할 수 있는 파이론은 여러 가지가 있으나 대부분의 경우에는 9.3.1절에서 논의한 Airy의 선형파이론을 사용한다. 단 해양구조물에 대해, 확률적으로 발생할 가능성이 매우 적은 대단히 큰 파도를 대상으로 하여 설계하중을 얻는 경우에는 선형이론을 사용하기 곤란하다. 대단히 큰 파도에 기인하는 수면 부근에서의 유체입자의 속도를 구하는 데는 비선형이론인 Stokes의 5차 이론을 사용하는데, 파장의 반보다 깊은 수심에 대해서는 두 이론을 사용했을 때 얻는 결과에 차이가 거의 없으므로 Airy의 선형파이론이 적용된다.

이밖에도 일본 열도와 같이 지진이 빈번한 지역에서는 계류시스템의 안전성 검토를 위하여 해저지진 등으로부터 발생되는 쓰나미[2](tsunami)와 같은 극단적인 형태의 파를 고려해야 하는 경우도 있다.

2. 파랑하중의 추정

파랑하중은 파도에 기인하여 구조물에 작용하는 유체력이기 때문에 구조물과 유체입자 사이의 상대속도를 고려해야 한다. 재킷형과 같이 해저 지반에 고정된 구조물에 대해서는 앞에서 설명한 해류

2) tsunami는 일본어의 津波에서 비롯된 국제공용어이다. 우리나라에서 지진해일로 부르는 경우가 있으나 쓰나미는 해저지진에 의해서만 발생하는 것이 아니며, 또 해일(海溢)은 바닷물이 땅으로 넘쳐 들어오는 현상을 가리키는 말이지만 쓰나미는 바다와 해안 부근에서 일어나는 파도 현상 자체를 뜻한다.

(current)와 파도에 의한 물 입자의 운동을 고려하여 관(tube) 형상의 각 구조 부재에 작용하는 유체력을 식 (9.18)로 주어진 Morison공식을 사용하여 구한다. 그러나 반잠수식 드릴링리그나 드릴쉽과 같은 부유식 해양구조물에 대해서는 유체력을 구하기 위해 파랑에 기인하는 운동응답해석을 수행해야 한다.

부유식 해양구조물의 운동응답해석은 4장에서 선박과 관련하여 언급한 바 있는 스트립법(strip method)이나 패널법(panel method)을 사용하여 수행한다. 기존의 선박에 사용되어 온 스트립법을 쌍동선을 다룰 수 있도록 확장하여 반잠수식 드릴링리그 등에 적용하여 운동응답을 구할 수 있다. 또 스트립법이 적용될 수 없는 경우에는, 포텐셜이론에 근거하여 3.3.1절에서 설명한 바 있는 방사문제, 회절(diffraction)문제의 해를 패널법을 사용하여 구한 뒤, 그 해를 이용하여 물체 표면의 압력을 계산하고, 이 압력을 선체 표면에 대해 적분함으로써 구조물에 작용하는 유체력을 구할 수 있다. 이와 같은 비선형패널법은 침수표면의 3차원적인 형상과 유체 입자와의 상호 거동을 정확히 표현할 수 있으나 해를 구하는데 비교적 많은 노력과 시간이 걸린다는 단점이 있다.

짧은 시간 동안 작용하는 대단히 큰 파도에 기인하는 해양구조물의 운동응답을 구해야 하는 경우에는 선형이론에 의한 해석법은 사용할 수 없으며, 점성의 영향을 무시하기 힘들므로 점성유체에 대한 전산유체역학(Computational Fluid Dynamics, CFD)의 기법을 사용할 수 있는데, 아직까지는 막대한 계산시간과 비용이 소요되기 때문에 해양구조물의 안전성을 최종적으로 정밀하게 검토할 때에 한해서 제한적으로 이용된다.

가늘고 긴, 즉 세장부재에 작용하는 파랑하중은 원주의 직경, 파장, 파고의 상대적 크기에 따라 그림 9-12의 영역 중 어느 부분에 속하느냐에 따라 다른 계산 방법을 사용할 수 있다. 영역 4에 속하는 경우는 식 (9.1)과 유사한 공식을 사용하여 점성에 기인하는 형상저항을 구하고, 영역 3에 속하는 경우는 식 (9.18)로 주어진 Morison공식을 사용하며, 영역 2에 속하는 경우는 관성력만 고려하여 식 (9.16)을 사용하여 파랑하중을 구할 수 있다.

3. 해양구조물의 파랑응답 검토

일반적으로 해양구조물의 구조설계 단계에서 고려하는 파랑응답은 운용상태(operational condition)와 생존상태(survival condition)의 두 가지 상태로 구분한다.

1) 운용상태

실제 해상에서 보이는 불규칙하고 복잡한 파도의 형상은 방향과 주기가 다른 여러 가지 성분파들이 중첩된 것으로 간주할 수 있기 때문에 3.3.1절과 4.4.2절에서 설명한 해양파 스펙트럼과 해양파

관측자료를 이용하여 통계적 특성을 표현할 수 있다. 즉, 각 성분파에 대한 해양구조물의 응답을 해양파의 통계적 특성과 조합함으로써 구조물이 수명 동안 견디어야 하는 거동을 확률적으로 예측할 수 있다.

이와 같이 운용상태는 장기적인 관점에서 상대적으로 발현 확률이 높고 파고가 작은 파들을 대상으로 하기 때문에 선형이론의 적용이 가능하며 선박과 유사하게 푸리에방법[3]에 기반을 둔 통계해석 기법이 적용될 수 있다. 각 부위에 작용하는 응력의 크기에 대한 확률적 평가가 가능하며 특히 부재 간의 연결부를 비롯한 응력집중 부위에 대한 피로강도 평가에는 이 방법을 적용한다.

2) 생존상태

일반적으로 구조설계의 적합성 여부를 평가하기 위해서는 구조물에 작용하는 외력에 기인하여 발생하는 구조물의 거동에 대한 공학적 이해와 판단이 우선되어야 하는데, 앞에서 기술한 확률적 해석법은 그 결과가 결정적(deterministic)이지 않으므로 적합성 여부도 확률적으로 해야 한다는 점과, 또 그 해석 과정이 복잡하고 시간이 많이 소요된다는 문제점이 있다.

따라서 생존상태에 대해서는 장기적인 해양파의 통계자료에 따라 50년에서 100년 만에 한 번씩 나타날 수 있는, 다시 말하면 반복주기(return period)가 50년 또는 100년인 극단적인(extreme) 설계파(design wave)를 선정하여 이 파도에 대한 구조응답을 고려함으로써 해양구조물의 구조설계를 수행한다. 한편, 충돌 등에 의해 해양구조물이 부분적으로 손상을 입은 상태에서 이와 같은 최악의 시나리오를 가정한다고 하더라도 구조적으로 안전함을 입증해야 하는 경우도 있다.

10.2.5 기타 하중

해수로부터 받는 부력이나 수압, 자체 중량 등의 고정하중과 적재물/탑재 설비의 중량 등의 적재하중도 기본적으로 고려되어야 한다. 그 외 북해와 같이 유빙이 출몰하는 해역이나 극지방에 설치되는 해양구조물에서는 해빙이나 빙산(iceberg)과의 충돌하중을 설계단계부터 검토해야 한다. 결빙/적설에 의한 추가적인 중량에 대해서는 그 중량, 제거 방안뿐만아니라 이들이 기타 설비의 작업 성능에 미치는 영향도 함께 고려해야 한다. 이밖에도 지진이 빈번한 지역에서는 계류시스템의 안전성 검토를 위하여 해저지진으로부터 발생되는 초대형 파도인 쓰나미나 폭풍 시의 극단적인 파도, 지반운동 등이 고려되어야 하는 경우도 있으며, 온도차에 의한 열하중, 헬리콥터의 이착륙 하중, 기타 선박들과의 충

3) 한 해상 상태에서 해양파에 의한 구조물의 응답은 그 해양파를 구성하는 성분파들에 대한 구조응답을 선형적으로 조합하여 근사적으로 표현할 수 있다(3.3.1절 참조).

돌, 중량물의 추락, 화재 등의 우발사고에 따른 하중에 대한 검토가 요구될 수 있다.

위에서 기술한 각종 설계하중은 구조설계의 단계에서는 이들이 모두 동시에 작용하여 그 합력이 외력으로 작용하는, 즉 조합하중의 형태로 고려된다. 보통 하중의 조합은 평상시와 비상시로 구분하고 또 비상시는 폭풍, 지진, 결빙/적설, 돌발하중 발생 시 등으로 구분한다.

10.3 해양구조물의 구조해석

구조해석은 외부하중에 의해 발생되는 해양구조물의 구조응답 즉 변형과 각 부위에 작용하는 응력의 크기를 계산하고 이를 종합적으로 판단하여 구조물의 파괴 가능성을 예측함으로써 궁극적으로는 안전한 구조설계를 구현하기 위한 작업이다.

해양구조물의 구조해석에는 기본적으로 선박과 유사한 방법이 적용된다. 복잡한 구조 형상과 작용하중을 고려한 구조거동의 모사(simulation)를 위하여 4장에서 설명한 선박구조해석과 마찬가지로 컴퓨터를 이용하는 수치해석법의 일종인 유한요소법이 폭넓게 활용된다. 전체 거동으로부터 국부적인 상세 거동으로 관점의 범위를 좁혀 가면서 접근하는 방식이 공통적으로 사용되고 있으며, 여러 가지 작용 외력 중에서 파랑응답이 가장 중요한 의미를 갖는 것도 선박과 다를 바 없다.

그러나 해양구조물은 목적과 기능에 따라 형태가 워낙 다양하고 선적, 운송, 설치 과정 등 일반 선박에는 없는 추가적인 단계를 거쳐야 하며 계류(mooring)시스템, 라이저(riser) 등 기능적 측면에서도 추가로 다루어야할 항목들이 많기 때문에 구조 안전성 평가 과정도 상대적으로 더 복잡하다.

10.3.1 구조해석 기법

해양구조물은 수많은 부재로 이루어진 복잡한 형상의 구조물이기 때문에 초기단계부터 모든 부재들을 상세하게 고려하여 구조해석을 수행하는 것은 비효율적이며 비경제적이다. 따라서 구조강도 계산이 요구되는 구조물의 목적, 거동 현상 및 구조물의 형태적 특성을 고려하여 적절하게 이상화하고 그에 적합한 구조해석 방법을 선택하여 구조강도를 평가하는 것이 필수적이다. 특히 재킷형 또는 반잠수식 드릴링리그와 같이 수많은 세장 부재로 이루어진 구조물에서는 3차원 보 해석법을 이용하여 짧은 시간 내에 구조강도 평가를 수행하여 좋은 결과를 얻을 수 있다[1]. 특히 10.1절에 설명한 1차 거동 즉 전체 거동은 해양구조물 구조설계의 기본이 되므로 초기설계 단계에서는 비교적 간단한 3차원

보 해석법을 이용하여 효율적으로 전체적인 강도를 검토할 수 있다(그림 10-4 참조).

그 외 장비의 받침대, 크레인 하부 지지 구조 등 국부구조 역시 3차원 보 해석법을 폭 넓게 활용할 수 있다.

그러나 2차 거동 또는 3차 거동과 같이 국부적 구조물의 형상이 복잡하고 정밀한 해석 결과가 필요한 경우에는 3차원 보 해석법이나 기타 일반적인 이론적 해석으로는 구조거동을 만족스러운 수준으로 정확하게 예측하기 어렵다. 따라서 해양구조물의 구조해석에 있어서도, 선박에 대해서와 마찬가지로 임의 형상의 구조물에 복잡한 하중이 작용하는 문제를 현실적으로 정밀하게 모델링하여 해석할 수 있는, 유한요소법이 광범위하게 적용되고 있다(그림 10-5 참조).

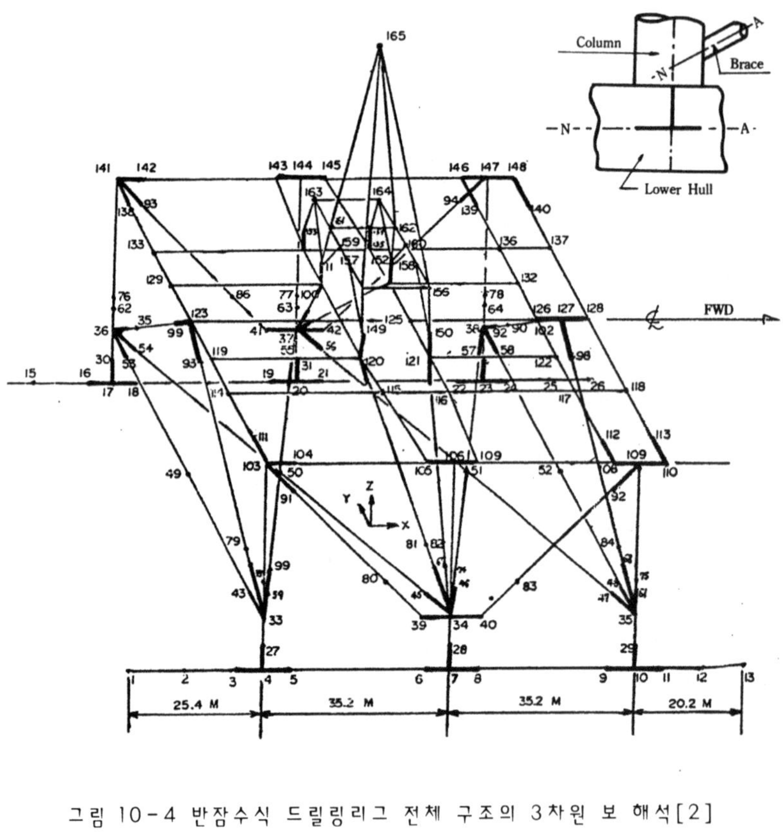

그림 10-4 반잠수식 드릴링리그 전체 구조의 3차원 보 해석[2]

그림 10-5 반잠수식 드릴링리그 하부선체 및 기둥부 연결부의 유한요소해석 모델[3]

10.3.2 강도 평가

반잠수식 드릴링리그의 하부선체(lower hull)나 기둥부(column 또는 caisson)와 같은 대형 부재처럼 국부적인 하중과 강도에 의해 치수가 결정되는 경우도 있으나 해양구조물을 구성하는 대부분의 부재들은 전체적인 강도 즉 1차 거동을 기본으로 설계가 이루어진다. 드릴쉽이나 FPSO와 같은 선박형 해양구조물의 전체강도 평가는 4장에서 설명한 선박구조해석의 방법과 유사한 방법이 적용될 수 있지만, 그 외의 골조형 해양구조물의 전체강도 평가는 3차원 입체모델을 이용한 구조해석 방법이 적용되어야 한다.

전체강도 평가는 정수 중 거동과 파랑 중 거동을 분리하여 해석하는데 정수 중 거동은 해양구조물 구조거동의 기본이 되며 조류, 파랑 등에 의한 변동응답을 더하여 전체적인 구조응답으로 평가하게 된다. 부유식 해양구조물의 경우에는 파랑에 의한 구조물의 속도와 가속도 등 운동응답의 영향이 크기 때문에 파랑운동응답을 먼저 해석한 다음 이에 대한 구조응답을 3차원 유한요소법으로 정밀하게 해석하는 2 단계의 해석법이 주로 사용된다.

이렇게 이루어진 전체강도 평가를 바탕으로, 주요 구성 부재들의 설계가 이루어지면 각 부재의 연결부 등 응력이 집중되는 부위에 대한 상세한 구조해석과 피로강도 평가를 통하여 국부적인 보강 작업이 마무리 된다.

10.3.3 좌굴강도

구조물이 대단히 얇거나 길면 탄성 좌굴에 의해 붕괴되고, 반대로 매우 두껍고 짧은 구조물은 재료의 항복에 의해 붕괴하게 된다. 하지만 구조물이 두 극한의 중간범위에 들게 되면 이의 붕괴는 탄성 좌굴과 항복의 영향을 모두 받게 되는데, 선박이나 해양구조물의 구조부재는 대부분 이에 해당된다. 골조형 해양구조물을 구성하는 부재들 중에서 브레이스(brace)와 같은 직경이 비교적 작은 원통형 부재의 연결부에서는 대체로 피로강도가 설계기준이 되지만 반잠수식 드릴링리그의 기둥부(column)와 같이 길이방향 및 원주방향으로 보강된 대형 원통 쉘(shell)이나 갑판 또는 하부선체와 같은 상자형 구조에서는 수압 등의 국부하중이 설계기준이 되는 동시에 좌굴강도에 대한 고려가 반드시 이루어져야 한다.

좌굴강도가 문제되는 곳은 전체강도 측면에서 압축응력 수준이 높은 곳인데, 해양구조물의 구조 형상이 일반적으로 복잡하므로, 브레이스 등 보강 부재의 배치에 따라 민감하게 변화하며 작용 응력의 방향도 일정하지 않다는 어려움이 있다.

초기설계 단계에서는 전체강도 평가 또는 국부적인 상세 구조해석 결과와 선급 또는 설계 규정이나 각종 문헌에서 제시된 간이계산식을 이용하여 좌굴강도를 개략적으로 검토할 수 있다. 그러나 새로운 형식의 복잡한 구조인 경우에는 유한요소법을 이용한 정밀 좌굴해석을 수행하여 좌굴에 대한 안전성을 검토해야 한다.

10.3.4 피로강도

선박과 마찬가지로 해양구조물에서도 응력집중 현상이 일어나는 구조적 불연속 부위에 피로에 의한 균열이 발생될 가능성이 크다. 특히 반복적으로 작용하는 파랑하중에 의해 주로 각 부재의 연결 부위에서 이러한 피로 손상이 누적되어 궁극적으로는 파괴가 발생될 가능성이 높기 때문에 피로 균열의 발생 및 진전 과정에 대한 면밀한 검토가 필요하다. 1980년 3월 노르웨이 해역에서 발생한 반잠수식 드릴링리그 Alexander L. Kielland의 침몰사고는 피로파괴의 위험성을 보여주는 대표적인 사례이다.

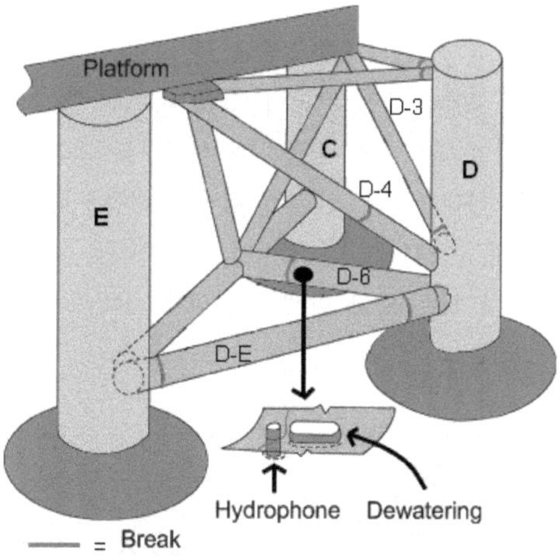

그림 10-6 Alexander L. Kielland의 붕괴[4]

기둥부를 연결하는 브레이스 중 1개(그림 10-6의 D-6 부재)가 피로균열에 의해 파괴된 후 불과 30분 이내에 드릴링리그는 침몰하였고 123명의 인명 피해를 낸 대형 참사였는데, 구조물 건조 시의 부적절한 시공이 피로파괴로 이어진 것으로 결론지어졌다.

피로파괴 현상은 매우 국부적인 거동이므로 응력집중 부위에 대한 정밀한 구조해석을 통하여 국부적인 응력분포를 상세하게 구하는 과정이 우선되어야 한다. 일반적으로 이루어지는 구조물 피로강도의 판단 기준이 되는 피로균열의 발생 가능성 검토는 4장에서 설명한 재료의 S-N선도와 파랑에 의한 구조응답의 장기분포에 근거하여 이루어진다. 그러나 좀 더 정밀한 검토가 필요한 경우에는 파괴역학적[4]인 기법에 근거한 피로균열 진전해석법을 활용하여 검사과정에서 발견하기 어려운 초기 균열이 해양구조물의 수명 동안 성장할 수 있는 크기 추정과 함께 급속 파괴로 이어질 때까지의 수명을 계산한다.

부재 연결부의 국부적인 구조형상과 응력집중 현상이 피로강도에 가장 중요한 영향을 미치며, 용접부의 비드 부근에서도 매우 큰 응력이 발생하는 경우가 많기 때문에 용접부 형상을 합리화함으로써 피로파괴 가능성을 상당히 감소시킬 수 있다.

4) 파괴역학(fracture mechanics)은 균열 주위의 응력분포와 파괴 가능성을 예측하는 구조역학의 한 분야이다.

10.4 운송 및 설치 해석

대부분의 고정식 해양구조물은 자체적인 추진장치를 가지고 있지 않아 항해 능력이 없고, 적절한 부력을 확보하기 어렵기 때문에, 건조된 조선소에서 작업 해역까지 이동하여 설치하는 과정을 수행하기 위해서는 상당한 기술적 노하우(know-how)가 필요하다. 그림 10-7에 재킷형 해양구조물의 선적, 운송 및 설치에 이르는 전 과정을 개념적으로 보였는데, 각 단계마다 정밀한 구조해석을 수행하여 구조적인 안전성을 검토함으로써 만약의 경우에 발생할 수 있는 사고 발생 가능성에 대비해야 한다.

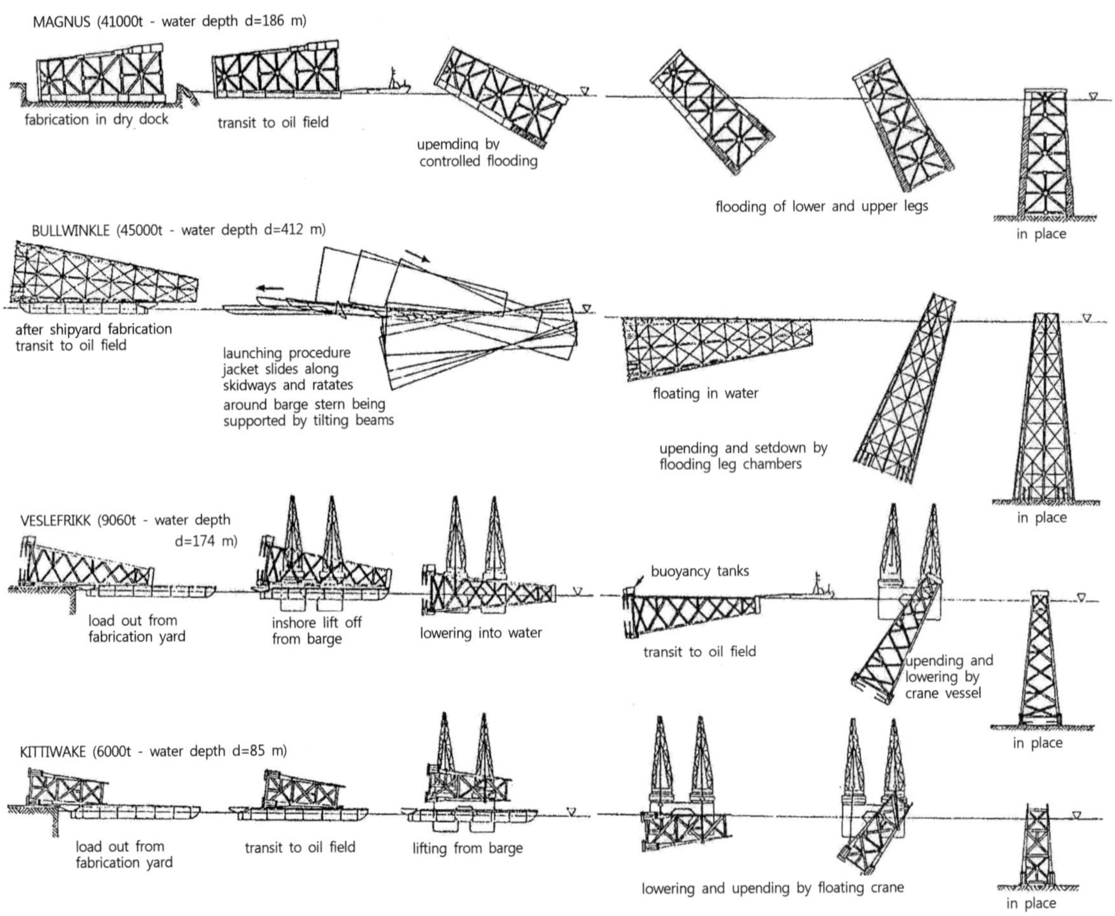

그림 10-7 재킷형 해양구조물의 운송 및 설치[5]

10.5 기초해석(foundation analysis)

재킷형과 같은 고정식 해양구조물은 해저의 지반 위에 설치되며, 지반 아래로 지지 파일(pile)을 심어 기초를 튼튼히 다진 다음 그 위에 해양구조물을 올려놓는다. 파도 및 조류 등 외부하중에 의해 지지 파일이 파손되거나 접지력을 확보하지 못하면 전체 구조물이 전복(overturning)될 우려가 있으므로, 해저 토양(soil)의 내하 능력을 비롯한 물리적 특성에 대한 자료수집과 함께 파일 변형과의 상호작용을 면밀히 해석하여 설치되는 해양구조물의 안전성을 검토한다.

10.6 계류시스템 해석

부유식 해양구조물은 거친 환경조건에서도 지속적으로 운전이 가능하도록 위치를 유지할 수 있어야 한다. 따라서 해양구조물의 운용 목적상 위치제어기술은 해양구조물 설계에서 매우 중요한 부분이다. 특히 최근에는 수심 1,500 m 이상의 극심해(ultra deep water)에 대한 석유자원 개발이 이루어지고 있기 때문에 거친 해상 환경에서의 위치제어성능은 부유식 해양구조물의 안전성 확보에 필수적인 요소이며, 계류시스템이 전체 프로젝트에서 차지하는 비용도 높아져, 계류시스템의 설계는 더욱 중요한 의미를 갖는다.

위치제어기술은 해양구조물이 설치되는 해상의 상태 및 운용 조건에 따라 수동형 제어와 능동형 제어로 구분된다. 이 중 최근 많이 사용되고 있는 동적위치제어시스템은 능동형 제어기술의 전형적인 예인데 구조강도 측면에서는 큰 문제가 없기 때문에 여기서는 논외로 한다. 현수케이블(catenary cable)을 이용하는 다점계류시스템(spread mooring system)은 해저 유전 개발의 초창기부터 천수 지역에서 사용되었던 고전적인 수동형 제어법에 속한다.

현수케이블 다점계류시스템은 환경하중, 해양구조물의 운용, 그리고 닻의 설치 위치 등을 종합적으로 고려하여 설계되어야 한다. 계류라인의 배치 방법은 일반적으로 환경하중의 크기와 해양플랫폼의 운용 목적에 따라 결정되며, 위치제어시스템이 부분적으로 손상된 상태에서의 해양플랫폼 운용 여부를 프로젝트 초기설계 단계부터 결정하여 계류라인의 설계 조건에 고려해야 한다. 일반적으로 선급에서는 해양구조물의 안전한 작업을 위해 계류라인의 일부분이 끊어지더라도 충분한 안정성을 확보하도록 규정하고 있다[6].

해양구조물 투입지역의 수심, 환경조건, 각 제원이 주어지면 그 지역의 환경조건에 따라 계류시스템의 종류와 계류라인(mooring line)의 개수를 정한다. 그리고 주요 환경인자, 특히 바람, 해류, 파도 등의 입사방향을 고려하여 환경하중이 최소화되도록 구조물의 배치각을 결정한다. 구조물의 배치각이 결정되면 주어진 환경조건을 이용해 다양한 계류시스템 배치각에 대한 반복계산을 수행하여 계류시스템의 최적 배치각을 결정한다.

계류시스템의 강도평가와 설계를 위해서 해양구조물의 파랑 중 운동해석을 통하여 계류라인에 작용하는 힘을 결정하는 과정이 선행되어야 한다. 일반적으로 운동해석을 위하여서는 반복주기가 100년인 파도와 풍속을 적용하며, 임의의 방향으로 입사하는 해양파를 고려하여 이에 대한 계류라인의 응답을 얻고, 계류라인에 작용하는 힘이 추정되면 이를 바탕으로 계류라인 자체의 치수를 결정하고 지지구조의 강도 설계를 수행한다.

연습문제

1. 해양구조물과 선박에 대한 구조설계/해석의 차이점을 설명하시오.

2. 해양구조물의 1차 구조거동을 설명하시오.

3. 해양구조물 구조설계에서 고려되어야 하는 4가지 한계상태(limit state)를 설명하시오.

4. 해양구조물의 구조응답해석에 많이 사용되는 Morison공식의 기본 가정과 한계를 설명하시오.

5. 해양구조물의 피로강도 평가에서 가장 중요하게 고려되는 하중은 무엇이며 어떤 부위를 검토해야 하는지 기술하시오.

6. 해양구조물의 기초해석(foundation analysis)에서 고려되어야 할 사항들을 열거하시오.

7. 계류시스템 설계에 있어서 검토되어야 할 사항과 설계절차를 설명하시오.

참고문헌

[1] 日本造船學會 海洋工學委員會, 1984, 半潛水式 海洋構造物の 構造强度 概論, 日本造船學會誌 第674号
[2] 이재신, 1989, 해양구조물 설계개요, 광문출판사
[3] 김덕수, 김철현, 송명재, 김용수, 2007, 반잠수식 극한 심해 탐사선 성능평가, 2007년 대한조선학회 해양구조설계 연구회.
[4] http://en.wikipedia.org/wiki/Alexander_L._Kielland_(platform).
[5] Claus, G., Lehmann, E. and Ostergard, C., 1992, Offshore structures Volume I, Conceptual design and hydrodynamics, Springer-Verlag.
[6] Det Norske Veritas, 2010, Environmental Conditions And Environmental Loads, DNV-RP-C205.

추천문헌

[1] 대한조선학회 편, 1996, 해양공학개론, 동명사.
[2] 한국선급, 2010, 이동식 해양구조물 규칙.
[3] 한국선급, 2010, 고정식 해양구조물 규칙.
[4] 권순홍, 부성윤, 최항순 공역(O. M. Faltinsen 원저), 1999, 해양환경하중(Sea loads on ships and offshore structures), 동명사.
[5] 손충열 역, 1988, 해양구조물공학, 미리내.
[6] 김남형, 김정태 역, 1981, 해양구조물의 설계와 시공, 구미서관.
[7] 홍사영 편저, 2007, 초대형 부유식 해양구조물 설계매뉴얼, 한국해양연구원/해양시스템안전연구소.
[8] 김용철, 노인식, 박성환, 1986, Jacket형 해양구조물의 비선형 동적응답해석, 대한조선학회지 23권 2호 pp. 33-45.
[9] 이호섭, 노인식, 1988, 해양구조물의 구조설계 및 해석, 해양공학연구회 제21차 Workshop 논문집 pp. 20-40, 한국선급협회.

[10] 정하찬, 임성우, 김용환, 2006, 석유생산 해양구조물의 수요 전망 II: 종류별 분석 및 국내 조선업계의 장단점 분석, 대한조선학회지, 4권 2호 pp. 62-68.

[11] Barltrop, N. D. P., 2008, Floating structures: a guide for design and analysis, The Center for Marine and Petroleum Technology, Oilfield Publication, Inc.

[12] Dawson, T. H., 1983, Offshore structural engineering, Prentice-Hall, Inc.

[13] Graff, W. J., 1981, Introduction to offshore structures, Gulf Publishing Company, Houston.

[14] ISSC, 2009, Committee I.2 - Load, 17th International ship and offshore structures congress, Vol. I.

[15] Klass van Dokkum, Ship Knowledge, DOKMAR.

[16] Tore H. Soreide, 1981, Ultimate Load Analysis of Marine Structures, Tapir.

[17] Wilson, J. F., 1984, Dynamics of offshore structures, John Willy & Sons.

[18] 寺澤一雄, 1971, 船體構造力學, 海文堂.

11

해양구조물과 설비

2006년부터 2008년은 국내 해양산업(offshore industry) 역사상 가장 기념할 만한 기간이었다고 평가할 수 있다. 국내 조선소의 순수 해양구조물 또는 해양플랜트[1](offshore plant) 수주금액이 사상 최초로 미화 200억불을 넘어 섰고 소위 6세대 시추설비로 불리는 수심 3000~10000 m에서 시추할 수 있는 반잠수식 드릴링리그/드릴쉽/FPSO등을 대우조선해양, 삼성중공업, 현대중공업 등의 조선소에서 대량 수주하는 쾌거를 이룸에 따라 해양산업의 축이 우리나라로 이동하고 있음을 전 세계의 관련 업계가 인정한 의미 있는 기간이었다.

국내의 조선소들은 지난 30년간 전 세계 오일메이저(oil major)와 광구운영자(field operator)들에게 200여 기 이상의 해양플랜트를 인도하였고, 최근에는 FPSO, 차세대 반잠수식 드릴링리그, 드릴쉽, 초대형 반잠수식 생산설비, 인장각플랫폼(TLP) 등 고난도 기술을 요하는 프로젝트에 주력하고 있다.

지난 100여 년 동안 막강한 부를 축적해 온 세계 메이저들이 석유나 천연가스가 고갈된 이후 어떻게 될 것인가? 대체에너지 기술을 개발하여 세계의 에너지를 공급하는 회사로 계속 살아남을 것인가? 이와 비슷한 종류의 미래 예측과 관련하여 많은 기업들이 인력과 예산을 투자해 왔고, 우리나라를 포함한 세계 해양업계도 유사한 고민을 해 왔으나, 그 사이 조선기술이 획기적으로 발전함에 따라 심해(deep sea)의 자원 개발이 가능해 짐으로써 기존의 에너지산업은 그 수명을 계속 연장할 수 있게 되었고 그러한 변화의 중심에 바로 우리나라가 서 있다.

국내의 해양플랜트 회사들은 이와 같은 에너지 시장의 변화에 적극적으로 대응, 우수한 조선용 설비/복합프로젝트(hybrid project) 수행능력/원가경쟁력을 주무기로 심해유전 개발용 설비 제작에 참여해 시장 진입에는 성공하였으나, 보다 강한 원가경쟁력과 원천기술력을 확보하기 위한 피나는 노력을 경주해야 하는 시점에 와 있다. 충분한 수주물량과 낙관적인 시장전망을 믿고 생산설계나 시공능력에만 안주하면 조만간 후발국들의 강력한 도전에 직면하게 될 것이다. 이제 국내의 조선소는 해양산업과 관련하여 그 동안의 생산 중심 회사로부터 엔지니어링을 포함한 기술 중심 회사로 변화해야 한다. 각 조선사가 이러한 변화의 추이를 바로 읽고 능동적으로 대처할 때, 우리나라 해양산업의 경쟁력은 장기간 지속될 수 있을 것이다.

1) 해양구조물은 구조물이라는 측면을 해양플랜트는 플랜트 즉 제반 설비의 측면을 강조한 용어로 별 구분 없이 사용된다.

11.1 원유/천연가스와 해양구조물

11.1.1 원유와 천연가스

해양구조물에서 생산(production)되는 제품은 여러 종류이지만 제일 중요한 것은 원유와 천연가스이다. 전통적으로 원유는 바로 판매하여 현금화하는데 유리하므로, 오래 전부터 개발이 이루어졌다. 천연가스는 대개 원유를 생산하면서 나오는 부산물인 경우가 많으며, 이를 얻기 위해서는 여러 단계의 공정을 거쳐야 한다. 과거에는 대부분 원유를 중심으로 개발이 이루어져 왔으나, 점차 천연가스의 생산 비중도 증대되고 있다.

생산용 해양플랜트에 설치된 설비의 주요 기능은 석유를 액체 상태(liquid phase)와 기체 상태(gas phase)로 분리하고, 또 액체로부터 물(water)을 제거하여 원유를 얻는 것이다. 기본적으로 유전(oil field)의 지층은 가스전(gas field) 지층과는 다소 차이가 있으며 이러한 이유로 해양플랜트는 일반적으로 원유 생산플랜트와 가스 생산플랜트로 분류하고 있다. 하지만 대부분의 석유는 가스와 물을 포함하고 있으므로, 원유 생산플랜트는 보통 원유 처리설비 외에도 가스 공정설비를 가지고 있다.

1. 석유(petroleum)

수억 년 전 생존한 동식물의 잔해가 지하에서 오랜 기간을 지나면서 현재의 석유가 된 것으로 알려져 있으며, 근본 에너지원은 태양으로 볼 수 있다. 깊은 바다 밑에 매장된 석유를 채굴하기 위해서는 먼저 시추가 이루어져야 하고 또한 이를 뽑아 낼 수 있어야 한다. 석유의 주성분은 탄화수소(hydrocarbon)이며 여기에 질소(nitrogen), 산소(oxygen), 황(sulphur)과 같은 여러 가지 성분이 소량 포함되어 있다. 석유에서 얻어낸 원유를 증류하여 분리시키면 비등점(boiling point)의 차이에 따라서 휘발유, 등유, 경유, 중유, 그리고 마지막 잔류물로서 아스팔트나 피치를 얻는다. 특히 이와 같은 증류과정에서 생산되는 나프타(naphtha)는 석유화학공업의 주요 원료이며, 다양한 용도로 사용되어 우리 생활에 기여하고 있다. 이러한 측면에서 석유는 단순한 에너지원을 넘어 화학공업의 기본 원료이며 인류의 귀중한 자원이라고 볼 수 있다.

전통적으로 해양구조물의 개발은 원유를 대상으로 시작되었다. 원유는 운반과 보관이 가스보다 쉬워, 많은 대/중/소규모 유전개발이 이루어지고 있다. 미국의 멕시코만(Gulf of Mexico), 북해(North Sea) 지역의 유전개발이 활발하였으나 점차 생산량이 줄어들고 있으며, 아프리카 서부(west Africa), 브라질(Brazil), 호주 북서부(northwest of Australia), 동남아시아(Southeast Asia), 러시아(내륙, Sakhalin, 극지) 등으로 옮겨가고 있다. 원유는 대개 유정에서 뽑아 올린 혼합물로부터 물과

가스를 제거하여 얻어지는데, 생산된 원유는 자체 저장시설에 저장하기도 하고, 해저 파이프라인을 통해 육상 또는 근처의 다른 해양구조물로 이송하기도 한다.

2. 천연가스(natural gas)

천연가스는 원유와 유사한 과정을 거쳐 얻어지는데, 원유의 생산과정에서 부산물로 나오기도 하지만, 중동지역의 카타르(Qatar), 이란(Iran)과 같이 천연가스가 주요 생산물인 지역도 있다. 생산된 천연가스는 해저 파이프라인을 통하여 육상으로 보내지기도 하고, 해양플랜트 자체의 연료로 사용되기도 하며, 또 유정(reservoir)의 압력을 유지하고 더 많은 석유를 채굴하기 위해 압력을 가하여 다시 유정에 주입하기도 한다.

천연가스는 생산 시, 그리고 최종 소비 시 모두 기체 상태로 다루어지며, 대부분의 경우 이송 시에도 고압기체 상태로 파이프라인를 통하여 이송한다. 단 우리나라의 경우는 천연가스의 산지와 거리가 매우 멀리 떨어져 있으므로, LNG 형태로 운반하는데 천연가스를 액화하면 부피가 1/600로 줄어들어 매우 효율적으로 운송할 수 있다. 액체 상태의 LNG가 국내에 도착하면 인천, 평택, 통영, 삼척(건설 중)에 소재한 한국가스공사(KOGAS)의 도시가스 생산설비에서 고압의 기체로 기화되어 파이프라인을 통하여 국내 소비처로 보내진다. 이와 같이 국내의 가정용 취사나 난방, 복합발전(gas turbine combined cycle)에 사용되는 천연가스는 수입된 LNG를 재기화하여 공급하고 있으며, 우리나라는 현재 세계 2위의 LNG 소비국으로 LNG기반 천연가스 공급망이 잘 갖추어져 있는 나라이다. LNG는 청정연료이며 열량당 비용이 경유보다 비교적 저렴하여(현재시가 기준) 많은 나라에서 LNG 수입 터미널을 건설하고 있거나 계획하고 있다. 천연가스는 미국과 러시아에서 대량으로 생산되며, 파이프라인을 통하여 공급, 거래되고 있는데, LNG 거래량은 전체 천연가스 거래량의 약 1/10 정도이다. 국제거래를 기준으로 볼 때, LNG의 주요 생산국은 카타르, 호주, 러시아 등이다.

11.1.2 해양구조물의 특성

해양구조물은 선박과 여러 면에서 다르다. 선박은 화물 또는 승객을 한 장소에서 다른 장소로 옮기는데 사용되며 트럭이나 버스와 비슷한 특성을 가지는데 반해, 해양구조물은 고정된 위치에서 필요한 기능을 수행하는 공장 또는 중장비와 비슷한 특성을 가진다. 석유, 천연가스 등을 채굴하는 시설이 바다에서 필요할 경우, 해양구조물은 그와 같은 기능을 수행하기 위해 만들어진다. 해양구조물에서 얻어진 제품은 셔틀탱커(shuttle tanker)나 해저 파이프라인을 통해 수요처로 옮겨지며, 현재 가동되고 있는 대부분 해양구조물의 주목적은 에너지원인 원유나 천연가스를 생산하는 것이다.

11.1.3 부유식 해양구조물

해양산업에서 통상 사용되는 부유식 해양구조물 및 관련 특수선에 대해 간단히 살펴본다(그림 11-1).

1. 드릴링리그(drilling rig)

해양 석유개발의 시작은 지질탐사로 시작하며, 유망한 위치가 선정되면 그곳에 대한 시추를 개시한다. 시추는 보통 여러 번 시행되며, 일정한 구역을 대상으로 광범위하게 이루어진다. 시추를 통하여 석유나 가스가 발견되면 해당 해저에 생산설비가 여러 곳에 설치된다. 8.2.3절에서 설명한 바와 같이, 부유식 드릴링리그는 부력을 담당하는 부분이 물 밑에 위치한 반잠수식 드릴링리그(semi-submersible drilling rig)와 수상선 형태의 드릴쉽(drillship)으로 구분된다. 얕은 바다에서는 계류라인(mooring line)에 의해 위치가 유지될 수 있으나, 수심이 깊어지면 쓰러스터(thruster)를 사용하여 선박의 위치를 유지하는 동적위치제어(Dynamic Positioning, DP)시스템이 사용된다.

2. 해저설비(subsea system)

해저설비는 생산트리(Christmas tree), 생산매니폴드(production manifold), 해저 파이프시스템, 연결선(umbilical) 등으로 구성된다. 보통은 심해에서 운용되므로, 설치 및 운용이 쉽지 않으며, 철저한 사전 시험과 운용 실적의 되먹임(feedback)을 통하여 신뢰성을 높여야 한다.

3. FPSO(Floating, Production, Storage, and Offloading vessel)

1992년 MARPOL에 의한 이중선각 규정은 그 이전에 건조된 단일선각의 유조선이 대량으로 유휴화되는 결과를 가져 왔으며, 이와 관련하여 원유탱커를 FPSO로 변환하는 시도가 시작되었다. 현재 운용되고 있는 FPSO의 상당수는 이와 같은 변환 과정을 거쳐 건조되었으며, 근자에 이르러서는 유휴 탱커의 재고가 서서히 바닥남에 따라 다양한 시도가 이루어지고 있다.

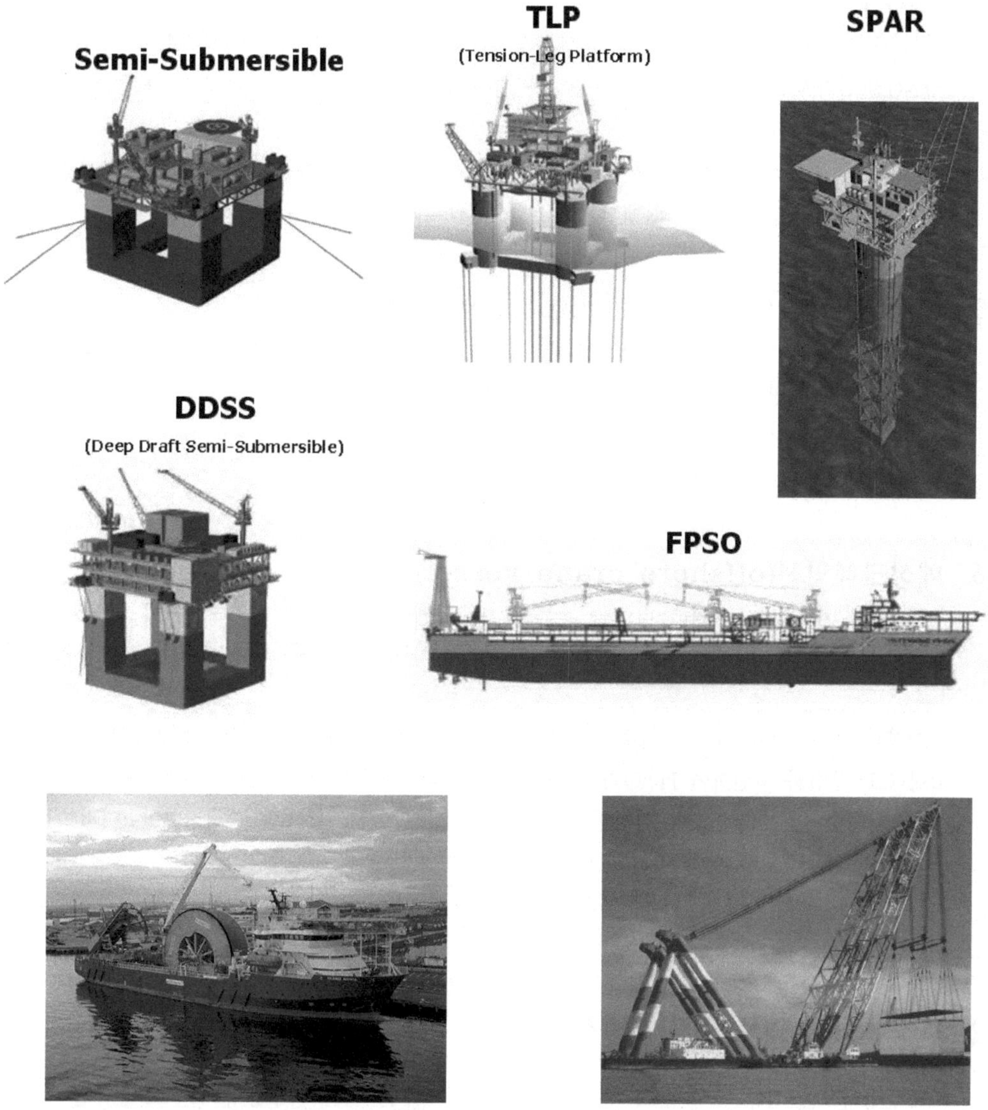

해저파이프부설선 해상크레인선

그림 11-1 해양구조물 및 관련 특수선

4. LNG FPSO/LPG FPSO

바다에서 생산된 천연가스를 자체 액화장비를 이용하여 액화하고, LNG탱크에 저장한 다음, 셔틀 LNG선(정기적으로 왕복하며 LNG를 운반하는 소형의 LNG선)으로 하역을 하는 설비이다. 가스의 액화(liquefaction)와 관련된 많은 장비가 FPSO의 상부모듈(topside module)에 설치된다. LPG FPSO는 최종 생산품이 LPG이며, 천연가스에서 프로판(propane), 부탄(butane) 성분을 분리한 후, 대기압에서 냉동하여 액체 상태로 탱크에 저장하는 기능을 가진다.

5. 해저파이프부설선(subsea pipe laying vessel)

해상의 각종 생산플랜트에서 얻어진 천연가스나 원유를 육상이나 근처의 다른 해양플랜트로 이송하기 위해 많은 양의 해저 배관이 필요하며, 몇 백 km에 걸쳐 설치되는 경우도 드물지 않다. 수심이 깊은 바다에서 이와 같은 해저 배관을 효율적으로 수행하기 위해서는 작업 특성에 맞게 특별히 제작된 해저파이프부설선이 사용된다.

6. 해상크레인선(offshore crane vessel)

해양플랜트의 설치를 위해 다양한 종류의 해상크레인선이 필요하다. 대형선의 경우는 권양(lifting) 용량이 10,000 ton이 넘고, 안정된 작업을 위해 자체적으로 동적위치제어 기능을 갖추기도 한다.

해양플랜트의 주요 기능은 시추와 생산으로 볼 수 있으며, 이 장에서는 시추와 관련하여 부유식 드릴링리그, 생산과 관련하여 FPSO의 각종 설비에 대해 차례로 알아보고, 일반적인 해양구조물의 계약/설계/건조에 대해 고찰한 후, 다양한 해양구조물에 대한 간단한 설명을 시도하고, 여러 가지 관련 용어에 대해 개략적인 기술을 하기로 한다.

11.2 부유식 드릴링리그와 설비

드릴링리그는 석유 탐사가 그 목적이므로, 석유 시추를 위한 시추장비 위주로 설비를 갖춘다. 시추는 처음 석유를 찾기 위한 탐사시추와 이미 찾은 유정에서 석유를 생산하기 위한 생산시추로 구분한다. 부유식 드릴링리그는 부유체의 기능과 관련된 밸러스트(ballast), 계류(mooring), DP(Dynamic Positioning) 등의 선각시스템과 머드탱크(mud tank), 머드펌프(mud pump), 데릭(derrick), 드릴파이프(drill pipe), 라이저(riser), 분출제어장치(BOP), 상하동요 보상기(heave compensator) 등의 시추시스템으로 구성된다.

11.2.1 주요 구성

1. 선각시스템

선각시스템은 시추장비를 해상에서 지지하는 역할을 수행하기 위해, 밸러스트, 복원성(stability), 계류, DP 기능을 가진다. 또한 이와 관련된 모든 장비를 가동하기 위한 발전장치, 작업자들의 거주구, 냉각수 등 각종 유틸리티(utility)시스템 등으로 구성된다. 유틸리티는 주요 목적을 위한 직접자원은 아니지만 목적 달성에 필수적인 간접자원으로 전기, 물, 연료, 압축공기 등이 이에 속한다. 선각시스템은 일반 선박과 비슷하며, 여러 해양플랜트들 사이에 공통적인 요소가 많다.

2. 시추시스템

그림 11-2에 시추시스템의 개략도를 보였다. 머드 저장탱크로부터 공급된 머드는 머드 혼합탱크에서 물, 오일(oil) 등과 혼합되어 시추에 적절한 점성과 비중을 가지게 된다. 이 머드는 머드펌프에서 고압으로 압축되어 드릴파이프 내부를 통해 드릴비트(drillbit)로 공급되며, 적절한 점도(viscosity)를 가지고 있으므로 시추된 해저 물질을 다시 육상으로 잘 올라갈 수 있게 하는 역할을 한다. 여기에서 나온 분쇄물(cutting)을 분석하여 석유의 존재여부를 실시간 판단한다.

11.2.2 선각(hull)시스템

1. 선각 탱크(hull tank)

드릴쉽의 선체 하부에는 밸러스트탱크, 연료유(주로 디젤유)탱크, 머드 저장탱크, 시추용 물탱크(drill water tank) 등 여러 탱크들이 배치된다. 이들 탱크는 드릴쉽의 시스템 운용에 필요한 여러 용품이나 유틸리티를 보관하는데, 밸러스트탱크를 제외하고 대부분 정기적으로 필요한 양을 외부로부터 공급받는다.

2. 발전기(electric generator)

드릴링리그에 설치된 모든 장비의 동력원이 되며, 거의 대부분 디젤기관을 사용한다. 발전기에 의

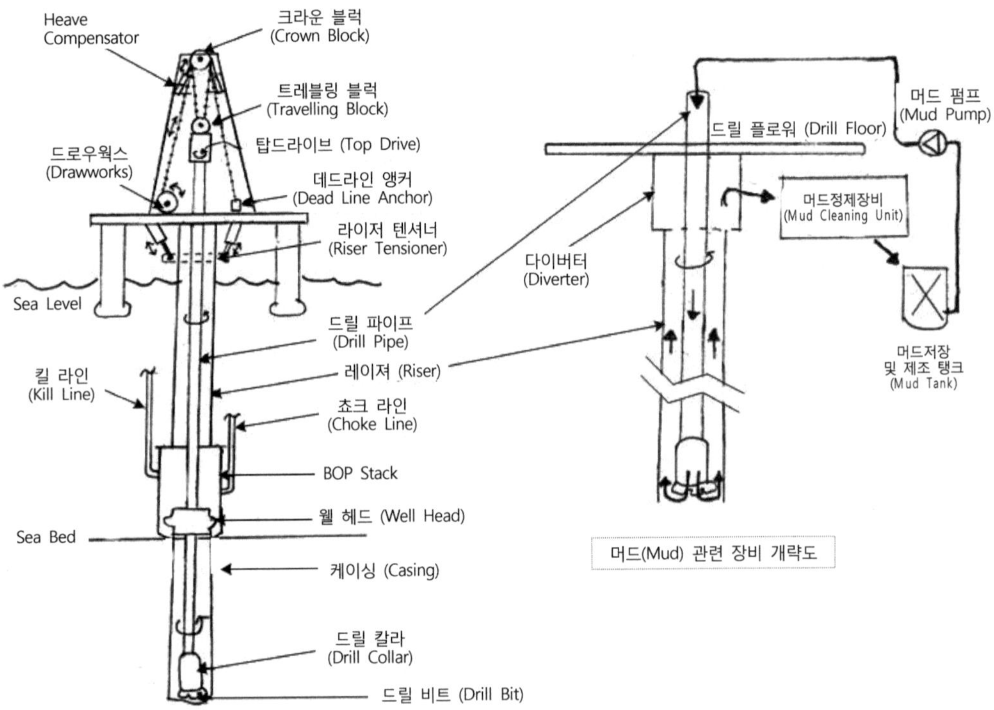

그림 11-2 시추시스템 개략도

해 생성된 전력의 일부는 선각시스템, 특히 DP 쓰러스터(thruster)의 운용을 위해 사용되며, 시추시스템 중에서는 머드펌프, 로타리테이블(rotary table), 호이스팅훅(hoisting hook), 상하동요 보상기 등의 운용에 많은 전기가 소요된다.

3. 전기시스템(electric system)

발전기에서 생산된 전기는 쓰러스터, 시추장비 등 여러 장비에 공급된다. 대형 모터는 주로 고압(high voltage) 전류를 사용하며, 일반 모터는 저압(low voltage) 전류를 사용한다. 쓰러스터나 시추장비는 상황에 따라 속도를 변화시켜야 하므로 별도의 가변주파수드라이브(variable frequency drive, VFD)가 사용되는데, 과거에는 속도 조절이 쉬운 DC 모터가 많이 사용되었으나 근자에는 대

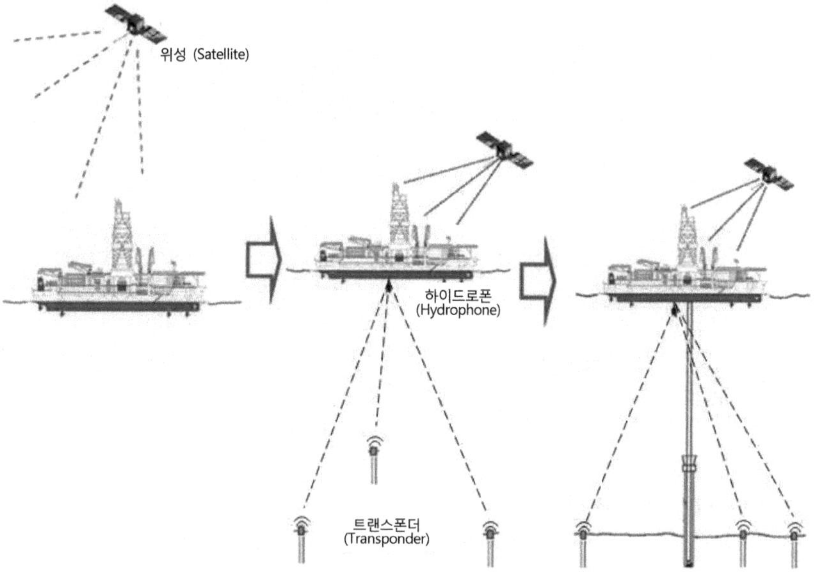

그림 11-3 동적위치제어(dynamic positioning) 개념도

부분 VFD가 사용된다.

4. 동적위치제어(Dynamic Positioning, DP)

드릴링리그의 위치 유지는 얕은 수심에서는 계류시스템으로 이루어진다. 그러나 수심이 깊어지면 복수의 쓰러스터를 사용하여 위치를 유지하는 DP시스템이 사용된다. 그림 11-3에 동적위치제어에 대한 개념도를 보였다. 위치를 유지하기 위해서는 해저에 여러 개의 수중음향 센서(transponder)를 설치하여 기준점을 찾는데 최근에는 정밀도가 상당히 높아진 GPS 센서를 이용한다. 일반적으로 반잠수식 드릴링리그에는 8개, 드릴쉽의 경우는 6개의 쓰러스터가 설치된다. 드릴쉽의 경우, 이동 시에는 DP용 쓰러스터가 주 추진장치로 사용된다.

5. 쓰러스터(thruster)

그림 11-4에 드릴링리그에 설치된 쓰러스터를 보였다. 쓰러스터는 DP시스템을 작동시키는 모터와 프로펠러로 구성되며, 보통 선각 아래로 돌출되어 설치되고 360°회전이 가능하다.

그림 11-4 드릴링리그에 설치된 쓰러스터

6. 계류(mooring)시스템

수심이 깊은 곳에서는 DP시스템에 전적으로 의존하나, 얕은 곳에서는 계류시스템으로 위치를 유지하기도 하며, 계류시스템과 DP시스템을 조합하여 운용하기도 한다. DP시스템이 개발되기 전에는 위치 유지를 위해 대형 계류윈치(mooring winch)를 사용하였다. 이 경우 최대 작업 수심은 약 500 *m* 정도였으나, 최근 DP시스템을 장착한 드릴쉽은 수심 약 3,000 *m*인 해역에서도 작업이 가능하다.

11.2.3 상부(topside)의 시추시스템

상부는 반잠수식 드릴링리그에서는 드릴플로어(drill floor, 아래 1에서 설명)를 뜻하며, 드릴쉽에서는 수면 위쪽의 선체를 뜻한다.

1. 드릴플로어(drill floor)

드릴플로어(그림 11-5)는 드릴링의 주요 장비 및 데릭(derrick) 등이 설치되고 드릴링의 주요 작업이 이루어지는 곳이며, 데릭과 라이저인장기(riser tensioner, 아래 8에서 설명)를 통해 전달되는 하중을 지지하는 곳이기도 하다. 또한 전체 시스템의 제어에 책임을 지는 드릴러(driller)가 중요 장비를 운용하는 작업실(driller cabin room, DCR)과 공구격납실(tool shed house), 드로우웍스(drawworks, 아래 6에서 설명) 등이 위치한다.

그림 11-5 위에서 내려다 본 드릴플로어

2. 머드시스템

머드는 시추에서 매우 중요한 요소로 고압의 머드를 드릴파이프에 주입함으로써 시추한 분쇄물(cutting)을 드릴링리그 위로 옮겨올 수 있으며, 분쇄물의 성분을 분석하여 석유매장 여부를 판단할 수 있다. 머드시스템은 머드 저장설비, 혼합설비, 이송설비 등으로 이루어진다.

3. 머드펌프

머드를 고압으로 가압하여 드릴파이프 속으로 공급하는데 사용되며, 압력은 대개 200 기압 이상의 고압이다. 머드펌프의 유량과 압력은 시추시스템의 운용과 제어에 매우 중요한 인자이다. 그림 11-6에 고압 머드펌프(high pressure mud pump)를 보였다.

4. 로타리테이블(rotary table)

로타리테이블은 드릴파이프(drill pipe)를 회전시키는 장치인데, 근자에는 로타리테이블이 직접 드릴파이프에 회전모멘트를 가하는 대신 드릴플로어 상부에 설치된 탑드라이브(top drive)로 드릴파이프를 회전시킨다. 탑드라이브를 이용하면 로타리테이블로부터 회전모멘트를 받는 6각형 모양의 켈리(Kelly) 파이프와 드릴파이프를 연결할 필요가 없어 시추 효율이 매우 향상된다. 탑드라이브로 직접 드릴파이프를 회전할 경우 로타리테이블은 공회전하게 되며, 드릴파이프를 교환하는 장치, 또는 슬립(slip) 등을 끼워 넣을 수 있는 공간의 역할만을 하게 된다(그림 11-7).

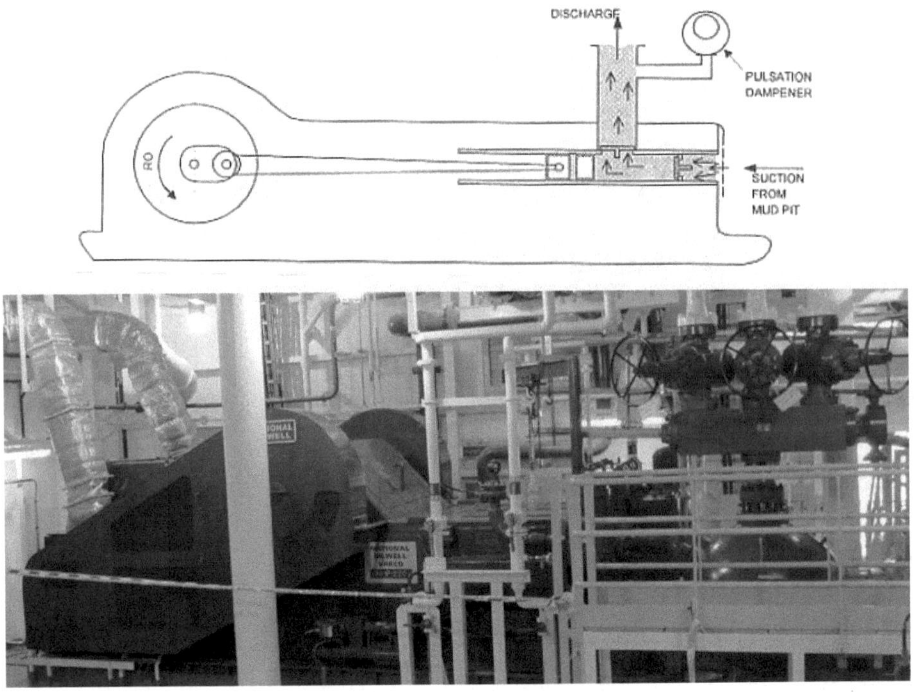

그림 11-6 고압 머드펌프

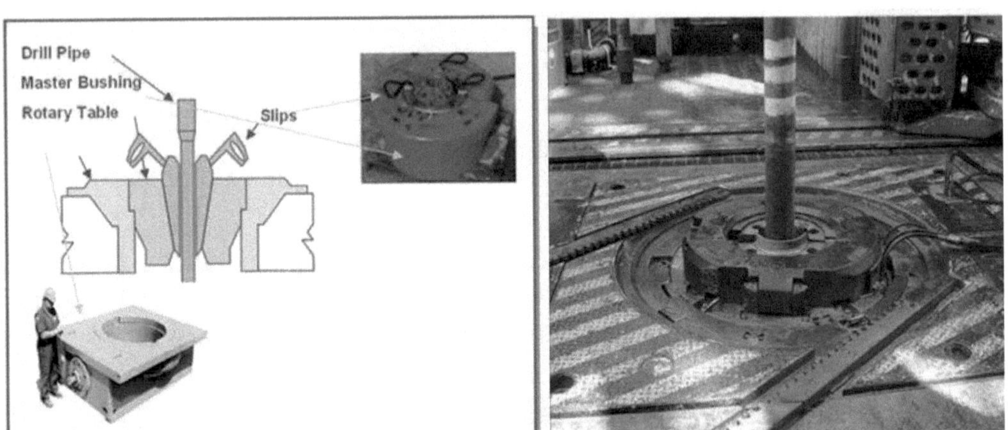

그림 11-7 로타리테이블(좌)과 탑드라이브에 연결되어 공회전하는 경우(우)

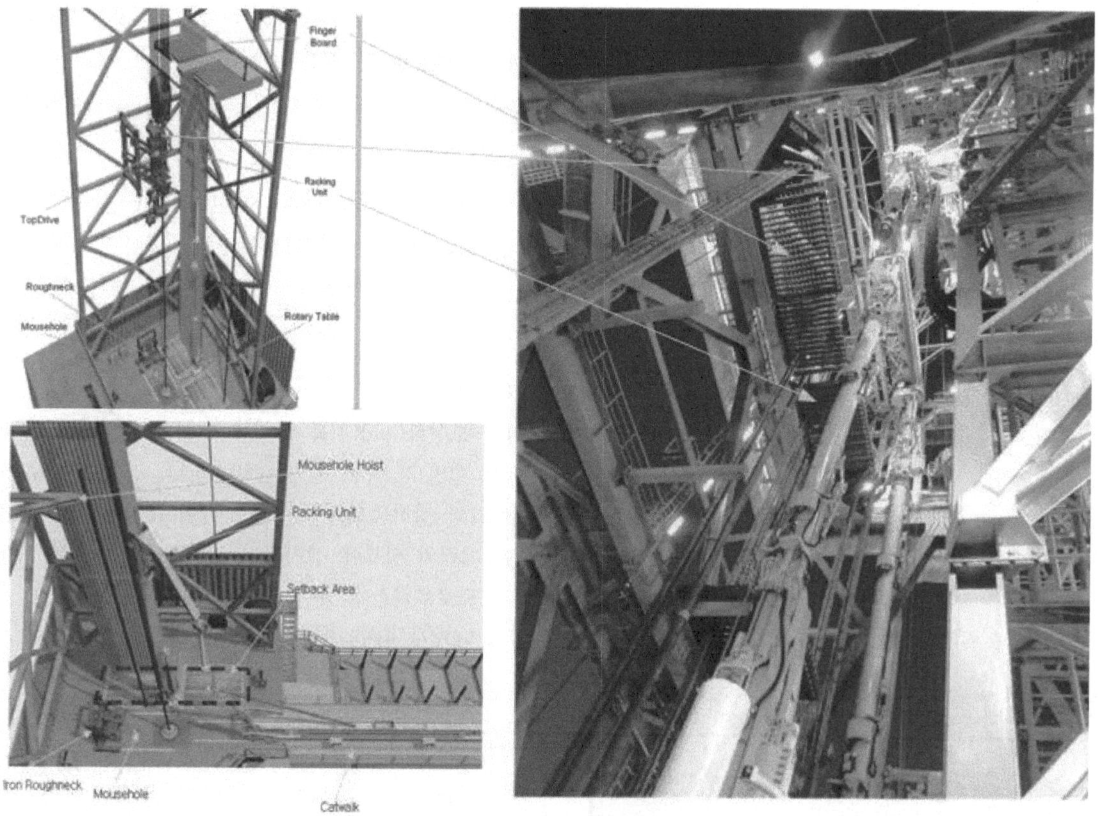

그림 11-8 파이프핸들링시스템

5. 파이프핸들링시스템(pipe handling system)

드릴파이프는 약 9 m로 이 드릴파이프를 얼마나 효율적으로 처리하느냐에 따라 전체 시추시스템의 효율이 결정된다. 드릴파이프와 라이저(riser), 케이싱(casing) 등의 취급을 포함한 전체 시스템을 파이프핸들링시스템이라고 한다(그림 11-8).

최근의 최대 시추 깊이는 약 10,000 m 정도이며, 또한 수평시추(horizontal drilling) 기법을 사용하면 드릴쉽이 위치한 장소에서 수평방향으로 상당히 떨어진 곳까지도 시추가 가능하다. 드릴쉽의 효율은 드릴파이프를 얼마나 빨리 연장하여 시추를 하고, 또한 드릴비트를 교환하거나 기타 작업 시 드릴파이프를 효율적으로 운전하느냐에 따라 좌우된다. 따라서 여러 가지 파이프핸들링시스템에 대한 연구가 진행되었고, 관련 시스템들이 개발되어 적용되고 있다. 시추작업의 효율을 높이기 위하여 미리 드릴파이프 몇 개를 사전에 연결하여 여러 개를 모아 두는데 이와 같은 장소를 세트백구역(setback area)이라고 하며, 드릴파이프를 끼워 걸어놓는 것을 핑거보드(finger board)라고 한다.

6. 드로우웍스(drawworks)

드릴파이프를 올리거나 내릴 때 사용하는 윈치 형태의 장비이다. 여기에 크라운블록(crown block), 상하동요 보상기(아래 7에서 설명), 이동블록(traveling block), 탑드라이브, 드릴파이프 등이 연결된다.

7. 상하동요 보상기(heave compensator)

선박의 상하동요에 의한 드릴파이프의 움직임을 보상하는 장치를 상하동요 보상기(그림 11-9)라고 한다. 라이저인장기(riser tensioner, 아래 8에서 설명)와 작동 원리는 비슷하나, 라이저 자체가 아닌 시추 라이저 내부의 드릴파이프에 드릴링리그의 상하동요 시 일정한 바이트(bite) 압력이 걸려 효율적인 시추를 수행할 수 있도록 하며, 보통 데릭의 상부에 설치되어 있다. 한편 이러한 드릴파이프에 대한 상하동요 보상기를 설치하지 않고, 드로우웍스에 달린 윈치를 유기적으로 당기고 풀어주어 일정한 힘이 걸리도록 하는 시스템도 있다(NOV사 AHC 드로우웍스).

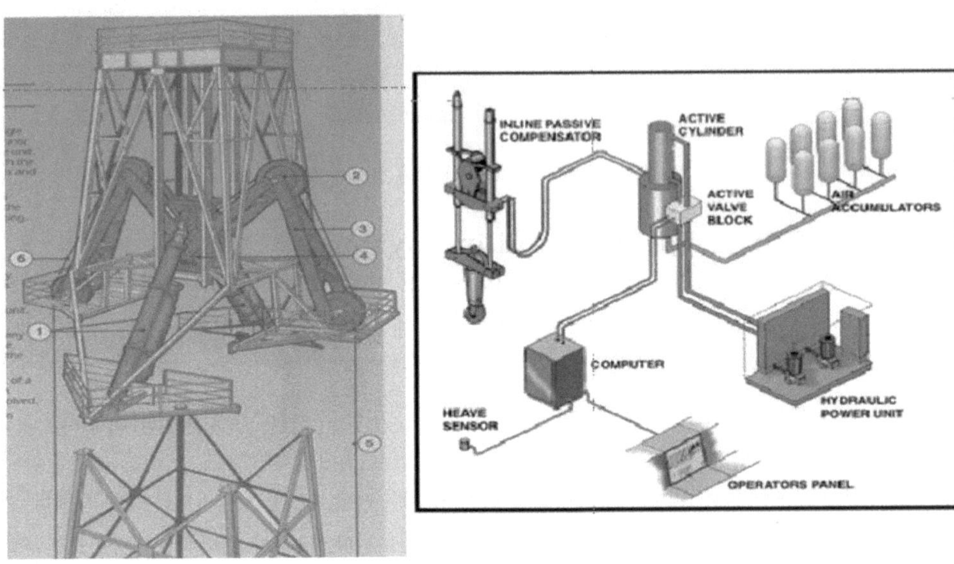

그림 11-9 상하동요 보상기(우), 좌측은 탑드라이브 설치 경우

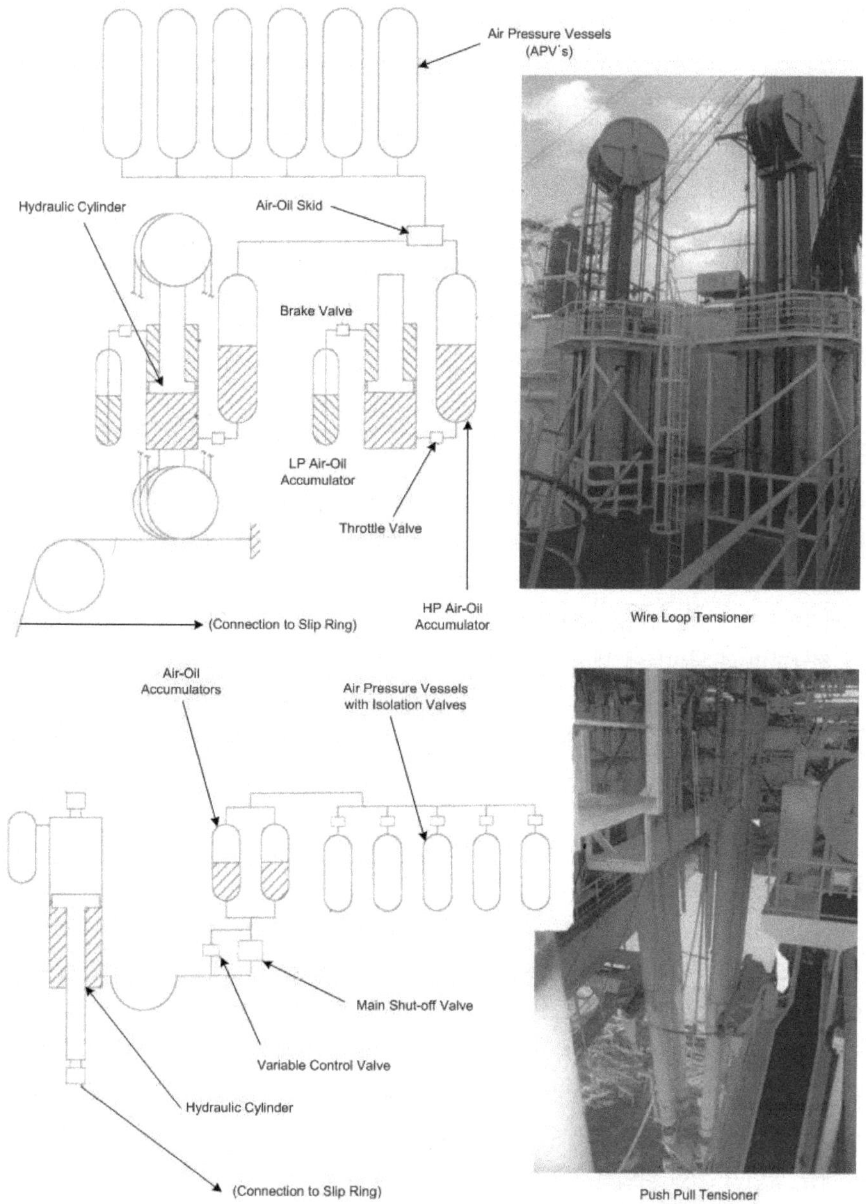

그림 11-10 라이저인장기 와이어루프형(상)과 추인형(하)

8. 라이저인장기(riser tensioner)

선박의 상하동요(heave)로부터 라이저를 안전하게 보호하기 위한 장치로, 드릴플로어 아래에 설치된다. 라이저에 적절한 장력을 전달하며 상하동요에 의한 충격을 보상한다. 라이저인장기는 기본적으로 라이저를 붙잡아주는 역할을 한다. 라이저에 초기 장력을 주어야 조류나 파도에 의해 작용하는 외력으로부터 시추의 중심 위치를 유지하게 할 수 있다. 라이저인장기는 유압부분과 압축공기를 사용하는 축압기(accumulator)로 구성되어 상하동요의 상쇄, 보상 역할을 한다. 와이어와 도르래(sheave)로 구성되는 와이어루프형(wire loop type)과, 와이어가 없이 유압실린더로만 구성되는 추인형(push pull type)이 있다(그림 11-10). 추인형이 상대적으로 가볍기는 하지만, 유지/보수가 어렵다.

9. 드릴파이프(drill pipe)

드릴파이프는 길이가 30 ft(9.14 m)로 양 끝에 암수의 커플링(coupling)을 가지는 3.5 또는 5 in 직경의 후벽관(heavy wall pipe)이다. 커플링은 암/수(box/pin)로 되어 있어서 시추작업 동안에 드릴파이프를 연결 또는 해체할 수 있다.

드릴파이프는 관의 내부를 통해 머드를 공급하고, 로타리테이블에서 발생한 회전모멘트를 드릴비트에 전달하며, 드릴비트에 대해서는 중량물(weight) 역할을 하고, 드릴비트를 상승 및 하강시키는 수단 등의 다양한 용도로 쓰인다. 그림 11-11에 드릴스트링(drill string)의 구성을 보였는데, 여기서 BHA(Bottom Hole Assembly)는 드릴스트링의 아래쪽 드릴파이프와 드릴비트 사이에 위치하는 중량물로 시추를 안정화하는데 도움을 준다.

10. 라이저

보통 라이저라 함은 해저에서 수상에 있는 해양플랜트로 올라가는 각종 파이프를 통칭하여 말한다. 하지만 드릴쉽에서 라이저는 내부에 드릴파이프가 들어가 있는 특수한 형태로 상부의 라이저인장기에 의하여 인장을 받게 된다. 그림 11-12에 라이저를 보였으며, 라이저는 선체로부터 유정까지 연결된 관으로 유정으로부터 회수되는 머드를 수거하는 역할을 하며, 이외에도 드릴파이프의 진행을 돕는 가이드 역할, 분출제어장치에 연결된 초크킬(choke & kill)라인이 부착되어 유정제어(well control)를 위한 보조 역할도 수행한다. 깊은 수심에서는 많은 수의 시추 라이저가 소요되어, 설치 무게를 줄이기 위해 라이저 자체에 부력재를 부착한다.

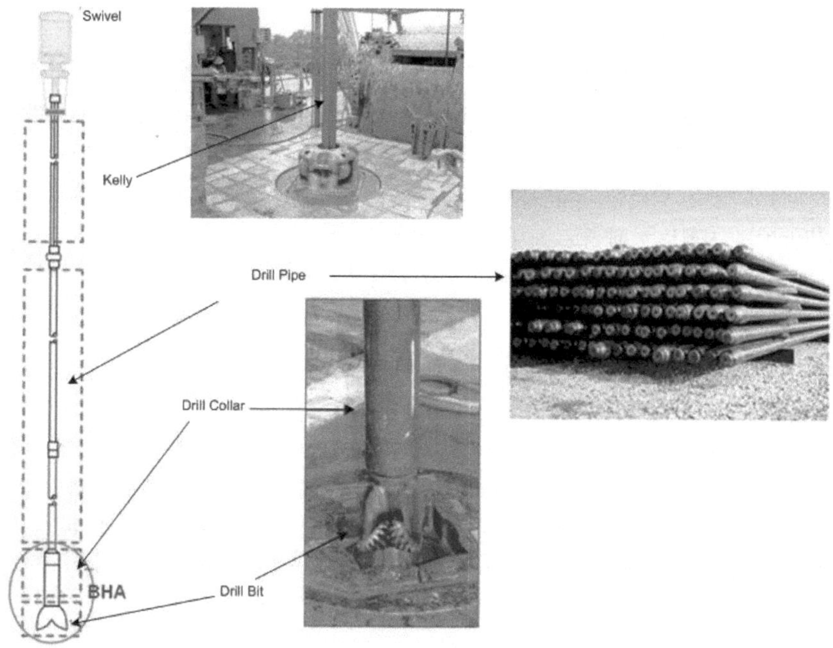

그림 11-11 드릴스트링(drill string)의 구성

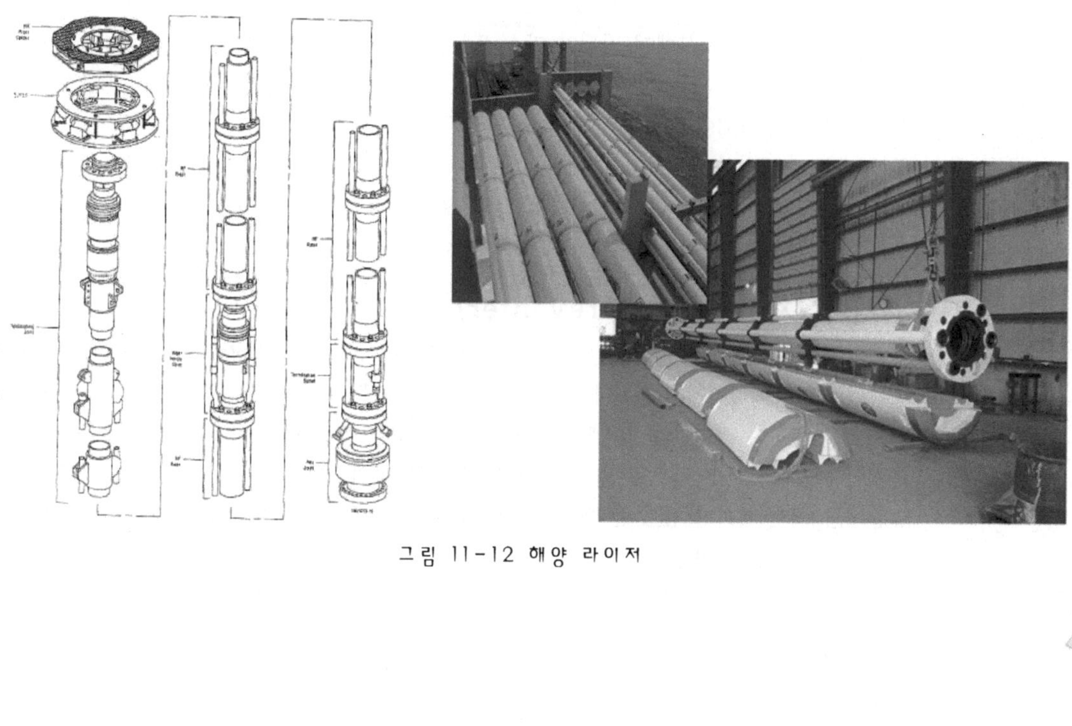

그림 11-12 해양 라이저

11. 시멘팅(cementing)시스템

시추작업은 케이싱(casing) 파이프를 설치하면서 시작되는데 케이싱 파이프 바깥쪽과 해저 지층 사이에 빈 공간을 메우기 위해 시멘트를 사용한다(그림 11-13좌). 이와 같은 작업을 케이싱 또는 시멘팅 작업이라고 하는데, 시추공의 붕괴를 막고 외부 압력에 견뎌 안정성을 높이는 작용을 하며, 시멘팅시스템은 이러한 작업에 사용되는 시멘트를 생성, 공급하는 시스템이다. 고압펌프인 시멘팅장치(unit)는 시멘트를 해저로 보내는데 사용된다(그림 11-13우). 2010년 멕시코만의 석유 유출은 이 시멘팅 작업이 완벽하게 이루어지지 않아서 생긴 사고라고 알려져 있다.

12. 초크킬매니폴드(choke & kill manifold)

초크킬매니폴드는 드릴링 작업 시 발생할 수 있는 역압(kick) 및 분출(blowout)을 조절하기 위해 초크(choke), 킬(kill) 2 개의 라인으로 구성되어 분출제어장치에 연결된 매니폴드(manifold, 여러 밸브들의 조합)를 뜻한다. 만약 유정마개(wellhead)에 역압이 걸리면 초크라인을 통해 고압의 머드를 회수함으로써 압력을 낮추며, 반면에 유정마개의 압력이 너무 낮아 분출 현상이 우려되면 킬라인을 통해 고압의 머드를 주입하여 압력을 높인다. 분출제어장치(BOP)에 연결된 두 라인을 통해 유정의 안정성을 유지한다.

13. 생산트리(Christmas tree)

생산트리는 유정마개 상부에 부착되어 가스 또는 석유의 생산량을 제어하거나 비상폐쇄(Emergency Shut Down, ESD)를 하는 조절장치이다(그림 11-15). 보통 시추작업이 끝난 후 드릴링장치에 의해 유정마개 위에 장착되어 FPSO와 같은 생산플랫폼들에 의해 사용된다. 다수의 게이트(gate) 밸브의 조합이 마치 크리스마스트리와 비슷하여 이러한 명칭으로 불린다. 시추단계에서는 생산트리가 사용되지 않고, 시추가 완료된 곳에 설치하여 향후 실제 석유를 생산할 때 연결하여 사용한다.

14. 분출제어장치(blowout preventer)

분출제어장치는 유정 내부의 이상 압력으로부터 드릴링 장비와 드릴링리그를 보호하기 위한 장치로 드릴링 작업 시 해저면에 설치된다(그림 11-16). 분출제어장치의 상부는 LMRP(Lower Marine Riser Package)를 통하여 라이저와 연결되며, 제어 포드(pod)와 볼조인트(ball joint) 등으로 구성되어 있다. 분출제어장치에는 시추 중 발생하는 역압 및 분출을 방지하기 위해 파이프램(pipe ram)과 전단램(shear ram)이 설치되어 있으며, 앞서 언급한 초크킬라인이 연결되어 유정을 차단 또는 안정화한다. 그림 11-16에 보인 바와 같이 분출제어장치는 몇 단으로 구성되어 BOP stack으로도 불리며,

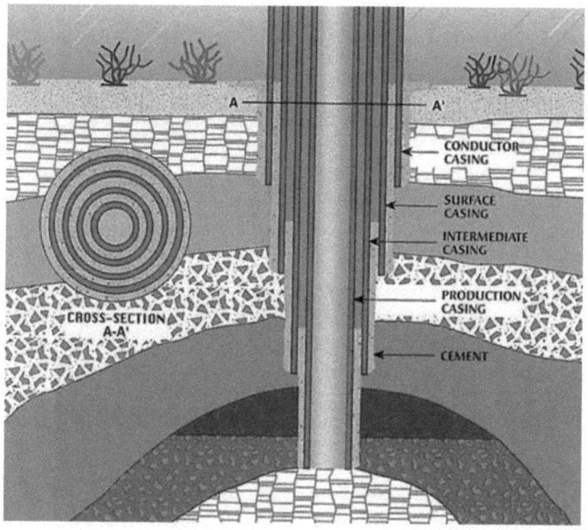

(a) 케이싱

(b) 시멘팅장치

그림 11-13 케이싱(좌)과 시멘팅장치(우)

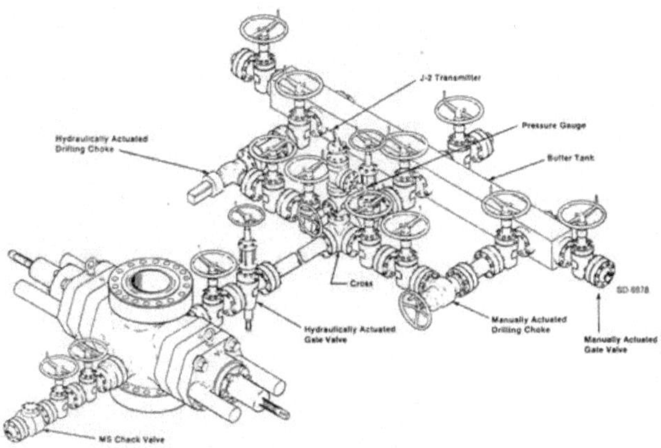

그림 11-14 초크킬매니폴드(choke & kill manifold)

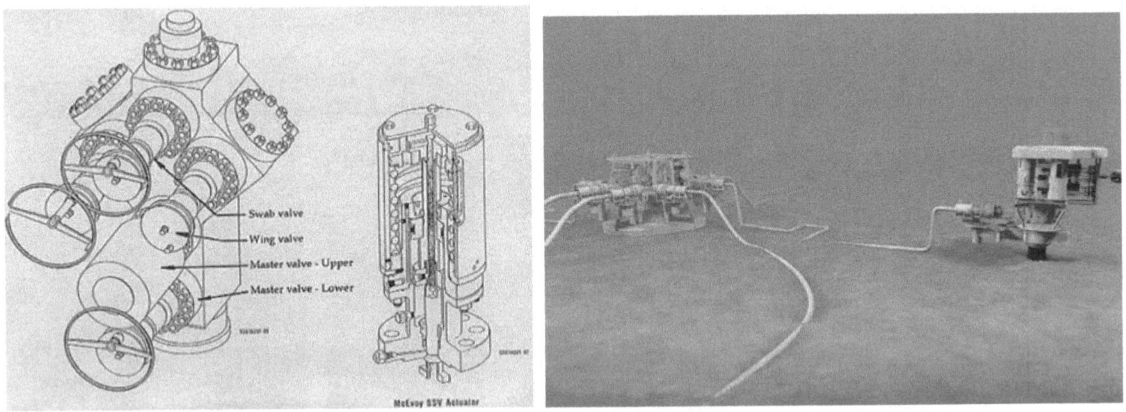

그림 11-15 생산트리

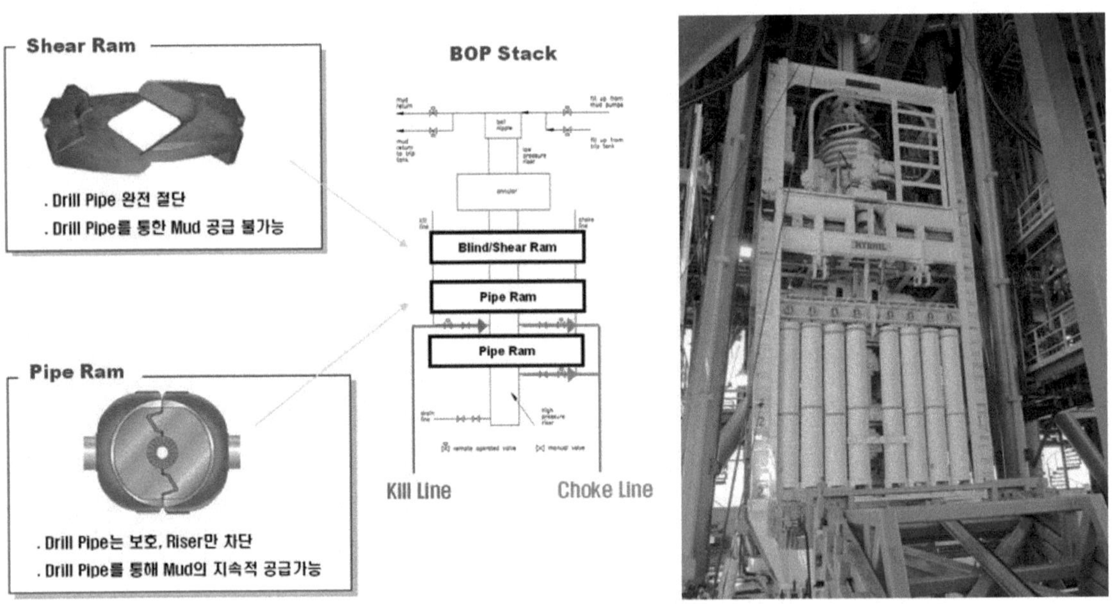

그림 11-16 분출제어장치

짧은 시간에 매우 큰 힘을 발휘할 수 있도록 다수의 축압기(accumulator)가 설치된다. 분출제어장치는 드릴링리그에서 매우 중요한 안전장치로 유지/보수가 매우 중요하다. 2010년 미국 멕시코만의 석유 유출 사고 이후 분출제어장치에 대한 안전장치 요구사항이 더욱 엄격해졌다. 드릴쉽에는 분출제어장치를 해저에서 올렸을 때 안전장치를 충분히 확인하고 점검할 수 있도록 중량물을 효율적으로 취급할 수 있는 분출제어장치 운송시스템이 별도로 준비된다.

15. 시운전

11.3절에서 설명하는 FPSO와 유사한 시운전 과정을 거친다. 부유식 드릴링리그에서는 드릴링리그 특유의 장비가 많이 있으므로 해상시운전 시 분출제어장치를 해저에 내리고, 라이저인장기와 DP시스템을 작동하는 등 여러 작업, 장비를 확인한다.

11.3 FPSO와 설비

그림 11-17에는 국내조선소에서 건조되어 인도한 FPSO의 모형을 보였다. FPSO라고 하면 일반적으로 원유 FPSO를 말하며, FPSO의 주된 기능은 원유 생산이다. 천연가스 생산을 목적으로 하는 경우도 있지만 대개 천연가스는 원유 생산의 부산물인 경우가 많다. FPSO는 가스 압축 공정, 주수, 또는 가스주입시스템 등과 같은 원유 생산설비가 설치되며, 분리된 원유는 화물창에 보관되었다가 하역시스템을 통하여 셔틀탱커로 이송된다. FPSO는 초기에는 기존의 원유탱커를 개조하여 사용하였으나, 점차 처음부터 원유 생산 목적에 맞게 설계되어 건조되고 있으며, 선박의 기능을 가지는 선각(hull) 부분과 생산설비가 설치되는 상부(topside)로 구성된다.

11.3.1 선각(hull)시스템

선각시스템의 대체적인 기능은 드릴링리그의 경우와 비슷하나, FPSO에는 생산된 원유를 저장하는 선각탱크가 배치되므로 일반적인 원유탱커와 유사한 기능을 가진다. FPSO에는 통상 주 추진시스템이 설치되지 않으며, 전기로 작동되는 쓰러스터들이 위치제어를 위해서 사용된다. 선각시스템은 선급에서 정한 규정에 따라 건조되며, 입거(dry docking, 배의 유지 관리나 수리를 위해서 도크에 들어가는 것) 없이 10~20년 동안 운전이 가능하도록 설계, 건조된다.

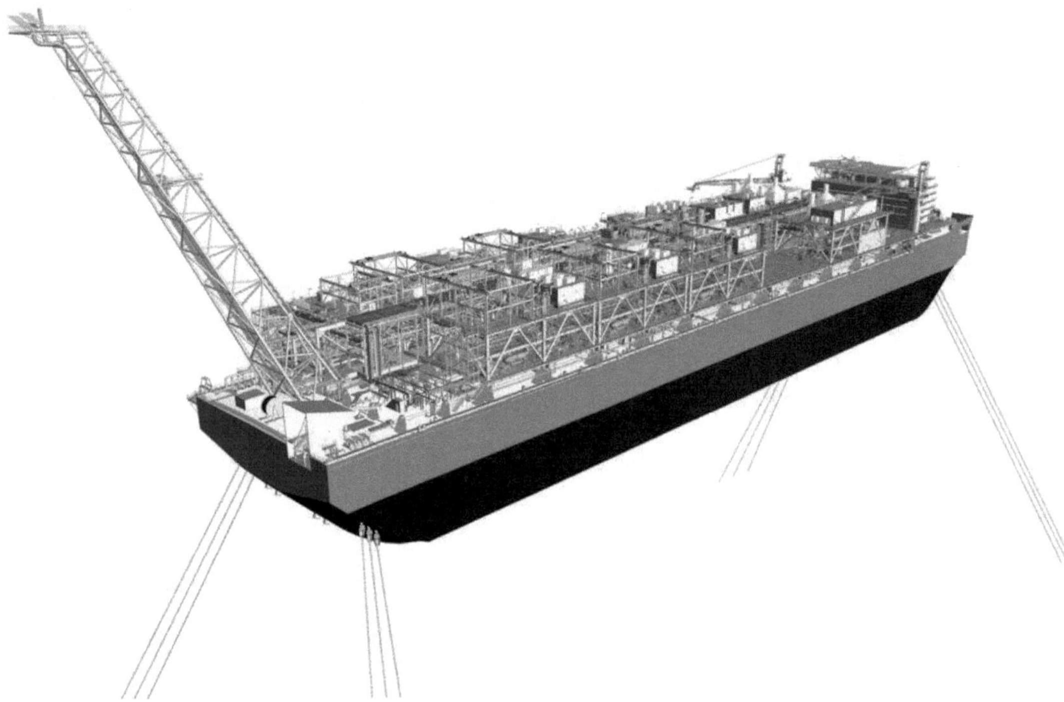

그림 11-17 FPSO

1. 발전(power generation)

FPSO는 상부 장비들이 많은 양의 전기를 소모하므로 발전용량이 매우 큰 편이다. 대개 50~150 MW의 용량을 가지며, 대부분 천연가스를 사용하는 가스터빈구동 발전기가 사용된다. 가스터빈은 가볍고 단위중량당 출력이 커서, 해양플랜트의 발전기나 압축기 구동용으로 많이 사용된다. 연료로 사용되는 가스가 중단되는 비상 상황에서도 FPSO의 생존(survival)과 관계되는 밸러스트시스템 등 기본적인 선각시스템, 제어시스템, 거주구의 식료품(provision)시스템에 사용되는 장비가 문제없이 작동될 수 있도록 소형 디젤발전기(diesel generator)도 설치된다.

2. 계류시스템

계류시스템은 FPSO를 해상에서 일정한 위치에 유지하기 위하여 사용되며, 터렛계류는 터렛(turret), 즉 해상에 설치된 일종의 부이(buoy)에 FPSO를 고정하는 방법이다. 터렛(그림 8-28 참조)은 보통

해저에 고정된 닻과 계류라인, 체인 등에 연결된다. 터렛계류의 경우 FPSO는 파도, 조류, 바람 방향에 따라 저항이 최소인 방향으로 회전하는데 이를 기상적응(weathervane)이라고 한다. 해상 상태가 아주 잔잔한 해역에서는 다점계류(spread mooring)를 사용하기도 하는데, 이 경우에는 FPSO 선측에 여러 개의 계류장치가 연결되므로 기상적응 없이 일정한 방향을 유지하게 된다.

3. 양륙(offloading)시스템

FPSO는 일정한 간격으로 생산된 원유를 셔틀탱커에 양륙한다. 셔틀탱커는 FPSO의 선측에 평행하게(side by side) 접안하기도 하고, FPSO의 뒤에 일정한 거리를 두고 직렬(tandem)로 접안하기도 하는데, 별도의 부이, 또는 특수로프/하역용 호스(hose)로 구성된 호서릴(hawser reel)을 사용하여 양륙한다.

4. 유틸리티(utility)시스템

일반 선박과 비슷한 요소로 구성된다. 밸러스트시스템(배에 화물을 실지 않을 경우에 선박의 복원성을 위해 밸러스트탱크에 물을 채워 넣는 시스템), 냉각(cooling)시스템(주로 상부 로타리테이블이나 압축기 등의 냉각), 공기압축기시스템(상부의 공기압구동 제어밸브 등에 사용되는 공기를 압축하는 시스템) 등이 유틸리티시스템에 속한다.

5. 해저시스템과 라이저시스템

FPSO는 여러 개의 유정으로부터 석유를 공급받으며, 일정한 지역의 여러 유정에서 모인 해저배관은 해저매니폴드(subsea manifold)에서 여러 밸브를 통하여 모이고 또 갈라지기도 하는데 이와 관련된 시스템을 해저시스템이라고 한다. FPSO와 해저 사이를 연결하는 라이저의 개수는 현지 사정에 따라 다르지만 많은 경우에는 20개 이상이 되기도 하며, 이와 관련된 시스템을 라이저시스템이라고 한다.

11.3.2 상부(topside)의 공정과 생산시스템

FPSO의 상부는 원유생산을 통한 수입과 직결되는 시스템이며, 육상의 원유 생산설비와 유사하다. 원유와 천연가스를 효율적으로 생산하기 위해 여러 단계의 공정(process)을 거치는데, 이에는 분리, 수처리(water treatment), 수분제거(dehydration), 압축을 포함하는 가스처리(gas treatment) 등이 포

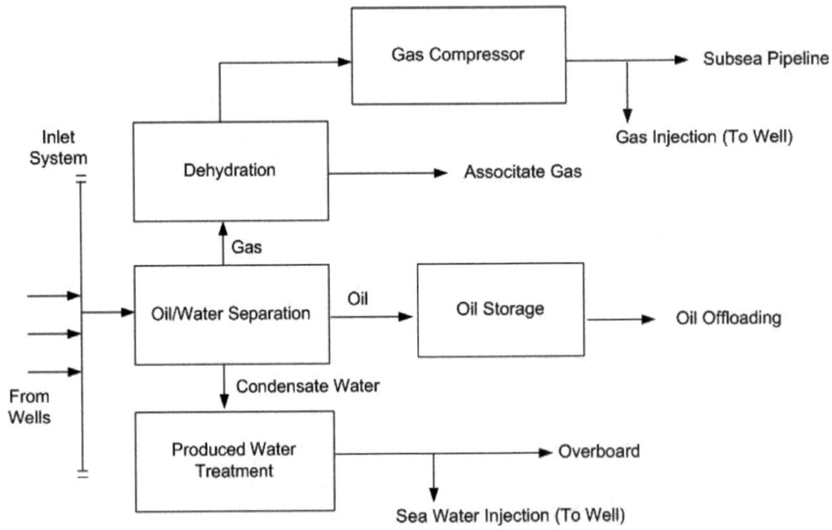

그림 11-18 원유 생산공정 다이어그램

함된다(그림 11-18). 상부의 원유/가스 생산설비는 API(American Petroleum Institute), ASME(American Society of Mechanical Engineers), BSI(British Standards Institute) 등과 같은 기관의 규칙(code) 및 표준(standard)에 따라 설계/건조된다. 부유식 해상설비는 파도의 영향으로 항상 상하좌우로 끊임없이 움직이므로, 선박의 운동 또한 설계 및 건조 시 중요하게 고려되어야 할 사항이다.

열량질량균형(heat and mass balance) 관련 장비의 설계를 위해서는 원유/가스의 생산량(production capacity)과 조성(composition), 각 구성 성분 즉 해당 $C1 \sim C20$ [2)]의 온도, 압력, 유량(flow rate)이 주어져야 한다. 생산된 원유와 가스는 여러 성분의 물질을 포함하는데 이들은 압력, 온도에 따라 체적이 변하며, 기체에 대해서는 이상기체를 가정하여 이상기체에 대한 상태방정식을 적용하는 것이 상례이다. 에너지산업에서는 탄화수소의 혼합물을 다루므로 대부분 물질이 탄소(C, 원자량 12)와 수소(H, 원자량 1)로 이루어져 있어 각 물질의 분자식을 안다면 상태방정식을 이용하여 밀도 등 대부분의 물질 특성을 얻을 수 있다.

2) 예를 들어 포화탄화수소는 분자식이 C_nH_{2n+2}로 주어지는데, 탄소 원자의 수 n을 사용하여 Cn으로 표시한다. $C1$은 메탄(methane), $C2$는 에탄(ethane), $C3$는 프로판(propane), $C4$는 부탄(butane), $C5$는 펜탄(penthane)으로 불린다.

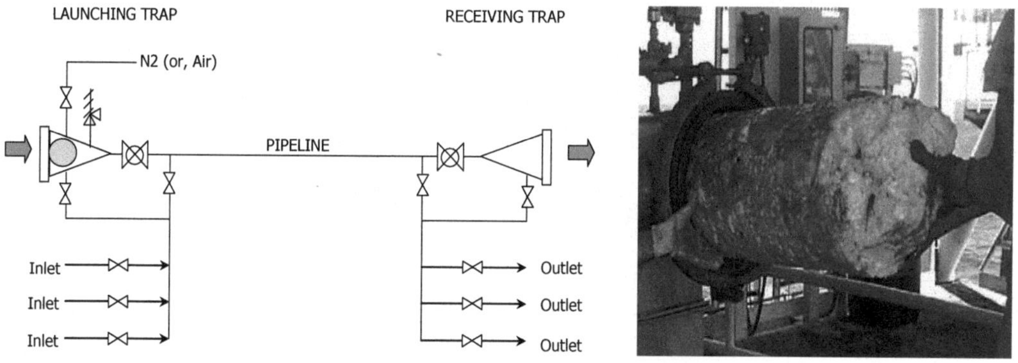

그림 11-19 피깅 개념도 및 수화물의 수거

1. 피그 주입기/회수기(pig launcher/receiver)

해저의 가스관은 설치 후 시간이 흐름에 따라 액체, 스케일(scale)과 파편(debris) 등이 배관의 수평 부위에 쌓이게 되므로 가스유동에 지장을 초래할 수 있다. 이와 같은 문제를 해결하기 위해 폴리프로필렌(polypropylene) 재질의 구형 물질 즉 피그(pig)를 일정 압력 상태 하에서 대량으로 관을 따라 흐르게 함으로써 주기적으로 관 내부를 청소해 주어야 하는데, 이와 같은 작업을 배관의 피깅(pigging)이라고 부른다. 일정한 온도 및 압력 하에서 탄화수소는 수화물(hydrates)을 형성하여 고체화 되는데, 이와 같은 수화물은 피깅에 의해서 제거되어야 할 것 중의 하나이다(그림 11-19). 또 메탄올(methanol)이나 모노에칠렌글리콜(MEG, Mono Ethylene Glycol)을 유정에 주입하는 이유는 바로 이들 물질이 가스유동의 노점(dew point)을 낮추어 수화물이 형성될 가능성을 줄여 주기 때문이다. 유동보증(flow assurance) 해석이란 기체, 액체, 고체 상태로 석유에 포함되어 있는 각 성분이 주어진 온도, 압력, 시간에 따라 어떻게 변화하고, 그런 유동 과정을 통해 생성되는 수화물의 양을 수치적으로 예측하는 것인데, 이는 매우 어렵기는 하지만 해저배관 설계, 해양시스템 설계에서 매우 중요한 작업이다.

2. 분리기(separator)

석유에 포함된 물, 원유, 가스는 비중의 차이를 이용하여 분리하는데 분리기는 이에 사용되는 원통 형태의 장치이다(그림 11-20). 석유의 점도(viscosity)를 낮추어 분리 공정의 효과를 높이기 위해 분리기에 들어가기 전에 가열을 하기도 한다. 분리기에서 분리된 물과 가스는 각기 다른 공정을 거쳐 처리되는데, 물은 정제 과정을 거친 다음 바다로 보내지거나, 유정에 다시 주입되기도 한다.

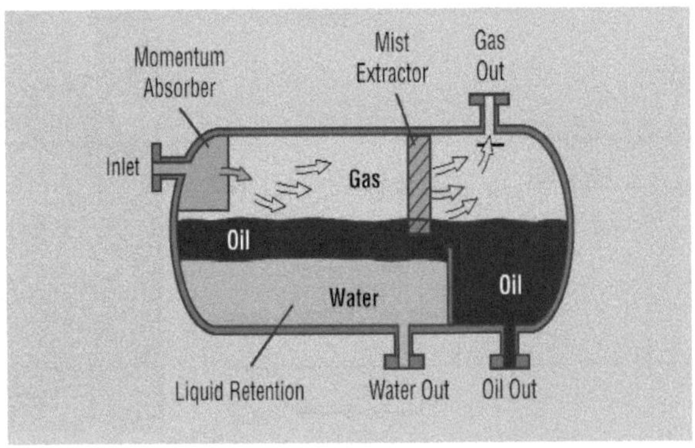

그림 11-20 분리기의 개념도

3. 안정기(stabilizer)

원유에는 휘발성이 높은 성분이 포함되어 있어 시간이 지남에 따라 자연적으로 증발한다. 안정화 공정에서는 용해된 액체 상태에서 휘발성이 있는 물질을 보다 많이 제거함으로써 적절한 원유 사양을 가지도록 온도를 높여 미리 휘발성 성분을 제거한다. 또한 원유의 휘발성 성분을 줄임으로써 원유의 저장과 수송이 쉬워지며, 여기서 나온 증기는 압축기를 통해 천연가스 라인으로 보내진다.

4. 수분제거(dehydration)

가스 속에 포함된 수분은 저온에서 동결되어 고체화 되면 기계장치나 열교환기의 내부를 손상시키거나 흐름을 막는 등 여러 가지 문제를 야기할 수 있으므로 분리기와 안정기에서 나온 가스가 포함하고 있는 수분은 이 공정을 통해 제거된다.

5. 압축(compression)

수분이 제거된 가스 중 일부는 유정의 압력을 유지하여 생산성을 높일 목적으로 유정으로 다시 주입되는데, 멕시코만에서는 이와 같은 가스주입이 환경보호를 목적으로 정해진 요구사항에 속한다. 또한 해저 파이프라인을 통해 육상으로 이송하거나 연료용 가스로 사용하기 위해서도 가스는 고압으로 압축해야 한다. 압축기는 해양플랜트에 사용되는 장비 중에서 가장 비싼 장치이며 대형 압축기(compressor)는 가스터빈이나 대형 모터로 구동된다. 가스터빈이나 압축기는 General Electric, Siemens, Dresser Rand 등 일부 외국 회사에서만 독점적으로 공급하고 있어, 향후 국산화가 매우 시급하다.

6. 주수(water injection)

유정에서 석유를 채굴함에 따라 석유의 생산량이 줄어들고 유정의 압력이 감소하며, 유전의 수명이 다하면 유정에서 물은 90% 정도를 차지한다. 따라서 생산 과정 중 고압의 물을 유정에 주입하는데, 이는 원유가 빠져나간 공간을 물로 채움으로써 유정의 압력을 유지할 수 있고, 밀도차에 기인하여 석유를 유정의 윗부분으로 이동시킬 수 있기 때문이다. 이 작업을 수행하는 고압 주수펌프는 동력을 크게 소모하므로 대형 모터나 가스터빈으로 구동된다.

7. 소각(flaring) 및 환기(venting)

FPSO가 정상적으로 운용되고 있을 때는 가스를 불필요하게 태우거나 외기로 방출하는 것을 최소화 하도록 설계하지만, 운용에 문제가 발생하거나, 비상 상황에서는 가스를 안전하게 태워서 대기로 방출할 수 있도록 소각 및 환기장치를 설치한다.

8. 증류(distillation)

생산시스템에서 최종적으로 얻는 것은 탄화수소인데, 상온 상압에서 $C1 \sim C4$는 기체 상태이고 $C5$ 이상은 액체 상태이다(condensate). 이들은 압력에 따라 그 상태(phase)가 변화하므로 Cn을 효율적으로 이용하기 위해서는 한 성분만으로 분리할 필요가 있으며, 분리는 주로 비중이나 비등점의 차이를 이용한다. 표 11-1에 $C1 \sim C5$의 비등점을 보였다. 예를 들어, $C3$, $C4$가 혼합된 LPG로부터 이들을 분리하고자 할 경우, 압력을 11 atm으로 유지하며 적절한 방법으로 열을 가하면 비등점이 높은 $C4$는 아래에 액체 상태로 남을 것이며, $C3$는 위에 기체 상태로 존재한다. $C4$는 하부에 연결된 관을 통하여 뽑아내고, 상부에 있는 $C3$는 따로 모아 냉각시키면 응축되어 액체 상태로 회수할 수 있다. 보통 메탄이 주성분인 천연가스는 기체 상태로 유지하여 처리하는 것이 편한 반면, $C5$ 이상은 액체로 처리하는 것이 효율적이다.

표 11-1 $C1 \sim C5$의 비등점

	비등점 (℃)	
	대기압	11 atm
$C1$: 메탄	161.6	122.1
$C2$: 에탄	88.7	29
$C3$: 프로판	42.2	30.7
$C4$: 부탄	0.4	83.8
$C5$: 펜탄	36.2	129.6

11.4 해양구조물의 계약, 설계, 건조

11.4.1 개요

해양 석유개발은 지질조사로부터 시작된다. 지질조사에 의해 석유나 가스가 존재할 가능성이 많은 지점을 찾아내고, 드릴링리그를 사용하여 여러 지점에서 석유의 매장여부를 확인한다. 시추에 의해 석유나 가스의 매장이 확인되면 유정을 임시로 막아 두고, 향후 상업 생산의 시점이 될 때까지 기다린다. 적절한 시점에 수십 km 이내에 경제성이 있는 유정이 여럿 확인되면, 수심에 따라 적합한 생산 플랫폼의 형태를 결정한다. 지질조사로부터 실제 해양생산 플랜트의 건조까지는 적어도 10년, 길게는 20년이 넘게 걸리는 경우도 많으며, 또 석유나 가스가 발견되었다 하더라도 경제성이 확보되지 않아 실제로 개발이 이루어지지 않는 경우도 많다.

해양구조물을 발주하는 선주 측에서는 사전에 기술적 문제점, 경제성 등을 충분히 내부적으로 검토하고, 실제 초기개념설계, 사전FEED(pre Front-End Engineering Design)를 진행한 다음 조선소 등에 사업을 발주한다. 계약에는 여러 가지 형태가 있으나, 설계, 구매, 건조, 설치 등을 일괄적으로 발주하는 계약을 EPCI(Engineering, Procurement, Construction, and Integration)계약이라고 한다. 과거에는 국내 조선소들이 주로 생산설계, 건조만을 담당한 경우가 많았으나, 최근 국내 대형 조선소들은 EPCI계약을 하는 것이 보편적이다. EPCI계약은 모든 책임을 계약 당사자가 지게 되어 있으므로, 계약당사자가 기술적, 경제적으로 충분한 능력이 있는 경우에는 선주 측에서도 선호하는 추세이다.

계약 단계에서는 서로의 약속이 되는 기술사양서(technical specification)와 법적인 문제, 대금 지불 등 계약의 제반 사항이 포함되는 상업계약서(commercial contract) 내용 및 계약금액, 인도일에 대해 서로 합의한다.

계약이 이루어지면 조선소에서는 설계를 진행하면서, 해당 강판, 장비, 밸브 등 여러 자재를 발주한다. 설계는 일반적으로 개념설계, 기본설계, 상세설계, 생산설계 등으로 구분된다. 설계가 완성되고, 자재 발주가 이루어지면, 공장에서는 구조물을 만들고, 해당 배관, 장비, 철의장 장치를 블록 단계에서 설치하게 된다. 도크(dry dock) 등에서 선각 부분이 완성되면, 진수하여 안벽에서 나머지 의장 작업을 수행한다. FPSO 등의 상부 장비는 선각 부분과 별도로 모듈(module) 단위로 제작되어 대형 해상크레인으로 모듈 별로 설치한다.

의장작업이 끝나면 각종 장비의 시운전이 이루어지고, 완성된 제품은 건조가 이루어진 조선소로부터 출항(sail out)하여 해당 위치로 운반되는데, 장소에 따라 다르지만 해상 운송에는 3~6달이 걸리기도 한다. 인도된 해상구조물이 현지에 도착하면 모듈 간, 해저(subsea)시스템 간의 체결 작업을 수행한다. 이 작업이 완성된 후 시운전이 이루어지며, 시운전 이후에 상업 운전에 들어갈 수 있다. 보통 조선소의 역할은 처음 원유를 생산하는 단계까지이므로 매우 광범위한 책임을 지게 된다.

해양플랜트의 설계는 계약 단계에서 강재절단(steel cutting)까지 약 12~13개월이 소요되고, 진수까지 8개월 정도가 더 소요되며, 이 후 안벽에 접안을 한 상태에서 건조작업이 완료되는데 평균 12~14개월 정도가 현재의 표준이다.

11.4.2 해양구조물의 설계

1. 개념설계

선박과 달리 해양구조물은 매 프로젝트(project) 마다 같은 설계가 거의 없으며, 해당 해역의 여러 조건, 제품의 특성에 맞도록 별도 설계되어야 한다. 따라서 선주 측에서는 사전에 충분한 기술적 검토를 거쳐 얻어진 기술 자료를 계약자인 조선소에 제공하며, 이 자료는 해당 구조물의 개념설계 및 설계 전반에 대한 대략적인 방향을 결정하는 근거가 된다.

2. 기본설계

기본설계에서는 주요 장비의 사양, 배관의 크기, 장비의 배치 등이 결정되므로, 프로젝트 자체의 성패와 매우 밀접한 관계를 가지며, 대략적인 건조비가 이 단계에서 사실상 결정된다.

3. 상세설계

기본설계를 근간으로 선주와 검사기관의 승인을 받아 대부분의 세부적인 사양, 배치, 운전에 대한 사항이 모두 결정된다. 개개의 장비와 관련된 여러 부서의 협의, 구조적인 관점에서 각종 부재의 치수를 결정하기 위한 구조해석, 블록 분할, 용접 설계 등이 모두 이 단계에서 수행된다.

4. 생산설계

상세설계를 바탕으로 장비의 설치, 배관의 제작과 설치 등 생산에 필요한 도면이 작성되어 생산 현장으로 출도된다.

5. 자재구매

설계 단계에서 매우 중요한 요소가 각종 장비의 사양을 결정하여 구매요구서를 작성하는 것이다.

해양구조물의 경우 프로젝트에 따라서는 전체 예산의 50% 이상이 장비 구매비인 경우도 있다. 장비의 효율적인 사양 결정과 가격 경쟁력이 있는 구매를 위해서는 설계자의 능력이 매우 중요하며, 전체 프로젝트의 수익에 결정적인 영향을 끼친다.

11.4.3 해양의장시스템 설계

해양의장시스템은 매우 많은 기술요소로 구성되어 모든 요소를 다 다루는 것은 매우 어려운 일이므로, 아래에서는 전체적인 흐름에 대한 이해를 돕는 차원에서 일반적인 소요기술과 절차에 대해 설명한다.

1. 구매사양서 작성과 그 준비

1) 생산량(production capacity) 및 요구조건 분석

이 단계에서는 해양플랜트가 설치될 위치, 수심, 저장능력, 가스나 원유의 생산량 등을 기초로 기본적인 요구조건이 결정된다. 실제 해양플랜트의 경우는 탐사, 시추, 생산플랜트 제작, 생산, 운반, 수요 등이 종합적인 계획에 의하여 이루어지는 경우가 대부분이다. 이러한 초기개념설계, 타당성조사 등은 실제 프로젝트가 시작되기 오래 전부터 선주(대개는 오일메이저)에 의해서 충분히 검토가 된 상태에서 이루진다.

2) 공정흐름도(Process Flow Diagram, PFD) 작성

개략적인 시스템의 구성을 도표(diagram) 형태로 작성하는데, 이 도표는 선주 측에서 사전에 조선소에 참조용으로 제공하는 경우가 많다.

3) 열량질량균형(heat & mass balance) 계산

이 계산은 생산플랜트(production plant)에서 매우 중요한 의미를 가진다. 열량과 질량에 관한 전체적인 입출력을 수치적으로 보여주는 계산 결과, 즉 계산서로부터 모든 설계가 출발한다. 이 계산서에 근거하여 대부분 주요 장비의 사양, 배관 등의 크기가 결정되며, 제품의 생산량이 최종적으로 얻어지므로, 따라서 플랜트의 수입, 프로젝트의 경제적 타당성이 확정된다.

4) 전기부하목록(electric load list, operation conditions) 작성

장비 목록으로부터 소요되는 전기용량을 결정하여 작성하며, 이밖에 공기, 물 등의 유틸리티 부하 소요(utility load requirement)로부터 각 유틸리티의 용량도 결정한다. 여기서 유틸리티는 생산을 위한 직접자원은 아니지만 생산에 필수적인 간접자원으로 전기, 물, 연료, 압축공기 등이다.

5) 전기 단선도표(Single Line Diagram, SLD)

전기부하목록을 기초로 전기관련 여러 장치들의 용량을 선정하고, 전기시스템을 어떻게 구성할 것인가를 결정한 후, 이를 도면화하는 과정이다. SLD가 작성되면 해당 플랜트의 전기시스템의 구성과 용량을 한눈에 알 수 있다. 선박의 경우는 전기 용량이 3~10 MW이지만, 해양플랜트의 경우는 200~300 MW에 달하는 경우도 있어 훨씬 대용량의 시스템이다.

6) 장비용량 계산(equipment sizing calculation)

위의 열량질량균형 계산에 근거하여 대부분의 주요 장비 사양들이 결정되는데, 이에 따라 개개 장비의 상세한 용량을 선정하게 된다. 해양플랜트에는 고가의 장비가 많아 적절한 용량을 선정하는 것이 매우 중요하다. 중요 장비로는 압축기, 발전기(가스터빈), 대형 펌프 등이 있다.

7) 구매사양서(Purchasing Order Specification)

초기설계에 근거하여 구매사양서를 작성한다. 배관, 철의장, 구조물들은 조선소에서 제작하지만, 대부분의 장비는 외부에서 구매한다. 주요 장비의 공급처는 외국인 경우가 많고, 또 선주들과 정보를 공유하고 협의해야 하므로 구매사양서는 영문으로 작성된다. 구매사양서는 기술적인 사양뿐만아니라, 공급범위, 검사방법, 페인트 색깔, 운송방법, 대금 지불조건 등 구매계약에 필요한 각종 사항을 포함한다.

2. 기계류 배치 및 각종 시스템 구성

1) 기계류 배치(Machinery Arrangement, MA)

일반적으로 배치는 기능적인 요소와 사용자의 편리성, 유지보수 등이 모두 고려되어 결정되어야 한다. 특히 해양플랜트의 경우에는 공간이 충분하지 않기 때문에 배치가 상대적으로 더욱 중요하며, MA의 결과는 해양구조물 전체의 일반배치(General Arrangement, GA)에 반영되고 상호 영향을 끼친다.

2) 공기조화(Heating, Ventilating and Air Conditioning, HVAC)시스템

일반 건물의 경우와 유사하게 해양플랜트에서 생활하는 작업자들뿐만 아니라, 장비의 가동과 유해

가스의 환기(ventilation)를 위해 필요하다. 일반 거주구에 대한 공기조화시스템과 기관실의 환기팬(ventilation fan)시스템 등으로 구성된다. 가스감지기(gas detector)를 포함하는 가스감지장치, 화재에 대비한 보호장치 등도 포함되며, 감쇠기(damper), 팬(fan) 등 각종 수동운전이 불가한 HVAC 장비들은 여러 단계의 제어논리(control logic)에 근거한 제어시스템으로 구성된다.

3) 제어(control)시스템

제어시스템은 각종 장비의 현황감시(status monitoring), 원격제어(remote control) 장치 등으로 구성되며, 컴퓨터기반으로 모니터 상에서 모든 장비, 밸브 등이 조작되는 것이 일반적이다. 대형 패키지(package) 장비는 별도의 PLC(Programmable Logic Controller)로 제어되며, 이들과 주제어(main control)시스템은 망(network)으로 연결된다. 개개의 요소 시스템은 선박의 경우와 유사하지만, 센서(sensor)/장비의 상태를 전달하는 입력(input), 장비의 작동을 위해 제어시스템이 장비들에 보내는 출력(output)의 규모가 선박의 경우보다 훨씬 크다. 입출력은 실제 전선(hardwire)으로 연결되어 있는 경우도 많지만, 가스터빈/발전기 등은 자체의 제어시스템이 있어서 중앙제어시스템과는 전선뿐만 아니라 망/직렬통신(serial communication)에 의해 직접 입출력이 연결되어 있다. FPSO의 경우는 입출력 수가 20,000 개가 넘기도 한다. 이 입출력을 기반으로 각종 장비, 배관 상태(압력/온도/유량), 밸브 상태 등 모든 정보가 컴퓨터 화면에 표시되고, 이에 근거하여 해양플랜트가 운용된다.

4) 안전(safety)시스템

안전시스템은 화재 및 가스 감시(fire & gas monitoring), 방화(fire fighting), 비상폐쇄(Emergency Shut Down, ESD)장치 등을 포함한다. 복잡한 장비들이 좁은 곳에 설치되어 있는 해양플랜트에서는 이 시스템이 매우 중요하다. ESD시스템은 해양플랜트의 설비가 위험 상황에 도달하였을 때 비상용 밸브들을 잠그는 역할을 한다. 안전시스템은 화재 및 가스 감지시스템, 공기조화시스템과도 유기적으로 연결된다. 위험 상태의 심각도에 따라 일부 장비 또는 해당 시스템 전체 또는 ESD밸브 또는 전 해양플랜트를 정지시킨다. 이와 같이 위험 상황을 몇 단계로 구분하여 해양플랜트의 안전과 가동효율을 동시에 만족시킬 수 있도록 적절히 안전시스템을 구성해야 한다.

3. 기타 주요 사항

1) 배관계기도표(Piping & Instrument Diagram, P&ID)

배관계기도표는 장비의 중요한 용량, 해당 배관, 계기(instrument), 중요 제어시스템이 표시되는 종합적인 도면이다. 여기에는 배치 정보를 제외한 대부분의 정보, 즉 배관의 크기, 재질, 압력, 센서, 장비 사양 등의 정보가 모두 표시된다. 배관계기도표가 완성되면 대부분의 설계가 완료되었다는 뜻이며, 배관계기도표로부터 배관 밸브 목록, 배관자재, 계기 구매항목, 장비 목록을 도출할 수 있다.

2) 배관(piping arrangement)

배관계기도표에 따라 중요 배관과 각종 밸브, 장비들을 배치하며, 배관 작업과정은 선박의 경우와 유사하다. 해양플랜트에는 매우 많은 관과 장비가 좁은 공간에 설치되어야 하므로 배관은 매우 중요하고 또 어려운 작업이지만, 대부분 설계가 CAD를 사용하여 이루어지기 때문에 과거보다는 훨씬 효율적으로 다른 장치와의 간섭을 확인하여 배관을 합리적으로 수행할 수 있다.

3) 거주구 설계(accommodation design)

선박의 거주구 설계와 비슷한 점이 많으나, 해양플랜트에서는 많은 작업자가 오랫동안 머무르게 되므로, 선실의 규모가 선박보다 일반적으로 훨씬 크다.

4) 장비자료철(equipment data sheet)

장비의 사양서와는 별도로 장비의 설계 사항을 효율적으로 파악하고 관리하기 위해 일정한 포맷(format)을 갖춘 자료철이 이용되기도 한다. 여기에는 장비명, 시간당 용량, 압력, 운전온도, 설계기준 압력, 온도, 인터페이스(interface) 사항들이 표시된다.

5) 계기자료철(instrument data sheet)

계기자료철은 계기(센서류 포함)를 효율적으로 관리하기 위해 작성, 사용된다. 계기의 종류, 압력범위, 온도 범위, 연결 방법 등 상세한 내용이 기술된다. 이와 같이 표준화된 자료철을 이용하면 구매, 관리, 운전 단계에서의 혼선을 방지할 수 있다.

6) CAD시스템

요즘의 대부분의 설계는 컴퓨터기반시스템을 사용하여 이루어진다. 그러므로 효율적인 CAD시스템의 운용은 개인뿐만 아니라 회사 전체의 설계효율에도 매우 중요한 요소이다. CAD시스템은 단순한 형상정보만을 포함하는 것이 아니라, 자재, 생산, 생산관리, 원가관리 등 조선소에서 이루어지는 제반 전산시스템 및 업무시스템과 유기적으로 연관된다. 이를 통하여 효율적인 자재발주, 자재관리, 생산관리, 설계일정 관리, 중량집계 등이 이루어진다.

7) 설계검토(design review)

최근의 설계 과정에서는 대부분 3차원(3 Dimension, 3D) 모형을 사용하므로 설계 시 해당 장비의 배치, 다른 장비나 배관과의 간섭 등을 사전에 확인할 수 있다. 설계가 완성되면, 설계자, 선주 측 엔지니어, 운용자 등 관련 분야 사람들이 모두 모여, 대형 화면 상에서 설계를 검토하고 수정 및 개선 사항을 제시한다. 이와 같은 과정을 통해 운용, 보수에 편하고 효율적인 설계가 이루어질 수 있으며, 차후 실제 해양플랜트가 완성되었을 때 선주의 불평이나 수정 요구를 대폭 줄일 수 있다. 설계검토에 사용되는 3D CAD는 플랜트 내의 일정 장소를 여러 각도에서 보면서 장비 배치의 효율성, 간섭을 확인할 수 있는 기능을 가진다.

8) 선주 및 선급과의 의견교환(communication)

해양플랜트를 설계하거나 건조하는 과정에서는 수많은 협의가 이루어지며, 상호 기술회의, 공식문서, 이메일(email) 등 수많은 서류를 서로 교환한다. 이는 매우 방대한 분량이나 차후 선주와 조선소간의 오해와 분쟁을 줄일 수 있게 된다. 설계나 건조 과정은 일방적인 진행이 아니며, 조선소와 선주, 선급(ABS, LR, BV, DNV 등)과의 의견교환은 매우 중요한 요소이다.

9) 선주, 공급자(vendor)와의 기술회의(technical meeting)

해양플랜트에는 수많은 장비가 소요되고, 대부분의 장비는 외부로부터 구입해야 한다. 조선소에서는 각종 장비의 특성에 맞는 배관, 전기 공급, 유틸리티(utility) 등을 준비하고 설계에 반영해야 한다. 그러므로 조선소와 장비 공급사(equipment vendor) 간에는 수많은 기술협의와 이메일을 통한 의견교환이 이루어진다.

10) 운용지침서(operation manual)

설계가 완성되면 전체 시스템에 대한 운용방법, 시동(start-up) 절차 등이 포함된 종합 운용지침서를 작성한다. 운용지침서는 해양플랜트가 폐기될 때까지 비치되며, 고장수리, 운용 시 매우 중요한 문건이므로 가능한 한 자세히, 정확하게 작성되어야 한다.

11.4.4 해양구조물의 건조

1. 선체제작

구조설계가 완성되어 해당 강재가 발주되고, 절단공장에서 해당 부재가 모두 준비되면 블록 제작에 들어간다. 블록 제작 중 대형 배관, 철의장품이 선행의장 형태로 설치된다. 선행의장은 후행 작업이 효율적으로 이루어지는데 많은 도움이 될 뿐만 아니라, 블록 단계에서는 출입이 자유로워 배관 등 중량물을 해당 블록으로 이송하는 것이 매우 쉽다는 장점도 있다.

2. 상부모듈(topside module) 제작

상부모듈은 선체와는 별도로 여러 곳에서 나뉘어 제작되는데, 상부의 구조는 선박의 경우와는 달리 강판(steel plate)보다 관상(tubular) 구조로 이루어진다. FPSO의 상부는 대개 각 2,000~3,000 ton 크기를 가진 10~16개의 모듈로 이루어진다. 각 모듈은 모듈 별로 별도의 설계, 제작, 생산관리가 가능하여 동시에 대형 물량을 처리하는데 매우 효율적인 방법이다. 완성된 모듈은 보통 해상크레인으로 FPSO 선체 위에 직접 설치된다. 고정식 플랫폼의 경우에는 10,000 ton 정도의 대형 모듈로 제작되어, 현지로 운반한 후 대형 크레인으로 설치하는데, 대부분 1개의 모듈로 제작하나 2~3개의 모듈로 구성되는 경우도 있다.

3. 기계, 배관설치

설계도면을 근거로 각종 배관이 제작되고, 구매를 통해 입고된 장비들이 블록이나 모듈에 설치되는데, 원활한 건조를 위해서는 전체 공정에 맞도록 장비나 해당 자재가 적기에 공급되어야 한다.

4. 거주구(accommodation)와 선실

해양구조물에는 수많은 작업자들이 장기간 거주해야 하므로 일반 선박보다는 보다 호텔 형태에 가깝다. 일반적으로 거주구는 하나의 블록으로 제작되며, 사전에 모든 설비를 설치하여 완벽한 선행의장이 이루어진다. 특히 각 선실은 선실 단위로 외주화(outsourcing)되어 조선소에서의 작업은 최소화한다.

5. 전기의장

수많은 장비에 전력을 공급하고, 각종 감시 및 제어시스템, 화재 및 가스 감지 등 자동화된 장비를 위해 해양플랜트에는 엄청난 분량의 전선과 장비가 설치된다. 보통 소요되는 전력량은 소형 발전소에 버금가는 것으로 볼 수 있으며, 사용되는 전선의 길이가 2,000 km가 넘는 경우도 있다.

6. 육상시운전

각종 장비와 배관, 철의장, 전선 등 제반 설비의 설치가 끝나면 장비 시운전 단계에 들어간다. 시운전을 위해서는 우선 해양구조물에 설치된 발전기를 가동시켜야 하는데 발전기 자체도 충분한 전기용량을 생성해 내는지 실제 부하를 걸어 확인한다. 시운전은 기계 장치도 있지만 자동화 장비의 가동에 많은 시간과 노력이 필요하다. 각종 센서의 개별 작동과 센서 사이의 관계, 제어논리 등을 확인한다. 각각의 단위 장비에 대한 시운전이 끝나면 전체 시스템에 대한 통합시운전이 이루어진다.

7. 해상시운전

육상시운전이 끝나면 드릴쉽은 해상시운전을 나가서 여러 장비의 시운전을 실시한다. 그러나 고정식 해양구조물이나 일부 FPSO의 경우는 조선소 건조 단계에서는 해상 시운전 자체가 불가능하므로 최종 설치 위치에서 종합적인 시운전을 수행한다.

8. 인도(wet/dry towing)

조선소에서의 작업과 시운전이 완료되면 선주에게 해양플랜트를 인도한다. 드릴쉽은 자체 추진으로 이동하지만, 많은 경우 예인선을 사용한다(wet towing). 고정식 해양구조물이나 일부 드릴쉽은 이들을 운반하도록 특수하게 제작된 선박에 실어 운반한다(dry towing).

9. 운용(operation)

선주에 인도된 해양플랜트는 선주 측 인력에 의해 운용된다. 드릴쉽은 1일 단위로 용선료(대형인 경우는 하루 미화 약 50만 불)를 지불하며, Exxon Mobil, Chevron, BP 등의 오일메이저나 일반 석유개발자들은 드릴쉽을 용선하여 시추작업을 한다. FPSO는 일반적으로 유전개발자들이 직접 소유하고 운용하여 원유/가스를 생산한다.

11.5 약어 및 용어 정리

본문에서 다루지 않았지만 해양산업에서 널리 쓰이는 약어와 용어들을 간추려 아래에 정리하였다.

1. 약어

BCF Billion Cubic Feet

BCM Billion Cubic Meter

boe barrels of oil equivalent

CALM Catenary Anchor Leg Mooring

CNOOC China National Offshore Oil Corporation

E&P Exploration and Production

EPC Engineering, Procurement and Construction

FPSS Floating Production Semi-Submersible

FPU Floating Production Unit

GoM the US Gulf of Mexico

HPHT High Pressure, High Temperature

IFP Institut Francais du Petrole

JIP Joint Industry Project

JV Joint Venture

MFB Multi-Function Barge

mmbbl million barrels

MMS Minerals Management Service(US)

MODU Mobile Offshore Drilling Unit

NGL Natural Gas Liquids

PSC Production Sharing Contract

ROV Remotely Operated(underwater) Vehicle

SALM Single Articulated Leg Mooring

SCR Steel Catenary Riser

TCF Trillion Cubic Feet

TFE Total Fina Elf(Total after 2003)

2. 용어

- 1 Barrel ≒ 159 l ☞ 6 배럴 ≒ 954 l ≒ 드럼 5 통, 100 배럴 ≒ 15,900 l
- AFC(Approved For Construction): 설계 검토 단계가 아니라 설계가 확정되어 바로 생산에 들어갈 수 있는 단계를 말한다. AFC drawing 등으로 사용한다.
- BPD(또는 b/d, Barrels Per Day): 하루에 생산하는 원유의 체적에 대한 단위로 사용된다. 1 배럴은 약 1/6 ton에 해당하므로, 하루 24만 배럴을 생산하는 FPSO는 하루 약 4만 ton의 원유를 생산한다.
- BTU(British Thermal Unit): 1 lb(=0.45 kg)의 물을 1℉(=5/9℃) 올리는데 필요한 열량으로 약 1 kJ에 해당한다.
- CAPEX(CAPital EXpenditure): 설비투자비용
- CNG(Compressed Natural Gas, 압축천연가스): 천연가스를 기체 상태로 압축한 것을 뜻하며, 약 200 기압으로 압축하면 부피를 1/200로 줄일 수 있다. 국내 대도시 버스는 CNG를 사용하는데, 우리나라는 수입된 LNG를 재기화하여 CNG를 만들지만, 외국에서는 천연가스를 바로 압축하여 사용하기도 한다.
- column(기둥부): 반잠수식 구조물에서 수면 아래에 잠겨있는 폰툰과 수면 위의 갑판을 연결하는 부분이다. 일반적으로 4개이나 그 이상일 수도 있다.
- deck load(갑판부하): 페이로드(payload) 중에서 폰툰의 연료, 청수 등 소모성 액체를 제외한 기둥부나 주갑판 상부에 실려 있는 페이로드를 말한다.
- field(광구): 탄화수소물이 축적된 해저면 상부의 해수면 영역
- flowline(플로라인): 유정마개에서 매니폴드 또는 첫 번째 공정용 용기로 유체를 이송시키기 위한 배관.
- gas condensate(가스응축물): 가스 속에서 천연가스를 채취할 때 지표면에서 응축 분리된 천연의 경질 액상 탄화수소이다. 특경질 원유로서 그 색상은 무색인 것도 많지만 대부분 황색, 감색, 암녹색이다.
- GTL(Gas To Liquid): 천연가스로부터 인조석유를 만드는 공정이다. 천연가스를 원료로 공기나 산소를 넣고 고온고압으로 가열하면 일산화탄소와 수소분자가 분리되며, 이를 다시 촉매반응을 시키면 청정 인조석유가 만들어진다. 만드는 과정이 매우 복잡하고, 현재로는 비용도 많이 든다.
- Hazid(Hazard Identification): 기본설계 단계에서 관련 당사자들이 모여 잠재적인 위험 요소를 찾아내고 토의하여 설계에 반영할 수 있도록 하는 회의이다.
- Hazop(Hazard and Operability): Hazid를 기초로 실제 운용에 어떤 영향을 미치고, 위험 요소를 줄이기 위해서는 어떠한 변경이나 조치를 해야 하는지를 토의하는 회의이다.
- hook-up: 현지에서 해저배관과 연결된 라이저, 각 모듈 간의 배관, 전선 등을 연결하여 최종적인 해양플랜트를 완성시키는 과정이다. 이 과정이 끝나면 현지취역(commissioning) 단계로 넘어간다.

- LO(LoLoad Out(LO)ad Out), SO(Sail Out): 육상에서 제작된 모듈을 바지에 올리는 단계를 Load Out이라고 하고, 조선소에서 해상운송 준비 등 모든 단계가 끝나고 출항하는 것을 Sail Out이라고 한다.
- MMBTU(Million BTU): 천연가스의 거래 단위로 약 1/50 ton의 천연가스에 해당한다. MMBTU당 천연가스 가격은 배럴당 원유 가격과 더불어 매우 중요한 경제적 지표이며, 8 USD Per MMBTU 등으로 사용된다.
- MMSCFD(Million Standard Cubic Feet Per Day): 천연가스의 단위는 ft^3 또는 m^3인데, 예를 들어 하루 6억 ft^3의 가스가 생산된다면 이는 600 MMSCFD에 해당한다. 천연가스 1 MMSCF는 대기압 60°F에서 100만 ft^3을 뜻하며, 조성에 따라 차이가 있으나 20~21 ton에 해당하므로, 예를 들어 천연가스 600 MMSCF는 약 12,000 ton에 해당한다.
- OPEX(OPerating EXpense): 영업비용
- pilot(도선사): 항만에 입출항하는 선박에 탑승하여 선박을 안전하게 수로로 이동하거나 이안/접안하도록 안내하는 사람이다.
- pontoon: 반잠수식 구조물에서 수중의 선체
- surface well: 표면 상의 유정
- subsea well: 해저 유정
- swivel(스위블): 드릴스트링을 매달아 자유스러운 회전운동이 가능토록 하는 둥근 모양의 장비로 고리(hook)와 이동블록(traveling block)에 매달려 있다. 드릴스트링으로 드릴링유체(drilling fluid)를 흘려보내기 위한 통로/호스를 연결할 수 있는 장비를 갖추고 있다.
- well completion: 오일 및 가스 유정으로부터 안전하고 효율적으로 생산할 수 있는 준비가 완료된 상태를 나타내며, 유정마개, 분출제어장치, 생산트리 등의 설치가 완료되었음을 뜻한다.
- well intervention: 유정, 즉 해저 시추공에 대한 유지/보수/폐기 작업
- workover: 유정의 유지/보수를 위한 작업의 하나로, 유정 속의 탄화수소의 생산량 증대, 유정의 원상복구 및 수명 유지를 위해 실시한다.

연습문제

1. FPSO에서 물, 기름, 가스를 분리하는 원리를 간단히 설명하시오.

2. 반잠수식 드릴링리그와 드릴쉽의 장단점을 비교하여 설명하시오.

3. P&ID 는 무엇의 약자이며 여기에 담기는 정보는 어떤 것이 있는지 기술하시오.

4. 600 MMSCFD는 약 몇 ton에 해당하며 이를 BTU 단위로 환산하면 어떻게 되는지 구하시오.

5. 100,000 BPD, 200 MMBTU를 생산하는 FPSO의 하루 수입은 약 얼마인지 구하시오. 원유 배럴당 80 불, 가스 MMBTU당 약 8불 기준.

추천문헌

[1] Bourgoyne, A. T. Jr. et al., 1986, Applied Drilling Engineering.

[2] Mather, A., 2000, Offshore Engineering an Introduction, 2nd Edition.

[3] ASME, 2005, Drilling Fluids Processing Handbook.

[4] McGregor, J. K., 2010, The Competent ROV Pilot/Technician, Stress Engineering Services Inc., SES Drilling Riser Course.

12

해양에너지 공학

전 세계적인 산업발전에 따라 세계 각국은 화석연료(fossil fuel)의 확보를 위하여 치열한 경쟁을 벌이고 있으며, 지구 온난화와 같은 기후변화 문제를 해결하기 위한 국제적인 노력으로 탄소 배출규제가 현실화되고 있다. 이에 세계 각국은 대체에너지 자원을 확보하기 위한 기술개발에 적극적으로 나서고 있다. 지구 표면의 70% 이상을 차지하고 있는 해양에는 우리가 활용할 수 있는 대체에너지 자원이 풍부하게 존재하고 있다. 이 장에서는 해양이 가지고 있는 재생가능한(renewable) 대체에너지 자원의 종류와 이의 개발에 필요한 에너지 취득 기술에 대하여 기술한다.

12.1 해양 대체에너지의 종류

태양으로부터 지구로 전달된 에너지 중 일부는 지구에 흡수되는데, 바다 표면에서는 태양 에너지에 의해 수분이 증발하고 이로 인하여 대기 중에 기압차가 발생하며 결과적으로 바람이 생성된다. 또 이렇게 생성된 바람은 바다 표면에 파도[1]를 만들며 일단 생성된 파도는 그 수명을 다할 때까지 수표면을 따라 먼 거리를 이동한다. 결국 태양으로부터 전달된 에너지의 일부가 바람과 파도가 가지는 역학적에너지로 변환되어 전파된다. 한편 지구의 자전과 달의 공전에 기인하여 바다에는 해수의 순환운동과 조석운동이 발생하며, 이에 따라 지형에 따라 강도는 다르지만 상당한 위치에너지와 운동에너지를 가진 해류 및 조석/조류가 생성된다. 또한 바다 매우 깊은 곳의 수온과 태양의 영향을 받는 표층부의 수온이 해역에 따라 큰 차이를 보이는 곳이 있으며 이러한 온도차도 에너지 자원으로 활용될 수 있다. 이와 같이 해양에는 다양한 형태의 재생가능한 대체에너지 자원이 존재하고 있으며 이를 표 12.1에 정리하였다.

표 12-1 해양 대체에너지의 분류

에너지 종류	에너지의 형태	유망해역
해상 바람에너지	공기 유동이 갖는 운동에너지	바람이 센 해역
조석에너지	해수면 높이차에 의한 위치에너지	조차가 큰 연안해역
해류(조류)에너지	해수 유동이 갖는 운동에너지	해류(조류) 강도가 큰 해역
파랑에너지	파도가 가지는 운동 및 위치에너지	파랑에너지 밀도가 큰 해역
해양 온도차에너지	해수온도의 연직방향의 온도차	해수표면 온도가 높은 해역
염분 농도차에너지	해수염분의 농도차	담수가 있는 연안 하구역

1) 파도(波濤)는 파랑(波浪)이라고도 하며, 浪은 큰 波, 濤는 큰 파랑을 가리키는 말이다.

12.2 해상 풍력발전장치

바람에너지를 이용하는 풍력발전장치는 오래 전부터 사용되어 육상에서는 완전한 상업화 단계에 와 있다. 해상에서의 풍력발전은 육상보다 평균 20% 정도 풍속이 높은 장점을 바탕으로 1991년 덴마크가 Vindeby에 최초로 해상 풍력발전단지를 건설하면서 시작되었다. 육상에서의 기술을 도입하여 해저 고정식을 중심으로 기술 발전이 이루어져왔으나 최근에는 연안환경 문제 등으로 부유식 해상풍력발전기술에 대한 기술개발이 시작되고 있다.

면적 A를 통과하는 균일한 속도 V의 공기 유동이 가지는 단위시간당 운동에너지 P는 공기밀도를 ρ라 하면 다음과 같다.

$$P = \frac{1}{2}\rho A V^3 \tag{12.1}$$

바람에너지를 취득하는 방식은 수평축방식(Horizontal Axis Type, HAT)과 수직축방식(Vertical Axis Type, VAT)이 있으며, 수평축방식이 널리 상용화되어 사용되고 있다. 수평축방식은 그림 12-1에 보인 바와 같이 바람이 불어오는 방향과 평행한 방향으로 수평하게 설치된 터빈(날개 2개 또는 3개가 주로 사용됨)으로, 날개에 작용하는 양력과 항력의 합력에 의해 발생하는 회전토크를 이용하는 방식이다.

공기 유동과 날개의 상호작용에 의하여 날개 주위의 유선(streamline)은 그림 12-1에 보인 바와 같이 관 모양으로 형성되며, 날개에서 상당히 멀리 떨어진 상류를 하첨자 1, 하류를 하첨자 2를 써서 나타내기로 하면, $v_1 > v > v_2$임을 알 수 있다. 에너지 취득효율은 실제 얻어진 단위시간당 에너지 P_r과 들어오는 유동의 단위시간당 운동에너지 P의 비로 주어진다. [1]에 따르면 허브(hub)의 영향이 전혀 없다고 가정하여 얻어지는 이론적인 최대효율은 속도비(reduced velocity) $v_2/v_1 = 1/3$에서 얻어지며, 이때 효율은 $P_r/P = 16/27$으로 이를 Betz한계(limit)라고 부른다. 그러나 실제의 경우에는 그림 12-2와 보인 바와 같이 Betz한계보다는 훨씬 작은 효율이 얻어진다. 최근에는 직접수치모사(Direct Numerical Simulation, DNS), 전산유체역학(Computational Fluid Dynamics, CFD) 등의 방법으로 정밀한 효율 예측이 가능하다. 부유식 해상풍력발전의 경우에는 해양구조물의 운동으로 인한 영향을 고려한 효율 예측이 필요하며, 기계장치의 수명과 관련된 피로해석도 중요한 설계과정이 된다.

해상 풍력발전의 경우에는 풍력발전 타워(tower), 터빈, 날개 등을 탑재한 해양구조물이 요구되며 해양구조물로는 고정식과 부유식이 있다. 고정식으로는 단일파일식(mono pile type)과 재킷식(jacket type)이 활용되며, 부유식은 TLP, SPAR, VLFS(Very Large Floating System) 등을 활용하기 위한 기술개발이 이루어지고 있다.

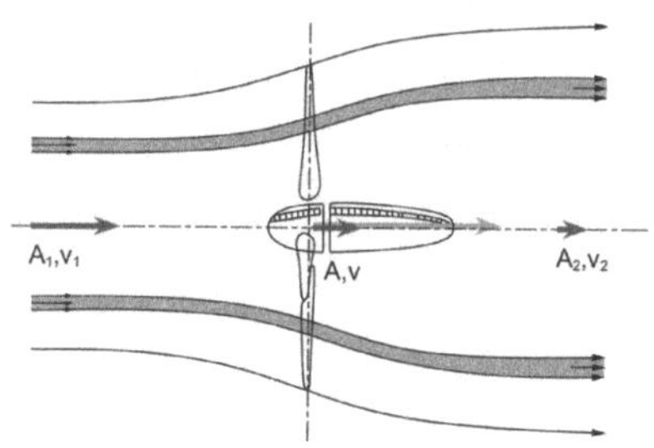

그림 12-1 수평축 터빈

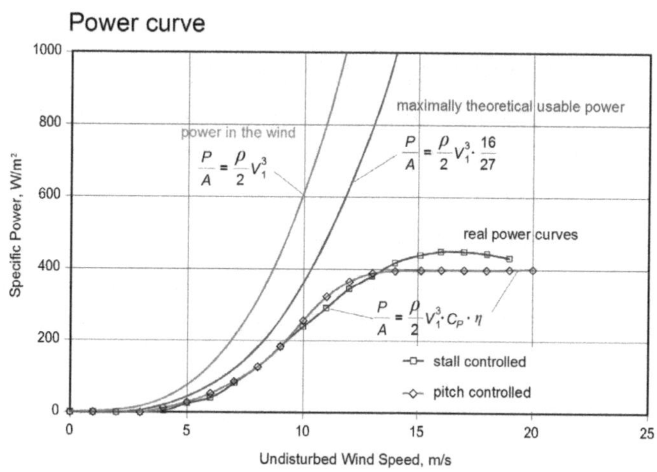

그림 12-2 풍력터빈에 대한 동력곡선

해상 풍력발전장치를 지지하기 위한 해양구조물은 일반 해양구조물과 같은 설계과정을 거쳐 설계되므로 설치되는 해역의 해역환경(바람, 조류, 파랑, 해저지반)이 고려되어야 하며, 지지 해양구조물에 작용하는 환경하중 중 바람과 파도에 기인하는 힘은 다음과 같이 구할 수 있다.

1. 풍하중 및 풍하중모멘트

설계최대 풍속을 기준으로 수면 위쪽의 구조물에 작용하는 하중(load), 즉 힘을 추정하며 날개가 회전을 중지한 상황에 대하여 계산한다. 풍하중은 본질적으로 동압계수(dynamic pressure coefficient)와 투영면적의 곱으로 주어진다. 여기서 동압계수는 무차원이므로 $\rho V^2/2$을 곱해 주어야 하며, 투영면적은 바람 방향에 수직한 평면에 대한 투영면적이다. 단 풍속과 투영면적이 수직방향으로 변화하므로 일반적으로 적분식으로 얻어지며, 풍하중은 타워에 작용하는 하중과 너셀[2)]을 포함하여 날개에 작용하는 하중으로 나누어 추정하여 합산한다. 풍하중모멘트는 풍하중에 의해 작용하는 해저면에 대한 모멘트로 얻어진다.

2) 너셀(nacelle)은 터빈 중심부의 기계부품의 덮개(cover housing)이다.

2. 파랑하중 및 파랑하중모멘트

파랑하중은 태풍 시의 주요 고려사항으로 수면 아래의 구조부재에 작용하는 변동 파랑하중과 수면 상단부에 작용하는 비선형적인 충격 파랑하중으로 나누어 추정한다. 변동 파랑하중은 Morison공식(9.5절 참조)이나 경계요소법(Boundary Element Method, BEM), 또는 모형시험에 의하여 추정한다. 수직 원주형 구조물의 경우에는 [2]에 주어진 자료를 이용하여 하중의 크기를 구할 수 있다. 한편 충격 파랑하중은 Goda[3]가 2차원 방파제에 작용하는 충격하중을 구하기 위하여 사용한 충격파 압력에 대한 근사공식을 수직방향으로 적분하여 하중을 구할 수 있다.

12.3 파력발전장치

12.3.1 파랑에너지 밀도

파랑에너지는 파랑이 가지고 있는 위치에너지와 운동에너지의 합으로 주어진다. 선형 규칙파(linear regular wave)의 경우 단위면적당 시간평균 파랑에너지 E_1은 파고 H의 제곱에 비례하며, 파랑에너지의 전파속도인 군속도(group velocity) V_g는 파도의 주기 T에 비례한다[4]. 단위시간당 어느 한 해역을 통과하는 단위폭당 시간평균 파랑에너지 E는 $E_1 V_g$로 주어지므로 결국 $H^2 T$에 비례하며 수심이 대단히 깊은 경우에는 다음과 같이 주어진다.

$$E = 0.9797\, H^2\, T \tag{12.2}$$

여기서 E의 단위는 kW/m이다. 해양파역학에서 배우게 될 바와 같이 불규칙파(irregular waves)의 경우에는 식 (12.2)의 파고는 유의파(significant wave)의 파고 $H_{1/3}$에 비례하는 양, 주기는 유의파의 주기 $T_{1/3}$에 비례하는 양으로 대치할 수 있다. 따라서 E_1은 해당 해역의 유의파고 $H_{1/3}$와 유의파의 주기 $T_{1/3}$를 관측이나 시뮬레이션을 통하여 선정하면 구할 수 있으며, 이는 연중 변화가 꽤 큰 성질을 가진다.

12.3.2 파랑에너지 변환장치 및 변환효율

파랑에너지를 활용 가능한 형태로 변환하기 위한 첫 단계를 1차 변환이라 하며 1차 변환 후의 에너지를 이용하여 발전장치를 구동하기 위한 에너지 변환을 2차 변환이라 한다. 2차 변환 방법은 대부분 잘 알려진 기계적인 방법이 사용된다. 따라서 파력발전장치의 종류는 1차 변환 방식에 따라 매우 다양하게 나누어지며, 이에 따라 파랑에너지 변환장치의 종류를 나누어 보면 다음과 같다.

1. 부유체의 운동에너지로 변환하는 방법(가동물체형)

그림 12-3에 보인 바와 같이 파랑에 의한 힘을 받아 상하운동과 회전운동을 하는 부유체를 이용하는 방법과 그림 12-4에 보인 바와 같이 하나로 연결된 여러 부유체의 연성운동을 이용하는 방법이 있다. 이 경우 2차 에너지변환은 유압피스톤과 유압모터를 주로 사용한다. 이 변환장치의 설계 시에는 부유체의 계류장치와 2차 변환장치의 신뢰성과 내구성을 확보하도록 해야 한다. 또한, 에너지 취득효율을 향상시키기 위한 부유체의 형상과 규모 선정이 중요하다.

1차 변환효율을 추정하기 위하여 먼저 파랑에 의해 발생하는 계류구조물의 운동(상대운동)을 3차원 운동해석기법을 사용하여 추정하며 이때 구조물의 계류시스템의 영향과 2차 변환용 유압장치(펌프)가 부유체에 주는 점성항력을 고려해야 한다. 다음으로 부유체의 운동으로 발생하는 유압장치의 작동속도와 점성항력을 추정하면 유압펌프의 토출량과 토출압이 추정되고 이로부터 2차 변환장치에 입력되는 에너지가 추정된다. 이를 파력발전장치에 입사하는 파도의 에너지와 비교하면 파랑에너지의 1차 변환효율을 추정할 수 있다. 에너지 변환 방식에 따라 다르지만 1차 변환효율은 30~60%이다. 2차 변환은 대부분 유압터빈에 의하여 이루어지며 그 효율은 터빈에 유입되는 작동유체의 유속, 유량, 터빈의 형식, 회전수에 따라 결정되고, 대체로 2차 변환효율은 45~55%의 값을 가진다.

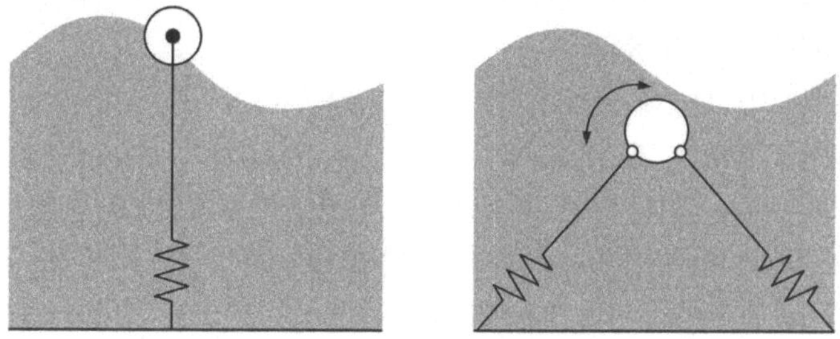

그림 12-3 가동물체형 1(상하운동, 회전운동)

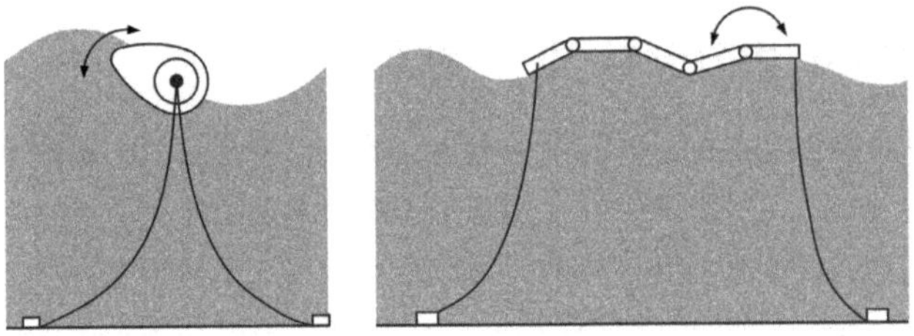

그림 12-4 가동물체형 II(연성운동, 연결부유체)

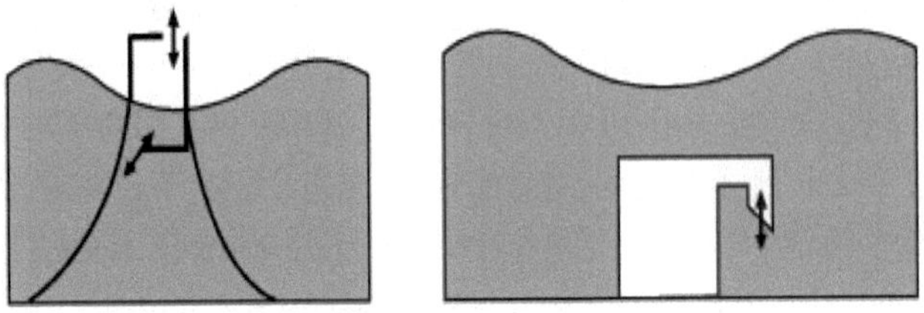

그림 12-5 진동수주형

2. 공기의 역학적에너지로 변환하는 방법(진동수주형)

그림 12-5에 보인 바와 같이 계류부유체 또는 해저 고정구조물 상의 내부 공간에 공기실(air chamber)을 설치하고 파도에 의해 공기실 내에서 상하로 진동하는 진동수주(oscillating water column)가 피스톤 역할을 하도록 한다. 공기실 내에서 상하진동하는 공기 유동을 형성함으로써 파랑에너지가 공기 유동의 운동에너지로 변환되는 방식이다. 2차 변환은 공기 유동 중에 설치된 공기 터빈을 사용한다. 이 변환장치의 설계 시에는 부유체의 계류장치, 해저 고정구조물의 안정성이 확보되도록 설계한다. 또한, 에너지 취득효율을 향상시키기 위한 공기실의 형상 및 규모, 공기터빈의 형식 및 규모의 선정이 중요하다.

진동수주형에서는 파랑에 의해 발생하는 파력발전 구조물 내부 공기실의 수면 변동을 추정하여 1차 변환효율을 구한다. 즉 구조물의 폭에 해당하는 입사파의 에너지와 공기실 내부의 수면 변화에 따른 공기실 내부 공기의 운동에너지의 비를 구하면 1차 변환효율이 얻어진다. 구조물의 형상, 파의 주기에 따라 1차 변환효율이 크게 달라지나 불규칙파 중에서는 20~30%가 된다. 2차 변환은 공기의 왕복유동 중에 설치된 공기터빈에 의해 이루어지며 2차 변환효율은 최대 60% 정도이다. 터빈의 형식, 회전수와 연결된 발전기의 주요 특성에 따라 2차 변환효율은 영향을 받는다.

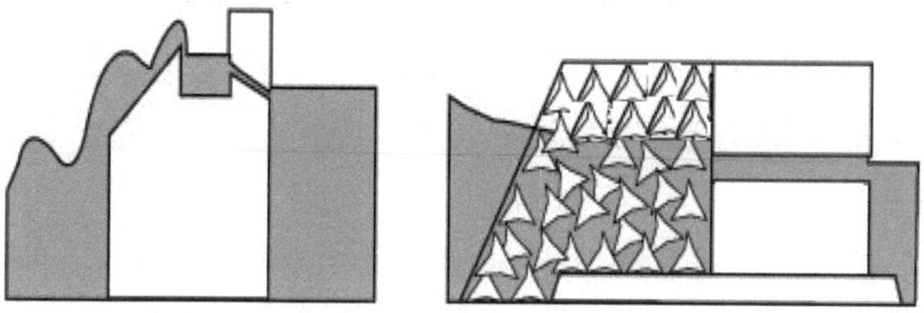

그림 12-6 월파형 및 방파제형

공기의 왕복유동 중에서도 한 방향으로 회전하는 공기터빈으로는 웰즈(Wells)형 터빈과 충동(impulse)형 터빈이 주로 사용된다.

3. 해수의 위치에너지로 변환하는 방법(월파형, 방파제형)

그림 12-6에 보인 바와 같이 파도가 경사진 바닥면을 타고 올라갈 때 발생하는 파랑의 변형을 이용하여 수면보다 높은 곳에 위치한 저수조(지)로 파랑을 월파(overtop)시켜 월파된 해수의 위치에너지를 이용하거나, 방파제와 같은 고정식구조물에 해수 통로를 만들어 파랑과의 상호작용에 의한 수면상승 효과로 해수를 유통시켜 운동에너지로 변환하는 방식이다. 2차 변환 시에는 주로 저낙차용 수류터빈을 사용한다. 설계 시에는 구조물의 안정성을 확보하는 것이 중요하며 경제성 확보를 위한 규모의 산정이 중요하다. 취득효율 향상을 위해서는 월파성능을 향상시켜 주는 구조물 형상의 설계와 수류터빈의 최적 설계가 중요하다.

월파형의 경우 1차 에너지 변환효율은 3차원 파랑변형 해석기법을 이용하여 파랑변형에 의해 월파되는 파랑의 유량과 유속을 얻음으로써 구할 수 있다. 방파제형의 경우에도 3차원 파랑변형 해석기법을 사용하여 해수통로를 통과하는 해수의 유량과 유속을 얻음으로써 1차 변환효율을 구한다. 1차 변환효율은 최대 60% 정도 가능하며, 2차 변환은 저낙차 발전용 카프란터빈(Kaplan turbine)을 이용한다.

12.3.3 파력발전용 해양구조물 설계하중

바다에 장기간 설치되어 운용되는 일반적인 해양구조물의 설계 시 적용하는 설계하중의 추정기법을 적용하여 설계하중을 추정한다. 그러나 에너지 취득을 위하여 사용되는 1차 변환 장치와 파력발전용

구조물과의 상호작용을 고려한 설계하중 해석이 이루어져야 한다. 예를 들어 진동수주형 파력발전장치의 경우에는 공기실 내부의 공기 유동과 공기압에 의해 구조물에 작용하는 하중도 고려한 해석이 이루어져야 하며, 가동물체형의 경우는 유압장치가 부유체의 운동에 주는 영향을 고려한 해석이 이루어져야 한다.

설계 시 고려해야 하는 하중에는 2차 변환을 위한 기계장치에 작용하는 하중이 포함되어야 하며 피로파괴 가능성도 검토되어야 한다. 설계 환경조건은 생존조건(survival condition)과 운전조건(operational condition)으로 나누어 검토가 이루어져야 하며, 파력발전장치의 가동률(capacity factor) 을 추정하기 위한 휴지기간(downtime) 해석도 이루어져야 한다.

12.4 조력발전장치

12.4.1 조력에너지 밀도

지구-달-태양의 상대적 위치에 따라 약 12시간 주기로 해수면의 높이가 변화하는데, 이 주기적인 해수면 상하변위를 조석(tide)이라고 한다. 조석의 양은 지구 상에서의 위치와 해저지형에 따라 큰 차이가 있으나 주기성을 가지고 있기 때문에 장기적인 관측에 의해 정확한 예측이 가능하다. 하루 중 해면이 가장 낮을 때를 저조기(low tide), 가장 높을 때를 고조기(high tide)라 하며 저조기와 고조기의 해면 차이를 조차(tidal range)라고 한다. 조력발전은 조차를 이용하는 것으로 고조기의 만조 시에 저수된 해수의 위치에너지를 이용한다. 조차가 H일 때 질량 m의 해수가 가지는 위치에너지 E는 다음과 같다.

$$E = mgH \tag{12.3}$$

여기서 g는 중력가속도이다. 해수의 밀도를 ρ, 터빈 내의 한 단면에서의 체적유량(volume flow rate)을 Q라고 하면, 단위시간당 터빈의 한 단면을 통과하는 유체의 질량, 즉 질량유량 $\dot{m} = \rho Q$로 주어지므로, 식 (12.3)으로 주어진 위치에너지가 터빈을 회전시키는 운동에너지로 모두 변환된다고 가정하면, 다시 말하면 활용 가능한 단위시간당 에너지 취득량, 즉 일률 $P = \dot{E} = \dot{m}gH$를 가정하면 다음 결과를 얻는다.

$$P = \rho QgH \tag{12.4}$$

한편 저수면적을 S라고 하고 한 번 저수한 해수를 일정한 유량으로 일정한 시간 T 동안 터빈에 모두 보낸다면 $QT = SH$이므로, 시간 T 동안[3] 발전할 수 있는 전력의 최대 에너지 $E_T = PT$는 다음과 같다.

$$E_T = PT = \rho QTgH = \rho gSH^2 \tag{12.5}$$

따라서 조력에너지는 조차의 제곱에 비례함을 알 수 있으며, 지구 전체에 부존하는 단위시간당 조력에너지의 크기는 약 3×10^9 kW로 추정되고, 이 중 이용 가능한 양은 1~2% 정도로 평가된다.

12.4.2 조력에너지 변환시스템

에너지 변환은 터빈에 의해 수행되며 일반적인 저낙차 수력발전에 사용되는 터빈이 사용된다. 저수지를 이용하는 방법과 터빈의 운용방식에 따라 발전방식을 분류하면 다음과 같다.

1. 단일저수지형 단방향(낙조) 발전방식

만조 시에 수문을 열어 댐에 해수를 저수하고 고조기 때에 수문을 닫은 다음 저조기가 시작되는 시점에서 수문을 개방하여 발전하는 방식으로 그림 12-7에 보인 바와 같이 해면의 수위, 저수면의 수위 및 낙차의 변화가 일어난다.

이 방식은 한 방향으로 회전하는 터빈이 사용되며 댐(dam)의 구조도 단순하여 초기투자비용이 저렴하나 발전시간이 하루의 30% 정도로 짧다는 단점이 있다

2. 단일저수지형 양방향 발전방식

이 방식에서는 양방향으로 발전이 가능한 터빈을 이용하여 만조 시, 간조 시에 모두 발전을 할 수 있다. 발전 효율을 향상시키기 위하여 잉여전력을 활용한 양수(배수)를 병행하기도 한다. 양수를 병행하는 양방향 발전시의 해면의 수위, 저수면의 수위, 낙차 및 발전전력 곡선을 그림 12-8에 보였다.

3) 여기서 T는 12시간 보다 짧아야 하며, 식 (12.5)로 주어지는 에너지는 하루에 두 번 얻을 수 있다.

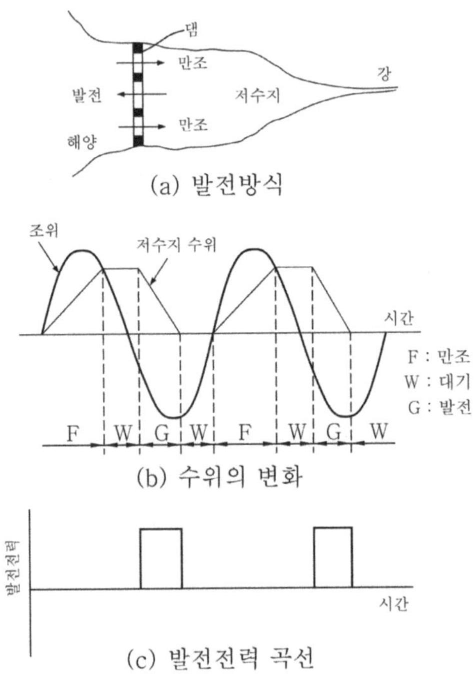

그림 12.7 단일저수지형 단방향 발전방식

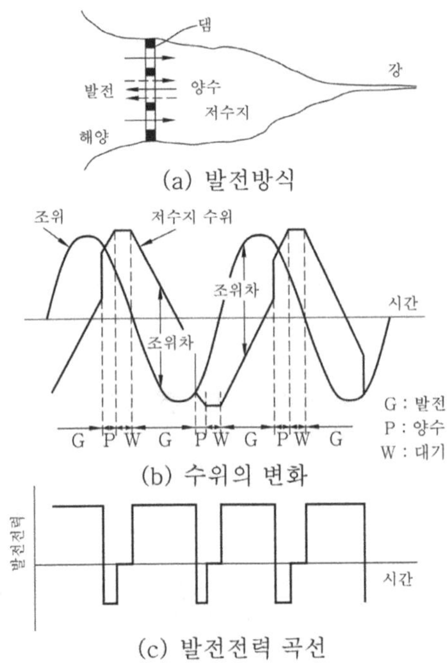

그림 12-8 단일저수지형 양방향 발전 방식

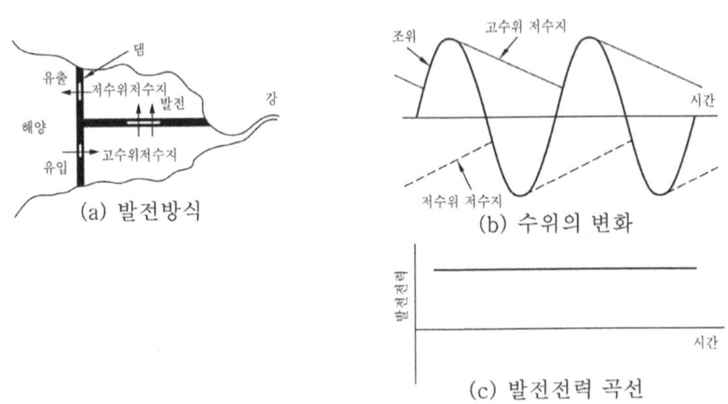

그림 12-9 이중저수지형 양방향 발전방식

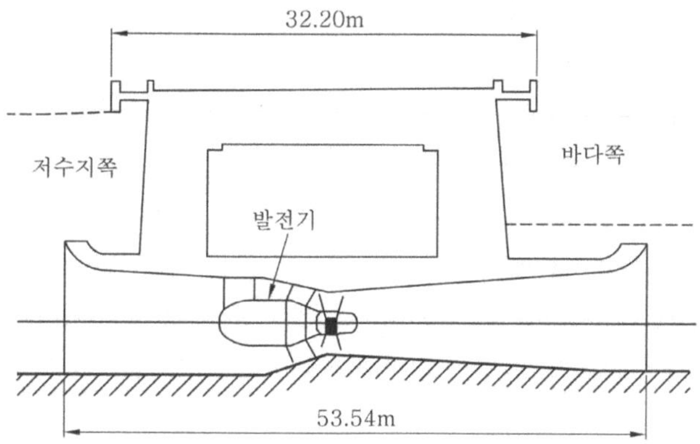

그림 12-10 랑스발전소 터빈터널 단면도

3. 이중저수지형 양방향 발전방식

이 방식은 발전 효율을 극대화하기 위한 방식으로 2개의 저수지를 활용하는 방식이다. 그림 12-9에 보인 바와 같이 저수지 내부를 분리하여 2개의 저수지로 분할하고 한 저수지는 고조위 때 수문을 막아 해수를 채우고 다른 한 저수지는 저조위 때 방수한 후 수문을 막는 방식으로 발전은 단방향 터빈을 분할댐에 각각 설치하여 운용한다. 그림 12-9가 보여 주듯이 일정한 양의 발전을 할 수 있다는 장점이 있지만 초기건설비용이 많이 들고 발전량이 다른 방식에 비하여 작다는 단점이 있다.

12.4.3 조력발전 구조물 설계 하중

일반적인 방파제의 경우와 유사하게 태풍 시의 파랑에 의한 하중과 해저면의 해저지질을 고려한 하중 계산이 요구된다. 조석류에 의한 쇄굴 현상에 의해 해저면 침식이 일어날 가능성이 있어 주요한 설계하중으로 검토되어야 한다. 발전 효율의 향상을 위하여 터빈이 설치되는 터널부의 형상설계가 중요하다. 그림 12-10은 240 MW 규모로 1966년 운용을 시작한 프랑스 랑스(Rance) 조력발전소에 사용된 터빈터널의 단면도를 보여주고 있다.

12.5 해류/조류발전장치

12.5.1 해류/조류에너지

바다에는 해수의 순환에 의한 대양해류(ocean current)와 조차에 의해 12시간 주기로 변동하는 조석류 또는 줄여서 조류(tidal current)가 존재한다. 이러한 해수의 유동은 막대한 양의 운동에너지를 가지고 있어 이 에너지를 발전에 사용하여 전력을 생산한다는 것은 매우 당연한 시도이다. 해수의 유동이 가지고 있는 단위시간당 운동에너지, 즉 일률 P는 해수의 밀도를 ρ, 유속을 V, 에너지 취득용 터빈의 단면적을 A, 체적유량을 Q라고 하면 다음과 같이 주어진다.

$$P = \frac{1}{2}\rho Q V^2 = \frac{1}{2}\rho A V^3 \tag{12.6}$$

대양해류가 가지고 있는 단위시간당 총 에너지량은 [5]에 의하면 $5 \times 10^7\ kW$에 달한다. 표 12-2는 우리나라 주요 해역의 단위시간당 조류에너지와 연간 발전가능량을 보여준다. 여기서 연간 발전가능량은 발전장치의 최대효율을 약 68%로 가정한 값이다.

12.5.2 해류/조류에너지 변환시스템

해류/조류에너지 변환시스템은 해수의 운동에너지를 이용하는 것으로 다양한 종류의 터빈을 사용하여 전력을 발생하며, 풍력발전의 경우와 마찬가지로 수평축방식과 수직축방식으로 크게 나눌 수 있다.

표 12-2 우리나라 주요 해역의 조류에너지 밀도

해역위치	단위시간당 조류에너지(MW)	연간 발전가능량(MWh)
울돌목	50	122,640
장죽수도	150	367,920
맹골수도	250	613,200
기타	550	1,349,040

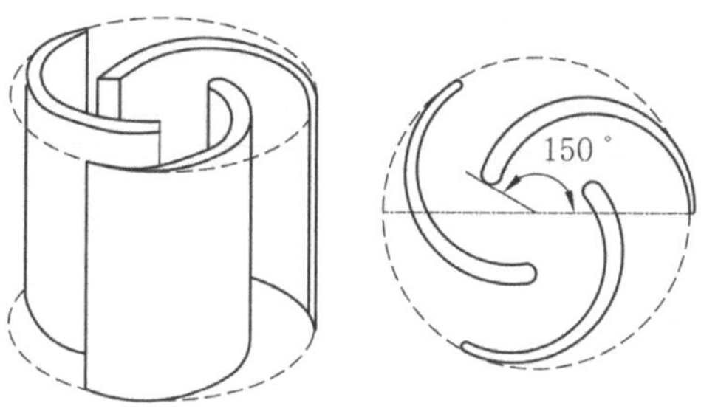

그림 12-11 사보니우스형 터빈의 개념도

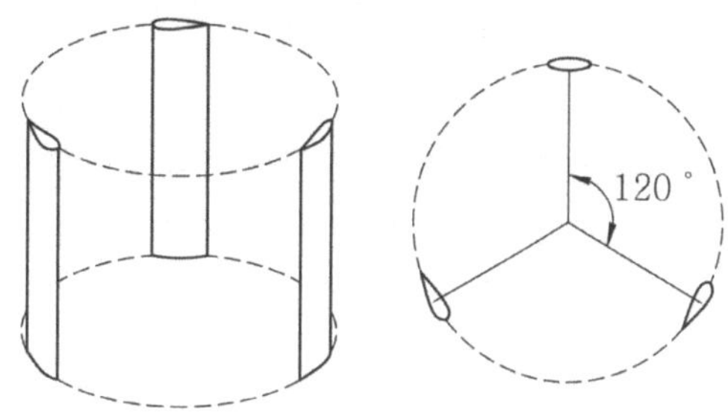

그림 12-12 다리우스형 터빈의 개념도

1. 수평축 프로펠러 터빈 방식

선박의 추진에 사용하는 프로펠러의 원리를 역으로 적용한 방식으로 그림 12-1과 같은 수평축 풍력발전장치와 같은 개념이 적용된다. 다만, 해수의 밀도가 공기에 비하여 1,000배 정도이므로 날개의 길이와 개수가 풍력발전장치와는 다르다. 이 방식의 에너지 변환효율은 최대 44% 정도로 알려져 있다. 유속 및 유속의 방향 변화에 대응하기 위한 가변피치 프로펠러 및 회전각 변환시스템이 설치되는 경우도 있다.

2. 사보니우스(Savonius)형 터빈

수직축 터빈으로 해수의 운동량을 이용하는 충동형(impulse type)이다. 그림 12-11에 사보니우스형 터빈의 개념도를 보였다. 그림에 보인 바와 같이 반원호 모양의 판을 편심시킨 2~4개의 날개로 구성된다. 이 터빈은 유속의 방향과 관계없이 회전 가능하며, 날개가 움직이기 시작하는 초기에 얻어지는 토크, 즉 초기기동토크가 크다는 장점이 있으며 저속의 유동 중에서도 작동이 가능하나, 효율은 20~30%로 작은 편이다. 또한 설비를 대형화하기에는 불리하다.

3. 다리우스(Darrieus)형 터빈

수직축 터빈으로 다리우스형 풍차(windmill)의 개념과 동일하며 수직으로 설치되는 날개의 양력을 이용하는 방식이다. 그림 12-12에 보인 바와 같이 수직방향으로 일정한 단면을 가진 2~4개의 날개를 원주 상에 등간격으로 배치한다. 이 터빈도 유동의 방향과 관계없이 회전이 가능하며 효율은 30~45%로 높은 편이다. 초기기동토크가 작아 자기기동에 불리하다는 단점이 있다. 약간 변형된 형태의 터빈으로 Gorlov 터빈이 있으며 이 방식은 수직날개를 나선형으로 변형시킨 것으로 나선형 터빈으로 불리기도 한다.

12.5.3 해류/조류에너지 변환시스템 지지구조물 설계

일반적으로 해류/조류발전장치는 유속이 큰 곳에 설치되기 때문에 발전장치를 해저에 고정하는 지지구조물의 설계가 중요하다. 지지구조물의 주요한 설계 환경하중인 파랑하중은 해상 풍력발전장치 지지구조물에 대해서 설명했던 것과 같은 방법으로 추정한다. 유속에 의한 설계 환경하중은 Morison 공식, 경계요소법, CFD 기법 등을 사용하여 구한다. Morison공식을 사용하는 경우에는 시간에 따라 변화하는 유동이 아니므로 점성에 기인하는 힘만 고려하면 된다(9.5절 참조).

12.6 온도차발전장치

12.6.1 온도차에너지 밀도

바다의 온도차에너지는 바다의 표층수와 심층수가 가진 온도의 차이, 즉 온도차에 의한 것으로 해수 수온의 수직방향 분포 특성에 따라 온도차에너지의 가용량이 주어진다.

태양으로부터 지구로 방사되는 에너지 중 약 47% 정도가 지구 표면의 온도를 높이는 열로 흡수되는데, 지표면의 약 71%가 해수면이므로 태양이 지구로 방사하는 에너지의 1/3은 바다의 표층수 온도를 높이는데 사용된다. 단위시간당 표층수가 받는 이 에너지는 약 $59.4\times10^{12}\ kW$이며, 이를 연간으로 계산하면 지구상에서 소비하는 석유를 80억 ton이라고 할 때 약 5,600배에 상응하는 양이다[4]. 이와 같이 방대한 양의 에너지에 의해 표층수의 온도는 상승되지만, 표층수의 수직방향 운동은 수평방향에 비하면 그 범위가 매우 작아 수심 100 m 정도까지는 수온의 변화가 크지 않으나, 더 깊어지면 온도가 급격히 낮아져 수심 1,000 m 이하에서는 다시 일정한 온도를 유지하는 것으로 알려져 있다.

그림 12-13에 우리나라 해역이 가진 잠재적인 온도차에너지의 등고선을 보였는데, 그림에서의 숫자는 위도 1°, 경도 1°의 격자에 해당하는 해역에 잠재하는 연간 온도차에너지를 kWh로 나타낸 양이다.

4) 1년은 $3.1557\times10^{7}\ s$이며, 석유의 발열량은 약 $42\ MJ/kg$이므로 연간 80억 ton의 석유는 단위시간당 에너지로 $106.5\times10^{8}\ kW$에 해당한다.

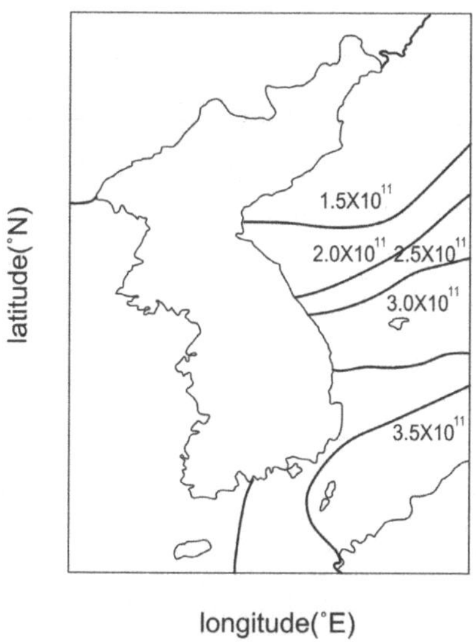

그림 12-13 우리나라 해역의 연간 온도차에너지 잠재량(kWh)

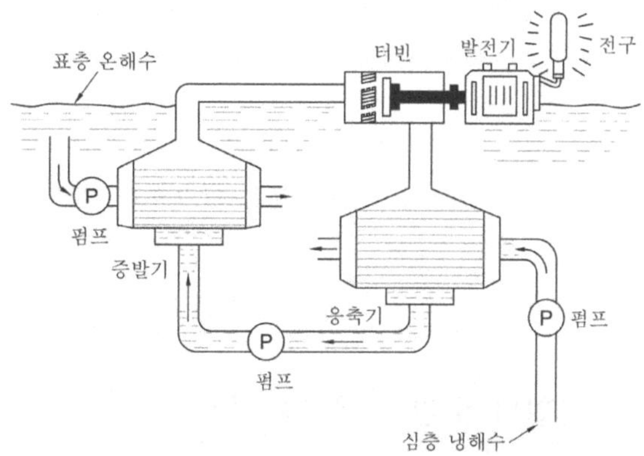

그림 12-14 폐쇄형 순환식 온도차발전의 개념도

12.6.2 온도차에너지 변환시스템

온도차에너지를 전기로 변환하는 데는 다양한 방식이 있다. 이 중에는 온도차를 직접 전위차로 변환하여 주는 열전물질(thermoelectric material)을 이용하는 방식도 있으나, 실용적으로는 대부분 열교환기에서 기화된 기체로 터빈을 회전시키는 터빈 방식을 이용한다.

1. 폐쇄형 순환식 온도차발전

이 방식은 그림 12-14에 보인 바와 같이 증발기(evaporator), 터빈, 응축기(condenser)가 폐쇄된 회로로 연결되며, 시스템의 구동을 위하여 작동유체(working fluid) 이송펌프, 온해수 펌프, 냉해수 펌프 등으로 구성된다. 작동유체로는 13~25℃에서 증발하는 액체인 암모니아(NH_3), $R-22$, $R-134a$가 적합한 것으로 알려졌으나 $R-22$는 지구온난화 기체로 분류되어 사용할 수 없으므로 암모니아가 주로 사용된다. 암모니아를 예로 들어 기본 개념을 설명하면 다음과 같다. 먼저 액상의 암모니아를 표층의 온해수의 열을 이용하여 증발기에서 기화시키고, 암모니아 증기가 폐쇄회로 내에 설치되어 있는 터빈을 기계적으로 회전시킴으로써 발전을 하며, 터빈을 통과한 암모니아 증기는 냉해수를 이용하여 응축기에서 다시 액화시키고 펌프를 사용, 다시 증발기로 이송한다.

2. 개방형 순환식 온도차발전

그림 12-15에 이 방식에 의한 발전의 개념도를 보였다. 이 방식은 1926년 Claude가 고안한 것으로 크라우드 순환식이라고도 부른다. 하나의 시스템으로 연결된 부분증발기(partial 또는 flash evaporator), 터빈, 응축기의 내부를 진공펌프를 이용하여 온해수의 온도에 상응하는 포화압력(saturation pressure)으로 압력을 낮추고, 부분증발기에 표층의 온해수를 투입하면 해수의 일부는 증발하여 수증기가 되고 일부는 해수로 남는다. 증발된 수증기는 터빈을 회전시키고 발전기를 작동시키며, 터빈을 통과한 수증기는 응축기에서 심층 냉해수에 의해 냉각되어 액화되는데, 이 때의 액체는 청수(fresh water, 또는 담수)이다. 따라서 이 방식에서는 증발기에는 해수를 투입하지만 응축기에서는 청수를 부수적으로 얻을 수 있으므로, 전기와 식수가 모두 필요한 곳에서는 별도로 담수화플랜트를 가동시키지 않아도 된다는 장점이 있다.

3. 복합형 순환식 온도차발전

이 방식은 폐쇄형과 개방형을 복합한 것으로 그림 12-16에 그 개념도를 보였다. 이 방식에서는 온해수를 부분증발기에서 증발시킨 후 그 수증기의 열을 이용하여 암모니아를 기화시키고, 동시에 청수를 생산하는 시스템이다. 발생된 암모니아 증기는 터빈을 회전시킨다.

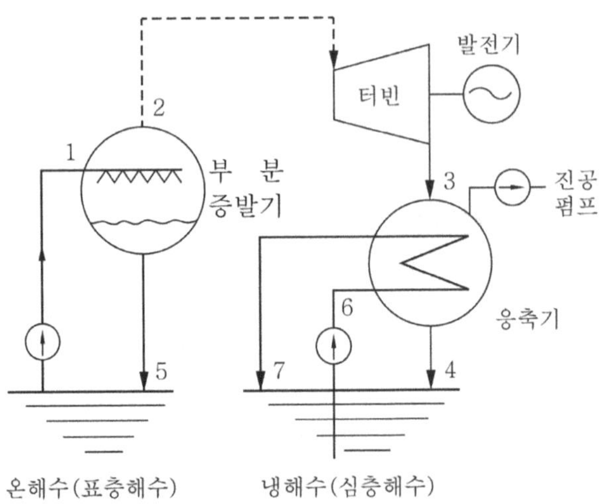

그림 12-15 개방형 순환식 온도차발전의 개념도

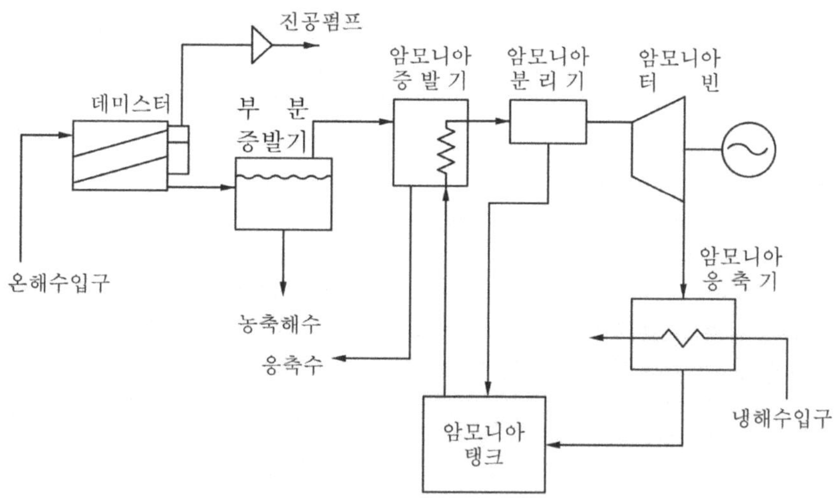

그림 12-16 복합형 순환식 온도차발전의 개념도

연습문제

1. 일률 P는 단위시간당 일의 양이다. 에너지 취득 장치의 용량을 통상 일률로 표시한다. 정격이 3 MW인 해상 풍력발전장치가 1시간 동안 정격발전을 하였을 때 취득되는 에너지는 몇 J인지 구하시오.

2. 파력발전장치는 파랑이 가지는 에너지를 전기에너지로 바꾸어 주는 장치이다. 진동수주형 파력발전장치는 파랑의 에너지를 1차적으로 공기실 내의 공기유동의 운동에너지로 변환하여 준다. 월파형 파력발전장치는 1차적으로 파랑의 에너지를 무엇으로 변환하여 주는지 기술하시오.

3. 수평축 해상 풍력발전장치와 수평축 조류발전장치는 동일한 에너지 취득원리에 의하여 작동하지만 하나는 공기 중에서 작동하고 다른 하나는 해수 중에서 작동한다. 해수와 공기의 밀도비가 1025라 하고 풍력발전장치의 날개직경이 50 m, 조류발전장치의 날개직경이 5 m인 경우 두 발전장치에 유입되는 에너지의 크기가 동일하다면 풍력발전장치에 유입되는 공기의 속도는 조류발전장치에 유입되는 조류의 속도의 몇 배가 되어야 하는지 구하시오.

참고문헌

[1] Betz, A., 1966, Introduction to the Theory of Flow Machines, (Randall, D. G. Trans.) Oxford: Pergamon Press.

[2] Brebbia, C. A. and Walkers, S., 1979, Dynamic Analysis of Offshore Structures, Pub. NEWNES BUTTORWORTHS, pp. 160-166.

[3] Goda, Y., 1974, A New Method of Wave Pressure Calculation for the Design of Composite Breakwater, Proc. 14th Int. Conf. of Coastal Eng., Copenhagen, pp. 1702-1720.

[4] 대한조선학회 선박유체역학연구회, 2009, 선박의 저항과 추진, 지성사.

[5] 홍석원 외, 1998, 해양에너지공학, (주)신기술.

INDEX

B

C

D

E

F

I

J

K

L

P

Q

R

S

T

W

Y

Z

선박해양공학개론

2024년 2월 28일 9쇄 발행

저　　자　대한조선학회편
발 행 인　송기수
발 행 처　도서출판 GS인터비전
편 집 처　도서출판 GS인터비전
인 쇄 처　트윈벨미디어
등록번호　제 25100 - 2016 - 000050 호
I S B N　978-89-93668-71-1 (92550)

주　　소　서울 은평구 증산로15길 69, 2층
전　　화　02-976-7898
팩　　스　02-6468-7898
홈페이지　gsintervision.kr
E-Mail　gsinter7@gmail.com

정 가　40,000원